Claus Schünemann/Günter Treu
TECHNOLOGIE DER BACKWARENHERSTELLUNG
Fachkundliches Lehrbuch für Bäcker

Claus Schünemann/Günter Treu

Technologie der Backwarenherstellung

Fachkundliches Lehrbuch für Bäcker

Gildefachverlag GmbH & Co. KG, Alfeld (Leine)

ISBN 3-7734-0113-2 · 3. Auflage 1989
© 1984 Gildefachverlag GmbH & Co. KG, Alfeld
Alle Rechte vorbehalten.
Die Vervielfältigung und Übertragung auch einzelner
Textabschnitte, Tabellen, Bilder oder Zeichnungen ist
ohne schriftliche Zustimmung des Verlages nicht zu-
lässig. Das gilt sowohl für die Vervielfältigung durch
Fotokopie oder irgendein anderes Verfahren als auch
für die Übertragung auf Filme, Bänder, Platten,
Arbeitstransparente oder andere Medien.
Hiervon sind die in §§ 53, 54 UrhG ausdrücklich
genannten Ausnahmefälle nicht berührt.
Grafische Darstellungen: Koch, Alfeld
Karikaturen: Ulf Marckwort
Herstellung: Dobler-Druck GmbH & Co. KG, Alfeld
Printed in Western Germany

VORWORT ZUR ERSTEN AUFLAGE

Das Lehrwerk „Technologie der Backwarenherstellung" behandelt die Lehrinhalte der Fachstufen des Ausbildungsberufs „Bäcker/Bäckerin". Es ist nach den fachlichen Anforderungen der Ausbildungsordnung vom 30. 3. 1983 sowie den Lerngebieten, Lernzielen und Lerninhalten des Rahmenlehrplans der Kultusministerkonferenz gestaltet. Durch die grundlegende Abstimmung von Ausbildungsordnung und Rahmenlehrplan erhält die fachliche Konzeption damit eine Verbindlichkeit für die Ausbildung in allen Bundesländern.

Die Gliederung nach Lerngebieten ermöglicht eine praxisorientierte Erarbeitung der Lernziele und Lerninhalte. Im Zusammenhang mit dem Herstellungsvorgang der Backwaren werden die jeweils erforderlichen Rohstoffe, Zutaten, Behandlungsverfahren, Arbeitsabläufe, Standards und Qualitätsbeurteilungen behandelt. Im Sinne einer umfassenden Bäckereitechnologie werden dabei technologische, mathematische, wirtschaftliche und lebensmittelrechtliche Gesichtspunkte ebenso wie Aspekte der Hygiene, der Unfallverhütung, des Umweltschutzes und der rationellen Energieverwendung berücksichtigt.

Die Technologie der Backwarenherstellung ist in dem Lehrwerk auf dem neuesten fachlichen Stand dargestellt. Die Vielfältigkeit der Bäckereitechnologie macht Eingrenzungen und Schwerpunktsetzungen erforderlich. Das Lehrwerk ist daher so aufbereitet, daß es insbesondere dem berufsbegleitenden Unterricht der Berufsschule gerecht wird. Es eignet sich darüber hinaus zur eigentätigen Erarbeitung des Fachwissens, als Nachschlagewerk sowie zur Wiederholung und Weiterbildung.

Marburg und Fuldatal/Kassel, im August 1984
C. Schünemann
G. Treu

VORWORT ZUR DRITTEN AUFLAGE

Die gute Aufnahme des Lehrwerks „Technologie der Backwarenherstellung" macht eine neue Auflage des Lehrbuches erforderlich, die in der Gesamtgestaltung gegenüber der Erstauflage unverändert ist. Durch die Neuauflage konnten aber einige fachkundliche Sachverhalte und lebensmittelrechtliche Bestimmungen auf den neuesten Stand gebracht werden.

Marburg und Fuldatal/Kassel, im Januar 1989
C. Schünemann
G. Treu

Autoren und Verlag haben sich bemüht, das Lehrwerk ansprechend und arbeitserleichternd zu gestalten. Für die Arbeit mit dem Lehrbuch ist zu beachten:
→ Das Lehrwerk ist übersichtlich gegliedert.
  Zur Orientierung dienen
  – das Inhaltsverzeichnis,
  – das umfangreiche Sachwortregister,
  – das Abbildungsverzeichnis.
→ Die Kapitel vermitteln die wesentlichen Lerninformationen. Für weitergehendes Interesse sind Hinweise gegeben durch
  – zusätzliche Informationen,
  – Hinweise auf andere Textstellen,
  – Anregungen und Aufgaben zur Weiterarbeit.
→ Die Texte sind so gestaltet, daß sie allgemein verständlich sind. Darüber hinaus helfen bei der Verdeutlichung
  – viele, überwiegend farbige Abbildungen, Zeichnungen und Karikaturen,
  – klar gestaltete Tabellen,
  – Grundrezepte und Rezepturbeispiele,
  – Arbeitsablauf- und Herstellungsschemen.
→ Die inhaltliche Darstellung enthält Lernhilfen. Sie werden herausgestellt durch farbige Unterlegungen, z. B.:
  – Merkhilfen, Tabellen (hellrot)
  – Wichtige Aussagen, Zusammenfassungen (rot)
  – Hinweise, Anregungen (blau)
  – Zusätzliche Informationen (hellgelb)
  – Erkenntnisse, Beobachtungen aus Versuchen (gelb)
→ Das Lehrwerk ermöglicht ein aufbauendes Lernen.
  Es erleichtert die Eigenarbeit, die Wiederholung, die Verknüpfung des Lehrstoffs mit der Betriebspraxis sowie die Lernerfolgskontrolle
  – durch vier fachkundliche Arbeitshefte mit vielen anregenden Arbeitsblättern,
  – durch vier fachkundliche Testhefte mit vielen Testaufgaben.

Den Benutzern des Lehrwerks wünschen wir Freude und Erfolg bei der fachlichen Schulung. Für Hinweise und Verbesserungsvorschläge sind wir jederzeit aufgeschlossen und dankbar.

Inhaltsverzeichnis

Weizenmehl und seine Verarbeitung zu Weißgebäcken

Weißgebäcke 1
   Zusammensetzung von Weißgebäcken 2
   Einteilung von Weißgebäcken 3
   Weißgebäcke im Vergleich zu Roggengebäcken . . . 4

Weizenmehle und ihre Backeigenschaften 4
   Gewinnung von Weizenmehlen 5
      Bestandteile des Weizenkorns 6
      Vermahlung 7
      Typenbezeichnungen 9
   Backtechnische Bedeutung der Weizenmehl-bestandteile 10
      Die Eiweißstoffe des Weizenmehls 11
      Die Kohlenhydrate des Weizenmehls 13
      Das Wasser im Weizenmehl 17
      Die Fettstoffe des Weizenmehls 17
      Die Mineralstoffe des Weizenmehls 18
      Die Enzyme des Weizenmehls 19
   Die Beurteilung von Weizenmehlen 21
      Mehlbeurteilung durch einfache Proben 21
      Mehlbeurteilung durch Backversuche 23
      Mehlbeurteilung durch Laboruntersuchungen . . 24
   Die Mehllagerung 26
      Veränderungen des Mehles beim Lagern 26
      Mehllagerung in Silos 26
      Mehlverderb durch tierische Schädlinge 28

Backmittel für Weißgebäcke 29
   Inhaltsstoffe für Weizenbackmittel 30
      Backmittel mit Backmalz 30
      Backmittel mit Amylase-Präparat 31
      Backmittel mit Verzuckerungsprodukten der Stärke 31
      Backmittel mit Fettanteil 31
      Backmittel mit Emulgatoren 31
   Fett und Zucker als Weizenbackmittel 33
   Verarbeitung von Weizenbackmitteln 34

Die backtechnische Bedeutung von Kochsalz . . . 34
   Wirkung von Kochsalz auf Teig, Gare und Gebäck . 34
   Eigenschaften des Kochsalzes 36
   Handelssorten und backtechnische Eigenschaften . . 36

Die Lockerung von Weizenhefeteigen 37
   Hefe als Lockerungsmittel 37
      Hefe als Lebewesen 38
      Hefebeurteilung 41
      Hefelagerung 43
      Hefegewinnung 44
   Die Gas- und Porenbildung im Teig 46
      Die Gasbildung 46
      Die Porenbildung 47

Die Weizenteigführung 48
   Hygiene, Arbeitssicherheit, Umweltschutz 49
   Arten der Gärführung 50
   Vorbereitung der Teigzutaten 51
      Bereitstellung von Weizenmehl 51
      Bereitstellung der Zugußflüssigkeit 52
      Bereitstellung von Salz, Hefe und Backmitteln . 54
      Teigfestigkeit und Teigausbeute 55
   Teigbereitung und Teigentwicklung 57
      Phase der Vermischung 57
      Phase der Teigbildung 58
      Phase der Teigausbildung 58
      Phase der Überknetung 60
   Knetmaschinen 61
      Anforderungen an Knetmaschinen 61
      Einteilung der Knetmaschinen 61
      Gefahren bei der Arbeit mit Knetmaschinen . . 64
      Wartung und Pflege von Knetmaschinen 64
   Die Teigreifung 65
      Quellreife 66
      Teiggärung – Teigreifung 67
      Teigreifetoleranz 67
   Aufarbeitung von Weizenteigen 68
      Abwiegen 68
      Rundwirken 70
      Zwischengare 70
      Formgebung 70
   Maschinen für die Aufarbeitung von Weizenteigen . 72
      Maschinen für die Aufarbeitung von Weizenkleingebäcken 72
      Halbautomatische Teigaufarbeitungsanlagen für Brötchen 75
      Maschinen für die Aufarbeitung von Weißbroten 75
      Gefahren beim Arbeiten mit Teigaufarbeitungsmaschinen 76
      Wartung und Pflege von Teigaufarbeitungsmaschinen 77
   Die Stückgare 79
      Gärreife 79
      Gärstabilität 80
      Gärtoleranz 80
      Gärraumklima 81
   Gärverzögern – Gärunterbrechen 83
      Gärverzögern 83
      Gärunterbrechen 84
      Vor- und Nachteile von Gärverzögern und Gärunterbrechen 84

Backen von Weißgebäcken 85
   Vorbereiten der Teiglinge zum Abbacken 85
   Beschicken des Backofens 87
   Backen und Schwadengabe 88

Beurteilung von Weißgebäcken 89
   Qualitätsmerkmale für Brötchen 90
      Volumen 90
      Kruste 90
      Krume 91
      Geschmack 92
   Qualitätsmerkmale für besondere Kleingebäcke . . 92
      Brötchen mit Roggen- und Schrotanteil 92
      Laugen-Kleingebäcke 92
   Qualitätsmerkmale für Weißbrot 93
      Baguettes 93
      Toastbrot 93
   Brötchenfehler und ihre Ursachen 95
   Fadenziehen als Brotkrankheit 98

Qualitätserhaltung von Weißgebäcken 100	Wirtschaftlichkeit.................... 103
Maßnahmen der Qualitätserhaltung 100	Funktion von Kältemaschinen........... 103
Vorbeugende Maßnahmen............. 100	
Bedingungen für kurzfristige Lagerung 101	Gewichtsvorschriften für Weißgebäcke....... 105
Qualitätserhaltung durch Tiefkühllagern 101	**Gewichtskennzeichnung**.................. 105
Hochleistungs-Schockfrosten 101	**Gewichtsüberprüfung** 106

Roggenmehl und seine Verarbeitung zu Brot und Kleingebäck

Roggenhaltige Gebäcke 107
    Brotsorten........................ 108

Roggenmehl........................ 110
    Beurteilung von Roggenmehl............. 111
        Beurteilung durch einfache Proben........ 111
        Beurteilung durch Backversuche 111
    Einflüsse auf die Backfähigkeit von Roggenmehl . . 114
    Wirkung von Säure und Salz 116

Säuerung roggenhaltiger Teige............. 117
    Ziele der Sauerteigführungen............. 118
    Kleinlebewesen des Sauerteigs 118
        Führungsbedingungen............... 119
        Anstellgut, Starterkultur 120
    Dreistufenführung..................... 120
        Ziele der Sauerteigstufen 121
        Grundsauer oder Vollsauer über Nacht 121
        Ermittlung der Mehl- und Wassermengen für die Stufen 122
        Steuerung der Sauerteigreife........... 123
    Zweistufenführung 124
        Führungsbedingungen einer Zweistufenführung . 125
        Führungsschema einer Zweistufenführung.... 125
    Einstufige Sauerteigführungen 126
        Berliner Kurzsauerführung............ 126
        Detmolder Einstufenführung 126
        Weinheimer Einstufenführung 127
        Salz-Sauer-Verfahren 127
    Teigsäuerungsautomaten 128
    Teigsäuernde Backmittel 129
        Direkte Führung 129
        Kombinierte Führung 130

Brotfertigmehle 131

Bereitung roggenhaltiger Teige 131
    Zutaten für Brotteige.................. 131
        Arbeitsrezept für Brotteige 132
        Zusammenstellung des Arbeitsrezepts 132
    Vorbereiten der Teigzutaten 134
        Bereitstellung von Sauerteig 134
        Bereitstellung von Mehl.............. 135
        Bereitstellung von Zuguẞflüssigkeit 136
        Bereitstellung von Salz, Hefe und Backmitteln . 137
    Kneten roggenhaltiger Teige 137
    Aufarbeiten roggenhaltiger Teige 138
        Teigruhe 138
        Abwiegen....................... 138
        Formgebung für Brot 139
        Stückgare für Brot 140

Backöfen........................... 142
    Anforderungen an Backöfen 142
    Etagenöfen........................ 142
    Heißluft-Umwälzofen 143
    Heizgas-Umwälzofen.................. 143
    Stikkenöfen........................ 144
        Kennzeichen des Stikkenofens 145
        Beheizung des Stikkenofens 145
        Backen im Stikkenofen 146
    Großbacköfen...................... 147
    Beschickungssysteme für Backöfen 148
    Heizsysteme bei Backöfen............... 149
        Direkte und indirekte Beheizung ...`..... 149
        Wärmeübertragung beim Dampfbackofen 150
        Wärmeübertragung beim Heißöl-Umlaufofen. . 150
        Wärmeübertragung bei Elektroöfen 150
        Wärmeübertragung bei Gasöfen 151
    Wartung und Pflege von Backöfen 151
    Umweltschutz und Energieersparnis 152
        Wärmegewinnung und Umweltschutz 152
        Wirtschaftliche Energienutzung.......... 152

Der Backvorgang 153
    Krumenbildung 154
    Krustenbildung...................... 156

Der Backverlauf 157
    Backtemperaturen und Backzeiten 157
        Vorbackmethode 158
        Backen in der Dampfbackkammer 159
        Unterbrech-Backmethode 159
    Beschicken........................ 160
    Schwadengabe 160
    Ofentrieb......................... 161
    Überwachen und Steuern des Backvorgangs ... 162
    Ausbacken........................ 163
    Backverlust und Brotausbeute............ 163

Brotbeurteilung 165
    Bewertung nach Prüfmerkmalen 165

Brotfehler 167
    Brotfehler vermindern die Verzehrsfähigkeit des Brotes......................... 167
    Brotfehler vermindern den Genußwert des Brotes. . 168
    Wesentliche Brotfehler in einer Übersicht...... 171
    Vermeiden von Brotfehlern.............. 171

Altbackenwerden und Brotfrischhaltung 173
    Vorgänge beim Altbackenwerden 173
        Mindesthaltbarkeit 174
        Kennzeichnung der Mindesthaltbarkeit
        auf Fertigpackungen 174
    Verzögerung des Altbackenwerdens 175
        Maßnahmen bei der Teigführung 175

Maßnahmen beim Backen von Brot 176
Maßnahmen bei der Lagerung von Brot 177

Schimmel als Brotkrankheit 178
    Schimmelpilze 179
        Lebensbedingungen der Schimmelpilze 179
    Schimmelbekämpfung 180
        Maßnahmen der Betriebshygiene 180
        Technologische Maßnahmen 181

Herstellen von Schrot-, Vollkorn- und Spezialbroten

Schrot- und Vollkornbrote 182
    Schrot- und Vollkornbrotsorten 182
        Qualitätsmerkmale für Schrotbrote 183
        Auswahl des Backschrots 183
        Verquellung des Backschrots 183
        Führungsschema für Schrotbrot 185
        Formen und Backen von Schrotbrot 185
    Kleingebäck mit Schrotanteil 185

Spezialbrote 186
    Spezialbrote mit besonders bearbeiteten
    Mahlerzeugnissen 186
    Spezialbrote mit besonderen Teigführungen 187
    Spezialbrote mit besonderen Backverfahren 187
    Spezialbrote mit
    Nichtbrotgetreidemahlerzeugnissen 188

Spezialbrote mit besonderen Zutaten
tierischen Ursprungs 189
Spezialbrote mit besonderen Zutaten
pflanzlichen Ursprungs 189
Spezialbrote mit verändertem Nährwert 191
Diätetische Brote und vitaminisierte Brote 191

Herstellen von Schnittbrot 193
    Brotsorten für Schnittbrot 193
    Schneidemaschinen 194
    Verpackung von Schnittbrot 195
    Kennzeichnung von Schnittbrotpackungen 196

Nährwert von Brot 197
    Berechnung des Brennwerts von Brot 197
    Nährwerte verschiedener Brotsorten 198
        Ballaststoffreiche Brote 198
        Nährwertveränderte Brote 199

Herstellen von Feinen Backwaren aus Hefeteigen

Einteilung und Zusammensetzung
von Hefefeingebäcken 200

Führung von Hefefeinteigen 203
    Indirekte Führung mit Hefeansatz 203
    Direkte Führung mit herkömmlichen Zutaten ... 203
    Direkte Führung mit Fertigmehlen
    bzw. Convenienceprodukten 204
    Verfahrensregeln für die Führung
    von Hefefeinteigen 205

Milch und ihre backtechnische Bedeutung 206
    Milch als Backzutat 206
        Wirkung von Milch auf die Teigbeschaffenheit . 206
        Wirkung von Milch auf das Gärverhalten 207
        Wirkung von Milch auf die Gebäckqualität ... 207
        Einfluß der Milch
        auf das Herstellungsverfahren 207
    Zusammensetzung der Milch 207
    Gewinnung von Konsummilch 208
        Bearbeitung von Konsummilch 208
        Milchsorten 209
    Milcherzeugnisse als Backzutat 210
        Trockenmilch 210
        Sahne 210
        Sauermilchquark 210
    Vorschriften für Milchgebäcke 211

Zucker und seine backtechnische Bedeutung ... 212
    Zucker als Backzutat 212
        Wirkung von Zucker
        auf die Teigbeschaffenheit 212
        Wirkung von Zucker auf das Gärverhalten ... 212
        Wirkung von Zucker auf die Gebäckqualität ... 213
    Zuckersorten für den Teig 214
        Kristallzucker 214
        Flüssigzucker 214
    Zucker für Dekorzwecke 214
    Gewinnung von Rübenzucker 215

Fette und ihre backtechnische Bedeutung 217
    Wirkung von Fett auf Teig, Gare und Gebäck ... 217
    Margarine und ihre Eignung als Backzutat 219
        Gewinnung von Margarine 220
    Butter und ihre Eignung als Backzutat 221
        Butter als Teigzutat 221
        Vorschriften für Buttergebäcke 222
        Gewinnung von Butter 223
        Butter als Handelsware 223
    Verderb von Fetten 223

Eier und ihre backtechnische Bedeutung 225
    Zusammensetzung und Eigenschaften von Eiern .. 225
        Eigenschaften von Eidotter 225
        Eigenschaften von Eiklar 226

Eier als Backzutat	226
Anforderungen an die Qualität von Eiern	227
Lagerung von Eiern	228
Eiprodukte	228
Gefrierei	229
Trockenei	229

Füllungen und Auflagen für Hefefeingebäcke	230
Füllungen und Auflagen aus Frischobst	230
Füllungen und Auflagen aus Obsterzeugnissen	230
Marmeladen	230
Konfitüren	231
Gelees	231
Pflaumen-/Zwetschenmus	231
Fruchtpülpe, Fruchtmark	231
Füllungen und Auflagen aus Obstdauerwaren	231
Dunstobst	231
Gefrierobst	232
Trockenobst	232
Schalenobst	233
Mandeln	233
Kandierte Früchte	234
Zitronat, Orangeat	234
Füllungen und Auflagen aus Vanillekrem	234
Füllungen und Auflagen aus Quarkzubereitungen	235
Füllungen aus Rohmassen	235
Marzipanfüllungen	235
Persipanfüllungen	235
Füllungen und Auflagen aus Mohnzubereitungen	236
Füllungen und Auflagen aus Convenienceprodukten	236
Rechtliche Vorschriften für Füllungen und Auflagen	236

Gebäcke aus leichtem Hefefeinteig	237
Herstellen von Hefekleingebäcken	237
Aufarbeiten, Gärverlauf und Backen	237
Herrichten	240

Herstellen von Plundergebäck	242
Qualität und Zusammensetzung	242
Herstellungsverfahren	243
Lockerung	246
Gebäckfehler	246
Herstellen von Zwieback	248

Gebäcke aus mittelschwerem Hefefeinteig	250
Herstellen von Hefekuchen auf Blechen	251
Ausrollen mit der Ausrollmaschine	251
Streuselkuchen	252
Bienenstichkuchen	253
Butterkuchen, Zuckerkuchen	253
Obstkuchen	254
Herstellen von Flechtgebäcken	255

Siedegebäcke aus Hefefeinteig	257
Herstellen von Berliner Pfannkuchen	257
Zusammensetzung und Führung des Teiges	258
Backen von Berliner Pfannkuchen	259
Gebäckfehler	260
Fette für Siedegebäcke	260
Anforderungen an Siedefett	261
Gesundheitsschäden durch verdorbenes Siedefett	261
Fettbackgeräte	262

Gebäcke aus schwerem Hefefeinteig	263
Herstellen von Stollen	263
Herstellungsverfahren	264
Herrichten	265
Gerührter Napfkuchen	266

Qualitätserhaltung von Hefefeingebäcken	267
Teigführung und Qualitätserhaltung	267
Zusammensetzung und Qualitätserhaltung	267
Kältebehandlung und Qualitätserhaltung	267
Gärverzögern, Gärunterbrechen	268
Tiefkühlen der Gebäcke	268
Verpackung und Qualitätserhaltung	268

Feine Backwaren aus besonderen Teigen und aus Massen

Herstellen von Blätterteig-, Mürbeteig- und Lebkuchengebäcken	269
Blätterteiggebäcke	269
Zusammensetzung des Blätterteigs	270
Herstellungsmethoden für Blätterteig	272
Tourieren des Blätterteigs	273
Aufarbeiten und Formen des Blätterteigs	275
Backen und Lockerung des Blätterteigs	276
Qualitätsmerkmale für Blätterteiggebäcke, Blätterteigfehler	276
Mürbeteiggebäcke	277
Verwendung von Mürbeteig	277
Zusammesetzung des Mürbeteigs	278
Bereitung des Mürbeteigs	278
Backen und Lockerung des Mürbeteigs	279
Gebäcke aus besonderen Mürbeteigen	279

Lebkuchengebäcke	281
Zusammensetzung und Herstellung von Braunen Lebkuchen	281
Abwandlungen von Lebkuchenteigen	282
Backen und Lockerung von Lebkuchenteigen	283
Oblatenlebkuchen	283
Gewürze und Aromen	284
Chemische Lockerung	287

Herstellen von Gebäcken aus Massen	290
Unterscheidung von Teigen und Massen	290
Maschinen für die Herstellung von Massen	291
Funktion der Rührsysteme	291
Arbeitssicherheit, Wartung und Reinigung	292
Gebäcke aus Baiser- und Schaummassen	293
Zusammensetzung von Schaummassen	293
Aufschlagen von Schaummassen	293
Aufarbeiten und Backen von Schaummassen	295
Fehler bei Gebäcken aus Schaummassen	295

Gebäcke aus Biskuitmassen und Wiener Masse ... 295
   Zusammensetzung von Biskuitmassen. ... 295
   Aufschlagen von Biskuitmassen. ... 296
   Zusammensetzung von Wiener Masse ... 297
   Aufschlagen von Wiener Masse ... 297
   Aufarbeiten und Backen ... 297
   Fehler bei Gebäcken aus Biskuitmassen und Wiener Masse ... 298

Gebäcke aus Sand- und Rührmassen ... 299
   Zusammensetzung von Rührmassen ... 299
   Herstellung von Gebäcken aus Rührmassen ... 300
   Emulsionsbildung bei Rührmassen ... 301
   Fehler bei Gebäcken aus Rührmassen ... 302

Gebäcke aus Brandmasse ... 303
   Zusammensetzung von Brandmasse ... 303
   Herstellung von Brandmasse. ... 303
   Aufarbeiten und Backen von Brandmasse ... 303
   Fehler bei Gebäcken aus Brandmasse ... 305

Gebäcke aus Makronenmassen und Massen mit Ölsamen ... 305
   Zusammensetzung und Herstellung von Gebäcken aus abgerösteten Massen mit Ölsamen ... 306
   Zusammensetzung und Herstellung von Gebäcken aus Marzipan- und Persipanmakronenmasse ... 306
   Fehler bei Gebäcken aus Makronenmassen und Massen mit Ölsamen ... 306

Gebäcke aus Röstmassen ... 307
   Zusammensetzung und Herstellung von Röstmassen ... 307
   Aufarbeiten, Backen und Herrichten von Gebäcken aus Röstmassen ... 307

Diätetische Feinbackwaren ... 308
   Diätetische Backwaren für Diabetiker ... 308
   Zusammensetzung und Kennzeichnung von Feinen Backwaren für Diabetiker ... 309

Herstellen von Torten und Desserts ... 311
  Kremtorten und Kremdesserts ... 311
   Desserts mit leichtem Vanille-Füllkrem ... 311
   Kremtorten. ... 313
   Zusammensetzen von Torten ... 315
   Fehler bei Kremtorten und Kremdesserts ... 315
  Torten und Desserts mit Schlagsahnezubereitungen . 317
   Schlagsahne ... 317
   Herstellen von Sahnetorten und Sahnedesserts . 317
   Sahnekrems ... 318
  Obsttorten und Obstdesserts ... 320
  Makronentorten ... 322
  Rohmassen und Halbfertigprodukte ... 323
  Konservierungsstoffe ... 324
  Sachertorte ... 325
  Kuvertüre und kakaohaltige Fettglasuren ... 325
  Kakaopulver ... 328
  Gewinnung von Kakaoerzeugnissen ... 329
  Überzüge und Dekors ... 330
   Dekormaterialien ... 330
   Verwendung von Farbstoffen ... 330

Lebensmittelrechtliche und gewerberechtliche Vorschriften

Backwaren im Spiegel des Lebensmittelrechts ... 331
Umgang mit Speiseeis ... 333
   Grundlagen der Speiseeisbereitung ... 333
   Bezeichnung der Speiseeissorten ... 333
   Hygienebestimmungen für den Umgang mit Speiseeis ... 334
Herstellen von Snack-Backwaren ... 335
   Teige für Snack-Backwaren ... 335
   Füllungen und Auflagen für Snack-Backwaren . 335
   Rechtliche Bestimmungen ... 335

Hygiene- und Arbeitsschutzbestimmungen für Backbetriebe ... 336
Rechtliche Bestimmungen für die Bewirtung von Kunden und Gästen ... 338

Weizenmehl und seine Verarbeitung zu Weißgebäcken

Abb. Nr. 1   Weizenbrote

Abb. Nr. 2   Weizenkleingebäcke

Weißgebäcke

Sicher kennen Sie eine ganze Reihe der verschiedensten Weißgebäcke aus der Produktion Ihres Betriebes. Vielleicht stellen Sie sogar einige Weißgebäck-Spezialitäten her, die nur in Ihrer Gegend bekannt sind und in diesem Buch nicht einmal genannt werden.

Das Weißgebäck-Angebot hat sich in den letzten Jahren deutlich gewandelt. So ist eine Bereicherung sowohl in der Sortimentsbreite als auch in der Sortimentstiefe zu beobachten. Die Bedeutung der Weißgebäcke innerhalb des Bäckerei-Sortiments, insbesondere die der Kleingebäcke, erklärt sich aus den gewandelten Verbraucherwünschen.

Der Verbraucher wünscht
– Backwaren, die leicht verdaulich sind,
– Backwaren mit hohem Genußwert,
– Backwaren, die ofenfrisch angeboten werden.
Der Bäcker kann diese Wünsche erfüllen.

> Welche Backwaren sind Weißgebäcke?
> **Weißgebäcke** sind mit Hefe gelockerte Weizenbrote (= Weißbrote) und Weizenkleingebäcke ohne oder mit nur geringem Fett-/Zuckeranteil.
> Weizenbrote und Weizenkleingebäcke müssen mindestens 90 % Weizenmehl (auf Getreideerzeugnisse) enthalten; ein Roggen- oder Schrotanteil bis zu 10 % ist zulässig.
> Für Weißbrotsorten, die üblicherweise mit Fett und Zucker hergestellt werden (z. B. Toastbrot), ist ein Fett-/Zuckeranteil bis zu 11 % (auf Getreideerzeugnisse) statthaft.

Abb. Nr. 3   Rustikales Brötchensortiment

Lebensmittelrechtliche Bestimmungen

Hinweis: *Näheres über Brotgewichte erfahren Sie im Kapitel „Gewichtsvorschriften für Weißgebäcke".*

Weißbrote müssen mindestens 500 g schwer sein; Weizenkleingebäcke wiegen unter 250 g.

Während für Weizenbrote nur ganz bestimmte Gewichte erlaubt sind, bestehen für Weizenkleingebäcke keine Gewichtsvorschriften.

Zusammensetzung von Weißgebäcken

Weißgebäcke bestehen aus folgenden Zutaten:
– Weizenmehl,
– Wasser oder/und Milch,
– Hefe,
– Kochsalz,
– Backmittel.

Zusätzlich sind folgende Zutaten üblich:
– Speisefett } zusammen bis zu 11 % der
– Zucker } Getreideerzeugnisse
– andere Getreideerzeugnisse bis zu 10 % aller Getreideerzeugnisse.

Abb. Nr. 4
Schrippe (eingeschlagen)

Abb. Nr. 5
Schrippe (geschnitten)

Abb. Nr. 8
Kaiserbrötchen

Abb. Nr. 6
Knüppel

Abb. Nr. 9
Rundstück

Abb. Nr. 7
Gedrücktes Brötchen

Abb. Nr. 10
Gedrücktes Milchbrötchen

Einteilung von Weißgebäcken

Der Verbraucher unterscheidet zunächst zwischen Groß- und Kleingebäcken.

Übliche Großgebäcke sind:
- freigeschobenes Weißbrot in länglich-kompakter Form,
- Kastenweißbrot,
- Französisches Weißbrot in länglich, etwas kompakter Form,
- Baguettes in schlanker Form,
- Toastbrot.

Weizenkleingebäcke teilt man nach verschiedenen Merkmalen ein.

Abb. Nr. 11
Rosenbrötchen

Einteilungsmerkmale für Weizenkleingebäcke:	Beispiele:
– Art der Zugußflüssigkeit	▶ Milchbrötchen, Wasserbrötchen
– Äußere Form	▶ Rundstücke, lange Brötchen, Zeilenbrötchen, Doppelbrötchen, Hörnchen, Brezeln.
– Methode der Formgebung	▶ eingeschlagene Brötchen, gestüpfelte Brötchen, geschnittene Brötchen, gedrückte Brötchen, Brötchen ohne Ausbund.
– Aussehen/ Beschaffenheit	▶ Schrippen, Knüppel, Rosenbrötchen, Sternsemmeln, Hamburger Rundstücke, Breslauer Schlußsemmeln.
– Zusätze anderer Getreideerzeugnisse	▶ Röggeli, Röggelchen, Schrotlinge, Grahambrötchen.
– Besondere Zusätze	▶ Käsebrötchen, Zwiebelbrötchen, Schinkenbrötchen, Mohn-, Sesam-, Kümmelbrötchen.
– Besondere Herstellungsverfahren	▶ Laugenbrezel, Laugenwecken, Dänische Brötchen.

Abb. Nr. 12
Weißbrotsorten

Karl meint: ,,Alle Weißbrot- und Brötchensorten werden doch aus dem gleichen Teig hergestellt. Wozu also diese vielen Sorten?
Das ist doch Kundenverdummung!"
Stimmt das so?

Abb. Nr. 13
Breslauer Schlußsemmeln

Weißgebäcke im Vergleich zu Roggengebäcken

Weißgebäcke unterscheiden sich sehr deutlich von Roggengebäcken:

▶ Sie haben ein größeres Volumen.
▶ Sie haben eine hellere, goldgelbe Kruste.
▶ Sie haben eine stark aufgelockerte Krume.
▶ Sie haben eine sehr helle Krume.
▶ Sie sind nicht so kräftig im Aroma.
▶ Sie verlieren schnell ihre Frische.
▶ Sie haben einen geringeren Sättigungswert.
▶ Sie sind leichter verdaulich.

Abb. Nr. 14
Baguettes-Brötchen

Abb. Nr. 15
Weizen- und Roggenbrot je 0,5 kg im Vergleich

Weizenmehle und ihre Backeigenschaften

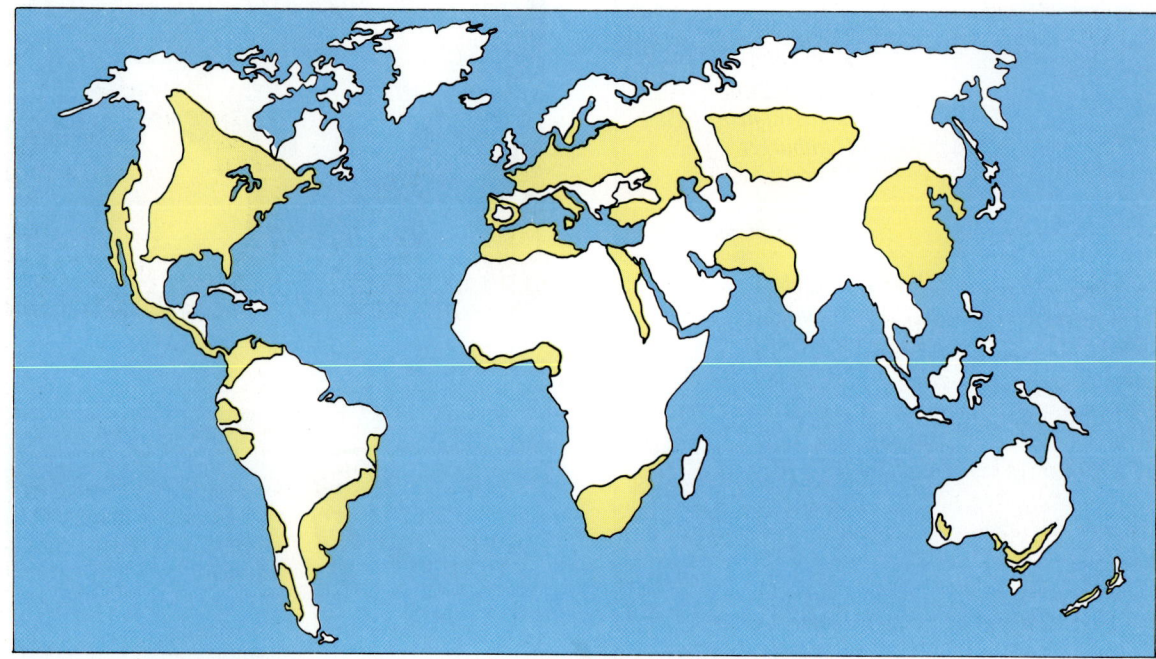

Abb. Nr. 16   Weizenanbaugebiete in der Welt

Gewinnung von Weizenmehlen

Wenn der Bäcker Mehl braucht, bestellt er es bei seinem Händler oder direkt bei einer Mühle. Er braucht sich keine Gedanken zu machen, woher die Mühle das Korn bekommt. Jährlich werden mehrere Millionen Tonnen Mehl in deutschen Bäckereien verbacken.

Wo kommt diese ungeheure Menge Mehl her? Denken Sie darüber nach!

In jedem Fall sollten Sie aber als Bäcker über den Rohstoff „Mehl" genau Bescheid wissen!

Mehl gewinnt man aus den Samenkörnern des Getreides.

Für die Brotherstellung eignen sich vorrangig Mahlerzeugnisse des Weizens und des Roggens. Mahlerzeugnisse aus anderen Getreidearten, wie Mais, Gerste, Hafer, Reis und Hirse, finden lediglich als Zusätze (z. B. für Spezialbrote) Verwendung.

Nur Weizen und Roggen bezeichnet man bei uns als Brotgetreide; denn nur die Mehle des Weizens und des Roggens sind ausreichend backfähig.

> ✲ *Backfähigkeit ist das Gesamtverhalten eines Mehles bei der Gebäckherstellung.*

Wenn die Backfähigkeit von Mehlen beurteilt wird, dann wird immer die Eignung der Mehle für die Gebäckherstellung beurteilt:
▶ Wieviel Wasser bindet das Mehl beim Einteigen?
▶ Welche Teigbeschaffenheit ergibt das Mehl?
▶ Wie verläuft die Teiggärung?
▶ Wie hoch ist die Gärstabilität?
▶ Wie verbackt sich der Teig?
▶ Und das Wichtigste: Welche Gebäckqualität läßt sich aus dem Mehl erbacken?

Weizenmehle können sehr unterschiedliche Backeigenschaften haben. Das gilt auch für Mehle gleicher Ausmahlung!

Die Backfähigkeit der Weizenmehle ist abhängig
– von der Weizensorte,
– von den Wachstumsbedingungen (wie Klima, Witterung, Boden, Düngung),
– von der müllereitechnischen Gewinnung.

> **Zusätzliche Informationen**
> *Nordamerika ist der größte Weizenproduzent mit dem zugleich höchsten Überschuß.*
> *Die Bundesrepublik sowie Westeuropa insgesamt haben höhere Weizenerträge als sie selbst verbrauchen können.*
> *Die Weizensorten aus den USA und aus Kanada haben einen sehr hohen Eiweißgehalt mit zum Teil überhöhten Backeigenschaften. Solche Weizensorten eignen sich als Aufmischweizen*
> – *zur Verbesserung „schwächerer" Inlandsmehle,*
> – *für Spezialmehle (z. B. Zwiebackmehle),*
> – *für Mehle zur Herstellung von Teigwaren.*

> *Betrachten Sie die Weltkarte mit den skizzierten Weizenanbaugebieten!*
> *Versuchen Sie herauszufinden, welche Bedingungen für den Weizenanbau günstig und welche ungünstig sind!*

Abb. Nr. 17   Weizenfeld

Abb. Nr. 18
Getreideähren: Weizen, Roggen, Gerste, Hafer

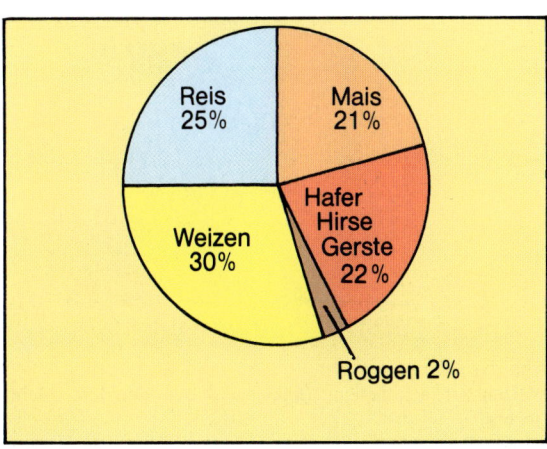

Abb. Nr. 19
Anteile der Getreidearten an der Weltgetreideerzeugung in %

Zum Nachdenken: *In Deutschland wird der überwiegende Teil der Brotsorten mit Roggenmahlerzeugnissen hergestellt.*

Betrachten Sie das Schaubild über die Anteile der Getreidearten (Abb. Nr. 19) und leiten Sie daraus ab, welche Bedeutung der Roggen in der übrigen Welt hat!

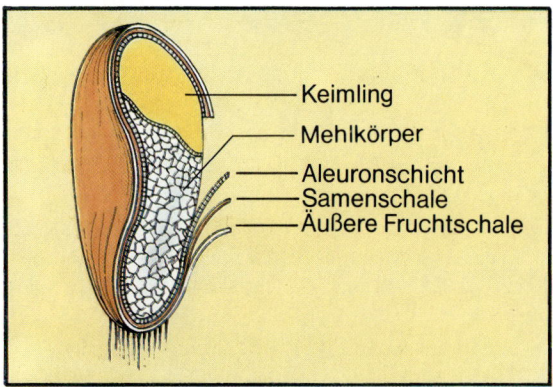

Abb. Nr. 20 Längsschnitt durch ein Weizenkorn

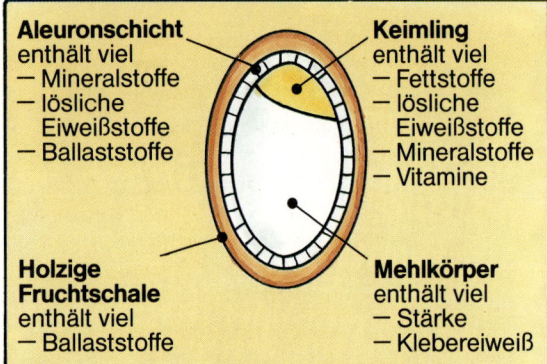

Abb. Nr. 21 Nährwert der Kornbestandteile

Abb. Nr. 22
Weizenbrot aus hellem (links) und aus dunklem Mehl (rechts)

Beurteilen Sie das Volumen und die Krustenfarbe der Gebäcke!

	Wasser	Eiweißstoffe	Mineralstoffe	Fett	Stärke	Zellulose Pentosane lösliche Zuckerstoffe
Schale	15	10	7	0	0	68
Keimling	15	33	5	12	0	35
Aleuronschicht	15	25	10	8	0	42
Mehlkörper	15	10	0,5	1,5	70	3

Tabelle Nr. 1
Zusammensetzung der Kornbestandteile

Bestandteile des Weizenkorns

Schneiden Sie ein Weizenkorn der Länge nach durch. Jetzt können Sie die wesentlichen Bestandteile des Weizenkorns erkennen:
- den Mehlkörper,
- den Keimling,
- die Schale.

Der **Mehlkörper** besteht überwiegend

aus Stärke   etwa 70 %,
aus Eiweiß   etwa 10 %
und aus Wasser   etwa 15 %.

Aus dem Mehlkörper wird bei der Vermahlung das Mehl gewonnen.

Die **Aleuronschicht** umschließt den Mehlkörper. Diese dickwandige, wabenartige Schicht ist besonders reich an Mineralstoffen und löslichem Eiweiß. Sie enthält auch mehr Fett und mehr Enzyme als der Mehlkörper. Dunkle Mehle enthalten einen erheblichen Anteil der Aleuronschicht.

Der **Keimling** liegt am Kornende; er enthält alle Anlagen für die neue Pflanze. Der Keimling ist reich an löslichen Eiweißstoffen, Fett, Mineralstoffen und Vitaminen. Das Schildchen, das den Keimling vom Mehlkörper abgrenzt, enthält einen erheblichen Teil der B-Vitamine des Kornes.

Mahlerzeugnisse, die den Keimling enthalten, sind nicht lagerfähig. Der hohe Enzymgehalt des Keimlings verringert durch den Abbau der Mehlbestandteile die Backeigenschaften der Mehle. Solche Mehle sind schon nach kurzer Lagerzeit ranzig.

Die **Schale** umhüllt den Mehlkörper und den Keimling. Die äußere Fruchtschale besteht aus mehreren Zellschichten. Sie ist holzig und unverdaulich. Die darunterliegende Samenschale gibt dem Korn seine charakteristische Färbung.

Die Zusammensetzung des Mehlkörpers in der Menge und in der Qualität ist im Kern anders als in den Randschichten des Mehlkörpers. So unterscheiden sich auch die Mehle aus dem Kern von denen aus den Randschichten des Mehlkörpers.

Mehle aus dem Kern des Mehlkörpers:	Mehle aus den Randschichten des Mehlkörpers:
▶ Sie sind heller.	▶ Sie sind dunkler.
▶ Sie sind stärkereicher.	▶ Sie sind stärkeärmer.
▶ Sie sind eiweißärmer.	▶ Sie sind eiweißreicher.
▶ Sie sind kleberstärker.	▶ Sie sind kleberschwächer.
▶ Sie sind ärmer an löslichen Zuckerstoffen.	▶ Sie sind reicher an löslichen Zuckerstoffen.
▶ Sie sind mineralstoffärmer.	▶ Sie sind mineralstoffreicher.
▶ Sie sind vitaminärmer.	▶ Sie sind vitaminreicher.
▶ Sie sind enzymärmer.	▶ Sie sind enzymreicher.
▶ Sie enthalten wenig Schalenteile des Kornes.	▶ Sie enthalten viel Schalenteile des Kornes.

Merkhilfe:
✿ *Mehle aus dem Kern des Mehlkörpers sind backfähiger!*
Aber: Mehle aus den Randschichten des Mehlkörpers sind für die Ernährung viel wertvoller!

Der Bäcker wünscht
– *helle, kleberstarke Mehle für Feinbackwaren;*
– *helle, in der Kleberstärke ausgewogene Mehle für Weißgebäcke;*
– *mittelhelle, nicht zu kleberschwache Mehle für Mischbrot;*
– *dunkle, nicht zu kleberschwache Mehle für dunkles Mischbrot;*
– *Backschrot für Schrotbrot.*

Ziel der Weizenvermahlung ist die Gewinnung von Mehlen mit – auf den Verwendungszweck – abgestimmten Backeigenschaften.

Es ist technisch möglich, das Korn in einem einzigen Mahlgang zu vermahlen.

Es ist aber **nicht** möglich, aus diesem Mahlerzeugnis durch Sieben oder andere Maßnahmen Mehle mit den vom Bäcker gewünschten Backeigenschaften zu gewinnen.

Also hat der Müller Mahlverfahren anzuwenden,
– welche die Gewinnung von helleren und dunkleren Mehlen ermöglichen,
– welche die Gewinnung von Mehlen mit vorausbestimmbaren Backeigenschaften ermöglichen.

Der Müller löst das Problem durch das stufenweise Vermahlen des Weizens.

Dieses Mahlverfahren nennt man **Hochmüllerei.**

Über ein gestuftes Wechselspiel zwischen vorsichtigem Zerkleinern, Sieben und Aussondern von Kleie erzielt er in 4 bis 5 Schrotungen und vielen Ausmahlungen eine große Anzahl von Mehl-Passagen unterschiedlicher Helligkeit und Zusammensetzung (Passagen = die in jeder Stufe der Ausmahlung angefallenen Mehle).

Die Vielzahl der Passagen ermöglicht dem Müller, durch Mischen Mehle mit unterschiedlichem Backverhalten zu gewinnen.

Um zu vermeiden, daß das Korn schon bei der ersten Schrotung als feiner, dunkler Schrot anfällt, wendet der Müller folgende Techniken an:

Vermahlung

Abb. Nr. 23

Wenn der Bäckermeister Mehl einkauft, erwartet er, daß das Mehl bestimmte Backeigenschaften aufweist.

Werden seine Erwartungen enttäuscht, wird er sein Mehl bei einer anderen Mühle kaufen.

Der Müller hat also Mehle mit Backeigenschaften zu ermahlen, wie sie der Bäcker wünscht.

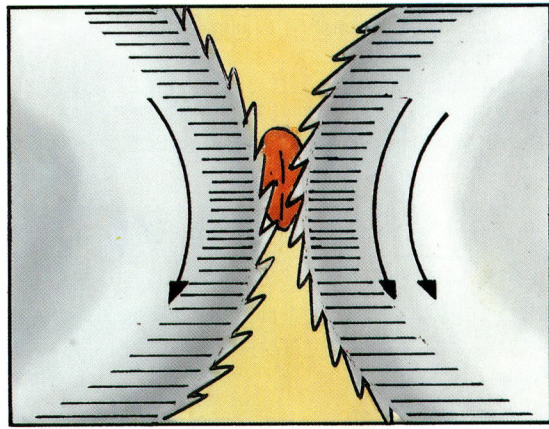

Abb. Nr. 24
,,Aufschneiden" des Kornes zwischen den Mahlwalzen des Walzenstuhls

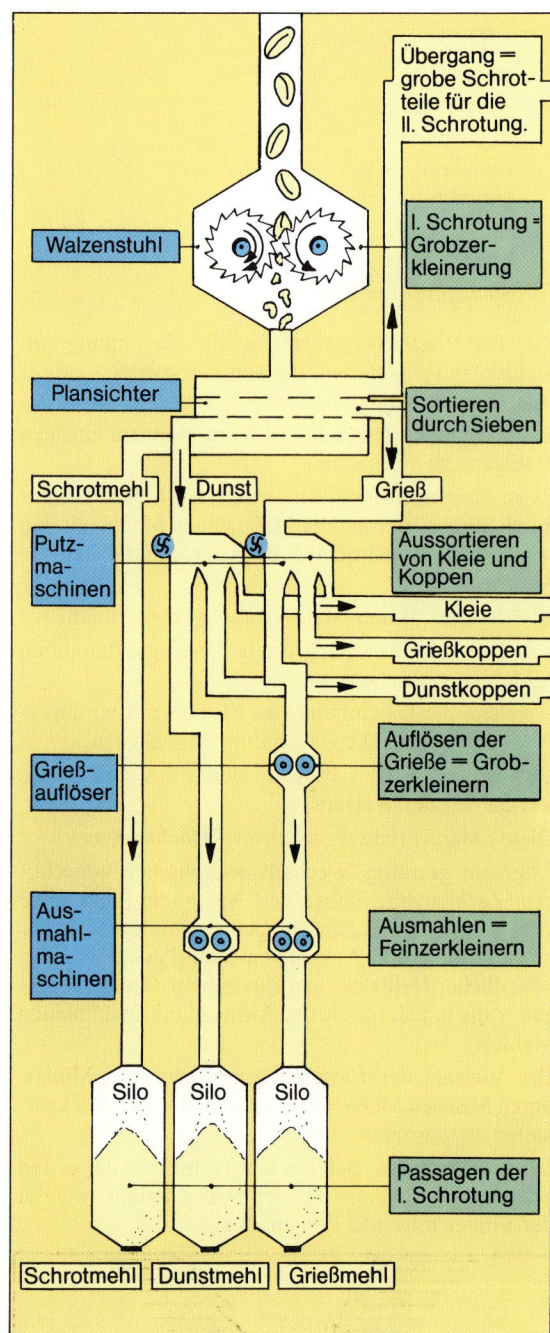

Abb. Nr. 25
Schematische Darstellung der Weizenvermahlung

Thomas: „Ich kann mir zwar vorstellen, wie bei der Reinigung des Kornes größere und kleinere Fremdkörper ausgelesen werden. Wie aber Unkrautsamen, Steinchen oder Metallteilchen aussortiert werden, ist mir ein Rätsel!" – Wissen Sie es?

* Das Korn wird vor der Vermahlung mit Wasser benetzt.
  ▶ Dadurch verliert die Schale ihre Spröde; sie wird zäh und kann so bei der Schrotung nicht so fein zersplittern.
  ▶ Dadurch verliert der Mehlkörper des Kornes etwas von seiner Festigkeit; so zerfällt er feiner bei der Schrotung.

* Die beiden geriffelten Stahlwalzen des Walzenstuhls werden für die erste Schrotung sehr weit (= hoch) eingestellt (Abb. Nr. 24).
  ▶ Dadurch wird das Korn bei der Schrotung nicht zermahlen, sondern nur aufgeschnitten; so wird ein Teil des Mehlkerns freigesetzt.

* Eine der gegeneinanderlaufenden Stahlwalzen läuft schneller als die zweite (= Voreilung).
  ▶ Dadurch wird der Schneideffekt noch verstärkt.

So gewinnt der Müller helle Mehle aus der Mitte des Kornes (= Auszugmehle) mit ganz geringem Schalenanteil.

Verfahren der Weizenmehlgewinnung

Das angelieferte Mahlgetreide wird zunächst gereinigt.

Bei der **Vorreinigung** werden Fremdkörper, wie Spreu, Unkrautsamen, Steinchen und Staub entfernt.

Bei der **Hauptreinigung** werden die unerwünschten Kornbestandteile entfernt:
▶ die äußere, holzige Schale,
▶ der Keimling und
▶ das Bärtchen.

Zur Erzielung einer höheren Mahlausbeute und zur Gewinnung sehr heller Mehle wird das Korn vor seiner Vermahlung durch Behandlung mit Feuchtigkeit und Wärme **konditioniert** (= Erzielung der gewünschten Beschaffenheit).

Und so läuft die Vermahlung ab:
▶ Das Korn wird im **Walzenstuhl** geschrotet.
▶ Der angefallene Schrot wird im **Plansichter** gesiebt und nach Teilchengröße sortiert in
  ● Schrotmehl = feines Mehl,
  ● Dunste = noch körnige Mehlstückchen,
  ● Grieße = noch grobe Mehlstücke,
  ● Überschlag = grobe, große Kornstücke.
▶ Vor der Weitervermahlung der Dunste und Grieße werden Schalenteilchen (= Kleie) und Koppen (= Mehl mit anhaftender Schale) in **Putzmaschinen** oder **Zentrifugalsichtern** oder **Kleieschleudern** von diesen getrennt.

- Die schalenfreien Dunste und Grieße werden in **Auflöse- und Ausmahlmaschinen** zwischen fein geriffelten oder glatten Walzen stufenweise feingemahlen.
- Die Koppen werden stufenweise vermahlen und von der anfallenden Kleie getrennt.
- Der Überschlag wird der nächsten Schrotung zugeführt. Bei der zweiten und den nachfolgenden Schrotungen werden die Walzen jeweils enger eingestellt; so wird das Korn stufenweise zerkleinert.
- Die angefallenen Schrot-, Dunst- und Grießmehle werden nach Typen unter Berücksichtigung der vom Bäcker gewünschten Backeigenschaften gemischt.

Typen für Weizenmahlerzeugnisse	
Type:	Eignung:
405	Auszugmehl für Feine Backwaren
550	Vordermehl für Weißgebäcke
630	Vordermehl für Weißgebäcke und helles Mischbrot
812	Voll- oder Hintermehl für helles Mischbrot; auch zum Beimischen für Weißgebäck
1050	Hintermehl für Mischbrot
1200	Hintermehl für dunkles Mischbrot
1600	Hintermehl für dunkles Mischbrot (nur gering backfähig)
1700	Backschrot für Schrotbrot
2000	Nachmehl für ballaststoffreiches Brot (allein kaum backfähig)

Tabelle Nr. 2

Typenbezeichnungen

Der Bäcker kauft das Mehl nach seiner Eignung für die herzustellenden Backwaren ein. Die Eignung leitet er aus der Typenzahl ab. Braucht er also Mehl für die Brötchenherstellung, dann kauft er Weizenmehl der Type 550 ein.

Mahlerzeugnisse aus Brotgetreide dürfen nur in bestimmten Typen gehandelt werden. Die Mehltype ist die Maßzahl für den Aschegehalt im Mehl.

Beim Verbrennen von Mehl bleibt eine meßbare Aschemenge zurück. Der Ascherückstand besteht aus den Mineralstoffen des Mehles.

✱ *Die Typenzahl gibt an, wieviel Gramm Mineralstoffe annähernd in 100 kg wasserfreiem Mehl enthalten sind.*

Beispiel: Alle Mehle mit einem Mindestaschegehalt von 490 g und einem Höchstaschegehalt von 580 g (bezogen auf 100 kg trockene Mehlsubstanz) zählen zur Type 550.

Zwar bezieht sich die Typenzahl ausschließlich auf den Ascherückstand des Mehles. Für den Bäcker jedoch sagt die Mehltype mehr aus.

Er kann aus der Typenzahl ableiten:
- die Getreideart, aus der das Mehl gemahlen ist (ob Roggen oder Weizen),
- den Ausmahlungsgrad des Mehles,
- die Helligkeit des Mehles,
- die Eignung des Mehles.

Der Mineralstoffgehalt ist in der Aleuronschicht und in der Fruchtschale des Kornes wesentlich höher als im Mehlkörper.

So kann man aus der Typenzahl ableiten, ob das Mehl mehr aus dem Kern oder mehr aus den Randschichten des Mehlkörpers stammt.

Die Typenzahl läßt zwar allgemeine Rückschlüsse auf die Backeigenschaften der Mahlerzeugnisse zu; sie ist aber keine Kennzahl für bestimmte Güteeigenschaften der Mehle.

✱ *Merkhilfe:*
- *Niedrige Typenzahl = helle Mehle aus dem Kern des Mehlkörpers.*
- *Hohe Typenzahl = dunkle Mehle aus den Randschichten des Mehlkörpers.*

Hinweis: *Im Kapitel ,,Die Mineralstoffe des Weizenmehls'' ist ein Versuch für die Ermittlung des Aschegehalts beschrieben!*

Zusätzliche Informationen

Mit zunehmendem Ausmahlungsgrad steigt auch der Mineralstoffgehalt im Mehl.

Der Ausmahlungsgrad ist die Menge des Mehles, die man aus 100 kg mahlfertigem Getreide gewinnt.

Mehle der Type 405 haben den niedrigsten Ausmahlungsgrad. Sie sind die bei der ersten Schrotung angefallenen Mehle (Ausmahlungsgrad: 0–40). Sie werden Auszugmehle genannt, weil sie vorweg aus der Mitte des Mehlkörpers ,,ausgezogen'' werden.

Mehle der Type 812 gelten als Vollmehle. Sie enthalten das müllereitechnisch gewinnbare Mehl aus dem Weizenkorn ohne größeren Stippenanteil (Ausmahlungsgrad: 0–73).

Mehle der Typen 1050, 1200, 1600, z. T. auch 812, sind Hintermehle; ihnen fehlt das Mehl aus der Kornmitte (Ausmahlungsgrad der Type 1600: 40–80). Die fehlenden Vordermehle verringern die Backfähigkeit dieser Mehle.

Mehle der Type 2000 sind Nachmehle. Sie werden aus der Randschicht des Kornes gewonnen. Sie sind allein nicht backfähig.

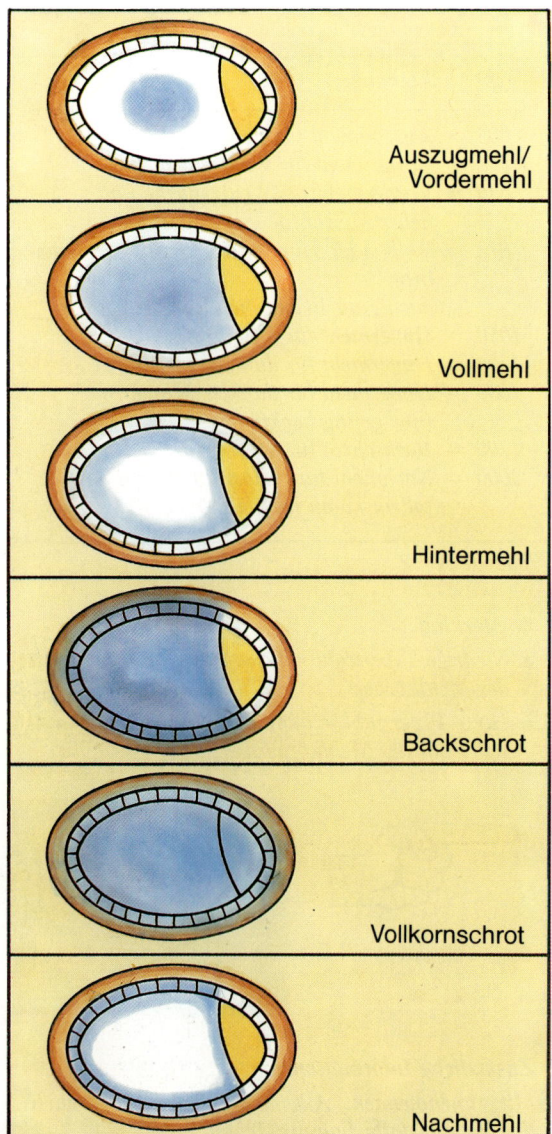

Abb. Nr. 26 Mahlerzeugnisse in Abhängigkeit der Ausmahlung (Blaufärbung in der Skizze)

> Erläutern Sie die Zusammensetzung der in der Skizze dargestellten Mahlerzeugnisse!

Backschrot ist ein grob bis mittelgrob durchgemahlenes Mahlerzeugnis; es enthält alle Bestandteile des Kornes mit Ausnahme der holzigen Schale und des Keimlings. Vollkornmahlerzeugnisse enthalten alle Bestandteile des Kornes, auch den Keimling. Nur die äußere holzige Schale darf vom Korn vor der Schrotung entfernt sein.

Vollkornmahlerzeugnisse sind unter normalen Lagerbedingungen ohne meßbare Vitaminverluste und ohne Einbußen in der Qualität höchstens vier Wochen haltbar. Bei längerer Lagerung sind deutliche Vitaminverluste und durch die Enzymaktivität des Keimlings Qualitätsverluste in der Backfähigkeit, aber auch im Geruch und im Geschmack feststellbar.

> *Das Wichtigste über die Gewinnung von Weizenmahlerzeugnissen in Kurzform*
>
> ▶ Das Weizenkorn besteht im wesentlichen
>   • aus dem Mehlkörper,
>   • aus der Aleuronschicht,
>   • aus der Schale und
>   • aus dem Keimling.
> ▶ Der Mehlkörper besteht
>   zu 70 % aus Stärke,
>   zu 10 % aus Eiweiß,
>   zu 15 % aus Wasser
>   und aus anderen Stoffen.
> ▶ Das Mehl aus der Mitte des Mehlkörpers ist backfähiger als das aus den Randschichten.
> ▶ Um Mehle unterschiedlicher Helligkeit und mit unterschiedlichen Backeigenschaften zu gewinnen, wendet der Müller ein gestuftes, schonendes Mahlverfahren – die Hochmüllerei – an.
> ▶ Die Typenzahl der Mahlerzeugnisse gibt annähernd den Mineralstoffgehalt in Gramm von 100 kg wasserfreiem Mehl an.

Backtechnische Bedeutung der Weizenmehlbestandteile

Betrachten Sie eine Probe Weizenmehl! Das Mehl sieht einheitlich weiß aus. Dennoch besteht es aus einer Vielzahl von Stoffen unterschiedlicher Zusammensetzung und unterschiedlicher backtechnischer Wirkung.

Und jedes Mehl ist anders!

Die moderne Müllerei bemüht sich, dem Bäcker Weizenmehle mit gleichen Backeigenschaften anzubieten.

Das ist nicht ganz leicht!

Denn schon der zu vermahlende Weizen schwankt in seiner Zusammensetzung und Güte.

> *Zusammensetzung und Backeigenschaften von Weizenmehlen sind abhängig von*
> ▶ der Weizensorte,
> ▶ den Wachstumsbedingungen, wie Klima, Boden, Düngung,
> ▶ der müllereitechnischen Gewinnung, wie Lagereinflüssen, Vermahlungsbedingungen, Ausmahlungsgrad.

Bei einer ersten Betrachtung der Tabelle Nr. 3 über die Zusammensetzung von Weizenmehl stellen wir fest:

Weizenmehl besteht überwiegend aus Stärke. Erstaunlich hoch ist der Wasseranteil, obwohl sich Mehl pulverig-trocken anfühlt. Der Eiweißgehalt ist fast genausogroß wie im Eiklar des Hühnereies.

Auf den nächsten Seiten soll die Eignung der Weizenmehle für die Backwarenherstellung unter Berücksichtigung ihrer Zusammensetzung grundlegend dargestellt werden.

Die Eiweißstoffe des Weizenmehls

Versuch Nr. 1:
Bereiten Sie einen Teig aus
50 g Weizenmehl der Type 550
+ 30 ml Wasser
+ 1 g Salz

Nach einer Ruhezeit von 30 Minuten waschen Sie den Teig vorsichtig knetend unter einem dünnen Wasserstrahl aus (Abb. Nr. 27).
Abfallende Teigstückchen fangen Sie in einem Mehlsieb, das Waschwasser in einer darunterstehenden Schüssel auf.
Der Waschvorgang wird beendet, wenn das Waschwasser klar ist.

Beobachtung:
Von 80 g Teig bleiben ungefähr 15 g „Restteig" zurück. Der Restteig ist zusammenhängend gummiartig-zäh. Nach kurzer Zeit der Entspannung ist der Restteig klebrig. Er läßt sich etwas auseinanderziehen ohne zu reißen. Beim Loslassen zieht er sich wieder zusammen.
Beim Betupfen mit Salpetersäure färbt sich der Restteig gelb.

Erkenntnis:
Der Restteig besteht aus wasserunlöslichem, feucht-klebrigem Eiweiß = Feuchtkleber. Im Feuchtkleber sind viele Teigeigenschaften vereinigt.

Versuch Nr. 2:
Wiegen Sie den Feuchtkleber! Trocknen Sie den Feuchtkleber in einem Trockenschrank oder im mäßig heißen Backofen.
Wiegen Sie den getrockneten Kleber (Abb. Nr. 29)!

Beobachtung:
Der Trockenkleber wiegt etwa ein Drittel des Feuchtklebers.

Erkenntnis:
Das Klebereiweiß bindet beim Einteigen etwa das Doppelte seines Eigengewichts an Wasser. Das Klebereiweiß ist quellfähig.

❋ *Merkhilfe:*
Gewicht des Trockenklebers aus dem Teig von 100 g Mehl = Anteil der kleberbildenden Eiweißstoffe im Mehl in %!
Gewichtsunterschied zwischen Feuchtkleber und Trockenkleber = Wasserbindevermögen der kleberbildenden Eiweißstoffe!

Das Weizenmehleiweiß ist kein einheitlicher Stoff. Es besteht aus vielen Eiweißstoffen mit unterschiedlichen Eigenschaften:

Abb. Nr. 27
Auswaschen des Klebers aus dem Weizenteig

Hinweis: *Bewahren Sie das Waschwasser von Versuch 1 für die Versuche „Kohlenhydrate des Weizenmehls" auf!*

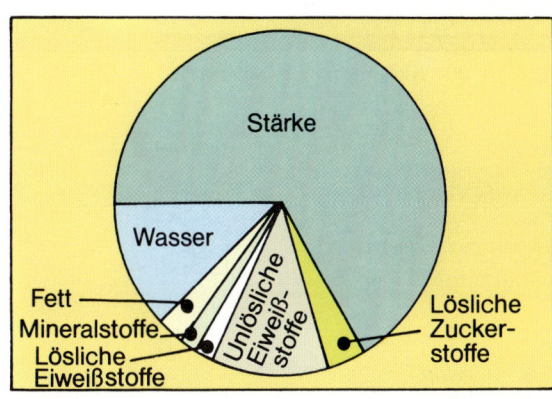

Abb. Nr. 28 Zusammensetzung von Weizenmehl

Die mittlere Zusammensetzung von Weizenmehl der Type 550

73,5 % Kohlenhydrate,
　　　davon
　　　　– 71　% Stärke,
　　　　– 2,4 % löslicher Zucker,
　　　　– 0,1 % Zellulose,
11　% Eiweißstoffe,
　　　davon
　　　　– 10 % kleberbildende Eiweißstoffe,
　　　　– 1 % wasserlösliche Eiweißstoffe,
14　% Wasser,
　1　% Fettstoffe,
　0,5 % Mineralstoffe.

Tabelle Nr. 3

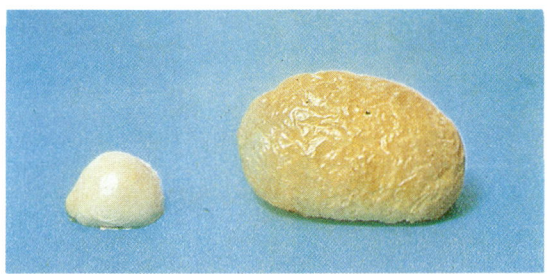

Abb. Nr. 29
Feuchtkleber und gebackener, trockener Weizenkleber

✲ *Der Hauptanteil der Eiweißstoffe wirkt beim Einteigen kleberbildend.*
✲ *Der restliche Anteil löst sich beim Einteigen in der Schüttflüssigkeit.*

Backtechnisch sind nur die kleberbildenden Eiweiße von Bedeutung:

Eigenschaften	*backtechnische Nutzung*
▼	▼
• Sie sind wasserunlöslich.	
• Sie sind quellfähig.	▶ Sie binden beim Einteigen das Doppelte ihres Eigengewichts an Wasser.
• Sie sind im gequollenen Zustand vernetzungsfähig.	▶ Sie geben dem Teig seinen Zusammenhang.
• Sie sind im gequollenen Zustand elastisch.	▶ Sie machen den Teig dehn- und formbar; sie geben ihm „Stand".
• Sie sind im gequollenen Zustand gashaltefähig.	▶ Sie halten die Gärgase im Teig und machen den Teig lockerungsfähig.
• Sie gerinnen beim Erhitzen.	▶ Sie werden beim Bakken fest und bilden ein vorläufiges Krumengerüst.

Zum Nachdenken:
100 g Weizenmehl binden 60 g Wasser.
100 g Weizenmehl enthalten 10 g kleberbildende Eiweißstoffe.
10 g Klebereiweiß binden 20 g Wasser.
Wie hoch ist das Wasserbindevermögen der restlichen Mehlsubstanz?

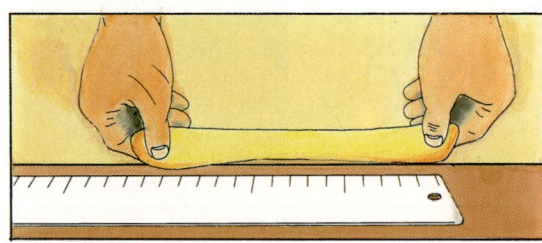

Abb. Nr. 30   Kleberdehnprobe am Lineal

Versuch Nr. 3:
Waschen Sie je eine Kleberprobe aus Teigen der Mehltypen 405, 550 und 1050 aus. Lassen Sie die Proben ein paar Minuten entspannen.
Nun ziehen Sie die Proben längs eines Lineals langsam auseinander (Abb. Nr. 30).

Beobachtung:
Die Kleberprobe der Type 405 läßt sich nur schwer dehnen; sie zieht sich beim Loslassen wieder fast vollständig zusammen.
Die Kleberprobe der Type 550 läßt sich etwas besser auseinanderziehen; beim Entspannen zieht sie sich wieder ein wenig zusammen.
Die Kleberprobe der Type 1050 läßt sich sehr leicht und sehr weit auseinanderziehen; sie neigt dazu, schnell zu reißen.

Erkenntnis:
Teige aus Weizenmehlen, die aus der Kornmitte gewonnen sind (Type 405), sind sehr elastisch und schwer formbar.
Mehle mit solchen Klebereigenschaften nennt man **kleberstark**.
Teige aus Weizenmehlen, die aus der Randschicht des Kornes gewonnen sind (z. B. Type 1050), sind wenig elastisch; sie reißen leicht beim Aufarbeiten

Hinweis: *Bewahren Sie das Waschwasser des Versuchs 3 für die Versuche 4 und 5 auf!*

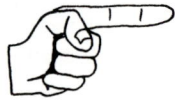

✲ *Merkhilfe:*
Helle Weizenmehle enthalten weniger Eiweißstoffe als dunkle; sie sind aber backtechnisch von höherer Güte!
Dunkle Weizenmehle enthalten mehr Eiweißstoffe als helle; sie sind aber backtechnisch von geringerer Güte!

Abb. Nr. 31

und Formen. Solche Teigeigenschaften bezeichnet man als **kurz**.

Mehle, die so „kurze" Teige ergeben, bezeichnet man als **kleberschwach**.

Unterschiede in den Backeigenschaften der Weizenmehle werden vorrangig durch Schwankungen in der Beschaffenheit und in der Menge des Kleberanteils verursacht.

Dabei gilt grundsätzlich:

✻ *Die Backfähigkeit von Weizenmehl wird durch das Klebereiweiß bestimmt.*

Schwankungen in der Zusammensetzung und Güte der anderen Mehlbestandteile haben nur geringen Einfluß auf die Backfähigkeit.

Backeigenschaften und Klebergüte der Weizenmehle stehen in einer untrennbaren Abhängigkeit.

Der **Müller** wird also die Auswahl des Kornes vorrangig nach der Güte des Klebereiweißes vornehmen.

Der **Bäcker** fragt nicht unmittelbar nach der Güte des Mehleiweißes; er beurteilt Mehle allein unter dem Gesichtspunkt der Backfähigkeit.

Durch Zusätze kann der Bäcker die Backeigenschaften von Weizenmehlen verändern. Will er die Teigbeschaffenheit (Verarbeitungseigenschaften, Gärstabilität, Gärtoleranz) verbessern, so muß er die Klebereigenschaften verändern.

*Maßnahmen
zur Verbesserung der Klebereigenschaften*

▶ *durch Zusatz von Kochsalz:*
Für Weizenteige übliche Mengen festigen den Kleber; der Teig wird elastischer.
Überhöhte Mengen vermindern deutlich die Quellfähigkeit des Klebers; der Teig wird „kurz".

▶ *durch Zusatz von Fett:*
Geringe Fettzugaben verbessern die Dehnbarkeit des Klebers; der Teig wird geschmeidiger und gewinnt an Gärstabilität.
Größere Fettzugaben machen den Teig „kurz".

▶ *durch Zusatz von Backmitteln:*
Für kleberschwache Mehle eignen sich Backmittel, die den Kleber festigen. Bereits in der Mühle wird deshalb dem Mehl Ascorbinsäure (Vitamin C) zugesetzt. Die gleiche Wirkung hat Cystin (Aminosäure).
Für kleberstarke Mehle eignen sich Stoffe, die den Kleber etwas schwächen; geeignet sind Proteasen (eiweißabbauende Enzyme) oder auch Cystein (Aminosäure).
Für die allgemeine Verbesserung der Klebereigenschaften eignen sich emulgatorhaltige Backmittel.

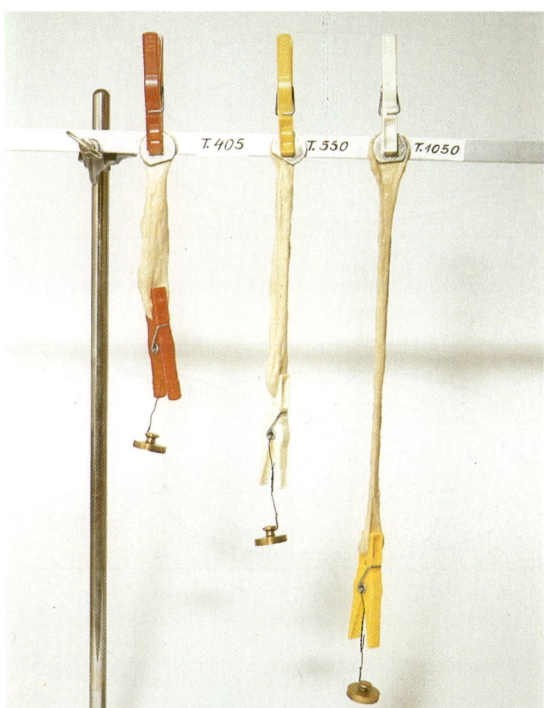

Abb. Nr. 32 Kleberzugprobe
Die Proben werden mit 20-g-Gewichten belastet. Nach 30 und nach 60 Minuten Belastungszeit werden die Proben beurteilt.

Zusätzliche Informationen

*Die Mehleiweiße bestehen im wesentlichen aus **Gliadin, Glutenin**, Albumin und Globulin.*

Gliadin und Glutenin machen etwa 85 % der Mehleiweiße aus. Sie bilden beim Einteigen den Kleber.

Albumin und Globulin lösen sich beim Einteigen im Wasser.

*Zur Beurteilung der Klebergüte wendet man in Mühlenlabors die **Feuchtkleberbestimmung** und die Bestimmung des **Sedimentationswerts** an.*

Über diese Beurteilungsmethoden erfahren Sie mehr im Kapitel „Beurteilung von Weizenmehl".

Die Kohlenhydrate des Weizenmehls

Stärke

Haben Sie schon einmal darüber nachgedacht, wodurch die weiße Farbe des Mehles verursacht wird?

Aus dem folgenden Versuch läßt sich die Antwort ableiten.

Versuch Nr. 4:
Verwenden Sie das Waschwasser, das beim Kleberauswaschen angefallen ist. Das abgestandene Waschwasser hat am Boden eine weiße Schicht gebildet (Abb. Nr. 33). Versetzen Sie das Waschwasser mit Jod (Jod-Kaliumjodidlösung)!

Abb. Nr. 33
Abgestandenes Waschwasser vom Kleberauswaschen

Abb. Nr. 34
Aufgerührtes, mit Jod versetztes Waschwasser

Erläutern Sie die Aussagen der beiden Abbildungen!

Stärke mit Wasser verrühren!

Stärke-Aufschlämmung filtrieren!

Ausgetropftes Wasser messen!

Abb. Nr. 35 bis 37
Wasserbindevermögen roher Weizenstärke

Beobachtung:
Der weiße Bodensatz färbt sich mit Jod blauviolett (Abb. Nr. 34).
Erkenntnis:
Der Bodensatz ist Stärke.
Weizenmehl enthält Stärke.
Stärke ist in kaltem Wasser unlöslich.

Versuch Nr. 5:
Verwenden Sie das Waschwasser eines hellen Mehles (aus dem Versuch 3)!
Gießen Sie sehr vorsichtig das klare, über dem Bodensatz stehende Waschwasser ab.
Trocknen Sie den Stärkesatz im Trockenschrank bei 50 °C (oder auf einem schwach warmen Heizkörper).
Wiegen Sie den Trockensatz!
Beobachtung:
Der Trockensatz zerfällt beim Zerreiben zwischen den Fingern pulverig.
Der Trockensatz wiegt etwa 35 g.
Erkenntnis:
Stärke verändert sich nicht in kaltem Wasser. Weizenmehl enthält ungefähr 70 % Stärke.

Versuch Nr. 6:
Verrühren Sie 20 g Weizenstärke mit 20 ml Wasser! Filtrieren Sie die Aufschlämmung (geeignet ist auch ein Kaffeefilter mit Filtertüte)! Wenn kein Wasser mehr austropft, messen Sie das Wasser in einem Meßzylinder (Abb. Nr. 35 bis 37).
Beobachtung:
Im Filter verbleibt ein feuchter Stärkesatz. Das ausgetropfte Wasser mißt etwa 10 ml.
Erkenntnis:
Die Stärke des Weizenmehls lagert beim Einteigen die Hälfte ihres Eigengewichts Wasser an.

Versuch Nr. 7:
Verrühren Sie 10 g Weizenstärke in 100 ml Wasser und erhitzen Sie die Aufschlämmung unter ständigem Rühren.
Messen Sie fortwährend die Temperatur (Abb. Nr. 38).
Beobachtung:
Bei ungefähr 60 °C beginnt die Aufschlämmung sich zu verdicken. Bei Kochbeginn ist aus der Aufschlämmung eine glasige, kleistrige Masse entstanden.
Erkenntnis:
Weizenstärke verkleistert zwischen 60 und 88 °C. Stärke bindet beim Verkleistern Wasser.

Die Kohlenhydrate des Weizens sind kein einheitlicher Stoff.
Der Hauptanteil besteht aus Stärke.
Der restliche Anteil sind lösliche Zuckerstoffe, Zellulose und Pentosane.

Weizenstärke	
Eigenschaften:	Backtechnische Nutzung:
* Weizenstärke ist in kaltem Wasser unlöslich.	▶ Stärke bleibt auch nach dem Einteigen der Feststoff des Teiges.
* Weizenstärke ist in kaltem Wasser nicht quellfähig. Sie lagert aber beim Einteigen an ihrer Oberfläche Wasser an.	▶ Über die Stärke wird in beschränktem Umfang Wasser in den Teig eingebracht.
* Weizenstärke verkleistert zwischen 60 und 88 °C.	▶ Stärke bindet beim Backen das Teigwasser. Dadurch bildet sich eine feste Gebäckkrume.
* Weizenstärke kann durch Enzyme abgebaut werden.	▶ Stärkeabbauprodukte sind Zuckerstoffe, wie Dextrine, Malz- und Traubenzucker. Sie verbessern die Teiggärung und Krustenbräunung.
* Weizenstärke ist im trockenen Zustand durch Hitze abbaubar.	▶ Beim Backen bilden sich auf der Kruste Dextrine. Sie verfärben sich durch die Hitze gelblich, später braun. Durch kondensierenden Dampf oder feuchtes Abstreichen bilden die Dextrine eine glänzende Schicht.

Beim Backen der Weizenteige kann die Stärke über die Verkleisterung wesentlich mehr Wasser binden als ihr im Teig zur Verfügung steht. So bildet sich statt Kleister eine feste Krume. Die Krumenbildung wird ausschließlich durch die Verkleisterung der Stärke beim Backen verursacht.
Somit ist die Stärke für die Gebäckbildung der wichtigste Mehlbestandteil.
Für die Teigbildung und die Teigbeschaffenheit spielt Stärke eine untergeordnete Rolle.

Merken Sie sich: Stärke bildet beim Backen die Gebäckkrume!

Zusätzliche Informationen
Helle Mehle aus der Mitte des Weizenkorns enthalten mehr Stärke als Mehle aus den Randschichten. Andererseits binden helle Mehle beim Einteigen weniger Wasser als dunkle Mehle. Deshalb fällt die Krume von Backwaren aus hellen Weizenmehlen trockener aus als die aus dunklen Mehlen.

Abb. Nr. 38
Feststellung der Verkleisterungstemperatur von Weizenstärke

Lösliche Zuckerstoffe

Versuch Nr. 8:
Verrühren Sie dunkles Weizenmehl oder Weizenschrot mit Wasser zu einer dünnflüssigen Aufschlämmung.
Lassen Sie die Aufschlämmung 20 Minuten abstehen; dann filtrieren Sie die Aufschlämmung.
Versetzen Sie das Filtrat mit Fehling'scher Lösung und erhitzen Sie es.

Beobachtung:
Das Filtrat färbt sich rot (Abb. Nr. 39).

Erkenntnis:
Mehl enthält lösliche Zuckerstoffe.

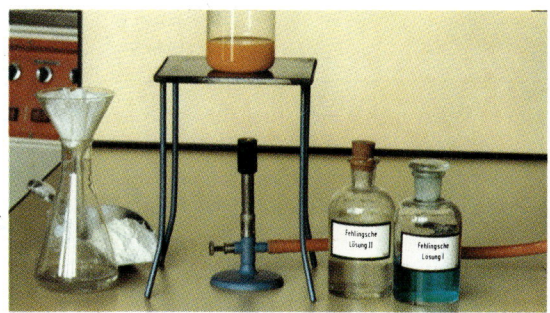

Abb. Nr. 39 Zuckernachweis im Mehl

Die löslichen Zuckerstoffe des Weizens sind vorrangig Malz-, Traubenzucker und Dextrine.

Lösliche Zuckerstoffe	
Eigenschaften:	Backtechnische Wirkung:
– Dextrine, Malz- und Traubenzucker sind wasserlöslich.	▸ Sie verteilen sich über die Zugußflüssigkeit gleichmäßig im Teig.
– Malz- und Traubenzucker (nicht aber Dextrine!) sind vergärbar.	▸ Sie verbessern die Hefegärung und somit die Teiglockerung.
– Dextrine, Malz- und Traubenzucker bräunen beim Erhitzen.	▸ Sie bewirken beim Backen die Krustenbräunung.
– Malz- und Traubenzucker schmecken süß.	▸ Sie erhöhen den Genußwert der Backwaren.

Der Gehalt an löslichen Zuckerstoffen in Weizenmehlen schwankt zwischen 1,5 und 3 %.

Der Gehalt an löslichen Zuckerstoffen ist	
niedrig	hoch
– in hellen Weizenmehlen,	– in dunklen Weizenmehlen,
– in frischen Mehlen,	– in überlagerten Mehlen,
– in Mehlen mit niedrigem Wassergehalt,	– in Mehlen mit hohem Wassergehalt,
– in Mehlen, die aus trocken gereiftem und trocken geerntetem Korn stammen.	– in Mehlen, die aus feucht gereiftem und feucht geerntetem Korn stammen; Mehle, die aus angekeimtem Korn stammen, enthalten besonders viel lösliche Zuckerstoffe (siehe auch ,,Auswuchs'', Kapitel ,,Beurteilung von Roggenmehlen'').

Helle Weizenmehle enthalten für die Gebäckherstellung zu wenig lösliche Zuckerstoffe.

Zur Verbesserung des Zuckerhaushalts im Weizenteig setzt der Bäcker dem Teig entsprechende Backmittel zu (siehe Kapitel ,,Backmittel für Weißgebäcke''):
– lösliche, vergärbare Zuckerstoffe,
– stärkeabbauende Enzyme und
– Backmalz.

Zellulose und Pentosane

Die Schalen des Getreidekorns bestehen überwiegend aus unverdaulichen Bestandteilen: **Zellulose** und **Pentosane.**

Zellulose und Pentosane haben backtechnisch folgende Eigenschaften:

Eigenschaften:	backtechnische Wirkung:
– Zellulose und Pentosane sind wasserunlöslich.	
– Zellulose und Pentosane sind stark quellfähig.	▸ Sie binden beim Einteigen sehr viel Zugußflüssigkeit; deshalb haben schalenreiche (dunkle) Mehle eine hohe Teigausbeute.
– Pentosane bilden beim Aufquellen ein Gel (Gallerte).	▸ Sie beeinträchtigen durch ihre schleimige Beschaffenheit die Teigeigenschaften; Teige aus schalenreichen Mehlen sind deshalb etwas klebrig-feucht und ,,kurz''. Entsprechend sind die Gärstabilität und Gärtoleranz herabgesetzt. Die Folge sind kleinvolumige, etwas dichtgeporte Gebäcke.
– Zellulose und Pentosane verändern sich nicht während des Backvorgangs.	▸ Sie bleiben auch während des Backvorgangs aufgequollen. Backwaren aus schalenreichen Mehlen haben deshalb eine ,,feuchtere'' Krume; sie halten sich länger frisch.

Dunkle, hoch ausgemahlene Mehle haben einen hohen Schalenanteil.

Helle, niedrig ausgemahlene Mehle haben einen geringen Schalenanteil.

Zellulose und Pentosane haben ihre besondere Bedeutung als Ballaststoffe für die Ernährung.

✱ Merken Sie sich:
Schalenreiche Mehle haben eine geringere Backfähigkeit,
– weil die Klebergüte gering ist,
– weil Zellulose und Pentosane die Teigeigenschaften herabsetzen!

Das Wasser im Weizenmehl

Können Sie sich vorstellen, daß Weizenmehl – das so pulverig-trocken ist – Wasser enthält?
Ein einfacher Versuch beweist es!

Versuch Nr. 9:
Füllen Sie eine Messerspitze Weizenmehl in ein Reagenzglas.
Erhitzen Sie die Mehlprobe schüttelnd über der Flamme des Bunsenbrenners. Halten Sie das Reagenzglas schräg und erhitzen Sie nur die untere Spitze!

Beobachtung:
Im oberen Bereich des Reagenzglases schlägt sich an den Innenwänden Wasser nieder (Abb. Nr. 40).

Erkenntnis:
Weizenmehl enthält Wasser.

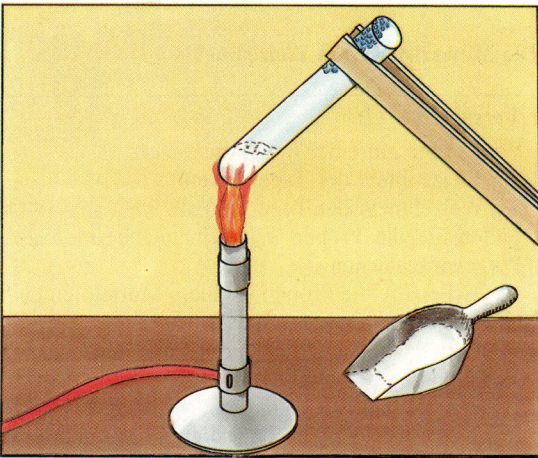

Abb. Nr. 40   Nachweis von Wasser im Mehl

Der Wasseranteil des reifen Weizens schwankt so stark wie kein anderer Weizenbestandteil. Der Wassergehalt ist abhängig von den Reife- und Erntebedingungen.
Der Wassergehalt von Weizenmahlerzeugnissen sollte 15 % nicht übersteigen.
Bei zu feucht gereiftem oder geerntetem Weizen muß vor der Einlagerung des Weizens der Wassergehalt durch Trocknen gesenkt werden.
Weizenmehle mit zu hohem Wassergehalt verändern sich während des Lagerns und verringern dabei ihre Backeigenschaften.

✻ Merken Sie sich:
Weizenmehle mit zu hohem Wassergehalt
– sind nicht lagerfähig,
– verlieren an Backfähigkeit,
– bringen dem Bäcker Verluste.

Weizenmehle mit hohem Wassergehalt

Veränderungen während der Lagerung:	Backtechnische und wirtschaftliche Auswirkungen:
– Sie neigen zur Klumpenbildung.	▸ Durch das Aussieben entstehen Zeit- und Mehlverluste.
– Sie schimmeln nach kurzer Lagerzeit.	▸ Das Mehl, und somit die Gebäcke, riechen bzw. schmecken muffig.
– Sie werden von Insekten als Nistplatz bevorzugt.	▸ Durch Freßschäden und Verderb entstehen Verluste.
– Sie werden sehr schnell durch die eigenen Enzyme abgebaut.	▸ Durch den Stärkeabbau steigt der Gehalt an löslichen Zuckerstoffen; dadurch wird die Teiggärung und die Krustenbräunung begünstigt. Aber: Durch den Eiweißabbau sind die Teigeigenschaften herabgesetzt; die Teige haben eine geringere Gärstabilität. So ist das Gebäckvolumen klein, und die Krume fällt grobporig aus.

Unabhängig von den negativen Veränderungen beim Lagern haben Mehle mit hohem Wassergehalt für den Bäcker wirtschaftliche Nachteile:

– Sie binden beim Einteigen entsprechend weniger Schüttwasser. Der Bäcker erhält weniger Teig.
– Der Bäcker muß für wasserreiches Mehl genausoviel zahlen wie für Mehl mit normalem Wasseranteil.

Die Fettstoffe des Weizenmehls

Versuch Nr. 10:
Verrühren Sie 5 g dunkles Weizenmehl (Type 1600 oder 1200) mit etwas Äther (Abb. Nr. 41).

Vorsicht im Umgang mit Äther!
Dämpfe nicht einatmen!
Kein offenes Feuer!
Keine Funkenbildung durch elektrische Anlagen!

Nach einigen Minuten Stehzeit filtrieren Sie die Aufschlämmung (Abb. Nr. 42).
Lassen Sie das Lösungsmittel des Filtrats in einem offenen, flachen Schälchen verdampfen (Abb. Nr. 43).

Ätherdampfbildung im Raum vermeiden!
Stellen Sie das Filtrat auf die Außenfensterbank!

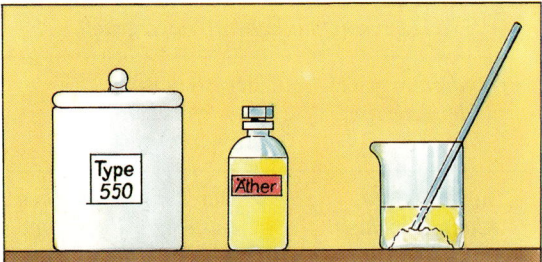
Weizenmehl mit Äther verrühren!

Aufschlämmung filtrieren!

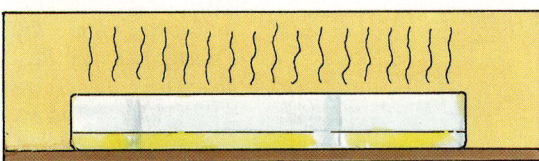
Lösungsmittel des Filtrats verdunsten!

Abb. Nr. 41 bis 43 Fettnachweis im Mehl

Hinweis: Über die Wirkung von Fettzusätzen im Weizenteig erfahren Sie Näheres im Kapitel „Backmittel für Weizengebäcke"!

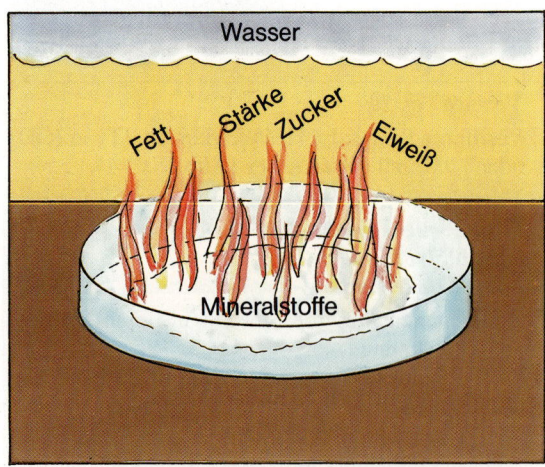
Abb. Nr. 44
Prinzip der Mehlveraschung

Beobachtung:
Im Glasschälchen verbleibt eine ölige Flüssigkeit. Sie bildet beim Vermischen mit Wasser Fettaugen auf der Wasseroberfläche. Sie hinterläßt auf Löschpapier einen Fettfleck.

Erkenntnis:
Weizenmehl enthält Fett.

Weizenmehl enthält 1 bis 2 % Fett.

Dunkle Weizenmehle enthalten mehr Fett als helle.

Die Fettstoffe wirken sich günstig auf die Dehnfähigkeit des Klebers aus. Somit beeinflussen die Fettstoffe des Mehles die Teigeigenschaften.

Jedoch haben Schwankungen im Fettgehalt des Mehles keinen Einfluß auf seine Backeigenschaften.

Die günstige Wirkung des Mehlfettes kann durch gezielte Fettzusätze noch erhöht werden. Die Backmittelhersteller bieten entsprechende Backmittel an.

Die Mineralstoffe des Weizenmehls

Versuch Nr. 11:
Wiegen Sie auf einer Präzisionswaage
5 g Weizenmehl der Type 405 und
5 g Weizenmehl der Type 1600 ab.
Füllen Sie die Proben in je ein hitzebeständiges Porzellanschälchen.
Veraschen Sie die Proben in einem Muffelofen bei einer Temperatur von etwa 900 °C.
Wenn der Glührückstand farblos aussieht, ist die Verbrennung beendet.
Wiegen Sie den Rückstand!
(Für Versuche zur Typenbestimmung von Mehl muß das Mehl vor der Veraschung durch Trocknen wasserfrei gemacht werden).

Beobachtung:
Auf dem Boden der Porzellanschälchen hat sich eine glasige, durchscheinende Schicht gebildet. Von der Probe der Type 405 bleibt ein Rückstand von etwa 20 mg; von der Probe der Type 1600 bleibt ein Rückstand von etwa 80 mg.

Erkenntnis:
Weizenmehl enthält unverbrennbare Bestandteile. Es sind Mineralstoffe.

Dunkle Mehle sind reich an Mineralstoffen. Helle Mehle sind arm an Mineralstoffen.

✲ *Die unverbrennbaren Bestandteile des Weizenmehls (= die Asche) sind Mineralstoffe.*

Mineralstoffe wirken sich backtechnisch günstig auf die Klebereigenschaften aus. Übliche Schwankungen in der Zusammensetzung und Menge der Mineralstoffe im Weizenmehl haben jedoch keinen Einfluß auf die Backeigenschaften. Dunkle Mehle sind trotz des hohen Mineralstoffgehalts weniger backfähig als helle Weizenmehle.

Aus dem Mineralstoffanteil lassen sich Aussagen über die Höhe des Schalenanteils und somit über den Ausmahlungsgrad ableiten. Denn gerade die Aleuronschicht, die die äußerste Randschicht des Mehlkörpers darstellt, enthält den höchsten Anteil an Mineralstoffen.

Deshalb werden Brotgetreidemahlerzeugnisse nach dem Mineralstoffgehalt (= Typenzahl) gehandelt (siehe auch Kapitel „Typenbezeichnungen").

Die Enzyme des Weizenmehls

> **Versuch Nr. 12:**
> Kochen Sie eine Stärkelösung aus 1 g Weizenstärke und 1 Liter Wasser.
> Lassen Sie die Lösung auf 40 °C abkühlen. Versetzen Sie eine kleine Probe der Lösung mit Jodkaliumjodidlösung.
> Den Rest der Lösung vermischen Sie mit einer Amylase-Lösung.
> Wiederholen Sie nun die Jodprobe alle paar Minuten.
>
> **Beobachtung:**
> Die amylasefreie Stärkelösung färbt sich mit Jod blau-violett (= Nachweis für Stärke). Die amylasehaltigen Proben färben sich mit Jod mehr und mehr rötlich, schließlich verschwindet auch die Rotfärbung.
>
> **Erkenntnis:**
> Stärke wird durch Amylasen zu Dextrinen abgebaut (= Rotfärbung).
> Stärke wird durch Amylasen zu Doppel- und Einfachzuckerstoffen abgebaut (= Ausbleiben der Rotfärbung).

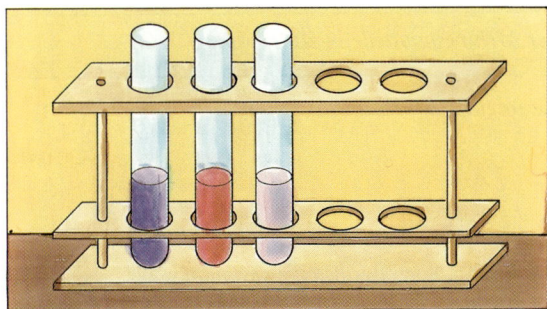

Abb. Nr. 45
Jodprobe in amylasehaltigem Stärkekleister
Probe 1 enthält noch Stärke
Probe 2 enthält Dextrine und ist stärkefrei
Probe 3 enthält Einfach- und Doppelzucker; sie ist stärke- und dextrinfrei

Temperaturbereich für die Verkleisterung von Weizenstärke:	
Mittelwert für den Beginn:	60 °C
Mittelwert für die Beendigung:	88 °C
Totaler Abschluß:	98 °C

Mehlenzyme

Eigenschaften:	Backtechnische Wirkung:
– *Amylasen bauen Mehlstärke zu Dextrinen, Malzzucker und Traubenzucker ab. Maltasen bauen Malzzucker zu Traubenzucker ab.*	▶ *Die Amylasen und Maltasen wirken in geringem Umfang bereits während der Mehllagerung. Sie sind im feucht-warmen Teig besonders aktiv. Die Hefe vergärt den im Teig angefallenen Zucker und spaltet dabei Lockerungsgase ab. Die Amylasen sorgen auch noch in der letzten Gärphase im Teig für Zuckernachschub. Der nicht vergorene Zucker verstärkt die Krustenbräunung.*
– *Proteasen bauen Eiweißstoffe des Mehles ab. Als Spaltprodukte fallen Aminosäuren an.*	▶ *Bereits während der Mehllagerung setzt der Eiweißabbau ein. Im feucht-warmen Teig läuft der Vorgang beschleunigt ab. Dadurch wird der Kleber geschwächt. Im Regelfall sind die Mehle für Weißgebäck kleberstark genug, um den Kleberabbau zu verkraften. Teige aus kleberschwachem Mehl verlieren durch den Kleberabbau an Elastizität und Gärstabilität. Gebäcke aus solchen Teigen sind kleinvolumig und grob geport.*
– *Lipasen bauen Mehlfettstoffe ab. Als Spaltprodukte fallen Glyzerin und Fettsäuren an.*	▶ *Der Fettabbau macht sich nur in überlagerten Mehlen bemerkbar. Das Mehl wird ranzig. Ranzige Mehle gelten als verdorben. Solche Mehle sind aber auch durch den gleichzeitig ablaufenden Eiweißabbau klebergeschädigt und dadurch nicht mehr backfähig.*

Zusätzliche Informationen

Der totale Abbau von Weizenstärke ist nur im Zusammenspiel von Alpha- und Beta-Amylase möglich. Weizen enthält im reifen Zustand allein Beta-Amylase. Alpha-Amylase entsteht erst während der Keimung aus einer inaktiven Form. Auswuchsmehle enthalten deshalb viel Alpha-Amylase.

Die Beta-Amylase kann immer nur die Enden des Stärkemoleküls angreifen; sie spaltet dabei Malzzucker ab. Die Alpha-Amylase dagegen spaltet im Inneren des Stärkemoleküls Dextrine ab. Der Stärkeabbau durch Amylasen läuft besonders schnell ab

– bei Temperaturen zwischen 50 und 65 °C,
– wenn die Stärke im verkleisterten Zustand vorliegt.

Weizenstärke wird im Gegensatz zu Roggenstärke beim Backen nur geringfügig durch die Amylasen abgebaut. Das gilt auch für Weizenteige bei Zugabe von Backmitteln, die Alpha-Amylase enthalten.

Der geringfügige Stärkeabbau erklärt sich aus dem höheren Verkleisterungstemperaturbereich der Weizenstärke. Die Mehlamylase beginnt bereits bei 70 °C ihre Wirkung zu verlieren. Bei dieser Temperatur ist erst ein geringer Teil der Weizenstärke verkleistert. Der Hauptanteil der Weizenstärke kann also nach dem Verkleistern nicht mehr durch die Getreide-Amylase abgebaut werden.

Zum Nachdenken: *Welche Regeln für die Mehllagerung können Sie aus der Kenntnis über die Enzymwirkungen ableiten?*

Enzyme regulieren Stoffumsetzungen im tierischen und pflanzlichen Organismus.

Enzyme bewirken den Auf- und Abbau organischer Stoffe. Enzyme wirken nur bei ausreichender Feuchtigkeit innerhalb eines bestimmten Temperaturbereichs.

Im reifen Weizenkorn – und somit auch im Weizenmehl – spielen die **abbauenden** Enzyme eine übergeordnete Rolle.

Vom Weizenkorn ist der Keimling am enzymreichsten. Er wird vor der Vermahlung vom Korn abgetrennt. Denn Mahlerzeugnisse, die Bestandteile des Keimlings enthalten, werden besonders schnell von den Enzymen des Keimlings abgebaut. Schon nach wenigen Wochen sind solche Mahlerzeugnisse in der Backfähigkeit herabgesetzt und verderben sehr schnell.

Dunkle Weizenmehle weisen eine höhere Enzymtätigkeit auf als helle. Ursache ist der höhere Gehalt an Kornbestandteilen aus der enzymreichen Kornrandschicht.

So wird die Lagerfähigkeit von Mahlerzeugnissen weitgehend durch die Enzyme des Weizens bestimmt.

Die Enzymaktivität ist besonders hoch
– in Vollkornmahlerzeugnissen,
– in auswuchshaltigen Mehlen,
– in Mehlen mit hohem Wassergehalt und
– in dunklen, schalenreichen Mehlen.

Bei maltosearmen (= malzzuckerarmen) Mehlen ist ein stärkerer enzymatischer Abbau wünschenswert. So werden Mehle mit zu geringer Amylaseaktivität (= zu geringer Stärkeabbau durch Enzyme) bereits in der Mühle, aber auch vom Bäcker über Backmittel, mit Amylase angereichert.

Das Wichtigste über die Bedeutung der Mehlbestandteile in Kurzform

* *Weizenmehl der Type 550 setzt sich im wesentlichen wie folgt zusammen:*
  etwa 71,0 % Stärke,
  etwa 2,5 % lösliche Zucker,
  etwa 10,0 % Klebereiweiß,
  etwa 14,0 % Wasser und 2,5 % andere Stoffe.

* *Die Backfähigkeit der Weizenmehle wird durch die Güte ihrer Klebereiweißstoffe bestimmt:*
  – Kleber bindet bei der Teigbildung das Doppelte seines Eigengewichts an Wasser;
  – Kleber gibt dem Teig seine typischen Eigenschaften;
  – Kleber hält die Gärgase im Teig.

* *Die löslichen Zuckerstoffe des Weizenmehls verbessern die Gärtätigkeit der Hefe im Teig und begünstigen die Bräunung der Gebäckkruste.*
  Die stärkeabbauenden Enzyme, die Amylasen, spalten im Teig aus der Mehlstärke vergärbare Zuckerstoffe ab und verbessern so den Zuckerhaushalt im Teig.

* *Die Bildung der Gebäckkrume wird durch die Verkleisterung der Stärke verursacht. Durch die Stärke wird aus Teig ein Gebäck.*

* *Weizenmehle mit zu hohem Wassergehalt (mehr als 15 %) sind nur für kurze Zeit lagerfähig; sie verlieren an Backfähigkeit und verderben schnell.*

Die Beurteilung von Weizenmehlen

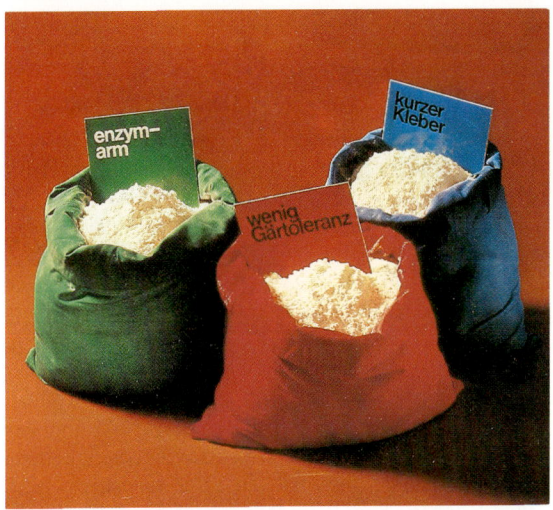

Abb. Nr. 46

Abb. Nr. 47 Ballenprobe: Das Mehl ist zu feucht!

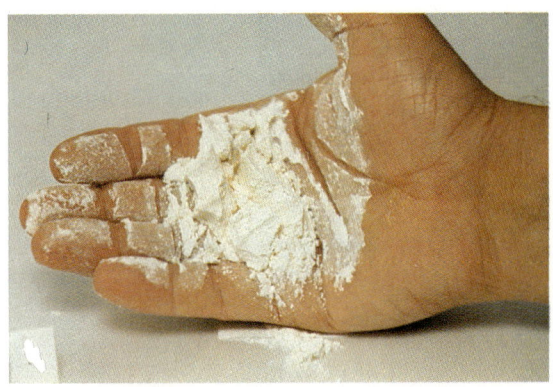

Abb. Nr. 48 Ballenprobe: Das Mehl ist normal feucht!

Schön wäre es, wenn die angelieferten Weizenmehle mit einer Qualitätskennkarte (wie in Abb. Nr. 46) versehen wären. Sofort könnte der Bäcker Maßnahmen zur Erzielung der gewünschten Gebäckqualität ableiten.

Leider erfährt der Bäcker bei der Anlieferung des Mehles außer der Typenzahl nichts über die Mehlqualität.

Können Sie ein angeliefertes Mehl beurteilen? Kennen Sie praktikable, im Betrieb durchführbare Methoden zur Beurteilung der Frische, der Lagerfähigkeit oder der Backfähigkeit von Weizenmehl?

Eine eindeutige Aussage über die Backfähigkeit eines Weizenmehls ist für den Bäcker im allgemeinen erst möglich, wenn er die ersten Gebäcke aus diesem Mehl gebacken hat. Es gibt durchaus einfach durchführbare Proben, mit deren Hilfe in beschränktem Umfang grobe Abweichungen von der gewünschten Beschaffenheit des Mehles feststellbar sind. Allerdings sind die Schwankungen in der Qualität der Weizenmehle meist so gering, daß diese und ihre Ursachen nur in Laborversuchen ermittelt werden können.

Der Bäcker stellt an Weizenmehl folgende Anforderungen:
- *Es muß Backwaren mit den gewünschten Qualitätsmerkmalen ergeben.*
- *Es muß Teige mit der für die Herstellung erforderlichen Beschaffenheit ergeben.*
- *Es muß lagerfähig sein.*

Beurteilung:
- Sehr trockenes Mehl fällt pulverförmig auseinander. ▶ Kein Hinweis auf Mängel!
- Normal feuchtes Mehl fällt grobreißend auseinander. ▶ Kein Hinweis auf Mängel!
- Zu feuchtes Mehl bleibt zusammengeballt. ▶ Das Mehl ist nicht lagerfähig! Das Mehl kann in der Backfähigkeit herabgesetzt sein!

Mehlbeurteilung durch einfache Proben

Feststellung des Wassergehalts (Ballenprobe)

Drücken Sie das zu beurteilende Mehl in der Hand zusammen und öffnen Sie die Hand wieder!

Karl meint: *Mehlbeurteilung in der Bäckerei ist doch Spielerei und ohne Aussagewert! Wenn erst das Mehlsilo vollgefüllt ist, nutzt das Beurteilungsergebnis so oder so nichts mehr! Was sagen Sie dazu?*

Versuch Nr. 13: *Probe nach Pekar*

Drücken Sie die zu untersuchenden Mehlproben mit einem Spatel eng nebeneinander flach auf ein (dunkles) Brettchen.
Achten Sie darauf, daß die Proben nicht ineinander verfließen.

Beobachtung:
Farbunterschiede sind deutlicher erkennbar.

Erklärung:
Die irritierende Schattenbildung in der Oberfläche der Mehlproben ist durch das Flachdrücken beseitigt.

Versuchsfortführung:
Nun tauchen Sie die Mehlproben schwach abgeschrägt in ein Wasserbad bis keine Luftblasen mehr aufsteigen. Lassen Sie nach dem Auftauchen das Wasser vorsichtig abtropfen.

Beobachtung:
Farbunterschiede sind eindeutig erkennbar.

Erklärung:
Die Schalenteilchen auf der Mehloberfläche quellen auf und bestimmen dadurch stärker die Mehlfarbe.

Abb. Nr. 49
Pekarprobe:
Mehlproben schräghaltend in ein Wasserbad tauchen!

Abb. Nr. 50
Pekarprobe: Mehlproben beurteilen!

Feststellung der Griffigkeit (Griffprobe)

Reiben Sie etwas Mehl zwischen Daumen und Zeigefinger!

Beurteilung:
- *Das Mehl fühlt sich körnig an.* ▸ *Kein Hinweis auf Mängel!*
- *Das Mehl fühlt sich glatt (schliffig) an.* ▸ *Es stammt möglicherweise aus kleberarmen Weichweizensorten. Schliffige Mehle können in der Backfähigkeit eingeschränkt sein.*

Feststellung der Mehlfarbe

Prüfen Sie je eine Mehlprobe der Type 405 und der Type 550. Möglicherweise haben Sie Schwierigkeiten, Farbunterschiede festzustellen. Bei Kunstlicht sind sogar Roggen- und Weizenmehle gleicher Helligkeit verwechselbar.

Mehle haben je nach Getreideart und Ausmahlung ihre eigentümliche Farbe.
Die Weiß-Färbung des Mehles wird durch die Mehlstärke verursacht.
Der gelbliche Farbton des Weizenmehls und der graubläuliche Farbton des Roggenmehls wird durch die Samenschale des Kornes verursacht.

Frische, ungeschädigte Mehle haben einen matten Glanz.

Überalterte, abgebaute Mehle sehen kreideartig stumpf aus.

Der Verfall des Mehlglanzes wird vornehmlich durch den Abbau der Fettstoffe und der fettähnlichen Stoffe (z. B. Karotin) bewirkt.

Feststellung des Mehlgeruchs

Zerstäuben Sie etwas Mehl und stellen Sie den Geruch fest!

Mehl muß angenehm frisch riechen. Bei schwachem Fremdgeruch sollten Sie zunächst versuchen, die Ursache dafür herauszufinden. Ist der Grund harmlos, ist über eine Backprobe die Verwertbarkeit des Mehles festzustellen.

Riecht das Mehl muffig, dann ist es verdorben. Solch ein Mehl ist auch mit Sicherheit in der Backfähigkeit herabgesetzt.

Fremdgeruch kann viele Ursachen haben:
- *Getreidekrankheiten,*
- *Spritzmittel für Getreide (Pestizide),*
- *Desinfektionsmittel (Übertragung von Lagerräumen oder Transportmitteln),*
- *Pilzbefall,*
- *Befall durch Milben und Insekten,*
- *enzymatischer Abbau (ranzige Mehle).*

Mehlbeurteilung durch Backversuche

Sicher haben auch Sie schon in Ihrem Betrieb erlebt, daß beim ersten Verbacken eines frisch angelieferten Mehles die Gebäckqualität nicht den gewünschten Erwartungen entsprach.

Die Mängel können unterschiedliche Ursachen haben. Vielleicht hat das Mehl nicht so gute Backeigenschaften oder das angewandte Herstellungsverfahren berücksichtigt nicht ausreichend die Backeigenschaften dieses Mehles.

Um zu einem befriedigenden Backergebnis zu kommen, kann der Bäcker folgende Maßnahmen anwenden:

- Der Bäcker mischt das Mehl mit dem Mehl einer anderen Lieferung. So kann er den Mangel mindern oder gar ausgleichen.
- Der Bäcker ändert das Herstellungsverfahren (z. B. Teigtemperatur, Teigruhe).
- Der Bäcker ändert Art und Anteil der Zutaten (z. B. Hefeanteil, Backmitteltyp).

Der erfahrene Fachmann kann im allgemeinen aus den Gebäckfehlern ihre Ursachen ableiten und durch entsprechende Maßnahmen die Fehler vermeiden. Gelingt ihm das nicht, kann er über Backversuche die besten Herstellungsbedingungen ermitteln.

Die Durchführung eines Backversuchs in einer Bäckerei ist gerechtfertigt, wenn die Backergebnisse nach Ausschöpfung aller Erfahrungen unbefriedigend bleiben.

Wenn Sie einen Backversuch durchführen, dann beachten Sie folgende Grundsätze:

- Führen Sie ein Protokoll!
  - ▸ *Zutatenmengen,*
  - ▸ *Temperaturen,*
  - ▸ *Zeiten,*
  - ▸ *Auswertungsdaten.*
- Verwenden Sie praktikable Versuchsmengen!
  - ▸ *Versuchsergebnisse haben erst ab einer bestimmten Größe Aussagewert für die Betriebspraxis (Mindestgröße für Brötchenbackversuch = 1 kg Mehl).*
- Seien Sie sehr genau! Sonst verlieren die Ergebnisse an Aussagewert!
  - ▸ *Messen Sie die Temperatur*
    - *– der Zutaten,*
    - *– der Backstube,*
    - *– des Gärraums,*
    - *– des Backofens!*
  - ▸ *Wiegen Sie genau*
    - *– die Zutaten,*
    - *– die Teiglinge!*
  - ▸ *Messen Sie genau*
    - *– die Knetzeit,*
    - *– die Teigruhe,*
    - *– die Zwischengare,*
    - *– die Stückgare,*
    - *– die Backzeit!*

- Sorgen Sie bei Versuchsreihen für gleiche Versuchsbedingungen!
  - ▸ *Nur eine Komponente darf jeweils geändert werden (z. B. nur die Salzmenge oder nur der Backmitteltyp).*
- Machen Sie bei Einzelversuchen einen Vergleichsversuch!
  - ▸ *Unterschiedliche Ergebnisse weisen Fehler in der Versuchsdurchführung nach!*
- Erfassen Sie bei der Auswertung neben den unmittelbar interessierenden Ergebnissen auch alle anderen Versuchsergebnisse!
  - ▸ *Teigausbeute,*
  - ▸ *Teigbeschaffenheit,*
  - ▸ *Gärverhalten,*
  - ▸ *Backausbeute,*
  - ▸ *Gebäckvolumen,*
  - ▸ *Krustenbeschaffenheit,*
  - ▸ *Krumenbeschaffenheit,*
  - ▸ *Aussehen,*
  - ▸ *Geschmack.*

Karl meint: „Für Backversuche haben wir gar keine Zeit! Außerdem sind sie für die Praxis wertlos. Ein guter Bäcker wird aus seinen Erfahrungen zu besseren Ergebnissen kommen als über einen Backversuch!"

Was sagen Sie dazu?

Zum Nachdenken: *Weshalb haben Backergebnisse aus sehr kleinen Versuchsmengen nur geringen Aussagewert?*

Versuchsbäckereien der Mühlen überprüfen das Backverhalten der ermahlenen Mehle in Backversuchen. Sie können so mit größerer Sicherheit Handelsmehle mit den geforderten Backeigenschaften zusammenstellen.

Die Mühlen wenden standardisierte (genormte) Backversuche an.

Backversuche nach Standard-Methoden sind in der Bäckerei kaum durchführbar, weil die entsprechenden Einrichtungen fehlen.

Zu den Standard-Weizenbackversuchen zählen:

- Backversuch „Kastengebäck"*),
- Backversuch „Rundgebäck"*),
- Backversuch „Rapid-Mix-Test"*) (für Brötchen).

---

*) Ausführliche Beschreibung in: Arbeitsgemeinschaft Getreideforschung, Standard-Methoden für Getreide, Mehl und Brot, Verlag Moritz Schäfer, Detmold.

Mehlbeurteilung durch Laboruntersuchungen

Bisher ist von Ihnen gefordert worden, Weizenmehl und sein Backverhalten durch einfache Proben und Backversuche zu beurteilen.

Die Mühlen, die Backmittelindustrie und die Forschungsinstitute führen darüber hinaus chemische und physikalische Mehl- und Teiguntersuchungen durch.

Solche Methoden bestimmen recht genau das Backverhalten von Mehlen.

Aus den Untersuchungsergebnissen lassen sich Maßnahmen zur Verbesserung der Backfähigkeit von Mehlen ableiten.

Die Voraussetzungen für Mehlprüfungen dieser Art sind in der Bäckerei nicht gegeben. Deshalb wird auf eine ausführliche Darstellung dieser Untersuchungsmethoden verzichtet. Für Interessierte wird im folgenden ein Überblick über die üblichen Prüfungsmethoden gegeben.

Zusätzliche Informationen
Bestimmung des Wassergehalts
Prinzip: Weizenmehl wird im elektrischen Trockenschrank getrocknet. Der Gewichtsverlust wird gemessen.

Oder: Der Wassergehalt wird über die elektrische Leitfähigkeit des Mehles gemessen.

Zweck: Feststellung der Lagerfähigkeit des Mehles.

Beurteilung der Lagerfähigkeit von Mehl:
Wassergehalt:
über 16 % = nicht lagerfähig
etwa 15 % = beschränkt lagerfähig
unter 15 % = gut lagerfähig

Tabelle Nr. 4

Bestimmung des Säuregrads*)
Prinzip: In einem genormten Verfahren wird der Säuregrad von Mehl bestimmt (siehe auch Kapitel „Brotbeurteilung"!).

Zweck: Der Säuregrad läßt Rückschlüsse auf den Grad des Mehlabbaus und somit auf die zu erwartenden Backeigenschaften zu.

Richtzahlen für den Säuregrad von Weizenmehl, Type 550:
1,7 = normal; kein Hinweis auf Mängel
2,5 = etwas hoch; Mängel möglich
3 = überhöht; das Mehl ist überlagert, die Backfähigkeit ist eingeschränkt
4 = zu hoch; die Backfähigkeit ist stark eingeschränkt; das Mehl ist verdorben

Tabelle Nr. 5

Bestimmung des Feuchtklebergehalts*)
Prinzip: Aus einem Weizenmehlteig wird nach einer festgelegten Methode der Feuchtkleber ausgewaschen und gewogen.

Zweck: Die Menge des Feuchtklebers erlaubt Rückschlüsse auf die Backfähigkeit des Mehles.

Beurteilung der Feuchtklebermenge:
über 27 % = hoch
20–27 % = mittel
unter 20 % = niedrig

Tabelle Nr. 6

Bestimmung des Sedimentationswerts*)
(Sediment = Bodensatz)

Prinzip: Weizenmehl wird nach einer Standard-Methode mit Farbstoff und Milchsäure behandelt. Dabei bildet sich im Probegefäß aus dem Mehleiweiß ein meßbarer Bodensatz.

Zweck: Der Sedimentationswert läßt in Verbindung mit dem Wert der Feuchtkleberbestimmung recht sicher auf die Backeigenschaften des Mehles schließen.

Beurteilung der Teigeigenschaften über den Sedimentationswert des Mehles:
über 40 = sehr gut
30–40 = gut
20–29 = befriedigend
unter 20 = mangelhaft

Tabelle Nr. 7

Bestimmung der Fallzahl*)
Prinzip: Eine Wasser-Mehl-Aufschlämmung wird in einem kochenden Wasserbad erwärmt. Dabei entsteht ein Mehlkleister. Je nach Amylase-Aktivität fällt der Mehlkleister unterschiedlich fest aus.

Die Zeit in Sekunden, die ein genormter Gegenstand braucht, um zu Boden zu sinken, ist die Fallzahl.

Zweck: Die Fallzahl läßt Rückschlüsse auf die Aktivität der Alpha-Amylase und somit auch auf den Gärverlauf im Weizenteig zu.

Beurteilung der Triebkraft im Teig über die Fallzahl:
unter 150 = hohe Amylasentätigkeit: zu hoher Anteil vergärbarer Zuckerstoffe
200–250 = mittlere Amylasentätigkeit: wünschenswerter Zuckerhaushalt im Teig
über 300 = zu geringe Amylasentätigkeit: zu geringe Triebkraft des Teiges

Tabelle Nr. 8

Bestimmung der Maltosezahl
Prinzip: In einer Wasser-Mehl-Aufschlämmung läßt man 1 Stunde lang die Mehlenzyme bei 27 °C wirken.

---

*) Ausführliche Beschreibung in: Arbeitsgemeinschaft Getreideforschung, Standard-Methoden für Getreide, Mehl und Brot, Verlag Moritz Schäfer, Detmold.

Dann wird die Menge des angefallenen Zuckers gemessen.

Zweck: *Feststellung der Enzymtätigkeit im Mehl. Die Maltosezahl läßt direkte Schlüsse auf die Triebkraft des Mehles zu.*

Methoden zur Bestimmung von Teigeigenschaften

Bisher ist immer nur eine Komponente und ihr Einfluß auf die Backeigenschaften von Weizenmehl untersucht worden. Die Gesamtheit aller Untersuchungsergebnisse erlaubt zwar Voraussagen über das Backverhalten des Mehles; doch nicht immer stimmt das Backergebnis mit diesen Voraussagen überein.

Recht zuverlässige Aussagen lassen sich aus den Teigeigenschaften ableiten.

Bestimmung des Knetwiderstands von Weizenteigen (Farinogramm)

Prinzip: *Der Widerstand, den der Teig dem Knetarm beim Kneten entgegensetzt, wird in einem genormten Meßverfahren aufgezeichnet.*

Die Knetmaschine mit solch einer Meßeinrichtung heißt Farinograph. Die Aufzeichnung des Widerstands in Form eines Diagramms heißt Farinogramm.

Zweck:
- *Feststellung der Wasseraufnahmefähigkeit des Mehles. Dabei wird die Teigfestigkeit und Teigausbeute festgestellt.*
- *Feststellung der Teigentwicklungszeit. Sie läßt Rückschlüsse auf die optimale Knetzeit zu.*
- *Feststellung des Grads der Teigerweichung bei Überknetung. Die Teigerweichung erlaubt Rückschlüsse auf die Teigstabilität.*

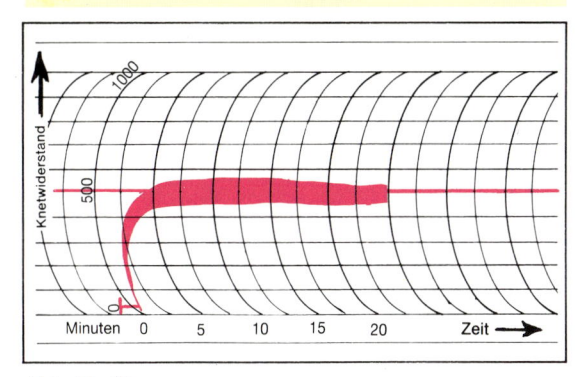

Abb. Nr. 51
Farinogramm-Normalkurve eines starken Mehles

Das Farinogramm enthält folgende Werte:
- *Die Wasseraufnahmefähigkeit des Mehles,*
- *die Teigentwicklungszeit = Zeitspanne bis zum Erreichen der größten Kurvenhöhe,*
- *die Teigstabilität = Zeitspanne vom Überschreiten bis zum Unterschreiten der 500er Linie,*
- *die Teigerweichung = Größe des Kurvenabfalls nach 10 und nach 20 Minuten.*

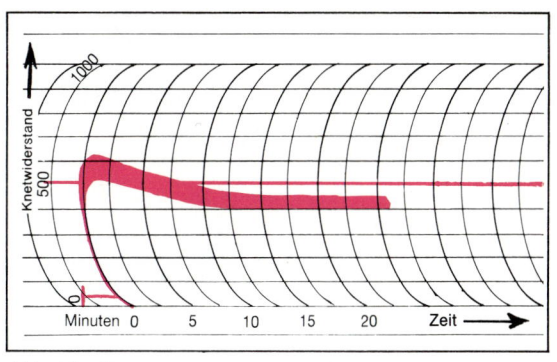

Abb. Nr. 52
Farinogramm-Normalkurve eines schwachen Mehles

Bestimmung der Teigelastizität (Extensogramm)

Prinzip: *Nach einem genormten Verfahren werden Teigstränge nach unterschiedlich langer Teigruhe geformt und dann bis zum Zerreißen gedehnt.*

Der Dehnwiderstand und die Dehnungslänge werden gemessen und aufgezeichnet.

Die Dehnapparatur heißt Extensograph. Das Dehndiagramm heißt Extensogramm.

Zweck:

Feststellung der Teigelastizität. Aus dem Dehndiagramm lassen sich direkte Schlüsse über die Teigeigenschaften ableiten, insbesondere über

- *die Verarbeitungseigenschaften,*
- *die Gärstabilität,*
- *die Gärtoleranz.*

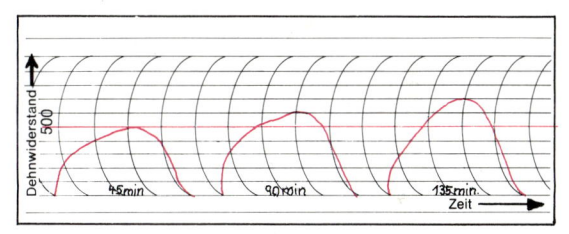

Abb. Nr. 53   Extensogramm eines starken Mehles

Das Extensogramm enthält folgende Werte (u. a.):
- *Dehnwiderstand des Teiges = je höher die Kurve, desto größer der Dehnwiderstand;*
- *Dehnbarkeit des Teiges = je länger die Kurve, desto dehnbarer der Teig.*

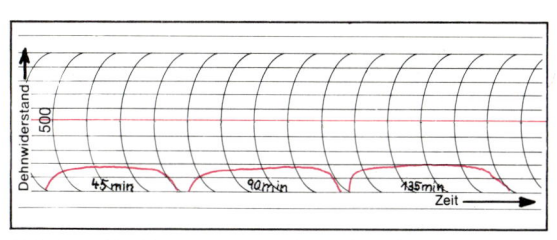

Abb. Nr. 54   Extensogramm eines schwachen Mehles

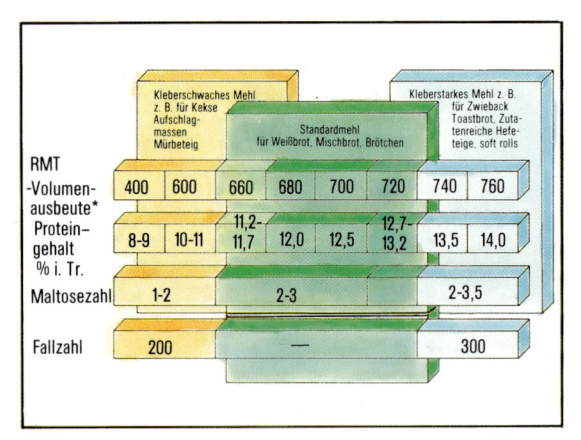

Abb. Nr. 55   Qualitätsprofil der Weizenmehltype 550

✻ RMT = Rapid-Mix-Test,
Standard-Backversuch für Brötchen

Die Mehllagerung

Veränderungen des Mehles beim Lagern

Mehl wird beim Lagern durch die mehleigenen Enzyme, aber auch durch Kleinlebewesen verändert.

Veränderungen:	Backtechnische Folgen:
Stärke wird zu löslichen Zuckerstoffen abgebaut. Der Anteil vergärbarer Zuckerstoffe im Mehl steigt an; der Stärkeanteil sinkt.	Folge: Der Zuckerhaushalt im Teig wird verbessert. Die Hefe kann besser gären. Die Gebäckkruste bräunt besser. Bei längerer Lagerdauer (über 2 Monate) wirkt sich der hohe Anteil löslicher Zucker nachteilig aus. Die Kruste der Weißgebäcke bräunt zu stark. Die Rösche der Kruste nimmt schon nach 2 bis 3 Stunden Lagerdauer deutlich ab.
Eiweißstoffe und Fettstoffe werden abgebaut. Durch Spaltprodukte (Aminosäuren, Fettsäuren) steigt im Mehl der Säuregrad an.	Folge: Kleberstarke Mehle ergeben Teige mit einer besseren Beschaffenheit. Teige aus kleberschwachen Mehlen haben eine verringerte Gärstabilität und Gärtoleranz (siehe auch Kapitel „Gärstabilität/Gärtoleranz"). Die Gebäcke werden kleinvolumig. Gebäcke aus überalterten Mehlen sind im Geschmack beeinträchtigt.

Weizenmehl aus frisch geerntetem Getreide wird in den ersten 1 bis 2 Monaten der Lagerung durch die enzymatischen Veränderungen in seiner Backfähigkeit verbessert. Man bezeichnet die Vorgänge, solange sie zur Verbesserung der Backeigenschaften führen, als Mehlreifung.

Durch die heute in den Mühlen übliche Anreicherung der frischen Mehle mit z. B. Ascorbinsäure und Malzmehl ist das Lagern frischer Mehle zum Zwecke der Reifung überflüssig geworden.

Überlagerte Mehle sind Mehle mit nicht mehr ausreichenden Backeigenschaften. Sie sind in der Regel dann auch (lebensmittelrechtlich) verdorben.

Für die Größe der zu lagernden Mehlmenge gilt folgende Faustregel:

✻ Der Mehlvorrat muß mindestens eine Woche reichen. Geringerer Mehlvorrat kann zu Produktionsausfall (bei Lieferschwierigkeiten) führen.

✻ Der Mehlvorrat soll höchstens für 6 Wochen angelegt werden. Längere Lagerdauer birgt das Risiko der Qualitätsminderung des Mehles.

> Als Anregung: Stellen Sie fest, wieviel dz Mehl in Ihrer Bäckerei gelagert werden.
> Errechnen Sie, für wieviel Tage der Mehlvorrat reicht! Vergleichen Sie die Lagerdauer mit den hier genannten Empfehlungen!

Mehllagerung in Silos

Viele Bäckereien lagern das Mehl für die Brot- und Weißgebäckherstellung in Silos, andere noch in Papiersäcken.

Für die Silolagerung sprechen eine Reihe guter Gründe:
▸ *kostengünstiger Einkauf,*
▸ *Arbeitserleichterung,*
▸ *Zeitsparnis,*
▸ *geringe Mehlverstaubung,*
▸ *geringere Gefahr der Überlagerung (altgelagertes Mehl wird zwangsläufig zuerst verbraucht),*
▸ *bessere Voraussetzungen für hygienische Lagerung,*
▸ *Wegfall der Leergutbeseitigung.*

Die Gründe sind so überzeugend, daß die Frage erlaubt sein muß, weshalb noch nicht alle Bäckereien das Mehl in Silos lagern.

Gründe für den Verzicht der Silo-Lagerung können sein:

– Mangel eines geeigneten Standorts (z. B. bei Pachtbäckereien),
– mangelnde Rentabilität (bei Kleinstbetrieben),
– Kapitalmangel.

Die Standortfrage wirft heute keine großen Probleme auf. Mehlsilos können allenorts – in Gebäuden wie im Freien – aufgestellt werden.

Die Mehllagerung in Silos ist fast problemlos.

Moderne Mehlsiloanlagen bestehen aus den folgenden Bauteilen:

Lagersilo	=	Silozelle aus Kunststoff, Edelstahl, Stahlblech oder Stahlbeton
Förderanlage	=	Saug- oder Druckpneumatik für die Mehlbeförderung in Rohren zur Verarbeitungsstelle; Dosierschnecken bei horizontalem Ablauf
Siebmaschine	=	Aus hygienischen Gründen: Beseitigung von Verunreinigungen Aus technologischen Gründen: Mehlauflockerung und Belüftung zur Verbesserung der Teigbildung und Teigreifung
Mischanlage	=	Mischen von Mehlen unterschiedlicher Qualität oder für Mischbrot aus 2 oder mehreren Zellen
Verwiegeanlage	=	Genauigkeit und Zeitersparnis
Mehlstaubabsaugung	=	Vermeidung von Verlusten; geringere Umweltbelastung
Steuerungsanlage	=	Steuerung von Arbeitsabläufen: Umrechnung von Grundrezepten, Dosierung von Mehl, Zutaten und Zuguß, Erfassung von Lagerdaten

Mögliche Mängel bei der Mehlsilierung sind:
* **Mehlentmischung** ▶ Feine Mehlpartikel werden beim Füllen des Silos an die Zellenwand geweht, gröbere lagern sich im Zentrum ab.
* **Kondenswasserbildung** ▶ Auskühlung der inneren Zellenwand führt zur Kondenswasserbildung an der Zellenwand. Die Folgen sind Verkrustungen und Schimmel an der Innenwand.
* **Auslaufstörungen** ▶ Mehl verdichtet und staut sich über dem Auslauftrichter. Oder: Durch das Eigengewicht des Mehles bilden sich an Fugen, Nähten und Krümmungen der Siloinnenwand festsitzende Mehlstauungen.

* *Mehlstaubansatz* ▶ Durch die Staubentwicklung beim Füllen und bei der Entnahme bilden sich Staubansätze über der Mehloberfläche an der Silowand.

Achtung!
Explosionsgefahr! Beim Betrieb von Siloanlagen entstehen innerhalb des Silos explosionsfähige Staub-/Luftgemische. Deshalb: Zündquellen aller Art in den Aufstellungsräumen von Siloanlagen vermeiden!

① Tankwagen-Einfüllschlauch
② Siloentlüftungsfilter
③ Abluftleitung
④ Schauglas
⑤ Kontrolluke
⑥ Förderleitung
⑦ Komponenten-Ventile
⑧ Wiegebehälter
⑨ Siebmaschine

Abb. Nr. 56 Schema der Funktion einer Siloanlage

Abb. Nr. 57
Elektronisch gesteuerte Wiege-, Temperier- und Siebanlage

Abb. Nr. 58 Mehllagerung in Außensilos

Abb. Nr. 59 Mehllagerung in Innensilos

Abb. Nr. 60 Mehlmotte (12 mm) mit Raupe (18 mm)

Abb. Nr. 61 Mehlkäfer (16 mm) mit Mehlwurm (24 mm)

Mehlverderb durch tierische Schädlinge

Sie werden vielleicht sagen, so etwas gibt es in modernen Bäckereien nicht. Hier muß widersprochen werden!

Richtig ist, daß die Hygienevorschriften (z. B. über die Beschaffenheit von Betriebsräumen und Einrichtungen) die Bekämpfung tierischer Schädlinge erleichtern. Sicher ist auch das Hygienebewußtsein heute ausgeprägter als vielleicht in früheren Zeiten.

Prüfen Sie doch einmal, ob es in Ihrer Bäckerei Ritzen, Fugen oder Ecken an den Wänden, im Fußboden, an Geräten oder an Einrichtungen gibt!

An solchen Stellen fängt sich unvermeidlich Mehlstaub, bilden sich Mehlkrusten, obwohl Ihr Betrieb sicherlich hinreichend häufig und gründlich gereinigt wird.

An solchen Stellen können sich eingeschleppte tierische Schädlinge vermehren.

Mehl ist geeignete Nahrung für viele tierische Schädlinge. In der Regel handelt es sich um Insekten und Spinnentiere.

Die häufigsten Mehlschädlinge sind
* *Mehlmotten → Eier → Raupen,*
* *Mehlkäfer → Eier → Mehlwürmer,*
* *Mehlmilbe → Eier.*

Mehlmilben sind mit bloßem Auge nicht sichtbar.

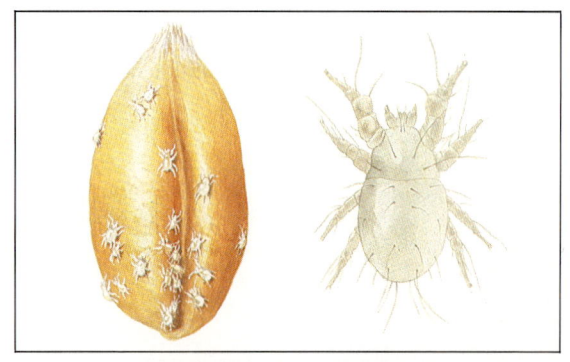

Abb. Nr. 62 Mehlmilbe auf befallenem Weizenkorn

Abb. Nr. 63 Brotkäfer (3,75 mm) mit Larve (4,8 mm)

Das Wichtigste über die Mehllagerung in Kurzform		
Mehl kühl lagern!	▶	Wärme (über 20 °C) beschleunigt den Mehlabbau durch Enzyme. Mehl verringert schon nach kurzer Lagerzeit seine Backeigenschaften. Kalte Lagerung (unter 10 °C) führt zu Schwierigkeiten bei der Teigtemperierung. Also: Lager- und Silorräume gegebenenfalls zur Vermeidung starker Erwärmung und Auskühlung isolieren!
Mehl trocken lagern!	▶	Mehl zieht Feuchtigkeit an. Feuchtigkeit begünstigt die Tätigkeit von Mehlenzymen und Mikroorganismen; dadurch verringert Mehl schneller seine Backeigenschaften.
Mehl luftig lagern!	▶	Mehl verdichtet sich beim Übereinanderlagern und erwärmt sich dabei. Das gilt für die Lagerung in Säcken wie in Silos. Mehl gibt während der Lagerung Wasser ab und erhöht die Luftfeuchtigkeit. Also: Lager- und Siloräume belüften! Mehlsäcke auf Lattenrosten lagern! Volle Mehlsilos nicht über längere Zeit – ohne Entnahme – ,,ruhen" lassen!
Mehl sauber lagern!	▶	Verstaubte Lagerräume sind Brutstätten tierischer Schädlinge. Zellen von Mehlsilos müssen mehrmals im Jahr entleert, von anhaftenden Mehlresten befreit und vorbeugend gegen Schädlingsbefall mit einem zugelassenen Mittel behandelt werden.
Mehl vor Fremdgeruch schützen!	▶	*Fremdgeruch kann auftreten durch* *– frische Farbanstriche,* *– Reinigungsmittel,* *– Desinfektionsmittel (Schädlingsbekämpfung),* *– Schimmel,* *– Schädlingsbefall.*

Backmittel für Weißgebäcke

Abb. Nr. 64

Ein Bäckermeister probiert ein neues Backmittel aus. Trotz gleicher Herstellungsbedingungen und gleicher Mehlqualität hat er Schwierigkeiten:
– Der Teig hat eine andere Beschaffenheit.
– Der Teig läßt sich nicht so gut aufarbeiten.
– Die Brötchen haben Mängel in der Qualität.
Wie ist das möglich?
Karl meint: ,,Das Backmittel taugt nichts!" So einfach ist das nicht.

Vielleicht hat der Bäckermeister bisher mit einem überwiegend malzhaltigen Backmittel gearbeitet. Das neue Backmittel ist dagegen auf Emulgatorbasis aufgebaut.

Möglicherweise muß das bisherige Verfahren der Brötchenherstellung den spezifischen Wirkungen des Backmittels angepaßt werden. Wer da erwartet, daß Backmittel gleich Backmittel sein müßte, der setzt diese den üblichen Zutaten gleich.

Backmittel aber unterscheiden sich von den üblichen Zutaten:

✱ *Weizenbackmittel dienen der allgemeinen – und je nach Zusammensetzung – der spezifischen Verbesserung der Herstellung und Qualität von Weißgebäcken.*

Karl meint: ,,Backmittel ist Backmittel! Da ist doch überall das gleiche drin!"
Was meinen Sie dazu?

Abb. Nr. 65
Brötchen ohne Backmittel (auch ohne Fett- und Zuckerzusatz) hergestellt

Abb. Nr. 66
Brötchen (im Schnitt) ohne Backmittel (auch ohne Fett- und Zuckerzusatz) hergestellt.

Beachten Sie die grobe Krumenstruktur!

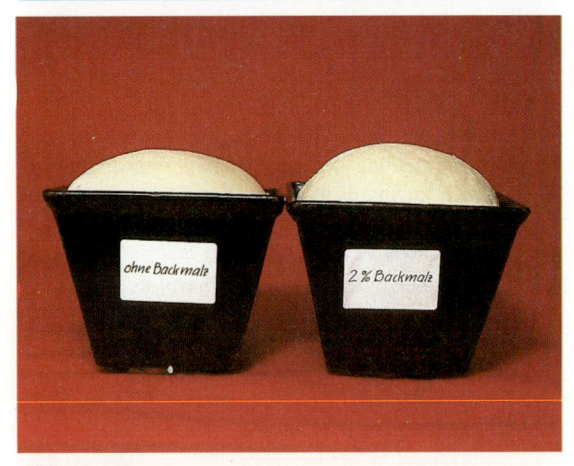

Abb. Nr. 67
Teiglinge für Kastenweißbrot ohne Backmittel (links) und mit Backmalz (rechts) bei gleicher Stückgarezeit.

Begründen Sie die unterschiedlichen Teigvolumen!

Mengenangabe für die Verarbeitung reiner Malzmehle	
je kg Mehl	je Liter Wasser
15–20 g	25–33 g

Inhaltsstoffe der Weizenbackmittel

Backmittel haben je nach Zusammensetzung unterschiedliche Wirkungen.

Die Inhaltsstoffe der Backmittel kann man vereinfacht nach ihren Wirkungen in zwei Gruppen einteilen:

Inhaltsstoffe	Wirkungen
I. – Zucker des Backmalzes, – andere Verzuckerungsprodukte der Stärke, – stärkeabbauende Enzyme	▸ bessere Teiggärung, ▸ bessere Krustenbräunung, ▸ bessere Rösche, ▸ größeres Volumen
II. – Fettstoffe, – Emulgatoren, – Milchstoffe, – Ascorbinsäure, – Cystin und Cystein	▸ bessere Teigbeschaffenheit, insbesondere bessere Verarbeitungseigenschaften, größere Gärstabilität, größere Gärtoleranz, ▸ größeres Gebäckvolumen, ▸ besserer Ausbund, ▸ bessere und länger anhaltende Rösche, ▸ feinere Krumenporung, ▸ längere Frischhaltung

Backmittel mit Backmalz

Backmalz ist das älteste Backmittel. Es wird aus gekeimtem Getreide gewonnen. Früher wurde es unvermischt in Form von Malzmehl oder Malzextrakt (als Sirup) dem Weizenteig zugesetzt.

Heute ist Backmalz Bestandteil vieler Mischbackmittel.

Backmalz enthält als wirksame Bestandteile

– Malzzucker und

– stärkeabbauende Enzyme, insbesondere Alpha-Amylase, neben anderen Enzymen.

Wirkung von Backmalz:	
– Malzzucker ist Hefenahrung und fördert so die Teiggärung.	▸ *Dadurch wird der Gärablauf verkürzt. Die bessere Gebäckauflockerung wird im größeren Gebäckvolumen und der besseren Rösche deutlich.*
– Malzzucker verbessert die Krustenbräunung.	
– Stärkeabbauende Enzyme (= Amylasen) spalten aus der Mehlstärke während der Gärphase, aber auch noch während der Backphase, vergärbare Zuckerstoffe ab.	▸ *Dadurch ist der Zuckeranfall für die Hefe auch noch in der Endphase der Stückgare gesichert. Der für die Bräunung notwendige Zucker fällt noch während der Stückgare an.*
– Backmalz wirkt sich günstig auf den Brötchengeschmack aus.	

Die Mengenangaben des Herstellers müssen gerade bei enzymhaltigen Backmitteln sehr genau eingehalten werden.

Überhöhte Zugaben bewirken eine Verringerung der Rösche und der Krumenelastizität.

> Zum Nachdenken: *Weshalb können überhöhte Zugaben enzymhaltiger Backmittel zu einer Verringerung der Krumenelastizität führen?*

Backmittel mit Amylase-Präparat

Amylasen sind stärkeabbauende Enzyme. Sie werden aus Getreide oder aus Kulturen von Kleinlebewesen gewonnen.

Für Backmittel werden in der Regel Pilz- und Bakterien-Amylase verwendet.

Backmittel mit Amylase-Präparat begünstigen wie Backmalz die Hefegärung und die Krustenbräunung. Dennoch unterscheiden sie sich in ihrer Wirkung von Backmalz

– durch ihr kleberschonendes Verhalten. Im Gegensatz zu Backmalz enthalten sie keine eiweißabbauenden Enzyme.

– durch ihre günstige Auswirkung auf die Gebäckfrischhaltung.

Abb. Nr. 68
Links: Brötchen mit 1 % Fettzusatz, aber ohne Backmalz
Rechts: Brötchen mit 1 % Fettzusatz und 1,5 % Backmalz

Backmittel mit Verzuckerungsprodukten der Stärke

Verzuckerungsprodukte der Stärke sind Stärkesirup, Stärkezucker und Dextrose (= Traubenzucker). Man gewinnt sie durch Abbau der Stärke mit Säuren oder Enzymen (= Stärkehydrolyse). Verzuckerungsprodukte der Stärke sind Bestandteil vieler Mischbackmittel. Sie verbessern die Hefetätigkeit und die Krustenbräunung.

> Als Anregung:
> *Prüfen Sie, welche Backmittel in Ihrem Betrieb verarbeitet werden!*
> *Versuchen Sie herauszufinden, welche wirksamen Stoffe diese Backmittel enthalten. Häufig weist schon der Handelsname auf die Zusammensetzung hin.*
> *Fragen Sie Ihren Meister oder den Handelsvertreter!*

Backmittel mit Fettanteil

Einige Backmittel enthalten Speisefette in Verbindung mit Emulgatoren.

Speisefette verbessern die Klebereigenschaften. Der Teig wird geschmeidiger und dehnfähiger. Dadurch kommt es zu einer Verbesserung

– *der Verarbeitungseigenschaften des Teiges,*
– *der Gärstabilität und*
– *der Gärtoleranz.*

So haben die Gebäcke
– *ein größeres Volumen,*
– *eine feinere Krumenporung,*
– *eine bessere Schnittfähigkeit und*
– *eine bessere Frischhaltung.*

> Achtung!
> *Backmittel, die als Emulgator Diacetylweinsäureester enthalten, dürfen nur für Kleingebäcke, aber nicht für Großbrote verwendet werden!*

Backmittel mit Emulgatoren

Für Backmittel werden fettähnliche Stoffe als Emulgator eingesetzt.

Sie haben die Fähigkeit, sich an Fette und gleichzeitig an Wasser anzulagern. Dadurch ermöglichen Emulgatoren eine feinere Verteilung von Fetten (z. B. des Mehlfetts) in der wässerigen Teigphase.

Abb. Nr. 69
Fettverteilung im Wasser ohne Emulgator (links) und mit Emulgator (rechts)

Diese Eigenschaft der Emulgatoren beeinflußt auch die Beschaffenheit des Klebers. Der Kleber wird geschmeidiger, dehnbarer, aber auch elastischer. Unterstützt wird die Emulgatorwirkung durch intensive Teigknetung, die zu einer besseren Klebervernetzung führt.

Backtechnische Wirkung von Emulgatoren:

- bessere Verarbeitungseigenschaften des Teiges,
- größere Gärstabilität (= anhaltend gutes Gashaltevermögen),
- größere Gärtoleranz (= Unempfindlichkeit gegen Übergare)

➤ größeres Gebäckvolumen, markanter Ausbund, verbesserte Rösche, feinere Krumenporung, verbesserte Gebäckfrischhaltung

---

Für Backmittel werden als Emulgator verwendet:
- Lezithin, ein natürliches Produkt aus der Sojabohne und
- Mono- und Diglyceride.

Emulgatoren werden nicht in reiner Form, sondern als Mischbackmittel – also vermischt mit anderen wirksamen Stoffen – angeboten. Die Zusatzmenge für Brötchen beträgt etwa 2–3 % der Mehlmenge.

Eine besondere Kenntlichmachung für Backwaren, die mit Emulgator hergestellt sind, ist nicht erforderlich.

Thomas sagt: *„Ich halte es nicht für richtig, daß für die Herstellung von Backwaren Backmittel mit chemischen Stoffen verwendet werden!"*

Überprüfen Sie diese Aussage auf ihre fachliche Richtigkeit!
Diskutieren Sie diese Aussage mit Ihren Kollegen!

Zusätzliche Informationen

Für die Gewinnung von Malzprodukten werden Gerste- oder Weizenkörner bei hoher Luftfeuchtigkeit zum Keimen gebracht. Dabei bauen die aktivierten Enzyme die Mehlsubstanz ab. Backtechnisch ist der hohe Anfall an Alpha-Amylase, Dextrinen, Malzzucker und Proteasen (eiweißabbauende Enzyme) von Bedeutung.

Die Alpha-Amylase baut im Zusammenspiel mit der Beta-Amylase des Mehles im Teig Mehlstärke zu vergärbaren Zuckerstoffen ab.

Erst während des Backens bei Temperaturen über 70 °C werden die Amylasen inaktiviert.

Durch Backmalz wird der Teig auch mit aktiven Proteasen angereichert. Proteasen bewirken eine Schwächung des Klebers. Bei der Verarbeitung kleberstarker Mehle wirkt sich der Kleberabbau günstig auf die Teigeigenschaften aus. Dagegen verringern kleberschwache Mehle deutlich ihre Backeigenschaften. Die Gebäckqualität fällt entsprechend geringer aus.

Amylasepräparate aus Kulturen von Bakterien und Schimmelpilzen sind frei von eiweißabbauenden Enzymen. Sie sind somit auch bei der Verarbeitung kleberschwacher Mehle einsetzbar.

Die Bakterienamylase unterscheidet sich von der Pilzamylase durch ihre Temperaturunempfindlichkeit. Erst bei 75 °C verliert sie an Wirksamkeit und erst bei 95 °C wird sie zerstört.

Der Einsatz von Bakterienamylase für die Weißbrotherstellung ist umstritten, da möglicherweise ein Teil der Amylase beim Backen nicht zerstört wird. Das führt zum Abbau der Stärke im lagernden Brot. Durch das freigesetzte Wasser wird zunächst die Brotfrischhaltung begünstigt. Allerdings besteht auch die Gefahr, daß im ungünstigen Fall die Krume backig-feucht und unelastisch wird.

Als Emulgatoren für Backmittel werden das natürliche Lezithin, Mono- und Diglyceride der Fettsäuren, sowie Mono- und Diglyceride in Verbindung mit Essigsäure und Diacetylweinsäure (Diacetylweinsäureester = DAWE) eingesetzt. Mono- und Diglyceride sind ähnlich wie Fette aufgebaut (Abb. Nr. 70).

Die Eignung von Emulgatoren als Backmittel leitet sich aus ihren spezifischen Eigenschaften ab, Grenzflächen von Fett und Wasser zu entspannen. Im Teig lagern sich die hydrophilen (= wasserfreundlichen) Teile der Emulgatoren an den wässerigen Teigsubstanzen und die lipophilen (= fettfreundlichen) Teile an den fettigen Teigsubstanzen an. Auf diese Weise entsteht im Teig ein homogenes Fett-Wasser-System.

Bei einigen Emulgatoren, z. B. DAWE, vollzieht sich eine Wechselwirkung mit den Mehleiweißen; sie bewirkt eine erhebliche Verbesserung der Teigeigenschaften. Deshalb werden Backmittel mit DAWE insbesondere dort eingesetzt, wo ein großes Gebäckvolumen erzielt werden soll.

Bestimmte Emulgatoren bilden Einschlußverbindungen mit der Stärke. Sie bewirken eine Verzögerung der Stärkeretrogradation (= Entquellung). Das führt zu einer verbesserten Gebäckfrischhaltung.

Zu den kleberverändernden Stoffen in Backmitteln zählen die Ascorbinsäure (= Vitamin C), das Cystein und das Cystin (= Aminosäuren).

Backmittel mit Ascorbinsäure verbessern die Teigeigenschaften und somit die Gebäckqualität.

Brötchenmehle werden bereits in der Mühle mit Ascorbinsäure (bei geringer Enzymaktivität des Mehles auch mit Malzmehl bzw. Pilzamylase) angereichert.

Cystein wirkt auf den Kleber: Der Dehnwiderstand wird herabgesetzt. Dadurch werden die Teigeigenschaften entscheidend verbessert.

Cystein führt gerade bei kleberstarken Mehlen und bei Mehlen mit normaler Klebergüte zu einer erheblichen Verbesserung der Gebäckqualität.

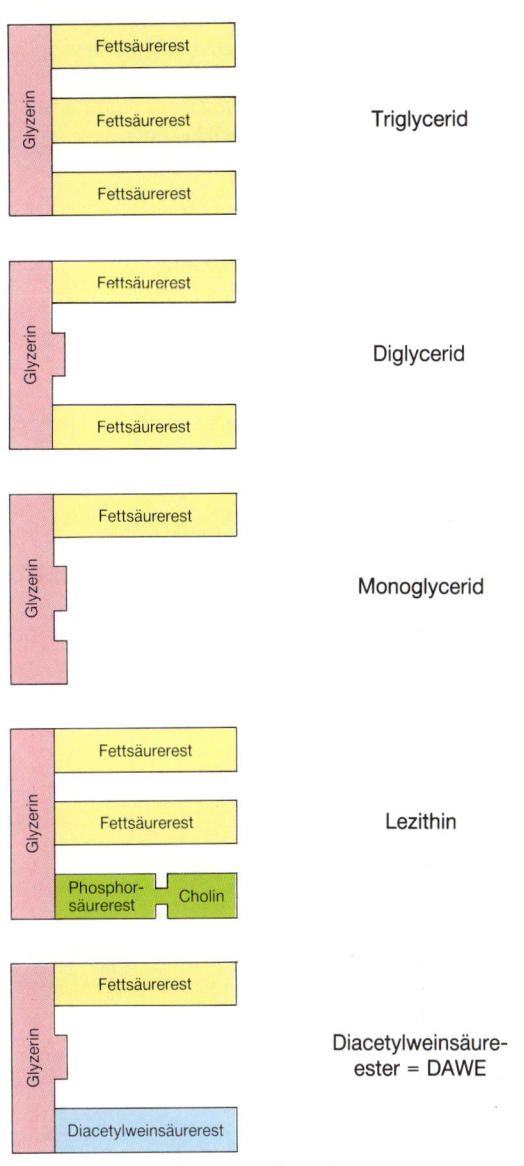

Abb. Nr. 70   Aufbau von Glyceriden

Fett und Zucker als Weizenbackmittel

Bei Verbrauchern ist die Meinung weit verbreitet, daß Brötchen – ohne Backmittel hergestellt – eine wesentlich bessere Qualität hätten.

Als Beweis wird das so knusprige, schmackhafte, backmittelfreie Brötchen der „guten, alten Zeit" angeführt.

Eine klare Antwort:

Die heute vom Verbraucher geforderte Brötchenqualität ist ohne die Verwendung hochwertiger Backmittel nicht möglich.

Allerdings ist das hochvoluminöse, aufgeblasene, fad schmeckende Brötchen nicht mehr gefragt.

Sicher kann der Bäcker auch ohne Backmittel Brötchen in einer Mindestqualität herstellen. Er muß jedoch zum Teig
- Speisefett und
- Zucker zusetzen.

Ein geringer Fettzusatz zum Teig von etwa 10 g je kg Mehl verbessert auch ohne Emulgatoranteil
- die Teigbeschaffenheit sowie
- die Gärstabilität und Gärtoleranz.

Dadurch haben die Gebäcke
- ein größeres Volumen,
- eine feinere Krumenporung,
- eine mürb-splittrigere Kruste.

Zunehmend höherer Fettzusatz macht die Gebäckkrume und -kruste kuchenartig mürbe und verändert den Brötchengeschmack.

Abb. Nr. 71
Kastenweißbrot ohne Backmittel: links ohne und rechts mit 1 % Fettzugabe hergestellt

Beurteilen Sie vergleichend das Gebäckvolumen und die Krustenfarbe!

Abb. Nr. 72
Kastenweißbrot ohne Backmittel im Anschnitt: links ohne und rechts mit 1 % Fettzugabe hergestellt

Beurteilen Sie vergleichend die Gebäckkrume!

Ein geringer Zuckerzusatz von 10–20 g je kg Mehl
- fördert die Teiggärung (besonders in der Anfangsphase),
- verstärkt die Krustenbräunung,
- erhöht das Volumen (jedoch nur geringfügig) und verbessert die Rösche.

Zunehmend höherer Zuckerzusatz verlangsamt die Teiggärung, verringert die Teigeigenschaften und somit auch die Gebäckqualität. Die Kruste bräunt sehr stark und die Rösche geht schon früh verloren.

Der Fett-Zucker-Zusatz hat Nachteile im Vergleich zur Verwendung eines Mischbackmittels:
- *Die Gärstabilität und Gärtoleranz sind geringer.*
- *Das Gebäckvolumen ist kleiner.*
- *Die Sicherheit in der Herstellung ist geringer.*

Abb. Nr. 73
Kastenweißbrot ohne Backmittel: links ohne und rechts mit 1 % Zuckerzugabe hergestellt

Beurteilen Sie vergleichend die Krustenfarbe!

Abb. Nr. 74
Kastenweißbrot ohne Backmittel im Anschnitt: links ohne und rechts mit 1 % Zuckerzugabe hergestellt

Beurteilen Sie die Gebäckkrume!

Verarbeitung von Weizenbackmitteln

Regeln für die Verarbeitung von Backmitteln für Weißgebäcke:

- *Backmittel werden mit allen anderen Zutaten gleichzeitig verarbeitet!*
  Ausnahme: Bei der indirekten Teigführung (mit Vorteig z. B. für Baguettes) wird das Backmittel erst dem Hauptteig zugegeben.
- *Backmittel – auch vom gleichen Hersteller – dürfen nicht ohne vorherige Erprobung einfach miteinander vermischt verarbeitet werden!*
- *Beachten Sie die Mengenangaben und Verarbeitungshinweise der Hersteller!*

Das Wichtigste über Backmittel für Weißgebäcke in Kurzform

Backmittel für Weißgebäcke verbessern	▶ *die Teigentwicklung,* ▶ *die Verarbeitungseigenschaften des Teiges,* ▶ *die Gärstabilität und Gärtoleranz,* ▶ *die Teiggärung,* ▶ *die Gebäckqualität.*
Backmittel für Weißgebäcke enthalten	▶ *Zuckerstoffe,* ▶ *Enzyme,* ▶ *Fettstoffe,* ▶ *Emulgatoren.*
Backmittel verhindern (verzögern)	▶ *Schimmeln,* ▶ *Fadenziehen.*

Hinweis: Informationen über Schimmel und seine Bekämpfung finden Sie im Kapitel „Schimmel als Brotkrankheit"! Über Fadenziehen erfahren Sie mehr im Kapitel „Fadenziehen als Brotkrankheit"!

Die backtechnische Bedeutung von Kochsalz

Wirkung von Kochsalz auf Teig, Gare und Gebäck

Abb. Nr. 75
Weizengebäcke mit unterschiedlichem Salzanteil: ohne Salz (links) mit normaler Salzzugabe (Mitte), mit doppelter Salzzugabe (rechts)

Vergleichen Sie die Krustenfarbe und die Gebäckvolumen!

Fragen Sie den Verbraucher, weshalb Weißgebäck und Brot mit einem Kochsalzzusatz hergestellt werden! Die Antwort wird sicher lauten: Damit die Backwaren besser schmecken!

In der Tat ist Kochsalz für die Backwarenherstellung das wichtigste Würzmittel. Kein Gewürz hat für den Genußwert von Lebensmitteln die Bedeutung von Kochsalz.

Haben Sie oder ein Mitarbeiter Ihres Betriebes schon einmal die Salzzugabe zum Weizenteig vergessen?

Wann haben Sie es gemerkt?

Der Fachmann merkt es nicht erst beim Verzehr des fertigen Gebäcks, sondern schon viel früher.

Typische Merkmale salzfreier Teige bzw. salzfreier Backwaren:

→ Der Teig „fließt" (wenig Stand).
→ Der Teig ist wenig elastisch.
→ Der Teig gärt sehr „wild".
→ Der Teig klebt beim Verarbeiten.
→ Der Teig verträgt nur wenig Gare.
→ Das Gebäckvolumen ist klein.
→ Die Gebäckkruste ist bleich.
→ Die Gebäckkruste ist hartsplitterig.
→ Die Gebäckkrume ist unruhig geport.
→ Das Gebäck schmeckt fade.

Kochsalz verbessert mit zunehmender Konzentration – bis zu einem Höchstwert – die Backeigenschaften von Weizenmehl. Die backtechnisch günstigste Zugabemenge liegt bei 1,8 % vom Mehlanteil.

Größere Abweichungen nach oben wie nach unten führen zu backtechnischen Mängeln.

Wirkung üblicher Kochsalzzugaben	
Wirkung:	Backtechnische Auswirkung:
* Kochsalz verringert die Löslichkeit des Weizenklebers. * Kochsalz senkt das Quellungsvermögen des Klebers. * Kochsalz hemmt den enzymatischen Abbau des Klebers.	Dadurch wird der Kleber widerstandsfähiger und elastischer und erhält über längere Zeit diese Eigenschaften. So hat der Teig ● einen besseren Stand, ● bessere Verarbeitungseigenschaften, ● eine bessere Gärstabilität und größere Gärtoleranz. Folgen sind ● ein größeres Gebäckvolumen, ● eine feinere Krumenstruktur, ● eine feinere Porung, ● eine bessere Schnittfähigkeit der Krume, ● eine bessere Gebäckfrischhaltung.
* Kochsalz hemmt die Gärtätigkeit der Hefe.	Dadurch läuft der Gärvorgang kontrollierter ab. Das Gebäck bräunt besser.
* Kochsalz verbessert den Geschmack.	

Backwaren ohne Kochsalz haben eine verminderte Qualität.

Backwaren mit zu hohem Kochsalzgehalt haben ebenfalls eine verminderte Qualität.

Typische Mängel übersalzener Teige bzw. Gebäcke:

→ Der Teig ist feucht, „kurz" und „fließt". Er läßt sich schlecht verarbeiten.
→ Die Teigreifung wird stark verzögert.
→ Der Teig gärt sehr langsam.
→ Die Gebäcke haben ein kleines Volumen.
→ Die Gebäckkruste bräunt schneller.
→ Die Gebäckkrume ist dicht geport.
→ Die Gebäcke schmecken übersalzen.

Abb. Nr. 76
Weizenteige mit unterschiedlichem Salzanteil: ohne Salz (links), mit normalem Salzanteil (Mitte), mit doppeltem Salzanteil (rechts)

Vergleichen Sie den „Stand" der Teige!

Abb. Nr. 77
Gärverhalten von Weizenteigen ohne Salz (links), mit normalem Salzanteil (Mitte), mit doppeltem Salzanteil (rechts)

Vergleichen Sie die Gärreife!

Richtwerte für den Kochsalzanteil in Weißgebäcken	
30 g je Liter Zuguß	= 3,0 %
18 g je kg Mehl	= 1,8 %

Tabelle Nr. 9

Zum Nachdenken: Kochsalzfreie Backwaren bräunen nur schwach. Kochsalzhaltige Backwaren bräunen gut.

Frage: Bräunt Kochsalz beim Erhitzen?

Antwort: Nein!

Und nun überlegen Sie: Weshalb bräunen kochsalzhaltige Backwaren besser?

Viele Bäcker behaupten, Hefe und Kochsalz dürfen in konzentrierter Form nicht in Berührung kommen. Verringern konzentrierte Salzlösungen die Triebkraft der Hefe?

Versuch Nr. 14:
Zerbröckeln Sie 15 g Backhefe und vermischen Sie die Hefe mit 5 g Kochsalz.
Lassen Sie die Mischung 15 Minuten abstehen.

Beobachtung:
Die trockene Salz-Hefe-Mischung wird schmierig-flüssig.

Erkenntnis:
Kochsalz entzieht der Hefe Zellwasser.

Fortführung des Versuchs:
Bereiten Sie aus dieser Salz-Hefe-Lösung einen Teig aus 250 g Weizenmehl, Type 550, 140 ml Wasser und der entsprechenden Menge eines Weizenbackmittels.
Stellen Sie aus diesem Teig in üblicher Weise ein Kastenweißbrot her.

Beobachtung:
Der Teig gärt wie üblich und ergibt ein fehlerfreies Gebäck.

Erkenntnis:
Die Gärungsenzyme der Hefe behalten auch in konzentrierter Salzlösung ihre Gärfähigkeit. Sie stellen zwar in konzentrierten Salzlösungen ihre Gärtätigkeit ein, sie werden aber bei entsprechender Verdünnung wieder tätig.

Abb. Nr. 78
Salz-Hefe-Mischung: Nach 15 Minuten Stehzeit (links); frisch angesetzt (rechts)

Läßt man die für die Teigbereitung benötigte Salz- und Hefemenge miteinander vermischt länger als eine Stunde abstehen, ist eine schwache Gärverzögerung beim Teig feststellbar.
Konzentrierte Salzlösungen zerstören die Hefezelle; sie ist nicht mehr vermehrungsfähig. Die Gärungsenzyme behalten aber ihre Gärfähigkeit.

Zum Nachdenken: Fachleute raten, die Kochsalzmenge nach der zu verarbeitenden Mehlmenge für Weißgebäckteige zu errechnen.
Viele Bäcker errechnen den Salzanteil nach der Zugußmenge.

Welche Gründe sprechen für die eine und welche für die andere Berechnungsgrundlage? Oder ist es nicht völlig egal, wie die Salzmenge berechnet wird?

Eigenschaften des Kochsalzes

Kochsalz ist ein Mineral. Es ist Bestandteil unserer Erde und des Meerwassers.
Kochsalz ist eine Verbindung von Natrium und Chlor (Natriumchlorid = NaCl). Kochsalz ist
- wasserlöslich,
- wasseranziehend (= hygroskopisch) und
- scharf im Geschmack (= salzig).

Handelssorten und backtechnische Eignung

Steinsalz wird bergmännisch gewonnen.
Steinsalz hat gegenüber anderen Handelssorten einen geringeren Reinheitsgrad. Es löst sich im Vergleich zu Siedesalz etwas langsamer im Wasser.
Grobes Steinsalz sollte deshalb vor der Verarbeitung zum Teig im Zugußwasser gelöst werden. Denn nicht vollständig gelöste Salzkristalle machen den Teig feucht und verringern seine Verarbeitungseigenschaften.

Siedesalz wird aus Steinsalz- oder Meerwassersole (Sole = konzentrierte Salzlösung) gewonnen. Beim Verdampfen der Sole verbleibt als Rückstand das feinkörnige Siedesalz.
Siedesalz ist wegen seiner Reinheit und schnellen Wasserlöslichkeit backtechnisch besser geeignet als Steinsalz.

Salinensalz ist Siedesalz. Es wird aus kochsalzhaltigem Quellwasser gewonnen. Backtechnisch ist es mit dem herkömmlichen Siedesalz vergleichbar.

Das Wichtigste über die backtechnische Bedeutung von Kochsalz in Kurzform

✱ Kochsalz in üblicher Zusatzmenge verbessert
  – die Verarbeitungseigenschaften von Weizenteigen,
  – die Gärstabilität,
  – die Gärtoleranz;
  dadurch wird ein größeres Gebäckvolumen und eine feinere Krumenstruktur erzielt.

✱ Kochsalz hemmt die Hefetätigkeit; dadurch verläuft die Gare kontrollierter, und es verbleibt mehr Zucker für die Gebäckkrustenbräunung.

✱ Übliche Salzmengen für Weizenteige sind:
  – je kg Mehl = 18 g
  – je Liter Zuguß = 30 g.

Die Lockerung von Weizenhefeteigen

Backwaren werden bei ihrer Herstellung gelockert.
Warum eigentlich?
Ungelockerte Backwaren
- sind schwer (im Verhältnis zu ihrem Volumen),
- haben ein sehr kleines Volumen,
- haben eine klitschige, unelastische Krume,
- kleben beim Schneiden,
- bleiben beim Kauen knetig-fest,
- schmecken unangenehm kratzig und wenig aromatisch,
- lasten lange Zeit im Magen,
- sind schwer verdaulich und wenig bekömmlich.

Nur sehr flache, fladenartige Backwaren können ungelockert durchbacken. Lange schon vor unserer Zeitrechnung haben die Menschen Brotfladen erst aus frischem, später aus gärendem Mehlbrei hergestellt. Die Gärgase lockerten die Fladen. Später wurden Backwaren mit Sauerteig oder mit Hefeschaum der Biergärung gelockert.

Für die Lockerung „süßer" Backwaren nutzte man – wie auch heute noch – die lockernde Wirkung von Eischnee und Wasserdampf.

Die Lockerung beeinflußt entscheidend die Qualität der Backwaren.

Die Lockerung hat Einfluß
- *auf das Gebäckvolumen,*
- *auf den Gebäckausbund,*
- *auf die Krustenbeschaffenheit,*
- *auf die Krumenbeschaffenheit,*
- *auf den Genußwert,*
- *auf die Bekömmlichkeit,*
- *auf die Frischhaltung.*

Backwaren lockert man mit
- *Hefe und Sauerteig = biologische Lockerung,*
- *Luft und Wasserdampf = physikalische Lockerung,*
- *Backpulver, ABC-Trieb und Pottasche = chemische Lockerung.*

Der Bäcker lockert den überwiegenden Anteil seiner Backwaren mit Hefe.

Die Herstellung von Backwaren aus mit Hefe gelockerten Teigen verlangt Können und Erfahrung. Diese Erkenntnis verdeutlicht, weshalb in der heutigen Hausbäckerei die meisten Backwaren mit chemisch wirkenden Lockerungsmitteln hergestellt werden.

Abb. Nr. 79
Ungelockertes und gelockertes Weißbrot im Anschnitt (bei gleicher Teigeinlage)

Abb. Nr. 80
Schwach gelockerte (links) und gut gelockerte Krume (rechts)

✱ *Merken Sie sich:*
Ungelockerte Backwaren sind für den Verzehr nicht geeignet!
Erst über die Lockerung der Backwaren werden im wesentlichen die angestrebten Qualitätsmerkmale erreicht.

Hefe als Lockerungsmittel

Abb. Nr. 81 Backhefe

Hefe als Lebewesen

Wo kommen die Hefen vor? Wo leben sie?

Hefen kommen überall vor: auf der Erdoberfläche, in Gewässern, in der Luft, auf allen lebenden Stoffen!

Hefen machen sich durch ihre Lebensäußerungen bemerkbar:

Speisereste und Säfte beginnen zu gären und verderben schließlich.

Hefen sind für das menschliche Auge ohne Hilfsmittel unsichtbar.

> ✻ *Hefen sind Kleinlebewesen; sie zählen zu den niederen Pilzen. Es sind pflanzliche Lebewesen.*

Es gibt eine Vielzahl von Hefestämmen. Sie besitzen die Fähigkeit, Zuckerstoffe in Alkohol und Kohlendioxid zu vergären. Diese Fähigkeit der Hefen haben die Menschen schon früh für die Gewinnung alkoholischer Getränke ausgenutzt.

Anfangs wurden zuckerhaltige Säfte allein durch den natürlichen Gehalt an Hefen vergoren. Später züchtete man aus den **wilden Hefen** Pilzstämme mit spezifischen Eigenschaften. Solche **Kulturhefen** sind die Bier-, die Wein- und die Backhefe.

Funktion der Zellbestandteile

Betrachten Sie Backhefe unter dem Mikroskop!

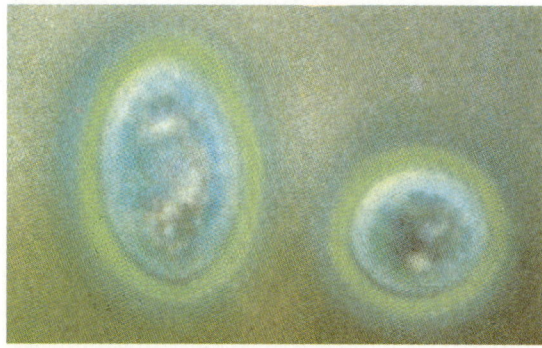

Abb. Nr. 82   Mikroaufnahme: Hefezellen

Beobachtung: Runde bis ovale Zellen schwimmen in der Lösung. Sie wirken durchscheinend farblos. In der Zelle sind ungleichmäßig große, verschwommene Ringformen und Punkte sichtbar (Abb. Nr. 82).

In der Skizze Nr. 83 sind Zellbestandteile der Hefe in vereinfachter Form dargestellt.

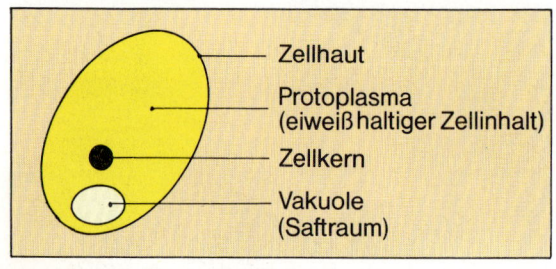

Abb. Nr. 83   Skizze einer Hefezelle
- Zellhaut
- Protoplasma (eiweißhaltiger Zellinhalt)
- Zellkern
- Vakuole (Saftraum)

Die **Zellhaut** der Hefe ist halbdurchlässig. Nur Wasser, Gase und gelöste Stoffe können durch diese Zellmembran hindurchtreten. Durch diese Zellhaut nimmt die Hefe Sauerstoff sowie Nährstoffe auf und gibt Enzyme sowie Spaltprodukte an ihre Umgebung ab.

Der **Zellinhalt** besteht überwiegend aus Wasser und fein gekörnten Eiweißstoffen (= Protoplasma). Hierin laufen alle Lebensvorgänge ab. Hier werden auch die Enzyme für den Abbau der aufgenommenen Nährstoffe und für den Aufbau in zelleigene Substanz produziert.

Bestimmte Enzyme gibt die Hefe an ihre wässerige Umgebung ab, um dort großmolekulare Nährstoffe (großmolekular = große Moleküle, z. B. Eiweißstoffe aus vielen Aminosäuren bestehend) abzubauen; denn die Hefezelle kann nur kleinmolekulare Nährstoffe (z. B. Einfachzucker, aber keine Doppelzucker) durch ihre Zellhaut aufnehmen.

Hefeenzyme können im wesentlichen folgende Nährstoffe abbauen:

▸ Zuckerstoffe, wie Trauben-, Frucht-, Rüben- und Malzzucker,
▸ Eiweißstoffe und
▸ Fette.

Bestimmte Zuckerstoffe, wie Zellulose, Stärke, Dextrine, Milch- und Schleimzucker, kann die Hefe ohne die Hilfe von Fremdenzymen (z. B. Mehlenzymen) nicht vergären.

Der **Zellkern** ist die Leitstelle für alle Lebensäußerungen der Hefe. Er ist auch Träger aller Erbanlagen.

Die **Vakuole** ist ein mit Zellsaft gefüllter Raum in der Hefezelle. Bei Nahrungsmangel vergrößert sich der Saftraum, während der protoplasmahaltige Zellraum abnimmt.

Lebensäußerungen – Lebensbedingungen

> *Hefe lebt!*
> *Hefe braucht zum Leben Nahrung!*

Sie braucht Zuckerstoffe, aber auch Eiweißstoffe oder stickstoffhaltige Mineralstoffe zum Leben. Im Weizenteig findet die Hefe als Nahrung gelöste Stoffe des Mehles, wie Malzzucker etwas Traubenzucker und Eiweißstoffe. Das Nahrungsangebot für die Hefe im Teig kann durch Zucker- oder Backmittelzusatz zum Teig gezielt verbessert werden. Insgesamt ist der Teig ein idealer Nährboden für Hefen.

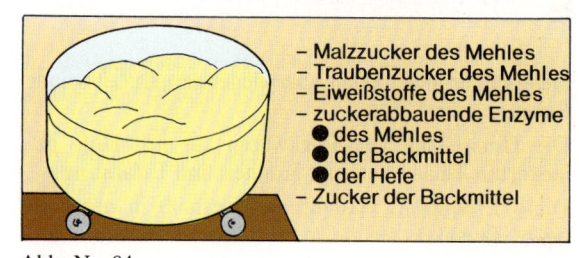

Abb. Nr. 84
Nahrung für die Hefe im Teig
- Malzzucker des Mehles
- Traubenzucker des Mehles
- Eiweißstoffe des Mehles
- zuckerabbauende Enzyme
  • des Mehles
  • der Backmittel
  • der Hefe
- Zucker der Backmittel

Hefe braucht zum Leben Wasser!

Sie braucht Wasser zur Aufnahme der Nährstoffe. Sie kann Nährstoffe nur in gelöster Form aufnehmen.

Der Weizenteig enthält genug Wasser für die Lebenstätigkeit der Hefe.

Durch weichere Führung kann die Tätigkeit der Hefe gefördert werden.

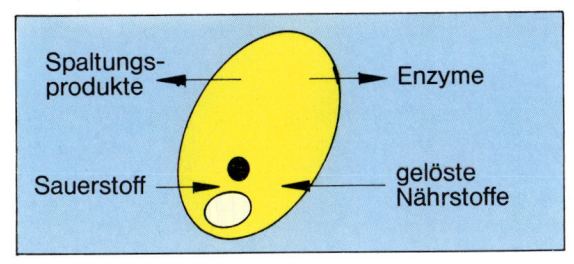

Abb. Nr. 85
Wasser als Voraussetzung für den Stoffwechsel der Hefe

Hefe braucht zum Leben Wärme!

Die Lebenstemperatur liegt für Hefe zwischen 0 °C und 55 °C.

Bei Temperaturen unter 20 °C und über 40 °C laufen die Lebensvorgänge jedoch nur verlangsamt ab.

Bei Temperaturen über 60 °C sterben die Hefezellen.

Hefe verträgt ein paar Wochen Temperaturen bis zu −20 °C, verliert aber dabei an Gärkraft.

Die günstigste Temperatur für die Vermehrung der Hefe liegt zwischen 20 und 27 °C; optimal ist eine Temperatur um 26 °C.

Die günstigste Temperatur für die Gärung liegt zwischen 27 und 38 °C; optimal gärt Hefe bei 35 °C.

Im Weizenteig muß also eine Mindesttemperatur eingehalten werden, damit die Lebensvorgänge der Hefe rasch genug ablaufen können.

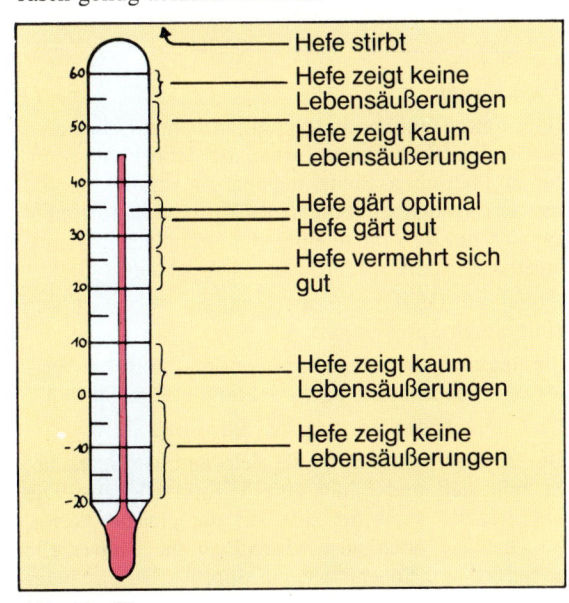

Abb. Nr. 86
Lebenstätigkeit der Hefe in Abhängigkeit von der Temperatur

Hefe braucht zum Leben Sauerstoff!

Hefe braucht zur „Verbrennung" der Nährstoffe und zur Vermehrung Sauerstoff.

Weizenteige enthalten in beschränktem Umfang Sauerstoff. Er gelangt über das gesiebte Mehl, über das frische Zugußwasser und beim Knetvorgang in den Teig.

Jedoch spielt der Sauerstoffanteil im Teig für die Bildung von Gärgasen und für die Hefevermehrung insofern keine Rolle,

– weil die Bildung von Gärgasen auch durch die sauerstoffunabhängige Gärung gewährleistet ist,
– weil für den Vorgang der Hefevermehrung die Zeitspanne vom Teigbereiten bis zum Backen sowieso zu kurz ist.

Abb. Nr. 87
Einbringen von Luft in den Teig durch Mehlsieben und Zugußwasser

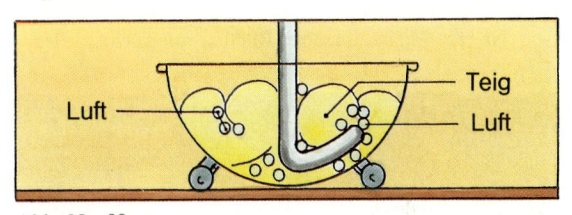

Abb. Nr. 88
Einbringen von Luft in den Teig durch intensives Kneten

Hefe braucht zum Leben Energie!

Sie hat zwei Möglichkeiten der Energiegewinnung:
▸ durch Veratmung und
▸ durch Gärung.

Veratmung

Bei der Veratmung der Nährstoffe spaltet die Hefe mit Hilfe von Sauerstoff den Zucker in Kohlendioxid und Wasser; dabei wird Energie freigesetzt.

Hefe veratmet die Nährstoffe unter der Voraussetzung,

– daß ausreichend Sauerstoff zur Verfügung steht
– und die Temperatur nicht wesentlich über 26 °C liegt.

Vorgang der Nährstoffveratmung in einer Formelgleichung dargestellt:
$C_6H_{12}O_6 + 6\,O_2 \rightarrow 6\,CO_2 + 6\,H_2O$
Zucker + Sauerstoff → Kohlendioxid + Wasser

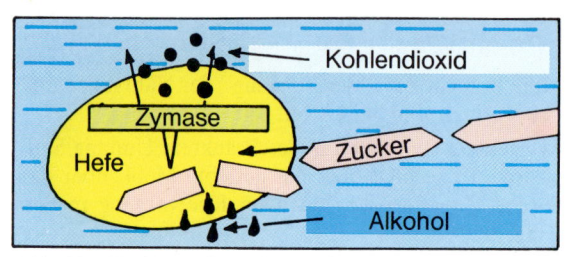

Abb. Nr. 89 Darstellung der alkoholischen Gärung

Vorgang der alkoholischen Gärung
in einer Formelgleichung dargestellt:

$$C_6H_{12}O_6 \rightarrow 2\ CO_2 + 2\ C_2H_5OH$$
$$\text{Zucker} \rightarrow \text{Kohlendioxid} + \text{Alkohol}$$

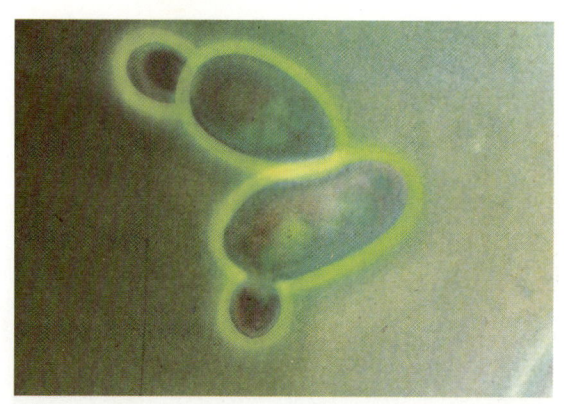

Abb. Nr. 90 Mikroaufnahme: Bildung von Tochterzellen

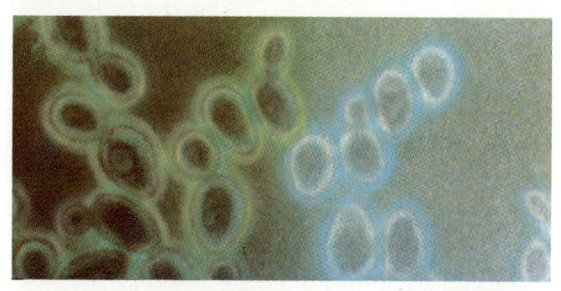

Abb. Nr. 91 Mikroaufnahme: Bildung eines Sproßverbands

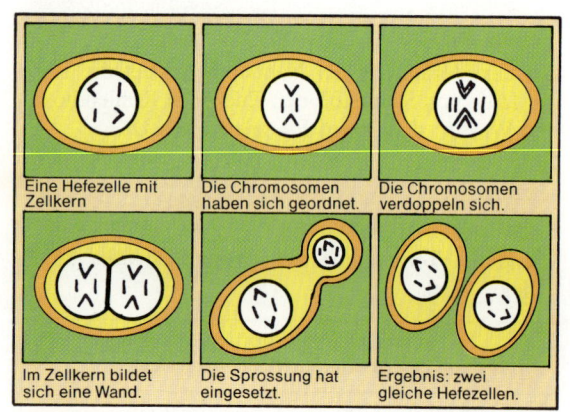

Abb. Nr. 92 Schematische Darstellung der Hefevermehrung

Gärung

Bei der Gärung spaltet die Hefe mit Hilfe des Gärenzyms **Zymase** Traubenzucker in Kohlendioxid und Alkohol.

Hefe vergärt Zuckerstoffe unter der Voraussetzung,
– daß Sauerstoffmangel herrscht
– oder die Temperatur der Nährlösung (Teig) bei etwa 27 °C bis 38 °C liegt.

✱ Merken Sie sich:
  Nicht vergärbar sind
  ▶ *Zellulose,*
  ▶ *Stärke,*
  ▶ *Dextrine,*
  ▶ *Milchzucker,*
  ▶ *Schleimzucker.*

Weizenteige werden in der handwerklichen Bäckerei in der Regel mit einer Temperatur zwischen 24 und 27 °C geführt. Der geringe Sauerstoffanteil im Teig wird schnell von der Hefe „veratmet". So wird der im Teig gelöste Zucker aus Sauerstoffmangel vergoren. Die Spaltprodukte der Zuckervergärung verbleiben im Teig. Ein geringer Teil des gasförmigen Kohlendioxids löst sich im freien Teigwasser zu flüssiger Kohlensäure. Ein geringer Teil der Gärgase verfliegt. Der Hauptanteil des Kohlendioxids wird vom aufgequollenen Weizenkleber am Austritt aus dem Teig gehindert. So bilden sich im Teig Gärgasporen. Der anfallende Alkohol verfliegt zum Teil beim Backen. Der verbleibende Alkohol wirkt sich günstig auf den Geschmack der Backwaren aus.

✱ Merken Sie sich:
  Gärgase der Hefe lockern den Teig!

Vermehrung

Hefe hat gegenüber anderen pflanzlichen Lebewesen eine viel größere Chance, trotz aller Umweltbelastungen zu überleben. Sie ist unabhängig vom Klima und von der Bodenbeschaffenheit. Sie ist standortunabhängig, und sie kann in einer unempfindlichen Dauerform – als Spore – Jahrhunderte überdauern.

Unter günstigen Lebensbedingungen vermehrt sich Hefe durch Sprossung.

Bei ungünstigen Lebensbedingungen – z. B. bei Wasser- und Nahrungsmangel – bildet die Hefe Sporen.

Und so läuft der Vorgang der **Sprossung** ab:

Der Zellkern wandert an die Zellwand der Hefezelle. Er teilt sich und bildet eine Tochterzelle aus. Die Tochterzelle vermehrt sich auf die gleiche Weise, während sie noch auswachsend an die Mutterzelle gebunden ist. So entsteht ein Sproßverband. Später lösen sich die Tochterzellen von der Mutterzelle. Der Vermehrungsvorgang hält an, solange die Vermehrungsbedingungen gegeben sind (Abb. Nr. 90 bis 92).

Und so läuft die **Sporenbildung** ab:

Sind die Nährstoffe einer Lösung aufgebraucht, stellt die Hefe ihre Lebenstätigkeit weitgehend ein. Sie ernährt sich von ihren Reservestoffen.

Trocknen die Nährlösung und die Hefezellen aus, dann teilt sich der Zellkern und bildet Sporen.

Die Sporen sind sehr unempfindlich gegen Hitze und Kälte. Der leichteste Luftzug trägt sie überall hin. Im trockenen Zustand ist ihre Lebensdauer unbegrenzt.

Fallen die Sporen in eine Nährlösung, dann keimen sie aus zu Hefezellen mit allen ihren Fähigkeiten.

Hefebeurteilung

Wie lagert man Hefe sachgemäß?

Um diese Frage richtig beantworten zu können, muß zunächst festgestellt werden,
- welche Anforderungen der Bäcker an die Backhefe stellt und
- wie sich Backhefe bei der Lagerung verändert.

Anforderungen an die Backhefe

→ *Backhefe muß eine gute Triebkraft haben.*
→ *Backhefe muß gute Lagereigenschaften aufweisen.*
→ *Backhefe darf den Geschmack der Backwaren nicht negativ verändern.*
→ *Backhefe soll zur Aromabildung beitragen.*

Versuch Nr. 15 (Gärversuch):

Für diesen Versuch eignen sich Hefeproben verschiedener Handelssorten oder Hefeproben unterschiedlicher Lagerdauer bzw. Lagermethoden.

In diesem Beispiel stehen zur Verfügung:

Als Muster A = frische Hefe;

Als Muster B = Hefe, die drei Wochen bei Zimmertemperatur gelagert hat;

Als Muster C = Hefe, die drei Wochen im Kühlschrank gelagert hat.

Stellen Sie drei Teige aus je 100 g Mehl, 65 ml Wasser und 5 g Hefe der Muster A, B und C her. Die Teigtemperatur soll 30 °C betragen.

Teilen Sie die Teige und drücken Sie jeweils eine Hälfte in einen Gärzylinder. Lassen Sie die Proben bei etwa 32 °C aufgehen. Nach 30 Min. beurteilen Sie die Muster!

Beobachtung:

Die Teige der Muster A und C sind etwa gleich groß aufgetrieben; der Teig des Musters B ist nicht so hoch getrieben (Abb. Nr. 93).

Parallelversuch (Auftriebsversuch) Nr. 16:

Die anderen Hälften der drei Teigmuster formen Sie zu je einer Kugel.

Legen Sie die Kugeln in mit 32 °C warmem Wasser gefüllte Bechergläser.

Beobachtung:

Zunächst sinken die Teigkugeln zu Boden. Nach kurzer Zeit – nach etwa 3–7 Minuten – treiben die Teigmuster an die Wasseroberfläche. Voraussichtlich werden die Muster A und C etwa gleichzeitig, Muster B etwas später auftreiben (Abb. Nr. 94).

Erkenntnis:

Die Hefe für Teigmuster B ist in der Triebkraft geschwächt. Ursache ist die unsachgemäße Lagerung.

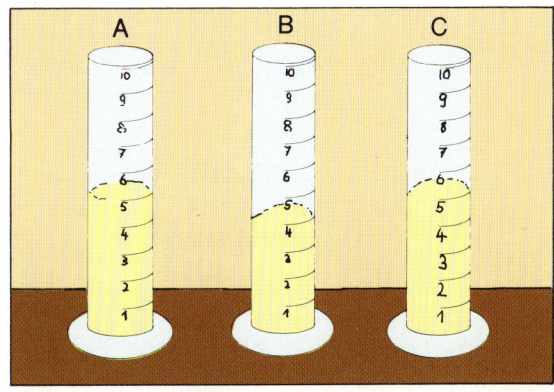

Abb. Nr. 93   Gärversuch

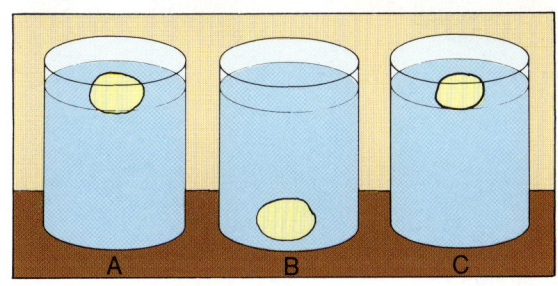

Abb. Nr. 94   Auftriebsversuch

✱ *Merken Sie sich: Triebkraft ist die Menge Kohlendioxid, die eine bestimmte Hefemenge unter bestimmten Bedingungen bildet!*

Zum Nachdenken:

Ein Bäcker verarbeitet eine drei Wochen alte Hefe für Brötchen. Er stellt eine noch recht gute Triebkraft der Hefe fest. Weshalb ist möglicherweise die gleiche Hefe für die Herstellung von Hefefeingebäck nicht mehr geeignet?

Sachgerecht gelagerte Hefe ist unter Berücksichtigung der Anforderungen an Triebkraft und Geschmack
- für die Herstellung von Weißgebäcken etwa 4 Wochen verwendbar,
- für die Herstellung von Hefefeingebäck etwa 2 Wochen verwendbar (Abb. Nr. 95).

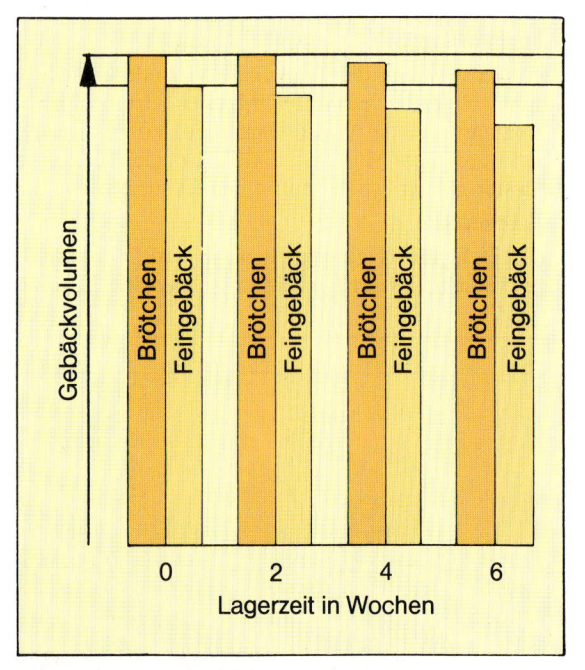

Abb. Nr. 95
Volumenausbeute bei Brötchen und Hefefeingebäck aus frischer, aus 2, 4 und 6 Wochen alter Hefe

Abb. Nr. 96
Frische und zu trocken gelagerte Hefe

Abb. Nr. 97
Bei älterer, trocken gelagerter Hefe verbleiben trockene Hefereste am Papier

Zum Nachdenken: *Die Art des Verpackungsmaterials beeinflußt die Hefealterung bzw. den Verderb.*
Weshalb verwenden einige Hefehersteller wasserdampfdichte Verpackungsmaterialien für Stangenhefe (= Pfundhefe), obwohl die Hefe in solcher Verpackung möglicherweise schneller verdirbt?

Hefelagerung

Hefe besteht zu 75 % aus Wasser. Die Restsubstanz der Hefe besteht im wesentlichen aus Eiweißstoffen. Somit bietet Hefe ideale Lebensbedingungen für Fäulniserreger.

Veränderungen beim Lagern:	Backtechnische Auswirkungen:
– Hefe verdunstet Wasser und trocknet aus.	▶ Ohne Bedeutung für die Triebkraft und den Geschmack
– Hefe veratmet einen Teil ihrer eigenen Substanz.	▶ Schwächung der Triebkraft
– Hefe zersetzt sich und fault.	▶ Verlust der Triebkraft; ekelerregender Geschmack

Das Austrocknen der Hefe führt zwar nicht unmittelbar zur Verringerung der Triebkraft; man kann aber aus dem Grad der Austrocknung auf die Lagerdauer der Hefe schließen.

Hefe mit Trockenerscheinungen wird in der Regel auch durch Selbstverzehr geschwächt sein.

Deshalb kann man behaupten:

Hefe mit Trockenmerkmalen kann in der Triebkraft geschwächt sein.

Angebrochene Hefe – auch wenn sie im Kühlschrank lagert – bleibt nur wenige Tage verwendungsfähig. Die Außenschicht trocknet rasch zu einer harten Kruste, die sich nur noch schwer im Zugußwasser bzw. im Teig verteilen läßt.

Beurteilung der Frische

Wenn Sie Backhefe unterschiedlicher Lagerdauer vergleichen, überprüfen Sie vorher die Verpackung:

✱ *Wasserdampfdichte Verpackungen*
▶ *verlangsamen das Trocknen und Braunwerden der Hefe,*
▶ *begünstigen die Zersetzung der Hefe.*
✱ *Wasserdampfdurchlässige Verpackungen*
▶ *beschleunigen das Trocknen und Braunwerden der Hefe,*
▶ *verlangsamen die Zersetzung der Hefe.*

✱ *Hefe gilt als backtechnisch verdorben, wenn sie nicht mehr ausreichende Triebkraft besitzt.*
✱ *Hefe gilt als hygienisch verdorben,*
 ▶ *wenn sie unangenehm riecht oder schmeckt,*
 ▶ *wenn sie schimmelig ist,*
 ▶ *wenn sie ekelerregend aussieht.*

Der Fachmann kann mit Hilfe seiner Sinne feststellen, ob Hefe backtechnisch bzw. hygienisch verdorben ist.

Prüfsache/-methode	Merkmale frischer Hefe	Merkmale 4–8 Wochen alter Hefe	
		luftig gelagert	luftabgeschlossen gelagert
Haftung der Hefe am Einschlagpapier	Papier löst sich leicht	Papier löst sich schwer; Hefebröckchen haften am Papier	Papier klebt an der Hefe; am Papier haftet ein schmieriger Film
Geruchs-, Geschmacksprobe	angenehm gärig, nicht artfremd	bitter, unangenehm	etwas faulig bis ekelerregend
Farbe der Oberfläche	sahnig-grau	braunfleckig grau	grau
Beschaffenheit der Oberfläche	glatt, sich stumpf anfühlende Oberfläche	rissig-trockene Oberfläche	mehr oder weniger schmierige Oberfläche
Ritzprobe (mit dem Nagel auf der Oberfläche)	laufmaschenartig geriefte Spur	Abreißen von Hefebröckchen an der Spur	schmierige, glatte Spur
Bruchprobe	muschelförmige, reliefartige Bruchstelle	Zerbröckeln der Hefe beim Brechen	zähes, gummiartiges Dehnen bis zum Reißen
Aufschlämmprobe	leicht und ohne Rückstände	mühevoll; es verbleiben Rückstände	leicht und ohne Rückstände

Abb. Nr. 98 Hefebeurteilung:
Einreißen der Oberfläche mit dem Fingernagel
Links: frische Hefe; Mitte: ältere, trocken gelagerte Hefe; rechts: ältere, luftabgeschlossen gelagerte Hefe

Abb. Nr. 99 Hefebeurteilung:
Bruchprobe
Links: Frische Hefe; Mitte: ältere, trocken gelagerte Hefe; rechts: ältere, luftabgeschlossen gelagerte Hefe

Abb. Nr. 100
Frische Hefe (links), trocken gelagerte Hefe (Mitte) und gefrorene, wieder aufgetaute Hefe (rechts)

Regeln für die Lagerung von Backhefe

✼ **Lagerung im Raum:**

– sehr kühl, am besten zwischen +4 und +7 °C,	▶ damit die Hefe nicht so schnell austrocknet,
	▶ damit der „Selbstverzehr" durch hefeeigene Enzyme verlangsamt wird.
– relativ trocken und etwas luftig,	▶ damit die Hefe nicht so schnell schimmelt und fault.
– geschützt vor Fremdgeruch,	▶ damit verhindert wird, daß Fremdgeruch auf die Backwaren übertragen wird.

✼ **Lagerung im Kühlschrank:**

– luftabgeschlossen,	▶ damit die Hefe nicht austrocknet.

Zum Nachdenken: *Wie oft wird in Ihrem Betrieb Hefe angeliefert?*
Prüfen Sie, ob in bestimmten Fällen das Tiefkühlen von Hefe notwendig werden könnte!
Überdenken Sie, wie sinnvoll solch eine Maßnahme wäre!

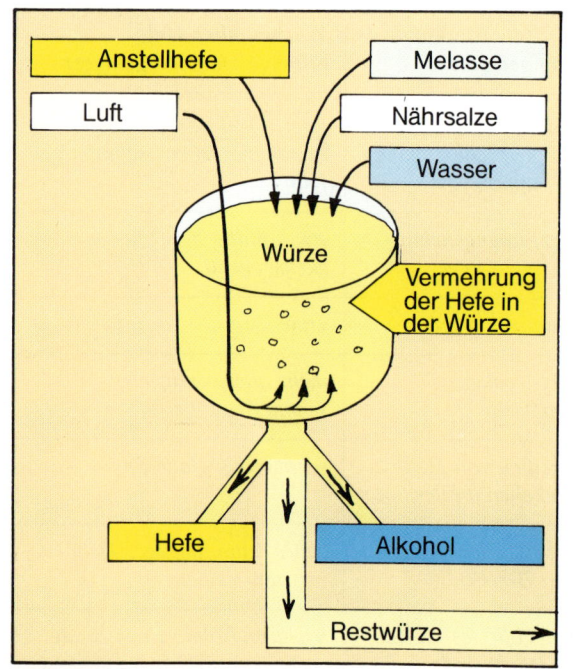

Abb. Nr. 101
Vereinfachte Darstellung der Hefegewinnung

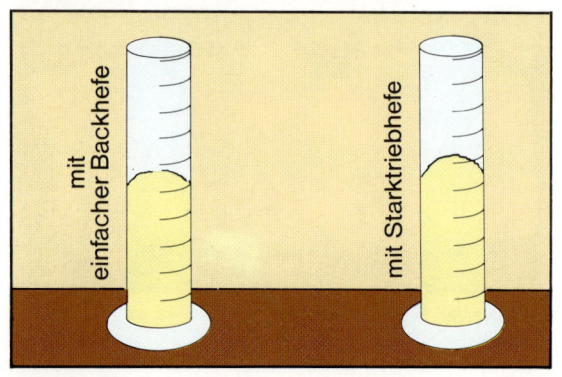

Abb. Nr. 102
Gärversuch mit üblicher Hefe und Starktriebhefe: Triebkraft

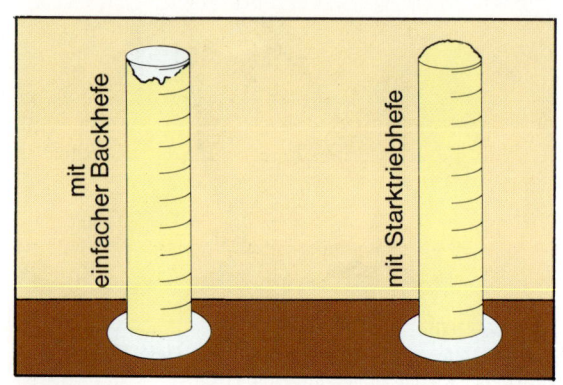

Abb. Nr. 103
Gärversuch mit üblicher Hefe und Starktriebhefe: Empfindlichkeit gegen Übergare

Beurteilen Sie die Triebkraft von Backhefe und Starktriebhefe und ihren Einfluß auf die Gärtoleranz von Weizenteigen anhand der beiden Gärversuche (Abb. Nr. 102 und 103)!

Tiefkühlen (Frosten) der Hefe hat Nachteile:
– Das Verfahren ist unwirtschaftlich,
  • denn Tiefkühlen kostet Energie,
  • denn Tiefkühlen blockiert Tiefkühlraum.
– Die Qualität der Hefe wird gemindert,
  • denn tiefgekühlte Hefe verliert mit zunehmender Lagerdauer an Triebkraft,
  • denn aufgetaute Hefe ist fließend-weich und dann nicht mehr lagerfähig.

Hefegewinnung

Wo kommt die Backhefe her?

Hefen sind Lebewesen, also kann man sie nicht herstellen.

✱ *Hefen werden gezüchtet!*

Die Züchtung erfolgt in sogenannten Hefefabriken.

Im Labor der Fabrik werden Backhefen in Reinkultur gezüchtet. Geeignete Hefestämme werden stufenweise für die Anstellhefe vermehrt. Für die Produktion im großen erfolgt die Vermehrung in riesigen Gärbottichen bzw. Gärtanks. Die Nährlösung (= Würze) wird durch ein Belüftungssystem mit Sauerstoff versorgt. Nach Aufzehren der Nährstoffe wird die Hefe mit Separatoren (= Zentrifugen) und Filterpressen von der Restwürze getrennt.

Zusätzliche Informationen

Für die Hefezüchtung werden der Würze die notwendigen Nährstoffe zugesetzt:

– *Zuckerstoffe in Form von Melasse* ▶ *Melasse enthält bis zu 50 % Rübenzucker und 10 % Mineralstoffe. Melasse ist ein Abfallprodukt der Rübenzuckergewinnung.*

– *stickstoff- und phosphorhaltige Nährsalze* ▶ *Mit diesen Verbindungen baut die Hefe Zelleiweiß auf.*

Mit Hilfe eines Belüftungssystems wird die Würze
– *mit Sauerstoff versorgt und*
– *in der Temperatur gesteuert.*

Die übliche Vermehrungstemperatur liegt zwischen 20 und 26 °C.

Niedrigere Temperaturen erhöhen den Hefeertrag, höhere Temperaturen erhöhen den Alkoholanfall.

Starktriebhefe

Verwenden Sie in Ihrem Betrieb Starktriebhefe?

Der Name besagt, daß diese Hefe triebkräftiger ist als die übliche Backhefe.

Hier muß die Frage erlaubt sein, weshalb die Hefehersteller nicht ausschließlich Starktriebhefe herstellen und anbieten.

Um diese Frage beantworten zu können, muß zunächst geklärt werden, welche Vorteile und, möglicherweise, Nachteile die Verarbeitung dieser Heferasse gegenüber der üblichen Backhefe hat.

❋ *Vorteile der Starktriebhefe:*

– *Der Anfangstrieb in Teigen für Weißgebäck ist besser.*
– *Der verbesserte Trieb bleibt auch während der Stückgare bis zum Abbacken erhalten.*
– *Die Gärtolerenz von Teigen für Weißgebäcke ist größer.*
– *Sie ist nicht so empfindlich gegenüber Konservierungsstoffen (z. B. Propionat im Toastbrotteig).*

❋ *Nachteile der Starktriebhefe:*

– *Sie ist nicht so gut lagerfähig.*
– *Sie ist teurer.*

Zusätzliche Informationen

Für die Gewinnung von Backhefe wird eine Nährlösung aus Melasse (Rückstände aus der Zuckergewinnung) verwendet. Mehrere Hefegenerationen werden so vorwiegend mit Rübenzucker ernährt. Solche Hefezellen richten ihren Enzymhaushalt gezielt auf den Abbau von Rübenzucker aus. Deshalb vergären Backhefen in Teigen eher und schneller den Rübenzucker als andere Zuckerstoffe. Nur allmählich stellen die Hefen ihre Enzymproduktion auf die anderen im Teig vorhandenen Zuckerstoffe ein.

Teige für Weißgebäck enthalten aber in der Regel keinen Rübenzucker, jedoch Malzzucker. Die herkömmliche Backhefe braucht deshalb eine gewisse Anlaufzeit, bis sie sich auf die Vergärung von Malzzucker voll eingestellt hat.

Starktriebhefe ist aus Hefestämmen gezüchtet, die neben Rübenzucker sofort und gleichzeitig Malzzucker vergären.

Solche Hefen können in Weizenteigen von Beginn an Malzzucker vergären. Durch den ständigen Nachschub von Malzzucker über den Stärkeabbau im Teig garantiert Starktriebhefe auch noch in der letzten Gärphase des Teiges einen guten Trieb.

Erstaunlicherweise ist Starktriebhefe gegenüber konzentrierten Zuckerlösungen weniger empfindlich als die übliche Backhefe. So ist die Starktriebhefe für Hefefeinteige mit hohem Zuckeranteil besonders geeignet.

Trockenhefe

Trockenhefe spielt in der gewerblichen und industriellen Backwarenherstellung eine nur untergeordnete Rolle.

Denn der entscheidende Vorteil der Trockenhefe – ihre lange Haltbarkeit – kommt in Ländern mit ständigem Frischhefeangebot nicht zum Tragen. Sie ist außerdem teurer als die vergleichbare Menge Frischhefe.

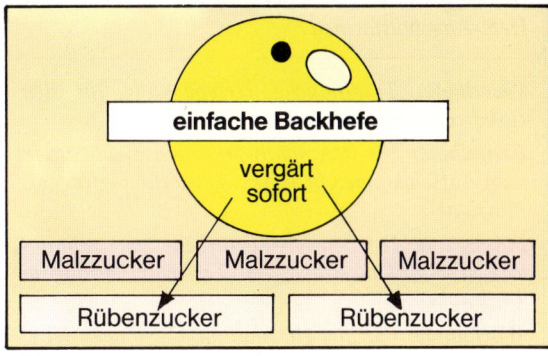

Abb. Nr. 104 Wirkung üblicher Backhefe

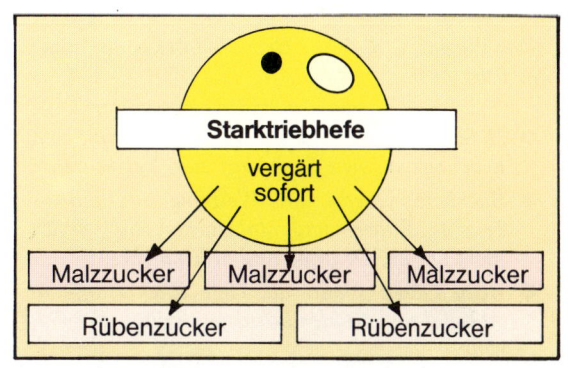

Abb. Nr. 105 Wirkung von Starktriebhefe

Zum Nachdenken: *Wägen Sie die Vor- und Nachteile des Einsatzes von Starktriebhefe ab! Welche Maßnahmen sind denkbar, um die günstigen Wirkungen der Starktriebhefe auch mit herkömmlicher Hefe zu erzielen?*

Trockenhefe hat zunehmende Bedeutung
– für den Export in Länder ohne eigene Frischhefeproduktion,
– für die Vorratshaltung im Haushalt.

❋ *Trockenhefe ist getrocknete Backhefe.*

Der Wassergehalt beträgt nur 7 % (Frischhefe enthält etwa 75 % Wasser).

Trockenhefe ist pulverförmig. Sie ist in der wasserdampfdichten Verpackung mindestens 1 Jahr haltbar.

Eine besondere Form der Trockenhefe ist die **Instant-Hefe.** Durch ein spezielles Verfahren wird die pulverförmige Trockenhefe zu einem rieselfähigen Granulat mit guten Verarbeitungseigenschaften.

Instant-Hefe eignet sich nicht für die Teigbereitung im Mixer.

Tips für die Verarbeitung von Trockenhefe:

▶ *Die Verarbeitungsmenge beträgt ein Drittel der Frischhefemenge.*
▶ *Trockenhefe muß vor der Verarbeitung 20 bis 30 Minuten in warmem Wasser quellen.*

Hefe-Angebotsformen

Pfundhefe: Traditionelle Hefepackung für den Handwerksbetrieb.
Beutelhefe: Für den handwerklichen Großbetrieb zum Aufschlämmen in Tanks. Dosierung erfolgt als Flüssighefe.
Flüssighefe: Für den Großverarbeiter mit automatischen Fabrikationsanlagen. Lieferung erfolgt in Tankwagen.
Würfelhefe: Für den Haushalt in 42-g-Packungen.
Instanthefe: Für den Haushalt und den Export.

Das Wichtigste über die Hefe als Lockerungsmittel in Kurzform

* Hefe braucht zum Leben Nahrung, Wärme und Feuchtigkeit sowie Sauerstoff zum Vermehren.
* Backhefe vergärt im Weizenteig Trauben-, Frucht-, Rüben- und Malzzucker. Sie vergärt **nicht** Stärke, Dextrine und Milchzucker.
* Beim Gären spaltet die Hefe Zuckerstoffe in Alkohol und Kohlendioxid = alkoholische Gärung.
* Hefe lagert man kühl, trocken, geschützt vor dem Austrocknen und vor Fremdgeruch.

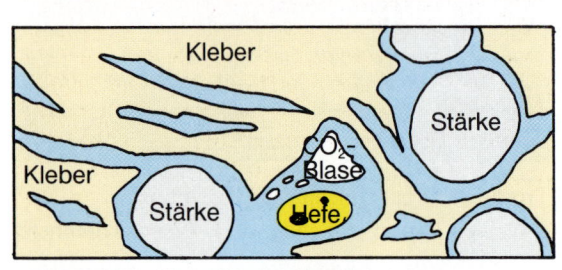

Abb. Nr. 106 Wasserhaushalt der Hefe im Teig

Erläutern Sie die Darstellung!

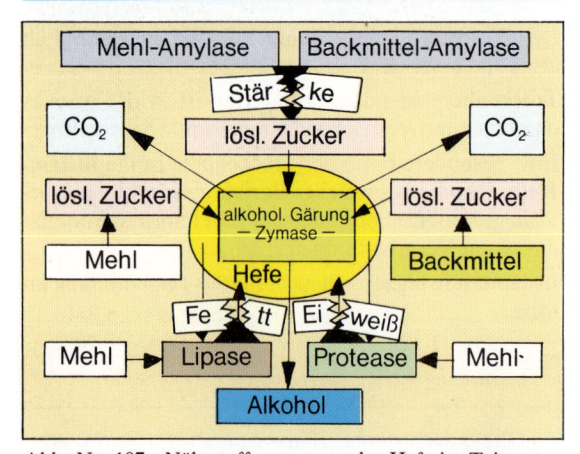

Abb. Nr. 107 Nährstoffversorgung der Hefe im Teig

Erläutern Sie anhand der Skizze die Nährstoffversorgung der Hefe!

Die Gas- und Porenbildung im Teig

Die Gasbildung

Die Hefe findet im Teig für Brötchen ideale Voraussetzungen zum Leben: Wasser, Nahrung, Wärme und etwas Sauerstoff.

Das Wasser liegt im Teig in gebundener und in freier Form vor. Der größte Teil des Wassers ist von den kleberbildenden Eiweißstoffen, ein kleinerer Teil von Quellstoffen (z. B. den Schalenteilchen) des Kornes gebunden. Freies Wasser findet sich an den Oberflächen der Stärkekörner und der gequollenen Kleberstränge sowie in Freiräumen der Mehlsubstanzen.

Das freie Wasser steht der Hefe zur Verfügung. Hierin lösen sich die wasserlöslichen Mehl- und Zutatenbestandteile. In diesen Wasserfilmen sind auch die Enzyme des Mehles, der Hefe und der zugesetzten Backmittel tätig.

Das freie Teigwasser enthält für die Lebenstätigkeit der Hefe folgende Nährstoffe:

– Malzzucker – Traubenzucker – Rübenzucker	▶ Zuckerstoffe des Mehles; Zuckerstoffe der Backmittel; Zuckerstoffe, die erst in der Teigphase durch Enzyme des Mehles (Amylasen) aus der Stärke abgespalten werden.
– Lösliche Eiweißstoffe	▶ Eiweißstoffe des Mehles, die zum Teil erst in der Teigphase durch Hefe- und Mehlenzyme (Proteasen) aus den unlöslichen Mehleiweißen abgespalten werden.
– Spaltprodukte von Fettstoffen	▶ Fettstoffe des Mehles, die durch Hefe- und Mehlenzyme (Lipasen) aufgespalten werden.

Wie lange braucht die Hefe im Teig, bis sie zu gären beginnt?

Die Hefe beginnt im Teig zu gären, sobald entsprechende Lebensbedingungen vorliegen. Dieser Fall tritt im Augenblick des Vermischens der Zutaten ein.

Sobald Nährstoffe in gelöster Form vorliegen, beginnt die Hefe zum Zweck der Energiegewinnung den Zucker zu veratmen bzw. zu vergären. Die Spaltprodukte – Kohlendioxid und Wasser bzw. Alkohol – gibt sie an ihre Umgebung ab.

Das gequollene Klebereiweiß hält das Gas im Teig fest.

So vergrößert sich nach und nach um jede Hefezelle ein Gasbläschen. Der Teig „geht auf". Der Teig wird aufgelockert. Er nimmt an Volumen zu.

Die Porenbildung

Im Zusammenhang mit der Beurteilung von Gebäckkrumen werden häufig Beschreibungen wie „grobe Porung", „dichte Porung" oder „feine Porung" gebraucht. Zum besseren Verständnis dieser Begriffe sind im folgenden 3 typische Porenbilder beschrieben.

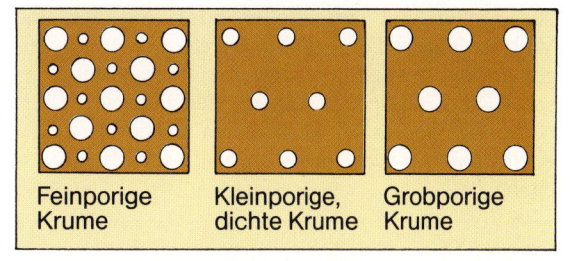

Abb. Nr. 108 Porenbilder in vereinfachter Darstellung

Porenbilder:	Erläuterung:	Auswirkung:
✼ Feinporige Krume	= Vielzahl kleiner bis mittelgroßer Poren mit zarten, dünnen Porenwänden	▶ großes Volumen; zarte Krume; kräftige, rösche Kruste; gute Frischhaltung
✼ Kleinporige, dichte Krume	= geringe Anzahl kleiner bis mittelgroßer Poren mit dicken, dichten Porenwänden	▶ kleines Volumen; feste, straffe Krume; feste, zähe Kruste; geringe Frischhaltung
✼ Grobporige Krume	= große Anzahl mittelgroßer bis großer Poren mit z. T. verdichteten, dicken Porenwänden	▶ kleines Volumen; grobe feste Krume; geringe Frischhaltung

Die Porenbildung in mit Hefe gelockerten Backwaren geschieht ausschließlich vor dem Backen! Während des Backens vergrößern sich zwar die vorhandenen Poren, es bilden sich aber keine neuen Poren!

Die Annahme, daß Hefegebäcke ausschließlich durch die Hefetätigkeit ihre Lockerung erhalten, ist ein weitverbreiteter Irrtum.

Schon die Zugabe des Mehles zum Teig bewirkt die Bildung feinster Poren im Teig. In und zwischen den Mehlteilchen ist Luft eingelagert, die zum Teil im Teig verbleibt.

Durch das Sieben des Mehles wird der Luftanteil noch erhöht.

Backversuche haben ergeben, daß Gebäcke aus gesiebten Mehlen größere Volumen haben als Gebäcke aus ungesiebten Mehlen.

Beim Knetvorgang wird durch das Überlappen und Aneinanderdrücken des Teiges Luft eingearbeitet. Im Teig entsteht eine Vielzahl feinster, für das Auge kaum sichtbarer Luftbläschen.

Versuch Nr. 17 (Nachweis der Feinstporung):
Formen Sie unmittelbar nach der Teigbereitung ein Stück Brötchenteig (es genügen schon 50 g) und backen Sie das Formstück sofort ab.

Beobachtung:
Das Gebäck hat eine längere Backzeit als üblich. Es wirkt schwer. Die Krume ist sehr dicht. Erstaunlicherweise hat es aber bereits eine schwache Porung.

Erkenntnis:
Die Porenbildung im Teig beginnt bereits während der Teigknetung.

Der Kohlendioxid-Anteil, den die Hefe während der Teigknetung produziert, ist – bedingt durch die kurze Knetzeit – sehr klein. Doch selbst diese kleine Menge Kohlendioxid (CO_2) trägt zur Bildung einer ersten Feinstporung im Teig bei.

Porenbildung beginnt während der Teigbereitung

- *durch Einbringen von Luft über die Zutaten,*
- *durch Einbringen von Luft beim Kneten,*
- *durch die Gärgase der Hefe.*

Karl meint: *„Ob die Hefe schon während der Teigknetung gärt oder erst später, ist doch uninteressant! Die Poren können sich im Teig so oder so erst nach der Teigknetung bilden!"*

Stimmt das?

Die Kohlendioxidentwicklung durch die Hefe mag noch so groß sein, sie bewirkt allein in keinem Fall die erwünschte Feinporung im Teig. Nur an den Stellen im Teig entstehen Poren, wo Hefezellen gären. So ein geporter Teig ergibt Gebäcke mit grob geporter Krume aus dichten, dickwandigen Poren.

Also: Die Gase müssen im Teig verteilt werden. Die Verteilung erfolgt über das wiederholte Durchstoßen des angegarten Teiges und über die intensive Bearbeitung beim Aufarbeiten und Formen.

Aus großen und mittelgroßen Poren entsteht eine Vielzahl feinster Poren. Beim Durcharbeiten des Teiges entweicht zwar immer wieder ein Teil der Gärgase. Die Kleinstporen werden aber dabei nicht zerstört. Im Gegensatz zu größeren Poren vertragen Kleinstporen auch starke mechanische Beanspruchung.

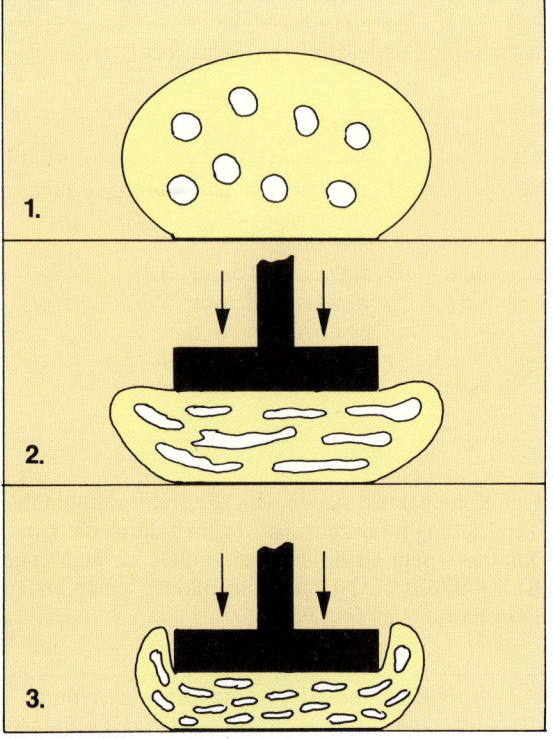

Abb. Nr. 109
Bildung von Feinstporen im Teig durch Zusammenpressen des angegarten Teiges

Für die Erzielung einer guten Gebäckqualität ist die Bildung von Feinstporen im Teig wesentliche Bedingung. Erst die Vielzahl kleiner und mittelgroßer Poren mit dünnen, zarten Porenwänden gibt dem Gebäck seine hohe Qualität.

> ✱ Merken Sie sich:
> Die Feinstporung im Teig wird erzielt
> ▶ durch die Bildung einer ausreichenden Gasmenge,
> ▶ durch feine Verteilung der Gase im Teig,
> ▶ durch Maßnahmen, die das Gashaltevermögen des Teiges begünstigen.

Es gibt viele Möglichkeiten, die Hefegärung so zu begünstigen, daß in kürzerer Zeit eine größere Menge Kohlendioxid anfällt.
Die meisten dieser Maßnahmen haben jedoch eine negative Auswirkung auf die Teigbeschaffenheit und die Gebäckqualität.
So sind alle Steuerungsmaßnahmen nie allein unter einem einzigen Gesichtspunkt (z. B. der Verbesserung der Gärung), sondern unter Berücksichtigung aller qualitätsverändernden Faktoren zu beurteilen.

Die Kunst des Bäckers, Vorgänge, wie die Teigbildung, die Teigquellung oder die Teiggärung, so zu steuern, daß aus dem Teig Gebäcke mit der gewünschten Qualität gebacken werden, nennt man **Teigführung.**
Die Teigführung wird im folgenden Kapitel ausführlich dargestellt.

> Karl behauptet: „Die Poren im Teig bilden sich durch die Vermehrung der Hefe im Teig!"

> Thomas meint: „Das kann nicht stimmen! Hefe braucht im Teig 2 bis 4 Stunden, um die ersten Tochterzellen bilden zu können!"
> Wer hat recht?

> *Das Wichtigste über die Gas- und Porenbildung im Teig in Kurzform*
>
> ✱ Hefe vergärt Zuckerstoffe im Teig. Das abgespaltene Kohlendioxid bildet im Teig Poren von zunehmender Größe.
> ✱ Viele feine Poren entstehen durch
>   – das Sieben des Mehles vor der Verarbeitung,
>   – intensives Kneten,
>   – wiederholtes Durchstoßen des aufgegangenen Teiges.

Die Weizenteigführung

Hefeteig verändert von der Herstellung an bis zum Abbacken nach und nach seine Eigenschaften:

> ▶ *Unmittelbar nach der Teigbereitung ist der Teig noch etwas feucht und überspannt.*
> ▶ *Später entspannt sich der Teig und wird trockener. Der Dehnwiderstand nimmt zu, die Dehnbarkeit nimmt ab. Der Teig wird „kürzer" und reißt leicht beim Aufarbeiten.*
> ▶ *Mit zunehmendem Alter verringert der Teig sein Gashaltevermögen. Er verliert an Gärstabilität.*

Hefeteige erreichen während ihrer Entwicklung nur für eine relativ kurze Zeitspanne die erwünschten Teigeigenschaften für die Teigaufarbeitung. Diese Teigreife ist Voraussetzung für die Herstellung von qualitativ hochwertigen Backwaren.
Es ist das Können des Bäckers, den Weizenteig so zu **„führen",** daß der Teig zum gewünschten Zeitpunkt die **Reife** für die Verarbeitung erreicht.

Hygiene, Arbeitssicherheit, Umweltschutz

Sie haben den Auftrag, einen Weizenteig herzustellen.

Diese Aufgabe stellt hohe Anforderungen an Ihr fachliches Können.

Bevor Sie die Vorbereitungsarbeiten für die Teigherstellung aufnehmen, sollten Sie dafür Sorge tragen, daß dieser Auftrag auch

- *hygienisch,*
- *unfallsicher und*
- *umweltfreundlich*

durchgeführt werden kann.

✲ *Tragen Sie eine hygienische, zweckmäßige Arbeitskleidung!*

Schmutzige Kleidung wird zum Träger von Kleinlebewesen. Nur kochfeste Wäsche läßt sich hygienisch einwandfrei reinigen. Helle Kleidung ist zum deutlichen Erkennen des Verschmutzungsgrades notwendig.

Die Kleidung muß den Körper bedecken, um zu verhindern, daß der Körperschweiß auf die Lebensmittel übertragen wird.

✲ *Tragen Sie eine haarbedeckende Mütze!*

Langes, ungeschütztes Haar kann von bewegten Betriebsteilen der Teigknet- bzw. Teigaufarbeitungsmaschinen erfaßt werden und so schwere Unfälle auslösen.

Im übrigen sind Haare in Backwaren ekelerregend!

✲ *Tragen Sie sichere Arbeitsschuhe!*

Zum sicheren Arbeiten gehören Schuhe mit festem Oberteil (das dem Fuß Halt gibt) und rutschhemmender (profilierter) Sohle.

✲ *Achten Sie – besonders während der Teigbereitung und Teigaufarbeitung – auf stets saubere Hände!*

Sollten Sie eine offene Wunde an den Händen haben, gehören Sie nicht in die Teigbereitung und Teigaufarbeitung. Bei eitrigen Ausscheidungen ist der Umgang mit offenen Lebensmitteln grundsätzlich verboten. Eitererreger können über Einrichtungen und Geräte auf z. B. ungekochte Krems oder Füllungen übertragen werden und somit Lebensmittelvergiftungen verursachen.

✲ *Das Rauchen ist in Lager- und Produktionsräumen verboten!*

Wer beim Teigbereiten oder -aufarbeiten raucht, ist rücksichtslos gegenüber dem Verbraucher. Aschereste oder gar Kippen in Backwaren sind ekelerregend.

✲ *Sorgen Sie also bei Beginn eines Arbeitsgangs, aber auch zwischendurch, dafür, daß die benötigten Geräte, Geschirre und Einrichtungen einwandfrei sauber sind!*

Grundsätzlich werden Einrichtungen, Geräte und Maschinen einer Bäckerei nach Beendigung der Tagesproduktion gereinigt.

Karl behauptet: *„Wir brauchen keine Hygienevorschriften! Beim Backen werden alle Kleinlebewesen abgetötet! Wozu also Hygiene?"* Was sagen Sie dazu?

Hinweis:
Auf die häufigsten Unfallursachen und die wichtigsten Unfallverhütungsvorschriften im Zusammenhang mit der Teigbereitung und -aufarbeitung wird in den Kapiteln „Teigknetung und Teigaufarbeitung" hingewiesen!

Abb. Nr. 110 Die Mütze muß haarbedeckend sein!

Lebensmittelrechtliche Bestimmungen:

Es ist verboten, Lebensmittel (z. B. Backwaren) derart herzustellen, daß ihr Verzehr geeignet ist, die Gesundheit zu schädigen!

Lebensmittel (z. B. Backwaren) dürfen nicht in den Verkehr gebracht werden, wenn die Art der Zutaten, der Herstellung, der Lagerung und des Feilhaltens ekelerregend sind.

Hinweis: Besondere Merkregeln über die Reinigung elektrisch betriebener Maschinen finden Sie im Kapitel „Knetmaschinen"!

Während der Produktion werden aber immer wieder bestimmte Reinigungsarbeiten notwendig. Verstaubungen, Verschmutzungen und Reste müssen entfernt werden.

Die gleiche Sorgfalt ist bei der Auswahl und Verarbeitung der Zutaten anzuwenden.

▶ Mehl muß vor der Verarbeitung gesiebt werden! Verarbeiten Sie kein noch so sauber aussehendes Fegemehl! Feinste Schmutzteilchen und Keime lassen sich nicht durch Sieben beseitigen!
▶ Verarbeiten Sie für die Teigherstellung, aber auch für Reinigungsarbeiten in der Backstube, nur Trinkwasser!
▶ Verarbeiten Sie keine Zutaten, die unangenehm riechen! Solche Zutaten sind verdorben oder gelten lebensmittelrechtlich als verdorben!

> Zum Nachdenken:
> *Ein Landbäcker bezieht das Wasser für die Gebäckherstellung aus seinem eigenen Brunnen. Er meint, daß dieses Wasser in jedem Fall reiner als das Leitungswasser sei. Eine besondere Erlaubnis brauche er nicht, denn schon sein Vater habe mit diesem Brunnenwasser gebacken.*
> *Was meinen Sie dazu?*

✻ *Vermeiden Sie unnötige Mehlstaubentwicklung!*

In den letzten Jahren ist ein Ansteigen der Berufskrankheit „obstruktive Atemwegserkrankung" (= Bäckerasthma) zu verzeichnen. Ursache ist der feinkörnige, lungengängige Feinstaub des Mehles, der die Funktion der Atmungsorgane beeinträchtigt.

In der Bäckerei sind drei Schwerpunkte der Mehlstaubentstehung zu beobachten:
– die Eingabe des Mehles in die Knetmaschine aus dem Silo bzw. aus dem Mehlsack,
– die Anknetzeit oder Mischphase der Knetmaschine,
– das Einstauben von Arbeitstischen, Tüchern, Körben usw. während der Teigaufarbeitung.

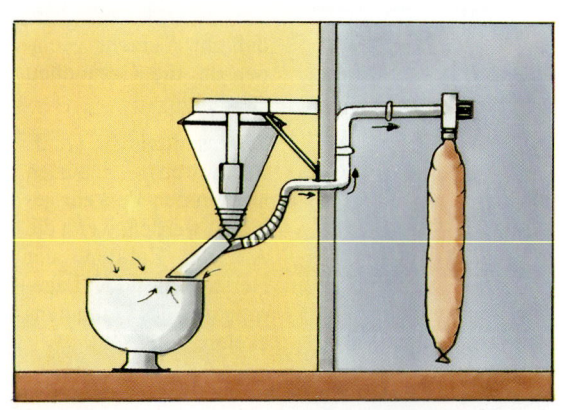

Abb. Nr. 111
Mehlstaubabsaugung während der Teigknetung!

> *Erläutern Sie die in der Skizze dargestellte Mehlstaubabsaugung!*

Neue Knetmaschinen müssen mit einer staubvermindernden Bottichabdeckung versehen sein (Abb. Nr. 138).

> *Maßnahmen zur Verringerung der Staubentwicklung sind:*
> ▶ *Schnellknetende Maschinen ohne staubhemmende Abdeckung während der Mischphase nur im 1. Gang laufen lassen!*
> ▶ *Beim Einstäuben von Tüchern, Arbeitstischen usw. die Aufwirbelung großer Staubwolken vermeiden!*
> ▶ *Die Vorteile einer Mehlstaubabsauganlage nutzen (Abb. Nr. 111)!*

Arten der Gärführung

Grundsätzlich wird zwischen der
– direkten Gärführung und der
– indirekten Gärführung unterschieden.

> ✻ *Direkte Gärführung = Der Teig wird in einem Arbeitsgang hergestellt.*
> ✻ *Indirekte Gärführung = Der Teig wird in zwei oder mehreren Arbeitsgängen hergestellt: zuerst der Vorteig, dann der Hauptteig.*

Die direkte Gärführung ist heute die übliche Führungsart für die Herstellung von Weißgebäcken.

Die Anwendung der indirekten Gärführung hat Vorteile, aber auch wesentliche Nachteile.

> *Indirekte Gärführung*
>
> | Vorteile: | Nachteile: |
> |---|---|
> | – Hefeersparnis (gilt nicht für kurze Vorteigführungen); | – höhere Gärverluste (gilt nicht für kurze Vorteigführungen); |
> | – Bildung eines höheren Anteils aromatischer Stoffe; | – höherer Zeitaufwand; |
> | – bei der Verarbeitung kleberstarker Mehle: • größeres Gebäckvolumen, • bessere Krusten- und Krumenbeschaffenheit; | – bei der Verarbeitung kleberschwacher Mehle: Mängel in der Gebäckqualität |
> | – bessere Gebäckauflockerung; | |
> | – bessere Gebäckfrischhaltung | |

> Zum Nachdenken:
> *Wird in Ihrem Betrieb für die Herstellung eines Hefegebäcks ein Vorteig bereitet? Im Falle, daß dies zutrifft, ergründen Sie, weshalb für diese Gebäcksorte ein Vorteig geführt wird!*

Kennzeichen der Vorteigführungen:

* Vorteige werden nur aus Mehl, Wasser bzw. Milch und Hefe bereitet. Ein geringer Zuckerzusatz bis zu 2 % der Mehlmenge ist möglich.
* Vorteige müssen „reifen".
  Je nach Art der Führung beträgt die Reifzeit 0,5 bis 8 Stunden.
* Vorteige mit kurzer Reifezeit werden warm geführt. Vorteige mit längerer Reifezeit werden entsprechend kühler geführt.
* Vorteige werden weich (TA 170–200) geführt.

Die Vorteile der indirekten Gärführung für die Herstellung von Weißgebäcken sind heute im wesentlichen durch den gezielten Einsatz von Backmitteln erreichbar.

Das gilt jedoch nicht für die Aromabildung. So hat die Vorteigführung, z. B. für die Herstellung von französischem Weißbrot, in den letzten Jahren an Bedeutung wieder zugenommen.

Die indirekte Gärführung wird in vielen Betrieben als Kurzzeitführung für die Stollenherstellung, aber auch für die Herstellung von Berliner Pfannkuchen angewandt.

Zusätzliche Informationen

Vorteige mit langer Reifezeit unterliegen tiefgreifenden Umwandlungprozessen. Die mehl- und hefeeigenen Enzyme führen erhebliche Mengen der Mehlsubstanz in lösliche Form über. Durch den Stoffwechsel der Hefe fallen neben Alkohol und Kohlendioxid eine Fülle anderer Spaltprodukte an. Nach etwa dreistündiger Stehzeit beginnen die Hefezellen zu sprossen; die Hefe vermehrt sich.

Neben der Hefe sind im Teig auch viele Fremdkeime, die über das Mehl in den Teig geraten. Sie können wegen der langen Reifezeit auskeimen und sich vermehren. Ihre Stoffwechselprodukte, die Spaltprodukte der Hefe und die Abbauprodukte aus der Mehlsubstanz beeinflussen den Geschmack der Gebäcke.

Während der langen Vorteig-Reifezeit verliert das Mehl erheblich an Backfähigkeit; dieser Verlust begründet sich vorrangig aus dem Abbau von Klebereiweiß. Deshalb wird für Langzeit-Gärführungen nur ein Teil des Mehles (20–30 %) für den Vorteig verarbeitet.

Vorbereitung der Teigzutaten

Sie haben den Auftrag, die Zutaten für die Herstellung von Brötchen bereitzustellen.

Zunächst müssen Sie das für Ihren Betrieb gültige Rezept für die Brötchenherstellung kennen. Dieses Rezept ist Grundlage für die Errechnung des Arbeitsrezepts.

Das Grundrezept enthält:
– Angaben über die Zutatenmengen bezogen auf 1 kg (oder 10 kg oder 100 kg) Mehl oder auf 1 Liter (oder 10 Liter) Wasser oder auf 1 Presse Brötchen;
– Angaben über die Teigtemperatur;
– Angaben über die Herstellung, wie Knetzeit, Teigruhe, Backtemperatur und Backzeit.

Rezept-Nr.		Grundrezept: Brötchen	
Zutaten	je 100 kg Mehl	je Liter Wasser	je Presse Brötchen
Type 550	100,0 kg	1,670 kg	1,000 kg
Wasser	60,0 kg	1,000 l	0,600 kg
Hefe	6,0 kg	0,100 kg	0,060 kg
Salz	1,8 kg	0,030 kg	0,018 kg
Backmittel	1,8 kg	0,030 kg	0,018 kg
Teig	169,6 kg	2,830 kg	1,696 kg
Teigeinlage je Presse:			1700 g
Teigtemperatur:			25 °C
Knetzeit:			7 Min.
Teigruhe:			8 Min.
Backtemperatur:			230 °C
Backzeit:			20 Min.

Tabelle Nr. 10

Das Arbeitsrezept ist die aus dem Grundrezept errechnete Zutatenmenge für die erforderliche Teig- und Gebäckmenge.

Das Arbeitsrezept für Brötchen läßt sich leicht errechnen: Die Zutatenmengen des Grundrezepts für eine Presse Brötchen werden mit der gewünschten Pressenanzahl multipliziert (siehe Beispiel!).

Beispiel: Arbeitsrezept für 25 Pressen Brötchen	
25 × 1,000 kg Mehl	= 25,000 kg
25 × 0,600 kg Wasser	= 15,000 kg
25 × 0,060 kg Hefe	= 1,500 kg
25 × 0,018 kg Salz	= 0,450 kg
25 × 0,018 kg Backmittel	= 0,450 kg

Tabelle Nr. 11

Bereitstellung von Weizenmehl

Die Bereitstellung von Weizenmehl muß langfristig erfolgen. Der Mehlvorrat sollte für mindestens eine Woche und für höchstens 6 Wochen reichen.

* *Zu kleiner Mehlvorrat zwingt zu häufigem Mehleinkauf mit den Nachteilen:*
  – *Verlust des Preisvorteils, der durch Großeinkauf erzielt werden könnte*
  – *Häufiges Umstellen des Herstellungsverfahrens durch Schwankungen in der Mehlqualität*
  – *Abweichungen in der Teigtemperatur durch noch nicht an die Lagertemperatur angepaßte Mehle*

✱ *Zu großer Mehlvorrat bringt ebenfalls Nachteile:*
– *Bindung des Betriebskapitals*
– *Höheres Anlagekapital für Lagerräume bzw. Siloanlagen*
– *Risiko der Überlagerung des Mehles und damit Verringerung der Backfähigkeit*

Die für die Teigbereitung erforderliche Mehlmenge wird abgewogen und gesiebt. Bei der Silolagerung erfolgt das Sieben des Mehles automatisch beim Verwiegen.

Ziele des Mehlsiebens sind
– das Beseitigen von Verunreinigungen,
– das Auflösen von Mehlklumpen und
– das Anreichern mit Luft.

Die Luft im Mehl verbessert die Bildung von Feinstporen während des Knetvorgangs.

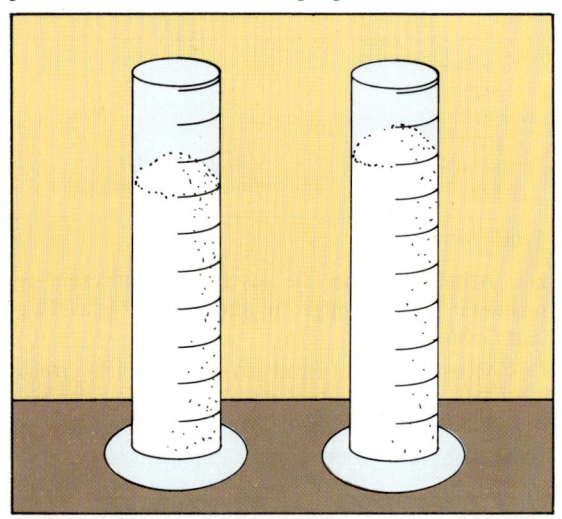

Abb. Nr. 112
Volumen von ungesiebtem (links) und gesiebtem Mehl (rechts)

Bereitstellung der Zugußflüssigkeit

Die Zugußflüssigkeit ist der einzige Teigbestandteil, der sich einfach in der Temperatur verändern läßt.

✱ *Die gewünschte Teigtemperatur wird durch die Zugußtemperatur eingestellt.*

Die Zugußtemperatur ist im wesentlichen abhängig
– von der gewünschten Teigtemperatur,
– von der Mehltemperatur und
– von der Teigerwärmung beim Kneten.

Außerdem beeinflussen die Raumtemperatur, die Temperatur der anderen Zutaten und gegebenenfalls die Vorteigtemperatur die Endtemperatur des Teiges.
Man kann folgende vereinfachte Aussage machen:

✱ *Die Durchschnittstemperatur von Mehl und Wasser zuzüglich der Teigerwärmung beim Kneten ergibt die Teigtemperatur (siehe Beispiel in Tabelle Nr. 12).*

Beispiel: Errechnung der Teigtemperatur	
Mehl	16 °C
+ Wasser	24 °C
=	40 °C
40 : 2 = 20 °C	
Durchschnittstemperatur	20 °C
+ Teigerwärmung	6 °C
= Teigtemperatur	26 °C

Tabelle Nr. 12

Daraus läßt sich folgende Formel zur Errechnung der Zugußtemperatur ableiten:

Gewünschte Teigtemperatur
− Teigerwärmung

= Durchschnittstemperatur von Mehl und Wasser
Durchschnittstemperatur × 2
− Mehltemperatur

= Zugußtemperatur

Beispiel (ohne Vorteig): Errechnung der Zugußtemperatur	
• Gewünschte Teigtemperatur	25 °C
• Teigerwärmung	4 °C
• Mehltemperatur	16 °C
Gewünschte Teigtemperatur	25 °C
− Teigerwärmung	4 °C
= Durchschnittstemperatur	21 °C
Durchschnittstemperatur × 2 =	42 °C
− Mehltemperatur	16 °C
= Wassertemperatur	26 °C

Tabelle Nr. 13

Bei Teigführungen mit einem Vorteig ist neben der Mehltemperatur auch die Vorteigtemperatur zu berücksichtigen.

Vereinfacht lautet hier die Formel zur Errechnung der Zugußtemperatur:

Gewünschte Teigtemperatur
− Teigerwärmung

= Durchschnittstemperatur von Mehl, Wasser und Vorteig
Durchschnittstemperatur × 3
− Mehltemperatur
− Vorteigtemperatur

= Zugußtemperatur

Beispiel (mit Vorteig):
Errechnung der Zugußtemperatur

• Gewünschte Teigtemperatur	22 °C
• Teigerwärmung	3 °C
• Mehltemperatur	17 °C
• Vorteigtemperatur	20 °C
Gewünschte Teigtemperatur	22 °C
− Teigerwärmung	3 °C
= Durchschnittstemperatur	19 °C
Durchschnittstemperatur × 3 =	57 °C
− Mehltemperatur	17 °C
− Vorteigtemperatur	20 °C
= Wassertemperatur	20 °C

Tabelle Nr. 14

✼ *Merken Sie sich:*
▸ *Gekühlte Vorteige oder extrem kalt gelagerte Mehle können durch die Zugußtemperatur nur bedingt ausgeglichen werden:*
 − *Zugußtemperaturen um 50 °C verringern die Gärfähigkeit der Hefe.*
 − *Zugußtemperaturen über 55 °C zerstören die Gärfähigkeit der Hefe.*
▸ *Je weiter die Temperaturen des Mehles, des Vorteigs und der Flüssigkeit auseinander liegen, desto größere Abweichungen sind von der angestrebten Teigtemperatur möglich.*

Das Temperieren und Messen der Zugußflüssigkeit erfolgt
− mit dem Thermometer in Gefäßen mit Maßeinteilung,
− in halbautomatischen Temperier- und Meßanlagen,
− in elektronisch gesteuerten Temperier- und Meßanlagen.

Welche Teigtemperatur ist für die Herstellung von Weißgebäcken am besten geeignet?

✼ *Die Teigtemperatur ist optimal (bestmöglich), wenn aus dem Teig – bei sonst fehlerfreier Herstellung – die beste Gebäckqualität erzielt wird.*

Die optimale Teigtemperatur ist sehr stark von der Intensität und Dauer der Teigknetung abhängig.

Teige, die in langsam laufenden Knetern hergestellt werden, sind sehr alterungsempfindlich. Sie müssen deshalb sehr kühl geführt werden.

Teige, die in schnell laufenden und intensiv knetenden Maschinentypen hergestellt werden, sind weniger alterungsempfindlich. Sie können wärmer geführt werden. Ursache ist die bessere Teigverquellung durch die intensive mechanische Bearbeitung der Mehlbestandteile.

Die Teigtemperatur hat Einfluß auf
✼ *die Teigbeschaffenheit:*
▸ *Zu kühl geführte Teige reifen sehr langsam. Sie bleiben sehr lange ,,jung''.*
 − *Sie sind feucht,*
 − *sie kleben,*
 − *sie haben wenig ,,Stand'', sie ,,fließen''.*
▸ *Zu warm geführte Teige erreichen ihre optimale Reife schon unmittelbar nach Beendigung der Teigknetung. Beim Aufarbeiten sind solche Teige schon zu ,,alt'':*
 − *sie neigen zur Hautbildung,*
 − *sie steifen nach,*
 − *sie werden sehr schnell ,,bockig'' und ,,kurz'',*
 − *sie verlieren an Gärstabilität.*
✼ *das Gärverhalten:*
▸ *Zu kühl geführte Teige gären sehr langsam.*
▸ *Zu warm geführte Teige erreichen ihren Haupttrieb schon bei Beginn der Aufarbeitung.*
✼ *die Gebäckqualität:*
▸ *Gebäcke aus kühlen, noch zu jungen Teigen*
 − *sind kleinvolumig,*
 − *sind schwach ausgebunden,*
 − *haben eine kräftig gebräunte Kruste,*
 − *haben eine unruhig geporte Krume.*
▸ *Gebäcke aus zu warmen, überalterten Teigen*
 − *sind kleinvolumig,*
 − *haben eine blasse Kruste,*
 − *haben eine etwas dicht geporte Krume,*
 − *altern sehr schnell.*

Abb. Nr. 113
Kastenweißbrot aus zu kühl geführtem, jungem Teig (links), aus zu warmem, überaltertem Teig (rechts)

Abb. Nr. 114
Kastenweißbrot aus zu kühl geführtem, jungem Teig (links), aus zu warmem, überaltertem Teig (rechts)

Beurteilen Sie Volumen, Krustenbräunung und Krumenporung der Gebäcke (Abb. Nr. 113 und 114)!

Richtwerte für die Teigtemperatur von Weizenteigen		
Knetertyp	Knetdauer	Teigtemp.
Langsamkneter	20–30 Min.	ca. 23 °C
Schnellkneter	12–15 Min.	ca. 25 °C
Intensivkneter	8–10 Min.	ca. 26 °C
Hochleistungskneter	4– 6 Min.	ca. 28 °C
Mixer	1– 2 Min.	ca. 29 °C

Tabelle Nr. 15

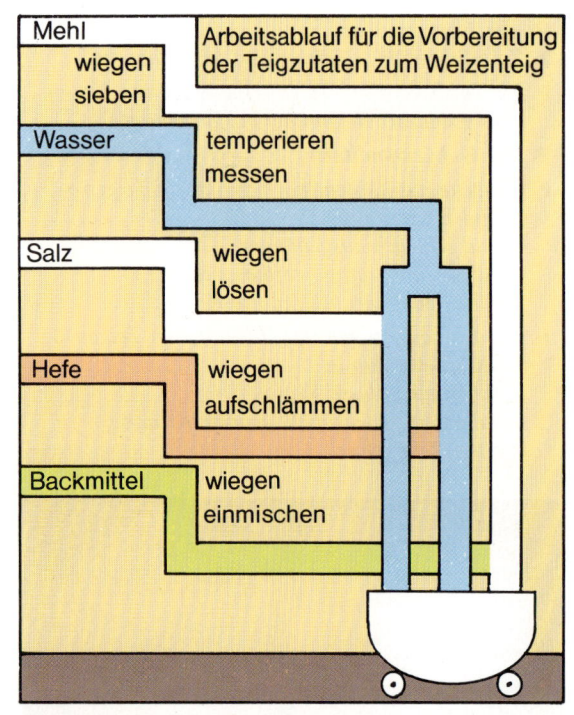

Abb. Nr. 115

Bereitstellung von Salz, Hefe und Backmitteln

Für die Zugabe von Salz, Hefe und Backmitteln besteht keine zwingende Reihenfolge.

In der Regel wendet man das All-in-Verfahren (= alles zusammen hineintun) an.

Für eine gute Salz-Hefe-Verteilung empfiehlt sich das vorherige Lösen bzw. Aufschlämmen im Zugußwasser.

Fertigmehle und Teigzutaten

Die Mühlen bieten Fertigmehle für Brötchen, für Weißbrot und für Toastbrot an.

✻ *Fertigmehle sind Zutatenmischungen für bestimmte Gebäcke. Sie enthalten alle haltbaren Zutaten in abgestimmter Zusammensetzung.*

Bei Fertigmehlen für Weißgebäcke sind insbesondere der Backmitteltyp und die Backmittelmenge auf das Backverhalten des Mehles abgestimmt. Als Zutaten sind nur noch Wasser und Hefe zuzusetzen. Die Teigführung entspricht der herkömmlichen Herstellung.

Fertigmehle bieten folgende Vorteile:

- *Geringerer Arbeitsaufwand*
- *Größere Sicherheit*

▸ *Dadurch sinken die Herstellungskosten.*
▸ *Falsches Abwiegen von Salz oder Backmitteln entfällt. Qualitätsmängel durch Verarbeiten eines ungeeigneten Backmitteltyps entfallen.*

Zum Nachdenken: *Trotz der Vorteile der Brötchenherstellung mit Fertigmehl wird der überwiegende Teil der Brötchen immer noch mit herkömmlichen Zutaten hergestellt.*
Welche Gründe mag es dafür geben?

Karl meint: *„Ist doch klar! Die Kunden wollen diese Chemie-Brötchen nicht!"*
Beurteilen Sie die Aussage von Karl!

Das Salz-Hefe-Verfahren

Der Salz-Hefe-Versuch im Kapitel ,,Die backtechnische Wirkung von Kochsalz" hat gezeigt, daß eine kurze Einwirkung von Kochsalz in konzentrierter Form der Hefe nicht bzw. nur unmerklich schadet.

Im sogenannten Salz-Hefe-Verfahren ergeben sich sogar Vorteile für die Weißgebäckherstellung.

Verfahren: Die für die Teigherstellung notwendige Salz- und Hefemenge wird in der zehnfachen Wassermenge (bezogen auf den Salzanteil) gelöst bzw. aufgeschlämmt.

Die Wassertemperatur sollte 23 °C nicht übersteigen.

Die Lösung muß mindestens 4 Stunden und darf höchstens 48 Stunden abstehen.

Vorgänge: Kochsalz entzieht den Hefezellen einen erheblichen Anteil der Zellflüssigkeit, bis die Salzkonzentration in der Hefezelle und in der Lösung gleich hoch ist. Diesen Vorgang nennt man Plasmolyse.

Die Salzlösung wird dadurch mit Zelleiweiß und Enzymen der Hefe angereichert. Die Hefezellen verlieren zum größten Teil ihre Lebensfähigkeit. Die Gärungsenzyme dagegen erhalten im wesentlichen ihre Gärfähigkeit. Ein geringer Verlust wird durch eine etwas größere Hefezugabe (etwa 1 % der Mehlmenge) ausgeglichen.

Wirkung: Die Teigbeschaffenheit wird verbessert, insbesondere die Verarbeitungseigenschaften, die Gärstabilität und die Gärtoleranz.

Weizenteige werden normalerweise nach Überschreiten der optimalen Teigreife trocken und ,,kurz". Sie verringern dann rasch ihr Gashaltevermögen.

Mit der Salz-Hefe-Lösung hergestellte Teige erhalten durch die ausgetretene Zellflüssigkeit der Hefe über längere Zeit die gewünschte Teigfeuchte. Solche Teige können ohne Schaden etwas älter werden. Die Vollreife von Teigstücken kann ohne Folgemängel erheblich überschritten werden.

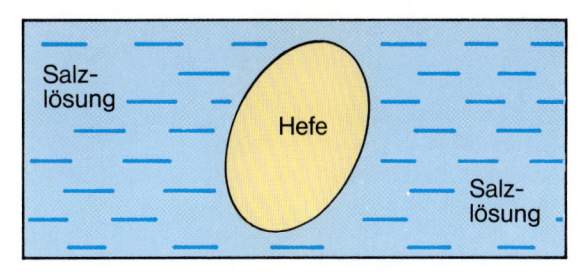

Abb. Nr. 116   Salz-Hefe-Lösung: anfangs

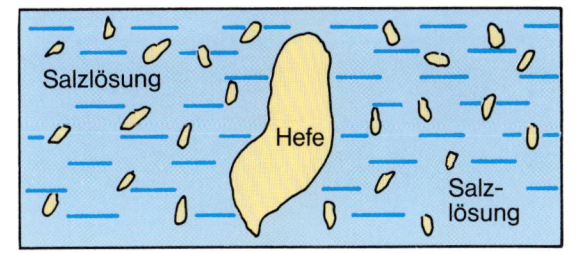

Abb. Nr. 117   Salz-Hefe-Lösung: später

Beispiel für das Salz-Hefe-Verfahren	
• Teigmenge	43,000 kg
Zutaten insgesamt:	
Weizenmehl	25,000 kg
Wassser	15,000 kg
Salz	0,500 kg
Backmittel	0,500 kg
Hefe	2,000 kg
Zutaten für Salz-Hefe-Lösung:	
Salz	= 0,500 kg
10fache Wassermenge	= 5,000 kg
Hefe	= 2,000 kg
Zutaten für den Teig:	
Salz-Hefe-Lösung	= 7,500 kg
Wasser	= 10,000 kg
Weizenmehl	= 25,000 kg
Backmittel	= 0,500 kg

Tabelle Nr. 16

Zum Nachdenken: *Welche Zutat zum Weißgebäckteig sollte für die Berechnung der übrigen Zutaten maßgeblich sein, das Zugußwasser oder das Mehl?*

Zusätzliche Informationen

In vielen Betrieben wird die Zutatenmenge für Weißgebäcke nach der Menge der Zugußflüssigkeit berechnet. In anderen Betrieben gilt die Mehlmenge als Bezugsgröße. Immer dann, wenn für die Teigbereitung aus backtechnischen Gründen der Zugußanteil im Verhältnis zum Mehlanteil verändert wird, ändert sich je nach Berechnungsverfahren entweder der Zutatenanteil zur Mehlmenge oder zur Wassermenge.

Beispiel: Mehlmenge als Bezugsgröße	Wassermenge als Bezugsgröße
Je kg Mehl sind 18 g Salz zu verarbeiten.	*Je Liter Wasser sind 30 g Salz zu verarbeiten.*
Berechnung der Salzmenge für Brötchenteig, wenn auf 100 kg Mehl 60 Liter Wasser verarbeitet werden:	*Berechnung der Salzmenge für Brötchenteig, wenn auf 100 kg Mehl 60 Liter Wasser verarbeitet werden:*
100 × 0,018 kg = 1,8 kg Salz	*60 × 0,030 kg = 1,8 kg Salz*
Berechnung der Salzmenge für Weißbrotteig, wenn auf 100 kg Mehl 54 Liter Wasser verarbeitet werden:	*Berechnung der Salzmenge für Weißbrotteig, wenn auf 100 kg Mehl 54 Liter Wasser verarbeitet werden:*
100 × 0,018 kg = 1,8 kg Salz	*54 × 0,030 kg = 1,62 kg Salz*

Da das Mehl mengenmäßig der größte Bestandteil des Teiges ist, sind bei Änderung des Mehl-Wasser-Verhältnisses die Abweichungen in der Teigzusammensetzung am kleinsten, wenn für die Berechnung der Zutaten das Mehl die Bezugsgröße ist.
Da für die Hefetätigkeit im Teig die Nährstoffkonzentration im Teigwasser am wichtigsten ist, sind die Abweichungen in der Zucker-Salz-Konzentration des Teigwassers am geringsten, wenn die Zugußflüssigkeit Bezugsgröße für die übrigen Zutaten ist.

Teigfestigkeit – Teigausbeute

Noch heute ist es in vielen handwerklichen Betrieben üblich, nur die Zugußflüssigkeit, aber nicht den Mehlanteil für die Weißgebäckherstellung zu messen. Während der Teigbereitung wird solange Mehl zum werdenden Teig zugesetzt, bis der Bäcker durch die Handprobe die Teigfestigkeit als richtig feststellt.

Für den Regelfall ist dieses Verfahren nicht empfehlenswert:

Die Handprobe ist ein unsicheres Meßinstrument. Die Teige fallen in der Festigkeit unterschiedlich aus. Die Folgen sind ungleiche Verarbeitungseigenschaften der Teige und Schwankungen in der Gebäckqualität. Für

Abb. Nr. 118
Rundlinge für Weißgebäcke aus zu festem Teig (links) und aus zu weichem Teig (rechts)

Abb. Nr. 119
Freigeschobenes Weißbrot aus zu festem Teig (links) und aus normal festem Teig (rechts)

Abb. Nr. 120a
Kaisersemmeln aus zu festem Teig

Abb. Nr. 120b
Kaisersemmeln aus zu weichem Teig

Abb. Nr. 121
Eingeschlagene Schrippen aus normal festem Teig (links) und aus zu weichem Teig (rechts)

> Karl bereitet aus zwei Mehllieferungen aus jeweils 1 Liter Wasser Brötchenteige gleicher Festigkeit.
> Mehl I ergibt 2,660 kg Teig,
> Mehl II ergibt 2,810 kg Teig.
>
> Karl behauptet: „Mehl II ist besser! Es hat eine höhere Teigausbeute!"
> Stimmt das?

schnell knetende Systeme (wie bei Mixern) ist das Wiegen des Mehles unerläßlich; denn eine Korrektur der Teigfestigkeit durch Mehl- oder Wasserzugabe führt mit Sicherheit zur Überknetung und zu großer Erwärmung des Teiges.

Ist in Ihrem Betrieb der Teig schon einmal zu weich oder zu fest ausgefallen?

Haben Sie auch die Folgen registriert?

Mögliche Merkmale und Folgen	
zu fester Teige:	zu weicher Teige:
– Sie sind schwer knetbar.	– Sie haben geringen „Stand", sie „fließen".
– Sie haben einen starken „Stand".	– Sie kleben beim Aufarbeiten.
– Sie gären langsamer.	– Die geformten Teigstücke verlieren leicht die Form.
– Sie sind schwer formbar.	
– Die Gebäcke haben eine rundgezogene Form.	– Die Gebäcke haben eine flache Form, sie neigen zur Fußbildung.
– Die Gebäcke haben ein kleineres Volumen.	– Die Gebäcke haben einen verwaschenen Ausbund.
– Die Gebäcke sind schwächer gebräunt.	
– Die Gebäckkrume ist dichtporig.	– Die Krume ist unruhig-grob geport.
– Die Gebäckkrume weist häufig Wirkfehler auf.	– Die Gebäcke haben eine kräftig gebräunte Kruste.

Mit jeder neuen Mehllieferung muß das Mehl-Wasser-Verhältnis neu bestimmt werden; denn auch Mehle gleicher Ausmahlung und gleicher Typenzahl können recht unterschiedliches Wasserbindevermögen aufweisen.

Die Menge Wasser, die ein Mehl binden kann, ist abhängig	
– vom Ausmahlungsgrad des Mehles,	▶ dunkle Mehle binden mehr Wasser als helle Mehle, weil der Anteil quellfähiger Kornbestandteile mit dem Ausmahlungsgrad steigt;
– von der Mehlzusammensetzung,	▶ kleberreiche Mehle binden im allgemeinen mehr Wasser als kleberarme Mehle;
– vom Wassergehalt des Mehles,	▶ mit steigendem Wassergehalt sinkt das Wasseraufnahmevermögen;
– von der Teigtemperatur,	▶ warm geführte Teige binden mehr Wasser als kalt geführte Teige.

Die Ermittlung der optimalen (bestmöglichen) Teigfestigkeit geschieht durch die Erfahrung des Bäckers.

> Zum Nachdenken: *Ihnen stehen drei Mehle der Type 550 zur Verfügung. Mehl A besitzt ein hohes Wasserbindevermögen, Mehl B besitzt ein mittelgroßes Wasserbindevermögen, Mehl C besitzt ein geringes Wasserbindevermögen. Aus je 1 kg Mehl der drei Sorten wird ein Teig mit gleichem Wasseranteil hergestellt.*
> *Machen Sie Aussagen über die Teigfestigkeit!*

Um die Wasseraufnahmefähigkeit von Mehlen vergleichbar zu machen, drückt man sie mit der **Teigausbeute** (= TA) aus.

✱ *Die Teigausbeute ist die Teigmenge aus 100 Gewichtsteilen Mehl.*

Beispiel: 100 Teile Mehl und 60 Teile Wasser = TA 160.

Die Teigausbeutezahl hat für die Praxis in zweierlei Hinsicht Bedeutung:

- Sie dient zur Bestimmung des Mehl-Wasser-Anteils, um Teige gleicher Festigkeit zu erzielen.
- Sie ermöglicht, die ermittelte optimale Teigfestigkeit in einer Kennzahl auszudrücken.

Die Weizenmehle der letzten Ernten sind mit folgenden Teigausbeuten verarbeitet worden:

- Für Brötchenteige, die handwerklich aufgearbeitet werden: TA 156–162
- Für Brötchenteige, die vollautomatisch aufgearbeitet werden: TA 152–156
- Für Weißbrotteige: TA 150–156.

> **Zusätzliche Informationen**
> *Die Teigausbeute als Meßzahl für das Wasserbindevermögen der Mehle ist für Teigmengenberechnungen nicht ohne weiteres brauchbar.*
> *In der Praxis werden neben Mehl und Wasser auch noch andere Zutaten verarbeitet:*
> - *Zutaten erhöhen durch ihren Mengenanteil die Teigausbeute.*
> - *Zutaten verändern durch ihre Eigenschaften die Teigausbeute.*
>
> *In der Praxis müssen Gär-, Wiegeverluste und Verluste durch Mehlverstaubung berücksichtigt werden.*
> *Für die Berechnung von Teig-, Mehl- und Zugußmengen gelten auch die folgenden Begriffe:*
>
> **Netto-Teigausbeute** = *Teigmenge aus 100 kg Mehl und dem Wasseranteil*
>
> **Brutto-Teigausbeute** = *Teigmenge aus 100 kg Mehl, dem Wasseranteil und den übrigen Zutaten*
>
> **Praktische Teigausbeute** (die tatsächlich ausgewogene Teigmenge) = *Teigmenge aus 100 kg Mehl, dem Wasseranteil und den übrigen Zutaten abzüglich der Gär- und Wiegeverluste*

Teigknetung und Teigentwicklung

> **Versuch Nr. 18:**
> 1. Vermischen Sie 3 Teile Weizenmehl und 2 Teile Wasser!
> 2. Vermischen Sie 3 Teile Weizenstärke und 2 Teile Wasser!
>
> **Beobachtung:**
> Mehl und Wasser ergeben einen Teig. Stärke und Wasser ergeben eine wässerige Aufschlämmung.
>
> **Erkenntnis:**
> Weizenmehl hat teigbildende Eigenschaften.

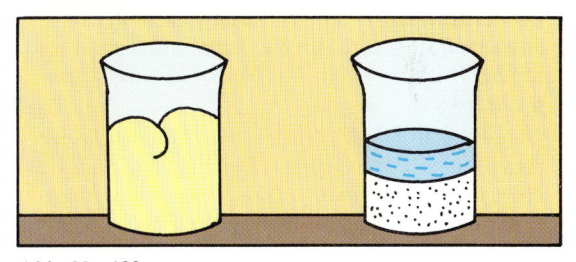

Abb. Nr. 122
Teig aus Mehl und Wasser (links), abgesetzte Aufschlämmung aus Stärke und Wasser (rechts)

Wenn Sie einen Weizenhefeteig für Brötchen in der Knetmaschine bereiten, können Sie folgende Beobachtung machen:

Zunächst entsteht ein grobes Gemisch aus Mehl, Zutaten und Mehl-Wasser-Nestern. Allmählich wird aus dem mehlig-wässerigen Gemisch ein klebender, feuchter Teig. Schließlich verliert der Teig seine grobe, klebrige Beschaffenheit; er wird glatt und trockener.

Wird der Knetvorgang nicht rechtzeitig abgebrochen, wird der Teig wieder feuchter und klebriger.

Die Teigentwicklung läuft ohne deutliche Übergänge in Phasen ab:

1. Phase ▶ *Vermischung*
2. Phase ▶ *Teigbildung*
3. Phase ▶ *Teigausbildung*
4. Phase ▶ *Überknetung*

Phase der Vermischung

In der Anfangsphase der Teigbereitung wird die Voraussetzung für die Teigbildung geschaffen: die Vermischung aller Zutaten. Die Verteilung der Zutaten, aber auch der einzelnen Mehlbestandteile und vor allem der Zugußflüssigkeit, hält bis zum Abbruch der Teigknetung an.

Phase der Teigbildung

Sobald das Mehl vom Wasser benetzt wird, setzt die Teigbildung ein.

Folgende Vorgänge laufen bei der Teigbildung ab:
- *Die quellfähigen Mehlbestandteile binden Wasser.*
- *Die verquollenen Mehlbestandteile verkleben und vernetzen miteinander.*
- *Die wasserlöslichen Stoffe, wie Zucker und Salz, beginnen sich zu lösen.*

Zusätzliche Informationen

Die kleberbildenden Eiweißstoffe liegen im Weizenmehl nicht als Einzelmoleküle, sondern als Kolloide vor. Es sind Zusammenlagerungen vieler Eiweißmoleküle in mikroskopischer Größe. Sie haben die Fähigkeit, Wasser zwischen den einzelnen Molekülen einzulagern.

Die kleberbildenden Eiweißstoffe binden etwa das Doppelte ihres Eigengewichts an Wasser.

Die Mehlstärke ist im rohen Zustand nicht bzw. nur unwesentlich quellfähig. Sie lagert aber etwa ein Drittel ihres Eigengewichts Wasser an ihrer Oberfläche an.

Die Schalenteile des Mehles enthalten einen hohen Anteil quellfähiger Stoffe: Pentosane, Zellulose, Hemizellulose. Dunkle Mehle (sie sind schalenreich) binden deshalb mehr Wasser als helle Mehle.

Durch das Quellen vergrößern die kleberbildenden Eiweißstoffe ihre Oberflächen. Beim Kneten des Teiges werden die verquollenen Eiweiße aneinandergepreßt, gegeneinander verschoben und gestreckt. Dadurch verkleben und vernetzen die gequollenen Eiweißstoffe. Es entsteht der Kleber. Er bildet die Teigstruktur.

Im vernetzten Kleber sind die anderen Teigbestandteile eingelagert.

Phase der Teigausbildung

Der Weizenteig ist unmittelbar nach seiner Bildung für die Backwarenherstellung noch nicht ausreichend entwickelt. Der Weizenteig muß für seine Ausbildung intensiv geknetet werden.

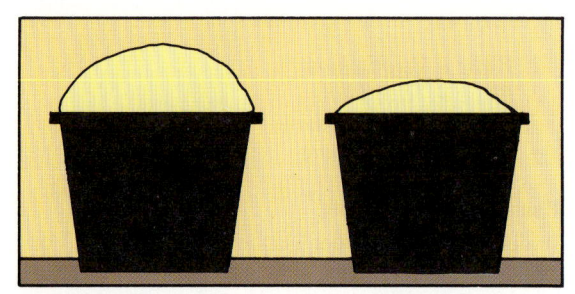

Abb. Nr. 123
Einfluß der Teigknetung auf die Gärstabilität: Intensiv gekneteter Teig (links) und schwach gekneteter Teig (rechts) bei gleichen Stückgarebedingungen

Gründe für die mangelnde Eignung schwach gekneteter Weizenteige:

- *Die Teigverquellung ist noch unbefriedigend.* ▶ *Dadurch hat der Teig schlechte Verarbeitungseigenschaften; er klebt. Über eine längere Teigruhezeit ist der Mangel zum Teil abstellbar.*

- *Die wasserlöslichen Bestandteile, wie Salz, Zuckerstoffe und Eiweiße, sind noch unzureichend gelöst.* ▶ *Dadurch bleibt der Teig sehr feucht. Der Nährstoffanteil im Teigwasser ist für die Hefe noch nicht optimal.*

- *Der Anteil eingearbeiteter Luft und gebildeter Gärgase im Teig ist noch sehr klein.* ▶ *Dadurch fehlt dem Teig die notwendige Feinporung. Sie ist auch durch die nach dem Kneten gebildeten Gärgase nicht mehr im gewünschten Umfang erzielbar.*

- *Die Fettstoffe des Mehles und der Backmittel sind noch nicht ausreichend emulgiert.* ▶ *Dadurch hat der Teig noch nicht die gewünschte Beschaffenheit.*

Gebäckmängel durch zu schwach geknetete Weizenteige sind
- geringes Gebäckvolumen,
- mangelhafter Ausbund,
- mangelhafte Krusten-Rösche,
- grobe Krumenbeschaffenheit.

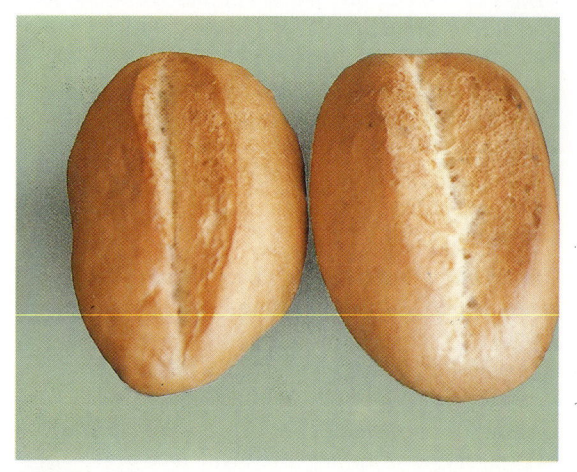

Abb. Nr. 124
Einfluß der Teigknetung auf die Gebäckqualität: Brötchen aus zu schwach geknetetem Teig (links) und aus intensiv geknetetem Teig (rechts).

Beurteilen Sie Volumen und Ausbund!

Vorteile durch intensive Teigknetung:
▶ *Verkürzung der Teigreifezeit (siehe auch Kapitel „Teigreifung"!)*
▶ *Verbesserung der Teigbeschaffenheit*
▶ *Verbesserung der Gärstabilität (= des Gashaltevermögens)*
▶ *Verbesserung der Gebäckqualität*   • *größeres Volumen,*   • *feinere Krumenporung,*   • *ausgeprägter Ausbund,*   • *bessere Röscheigenschaften,*   • *längere Frischhaltung und*   • *höherer Genußwert*

Abb. Nr. 125
Einfluß der Teigknetung auf das Teigvolumen: Teigvolumen aus zu schwach gekneteten Teig (links) und aus intensiv geknetetem Teig (rechts)

Karl sagt: „Was hat die Knetzeit mit der Brötchenqualität zu tun?! Ich weiß von meinen Fachkollegen, daß in einigen Betrieben der Teig nur 90 Sekunden läuft und in einem anderen Betrieb der Teig mehr als 10 Minuten geknetet wird. Und alle backen gute Brötchen!" Was sagen Sie dazu?

Durch die Intensivknetung des Teiges erfolgt eine feinere Verteilung der Mehlbestandteile im Teig. Dadurch wird die Mehlverquellung begünstigt. Der Anteil des ungebundenen Teigwassers sinkt. Der Teig wird trockener.

Die Verringerung des freien Teigwassers führt zur Verfestigung des Teiges. Die Reibung beim Kneten des Teiges wird größer; der Teig erwärmt sich. Durch die Teigerwärmung wird die Teigverquellung beschleunigt.

Die intensive Vermischung und die Teigerwärmung begünstigen die Fettverteilung und Emulsionsbildung im Teig. Dadurch werden die Klebereigenschaften verbessert. Der Teig wird gärstabiler.

Die längere Knetzeit und die Teigerwärmung begünstigen die Hefegärung. Die Gärgase werden – gleichzeitig mit der eingearbeiteten Luft – in das Teiggefüge eingelagert. Der Teig nimmt an Volumen zu. Bei Beendigung der Intensivknetung hat der Teig bereits eine Feinstporung, die auch bei der Weiterverarbeitung erhalten bleibt.

Der Knetvorgang wird beendet, wenn der Teig seine höchste Entwicklungsstufe erreicht hat.

✱ *Die Knetdauer bis zum Zeitpunkt der bestmöglichen Teigausbildung ist die optimale Knetzeit.*

Die Bestimmung dieses Zeitpunkts erfolgt in der handwerklichen Bäckerei aufgrund von Erfahrungsmerkmalen.

Merkmale zur Bestimmung der optimalen Knetzeit:
– Der Teig hat seine größte Festigkeit erreicht.
– Der Teig hat eine geringe Feuchte; er wirkt wollig-trocken.
– Der Teig löst sich beim Kneten vom Kesselrand und vom Knetarm.
– Der Teig hat eine glatte, etwas heller wirkende Oberfläche.

Abb. Nr. 126 Teigbild eines intensiv gekneteten Teiges

✱ *Die Zeit vom Beginn der Knetung bis zur optimalen Teigausbildung ist die Teigentwicklungszeit.*

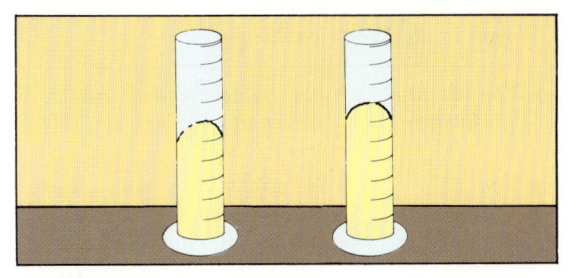

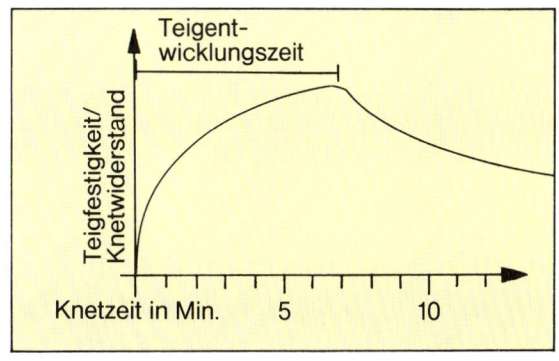

Abb. Nr. 127
Darstellung der Teigentwicklung in Abhängigkeit vom Knetwiderstand und der Zeit

Erläutern Sie das Diagramm!

Wovon ist die Knetzeit abhängig?	
▶ Von der Knetgeschwindigkeit:	▶ Mit zunehmender Knetgeschwindigkeit sinkt die Teigentwicklungszeit.
▶ Vom Knetsystem:	▶ Je größer der vom Knetsystem ständig erfaßte Teiganteil ist und je stärker die Beanspruchung des Teiges ist, desto kürzer ist die Teigentwicklungszeit.
▶ Von der Teigtemperatur:	▶ Mit steigender Teigtemperatur sinkt die Teigentwicklungszeit. Wärme begünstigt die Teigverquellung.
▶ Von der Teigfestigkeit:	▶ Bei festen Teigen ist der gewünschte Verquellungsgrad des Teiges durch den höheren Mehlanteil und die größere Teigerwärmung (bedingt durch die größere Reibung in festen Teigen) früher erreicht.
▶ Von der Mehlqualität:	▶ Teige aus kleberstarkem Mehl brauchen längere Zeit zur Entwicklung als Mehle aus kleberschwachem Mehl.

Hinweis: *Richtwerte für die optimale Knetzeit finden Sie im Kapitel ,,Knetmaschinen"!*

Die Knetzeit wird vorrangig vom Knetsystem (Knetmaschinentyp) und von der Knetgeschwindigkeit bestimmt.

Die anderen Einflußfaktoren wie Teigfestigkeit, Teigtemperatur oder Mehlqualität verändern die optimale Knetzeit nur in beschränktem Rahmen.

Abb. Nr. 128
Brötchen aus intensiv geknetetem Teig (links) und aus überknetetem Teig (rechts)

Phase der Überknetung

Woran erkennt man, daß ein Teig überknetet ist? Merkmale überkneteter Teige sind
– nachlassende Festigkeit während des Knetens,
– eine zunehmend glänzend-feuchte Teigoberfläche,
– zunehmende Dehnfähigkeit des Teiges,
– der geringe Stand, das ,,Fließen", des Teiges.

Teigüberknetung führt zu Gebäckmängeln:
- *geringes Gebäckvolumen,*
- *schwache Krustenbräunung,*
- *fader Geschmack,*
- *geringe Frischhaltung.*

Ein Teig ist überknetet, wenn die Teigbeschaffenheit und die aus dem Teig erzielte Gebäckqualität geringer sind als die vergleichbarer Teige mit kürzerer Knetzeit.

Zusätzliche Informationen

Die Überknetung des Teiges verursacht eine Überbeanspruchung des vernetzten Klebers. Die Kleberstruktur wird zerstört. Dabei wird eingelagertes Teigwasser wieder freigesetzt.

Eine geringe Überknetung läßt sich durch eine etwas längere Teigruhe ausgleichen. Der Teig wird wieder rückgebildet.

Stark überknetete Teige sind mit den in der Bäckerei anwendbaren Mitteln nicht mehr rückbildbar.

Die Zeitdauer der Überknetung, die ein Teig ohne Folgemängel erdulden kann, ist die Knettoleranz.

Teige aus kleberschwachem Mehl und milchhaltige Teige haben eine geringe, Teige aus kleberstarkem Mehl haben eine große Knettoleranz.

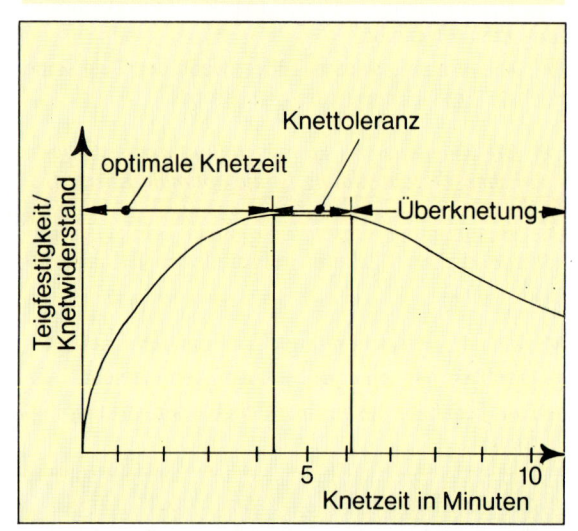

Abb. Nr. 129 Darstellung der Teigentwicklung

Erläutern Sie das Diagramm, insbesondere
– *die optimale Knetzeit,*
– *die Knettoleranz und*
– *die Überknetung!*

Das Wichtigste über Teigknetung und Teigentwicklung in Kurzform

* Die Zeit vom Beginn der Knetung bis zur optimalen Teigausbildung ist die **Teigentwicklungszeit**.
  Sie umfaßt
  – die Phase der Vermischung,
  – die Phase der Teigbildung,
  – die Phase der Teigausbildung.
* **Intensives Kneten**
  – verkürzt die Teigreifezeit,
  – verbessert die Teigbeschaffenheit,
  – verbessert die Gebäckqualität.
* **Die optimale Knetzeit** wird vom Knetsystem und der Knetgeschwindigkeit bestimmt.
* **Überknetete Teige** haben Gebäckmängel zur Folge.

Knetmaschinen

Was für eine Knetmaschine steht Ihrem Betrieb für die Herstellung von Weißgebäckteigen zur Verfügung?
Prüfen Sie, wieweit Ihr Knetsystem den Anforderungen der modernen handwerklichen Bäckerei entspricht!

Anforderungen an Knetmaschinen

Der Bäcker fordert:	Die Technik bietet an:
* Optimale Teigentwicklung in kurzer Zeit	▶ Knetsysteme mit hoher Knetintensität (= hoher Wirkungsgrad und hohe Knetgeschwindigkeit)
* Eignung für alle Teigarten	▶ Knetsysteme mit Langsam- und Schnellgang; geeignetes Knetwerkzeug
* Eignung für unterschiedliche Teiggrößen	▶ Knetsysteme mit gleichbleibendem Wirkungsgrad bei großen wie auch bei extrem kleinen Teigen
* Aktivierung der Hefe (= erfolgreiches Anregen der Gärtätigkeit) bereits während des Knetvorgangs	▶ Knetsysteme, die die Mischphase rasch überwinden und den Teig beim Kneten leicht erwärmen
* Bildung von Feinstporen beim Kneten	▶ Knetsysteme, die den Teig beim Kneten stark belüften
* Leicht-gängiger Teigtransport	▶ Fahrbare Knetmaschine; ausfahrbare Teigschale; Kipp- und Hebekippvorrichtung für die Teigschale
* Einfache und kraftsparende Bedienung	▶ Bedienungselemente im engen Greifraum des Arbeitsplatzes; der menschlichen Körperhaltung angepaßte Arbeitshöhe
* Einfache Wartung	▶ Lange Wartungsintervalle; leichte Zugänglichkeit für den Schmierdienst und Ölwechsel
* Geringer Aufwand zur Einhaltung der Hygiene	▶ Abgerundete Winkel und Ecken an allen äußeren Geräteteilen; schlagfeste, glatte Farbbeschichtung; Kessel und Knetwerkzeug aus rostfreiem Edelstahl
* Geringe Umweltbelastung	▶ Geräusch- und vibrationsarmer Maschinenlauf; kunststoffbeschichtete Fahrrollen; staubdichte Abdeckung des Kessels
* Unfallsicherheit	▶ Automatische Abschaltung des Kneters beim Öffnen des Schutzgitters bzw. der Kesselabdeckung; Sicherheit der elektrischen Anlage

Einteilung der Knetmaschinen

Knetmaschinen teilt man ein
– nach der Knetintensität,
– nach dem Knetsystem.

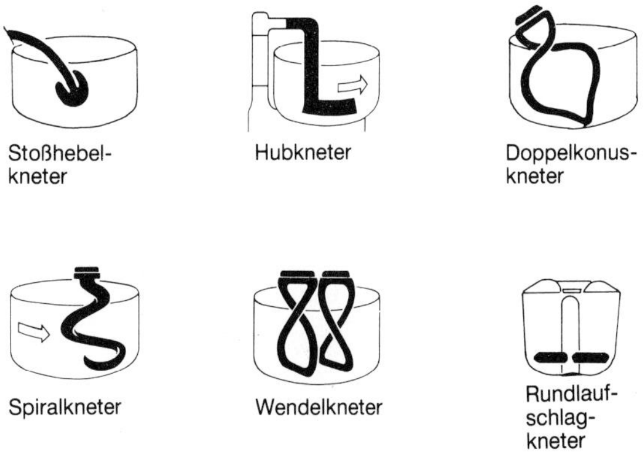

Stoßhebelkneter   Hubkneter   Doppelkonuskneter

Spiralkneter   Wendelkneter   Rundlaufschlagkneter

Abb. Nr. 130   Schematische Darstellung der Knetsysteme

Einteilung nach Knetintensität	Umdrehungen pro Minute	Richtwerte für die Knetzeit	Knetsystem
Teigmixer	2000–3000	etwa 60 Sek.	Rundlaufschlagkneter
	1000–1500	etwa 120 Sek.	
Hochleistungskneter	200–300	4–6 Min.	Wendelkneter; Kneter nach dem Planetensystem
Intensivkneter	120–180	8–10 Min.	Pluskneter mit Zweigang Schlagkneter mit Zweigang Spiralkneter mit Zweigang Doppelkonuskneter mit Zweigang
Schnellkneter	60–90	12–15 Min.	Hubkneter mit Zweigang Drehhebelkneter mit Zweigang
Langsamkneter	25–40	20–30 Min.	Drehhebelkneter

Knetsysteme

Der **Rundlaufschlagkneter** funktioniert nach dem Prinzip des Mixers. Am Kesselboden rotiert ein Knetwerkzeug mit hoher Geschwindigkeit.

In der letzten Phase der Teigentwicklung erwärmt sich der Teig sehr stark. Ursache ist die Umsetzung der Reibungskräfte in Wärme, die mit steigender Teigfestigkeit zunimmt.

Schon eine minimale Überschreitung der optimalen Knetzeit führt zur Überhitzung des Teiges und somit zwangsläufig zu Gebäckfehlern. Eine Korrektur der Teigfestigkeit durch Zugabe von Mehl oder Flüssigkeit nach der Teigbildung führt ebenfalls zur Überknetung.

Abb. Nr. 132   Horizontalkneter

Der **Spiralkneter** gehört zur Gruppe der Intensivkneter. Eine Knetspirale wirkt von der Bottichwand bis zur Bottichmitte. Der drehende Kessel führt der Knetspirale den Teig kontinuierlich zu. Die Teigerwärmung liegt bei 5 °C. Fast alle Spiralkneter erreichen auch bei Teiggrößen, die nur wenige Prozent der Maximalauslastung betragen, noch fast den vollen Knetwirkungsgrad.

Abb. Nr. 131   Rundlaufschlagkneter/Mixer

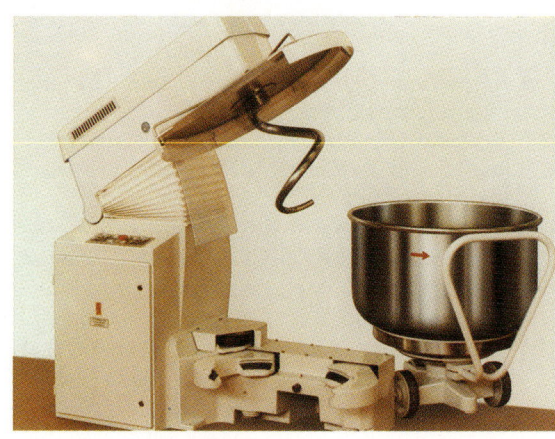

Abb. Nr. 133   Spiralkneter

Der **Hubkneter** zählt je nach Knetgeschwindigkeit zu den Schnellknetern bzw. zu den Intensivknetern. Typisch für dieses Knetsystem ist die Hubbewegung des Knetarms bei gleichzeitiger Drehung. Der sich drehende Kessel verstärkt den Kneteffekt. Die Teigerwärmung ist beim Hubkneter minimal, beim intensiv knetenden Pluskneter etwas größer.

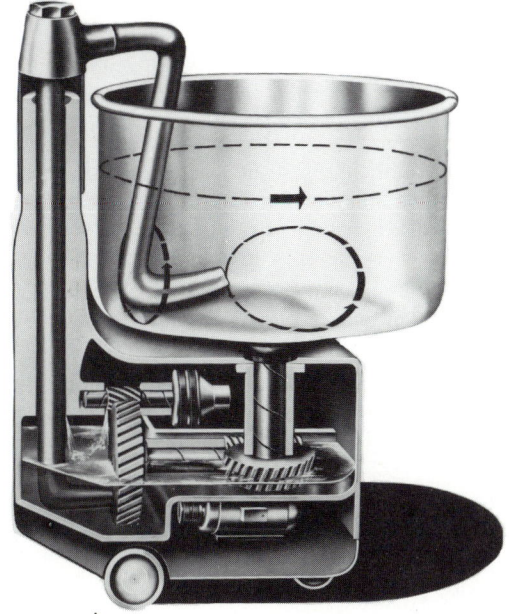

Abb. Nr. 134
Hubkneter mit schematischer Darstellung der Funktion

Der **Wendelkneter** zählt zur Gruppe der Hochleistungskneter. Er hat zwei außermittig des Teigbottichs angeordnete Knetwendel mit entgegengesetzter Laufrichtung. Der drehende Teigkessel unterstützt die Knetwirkung durch ständige Wiederzuführung des Teiges. Die Teigerwärmung liegt über 5 °C.

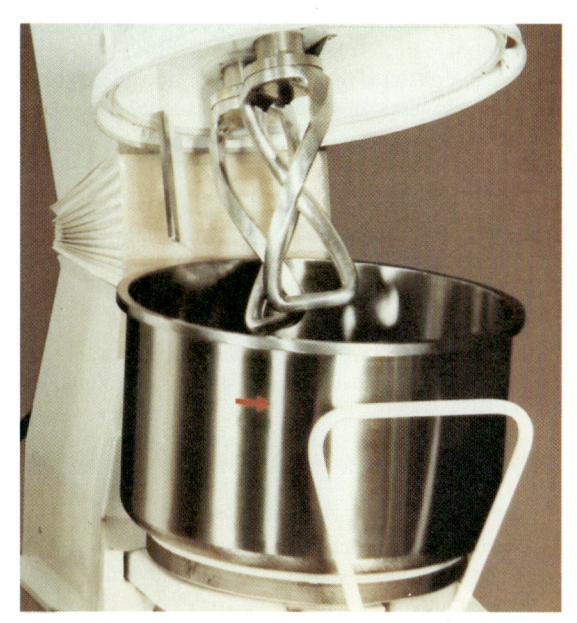

Abb. Nr. 135 Wendelkneter

Drehhebelkneter zählen zu den Langsamknetern. Sie sind für Roggen- und Schrotteige, aber nicht für Weizenteige geeignet.

Abb. Nr. 136 Drehhebelkneter

Zusätzliche Informationen

Für die Eingliederung in eine Backstraße eignen sich vorrangig Hochleistungskneter. Nur sie gewährleisten die schnelle Teigreifung (siehe S. 65), die Voraussetzung für die kontinuierliche Teigaufarbeitung ohne (oder mit nur geringer) Teigruhe ist. In der handwerklichen Großbäckerei werden Hochleistungskneter mit besonderen Anlagen zur Steigerung der Kapazität für den vollautomatischen Ablauf von Backstraßen eingesetzt. Die Dosierung der Zutaten, die Temperierung, die Beschickung, der Knetvorgang und die Teigaustragung erfolgen halb- oder vollautomatisch.

Die Technik bietet der Backindustrie **kontinuierliche Kneter** *mit hoher Stundenleistung an. Hier erfolgt die Teigherstellung nicht in Einzelteigen. Vielmehr wird in einem ununterbrochenen Fluß Teig hergestellt. Über eine Dosieranlage werden die Zutaten in einem unendlichen Strom dem Misch- und Knetraum der Knetanlage zugeführt. Der Teig wird als endloser Strang aus der Knetmaschine ausgestoßen und der Aufarbeitungsanlage zugeführt.*

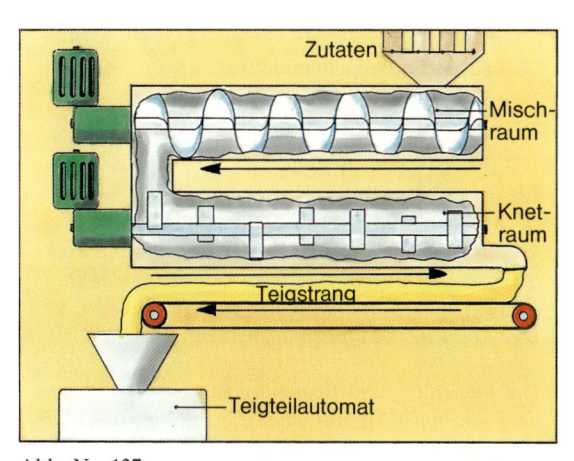

Abb. Nr. 137
Schema einer kontinuierlichen Knetanlage (= Teigherstellung in nichtunterbrochenem Fluß)

Karl ist schlau! *Er hat die Schutzhaube des Knetkessels vom Antrieb gelöst, um auch bei laufender Maschine den am Kesselrand klebenden Teig mit einem Schaber lösen zu können. Sie erhalten den Auftrag, mit dieser Maschine einen Teig herzustellen.*

Wie verhalten Sie sich?

Gefahren bei der Arbeit mit Knetmaschinen

Die Berufsgenossenschaft hat zum Schutz der Beschäftigten Sicherheitsbestimmungen für den Anschluß und den Betrieb von Knetmaschinen erlassen.

Die Gefahrenstellen bei Knetmaschinen sind
– *die Zonen, in denen der Knetarm unmittelbar am Kesselrand entlang geführt wird, wo Hände und Arme erfaßt und gequetscht werden können,*
– *die rotierenden schleifen-, spiral- und gabelförmigen Knetwerkzeuge, die Hände und Arme erfassen und brechen können.*

Die Schutzeinrichtungen an Knetmaschinen müssen so ausgeführt sein, daß der Zugriff zur Gefahrenstelle von beiden Seiten und von der Rückseite **verhindert** und von vorn wenigstens **erschwert** wird.

Für alle Knetmaschinen gilt, daß das Abheben oder Beseitigen der Schutzabdeckung zum sofortigen Stillstand des Kneters führt.

Zum gesundheitlichen Schutz der Mitarbeiter soll die Schutzhaube über dem Teigkessel die Mehlstaubentwicklung beim Teigbereiten verhindern bzw. eindämmen (Abb. Nr. 138).

Während der Knetung eines Weißbrotteigs fällt die Knetmaschine aus.

Welche Ursachen können vorliegen?

Mögliche Ursachen:
▸ Ausfall einer Sicherung
  • durch Kurzschluß,
  • durch Überlastung;
▸ Unterbrechung eines Stromleiters in der Steckdose, im Stecker, am Motoranschluß;
▸ Rutschen des Keilriemens.

Schaltet der Sicherungsautomat unmittelbar nach dem Wiedereinschalten sofort wieder ab, liegt ein Kurzschluß vor.

Fällt die Sicherung erst eine Weile nach Wieder-Inbetriebnahme des Kneters aus, ist die elektrische Anlage überlastet. Ursache kann ein für die Leistung der Knetmaschine zu großer oder zu fester Teig sein.

Ist die Sicherung unbeschädigt, kann eine Unterbrechung im Stromleiter vorliegen.

Stellen Sie fest, daß trotz Stillstand des Knetwerkzeugs der Motor noch läuft, so hat möglicherweise der Keilriemen nicht mehr genug Spannung. Der Keilriemen überträgt die Drehbewegung vom Antrieb auf das Knetwerkzeug.

Durch einfaches Nachspannen des Keilriemens ist die Maschine wieder einsatzbereit (Betriebsanleitung beachten!).

Abb. Nr. 138
Spiralkneter mit vorschriftsmäßiger Abdeckung des Teigkessels zum Schutz der Mitarbeiter vor Verletzungen durch das Knetwerkzeug und vor mehlstaubhaltiger Atemluft

Achtung!
Das Instandsetzen von elektrischen Anlagen ist Sache des Elektrofachmanns!
Das gilt auch für das Reparieren und Austauschen von Steckern und Steckdosen.

Elektrische Maschinen müssen über Schutzkontaktsteckvorrichtungen und durchgeführtem Schutzleiter angeschlossen sein. Sie schützen uns vor elektrischen „Schlägen". Mangelhaft oder fehlerhaft durchgeführte Reparaturen in der elektrischen Anlage können sich tödlich auswirken!

Die Bedienung und Reinigung von Knetmaschinen darf Jugendlichen nur über 17 Jahren (wenn sie zuverlässig sind) oder Auszubildenden über 16 Jahren (wenn die Aufsicht gewährleistet ist) übertragen werden!

Wartung und Pflege von Knetmaschinen

Moderne Knetmaschinen sind wartungsarm. Dennoch bedürfen sie einer ständigen Mindestwartung und einer sorgfältigen Pflege
– zur Erhaltung der Funktionsfähigkeit,

- zur Erhöhung der Lebensdauer,
- für die hygienische Backwarenherstellung.

Einmal wöchentlich sind folgende Wartungsarbeiten durchzuführen:

* **Kontrolle des Ölstands im Getriebekasten:**
  Die Intervalle für den Ölwechsel sind der Betriebsanleitung zu entnehmen. Moderne Knetmaschinen haben in der Regel eine vollautomatische Umlaufölung. Ein Ölwechsel wird erst nach mehreren Betriebsjahren erforderlich.

  ▸ Zahnrad- und Kettengetriebe sind schon nach kurzer Betriebsdauer zerstört, wenn der Ölfilm zwischen den greifenden Metallteilchen reißt.

* **Abschmieren der Lager:**
  Zum Abschmieren sind entsprechende Stauferfettbuchsen angebracht.
  Bei modernen Knetern erfolgt die Lagerschmierung vollautomatisch.

  ▸ Lager schlagen mit der Zeit aus, wenn der Schmierfilm nicht ausreicht.

* **Schmieren von Führungswellen, Spindeln, Arretierzapfen und -bolzen, Fahr- und Lenkrollen.**

* **Kontrolle der Keilriemenspannung.**

Beim Betrieb einer Bäckerei fällt schon nach kurzer Zeit eine hohe Staubmenge an. Durch kondensierenden Dampf an Einrichtungen, Maschinen und Geräten entsteht schnell eine zunächst schmierige, später feste Schmutzschicht.

Diese nährstoffreiche Schmutzschicht ist ein idealer Nährboden für Kleinlebewesen, Milben und Insekten.
Deshalb muß die Knetmaschine täglich mit heißem Wasser nach der Abwischmethode gereinigt werden. Durch Zusatz eines Spülmittels erhöht sich die Reinigungswirkung.

Teigkessel und Knetarm müssen mit klarem Wasser nachgespült werden. Einmal wöchentlich sollte die Maschine mit einer Wasser-Desinfektionslösung gereinigt werden. Anschließend müssen Kessel und Knetarm mit **heißem,** klarem Wasser nachgespült werden.

Durch die Desinfektion wird die Gefahr der Übertragung von Keimen auf das Gebäck über die Hand des Bäckers verringert.

Die Regeln für die Reinigung der Knetmaschine gelten für alle elektrischen Teigaufarbeitungsmaschinen.

Abb. Nr. 139

Achtung!
Die Knetmaschine nicht mit einem Schlauch oder einem Dampfstrahlgerät abspritzen! Bei allen elektrisch betriebenen Maschinen besteht die Gefahr des Kurzschlusses!

Merken Sie sich:
Fest angetrocknete, grobe Verschmutzungen nicht mit einem Metallschaber oder einem Scheuermittel reinigen!
Die Folgen wären Roststellen am Metallgehäuse (durch Kratzer in der Farbschicht) bzw. Aufrauhen der Kunststoffabdeckungen. Beim Abwischen der Maschine würde der Schmutz in die Feinstrillen eingewischt werden.

Die Teigreifung

Versuchen Sie ein Stück Weizenteig unmittelbar nach seiner Fertigstellung zu formen! Sie werden feststellen, daß sich der Teig nicht formen läßt, obwohl Sie viel Kraft aufwenden. Die äußere Teigschicht reißt. Jedoch schon nach kurzer Teigruhe gelingt die Formung.

Zwar läßt sich ein junger Teig schon nach kurzer Zeit der Entspannung formen; er ist aber anfangs noch sehr klebrig. Das gilt insbesondere für kühl geführte und wenig intensiv geknetete Teige.

Gebäcke aus solchen Teigen, die ohne Teigruhe aufgearbeitet sind, haben trotz ausreichender Stückgare nur geringe Qualität. Sie sind kleinvolumig. Die Krume ist unzureichend mit dickwandigen Poren aufgelockert. Teige müssen schon vor dem Aufarbeiten eine Mindestlockerung durch Gärgase aufweisen.

* *Teigreife ist der für die Teigaufarbeitung günstigste Quell- und Gärzustand des Teiges.*

Teige mit zu geringer Teigreife sind **junge Teige.**
Teige, die die optimale Teigreife bereits überschritten haben, sind **alte, überreife Teige.**

Abb. Nr. 140
Brötchen aus zu jungem Teig (links) und aus optimal reifem Teig (rechts)

Abb. Nr. 141
Brötchen aus überaltertem Teig

> **Merken Sie sich:**
> *Der Teig muß sich vor dem Formen erst entspannen!*
> *Der Teig muß vor der Aufarbeitung ausreichend verquellen!*
> *Im Teig muß sich vor der Aufarbeitung eine Mindestmenge an Gärgasen bilden!*

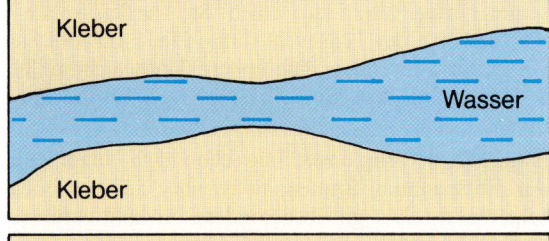

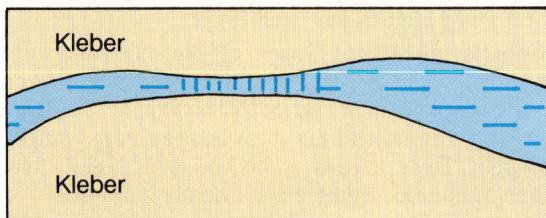

Abb. Nr. 142
Unreifer Teig: Der Kleber ist noch nicht ausreichend verquollen; er ist gegeneinander verschiebbar; er „fließt" (oben).
Reifer Teig: Gut gequollene Kleberstränge verkleben miteinander. Der Teig hat „Stand" (unten).

Teig- und Gebäckfehler durch	
zu junge Teige:	*zu alte Teige:*
– Der Teig klebt und „fließt".	– Die Teigoberfläche ist sehr trocken.
– Der Teig ist kaum aufgelockert.	– Der Teig ist stark aufgelockert.
– Das Gebäckvolumen ist klein.	– Das Gebäckvolumen ist klein.
– Der Ausbund ist wenig ausgeprägt oder gar „geschneidert" (= glatt).	– Die Gebäckoberfläche ist „schorfig".
	– Die Kruste ist schwach gebräunt.
– Die Kruste ist dunkel und fleckig gebräunt.	– Die Krume ist trocken und krümlig.
– Die Krumenporung ist dickwandig.	– Der Geschmack ist fade.

Die Teigreifung vollzieht sich während des Knetens und der Teigruhe. Sehr warm geführte Teige erreichen schon zum Ende der Knetzeit ihre optimale Teigreife.

Teigreife umfaßt
– die Quellreife und
– eine Mindestgärung des Teiges.

Quellreife

Die Mehlbestandteile im Teig sind bei Beendigung des Knetvorgangs noch nicht vollkommen verquollen.

Im Weizenteig sind unmittelbar nach der Knetung etwa 80 % der Schüttflüssigkeit fest gebunden. Die restlichen 20 % sind frei. Sie sind zwischen den Klebersträngen, an den Oberflächen der Teigsubstanzen und an den inneren und äußeren Wandungen der Gaszellen ein- bzw. angelagert. Der Wasserfilm ist auf diesen Grenzflächen kurz nach dem Knetvorgang noch sehr stark. Die hohe Feuchte auf diesen Flächen unmittelbar nach der Teigfertigstellung ist Ursache
– für das Kleben des Teiges,
– für die große Dehnfähigkeit des Teiges,
– für das „Fließen" des Teiges.

Erst durch die fortschreitende Verquellung verliert der Teig seine Klebrigkeit. Der Teig wird zunehmend „kürzer" und standfester.

> **Zusätzliche Informationen**
> *Die Quellreife ist der Zeitpunkt der ausgewogenen Feuchte an den inneren und äußeren Grenzflächen des Teiges.*
> *Der Grad der Teigfeuchtigkeit beeinflußt entscheidend die Teigbeschaffenheit, insbesondere*
> *– die Verarbeitungseigenschaften des Teiges,*
> *– die Teigeigenschaften, die die Bildung von Feinstporen begünstigen.*
> *Zu hohe Feuchte an den Innenwandungen der Gärgaszellen verhindert beim Zusammenstoßen des Teiges das Verkleben der inneren Zellwandungen.*

Der starke Wasserfilm an den Zellwandungen isoliert die aneinandergedrückten Zellwände. Anstelle vieler Feinstporen entstehen wenige flache Poren.

Bei Eintreten der Quellreife ist die Zellwandfeuchte so gering, daß zusammengedrückte Poren an den Innenwanden verkleben und die im Teig verbleibenden Gase feinste Poren bilden.

Teiggärung – Teigreifung

Zur Teigreifung gehört neben der Teigverquellung eine Mindestgärleistung der Hefe.

Die Gärgase bilden im Teig Poren.

Die Gasporen sind Voraussetzung
– für die Bildung der Feinstporen bei der Weiterverarbeitung des Teiges,
– für den ausreichend schnellen Ablauf der Teigverquellung.

Durch die Porenbildung vergrößert der Teig seine inneren Oberflächen. Das freie Teigwasser wird so auf größere Grenzflächen verteilt. Die Verquellung wird dadurch begünstigt.

Die Teigreifung wird begünstigt
– *durch warme Teigführung,*
– *durch feste Teigführung,*
– *durch hohen Hefeanteil,*
– *durch fett- und emulgatorhaltige Backmittel,*
– *durch intensive Knetung.*

Zusätzliche Informationen

Für die kontinuierliche Teigaufarbeitung von Weizenteigen – wie sie für die industrielle Brötchenherstellung üblich ist – werden die Möglichkeiten für eine beschleunigte Teigreifung voll genutzt.

Die Teige werden fest (TA 152–155) und warm (28°–30 °C) geführt. Die Knetung erfolgt mit großer Intensität in Hochleistungsknetern. Die Teigreife wird bereits zum Zeitpunkt der Beendigung des Knetens erreicht. Eine kurze Teigruhe auf der Wegstrecke zum Teigteiler dient der Teigentspannung.

Teigführungen mit Temperaturen über 30 °C führen schon während des Knetvorgangs zur optimalen Teigreife. Bei der Aufarbeitung sind solche Teige dann schon „alt" und haben entsprechende Gebäckfehler zur Folge.

Teigreifetoleranz

✳ *Teigreifetoleranz ist die Zeitdauer, die ein Teig vom Erreichen der optimalen Teigreife bis zur Aufarbeitung ohne Folgemängel für die Gebäckqualität erdulden kann.*

Die Teigreifetoleranz wird erhöht
– durch die Verarbeitung kleberstarker Mehle,
– durch kühle Teigführung,
– durch geringen Hefeanteil und
– durch emulgatorhaltige Backmittel.

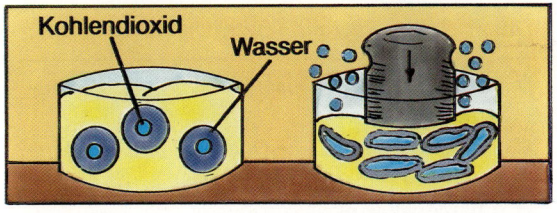

Abb. Nr. 143
Unreifer Teig: Die Porenwände sind sehr feucht. Beim Zusammendrücken ergeben sie wenige, flache Poren.

Abb. Nr. 144
Reifer Teig: Die Porenwände sind nur schwach feucht. Beim Zusammendrücken ergeben sie viele, feine Poren.

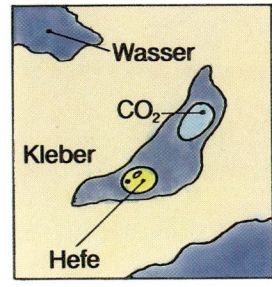

Abb. Nr. 145
Teigverquellung in Abhängigkeit der Teiggärung: Mit zunehmender Porenvergrößerung durch die Gärgasbildung nimmt die Zellwandfeuchte ab.

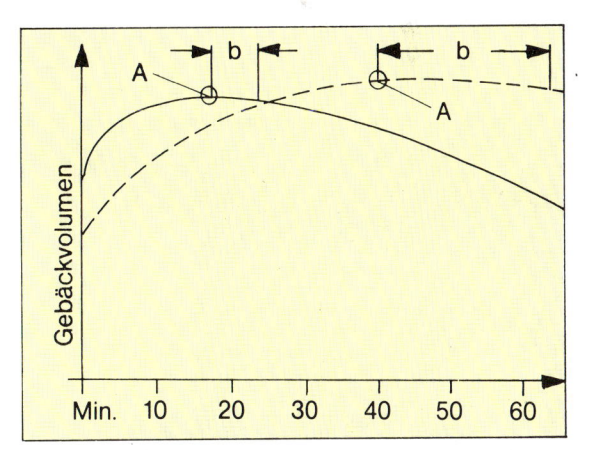

Abb. Nr. 146
Gebäckvolumen in Abhängigkeit von der Teigruhezeit
─────: Kurve für Teig 1
- - - -: Kurve für Teig 2
Der Punkt A kennzeichnet den Zeitpunkt der optimalen Teigreife.
Die Strecke b kennzeichnet die Größe der Teigreifetoleranz.

Unterscheiden Sie die Teige 1 und 2 anhand der zeichnerischen Darstellung!

> *Das Wichtigste über die Teigreifung in Kurzform*
>
> ✻ *Teigreife ist der optimale Zeitpunkt für die Teigaufarbeitung.*
> ✻ *Teigreifung umfaßt die Quellreife und eine Mindestgärleistung der Hefe im Teig.*
> ✻ *Teigreifung wird beschleunigt durch*
>   - *warme Teigführung,*
>   - *feste Teigführung,*
>   - *hohen Hefeanteil,*
>   - *intensives Kneten,*
>   - *Verarbeitung fett- und emulgatorhaltiger Backmittel.*

Abb. Nr. 147
Beim Backen verlieren Backwaren an Gewicht = Backverlust

	Backgewicht	Backverlust
Brötchen	50 g	17–20 %
	45 g	18–20 %
Weißbrot	500 g	14–16 %
	1000 g	11–13 %

Tabelle Nr. 17

Abb. Nr. 148
Beim Auskühlen verlieren Backwaren an Gewicht = Auskühlverlust

Aufarbeitung von Weizenteigen

Welche Maschinen stehen Ihrem Betrieb für die Aufarbeitung von Weizenteigen, Brötchen und Weißbrot zur Verfügung?

Vergleichen Sie die Maschinen mit denen, die in den Betrieben Ihrer Fachkollegen benutzt werden!

Ordnen Sie die Maschinen nach ihrer Funktion!

Das Aufarbeiten von Teigen kann man nach dem Grad des Einsatzes von Teigaufarbeitungsmaschinen einteilen in

– Teigaufarbeitung mit der Hand,
– Teigaufarbeitung mit halbautomatischen Anlagen und
– Teigaufarbeitung mit vollautomatischen Anlagen.

Die vollautomatische Teigaufarbeitung einschließlich der Übergabe gärreifer Teigstücke an einen Durchlaufofen kommt vornehmlich für die Backindustrie in Frage.

Abwiegen

Hat der Weizenteig seine optimale Teigreife erreicht, dann wird er für die Aufarbeitung verwogen.

Um das gewünschte Gewicht des fertigen Gebäcks zu erzielen, muß der Bäcker beim Abwiegen des Teiges
– den Backverlust und
– den Auskühlverlust berücksichtigen.

Der Gewichtsverlust beim Backen, beim Auskühlen und beim Lagern entsteht durch Wasserverdunstung.

Es ist üblich, den Auskühlverlust nicht gesondert, sondern zusammen mit dem Backverlust auszuweisen.

> ✻ *Der praktische Backverlust ist also der Gewichtsverlust beim Backen und Auskühlen.*

Für die Errechnung der Teigeinlage stehen dem Bäcker zur Berücksichtigung des Backverlusts Erfahrungswerte zur Verfügung (Tabelle Nr. 17).

Abb. Nr. 149
Beim Lagern verlieren Backwaren an Gewicht = Lagerverlust

> Hinweis: *Rechtliche Vorschriften über Brotgewichte finden Sie im Kapitel „Gewichtsvorschriften für Weißgebäcke".*

Die Größe des Gewichtsverlusts beim Backen hängt ab
- *von der Gebäckgröße* ▶ *Je größer das Gebäck, desto geringer ist der Backverlust.*
- *vom Lockerungsgrad* ▶ *Je lockerer das Gebäck, desto höher ist der Backverlust.*
- *von der Gebäckform* ▶ *Je höher der Krustenanteil, desto größer ist der Backverlust. Lang geformte Gebäcke (z. B. Baguettes) erleiden einen höheren Backverlust als kompakte Gebäcke.*
- *von der Backzeit* ▶ *Je länger die Backzeit, desto größer ist der Backverlust.*

Abb. Nr. 150
Backverlust in %:
bei Großbroten niedrig

Abb. Nr. 151
Backverlust in %:
bei Kleingebäcken hoch

Sie sollen das Teiggewicht für eine Presse (einen Bruch) Brötchen (30 Stück) errechnen.
Das gebackene Brötchen soll 45 g wiegen. Als Gewichtsverlust beim Backen und Auskühlen sind 18 % anzusetzen.
Lösung: 45 g × 30 Brötchen = 1350 g Backgewicht

Teig	*= 100 %*
− BV	*= 18 %*
Gebäck	*= 82 %*

Also: *82 % Gebäck entspricht 1350 g*
         100 % Teig entspricht ? g

$$82\ \% = 1350\ g$$
$$1\ \% = \frac{1350\ g}{82}$$
$$100\ \% = \frac{1350\ g \cdot 100}{82}$$
$$100\ \% = 1646{,}34\ g$$

abgerundet 1646 g Teig für 1 Presse Brötchen

Abb. Nr. 152
Backverlust in %:
bei kompakten Gebäcken niedrig

Abb. Nr. 153
Backverlust in %:
bei schlanken Gebäcken hoch

Abb. Nr. 154
Backverlust in %:
bei dicht geporter Krume niedrig

Abb. Nr. 155
Backverlust in %:
bei aufgelockerter Krume hoch

Das Abwiegen geschieht mit einer Teigwaage per Hand.
Versuche einer maschinellen Teigverwiegung haben sich als untauglich erwiesen.
Anstelle des Abwiegens wird bei der maschinellen Teigteilung das Volumen des Teiges gemessen. Durch Nachwiegen von Stichproben auf der Waage und entsprechende Korrektur des Meßkolbens wird eine recht hohe Genauigkeit erzielt.
Teigwaagen und Teigteilmaschinen unterliegen nicht der Eichpflicht.
Für Gebäcke allerdings gelten dennoch die bestehenden Gewichtsvorschriften.

Abb. Nr. 156
Methoden des Messens: Gewichtsmessen durch Abwiegen des Teiges (links) und Volumenmessen in einem Hohlmaß durch Einpressen und Abteilen des Teiges (rechts)

Merken Sie sich:
1. *Der Backverlust ist der Gewichtsverlust beim Backen!*
2. *Der Backverlust bezieht sich grundsätzlich auf das Teiggewicht!*
Teiggewicht = 100 %!

Rundwirken

Die abgewogenen bzw. abgeteilten Teigstücke für je eine Presse Brötchen oder für Weißbrot werden mit der Hand oder mit Rundwirkmaschinen zunächst rundgewirkt.

Zwecke des Rundwirkens:
- *Auskneten von Luftlöchern und groben Gärblasen,*
- *Erzielung einer gleichmäßigen Spannung im Teig,*
- *Erzielung einer glatten Teigoberfläche und*
- *Schaffung optimaler Voraussetzungen für eine einwandfreie Weiterformung.*

Abb. Nr. 157
Unbearbeitetes, angegartes Teigstück (links) und rundgewirktes Teigstück im Schnitt (rechts)

Zwischengare

Die rundgewirkten Teiglinge benötigen vor der weiteren Formgebung eine Zwischengare.

❋ *Zwischengare ist der Zeitraum zwischen Rundwirken und dem Beginn weiterer Formgebung.*

Die Zwischengare dient
- der Entspannung des Teiges und
- dem Angaren des Teiges.

Ohne Zwischengare ist eine weitere Formgebung nicht zu empfehlen, weil wegen der starken Teigspannung
- die äußere Teighaut leicht einreißt (Abb. Nr. 158),
- die Teiglinge zur Rückformung neigen,
- der Kraftaufwand unnötig hoch wäre.

Für die weitere Formgebung nach der Zwischengare muß die Teigoberfläche wollig-trocken sein.

Abb. Nr. 158
Aufgerissene Teighaut durch Überbeanspruchung beim Aufarbeiten

Feuchte, klebrige Teigoberflächen, z. B. durch zu hohe Luftfeuchtigkeit, erschweren insbesondere die maschinelle Formgebung und führen zu fehlerhafter Ausbundbildung (Abb. Nr. 159).

Teigoberflächen mit einer spröd-trocknen Teighaut führen durch mangelhafte Verklebung zu Wirk- und Ausbundfehlern (Abb. Nr. 159) und zum Aufplatzen des Wirkschlusses beim Backen.

Abb. Nr. 159
Ausbundfehler bei Brötchen durch zu feuchtes Gärraumklima (links), durch zu trockenes Gärraumklima (rechts) im Vergleich zum fehlerfreien Brötchen (Mitte)

Formgebung

Für Weißgebäcke sind folgende Formgebungen üblich:
- Langwirken von Weißbrot;
- Spezielle Wirk- und Formmethoden für Toastbrot;
- Einschlagen von Brötchen;
- Drücken von Brötchen;
- Stüpfeln von Brötchen;
- Wickeln von Hörnchen;
- Spezielle Legemethoden für Brezeln;
- Spezielle Flechtmethoden für Zöpfe.

Für Brötchen wird der Teig mit der Teigteil- und Wirkmaschine geteilt und rundgewirkt.

Folgende Brötchensorten werden nur rundgewirkt und ohne Zwischengare fertig geformt:

– Hamburger Rundstücke	▸ *ovale Form;*
– Doppelweck	▸ *zwei zusammengesetzte Rundlinge;*
– Zeilen-, Reihensemmel	▸ *in Zeilen zusammengesetzte Rundlinge;*
– Rosenbrötchen	▸ *Rundlinge mit grobem, faltigem Wirkschluß; Wirkteller wird vorher mit Öl eingestrichen;*
– Schnitt-Schrippen	▸ *spitz zulaufende, ovale Brötchen, die nach der Zwischengare geschnitten werden.*

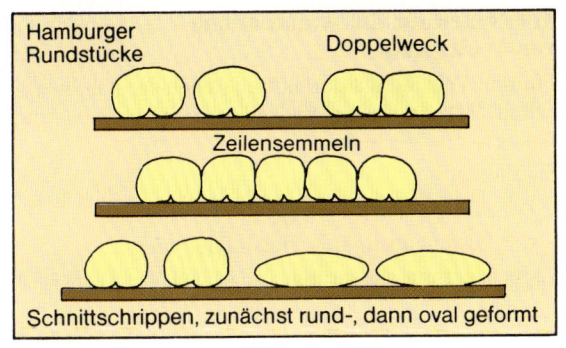

Abb. Nr. 160
Diese Brötchensorten werden ohne Zwischengare aufgearbeitet

Folgende Brötchensorten werden erst nach Einhaltung einer Zwischengare endgültig geformt:	
– Knüppel und eingeschlagene Brötchen (beim maschinellen Einschlagen entfällt die Zwischengare)	▶ Eindrücken der Rundlinge mit dem Handballen und dann mit gestreckter Hand die Teiglinge länglich oder oval rollen. Maschinell: Auswalzen der Teiglinge, auf- und langrollen.
– Gedrückte Brötchen	▶ mit dem Drückholz oder der Drückmaschine; Eindrücken der Rundlinge quer über die Mitte.
– Kaisersemmeln und Sternbrötchen	▶ Rundlinge von Hand oder mit der Stüpfelmaschine formen.

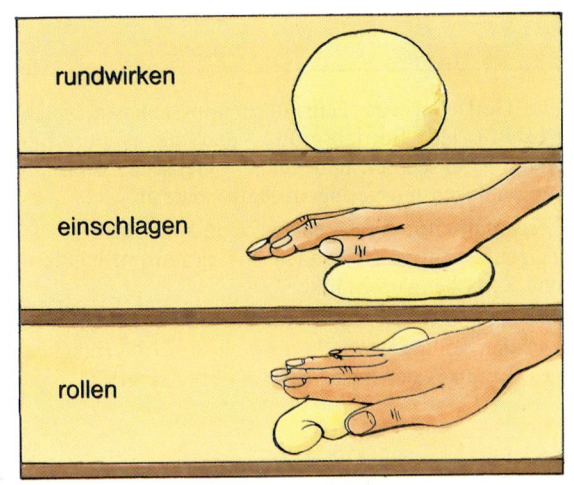

Abb. Nr. 161 Einschlagen von Knüppeln

Für Weißbrot werden die angegarten Rundlinge durch Einschlagen und Rollen langgeformt. Das maschinelle Langformen geschieht durch zunächst flaches Auswalzen der Rundlinge und dann durch Aufrollen der Teigplatte zu einem Teigstrang.

Die Länge der geformten Teiglinge für Weißbrote beträgt:

Brotsorte	Backgewicht	Länge
– freigeschobenes Weißbrot	▶ 500 g	30 cm
	▶ 750 g	ca. 40 cm
	▶ 1000 g	ca. 50 cm
– Kastenweißbrot	▶ 500 g	ca. 25 cm
– Baguettes	▶ 250 g	ca. 40 cm
	▶ 500 g	ca. 75 cm
– Kaviarbrot	▶ 500 g	ca. 60 cm

Toastbrot

Die herkömmlichen handwerklichen Methoden des Formens von Weißbrot eignen sich nur bedingt für Toastbrot. Die übliche Formtechnik kann zu folgenden Nachteilen führen:
– „Taillenbildung" während des Backens und
– unregelmäßig geporte Krume (Abb. Nr. 162).

Abb. Nr. 162 Taillenbildung durch falsche Formtechnik

Abb. Nr. 163
Maschinell aufgearbeitetes Toastbrot: Aufarbeitungsfehler durch zu mehliges Auswalzen und Aufrollen

Four-Pieces-Methode

Der angegarte Rundling wird flach ausgewalzt, zu einem Teigstrang aufgerollt, viergeteilt (vier Teile – four pieces) und dann mit den Schnittflächen zur Längswand in den Backkasten eingelegt (Abb. Nr. 164).

Diese Methode ist vor allem bei der maschinellen Aufarbeitung üblich.

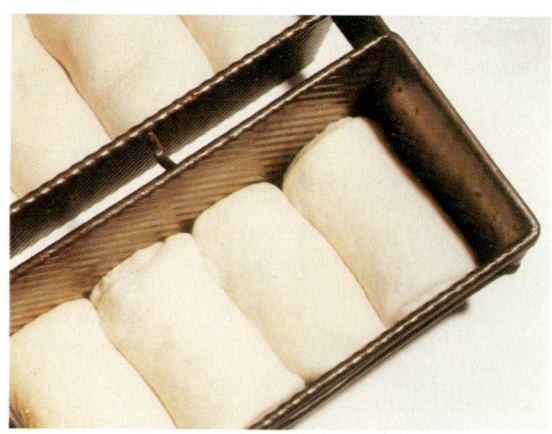

Abb. Nr. 164   Four-Pieces-Methode

Twist-Methode
Der angegarte Rundling wird geteilt und zu zwei Strängen lang gerollt. Die Stränge werden wie Twist miteinander verdreht (Abb. Nr. 165).

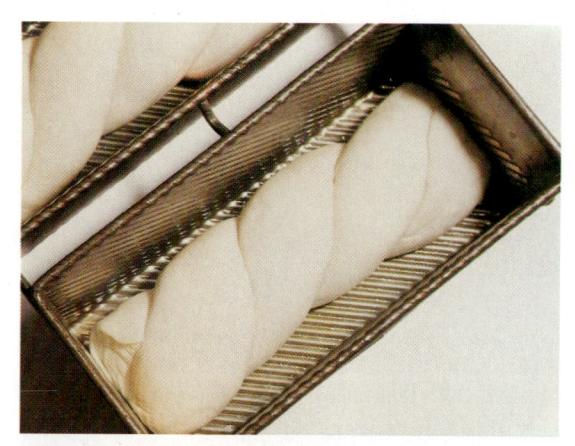

Abb. Nr. 165   Twist-Methode

Klein-Teigling-Methode
Rundlinge – wie sie für Brötchen üblich sind – werden in zwei Fünferreihen in den Backkasten eingelegt und angedrückt (Abb. Nr. 166).

Abb. Nr. 166   Klein-Teigling-Methode

Maschinen für die Aufarbeitung von Weizenteigen

Für die Weizenteigaufarbeitung stehen der handwerklichen Bäckerei eine Vielzahl von Maschinen und Anlagen zur Verfügung.

Sie dienen
- der Arbeitserleichterung,
- der kostengünstigeren Herstellung und
- der Leistungssteigerung.

Für die maschinelle Ausstattung der Bäckerei in der Art, im Umfang und in der Kapazität (Leistungsfähigkeit) sind folgende Gesichtspunkte wichtig:

✳ *Rentabilität*	▶ *Die Kosten für die Anschaffung und den Betrieb der Maschine oder der Anlage müssen durch die kostengünstigere Produktion auffangbar sein.*
✳ *Raum- und Platzbedarf unter Berücksichtigung des Arbeitsablaufs*	▶ *Der Stellplatz der Maschine bzw. Anlage muß einen störungsfreien, fließenden Arbeitsablauf mit kurzen Transportwegen gewährleisten. Für nur stundenweisen Einsatz muß gegebenenfalls eine standortungebundene Maschine eingesetzt werden.*
✳ *Geplante Betriebsentwicklung*	▶ *Beim Kauf von Einzelmaschinen ist die Möglichkeit der Ergänzung zu einer Gesamtanlage zu berücksichtigen.*

Die Hersteller von Teigaufarbeitungsanlagen bieten heute für jede Betriebsgröße – auch für kleinere Betriebe – Maschinen und halbautomatische Aufarbeitungsanlagen mit geringem Platzbedarf an.

Teigaufarbeitungsanlagen sind eine Kombination von Teigaufarbeitungsmaschinen, Teigtransportbändern und Zwischengärschränken.

Die halbautomatischen Anlagen unterscheiden sich von den vollautomatischen durch die Notwendigkeit des Einsatzes der menschlichen Arbeitskraft.

Maschinen für die Aufarbeitung von Weizenkleingebäcken

Auch kleine Bäckereibetriebe verfügen im allgemeinen über eine Teigteil- und Wirkmaschine für die Brötchenaufarbeitung.

Die Teigteil- und Tellerschleifmaschine wird für die handwerkliche Brötchenaufarbeitung eingesetzt (Abb. Nr. 167).

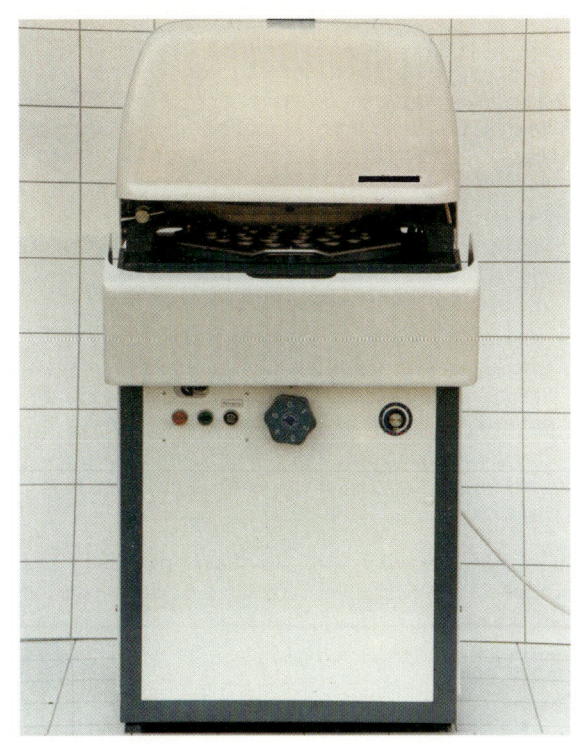

Abb. Nr. 167
Teigteil- und Tellerschleifmaschine (vollautomatisch)

Abb. Nr. 168   Handwerkliche Teigaufarbeitung

Abb. Nr. 169   Halbautomatische Teigaufarbeitung

Abb. Nr. 170   Vollautomatische Teigaufarbeitung

Die 30fache Menge des Teiggewichts eines Brötchens wird als sogenannte Presse abgewogen und rundgewirkt. Nach einer kurzen Zwischengare werden die Teigpressen plattgewalzt und auf den Wirkteller aufgelegt.

Mit der Teigteil- und Tellerschleifmaschine werden die Teigpressen

– zu einer gleichmäßig starken, runden Teigplatte gepreßt,
– in 30 gleichmäßig große Teigstückchen geteilt und rundgewirkt.

Bei halbautomatischen Maschinen erfolgt das Pressen und Teilen mit der menschlichen Kraft, das Rundwirken mit Motorkraft. Die vollautomatischen Maschinen übernehmen alle Funktionen.

Der Teigteil- und Wirkautomat (Teigeingabe ohne Abwiegen) ist die erste Station einer Brötchenaufarbeitungsanlage. Sie wird deshalb auch Kopfmaschine genannt (Abb. Nr. 171).

Sie hat folgende Funktionen:

– Messen und Abteilen von Teigstücken nach Volumen,
– Rundwirken der Teigstücke,
– Ablegen der Rundlinge auf ein Spreizband im Fließbandverfahren.

Zusätzliche Informationen
Für die kontinuierliche Brötchenaufarbeitung eignen sich nur Teigteil- und Wirkmaschinen, die den Brötchenteig im Fließbandverfahren teilen, rundwirken und ablegen.

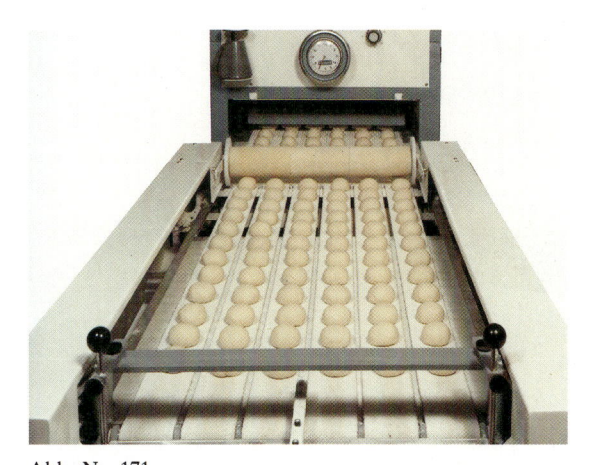

Abb. Nr. 171
Teigteil- und Wirkautomat für die kontinuierliche Brötchenaufarbeitung ohne Abwiegen

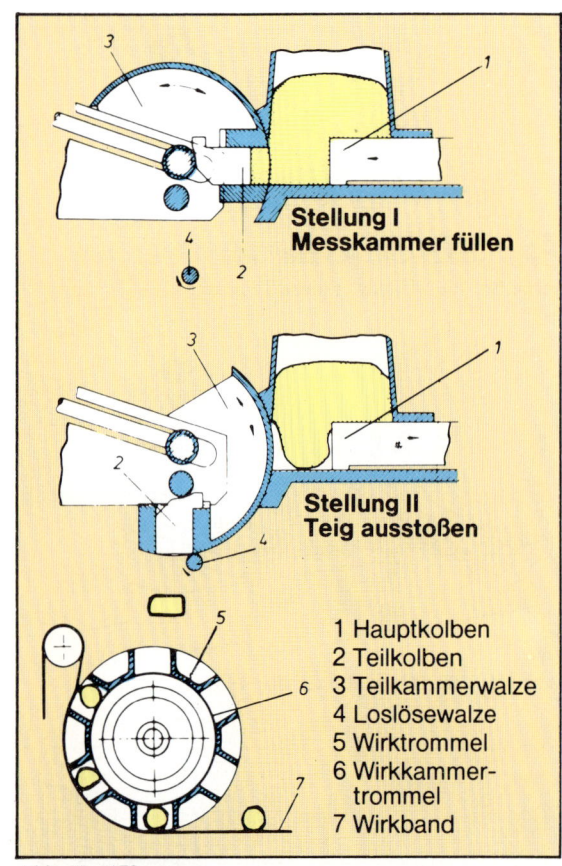

Abb. Nr. 172
Arbeitsprinzip einer automatischen Teigteil- und Wirkmaschine nach dem Kolbenprinzip

Stellung I Messkammer füllen
Stellung II Teig ausstoßen

1 Hauptkolben
2 Teilkolben
3 Teilkammerwalze
4 Loslösewalze
5 Wirktrommel
6 Wirkkammertrommel
7 Wirkband

Für die Teigteilung nach Volumen eignen sich nur leicht angegarte Teige. Die Teige dürfen aber keinesfalls zu jung sein. Teigtemperatur, Teigfestigkeit und Knetintensität müssen so abgestimmt sein, daß die Teige zum Zeitpunkt der Fertigstellung ihre optimale Reife erreicht haben.

Der Teig wird der Kopfmaschine als grober Teigklumpen über eine Trichtereingabe oder als Teigstrang über ein Einlaufband zugeführt. Für den Teilvorgang gibt es unterschiedliche Systeme.

Älteres System ist die Teilung eines flach ausgewalzten Teigbands in zunächst Längsstreifen und dann in Einzelstücke. Die Teilvorrichtung moderner Maschinen erfolgt in der Regel über Meßkolben.

Zur Berichtigung des Teiggewichts kann die Meßeinrichtung der Teilanlage entsprechend nachgestellt werden.

Der Einschlagroller wird für die Formgebung von Knüppeln und Schrippen eingesetzt. Er führt folgende Arbeiten aus:
– Auswalzen der Rundlinge,
– Einschlagen bzw. Überschlagen der Teigfladen,
– Langrollen der Formlinge (Abb. Nr. 173).

Für die maschinelle Formgebung von eingeschlagenen Brötchen ist – im Gegensatz zur Aufarbeitung mit der Hand – keine Zwischengare erforderlich. Es genügt, wenn die Rundlinge vor dem Auswalzen ausreichend entspannt sind. Die Entspannungszeit wird durch die Länge der Spreizbänder (sie führen die Rundlinge dem Einschlagroller zu) bestimmt.

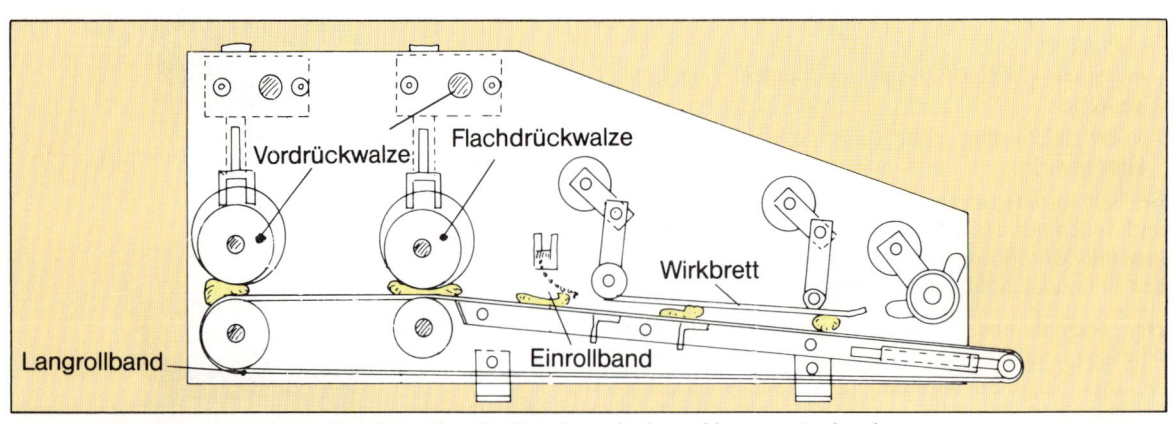

Abb. Nr. 173 Arbeitsprinzip des Einschlagrollers für Brötchen mit eingeschlagenem Ausbund

(Vordrückwalze, Flachdrückwalze, Wirkbrett, Einrollband, Langrollband)

Abb. Nr. 174 Stüpfelautomat (hier: für Kaisersemmeln)

Der Stüpfelautomat ist eine Stanze zur Formgebung von Kaiser- und Sternsemmeln (Abb. Nr. 174). Die Stüpfelköpfe sind auswechselbar. Die Handarbeit beschränkt sich auf das Einlegen und Absetzen der Rundlinge. Durch die Verwendung von Setzkästen, die automatisch durch die Stüpfelmaschine geführt werden und dann in sogenannten Sturzkästen gewendet werden, erreicht man eine hohe Stundenleistung. Voraussetzung für das zufriedenstellende Ausbinden der Stüpfelzeichnung auf der Brötchenoberfläche ist eine reichliche Zwischengare vor dem Stüpfeln.

Halbautomatische Teigaufarbeitungsanlagen für Brötchen

Die bisher für die Teigaufarbeitung beschriebenen Maschinen sind unabhängig von ergänzenden Einrichtungen als Einzelmaschinen in der Bäckerei einsetzbar. Durch die Kombination solcher Maschinen mit Göranlagen und Transportbändern ist die halbautomatische Brötchenherstellung im Fließbandverfahren für fast jede Betriebsgröße möglich.

Maschinen für die Aufarbeitung von Weißbroten

Der Teigteiler für Brotteige ist im Gegensatz zum Teigteiler für Brötchen ohne Wirkeinrichtung. Er ist als Einzelmaschine, aber auch als Kopfmaschine einer Brotaufarbeitungsanlage einsetzbar.

Der Teigteiler teilt den Teig in gleich große Teigstücke. Die Meßkammern für die Stückgröße sind stufenlos für die üblichen Brotgewichte einstellbar. Durch Nachwiegen von Stichproben können Abweichungen von der gewünschten Teigeinlage festgestellt und durch Korrektur der Meßkammergröße weitgehend vermieden werden.

Zusätzliche Informationen

Funktionsprinzip von Teigteilern

Saugteiler: *Der Teig wird aus dem Teigtrichter angesogen, in eine Meßkammer gepreßt und mit einem Drehschieber vom restlichen Teig abgetrennt (Abb. Nr. 175).*

Druckteiler: *Diese Maschine arbeitet mit geschlossenem Teigbehälter. Eine kontinuierliche Teigbeschickung ist deshalb nicht möglich. Da das Fassungsvermögen der Druckkammer für die üblichen Brotteiggrößen ausreicht, ist der Druckteiler (auch wegen seiner Meßgenauigkeit) für Klein- und Mittelbetriebe sehr gut geeignet. Der Teig wird aus der Druckkammer in eine Meßkammer gepreßt und vom übrigen Teig abgetrennt und ausgestoßen (Abb. Nr. 176).*

Kammerteiler: *Der Teig wird über Förderwalzen in seiner natürlichen Fließrichtung durch eine Meßkammer transportiert. Ohne zusätzlichen Preßvorgang wird der die Meßkammer ausfüllende Teig vom übrigen Teig abgetrennt und ausgestoßen. Dieser Teiler ist nur für roggenhaltige Teige mit entsprechendem Fließverhalten geeignet.*

Als **Rundwirker** für Weißbrotteige haben sich der Kegelrundwirker (Abb. Nr. 177) und der Zylinderrundwirker bewährt. Beide Rundwirkmaschinen arbeiten nach dem gleichen Prinzip:

Um einen rotierenden, meist geriffelten Kegel oder Zylinder sind spiralenförmig Wirkronden von unten nach oben steigend angebracht. Die Teigstücke werden an dem geriffelten Kegel bzw. Zylinder drehend zusammengezogen und gespannt. Die Teigführung erfolgt über die Ronden. Vor dem Langformen ist für Weizenteigbrote eine Zwischengare erforderlich.

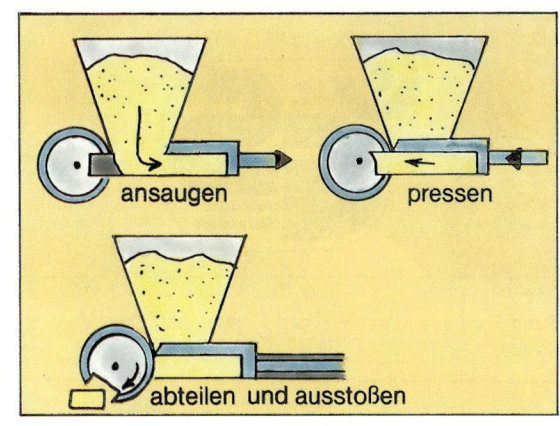

Abb. Nr. 175 Arbeitsprinzip des Saugteilers

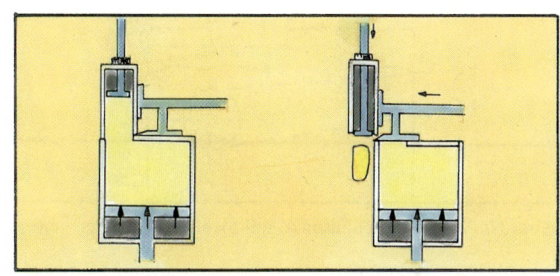

Abb. Nr. 176 Arbeitsprinzip des Druckteilers

Abb. Nr. 177
Kegelrundwirker für Weizen- und Weizenmischteige

In **Langwirkern** für Weißbrotteige werden die Rundstücke zunächst zwischen Walzen zu einem Teigband ausgerollt. Mit einem Einschlagtuch oder einer Gliederkette wird das Teigband eingeschlagen und aufgerollt. Die gewünschte Länge wird bei den meisten Langwirksystemen durch gegenlaufende Bänder oder durch den Druck einer Wirktischplatte erzielt.

Das Funktionsprinzip entspricht dem Einschlagroller für Brötchen (Abb. Nr. 173).

Abb. Nr. 178
Beim Kauf von Maschinen und Geräten auf dieses Zeichen achten!

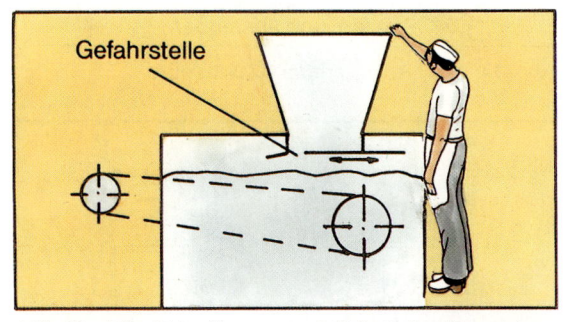

Abb. Nr. 179   Teigteilautomat mit Sicherheitsschutztrichter

Rechtliche Vorschriften:
Bäckereimaschinen dürfen nur dann in Betrieb genommen werden, wenn die Ausführung der Maschine vom Technischen Aufsichtsdienst der Berufsgenossenschaft geprüft und als arbeitssicher anerkannt ist.
Es dürfen andere Maschinen nur benutzt werden, wenn sie den Unfallverhütungsvorschriften entsprechen.

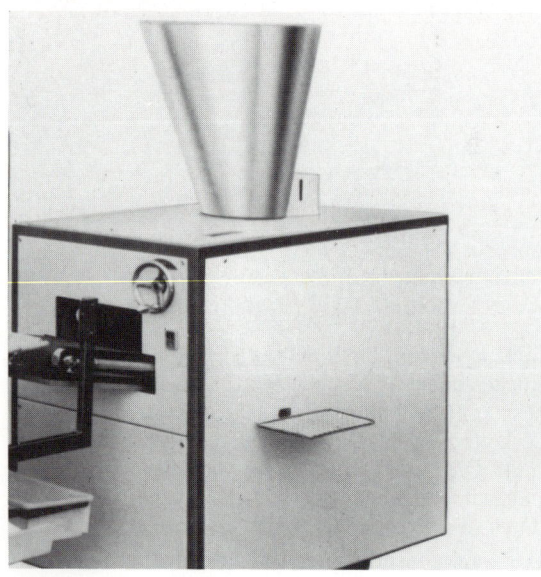

Abb. Nr. 180   Teigteilautomat mit Auftrittabschalter

Gefahren beim Arbeiten mit Teigaufarbeitungsmaschinen

In einer regionalen Tageszeitung ist ein Unfallbericht mit folgender Überschrift erschienen:
Bäcker stürzt vom Bierkasten – Arbeitsunfall?
Was war passiert?
Beim Arbeiten an der Teigteilmaschine mit Trichtereingabe (Teigteilen ohne Abwiegen) benutzte der Bäckergeselle einen leeren Bierkasten als Podest. Er wollte die Teigzuführung im Trichter besser kontrollieren können. Der Trichter ist ohne Benutzung eines Auftritts aber nicht erreichbar.
Beim Sturz vom Bierkasten hat sich der Bäcker einen komplizierten Schlüsselbeinbruch zugezogen.
Was sagen Sie zu diesem Fall?
Beurteilen Sie diesen Unfall!

Trotz Unfallverhütungsvorschriften und Anerkennung der Maschinen als arbeitssicher durch den Technischen Aufsichtsdienst der Berufsgenossenschaft kommt es beim Arbeiten mit Teigaufarbeitungsmaschinen immer wieder zu Unfällen.

Häufigste Unfallursachen sind
– Leichtsinn,
– Bequemlichkeit.

Sicherheitsvorschriften werden nicht eingehalten oder Sicherheitseinrichtungen werden außer Betrieb gesetzt.

Die Gefahren sowie die Vermeidung von Unfällen beim Arbeiten mit Teigaufarbeitungsmaschinen sollen am Beispiel der Teigteilmaschine mit Trichtereingabe deutlich gemacht werden.

Die meisten automatischen Teigteilmaschinen haben für die Teigeinbringung eine trichterförmige Einfüllöffnung. Die Gefahrenstelle bilden die Zubringerflügel, Schnecken und Teilschieber im Eingabetrichter. Beim Erfassen der Hand sind Quetschungen, Knochenbrüche, Ausreißen des Armes oder Abtrennen der Hand die Folge.

Zur Sicherung der Gefahrenstelle muß der Einfülltrichter als **Schutztrichter** ausgebildet sein. Schutztrichter sind so gestaltet, daß die Gefahrenstelle innerhalb des Trichters von einem normal gewachsenen Menschen von seinem Standplatz aus nicht erreichbar ist (Abb. Nr. 179).

Auftritte irgendwelcher Art, ob ordentliche Podeste oder unzulässige Auftritte (wie Bierkästen, Stühle oder Körbe) dürfen an Maschinen mit Schutztrichter während des Betriebs nicht verwendet werden.

Am Teigteilautomat angebrachte Auftrittflächen müssen so ausgeführt sein, daß sie beim Betreten die Maschine stillsetzen (Abb. Nr. 180).

Bei neueren Konstruktionen ist der Teigtrichter nicht mehr auf dem Maschinenkörper aufgesetzt, sondern in die Maschine eingelassen. Bei Teigeinwurf von Hand bedeutet dies eine erhebliche Kraft- und Zeitersparnis. Der Trichtereinwurf ist durch ein Gitter geschützt, das beim Anheben die Maschine ausschaltet.

Damit die Teigteilautomaten bequem zu reinigen sind, müssen die Teilwerkzeuge auf einfache Art und Weise herausnehmbar sein. Schutzverkleidungen müssen mit dem Antrieb der Maschine so verriegelt sein, daß beim Entfernen des Schutzes die Maschine nicht in Gang gesetzt werden kann.

Abb. Nr. 181
Teigteilautomat mit eingelassenem Trichter und Schutzgitter (links); Teigteilautomat mit Schutztrichter (rechts)

✱ Teigaufarbeitungsmaschinen und Arbeitssicherheit

Maschinen:	Gefahren:	Schutz:
Teigteil- und Tellerschleifmaschine	▶ Quetschungen zwischen Preßstempel und Teller	▶ Zweihandeinrückung des Preßvorgangs; mit einer Hand läßt sich die Maschine nicht betätigen
Teigteilautomat mit Trichtereingabe	▶ Quetschungen an Zubringerflügel, Schnecken, Teilschieber	▶ Schutztrichter; bei aufklappbaren Trichtern Verriegelung mit dem Antrieb; Schutzgitter über dem Abteilmesser
Einschlagroller, Hörnchenwickelmaschine	▶ Quetschungen der Finger im Walzeneinzugspalt	▶ Geringer Walzenabstand von höchstens 3 mm
Brötchenstüpfelautomat	▶ Quetschungen zwischen Formstempel und Teigauflage	▶ Schutzgitter; Schutzbügel als Notschalter
Rund- und Langwirker für Brot	▶ Quetschungen der Finger im Walzeneinzugspalt	▶ Langer Einwurfschacht über der Walzeneinzugstelle oder: Drehkreuz im Einwurfschacht oder: Schutzgitter als Notschalter vor der Walzeneinzugstelle
	▶ Quetschungen an Bandauflaufstellen	▶ Abdeckung über der Bandauflaufstelle

Wartung und Pflege von Teigaufarbeitungsmaschinen

Teigaufarbeitungsmaschinen bedürfen der ständigen Pflege und Wartung
- zur Vermeidung von Betriebsstörungen,
- zur Vermeidung unnötiger Reparaturkosten,
- zur Erhöhung der Lebensdauer und
- für die hygienische Backwarenherstellung.

Zu den täglichen Wartungs- und Pflegearbeiten zählen:
▶ Überprüfung des Ölstands für die Gleit- und Schneidvorrichtungen in vollautomatischen Teigteil- und Wirkmaschinen vor jedem Produktionsbeginn.
Zu geringer Ölstand führt zu Betriebsstörungen! Beachten Sie die Betriebsanleitung, ob nach Produktionsende die Teigteil- und Wirkmaschine mit Öl durchzuspülen ist!

Abb. Nr. 182

- Einfüllen von Mehl in den gereinigten Staubapparat.

Zu den wöchentlichen Wartungs- und Pflegearbeiten zählen:

- Überprüfung der Spannung von Keil- und Rundriemen und von Kettenantrieben.

  Bei zu geringer Spannung nach Betriebsanleitung nachspannen!
- Überprüfen der Spannung von Transport- und Abnahmebändern.

  Anleitung zum Nachspannen beachten!
- Gegebenenfalls vorgeschriebene Schmierungen durchführen!

Zu den ¼jährlichen Wartungs- und Pflegearbeiten zählt bei vielen Maschinen der Schmierdienst.

Die Schmierung erfolgt laut Schmierplan (Antriebsketten, Zahnräder, Führungswellen, Spindeln, Arretierzapfen usw.).

Der Ölwechsel im Getriebe erfolgt in der Regel nach 5000 bis 10 000 Betriebsstunden, spätestens aber nach einer Frist, die zwischen 1 und 3 Jahren liegt.

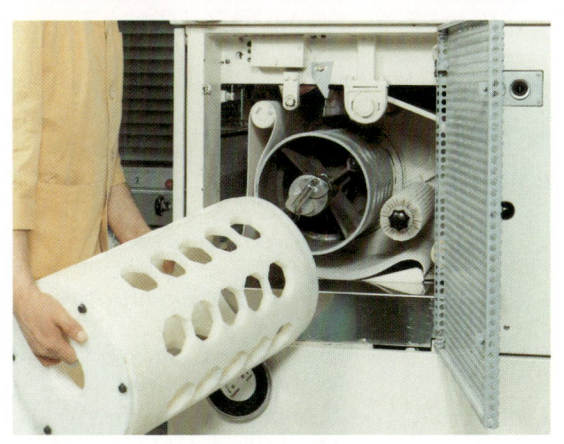

Abb. Nr. 183
Ausbau der Wirkkammertrommel einer automatischen Teigteil- und Wirkmaschine

Abb. Nr. 184
Ausbau der Meßkolben einer automatischen Teigteil- und Wirkmaschine

Achtung!
Für alle Teile der Maschinen, die mit Lebensmitteln (Teig, Mehl) in Berührung kommen, darf zum Ölen nur lebensmittelrechtlich zugelassenes Öl (wie Speiseöl) verwendet werden.

Aber: Verwenden Sie niemals einfach Speiseöl! Übliches Speiseöl verharzt und führt zu Betriebsstörungen. Nur harzfreies Spezialöl verwenden!

✻ *Für Antriebsketten, Zahnräder usw. verwenden Sie nur die vom Hersteller empfohlenen Schmierstoffe!*

Beachten Sie die DIN-Bezeichnungen!

Die Reinigung von Teigaufarbeitungsmaschinen soll am Beispiel automatischer Teigteil- und Wirkmaschinen aufgezeigt werden.

Die Maschinen sind täglich und nach jeder größeren Arbeitspause zu reinigen. Ein Nichtbeachten führt zu Teigverhärtung und so zu Betriebsstörungen.

Und so werden automatische Teigteil- und Wirkmaschinen gereinigt:

- *Teigtrichter reinigen! Festhaftende Teigreste mit einem Kunststoffspachtel beseitigen!*
- *Hauptkolben, Meßkolben, Teilkolben und Wirktrommel des Meß-, Teil- und Wirksystems ausbauen und in lauwarmem Wasser reinigen!*
- *Metall- und Kunststoffteile im Inneren der Maschine mit einem Kunststoffspachtel reinigen!*
- *Staubapparat reinigen! Altes Mehl entfernen! Zur Vermeidung der Klumpenbildung Mehl erst wieder bei Produktionsbeginn auffüllen!*
- *Abnahme-, Transport- und Wirkbänder mit einer weichen Bürste reinigen!*
- *Ölauffangwanne und Reinigungsschubladen entleeren und reinigen!*
- *Das äußere Gehäuse feucht abwischen! Festhaftende Teigreste mit einem Kunststoffspachtel beseitigen!*

Achtung!
Wichtige Hinweise für Reinigungsarbeiten am Teigteil- und Wirkautomat:
- *Die Reinigung erfolgt stets von oben nach unten!*
- *Der Innenbereich der Maschine darf nie mit Wasser ausgewaschen werden!*
- *Die Reinigung von Abnahme- und Transportbändern darf in keinem Fall mit Metallschaber, Drahtbürste oder anderen harten Gegenständen vorgenommen werden!*

Das Wichtigste über die Aufarbeitung von Weizenteigen in Kurzform

* *Die Größe der Teigeinlage für Weißgebäcke ist abhängig vom gewünschten Gebäckgewicht unter Berücksichtigung des wahrscheinlichen Backverlusts.*
* *Das Abmessen der Teigstücke für Weißgebäcke geschieht*
  - *durch Abwiegen oder*
  - *durch Volumenmessung in Teigteilmaschinen.*
* *Zwischengare ist der Zeitraum der Teigentspannung zwischen Rundwirken und weiterer Formgebung.*
* *Übliche Maschinen für die Weizenteigaufarbeitung sind*
  - *die Teigteil-/Tellerschleifmaschine,*
  - *die Teigteilmaschine mit Trichtereingabe,*
  - *die Wirkmaschinen zum Rund- und Langwirken,*
  - *der Einschlagroller (z. B. für Schrippen),*
  - *der Stüpfelautomat (z. B. für Kaisersemmeln).*
* *Beim Arbeiten mit Teigaufarbeitungsmaschinen sind insbesondere zu beachten:*
  - *die Hygiene,*
  - *die Unfallverhütungsvorschriften.*

Die Stückgare

* *Die Stückgare ist die Gärzeit der aufgearbeiteten Teigstücke bis zum Backbeginn.*

Zweck der Stückgare ist die Erzielung einer guten Teigauflockerung.

Während der Stückgare laufen die Reifungsvorgänge im Teig weiter ab:

– *Die Verquellung der Mehlbestandteile schreitet fort.*	▶ *Der Teig wird trockener und bekommt mehr „Stand".*
– *Die Vergärung der Zuckerstoffe im Teig hält an.*	▶ *Der Gasanteil im Teig nimmt zu; die Teigporen vergrößern sich; die Porenwandungen werden dünner ausgezogen.*
– *Der Abbau der Mehlbestandteile durch Mehl- und Hefeenzyme hält an.*	▶ *Der Anteil aromabildender Stoffe steigt im Teig; der Kleber beginnt etwas von seiner Elastizität einzubüßen.*

Die Geschwindigkeit der Stückgare kann vom Bäcker beeinflußt werden.

Folgende Maßnahmen beschleunigen die Stückgare:
▶ hoher Hefeanteil,
▶ weiche Teigführung,
▶ warme Teigführung,
▶ Verarbeitung zucker- oder enzymhaltiger Backmittel,
▶ optimale Teigreife,
▶ warme Gärraumtemperatur bei angemessener Luftfeuchtigkeit.

Gärreife

Die Stückgare wird abgebrochen, wenn die Teigstücke die gewünschte Gärreife (= Ofenreife) erlangt haben.

* *Optimale Gärreife ist der Lockerungsgrad der Teigstücke, der zur Erzielung der gewünschten Gebäckqualität führt.*

Das Überschreiten der Gärreife führt zu Gebäckfehlern. Ursachen für die Fehler sind:
– Das Klebernetz wird durch zu viel Gärgase aufgetrieben; dabei wird der Kleber überdehnt.
– Die Porenwände reißen und die Poren fallen zusammen.
– Die feinen Poren werden zerstört und es bilden sich dickwandige Großporen.
– Die Gärgase treten aus dem Teiggefüge aus.

Abb. Nr. 185
Porenbild bei optimaler Gärreife (links) und Übergare (rechts)

Beurteilen Sie die Porengröße und die Stärke der Porenwände!

Zum Nachdenken: Mit Backpulver gelockerte Teige und Massen werden ohne Stehzeit nach dem Formen bzw. Verfüllen in Formen abgebacken. Der Lockerungsprozeß vollzieht sich während des Backvorgangs.
Aufgearbeitete Hefeteige läßt man vor dem Backen erst aufgehen.
Warum eigentlich?

Zur Feststellung der Gärreife gibt es noch kein brauchbares Meßinstrument. Der Bäcker muß sich ganz auf seine Erfahrung verlassen. Er beurteilt die Gärreife an typischen Merkmalen wie
- am Aussehen der Teigoberfläche,
- an der Formveränderung der Teigstücke,
- am Volumen und
- am Widerstand des Teiges beim Abtasten.

Falsche Beurteilung der Gärreife hat Gebäckfehler zur Folge.

Gebäckfehler	
durch Untergare (knappe Gare)	durch Übergare
• rundgezogene Form bei freigeschobenen Broten	• flache Form bei freigeschobenen Broten
• Aufbrechen der Kruste	• borkige Kruste mit schwach-rissiger Zeichnung
• dunkel gebräunte Kruste	• matt gebräunte Kruste
• dichte Porung	• grobe, dickwandige Porung

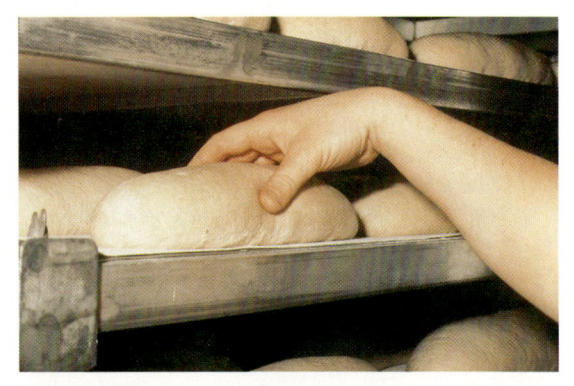

Abb. Nr. 186
Kontrollgriff zur Überprüfung der Gärreife

Abb. Nr. 187
Brötchen mit Untergare gebacken

Abb. Nr. 188
Brötchen mit Übergare gebacken

Die optimale Gärreife ist für jede Gebäckart gesondert festzulegen. Während für Ausbundbrötchen etwa ¾-Gare als optimale Gärreife anzusehen ist, gilt für Rundstücke (Brötchen mit glatter Oberfläche) erst die Vollgare als optimale Gärreife.

Gärstabilität

Weizenteige haben ein unterschiedlich hohes Gashaltevermögen.

Von der Gesamtgasmenge, die die Hefe im Teig produziert, tritt – je nach Gashaltevermögen – ein Teil der Gasmenge aus dem Teiggefüge aus und geht verloren.

So weisen Teige aus Mehlen unterschiedlicher Qualität bei gleichen Herstellungsbedingungen und gleich großer Gasentwicklung ein unterschiedlich großes Teigvolumen auf. Entsprechend unterschiedlich fällt auch das Gebäckvolumen aus.

Also: *Teige mit geringem Gashaltevermögen haben eine geringe Gärstabilität. Teige mit hohem Gashaltevermögen haben eine hohe Gärstabilität.*

✱ *Gärstabilität ist das Gashaltevermögen von Teigen im Verhältnis zur Gasentwicklung.*

Gärtoleranz

Im Betriebsablauf einer Bäckerei kann es passieren, daß das Einschieben der gärreifen Teigstücke verzögert werden muß, weil z. B. der Ofen noch nicht frei ist.

In einem Fall hat das Überschreiten der Gärreife Gebäckfehler zur Folge. Im anderen Fall ist die Gebäckqualität erstaunlicherweise nicht beeinträchtigt.

Gärreife Teige sind unterschiedlich empfindlich
- gegen Zunahme des inneren Gasdrucks (der Gärgase),
- gegen äußere Beanspruchung, wie Um- und Absetzen der Teigstücke.

Teige, die längere Zeit Übergare ohne Qualitätsmängel für das Gebäck erdulden können, sind gärtolerant (Toleranz = Duldsamkeit).

✱ *Gärtoleranz ist die Unempfindlichkeit von Teigen gegen Überschreiten der Gärreife.*

Die Größe der Gärtoleranz ist die Zeit, die ein Teig nach Erreichen der Gärreife noch weiter reifen kann, ohne daß es dadurch zu einem kleineren Gebäckvolumen kommt.

Die Gärtoleranz von Weizenteigen ist wie die Gärstabilität entscheidend durch die Mehlqualität festgelegt. Maßnahmen, die zur Verbesserung der Gärstabilität beitragen, dienen auch immer der Erhöhung der Gärtoleranz.

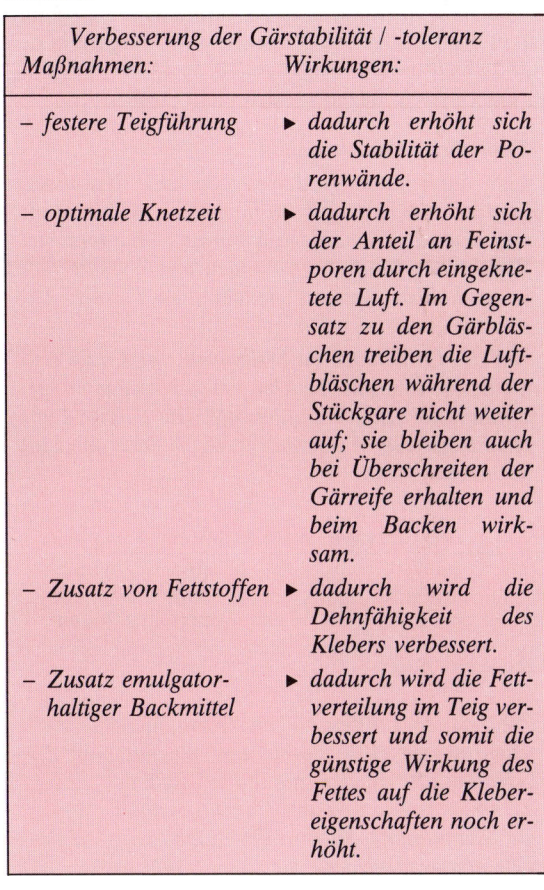

Verbesserung der Gärstabilität / -toleranz	
Maßnahmen:	Wirkungen:
– festere Teigführung	▶ dadurch erhöht sich die Stabilität der Porenwände.
– optimale Knetzeit	▶ dadurch erhöht sich der Anteil an Feinstporen durch eingeknetete Luft. Im Gegensatz zu den Gärbläschen treiben die Luftbläschen während der Stückgare nicht weiter auf; sie bleiben auch bei Überschreiten der Gärreife erhalten und beim Backen wirksam.
– Zusatz von Fettstoffen	▶ dadurch wird die Dehnfähigkeit des Klebers verbessert.
– Zusatz emulgatorhaltiger Backmittel	▶ dadurch wird die Fettverteilung im Teig verbessert und somit die günstige Wirkung des Fettes auf die Klebereigenschaften noch erhöht.

Gärraumklima

Stellt der Bäcker die Gärdielen mit den aufgearbeiteten Teiglingen irgendwo in der Backstube ab, dann ist die Stückgare vielen Zufälligkeiten unterworfen:

▶ Die Backstubentemperatur schwankt und ist für den Gärvorgang in der Regel zu niedrig.
▶ Die Luftfeuchtigkeit schwankt und ist meist zu gering.

Die Folgen sind Stückgaremängel, die zu Gebäckfehlern führen können:

▶ Die Teiglinge kühlen aus und werden möglicherweise mit Untergare geschoben. Die Gebäcke bleiben klein und kompakt. Die Krumenporung ist dicht.
▶ Die Teiglinge bilden eine Haut. Dadurch wird die Gebäckkruste blaß, stumpf und dick. Das Gebäckvolumen fällt kleiner aus.

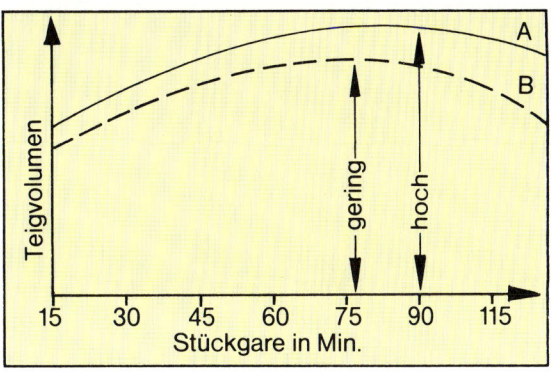

Abb. Nr. 189
Darstellung der Gärstabilität von zwei Teigen

Erläutern Sie den Kurvenverlauf der Teige A und B!

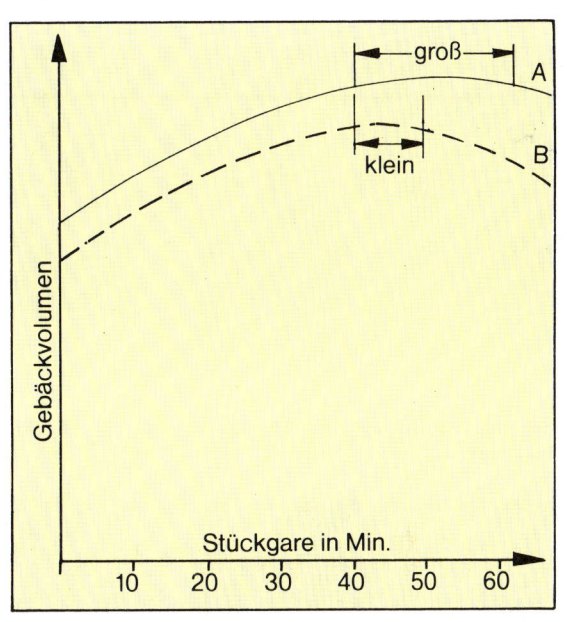

Abb. Nr. 190
Darstellung der Gärtoleranz von zwei Weizenteigen

Erläutern Sie die Kurven für die Teige A und B!

Hinweis: *Vergleichen Sie die Gärtoleranz mit der Knettoleranz und der Teigreifetoleranz! Stellen Sie die Gemeinsamkeiten fest!*

Verzichtet der Bäcker auf das Einbringen der Teiglinge in einen speziellen Gärraum, sollten die Teiglinge mit einem Tuch abgedeckt werden. Auskühlung und Hautbildung werden so wirksam verzögert.

Für einen reibungslosen Betriebsablauf und die fehlerfreie Gebäckherstellung ist der Einsatz von Gärschränken oder Göranlagen unverzichtbar. Voraussetzung für eine fehlerfreie, zügige Entwicklung der Stückgare ist ein in der Temperatur und in der Luftfeuchtigkeit abgestimmtes Gärraumklima.

Abb. Nr. 191
Krustenmängel bei Kastenweißbrot durch zugige, trockene Stückgare

Abb. Nr. 192
Schorfiger, aufgeklappter Ausbund durch zu trockene Zwischengare

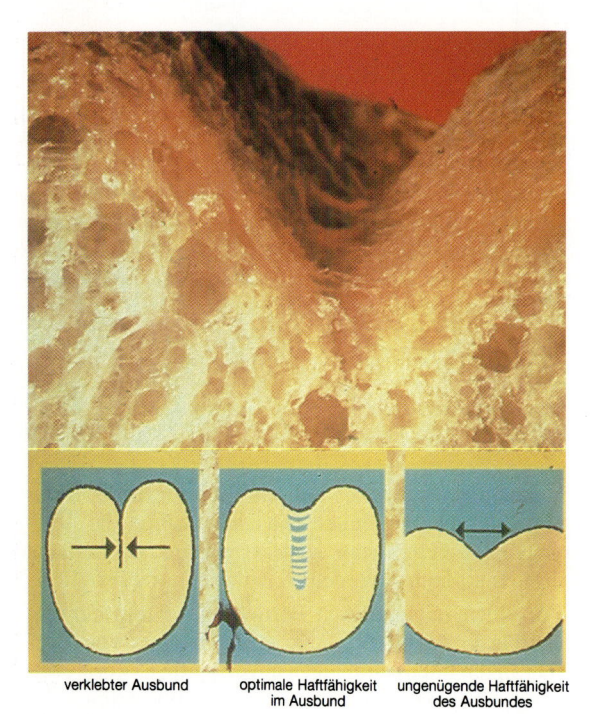

Abb. Nr. 193
verklebter Ausbund — optimale Haftfähigkeit im Ausbund — ungenügende Haftfähigkeit des Ausbundes
Einfluß der Gärraumfeuchte auf die Ausbundentwicklung

Werte für das Gärraumklima	
Temperatur	relative Luftfeuchte
bei 30 °C →	ca. 80 %
bei 35 °C →	ca. 70 %
bei 40 °C →	ca. 60 %

Tabelle Nr. 18

Die Gärraumtemperatur für Brötchen sollte nicht höher als 40 °C, für Weißbrot nicht höher als 35 °C sein. Hohe Temperaturunterschiede zwischen Teiglingen und Gärraum sind zu vermeiden. Sie führen schon nach kurzer Stückgarezeit zur Übergare in den Randschichten der Teiglinge. Im Kern der Teiglinge ist die Gärreife dagegen noch nicht erreicht.

Zusätzliche Informationen

Luft kann je nach Temperatur eine bestimmte Menge Wasserdampf aufnehmen. Kühle Luft nimmt wenig Wasserdampf, warme Luft nimmt viel Wasserdampf auf. Luft mit gleichem Wassergehalt ist im kühlen Zustand „feucht", im warmen Zustand dagegen „trocken".

Um die Luftfeuchte zu bestimmen, mißt man also nicht die absolute Feuchte (Wassermenge in g), sondern die relative Luftfeuchte. Die relative Luftfeuchte ist die Wassermenge in %, die die Luft aufnehmen kann.

$1\ m^3$ Luft kann im Höchstfall aufnehmen:	
bei 20 °C →	etwa 17 g Wasser
bei 30 °C →	etwa 30 g Wasser
bei 35 °C →	etwa 40 g Wasser

Tabelle Nr. 19

Die relative Luftfeuchte im Gärraum sollte zwischen 60 und 80 % liegen. Der Wasserdampf der Gärraumluft schlägt sich auf den Teiglingen nieder. Er kondensiert, weil die Teiglinge kühler sind als die Gärraumluft. So wird die Hautbildung auf den Teiglingen vermieden.

Abb. Nr. 194
Einlauf von Brötchen-Rundlingen in den Gärschrank einer Brötchenanlage

Je kühler die Teiglinge in den Gärraum eingebracht werden, desto geringer muß die Anfangsluftfeuchte sein. Anderenfalls wird die Teighaut zu feucht und die Teiglinge kleben beim Um- und Absetzen.

Moderne Gäranlagen sind mit automatisch arbeitenden Steuergeräten für die Einhaltung des vorgewählten Temperaturverlaufs unter Berücksichtigung der entsprechenden Luftfeuchte ausgestattet.

Das Wichtigste über die Stückgare in Kurzform

✼ *Die Stückgare ist die Gärzeit der aufgearbeiteten Teiglinge bis zum Backbeginn.*
 Die Stückgare wird beschleunigt durch
 – *höheren Hefeanteil im Teig,*
 – *weiche Teigführung,*
 – *warme Teigführung,*
 – *zucker- und enzymreiche Backmittel,*
 – *warm-feuchtes Gärraumklima.*

✼ *Gärreife (Ofenreife) ist der günstigste Lockerungsgrad der aufgearbeiteten Teiglinge für den Backbeginn, um die gewünschten Gebäckeigenschaften zu erzielen.*

✼ *Gärstabilität ist das Gashaltevermögen von Teigen im Verhältnis zur Gasentwicklung.*

✼ *Gärtoleranz ist die Unempfindlichkeit aufgearbeiteter Teiglinge gegen Überschreiten der optimalen Gärreife.*
 Gärstabilität und Gärtoleranz werden begünstigt durch
 – *festere Teigführung,*
 – *optimale Knetzeit,*
 – *Zusatz von Speisefett,*
 – *Zusatz von Emulgatoren.*

✼ *Unter- und Übergare bei Backbeginn führen zu Gebäckfehlern.*

Gärverzögern – Gärunterbrechen

Brötchen und andere Weißgebäcke verlieren sehr schnell ihre spezifischen Frischemerkmale. Der Kunde bevorzugt Bäckereien, die ihm jederzeit ofenfrische Brötchen anbieten.

Mit den üblichen Produktionsverfahren kann dieser Wunsch nicht im vollen Umfang erfüllt werden.

Der Bäcker hat heute die Möglichkeit, durch Gärverzögern und Gärunterbrechen der geformten Teigstücke (aber auch durch Frosten der fertigen Backwaren) während und außerhalb der üblichen Produktionszeit dem Kunden jederzeit frische Brötchen anzubieten.

Durch Gärverzögern und Gärunterbrechen kann der Bäcker Brötchen ofenfertig auf Vorrat herstellen.

Gärverzögern

✼ ***Gärverzögern** ist die Verlangsamung der Stückgare bis fast zum Stillstand bei Temperaturen zwischen +8 °C und −5 °C ohne Gefrieren des Teiges.*

Die Gärgeschwindigkeit der Hefe, der Mehlabbau durch Enzyme und die Verquellung der Mehlbestandteile werden zwar verzögert, aber nicht unterbrochen. Dadurch ist die Dauer der Teiglingslagerung beschränkt.

Gärverzögern ist bis zu 5 Stunden fast ohne Mängel und bis zu 24 Stunden mit geringen Mängeln für die Gebäckqualität möglich. Längeres Gärverzögern hat erhebliche Qualitätsmängel zur Folge.

Für das Gärverzögern bei der Herstellung von Weißgebäck sollten zur Vermeidung von Gebäckfehlern folgende Punkte beachtet werden:

▶ *Teige etwas fester führen!*
▶ *Auf enzym- und lezithinhaltige Backmittel verzichten!*
▶ *Teige ohne Ruhezeit bzw. schon nach kurzer Ruhezeit aufarbeiten!*
▶ *Teiglinge unmittelbar nach dem Aufarbeiten kühlen!*
▶ *Beim Kühlen und Lagern für ausreichende Luftfeuchtigkeit sorgen!*

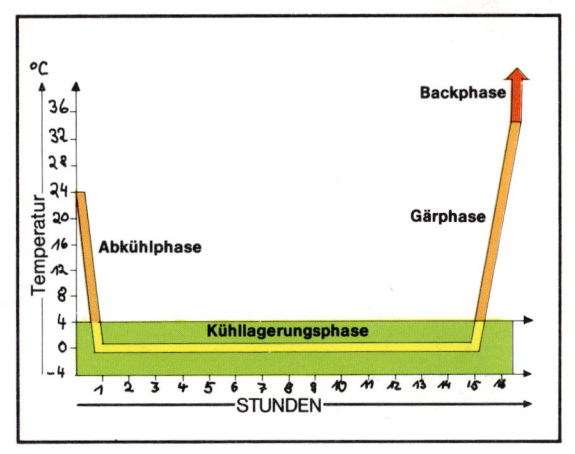

Abb. Nr. 195 Temperaturverlauf beim Gärverzögern

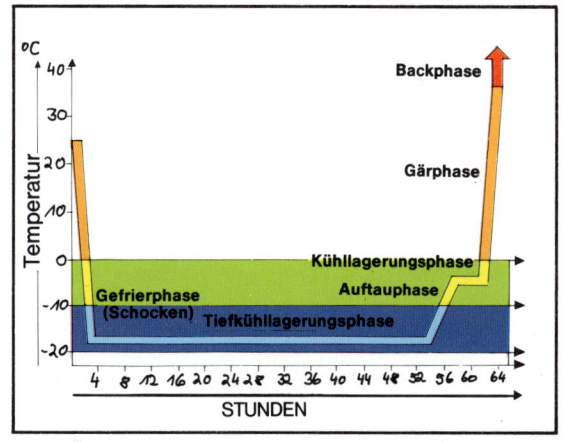

Abb. Nr. 196
Temperaturverlauf beim Gärunterbrechen und Wiederauftauen

Zum Nachdenken: Beim Gärverzögern wird die Teigtemperatur (auch unter den Gefrierpunkt des Wassers) auf −5 °C gesenkt. Weshalb gefrieren die Teiglinge nicht bei dieser niedrigen Temperatur?

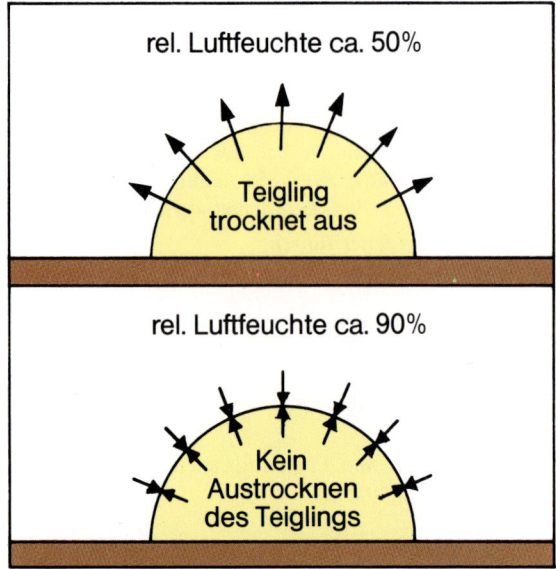

Abb. Nr. 197
Beim Gärverzögern und Gärunterbrechen für ausreichende Luftfeuchtigkeit sorgen!

Erläutern Sie die Darstellung!

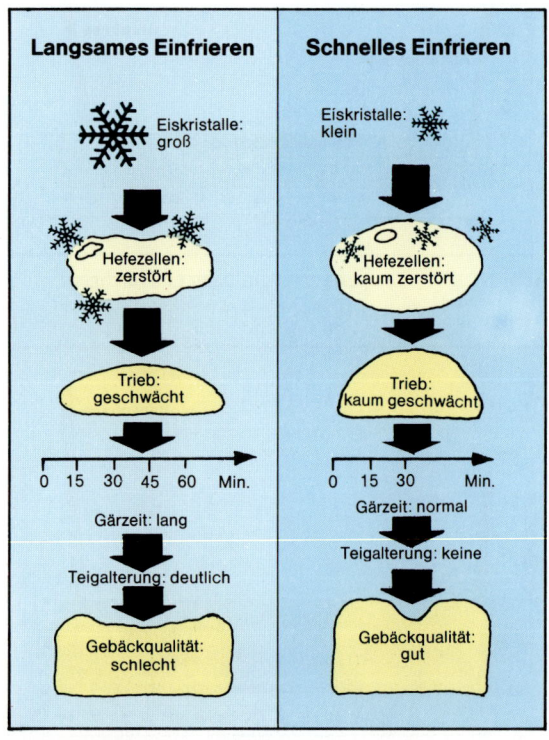

Abb. Nr. 198
Einfluß der Gefriergeschwindigkeit auf Teig und Gebäck

Erläutern Sie die Darstellung!

Gärunterbrechen

✣ **Gärunterbrechen** *ist der Stillstand aller Reifungsvorgänge – also auch der Gärung – in den Teigstücken durch Gefrieren bei Temperaturen zwischen −7 °C und −18 °C.*

Üblich sind Vorkühltemperaturen zwischen −15 °C und −18 °C. Die Lagertemperatur wird auf −7 °C bis −10 °C eingestellt.

Die Lagerdauer kann ohne größere Qualitätseinbußen bis zu 24 Stunden betragen.

Längere, durchaus übliche Lagerzeiten zwischen 48 und 72 Stunden haben deutliche Qualitätsmängel bei Weißgebäcken zur Folge.

Vollautomatische Gärunterbrecher funktionieren nach dem gleichen Prinzip wie Gärverzögerer (vgl. Abb. Nr. 199).

Der Unterschied besteht lediglich in der größeren Temperaturabsenkung.

Das Absinken der Temperatur in Brötchenteiglingen von +25 °C auf −15 °C beträgt bis zu drei Stunden. Eine schnellere Absenkung wirkt sich günstig auf die Gebäckqualität aus. Das Wiedererwärmen von −10 °C auf +25 °C im Kern der Teiglinge dauert auch etwa drei Stunden. Schnellere Erwärmung führt zu Fehlern in der Stückgare. Der Teigkern ist dann noch fast gefroren, während die Außenzone bereits gärreif ist.

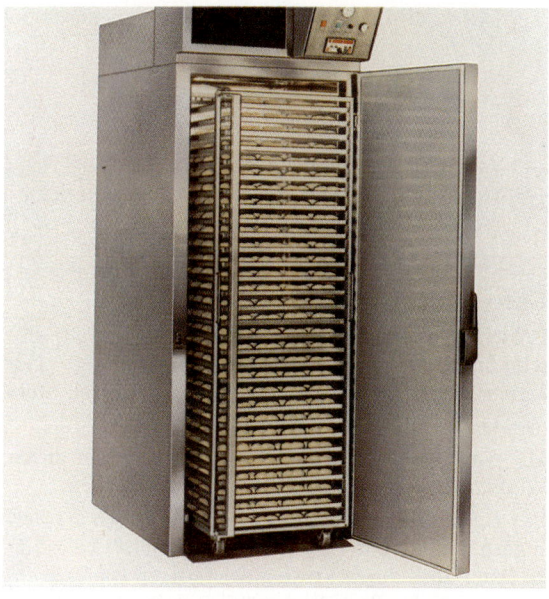

Abb. Nr. 199 Vollautomatischer Gärunterbrecher

Vor- und Nachteile von Gärverzögern und Gärunterbrechen

Gärverzögern und Gärunterbrechen unterscheiden sich
– in der Größe der abgesenkten Temperatur,
– in der Dauer der Lagerfähigkeit der Teiglinge,
– im Energieverbrauch.

Wer aufgearbeitete Brötchen über einen längeren Zeitraum (mehr als 5 Stunden) vorrätig halten will, der sollte anstelle des Gärverzögerns das Gärunterbrechen anwenden.

✱ Gärverzögern / Gärunterbrechen	
Vorteile:	Nachteile:
• Jederzeit ofenfrische Brötchen	• Kleineres Gebäckvolumen
• Bessere Backofennutzung	• Etwas schmalerer Ausbund
• Abbau von Produktionsspitzen	• Etwas ungleichmäßig gebräunte Kruste
• Ausdrucksvollerer Geschmack	• Bildung von Krustenbläschen (durch zu hohe Luftfeuchtigkeit während der Erwärmungsphase)
• Bessere Frischhaltung (bei Weißbrot)	• Etwas grobporige Krume
	• Höhere Kosten (die durch die rationellere Produktion auffangbar sind)

Abb. Nr. 200   Beschickung eines Gärunterbrechers

Das Wichtigste über Gärverzögerung und Gärunterbrechung in Kurzform

✱ *Gärverzögern ist die Verlangsamung der Stückgare durch Temperatursenkung ohne Gefrieren des Teiges.*

✱ *Gärunterbrechen ist der Stillstand aller Reifungsvorgänge durch Gefrieren des Teiges.*

✱ *Gärverzögern ist ohne deutliche Qualitätsverluste bis zu 5 Stunden, Gärunterbrechen bis zu 24 Stunden möglich.*

Backen von Weißgebäcken

Backverfahren und Vorgänge beim Backen sind grundlegend in den Kapiteln „Backvorgang" und „Backverlauf" am Beispiel „Brot" erläutert und begründet.

Hier sind abweichende, nur für Weißgebäcke typische Verfahren und Vorgänge beim Backen dargestellt.

Vorbereiten der Teiglinge zum Abbacken

Die Vorbereitung der Teiglinge für die Ofenbeschickung beginnt, wenn der Bäcker die gewünschte Gärreife (= Ofenreife) festgestellt hat.

Für Weißgebäcke mit kräftigem Ausbund liegt der Zeitpunkt der optimalen Gärreife vor dem Erreichen der Vollgare. Das trifft für fast alle Weißbrot- und Weizenkleingebäcksorten zu. Sie werden mit ¾-Gare abgebacken.

Vollgarige Teigstücke haben beim Backen einen zu geringen Volumenzuwachs im Verhältnis zur äußeren Teigfläche. Einschnitte oder im Teigstück eingebrachte Faltungen können somit nicht genügend ausbinden.

Teiglinge für Gebäcke ohne Ausbund (zum Beispiel Hamburger Rundstücke) werden vollgarig geschoben.

Hinweis: *Grundlagen über das Backen erfahren Sie in den Kapiteln „Backvorgang" und „Backverlauf"!*

Abb. Nr. 201   Schneiden von freigeschobenem Weißbrot

Die Vorbereitung der Teiglinge zum Abbacken umfaßt
- *das Umsetzen bzw. Wenden der Teiglinge für die Beschickung und*
- *das Herrichten der Teigoberflächen.*

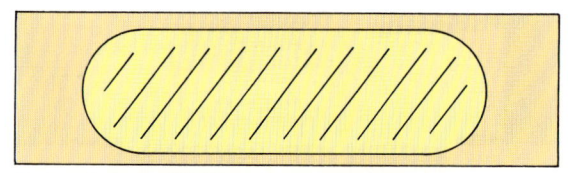

Die Teigstücke für Weißbrot werden entsprechend ihrer Art in der Oberfläche eingeschnitten. Die Schnitte sind um so tiefer zu führen,
- je geringer die Anzahl der Schnitte ist,
- je knapper die Gare ist.

Freigeschobene Weißbrote werden je nach Gewicht 6- bis 9mal gleichmäßig schräg in der Oberfläche eingeschnitten.

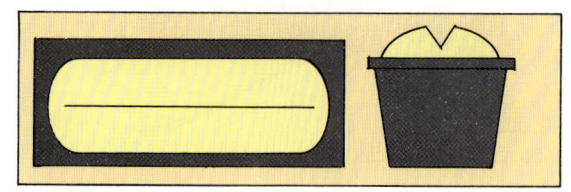

Kastenweißbrote erhalten einen tiefen Längsschnitt in der Mitte der Oberfläche.

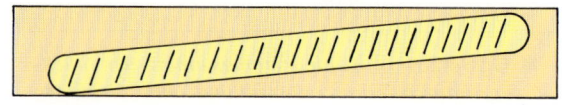

Kaviarstangen erhalten eine Vielzahl gleichmäßiger Schrägschnitte.

Baguettes werden mit 3–4 langgezogenen, geschwungenen, versetzt angebrachten Schrägschnitten versehen.

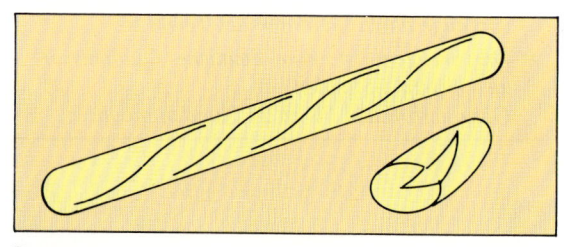

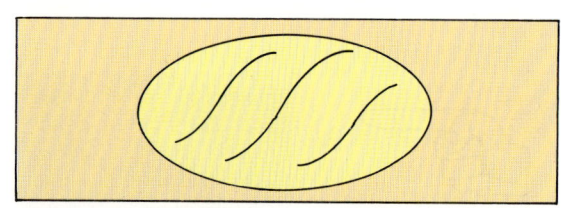

Französische Weißbrote erhalten 3 geschwungene, fast parallel laufende Schrägschnitte.
Hier ist, wie für Baguettes, die Messerklinge flach zu führen. Dadurch erhöht sich der Krustenanteil.

Weißbrote ohne Ausbund werden zur Vermeidung von Gärblasen in der Oberfläche mit einem Nagelbrett oder einer Stipprolle eingestippt.

Bei Weißgebäcksorten, die keiner Herrichtung bedürfen (das gilt für alle Weizenkleingebäcke mit Ausbund), werden die Teiglinge beim Aufsetzen auf die Beschickungsgeräte bzw. -apparate lediglich gewendet. Die gestüpfelte, gefaltete oder eingeschnittene Teigoberfläche ist nun wieder Oberseite.

Das Wenden geschieht
- in Handarbeit,
- mit Kippdielen oder
- im Wendeschragen.

Beim Einsatz von Kippdielen wird der Aufsetzapparat (= Gerät zum Einschieben der Teiglinge) kopfüber auf die Kippdielen aufgesetzt. Dann werden Kippdiele und Aufsetzapparat in eins gewendet. Die Teiglinge liegen nun mit der eingeschnittenen bzw. gestüpfelten Teigoberfläche als Oberseite auf dem Aufsetzapparat.

Beim Einsatz eines Wendeschragens wird ein ganzer Satz Gärdielen in einem einzigen Arbeitsgang auf Lochbleche gewendet (Abb. Nr. 204).

Bei Verwendung von Kipptrögelapparaten entfällt das Umsetzen und Wenden insgesamt.

Für mit Samen (Sesam, Mohn, Kümmel), Grobschrot oder grobem Salz eingestreute Brötchen wird die Teigoberfläche wegen der besseren Haftung mit Wasser abgestrichen.

Teiglinge für Weißbrot werden auf Beschickungsgeräte bzw. -apparate gesetzt und mit Wasser abgestrichen oder besprüht.

Teiglinge für Weißbrotsorten, bei denen eine wilde Rißbildung, eine glanzarme und etwas bemehlte Oberfläche erwünscht ist (z. B. für Baguettes), dürfen nicht abgestrichen werden.

Abb. Nr. 202 Schnittführungen

Abb. Nr. 203
Ablage der Brötchen aus dem Einschlagroller auf Sturzkästen für den Wendeschragen

> ✱ **Backtechnische Wirkung des Befeuchtens der Teigoberfläche:**
> ▸ Beseitigen von Mehlresten
> ▸ Verkleben von Rißansätzen in der Teighaut
> ▸ Größere Elastizität der Kruste bei Backbeginn
>   – größeres Gebäckvolumen,
>   – geringere Neigung zur Rißbildung
> ▸ Bessere Bräunung
> ▸ Bessere Glanzbildung

Für die Kennzeichnung des Brotgewichts werden Gewichtsmarken auf die feuchte Teigoberfläche gedrückt.

Brotstempel zur Gewichtskennzeichnung sind für Weißbrot ungeeignet. Die Konturen in der Teigoberfläche binden beim Backen aus. Dadurch wird die Gewichtsangabe unleserlich.

Abb. Nr. 204
Ofenbeschickung mit Lochblechen aus einem Wendeschragen

Beschicken des Backofens

Das Verfahren der Ofenbeschickung ist abhängig vom Ofensystem und vom Grad der Mechanisierung.

Ältestes Verfahren ist das Einschießen mit dem **Schlagschieber.** Kleingebäcke oder schlanke Weißbrotsorten werden auf das lange, schmale Schieberbrett ofentief in einer Reihe aufgesetzt und in den Backherd eingeschoben. Durch ruckartiges, seitliches Wegziehen des Schlagschiebers werden die Teiglinge auf die Herdfläche aufgesetzt.

Dieses Verfahren wird heute noch bei älteren Ofensystemen angewandt, bei denen die Schruft (= Mundloch des Backherds) schmaler ist als der Backherd.

Solche Ofensysteme lassen sich aber auch rationell mit Lochblechen oder Backgittern beschicken.

Der Einsatz von Aufsetz- und Kipptrögelapparaten ist bei allen Ofentypen möglich, bei denen die Breite der Herdtür mit der Breite des Backherds übereinstimmt.

Aufsetzapparate bestehen im Prinzip aus einem über zwei Rollen gespannten Tuch. Der Aufsetzapparat wird mit Teiglingen belegt und in den Backherd eingeschoben. Das Absetzen der Teigstücke auf den Backherd erfolgt durch Abrollen des Tuches beim Herausziehen des Apparats (Abb. Nr. 206).

Kipptrögelapparate sind Gärdielen mit – für jeweils eine Reihe Brötchen – unterteilten Böden. Das Absetzen der Teiglinge auf den Backherd erfolgt durch Drehung der Kipptrögel um 180 Grad.

Da das vorherige Wenden der Teiglinge bei Kipptrögeln entfällt, brauchen die Teiglinge nach dem Aufarbeiten bis zum Backen weder ab- noch umgesetzt zu werden.

Für Öfen mit beweglicher Herdfläche (z. B. Netzbandöfen) ist der Einsatz vollautomatischer Brötchenstraßen mit **Übergabeband** möglich.

Abb. Nr. 205   Einschießen mit dem Schlagschieber

Abb. Nr. 206   Beschickung mit dem Aufsetzapparat

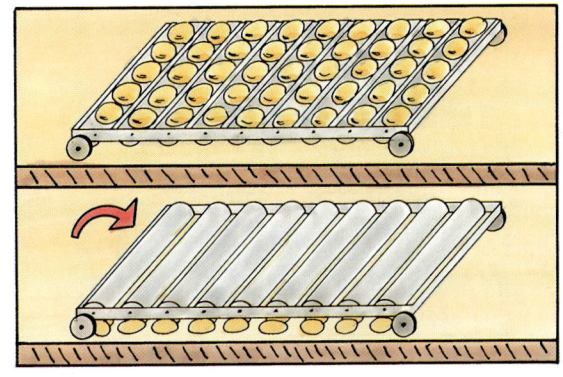

Abb. Nr. 207   Funktion des Kipptrögelapparats

Für den Stikkenofen (Schragenofen) werden die auf Lochbleche abgesetzten Teiglinge in den **fahrbaren Stikken** eingesetzt und zum Backen direkt in den Backraum eingefahren (Abb. Nr. 208).

Abb. Nr. 208
Beschickung des Stikkenofens mit Lochblechen

Welche Gärgutträger oder Apparate werden in Ihrem Betrieb zur Beschickung der Backherde eingesetzt? Beurteilen Sie die in diesem Kapitel beschriebenen Beschickungsgeräte hinsichtlich der Verwendbarkeit für Ihren Backofen!

Für die Belegungsdichte der Herdfläche gilt folgende Faustregel:
- *Der Abstand zwischen den Teiglingen für Weizenkleingebäcke sollte eine knappe Fingerstärke betragen.*
- *Der Abstand zwischen den Teiglingen für Weißbrot sollte je nach Laibstärke 2 bis 4 Fingerstärken betragen.*

Zu dicht gesetzte Kleingebäcke haben bleiche, weiche Krustenseiten.

Zu dicht gesetzte Weißbrote reißen an den Seiten auf, weil die Krustenbildung an den zu dicht gesetzten Seiten verzögert wird. Der Ofentrieb sprengt die Kruste an ihrer schwächsten Stelle.

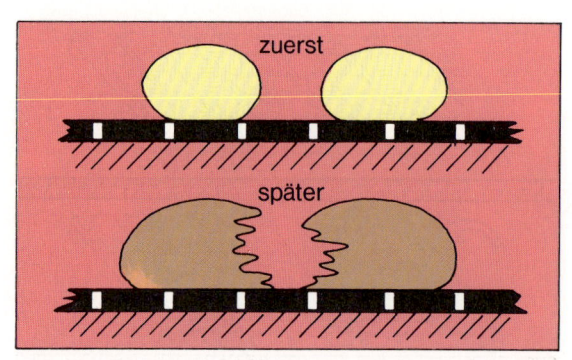

Abb. Nr. 209
Zu dichtes Belegen der Herdfläche mit Weißbrotteiglingen

Aufnahmevermögen der Backfläche	
Gebäckart:	Stück je m² Backfläche:
Brötchen	70–100
Weißbrot je 500 g	etwa 15
Weißbrot je 1000 g	etwa 10

Tabelle Nr. 20

Backen und Schwadengabe

Ob man beim Backen von Weißgebäcken die gewünschte Gebäckqualität erreicht, ist abhängig
- von der Backtemperatur,
- von der Backzeit im Verhältnis zur Gebäckgröße,
- von der Schwadengabe (Schwaden = Wasserdampf).

Die Backtemperatur für Weißgebäck liegt zwischen 220 °C und 240 °C.

Weizenkleingebäcke werden bei Temperaturen zwischen 230 °C und 240 °C gebacken. Weißbrote werden mit abfallender Temperatur zwischen 240 °C und 220 °C gebacken.

Die hohe Anfangstemperatur sorgt für eine schnelle Krustenbildung vor Einsetzen des vollen Ofentriebs. Das Backen bei abfallender Temperatur vermeidet die zu schnelle Krustenbräunung. Durch die längere Backzeit kann die Krume besser durchbacken und die Kruste sich stärker ausbilden.

Die Backzeit beträgt für Weizenkleingebäcke etwa 18 bis 22 Minuten, für Weißbrote 30 bis 45 Minuten.

Gebäck	Backtemperatur	Backzeit
Weizen-kleingebäck	230°–240 °C	18–22 Min.
Weißbrot (schlanke Form)	240° auf 220 °C abfallend	30–35 Min.
Weißbrot (kompakte Form)	240° auf 220 °C abfallend	40–45 Min.

Tabelle Nr. 21

Karl meint: „Der Schwaden drückt erst die Teiglinge zusammen, dringt dann in den Teig ein und treibt ihn auseinander; das ist der Ofentrieb!" Stimmt das so?

Zum Nachdenken: *Kühlt der Schwaden im Backherd die Teigstücke oder beschleunigt er die Wärmedurchdringung?*
Erfolgt das Flachlaufen großer Teiglinge nach der Schwadengabe im Backherd durch den Dampfdruck oder durch die verbesserte Dehnfähigkeit der Teighaut im Zusammenhang mit dem einsetzenden Ofentrieb?

Beim Backen von Weizenteigen muß von Beginn an die Heißluft im Backherd mit Wasserdampf angereichert sein. Unmittelbar vor dem Beschicken ist eine ausreichende Menge Schwaden in den Backherd einzulassen.

Die verspätete Schwadengabe hat backtechnisch keine Wirkung.

Ist erst einmal die äußere Teighaut heiß geworden, kann der Schwaden nicht mehr kondensieren.

Im Gegensatz zum Backen roggenhaltiger Teige kann der Schwaden beim Backen von Weizenteigen auch nach der Bildung der Krustenhaut ohne Gefahr der Rißbildung im Ofen verbleiben.

✻ Bedeutung des Schwadens beim Backen	
Vorgänge:	Auswirkung auf die Gebäckqualität:
– Schwaden bildet auf den noch kühlen Teigoberflächen ein Kondensat.	▶ Dadurch bleibt die äußere Teig-/Gebäckhaut über eine gewisse Zeit dehnbar; • so wird das Reißen der Krustenhaut verhindert; • so ist eine größere Zunahme des Gebäckvolumens möglich; • so wird das Ausbinden des Ausbunds begünstigt.
– Wasserdampf enthält eine wesentlich größere Wärmemenge als Luft bei gleicher Temperatur. Das auf der Teigoberfläche niedergeschlagene Wasser ist ein besserer Wärmeleiter als Luft.	▶ Dadurch wird die Wärmedurchdringung in den Teiglingen beschleunigt. So bildet sich schnell eine kräftige, jedoch durch die Feuchte sehr elastische Kruste.
– Schwaden begünstigt die Dextrinbildung und die Verteilung der löslichen Dextrine an der Teigoberfläche.	▶ Dadurch wird die Krustenbräunung verbessert. Die gelösten und wieder getrockneten Dextrine bilden eine glänzende, braune Glasur auf der Kruste.

Merken Sie sich: Erst Schwaden, dann beschicken!

Hinweis: Über die Wirkung von Schwaden beim Brotbacken erfahren Sie Näheres im Kapitel „Der Backvorgang".

Das Wichtigste über das Backen von Weißgebäcken in Kurzform

✻ Backverlauf	Weißbrot	Weizenkleingebäck
– Backtemperatur:	240° auf 220 °C abfallend	230° bis 250 °C
– Backzeit:	je nach Größe 30 bis 45 Min.	18 bis 22 Min.

✻ Weißgebäcke müssen von Beginn an bis zum Schluß mit Schwaden gebacken werden,
– um unerwünschte Rißbildungen in der Kruste zu vermeiden,
– um das Ausbinden an den gewünschten Rißstellen zu begünstigen,
– um ein größeres Gebäckvolumen zu erzielen,
– um die Glanzbildung der Kruste zu verbessern.

Beurteilung von Weißgebäcken

Jede Backware hat ihre wertbestimmenden Qualitätsmerkmale, die das Produkt kennzeichnen. Für Weißgebäcke gibt es allgemeingültige (sie gelten für alle Weißgebäckarten) und spezifische Qualitätsmerkmale (sie gelten nur für eine Gebäckart).

Während für dickleibige Weißbrote die Krumenbeschaffenheit wesentliches Qualitätsmerkmal ist, ist für Brötchen und Baguettes die Krustenbeschaffenheit wertbestimmend.

Karl behauptet: „Der Kunde will große Brötchen haben. Also stellen wir mit Hilfe geeigneter Backmittel Riesenbrötchen her. Der Kunde ist zufrieden und wir können den Teig für die Brötchen leichter abwiegen."
Was sagen Sie dazu?

Beurteilen Sie folgende Behauptung: Früher hatten die Brötchen eine bessere Qualität! Sie schmeckten besser und hielten sich länger frisch!

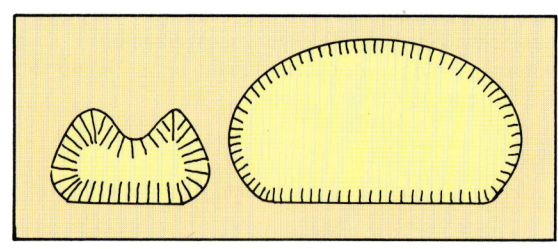

Abb. Nr. 210
Kleingebäck: = hoher Krustenanteil
= niedriger Krumenanteil
Großgebäck: = niedriger Krustenanteil
= hoher Krumenanteil

Abb. Nr. 211
Schrippe mit ausgeprägtem Ausbund

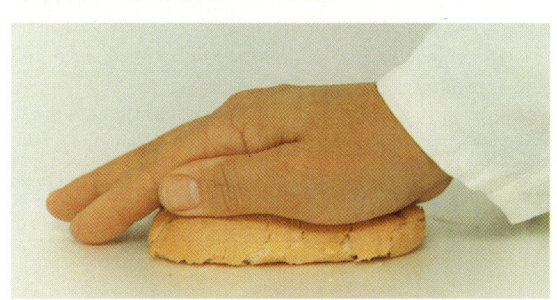

Abb. Nr. 212
Röschebeurteilung

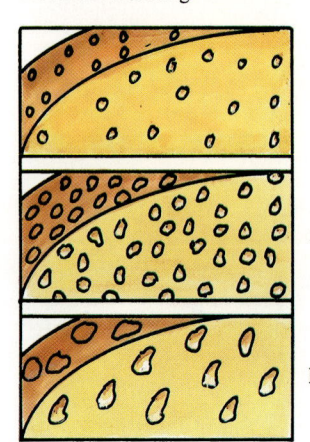

schwach splittrige Rösche

zartsplittrige Rösche

harte, grobsplittrige Rösche

Abb. Nr. 213   Rösche in Abhängigkeit von der Porung

Qualitätsmerkmale für Brötchen

Volumen

Die Größe des Volumens ist Maßstab für fast alle übrigen Qualitätsmerkmale. Mit steigendem Volumen ist auch eine Zunahme aller anderen Qualitätsmerkmale zu beobachten. Allerdings gilt diese Aussage nur bis zu einer bestimmten Volumenhöchstgrenze.

Das hochvolumige, ,,aufgeblasene" Brötchen wird von vielen Verbrauchern abgelehnt,

- weil es häufig Mängel in der Krumenporung aufweist;
- weil die Krume sich beim Schneiden und Bestreichen zusammenballt;
- weil der Geschmack weniger ausdrucksvoll ist;
- weil der Genuß beim Abbeißen durch das starke Zusammendrücken der aufgeplusterten Krume als beeinträchtigt empfunden wird.

Kruste

Die Gebäckkruste spielt für die Beurteilung von Weizenkleingebäcken eine besondere Rolle. Die Güte der Krustenbeschaffenheit beeinflußt nämlich durch den hohen Krustenanteil bei Kleingebäcken die Gesamtqualität entscheidend.

Bei der Gebäckherstellung ist ein hoher Krustenanteil anzustreben.

Der Krustenanteil und die Krustenstärke nehmen zu
- *mit abnehmendem Stückgewicht,*
- *mit zunehmender Auflockerung,*
- *mit zunehmender Ausbildung des Ausbunds,*
- *mit zunehmender Backzeit.*

Die Krustenfarbe soll goldgelb, leicht glänzend sein.

Der Ausbund soll kräftig ausgewölbt sein und einen hohen Anteil der Brötchenoberfläche ausmachen.

✱ *Ausbund ist die erwünschte, ausgeprägte Rißbildung in der Kruste an der vorgezeichneten Stelle.*

Zwischen Gebäckvolumen, Krustenanteil und Ausbundausbildung besteht eine enge Abhängigkeit. Ihr Qualitätsgrad in Verbindung mit der Krumenlockerung bestimmt auch das wohl wesentlichste Qualitätsmerkmal des Brötchens: die Rösche der Kruste.

✱ *Rösche ist die knusprige, mürb-spröde Beschaffenheit der Gebäckkruste.*

Die Rösche ist unter zwei Gesichtspunkten zu beurteilen,
- nach ihrer spezifischen Beschaffenheit (= wie ist die Rösche?) und
- nach der Dauer der Erhaltung (= wieviel Stunden bleibt die Rösche erhalten?).

Je dünner die Kruste ausgebildet ist, desto kürzer ist die Dauer der Rösche. Im Extremfall kann die Kruste schon eine Stunde nach dem Backen weich und pappig sein.

Die dünne Kruste nimmt schnell die Feuchtigkeit aus der Krume und aus der Luft auf (Abb. Nr. 214).

Mit zunehmender Backzeit sinkt der Wassergehalt in der Kruste, aber auch in der Krume. Die Kruste wird dabei stärker. Eine dicke Kruste bleibt lange rösch. Der Feuchtigkeitsaustausch zwischen Kruste und Krume läuft wegen der größeren Krustenstärke und des geringeren Wassergehalts langsamer ab.

Mit zunehmender Luftfeuchtigkeit verringert sich die Dauer der Rösche.

Eine zartsplittrige Rösche von lang anhaltender Dauer erzielt man
- *durch gute Krumenlockerung mit zartwandigen Poren,*
- *durch hohen Krustenanteil,*
- *durch eine starke Kruste (über eine etwas verlängerte Backzeit).*

❋ *Röschemerkmale bei Brötchen (5 Stunden nach dem Backen):*

▶ *schwachsplittrige, fast zäh-weiche Kruste*	▶ *typisch für zu geringe Lockerung, für zu dichte Krume oder für zu kurze Backzeit*
▶ *zartsplittrige Kruste*	▶ *ideale Lockerung mit einer Vielzahl feiner, zartwandiger Poren*
▶ *harte, grobsplittrige Kruste*	▶ *typisch für zu grobe Lockerung mit dickwandigen Poren oder für zu lange Backzeit oder für zu warm geführte, überalterte Teige*

Krume

Zum Nachdenken: Beim Frühstück, z. B. in Hotels, kann man häufig beobachten, daß Gäste die Krume aus dem Brötchen herausnehmen und nur die Kruste verzehren. Versuchen Sie die Gründe für dieses Verhalten herauszufinden!

Die Krume der Brötchen wird vom Verbraucher nach ihrer Schneidfähigkeit, ihrer Bestreichbarkeit und ihrer Kaufähigkeit beurteilt. Diese Merkmale werden durch den Grad der Krumenelastizität bestimmt.

Die gewünschte Elastizität wird
- durch eine gute Lockerung der Krume und
- durch eine ausreichend lange Backzeit der Brötchen (20–22 Min.) erreicht.

Mängel in der Krumenelastizität bei Brötchen können durch eine überhöhte Enzymaktivität im Teig verursacht sein. In solch einem Fall ist die Verarbeitung eines enzymfreien Backmittels zu empfehlen.

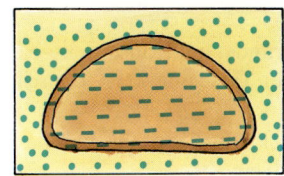

hohe Luftfeuchtigkeit

hoher Krumenwassergehalt

dünne Kruste

Kurze Dauer der Rösche

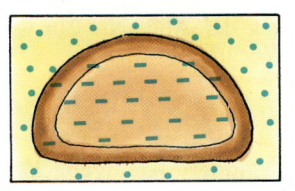

niedrige Luftfeuchtigkeit

niedriger Krumenwassergehalt

dicke Kruste

Lange Dauer der Rösche

Abb. Nr. 214

Erläutern Sie den Einfluß der dargestellten Faktoren auf die Dauer der Rösche!

Abb. Nr. 215 Brötchen mit ballender Krume

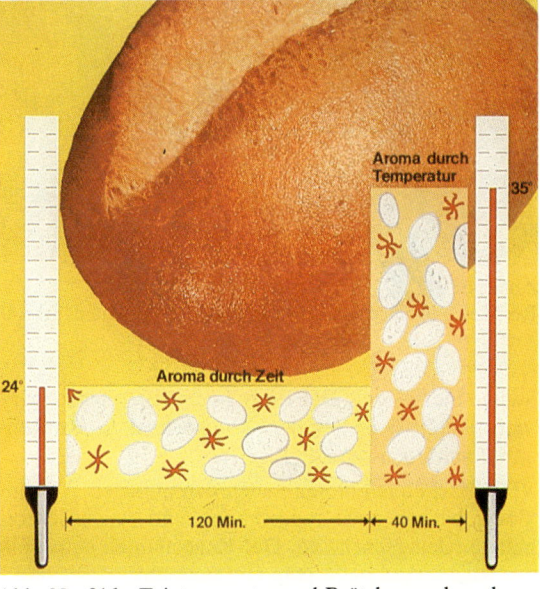

Abb. Nr. 216 Teigtemperatur und Brötchengeschmack

Erläutern Sie die Darstellung!
Weshalb ist dennoch für die Aromastoffbildung eine kühle, lange Gärführung zu bevorzugen?

Geschmack

Der Geschmack soll abgerundet und ausdrucksvoll sein. Matter, nichtssagender Geschmack ist typisch für großvolumige Brötchen.

Fader bis hefiger Geschmack tritt bei Gebäcken aus überaltertem, übergärigem Teig auf.

Brötchen aus kühlen und langen Gärführungen schmecken abgerundeter als aus warmen Kurzzeitführungen. Bei der Auswertung der Abb. Nr. 216 ist dieser Tatbestand zu berücksichtigen!

Qualitätsmerkmale für besondere Kleingebäcke

Brötchen mit Roggen- und Schrotanteil

Abb. Nr. 217
Rustikales Weißgebäcksortiment mit Roggen- und Schrotanteil

Stellen Sie in Ihrem Betrieb roggenmehl- oder roggenschrothaltige Brötchen her? Wie hoch ist der Roggenanteil am Gesamtmehl?

Viele Bäckereien bieten neben den üblichen Weizenkleingebäcken auch roggenmehl- und roggenschrothaltige Kleingebäcke an. Der Roggenanteil beträgt in der Regel etwa 30 % vom Gesamtmehl.

Brötchen mit höherem Roggenanteil haben eine feste, fast harte Kruste und eine dichte, kleinporige Krume. Auch das Volumen der Gebäcke ist deutlich kleiner.

Die Verbraucher bevorzugen roggenhaltige Brötchen mit nur geringem Roggenanteil.

Abb. Nr. 218 Roggenhaltiges Brötchen

Brötchen mit einem Roggenmehlanteil von 30 % weisen – im Vergleich zu üblichen Brötchen – folgende Qualitätsmerkmale auf:

▶ *Das Brötchen ist kompakter, es ist herzhafter im Biß.*
▶ *Das Gebäckvolumen ist geringfügig kleiner.*
▶ *Die Kruste hat eine etwas festere Beschaffenheit.*
▶ *Die Krume ist etwas dichter.*
▶ *Der Geschmack ist ausdrucksvoller und kräftiger.*
▶ *Die Brötchen halten sich etwas länger frisch.*

Laugen-Kleingebäcke

Laugenbrezeln, Laugensemmeln und andere Laugengebäcke sind eine süddeutsche Spezialität.

Typisch für das Aussehen der Laugenbrezel ist die satt-glänzende, kupferbraune Krustenfarbe mit dem hellen Ausbund im verdickten Brezelbogen.

Abb. Nr. 219 Laugenbrezel

Wertbestimmend für den Genußwert ist der laugige Geschmack in Verbindung mit dem röschen, kurzen Bruch der Brezel sowie die wattige, saftige Beschaffenheit der Krume.

Als Tauchlauge für die geformten Brezelteiglinge verwendet man eine Lösung aus Wasser und Natriumhydroxid (Konzentration bis 4 %).

In den benetzten Teigoberflächen löst die Lauge Mehleiweiße und bewirkt die Verquellung von Stärke.

Beim Backvorgang führen diese Veränderungen und der Laugenanteil zur Bildung der kräftigen Krustenfärbung und des typischen Brezelaromas.

Herstellung von Laugenbrezeln im Vergleich zur üblichen Herstellung von Weizenkleingebäck:
- *Verarbeitung von kleberstarkem Mehl;*
- *feste Teigführung (etwa TA 150);*
- *Zugabe bis 5 % Backfett;*
- *kurze Teigruhe vor dem Formen;*
- *Absteifen der Brezeln bei ¾-Gare in Kalt- oder Zugluft;*
- *Tauchen in eine schwache Natronlauge;*
- *mit grobem Salz bestreuen;*
- *Backen frei auf den Herd gesetzt oder auf Lochblechen (etwa 12 Min. bei 240 °C).*

Vorsicht im Umgang mit Laugen!
Auch die Brezellauge verursacht Hautverätzungen!
Beim Arbeiten mit Brezellauge Gummihandschuhe tragen!
Lauge nicht in Gefäßen aufbewahren, die mit Trinkgefäßen oder Getränkeflaschen verwechselt werden können!

Qualitätsmerkmale für Weißbrot

Dicklaibige Weißbrote werden nach den gleichen Grundsätzen beurteilt wie roggenhaltige Brote.

Baguettes

Typisch für diese französische Weißbrotspezialität ist der hohe Krustenanteil. Er wird erzielt
- durch die schlanke Form,
- durch den kräftig ausgebildeten Ausbund,
- durch das Backen in abfallender Hitze,
- durch eine entsprechend lange Backzeit.

Abb. Nr. 220
Baguettes: Kräftiger Ausbund und hoher Krustenanteil

Baguettes haben eine lang anhaltende Rösche. Baguettes werden in der Regel beim Verzehr gebrochen. Der Bruch muß ohne größeren Kraftaufwand „kurz" und zartsplittrig ausfallen.
Die Krume ist etwas unruhig (mittelfein bis grob) geport.

Abb. Nr. 221
Baguettes: Typisch ist die unruhig groß geporte Krume

Der Geschmack ist besonders aromatisch und ausdrucksvoll.

Zur Erzielung der typischen Baguettesmerkmale ist eine besondere Teigführung notwendig:
- *kühle Teigführung,*
- *weiche Teigführung,*
- *geringer Hefeanteil,*
- *1 bis 2 Stunden Teigruhe. Bei Führung eines Vorteigs über 2 bis 3 Stunden kann die Teigruhe wesentlich verkürzt werden.*

Toastbrot

Abb. Nr. 222

An Toastbrot stellt der Verbraucher andere Anforderungen als an übliche Weißbrotsorten. Er verzichtet auf die rösche Kruste. Er fordert aber gute Rösteigenschaften, ausdrucksvollen milden Geschmack und lange Brotfrischhaltung.

Hinweis: *Im Kapitel „Brotbeurteilung" sind die wertbestimmenden Merkmale für Brot und ein Prüfschema für die Brotbeurteilung grundlegend dargestellt.*

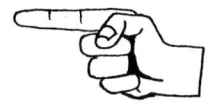

Abb. Nr. 223
Qualitätsmerkmal von Toastscheiben: „kurzer" Bruch

Toastbrot, Qualitätsmerkmale:	Maßnahmen zur Erzielung der Merkmale:
– Schwache Krustenbildung; quadratische Scheibenform	▶ Backen in geschlossenen Kästen
– Feinstporige Krume	▶ Milch- und Fettzusatz; besondere Aufarbeitungsmethoden
– Gute Rösteigenschaften; kurzer Bruch und zarter Biß	▶ Milch-, Fett- und Zuckerzusatz
– Lange Frischhaltung	▶ Fett- und Milchzusatz

Rezept für Toastbrot
1000 g Weizenmehl, Type 550
520 g Wasser
50 g Fett ⎫
20 g Zucker ⎬ oder Toastbackmittel
30 g Vollmilchpulver ⎭
20 g Salz
50 g Hefe

Tabelle Nr. 22

Während für Weißbrot eine Zugabe von Fett und/oder Zucker bis zu 3 % üblich ist, darf die Zugabe für Toastbrot bis zu 11 % vom Mehlanteil betragen.
Buttertoastbrot muß auf 100 kg Mahlerzeugnisse mindestens 5 kg Butter oder 4,1 kg Butterreinfett enthalten.

Toastbrot als Fertigpackung

Lebensmittelrechtliche Bestimmungen

Toastbrot wird fast ausschließlich als Fertigpackung an den Verbraucher abgegeben. Fertigpackungen unterliegen einer besonderen Kennzeichnungspflicht. Diese Kennzeichnungspflicht gilt nicht für Fertigpackungen, die in der **Verkaufsstelle** zur alsbaldigen Abgabe an den Verbraucher abgepackt sind.
Jedoch für den Selbstbedienungs-Verkauf unterliegen auch solche Packungen der Kennzeichnungsverordnung.

✱ *Fertigpackungen sind in Abwesenheit des Käufers verpackte Erzeugnisse, wobei die Menge des enthaltenen Erzeugnisses ohne Öffnen oder Änderung der Verpackung nicht geändert werden kann.*

✱ *Die Kennzeichnungspflicht für Fertigpackungen entfällt,*
– *wenn Toastbrot in der Verkaufsstelle abgepackt und dort angeboten wird; das gilt auch für die Filialen von Bäckereien.*
✱ *Die Kennzeichnungspflicht für Fertigpackungen bleibt bestehen,*
– *wenn das in der Verkaufsstelle abgepackte Toastbrot in Selbstbedienung angeboten wird,*
– *wenn das Toastbrot in der Filiale einer Bäckerei angeboten wird, dieses aber bereits im Hauptgeschäft abgepackt wurde.*
✱ *Die Pflicht zur Mengen- und Preisangabe ist unabhängig von der Kennzeichnungsverordnung.*
– *Für den Fall, daß keine Pflicht zur Kennzeichnung der Fertigpackung besteht, müssen dennoch Füllmenge und Preis angegeben sein. Dies kann auf der Verpackung oder auf einem Schildchen neben der Ware erfolgen.*

Hinweis:
Spezielle Angaben über das Zutatenverzeichnis finden Sie im Kapitel „Herstellung von Schnittbrot". Zusätzliche Angaben über das Mindesthaltbarkeitsdatum finden Sie im Kapitel „Altbackenwerden und Brotfrischhaltung"!

Als Richtlinie für die Festlegung des Mindesthaltbarkeitsdatums gilt der Zeitraum, in dem die Ware ihre wertbestimmenden Qualitätsmerkmale noch besitzt.

Für Brötchen und Stangenbrot in Fertigpackungen, die üblicherweise nur am Herstellungstag verkauft werden, kann auf die Angabe des Mindesthaltbarkeitsdatums verzichtet werden.

> Zum Nachdenken: *Ein Kunde kauft ein Toastbrot. Er stellt fest, daß das Mindesthaltbarkeitsdatum um 2 Tage überschritten ist.*
> *Durfte der Bäcker dieses Brot noch verkaufen?*

Kennzeichnung einer Toastbrotfertigpackung:

1. *Verkehrsbezeichnung, z. B. Buttertoastbrot*
2. *Name und Anschrift des Herstellers,*
    z. B. Horst Schmidt
        Am Ufer 7
        3000 Hannover
3. *Zutatenverzeichnis,*
    z. B. Weizenmehl
        Wasser
        Butter
        Hefe
        Vollmilchpulver
        Zucker
        Salz
4. *Mindesthaltbarkeitsdatum,*
    z. B. mindestens haltbar bis 15. 7.
5. *Mengenangabe,*
    z. B. 500 g

Brötchenfehler und ihre Ursachen

Im folgenden werden Brötchenfehler und ihre Ursachen in verkürzter Form im Zusammenhang dargestellt.

Die Fehlerentstehung, ihre Entwicklung, ihre Ursachen und Maßnahmen der Fehlervermeidung sind grundlegend in den vorhergehenden Kapiteln beim jeweiligen Fachthema dargestellt.

Ein einziger Mangel in der Mehlqualität oder im Herstellungsverfahren verursacht zumeist eine Vielfalt von Folgemängeln während der Teigentwicklung und beim Backen.

Umgekehrt kann der einzelne Brötchenfehler durch verschiedenartige Mängel verursacht sein.

Erst die zusammenfassende Betrachtung aller Fehler bei der Gebäckbeurteilung gibt eine größere Sicherheit bei der Ursachenforschung.

Brötchenfehlertabelle

Brötchenfehler:	Begleitfehler:	Ursachen:
Fehler im Volumen		
Zu kleines Volumen (Abb. Nr. 224)	• harte, blasse Kruste, • breiter, rauher Ausbund, • kleinporige, dichte Krume	▸ zu warme Teigführung, ▸ zu fester, überreifer Teig
Zu kleines Volumen (Abb. Nr. 225)	• scharfgratiger Ausbund, • unruhig geporte Krume	▸ zu kühle Teigführung, ▸ zu junge Teigführung, ▸ zu kurze Knetzeit
Zu kleines Volumen (Abb. Nr. 226)	• dichtgeporte Krume, • gedrungener Ausbund	▸ zu fester Teig, ▸ zu knappe Gare
Zu kleines Volumen (Abb. Nr. 227)	• blasse, harte Kruste, • schwach ausgeprägter Ausbund, • grobe Porung	▸ zu lange Zwischengare, ▸ zu volle Gärreife

Abb. Nr. 224
Brötchen aus überaltertem Teig

Abb. Nr. 225
Brötchen aus zu jungem Teig

Abb. Nr. 226
Brötchen aus zu festem Teig mit knapper Gare gebacken

Abb. Nr. 227
Brötchen mit Übergare gebacken

Abb. Nr. 228
Brötchen mit zu trockener Zwischengare geformt

Abb. Nr. 229
Brötchen nach zu langer Zwischengare geformt

Abb. Nr. 230
Brötchen aus enzymarmem Mehl

Abb. Nr. 231
Brötchen aus enzymreichem Mehl

Abb. Nr. 232
Brötchen aus überknetetem Teig

Abb. Nr. 233
Brötchen aus zu jungem, weichem Teig

Brötchenfehlertabelle

Brötchenfehler:	Begleitfehler:	Ursachen:
Fehler in der Kruste		
Zu helle, blasse Kruste (Abb. Nr. 224)	• kleines Volumen, • harte Kruste, • breiter, rauher Ausbund	▶ zu warme Teigführung, ▶ überalterter Teig
Zu helle, blasse Kruste (Abb. Nr. 230)	• etwas harte Kruste, • kerbenförmiger Ausbund	▶ frisches, enzymarmes Mehl, ▶ enzym- und zuckerarme Backmittel, ▶ niedrige Backtemperatur
Blasse, schorfige, ungleichmäßig gebräunte Kruste	• klaffender Ausbund	▶ zu trockene Zwischen- und Stückgare,
Schnell weich werdende, kräftig gebräunte Kruste (Abb. Nr. 231)	• unregelmäßige Porung	▶ zu junge Teigführung, ▶ enzymreiches Mehl, ▶ enzymreiche Backmittel, ▶ hohe Backtemperatur
Blasse, harte, grobsplittrige Kruste (Abb. Nr. 227)	• kleines Volumen, • dichtporig, —————— • grobporig ——————	▶ zu warme Teigführung, ▶ überalteter Teig, ▶ zu volle Gärreife
Schwacher, verwaschener Ausbund (Abb. Nr. 232)	• kleines Volumen, • blasse Kruste	▶ überkneteter Teig
Blinder, verklebter Ausbund (Abb. Nr. 233)	• kleines Volumen, • schnell nachlassende Rösche	▶ zu kühle, weiche, junge Teigführung,
Blinder, verklebter Ausbund	• kleines Volumen, • blasse Kruste, • harte Kruste	▶ zu volle Gärreife, ▶ zu feuchte Zwischengare,
Zu breiter, rauher Ausbund (Abb. Nr. 224)	• stumpfe Krustenfarbe, • harte, grobsplittrige Kruste	▶ zu warme Teigführung, ▶ überalterter Teig
Absplittern der Kruste (Abb. Nr. 234)	• sonst ohne Mängel	▶ zu weiche Teigführung, ▶ zu feuchte Stückgare, ▶ fehlerhaft gefrostete Brötchen
Fehler in der Krume		
Zu dichte, kleinporige Krume (Abb. Nr. 235)	• kleines Volumen, • hartsplittrige, blasse Kruste	▶ zu warme Teigführung, ▶ zu feste Teigführung, ▶ überalterter Teig
Unregelmäßg geporte Krume (Abb. Nr. 235)	• verklebter Ausbund, —————— • schmaler Ausbund ——————	▶ zu weiche Teigführung, ▶ zu junge Teigführung
Mängel in der Krumenelastizität (Abb. Nr. 238)	• sonst ohne Mängel	▶ enzymreiches Mehl, ▶ zu hoher Anteil enzymhaltiger Backmittel, ▶ zu kurze Backzeit
Hohlräume in der Krume (Abb. Nr. 237)	• etwas kleines Volumen	▶ zu weiche Teigführung, ▶ zu früh gedrückt/gestüpfelt, ▶ knappe Stückgare bei hoher Backtemperatur

Abb. Nr. 234
Zu lange tiefgekühlt gelagertes Brötchen

Abb. Nr. 235
Dichtporiges Brötchen aus überaltertem Teig (links),
unruhig geportes Brötchen aus zu jungem Teig (rechts)

Abb. Nr. 236
Ungleichmäßig grobe Porung durch zu weiche Teigführung

Abb. Nr. 237
Hohlräume durch zu kurze Zwischengare vor dem Stüpfeln

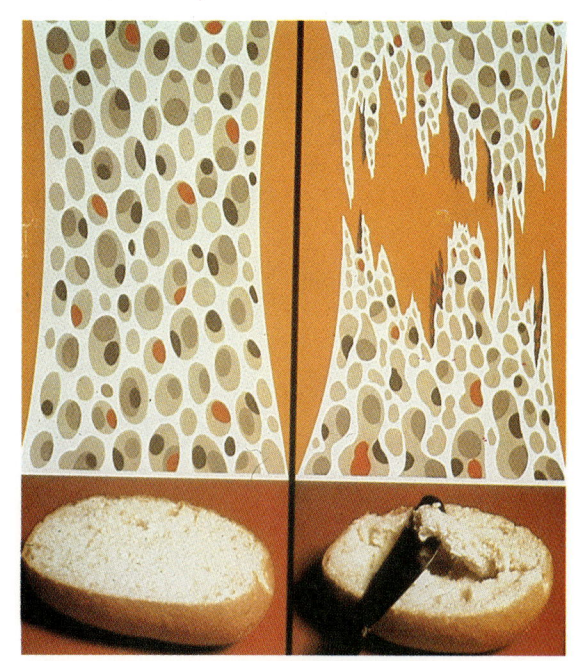

Abb. Nr. 238   Mängel in der Krumenelastizität

Fadenziehen als Brotkrankheit

Ein Kunde bringt seinem Bäcker ein Weißbrot zurück und behauptet, es sei nicht durchgebacken. Das Weißbrot sei innen schon ,,verfault''!

Der Bäcker betrachtet das Weißbrot: Von außen ist dem Brot nichts anzusehen. Beim Brechen zieht das Brot schleimige Fäden. Die Krume riecht widerlich und ist schmierig.

Das Brot ist ,,krank''! Es hat das ,,Fadenziehen''!

Abb. Nr. 239

Ursache

Das Fadenziehen wird durch den Heubazillus (Bacillus mesentericus) verursacht.

Der Bazillus ist im Erdboden und im Staub verbreitet. Er gelangt über das Korn in das Mehl. Seine Sporen überstehen den Backprozeß. Er keimt in der Krume der Backwaren aus und vermehrt sich. Für seine Ernährung baut er die Stärke und andere Gebäckbestandteile ab.

Krankheitsverlauf

Die Sporen benötigen zum Auskeimen 12 bis 24 Stunden. Erst dann wird die Infektion deutlich.

Kennzeichen infizierter Backwaren:
- *Die Krume verringert ihre Elastizität. Sie riecht aufdringlich obstartig.*
- *Die Krume verfärbt sich später bräunlich und wird schmierig.*
- *Der Geruch wird ekelerregend.*
- *Beim Durchbrechen zieht die Krume lange, schleimige Fäden.*
- *Schließlich fällt die Krume zusammen.*
- *Die Kruste zeigt auch im fortgeschrittenen Krankheitsstadium kaum Anzeichen des Befalls.*

Abb. Nr. 240
Fadenziehendes Brot im fortgeschrittenen Stadium

Gefährdete Backwaren

Aus den Lebensbedingungen des Heubazillus kann man die gefährdeten Backwaren ableiten.

Lebensbedingungen:	Gefährdete Backwaren:
– Der Bazillus braucht eine Mindestfeuchtigkeit.	▶ Kleingebäcke verlieren beim Backen und Lagern sehr viel Wasser; deshalb sind vorrangig Großgebäcke mit hohem Wassergehalt gefährdet.
– Der Bazillus ist säureempfindlich.	▶ Nur ungesäuerte Backwaren sind gefährdet. Weißbrote sind ungesäuerte Backwaren mit entsprechend hohem Wassergehalt.
– Die Sporen brauchen über längere Zeit Wärme zwischen 35 °C und 50 °C zum Auskeimen.	▶ Nur langsam auskühlende Backwaren sind gefährdet.
– Der Bazillus befällt das Korn an der äußeren Schale.	▶ Gebäcke aus schalenreichen Mehlen (= dunklen Mehlen) sind besonders gefährdet.

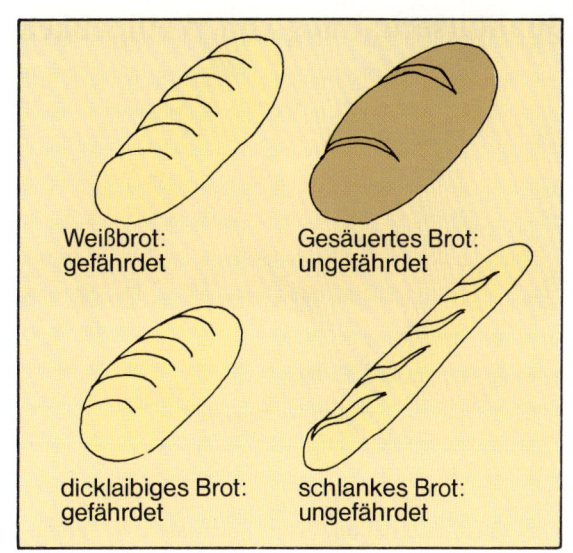

Weißbrot: gefährdet
Gesäuertes Brot: ungefährdet
dicklaibiges Brot: gefährdet
schlankes Brot: ungefährdet

Abb. Nr. 241   Gefährdete Backwaren

Maßnahmen gegen das Fadenziehen

Das Auftreten des Fadenziehens in Backwaren beschränkt sich in der Regel auf die wärmere Jahreszeit. Dennoch kann unter günstigen Umständen das Fadenziehen auch zu anderen Zeiten auftreten.

✷ *Bekämpfungsmaßnahmen:*
- *Zusatz von Sauerteig oder teigsäuernden Backmitteln zum Weißbrotteig!*
- *Zusatz von speziellen Fadenschutz-Backmitteln!*
- *Backwaren kräftig ausbacken!*
- *Backwaren schnell auskühlen!*
- *„Kranke" Backwaren aus den Betriebsräumen entfernen; Ansteckungsgefahr!*
- *Bei Auftreten der Krankheit Betriebsräume und Einrichtungen mit einer Essiglösung reinigen!*

Der Verzehr von erkrankten Backwaren führt zu Erbrechen und Durchfall.

Fadenziehende Backwaren sind verdorbene Lebensmittel!

Lebensmittelrechtliche Bestimmungen

Der Zusatz von Schutzmitteln mit Propionaten ist nur für Scheibenbrot erlaubt (z. B. Toastbrot); er muß für den Verkauf kenntlich gemacht werden.

Achtung! *Fadenziehendes Brot nicht in den Betriebsräumen aufbewahren!*
Brot aus den Betriebsräumen entfernen und verbrennen!

Qualitätserhaltung von Weißgebäcken

Abb. Nr. 242

Die Qualitätserhaltung von Backwaren ist grundlegend im Kapitel „Altbackenwerden und Brotfrischhaltung" dargestellt.
Hier sind die für Weißgebäcke typischen Merkmale der Gebäckalterung und Maßnahmen der Qualitätserhaltung aufgeführt.

Weißgebäcke verlieren ihre Frischemerkmale viel früher als roggenhaltige Backwaren,
- *weil die Weizenstärke in den Backwaren schneller entquillt. Die Stärkeentquellung ist Hauptursache für den altbackenen Geschmack von Backwaren;*
- *weil Weizenmehle wegen ihres geringen Gehalts an Quellstoffen (z. B. Pentosane) den Wasserhaushalt in den Backwaren ungünstiger beeinflussen;*
- *weil Weißgebäcke vorwiegend aus sehr hellen, schalenarmen Mehlen hergestellt sind. Schalenreiche Mehle verbessern die Frischhaltung;*
- *weil Weißgebäcke wegen ihrer kräftigen Auflockerung schneller austrocknen;*
- *weil das für viele Weißgebäckarten wertbestimmende Qualitätsmerkmal – die Rösche – schon nach wenigen Stunden verlorengeht.*

Backwaren dürfen nur am Herstellungstage, solange sie noch warm sind, als **ofenfrisch** bezeichnet werden. Sachgerecht gefrostete und wieder aufgetaute Brötchen dürfen in keinem Fall als ofenfrisch, jedoch als **frisch** bezeichnet werden, falls sie die Qualitätsmerkmale frischer Brötchen besitzen.

Backwaren dürfen als frisch bezeichnet werden, solange keine deutlichen Qualitätsverluste gegenüber der Ausgangsfrische eingetreten sind. Weißbrote gelten nur am Herstellungstage – mit Ausnahme von Toastbrot – als frisch. Backwaren sind altbacken, wenn sie ihre typischen Frischemerkmale verloren haben.

Maßnahmen der Qualitätserhaltung

Unabhängig von den Maßnahmen der Qualitätserzielung (Maßnahmen, wie man die Qualität erzielt) gibt es bereits bei der Backwarenherstellung Vorkehrmöglichkeiten für die spätere Gebäckfrischhaltung.

Vorbeugende Maßnahmen

Maßnahmen:	Wirkungen:
– Backwaren gut und feinporig auflockern!	▶ In gut aufgelockerten Backwaren verkleistert die Stärke dauerhafter. Die Retrogradation (Stärkeentquellung) wird so verzögert. Die Kruste wird kräftiger und behält dadurch länger ihre Rösche.
– Dem Weizenteig etwas Roggenmehl zusetzen!	▶ Roggenstärke wird beim Bakken von der Mehl- und Backmittelamylase zum Teil abgebaut. Dadurch steht der Weizenstärke ein höherer Wasseranteil für die Krumenbildung zur Verfügung.
– Dem Weizenteig Frischhaltemittel, wie Amylasen, Quellstoffe und Emulgatoren, zusetzen!	▶ Amylasen verbessern die Frischhaltung über den Stärkeabbau. Quellstoffe nehmen beim Einteigen eine vielfache Menge ihres Eigengewichts an Wasser auf. Dadurch steht der Stärke beim Backen mehr Wasser für die Verkleisterung zur Verfügung. Gebäckkrumen mit satt verquollener Stärke behalten über längere Zeit ihre Frischemerkmale. Einige Emulgatoren gehen mit der Stärke Verbindungen ein, die die Stärkeentquellung verzögern.
– Gebäcke kräftig ausbacken!	▶ Eine kräftig ausgebildete Kruste bleibt länger rösch. Die verkleisterte Stärke der Gebäckkrume entquillt langsamer!

Schimmelbekämpfung

Der Einsatz von Schimmelhemmstoffen kommt für Weißgebäcke nur bedingt in Frage. Weißgebäcke trocknen wegen ihrer starken Auflockerung sehr schnell aus. Schimmel aber braucht zur Entwicklung eine Mindestfeuchtigkeit.

Die Verwendung schimmelhemmender Stoffe ist außerdem nur für Schnittbrot erlaubt. Von den Weißgebäcken wird nur Toastbrot als Schnittbrot angeboten.

Hinweis: *Im Kapitel "Schimmel als Brotkrankheit" ist die Schimmelbekämpfung grundlegend dargestellt.*

Bedingungen für kurzfristige Lagerung

Brötchen werden nur im frischen Zustand verkauft und verzehrt. Dicklaibige Weißbrote werden auch noch einen Tag nach ihrer Herstellung verzehrt.

Bevor die Brötchenqualität durch Stärkeentquellung oder Trockenwerden der Krume beeinträchtigt wird, ist längst die Rösche verlorengegangen.

Deshalb sind die Lagerbedingungen für Brötchen ausschließlich auf die Erhaltung der Krustenqualität, für Weißbrot dagegen auch auf die Erhaltung der Krumenqualität auszurichten.

Maßnahmen für die Weißgebäcklagerung:

- *Brötchen und Weißbrote sollen schnell auskühlen und ausdunsten!*
  ▶ *Ofenwarme Brötchen in Kunststoff-, Draht- oder Holzgeflechtkörben lagern! Weißbrote auf Lattenrosten mit Abstand ausdampfen lassen!*

- *Brötchen bei Zimmertemperatur und mittlerer Raumfeuchte vorrätig halten!*
  ▶ *Kühle Lagerräume wegen der meist zu hohen Luftfeuchte meiden!*

- *Weißbrote bei einer Temperatur um 15 °C und nicht zu trockener Raumluft lagern!*
  ▶ *Bei Zimmertemperatur trocknet die Krume zu schnell aus!*

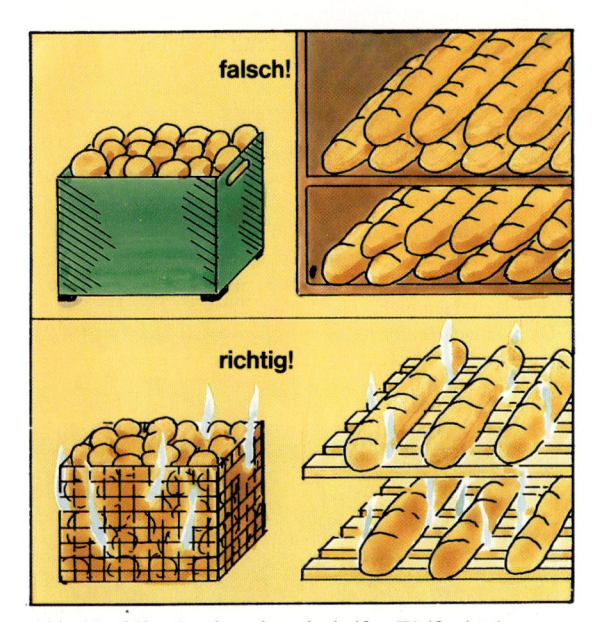

Abb. Nr. 243 Ausdampfen ofenheißer Weißgebäcke

Qualitätserhaltung durch Tiefkühllagern

Werden auch in Ihrem Betrieb Brötchen gefrostet? Dann kennen Sie auch die Streitfrage, ob gefrostete Brötchen nach dem Auftauen den ofenfrischen Brötchen ebenbürtig sind?!

Die Antwort lautet: Bei sachgerechter Durchführung in Hochleistungs-Schockfrostern haben tiefgekühlte, wieder aufgetaute Brötchen die Qualitätsmerkmale frisch gebackener Brötchen.

Aber zugegeben: Noch werden beim Frosten, Lagern und Auftauen häufig Fehler gemacht. Darum ist in vielen Fällen die Qualität von gefrosteten Brötchen gegenüber den ofenfrischen Brötchen geringer!

Brötchen, die in herkömmlichen Frostern tiefgekühlt werden, erreichen erst nach 2–3 Stunden die Gefriertemperatur von −7 °C im Kern der Krume. Da die Vorgänge des Altbackenwerdens mit abnehmender Temperatur (bis −7 °C) an Geschwindigkeit zunehmen, sind die Brötchen zum Zeitpunkt des Gefrierens bereits altbacken.

Ein weiteres typisches Merkmal langsam gefrosteter Brötchen ist das Lösen der Kruste von der Gebäckkrume. Ursache sind Austrocknungsvorgänge beim Frosten und beim Tiefkühllagern.

Abb. Nr. 244
Tiefgekühlte Brötchen nach 2 Tagen Lagerung
Links: schockgefrostet; rechts: langsam (im herkömmlichen Tiefkühler) gefrostet

Beschreiben Sie vergleichend die beiden Brötchen und begründen Sie die Unterschiede!

Hochleistungs-Schockfrosten

Hochleistungs-Schockfroster gefrieren die Brötchen bei einer Temperatur von −25 °C bis −30 °C unter starker Luftbewegung. Hochleistungs-Schockfroster müssen die kritische Temperatur von −7 °C im Kern der Brötchen nach etwa 45 Minuten schaffen. Die in dieser kurzen Zeitspanne ablaufenden Alterungsvorgänge sind unbedeutend.

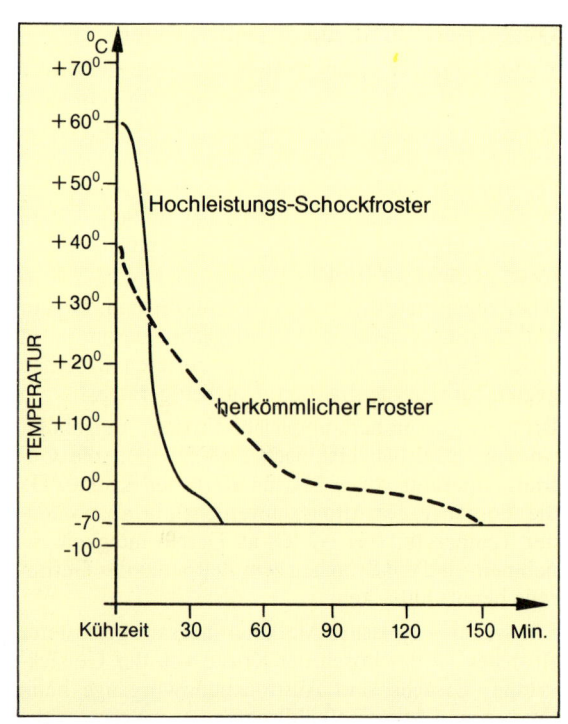

Abb. Nr. 245
Temperaturverlauf beim Frosten von Brötchen

Erläutern Sie die beiden Temperaturverlaufskurven!

Abb. Nr. 246
Gebäckmängel bei Toastbrot durch zu lange Tiefkühllagerung

Abb. Nr. 247 Hochleistungs-Schockfroster

Das Austrocknen der Backwaren beim Frosten und beim Lagern wird verlangsamt durch
- *Schockfrosten bei intensiv bewegter Luft,*
- *Tiefkühllagern bei ruhender Luft,*
- *Vermeiden von Wärmezuführung durch Neubeschickung oder Abtauen.*

✱ *Und so werden Brötchen sachgerecht gefrostet und aufgetaut:*

▸ *Die ofenheißen Brötchen etwas ausdampfen lassen; noch ofenwarm (Kerntemperatur etwa 60 °C) bei intensiver Luftumwälzung schockfrosten!*

▸ *Die Beschickungsmenge auf die Frosterleistung abstimmen (und nicht auf das Fassungsvermögen des Frosters)!*

▸ *Bei Erreichen der Kerntemperatur von −7 °C erfolgt die weitere Temperatursenkung bis −20 °C bei ruhender Luft!*

▸ *Die Lagertemperatur von −20 °C nicht durch Öffnen des Frosters oder Neubeschickung verändern!*

▸ *Brötchen zum Auftauen zunächst etwa 30 Minuten bei Raumtemperatur lagern!*

▸ *Die Brötchen anschließend bei mäßiger Schwadengabe bei etwa 230 °C aufbacken!*

Auch sachgerecht gefrostete Brötchen verlieren während der Lagerung – wenn auch verlangsamt – an Qualität:
▸ Aromaverluste,
▸ Austrocknung der Krume,
▸ Stärkeentquellung (Retrogradation).

Die Lagerzeit für tiefgekühlte Weißgebäcke (mit Ausnahme für Toastbrot) beträgt nur 1−4 Tage.

Richtwerte für die Lagerdauer tiefgekühlter Weißgebäcke:	
Großvolumige Brötchen (z. B. Hamburger Rundstücke)	1 Tag
Ausbundbrötchen (wie Schrippen)	2 Tage
Milch- oder fetthaltige Brötchen (wie Kaisersemmeln oder Knüppel)	3 Tage
Dicklaibige Weißbrote	3−4 Tage

Tabelle Nr. 23

Zum Nachdenken: Beurteilen Sie folgende Verfahrensweise:
Nach Geschäftsschluß werden die übriggebliebenen Brötchen (aus der Mittagsproduktion) gefrostet. Am nächsten Morgen werden die wieder aufgetauten Brötchen unter die ofenfrischen Brötchen gemischt.

Wirtschaftlichkeit

Die Kosten eines Hochleistungs-Schockfrosters für die Anschaffung, für den Energieverbrauch und für die Unterhaltung (z. B. Kühlwasserverbrauch) sind so hoch, daß es gute Gründe für den Einsatz solch einer Anlage geben muß.

> *Vorteile des Frostens von Backwaren:*
> - *Wegfall der Produktionsspitzen, z. B. am Wochenende*
> - *Rationellere Herstellung durch Zusammenlegen geringer Tagesmengen auf einen Tag in der Woche*
> - *Produktion auf Vorrat, z. B. für den 6. Tag bei 5-Tage-Arbeitswoche*
> - *Frühere Verfügbarkeit, z. B. für den Versand an Filialen*
> - *Verfügbarkeit frischer Backwaren über den ganzen Tag*

Wesentliche Voraussetzung für rationelle Arbeitsabläufe zur Senkung der Kosten ist die konsequente Berücksichtigung der DIN-Normen für Backbleche und Kühl- bzw. Tiefkühleinrichtungen.

Kühlschränke und Froster haben folgende Innenmaße (Tiefe × Breite): 400 × 600 mm oder 600 × 600 mm oder 800 × 600 mm. So paßt jedes Normblech in die Kühleinrichtung.

Abb. Nr. 248 Tiefkühlzelle mit Vorkühlraum

Bei steigenden Energiekosten und zunehmendem Mangel an Rohstoffen für die Energiegewinnung spielt die Wärmerückgewinnung eine immer größere Rolle.

Einige Hersteller von Hochleistungsfrostern bieten Anlagen mit Wärmerückgewinnung an. Das zum Kühlen des Kondensators erwärmte Kühlwasser steht dem Bäcker als warmes Brauchwasser zur Verfügung bzw. wird für die Heißwasserversorgung ausgenutzt.

Funktion von Kältemaschinen

Schütten Sie ein paar Tropfen Alkohol auf Ihren Handrücken.

Sie werden sehr deutlich eine starke Abkühlung auf dem Handrücken spüren.

Ursache: Alkohol entzieht seiner Umgebung die Wärme, die er zum Verdunsten braucht.

> *Flüssigkeiten brauchen zum Verdampfen Wärme!*

Dieses Grundprinzip gilt auch für die Funktion von Kältemaschinen.

> *Merken Sie sich: Kälte kann man nicht produzieren!*

Um zu kühlen, muß Wärme entzogen werden. In Kältemaschinen wird Wärme dem zu kühlenden Ort entzogen und die entzogene Wärme an einem anderen Ort wieder abgegeben. Transportmittel dabei ist das Kältemittel. Kältemittel sind Gase, die sich erst bei Temperaturen wesentlich unter dem Gefrierpunkt des Wassers verflüssigen. Für Hochleistungsfroster wendet man Kältemittel an, die bei Temperaturen um −40 °C vom gasförmigen in den flüssigen Zustand (und umgekehrt) übergehen. Zum Verdampfen brauchen die Kältemittel viel Energie, ohne dabei in der Temperatur zu steigen. Umgekehrt muß dem Gas – um es zu verflüssigen – viel Energie entzogen werden.

Die üblichen Kühl- und Tiefkühleinrichtungen werden fast ausschließlich mit Kompressorkältemaschinen betrieben. Der Wärmeentzug läuft in einem geschlossenen Kreislauf ab.

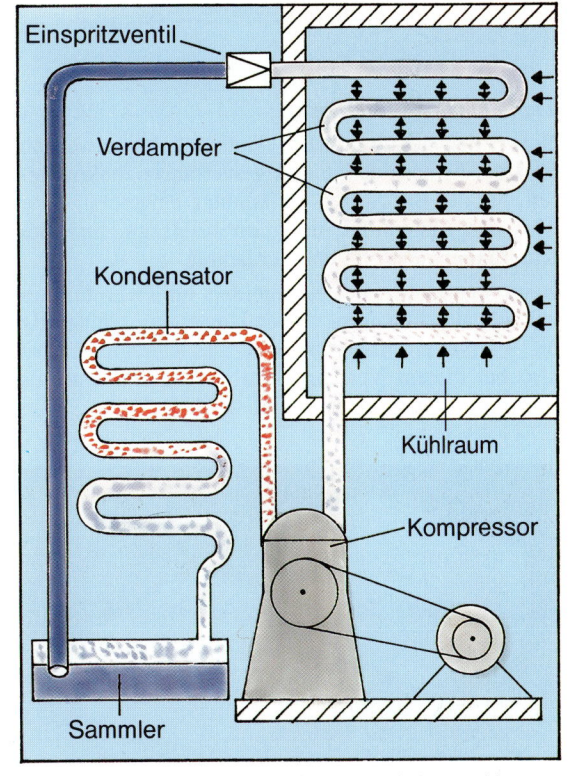

Abb. Nr. 249 Funktion der Kompressorkältemaschine

Funktion der Kompressorkühlmaschine:	
Vorgang:	Folge:
1. Das gasförmige Kältemittel wird außerhalb des Kühlraums mit einem Kompressor verdichtet und in den Kondensator gepreßt.	▶ Dabei wird das verdichtete Kältemittel heiß.
2. Das verdichtete, heiße Kältemittel wird gekühlt. Das Kältemittel gibt seine Wärme an die Außenluft bzw. an das Kühlwasser ab.	▶ Durch das Kühlen verflüssigt sich das verdichtete Gas.
3. Das verflüssigte Kältemittel wird über ein Expansionsventil schlagartig entspannt und in den Verdampfer eingespritzt. Der Verdampfer befindet sich im Kühlraum.	▶ Das flüssige Kältemittel vergast und entzieht dabei dem Kühlraum Wärme. Der Kühlraum wird kälter und das Kältemittel reichert sich mit Energie an.
4. Das gasförmige, energieangereicherte Kältemittel wird vom Kompressor angesaugt und außerhalb des Kühlraums wieder verdichtet in den Kondensator eingepreßt. Der Kreislauf ist geschlossen!	▶ Dabei wird das verdichtete Kältemittel heiß.

Tiefkühlung mit Flüssiggas

Neben den herkömmlichen Tiefkühlanlagen werden Froster, die nach dem Flüssiggasverfahren funktionieren, bei der Backwaren-Tiefkühlung eingesetzt. Hier wird das Kältemittel direkt im Kühlraum bzw. im Kühltunnel verspritzt und verdampft.

Beim Versprühen des Kältemittels im Tiefkühlraum entzieht das Flüssiggas seiner Umgebung schlagartig die Wärme, um zu verdampfen. Das Kältemittel wird also bei diesem Verfahren verbraucht und muß als Flüssiggas ständig nachgekauft werden.

Abb. Nr. 250 Erstarrtes Kohlendioxid ($-78{,}9\,°C$)

Vor- und Nachteile des Tiefkühlens mit Flüssiggas gegenüber dem herkömmlichen Verfahren:	
Vorteile:	Nachteil:
▶ Hohe Gefriergeschwindigkeit. Die Backwaren altern nicht beim Frosten. ▶ Bessere Nutzung der Anlage durch kurze Gefrierzeiten. ▶ Geringere Kosten bei der Anschaffung der Anlage.	▶ Flüssiggas verbraucht sich und muß ständig nachgekauft werden.

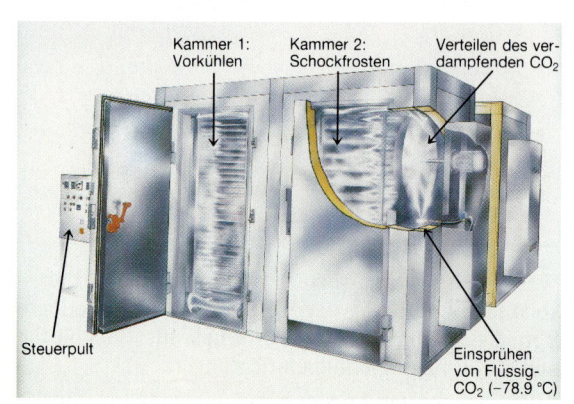

Abb. Nr. 251 Schockfroster mit Flüssiggas

Zusätzliche Informationen

Als Kältemittel wird Flüssigstickstoff (N_2) oder Flüssigkohlendioxid (CO_2) verwendet. Stickstoff wird vom Herstellerwerk so tief gekühlt, daß er sich verflüssigt. Flüssigstickstoff geht beim Versprühen bei $-196\,°C$ wieder in den gasförmigen Zustand über.

Kohlendioxid geht beim Kühlen bei etwa $-79\,°C$ vom gasförmigen in den festen Zustand über. Unter Druck verflüssigt es sich beim Kühlen.

Das Wichtigste über Tiefkühlen und Tiefkühllagern von Weißgebäcken in Kurzform

✴ Regeln für das Frosten von Brötchen:
 – Fast ofenwarm frosten!
 – Hochleistungsschockfrosten! Spätestens nach 45 Min. muß die Kerntemperatur auf $-7\,°C$ gesenkt sein!
 – Nicht länger als 2 Tage bei $-20\,°C$ lagern!
 – Auftauen zunächst eine ½ Stunde bei Zimmertemperatur, dann wenige Minuten im Backofen bei $230\,°C$ bei mäßiger Schwadengabe!

✴ Übliche Kältemaschinen zum Tiefkühlen sind:
 – Kompressorkühlmaschinen: hier wird die Wärme über ein Kältemittel in stetem Kreislauf ausgetauscht.
 – Kühlmaschinen nach dem Flüssiggasverfahren: Hier wird Flüssiggas als Kältemittel versprüht; das Kältemittel verbraucht sich.

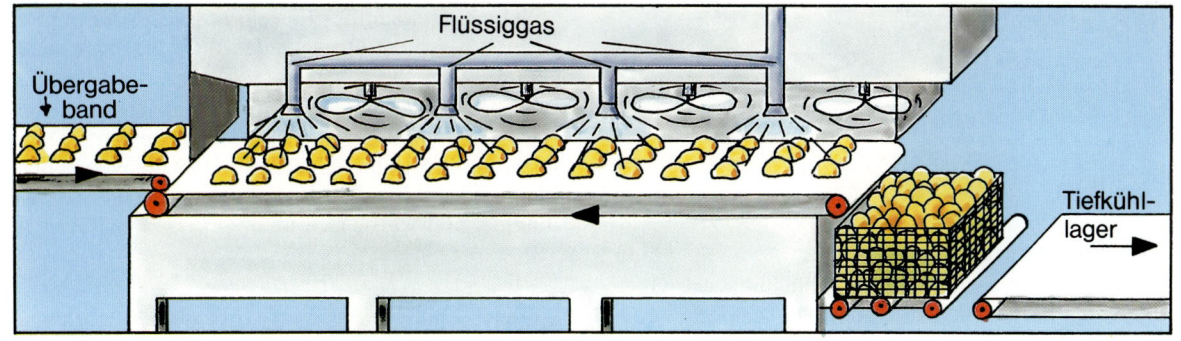

Abb. Nr. 252 Prinzip des Schockfrostens mit Flüssiggas im Fließbandverfahren

Gewichtsvorschriften für Weißgebäcke

Wieviel g wiegt ein Brötchen in Ihrem Betrieb?
Fragen Sie Ihre Kollegen nach dem Brötchengewicht!
Vergleichen Sie die Brötchengewichte!
Gibt es überhaupt ein vorgeschriebenes Brötchengewicht?
Grundsätzlich gilt: Für Kleingebäcke bis zu 250 g Stückgewicht gibt es keine Vorschriften über das Einzelgewicht.

Für Weißbrot gelten die gleichen Gewichtsvorschriften wie für andere Brote:
- *Das Mindestgewicht für Brot ist 500 g.*
- *Brotgewichte zwischen 500 g und 2000 g müssen durch 250 teilbar sein.*
- *Brotgewichte zwischen 2000 g und 10 000 g müssen durch 500 teilbar sein.*

Für Scheibentoastbrot gelten die Gewichtsvorschriften wie für roggenhaltige Scheibenbrote. Sie sind im Kapitel „Herstellung von Schnittbrot" beschrieben.

Erlaubte Brotgewichte:
500 g, 750, 1000 g, 1250 g, 1500 g, 1750 g, 2000 g, 2500 g, 3000 g, 3500 g, 4000 g, usw. bis 10 000 g

Tabelle Nr. 24

Gewichtskennzeichnung

Wie kennzeichnen Sie in Ihrem Betrieb das Brotgewicht?
Üblich ist das Aufdrücken von Gewichtsmarken auf die Teiglinge vor dem Backen. Der Gewichtsstempel ist für Weißbrot ungeeignet, weil die in die Teigoberfläche eingedrückten Stempelkonturen beim Backen ausbinden.
Die Kennzeichnung würde unleserlich.
Muß denn das Gewicht auf dem Brot kenntlich gemacht sein?

Karl behauptet: *„Ein Brötchen muß 50 g wiegen!"* Stimmt das?

So lautet die Vorschrift:
- *Unverpacktes Brot darf nur angeboten werden, wenn das Gewicht auf dem Brot oder durch ein Schild auf oder neben dem Brot angegeben ist. Diese Vorschrift gilt auch für Brot, das von einem Wiederverkäufer angeboten wird.*
- *Für Brot, aber auch alle anderen Backwaren in Fertigpackungen, muß das Gewicht auf der Verpackung angegeben sein.*

Ausnahme:
- *Das gilt nicht für vorverpackte Brötchen.*
- *Das gilt nicht für Backwaren, die in der Verkaufsstelle abgepackt sind und dort zum alsbaldigen Verbrauch angeboten werden. In diesem Fall genügt die Mengenangabe auf einem Schildchen neben der Backware.*

Abb. Nr. 253
Gewichtskennzeichnung für unverpacktes Brot

Hinweis: *Über die Kennzeichnung von Fertigpackungen erfahren Sie mehr im Kapitel „Qualitätsmerkmale für Weißbrot"!*

Gewichtsüberprüfung

Der Fachmann weiß, daß die Einhaltung der Gewichtsvorschriften für Backwaren sehr schwierig ist:
– Beim Abwiegen oder Aufarbeiten kann ein Teigstückchen abfallen.
– Der Back- und Auskühlverlust, aber auch der Lagerverlust können unterschiedlich hoch ausfallen.

Der Gesetzgeber verlangt, daß Backwaren gleichen Nenngewichts zum Zeitpunkt der Herstellung im Mittel das Nenngewicht nicht unterschreiten dürfen.

Was heißt das?

Bei der Gewichtskontrolle müssen z. B. 10 Brote mit dem Nenngewicht von 0,5 kg zusammen 5 kg wiegen. Das Einzelbrot darf in bestimmten Grenzen vom Nenngewicht nach oben bzw. nach unten abweichen.

Sollte das Gewicht des Einzelbrots die zulässige Gewichtsabweichung überschreiten, darf das Brot nicht verkauft werden (Tabelle Nr. 25).

Waagen und Meßbehälter für die Herstellung von Backwaren unterliegen nicht der Eichpflicht. Dennoch entbindet eine fehlerhaft wiegende Waage den Meister nicht von der Verantwortung für die Einhaltung der Gewichtsvorschriften.

Erlaubte Gewichtsabweichungen bei Backwaren	
Nenngewicht:	Abweichung:
500 g	bis 30 g
1000 g	bis 30 g
1000 g – 10 000 g	bis 3 %

Tabelle Nr. 25

Zum Nachdenken: *Welche Gründe sprechen für eine strenge Einhaltung der Gewichtsvorschriften?*

Roggenmehl und seine Verarbeitung zu Brot und Kleingebäck

Abb. Nr. 254

Abb. Nr. 255

Roggenhaltige Gebäcke

In Deutschland werden über 200 verschiedene Brotsorten hergestellt. Es ist daher kaum möglich, diese alle unterscheiden zu können!

Sicherlich kennen Sie die bei Ihnen ortsüblichen Brotsorten und einige Spezialbrote. Auch allgemeine Gesichtspunkte zur Einteilung der Brotvielfalt sind Ihnen bestimmt schon bekannt. Man kann z. B. die Brote unterscheiden

— nach ihrer Form oder
— nach der verwendeten Mehlmischung.

Nach der Form unterscheidet man z. B.

— freigeschobene Brote in Rund- oder Längsform mit glänzender oder bemehlter Oberfläche;
— angeschobene Brote oder Kastenbrote mit glatter oder geformter Oberfläche.

Nach der verwendeten Mehlmischung unterscheidet man:
— Weizenbrot (Weißbrot) mit einem Anteil von mindestens 90 % Weizenmahlerzeugnissen;
— Weizenmischbrot mit einem Anteil an Weizenmahlerzeugnissen von mindestens 50 % und weniger als 90 %;
— Mischbrot mit einem Anteil von je 50 % Roggen- und Weizenmahlerzeugnissen;
— Roggenmischbrot mit einem Anteil an Roggenmahlerzeugnissen von mindestens 50 % und weniger als 90 %;
— Roggenbrot mit einem Anteil an Roggenmahlerzeugnissen von mindestens 90 %.

Diese Bezeichnungen gelten für Brote, die aus Mehl hergestellt werden. Ein Backschrotanteil ist zulässig; er darf aber jeweils 10 % der Getreidemahlerzeugnisse nicht überschreiten.

Die Zusammensetzung von Schrot-, Vollkorn- und Toastbroten wird ebenso in der Bezeichnung ausgewiesen. Näheres dazu können Sie auf der folgenden Seite in den „Zusätzlichen Informationen" nachlesen.

Abb. Nr. 256   Spezialitäten aus roggenhaltigen Teigen

✱ *Merkhilfe: Einteilung der Brote nach verwendeten Getreidemahlerzeugnissen*

	Weizenbrot	= mindestens 90 % Weizenanteil
	Weizenmischbrot	= mindestens 50 % Weizenanteil, jedoch weniger als 90 %
	Roggenmischbrot	= mindestens 50 % Roggenanteil, jedoch weniger als 90 %
	Roggenbrot	= mindestens 90 % Roggenanteil

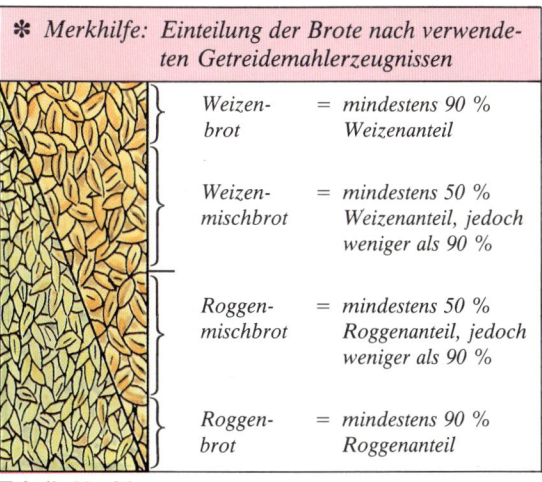

Tabelle Nr. 26

Roggenhaltige Kleingebäcke

Mit zunehmender Sortenvielfalt gehören roggenhaltige Kleingebäcke zum täglichen Backprogramm der Bäckerei.

Es gibt viele Variationen dieser Kleingebäcke nach Form, Größe und Zutaten. Um ein ansprechendes Volumen zu erhalten, ist oft nur ein Anteil von 30 % an Roggenmahlerzeugnissen üblich. In diesen Fällen ist die Bezeichnung „Roggenbrötchen" zwar erlaubt. Man findet aber häufig andere Bezeichnungen für roggenhaltige Kleingebäcke, z. B.:
- Röggeli,
- Schusterjungen,
- Zwiebelbrötchen,
- Schinkenbrötchen,
- Partywecken.

Grundsätzlich unterscheiden sich die roggenhaltigen Kleingebäcke von den Broten durch ihr Gewicht.

Für Kleingebäcke unter 250 g bestehen keine Gewichtsvorschriften. Ganze Brote dürfen dagegen nur mit einem Mindestgewicht von 500 g und in bestimmten aufsteigenden Gewichten hergestellt werden.
(Vgl. Tabelle Nr. 24 im Kapitel „Gewichtsvorschriften für Weißgebäcke".)

Zusätzliche Informationen

Auch für Schrot- und Vollkornbrote gilt die Einteilung nach verwendeten Getreidemahlerzeugnissen. Ein Roggenschrotbrot muß demnach z. B. mindestens 90 % Roggenbackschrot enthalten; Anteile anderer Roggen- oder Weizenerzeugnisse bis zu 10 % sind statthaft.

Ist der Anteil an Backschrot geringer (jedoch höher als 10 %), so muß in die Brotbezeichnung der Zusatz aufgenommen werden „mit Schrotanteilen". Beispiel: Ein Weizenmischbrot enthält jeweils die Hälfte der Weizen- bzw. Roggenanteile in Form von Schrot = „Weizenmischbrot mit Schrotanteilen".

Vollkornbrote dürfen nur aus Vollkornerzeugnissen, Wasser/Milcherzeugnissen, Hefe, Salz und ggfs. Sauerteig hergestellt werden. Die Vollkornerzeugnisse müssen alle Bestandteile des Kornes enthalten. Im Sauerteig dürfen auch nur Vollkornmahlerzeugnisse verarbeitet werden. Zum Brotteig sind andere Brotgetreideprodukte und/oder Zusätze bis zu 10 % erlaubt.

Werden Mischungen aus Roggen- und Weizenvollkornerzeugnissen verarbeitet, so soll das Brot je nach überwiegender Getreidesorte benannt werden (z. B. als „Roggen-Weizen-Vollkornbrot").

Toastbrote werden auch mit Roggenmehl, Roggen- und/oder Weizenschrot oder Vollkornmahlerzeugnissen hergestellt. „Roggentoastbrot" enthält beispielsweise mindestens 30 % seiner Getreidemahlprodukte in Form von Roggenmehl.

Abb. Nr. 257
Aus einem Teig mehrere Brotsorten?

Karl meint: „*Es ist viel zu viel Arbeit, für jede Brotsorte einen Teig zu machen. Man kann aus einem Teig die verschiedensten Brote machen, ohne daß die Kunden das merken!*"

Brotsorten

Sicher kann man aus demselben Teig durch verschiedene Formen, Aufarbeitung und Backverfahren ganz unterschiedliche Brote erzielen. So allgemein wie Karl das meint, ist es aber nicht richtig.

Der Verbraucher erwartet bei einigen Brotsorten ganz bestimmte Eigenschaften. Diese Brotsorten, die überregional bekannt sind, werden mit „Gattungsnamen" gekennzeichnet. Die Gattungsnamen sind in den „Richtlinien für Brot und Kleingebäck" aufgeführt. Demnach erwartet man für diese Brote ganz bestimmte Qualitätsmerkmale.

Wir wollen uns das an einigen Beispielen klarmachen:

Abb. Nr. 258   Kommißbrot

Kommißbrot

Es ist ein Brot aus dunklem Roggenmehl. Typisch ist die angeschobene Form.

Abb. Nr. 259   Berliner Landbrot

Berliner Landbrot
Es ist ein freigeschobenes, längliches Roggen- oder Roggenmischbrot mit bemehlter Oberfläche. Typisch ist die kräftige, gemaserte Kruste. Diese wird durch trockene Stückgare, volle Gärreife und besonders hohe Anbacktemperaturen (Vorbackmethode) erreicht.

Abb. Nr. 262   Paderborner Brot

Paderborner Brot
Es ist ein angeschobenes Roggenmischbrot, zu dem helle Weizenmehle (Brötchenmehle) verarbeitet werden. In seinem Ursprungsgebiet (im Paderborner Land) wird zuweilen noch das Roggen-Weizen-Gemengemehl mit der Type 1100 zu diesem Brottyp verarbeitet.

Abb. Nr. 260   Landbrot

Landbrot (Bauernbrot)
Es wird in allen Mehlmischungen aus meist dunkleren Mehlen hergestellt. Aromatischer, kerniger Brotgeschmack (indirekte Teigführung), oft bemehlte und leicht unruhige Oberfläche, kräftige Kruste und derbe Porung sind die Kennzeichen dieser Brote.

Abb. Nr. 263   Schwarzwälder Landbrot

Schwarzwälder Landbrot
Es ist ein Weizenmischbrot in Lang- und Rundform. Typisch ist seine starke Krumenlockerung, seine kräftige Kruste und der mild-aromatische Geschmack.

Abb. Nr. 261   Heidebrot

Heidebrot
Es ist ein Roggenmischbrot mit guter Auflockerung. Typisch ist die glatte, aber porige Oberfläche. Diese wird erreicht, indem die Teiglinge während der Stückgare in Längsrichtung halbiert werden. Die so erhaltenen zwei Brotlaibe werden mit den Schnittflächen nach oben gebacken; die Seitenflächen bleiben mehlig.

Abb. Nr. 264   Münsterländer Stuten

Münsterländer Stuten (Westfälischer Stuten)
Es ist ein Weizenmischbrot, das bei voller Gare auf der bemehlten Oberfläche längsgeschnitten wird. Typisch ist die etwas eckige Form, die durch angeschobenes Backen erzielt wird. Dadurch sind die Seitenkrusten weich; die Krume ist feucht-frisch.

Abb. Nr. 265   Kasseler als Korbbrot

Kasseler
Es ist ein Roggenmischbrot aus hellen Mehlen. Ursprünglich war „Kasseler" eine Herkunftsbezeichnung für Brot aus der Stadt Kassel.
Typisch sind die freigeschobene Form, glänzende Oberfläche und Einschnitte an den Brotenden.

Korbbrot
Es sind Weizen- oder Roggenmischbrote, die in Peddigrohrkörben auf Stückgare gestellt wurden. Die Oberfläche der Brote kann bemehlt oder glänzend sein. Typisch ist die Struktur der Körbe auf der Brotoberfläche.

Das Wichtigste über Brotsorten in Kurzform
Einteilung nach der Form:
z. B. – Rundbrot, Laibbrot, Kastenform, angeschobene Form
Einteilung nach der Aufbereitung:
z. B. – bemehlte Kruste, glänzende Kruste, eingeschnittene Oberfläche
Einteilung nach der verwendeten Mischung von Getreidemahlerzeugnissen:
– *Brote mit Weizenanteilen von mindestens 90 % (Beispiel: Weizenbrot)*
– *Brote mit Weizenanteilen von mindestens 50 % und weniger als 90 % (Beispiel: Weizenmischbrot)*
– *Brote mit Roggenanteilen von mindestens 50 % und weniger als 90 % (Beispiel: Roggenmischbrot)*
– *Brote mit Roggenanteilen von mindestens 90 % (Beispiel: Roggenbrot)*
Brotsorten mit Gattungsbezeichnungen müssen die allgemein erwarteten typischen Merkmale erfüllen, z. B. Kommißbrot als angeschobenes Brot.
Roggenhaltige Kleingebäcke wiegen weniger als 250 g. Sie dürfen als „Roggenbrötchen" bezeichnet werden, wenn sie mindestens 30 % der Getreideprodukte in Form von Roggenmehl enthalten.

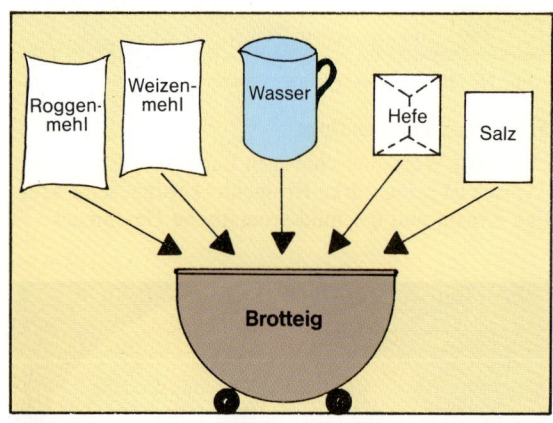

Abb. Nr. 266   Zutaten des Brotteigs

Typen der Roggenmahlerzeugnisse
610
815
997
1150
1370
1740
1800 (Roggenschrot)
*) in Berlin außerdem = 1590

Tabelle Nr. 27

Roggenmehl

Für roggenhaltige Brot- und Kleingebäcke werden als Grundzutaten verarbeitet:

– Roggenmehl/Roggenschrot,
– Weizenmehl/Weizenschrot,
– Wasser,
– Hefe und
– Salz.

In ihrem Charakter werden Brotgebäcke vor allem durch die Eigenschaften der Roggenmahlerzeugnisse bestimmt. Die besonderen Eigenschaften der Roggenmahlerzeugnisse werden im folgenden behandelt.

Für roggenhaltige Brote werden allgemein die Roggenmehltypen 997, 1150 und 1370 verwendet. Für Schrotbrote werden die Backschrote 1700 (Weizenschrot) und 1800 (Roggenschrot) verarbeitet.

Eine vollständige Aufzählung der Roggenmahlerzeugnisse finden Sie in der Tabelle Nr. 27.

Zusätzliche Informationen
Als Roggen-Weizen-Gemengemehl (mit mindestens 60 % Roggenanteil) gibt es die Typen 890, 1100, 1320.

Roggenmehle gleicher Typenzahlen weisen in ihrem Backverhalten große Unterschiede auf. Wodurch kann das begründet sein?

Unterschiede im Backverhalten gleicher Roggenmehltypen durch:

- *verschiedene Roggensorten, aus denen das Mehl gemahlen wurde;*
- *verschiedene Anbaugebiete des Roggens;*
- *verschiedene Ernte- und Klimabedingungen, die Einfluß auf die Kornausbildung haben;*
- *verschiedene Lagerzeiten und Lagerbedingungen des Mehles.*

Für den Bäcker ist es daher wichtig, gelieferte Roggenmahlerzeugnisse vor ihrer Verarbeitung auf ihre Qualität zu prüfen!

Beurteilung von Roggenmehl
Beurteilung durch einfache Proben

Der Bäcker kann das Roggenmehl zunächst grobsinnlich beurteilen (sensorische Beurteilung) durch

- Beurteilung der Griffigkeit,
- Beurteilung von Geruch, Geschmack,
- Beurteilung der Farbe.

Bei der Farbbeurteilung ist auch der Unterschied zum Weizenmehl interessant. Während Weizenmehl eine weiße Farbe mit gelblichem Ton hat, ist das Roggenmehl grau-bläulich.

Wesentliche Unterschiede im Backverhalten von Roggenmehl und Weizenmehl können wir im Vergleich der Mehlsorten beim Einteigen und Backen erkennen.

Abb. Nr. 267   Roggenteig im Knetkessel

Hinweis: *Im Kapitel „Die Beurteilung von Weizenmehl" finden Sie ausführliche Beschreibungen zur Mehlbeurteilung.*

Versuch Nr. 19:
Stellen Sie aus je 100 g der Brotmehle Type 812 und Type 1150 einen Teig her und beurteilen Sie Farbe und Teigeigenschaften!

a) 100 g Weizenmehl   b) 100 g Roggenmehl
        (Type 812)   (Type 1150)
    + 60 g Wasser   + 70 g Wasser
    + 2 g Salz   + 2 g Salz
    ─────────────   ─────────────
    =162 g Teig   =172 g Teig

Beobachtungen:
Beide Teige haben etwa gleiche Festigkeit.

Der Roggenteig ist bläulich-grau, der Weizenteig ist gelblich-weiß.

Der Roggenteig ist nicht so elastisch wie der Weizenteig; er ist kurz und feucht.

Versuch Nr. 20:
Halbieren Sie die Teige aus Versuch 19 und waschen Sie jeweils den Kleber aus.

Beobachtung:
Aus dem Weizenmehlteig erhält man einen weichen Kleber.

Aus dem Roggenmehlteig läßt sich kein zusammenhängender Kleber auswaschen.

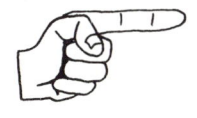

Hinweis: *Das Kleberauswaschen und die Kleberbeurteilung sind im Kapitel „Die Beurteilung des Weizenmehls" näher beschrieben.*

Beurteilung durch Backversuche

Eine umfassende Beurteilung der Roggeneigenschaften ist mit Backversuchen möglich.

Versuch Nr. 21:

Der **Hefebackversuch** ist ein standardisiertes, einfaches Verfahren, mit dessen Hilfe der Bäcker den Backwert eines Roggenmehls ermitteln kann.

Für ein Roggenmehl der Type 997 ergibt sich folgende Versuchsanordnung:

Roggenmehl = 1000 g   Teigtemperatur = 29 °C
Wasser   = 700 g   Teigruhe = 60 Min.
Hefe   =   10 g   Backzeit = 60 Min.
Salz   =   15 g   bei 230 °C

Mit Hilfe des Krumenbilds der Brote (vgl. Abb. Nr. 268 auf Seite 112) wird beim Hefebackversuch der Backwert des Mehles festgestellt.

Dabei weist der Backwert 1 eine unzureichende Backfähigkeit aus. Mit steigender Backwertzahl wird die Backfähigkeit besser.

Abb. Nr. 268 Auswertungen des Hefebackversuchs

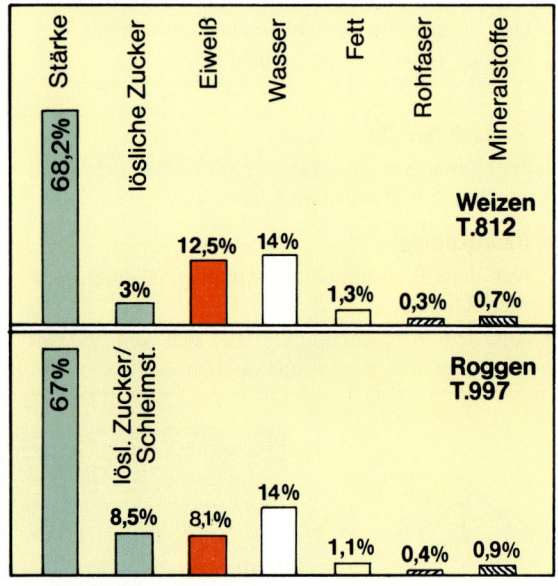

Tabelle Nr. 28
Unterschiedliche Zusammensetzung von Roggen- und Weizenmehl

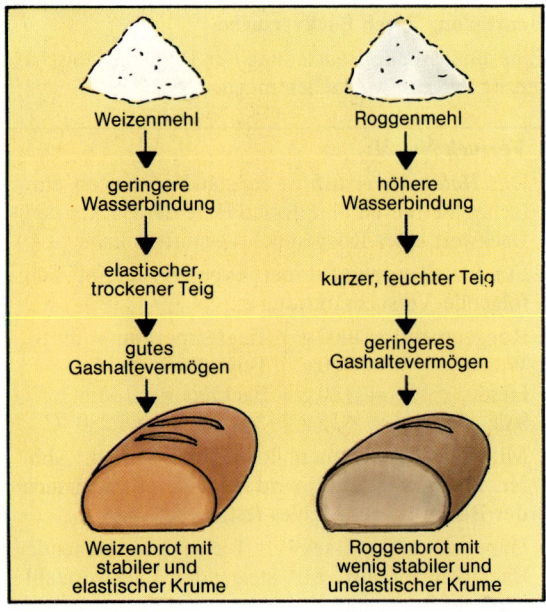

	Weizen T.812	Roggen T.997
Stärke	68,2%	67%
lösliche Zucker / Schleimst.	3%	8,5%
Eiweiß	12,5%	8,1%
Wasser	14%	14%
Fett	1,3%	1,1%
Rohfaser	0,3%	0,4%
Mineralstoffe	0,7%	0,9%

Abb. Nr. 269

Um die Unterschiede zwischen Roggen- und Weizenmehl zu verdeutlichen, wird zum Vergleich zum Hefebackversuch auch ein Hefebackversuch mit Weizenmehl der Type 812 durchgeführt.

Versuch Nr. 22:
Stellen Sie nach der Rezeptur des Hefebackversuchs einen Teig her und verwenden Sie als Mehlsorte die Type 812. Beobachten Sie das Gärverhalten und beurteilen Sie das erbackene Brot im Vergleich mit dem Hefebackversuch des Roggenmehls!

Beobachtungen:
– Roggenteige gären schneller als vergleichbare Weizenteige.
– Ungesäuerte Roggenteige ergeben im allgemeinen nicht so eine feste Krumenstruktur wie Weizenteige.

Warum ist das so?

Begründung des unterschiedlichen Backverhaltens von Roggen- und Weizenmehl

Roggen- und Weizenmehle vergleichbarer Ausmahlung unterscheiden sich in ihrer Zusammensetzung.
Roggenmehle enthalten
– *weniger Stärke,*
– *weniger quellfähiges Eiweiß,*
– *mehr lösliche Zucker,*
– *mehr wasserbindende Schleimstoffe und*
– *mehr stärkeabbauende Enzyme.*

Die in Tabelle Nr. 28 dargestellten Durchschnittswerte für Mehle aus Roggen und Weizen unterliegen natürlich großen Schwankungen je nach Sorten, Erntejahr und Vermahlung. Im Zusammenhang mit den Versuchsbeobachtungen können wir damit erklären:

– die bläulich-weiße Farbe des Roggenmehls und Roggenteigs (Schalen- und Mineralstoffanteil);
– die höhere Wasserbindung des Roggens beim Teigmachen (Pentosananteil);
– die feuchte und kurze Teigbeschaffenheit des Roggenteigs (Pentosananteil);
– das bessere Gasbildevermögen des Roggenteigs (löslicher Zuckeranteil);
– das geringere Gashaltevermögen des Roggenteigs (geringerer Eiweißanteil).

Die unstabile Brotkrume des Hefebackversuchs mit Roggenmehl ist damit jedoch nicht erklärt. Wir müssen uns zu diesem Zweck das Zusammenwirken von Wasserbindung im Roggenteig, Enzymtätigkeit und Backverhalten verdeutlichen.

Die **Enzymwirkungen** im Roggenteig werden vor allem durch die stärkeabbauenden Amylasen bestimmt. Diese bauen die Stärke in lösliche Zucker ab. Besonders leicht ist verkleisterte Stärke abbaubar.

Die **Beschaffenheit der Roggenstärke** ist bereits durch enzymatischen Abbau im Mehl verändert. Der Abbau setzt sich während der Teigführung und beim Backen fort. Roggenstärke verkleistert zwischen 53 und 73 °C. In diesem Temperaturbereich sind die Amylasen noch wirksam und bauen die Stärke ab.

Die **wasserbindenden Schleimstoffe** des Roggenmehls erhöhen die Teigausbeute. Dadurch steht beim Backen eine größere Menge Wasser zur Verkleisterung der Stärke zur Verfügung. Wird die Stärke enzymatisch in lösliche Zucker abgebaut, so kann sie nicht genügend Wasser binden. Das „überschüssige" Wasser macht die Krume des Brotes feucht und unelastisch. Bei starker Schädigung der Stärke bildet sich ein Wasserstreifen und die Krume ist klitschig.

Über die Enzymkräfte im Roggenmehl geben auch Mehl-Analysewerte Auskunft. Neben der „Maltosezahl" und „Fallzahl" ist besonders das „Amylogramm" interessant. Es mißt die Verkleisterungsfähigkeit der Stärke in Meßeinheiten (Amylogramm-Einheiten) und die Temperatur bei Beginn und Ende der Verkleisterung.

Abb. Nr. 270

Zusätzliche Informationen

Im Amylographen wird eine Mehl-Wasser-Aufschlämmung langsam von 25 °C auf 75 °C erhitzt. Dabei verkleistert die Stärke des Mehles (so wie beim Backprozeß).

Über einen Fühler werden Meßwerte in die Form einer Kurve (Abb. Nr. 271) gebracht und als Amylogramm aufgezeichnet.

Die Aussagen über die Beschaffenheit der Roggenstärke werden aus folgenden Meßwerten gewonnen:
- *Beginn der Verkleisterung,*
- *Verkleisterungsmaximum in Amylogramm-Einheiten (AE),*
- *Verkleisterungs-Endtemperatur.*

Der Bäcker kann auf eine gute Backfähigkeit eines Roggenmehls schließen
- *bei Amylogrammwerten von 250–400 AE*
- *und Verkleisterungsendtemperaturen von 65 bis 70 °C.*

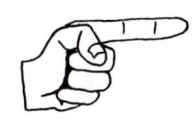

Hinweis: *Zusätzliche Informationen über Laboruntersuchungen des Mehles finden Sie im Kapitel „Die Beurteilung von Weizenmehlen".*

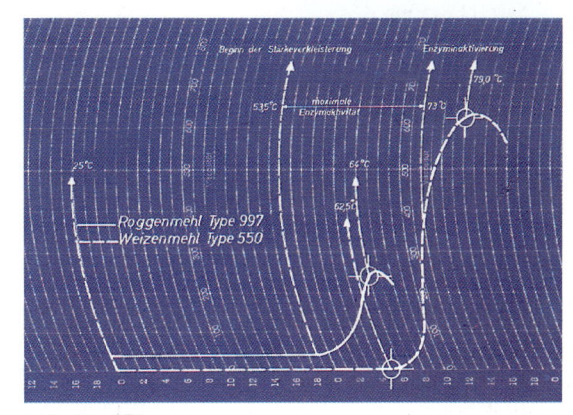

Maltosezahl	Amylogramm	Fallzahl
↓	↓	↓
Gehalt an löslichen Zuckern	Zustand der Mehlstärke	Festigkeit des Stärkekleisters

Tabelle Nr. 29
Aussagen von Mehl-Analysedaten

❋ *Merken Sie sich:*
Gute Backfähigkeit der Roggenmahlerzeugnisse bei:

Maltose	*Amylogramm*	*Fallzahl*
2–3 %	*250–400 AE*	*über 150*

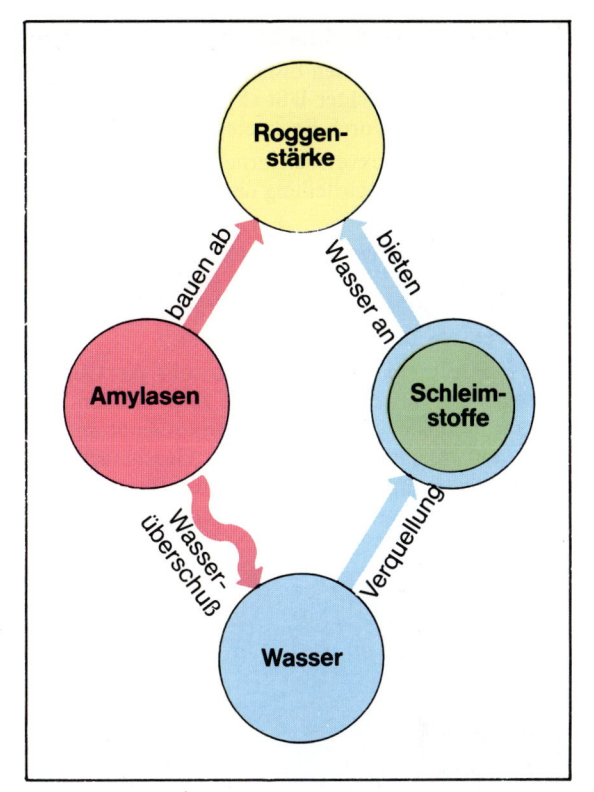

Abb. Nr. 271
Amylogramm
Im Vergleich der Amylogramme von Weizenmehl (gestrichelte Kurve) und Roggenmehl (ausgezogene Kurve) werden die unterschiedlichen Verkleisterungseigenschaften von Roggen- und Weizenstärke deutlich.
Beim dargestellten Weizenmehl:
- Temperaturbereich 62,5–79 °C für die Verkleisterung,
- Festigkeit = 620 A-Einheiten.

Beim dargestellten Roggenmehl:
- Temperaturbereich 53,5–64 °C für die Verkleisterung,
- Festigkeit = 240 A-Einheiten.

Einflüsse auf die Backfähigkeit von Roggenmehl

Umfassender als mit den bisher dargestellten Methoden und praxisgerechter läßt sich das Backverhalten von Roggenmehl durch Backversuche ermitteln.

Ein Milchsäurebackversuch ermöglicht bei den fertigen Broten eine Beurteilung der Brotkrume und des Geschmacks.

Bei einem Sauerteigbackversuch*) kann man über Bewertungen von Teigausbeute, Volumenausbeute, Krumenelastizität eine Meßzahl für den Verarbeitungswert des Roggenmehls ermitteln.

In der Bäckereipraxis ist nicht so sehr die Qualität verschiedener angebotener Mehle zu beurteilen. Der Bäcker muß aber die erzielbare Brotqualität im Hinblick auf Krumenbeschaffenheit, Geschmack und Haltbarkeit ermitteln. Dafür soll die folgende Versuchsbeschreibung einen Weg aufzeigen (vgl. Tabelle Nr. 30)!

*) Hinweis: *Ausführliche Beschreibung des Sauerteigbackversuchs in: Arbeitsgemeinschaft Getreideforschung, Standard-Methoden für Getreide, Mehl und Brot, Verlag M. Schäfer, Detmold.*

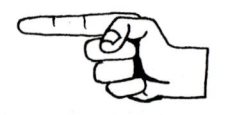

Saueranteil

Versuch Nr. 23:

Stellen Sie aus je 1000 g Roggenmehl 6 Brotteige her (mit den Führungsbedingungen der unten befindlichen Tabelle 30).

Ein Anteil des Roggenmehls wird versäuert, und zwar in folgender Reihung:

Nr. 1	Nr. 2	Nr. 3	Nr. 4	Nr. 5	Nr. 6
0 g	100 g	200 g	300 g	400 g	500 g

Die versäuerte Mehlmenge kann man auch als **Saueranteil** (in % der Gesamt-Roggenmehlmenge) ausdrücken.

Der Saueranteil wäre bei den Teigen demnach:

Nr. 1	Nr. 2	Nr. 3	Nr. 4	Nr. 5	Nr. 6
0 %	10 %	20 %	30 %	40 %	50 %

Die einzelnen Bedingungen, Versuchswerte und Ergebnisse werden in einem Backbericht zusammengefaßt.

Teig	Versuch Nr. 1	2	3	4	5	6
	0 % Sauer	10 % Sauer	20 % Sauer	30 % Sauer	40 % Sauer	50 % Sauer
Gesamtmehlmenge in g	1000	1000	1000	1000	1000	1000
Gesamtflüssigkeit	710	700	690	680	670	660
Hefe (1,6 %) in g	16	16	16	16	16	16
Salz (1,8 %) in g	18	18	18	18	18	18
Teigbeschaffenheit	normal	normal	normal	normal	normal	normal
Teigausbeute	171	170	169	168	167	166
Teigruhe in Minuten	10	10	10	10	10	10
Teiggewicht sofort	1750	1735	1730	1725	1705	1690
Teigeinlage in g	1750	1735	1730	1725	1705	1690
Stückgare in Minuten	50	50	50	50	50	50
Temperatur des Teiges in °C	28	28	28	27	29	28
Temperatur des Gärraums in °C	32	32	32	32	32	32
Temperatur des Ofens in °C	220	220	220	220	220	220
Backzeit in Minuten	60	60	60	60	60	60
Gebäck	1	2	3	4	5	6
Gebäckgewicht nach 1 Stunde	1535	1515	1510	1500	1490	1500
Gebäckvolumen in cm³	2980	3020	2680	2700	2980	2760
Brotausbeute	153,5	151,5	151	150	149	150
Volumenausbeute	298	302	268	270	298	276
Ausbackverlust in %	12,3	12,7	12,7	13	12,6	11,2
Form	etwas flach	gut	gut	gut	gut	etwas rund
Bräunung	normal	normal	normal	normal	normal	normal
Krumenbeschaffenheit	klitschig	feucht	normal	normal	normal	normal
Porengleichmäßigkeit	gleichmäßig	gleichmäßig	gleichmäßig	fast gleichm.	fast gleichm.	fast gleichm.
Krumenelastizität	unelastisch	fast gut	gut	gut	gut	gut
Geschmack	sehr fade	fade	etwas aromat.	aromat.	aromat.	sauer
Säuregrad	5	7,6	9,3	11	12,4	13,6

Tabelle Nr. 30
Beispiel für die Versuchsanordnung und die Auswertung eines Sauerteigbackversuchs mit unterschiedlichen Saueranteilen

Ergebnisse der Versuche:
- Ohne Sauerteig ist die Brotkrume nicht stabil. Der Geschmack ist fade.
- Mit steigendem Saueranteil wird die Krume stabiler und elastischer; der Geschmack wird säuerlich bis aromatisch.
- Bei überhöhtem Saueranteil wird die Krume gummiartig fest. Der Geschmack ist zu sauer.
- Der gemessene Säuregrad nimmt mit steigendem Saueranteil zu.
- Bei normal-backfähigem Roggenmehl erhält man die beste Qualität mit 30–40 % Saueranteil für Roggenbrote.

Die Ergebnisse des Backversuchs Nr. 23 gelten für Roggenmehle normaler Backfähigkeit. Roggenmehl ist aber häufig in seiner Backfähigkeit durch Wirkungen von Enzymen verändert. Ein solches Mehl entsteht besonders in Erntejahren mit feucht-warmem Sommer. Das Korn beginnt dann bereits bei der Ernte zu keimen (auszuwachsen). Die im Korn enthaltenen Enzyme beginnen dabei die Stärke in lösliche Zucker abzubauen. Das gewonnene Roggenmehl bezeichnet der Bäcker als „auswuchsgeschädigt".

Auswuchsmehl ist Mehl mit hoher Enzym-Aktivität.

Ein solches Mehl können wir für Versuche durch Zugabe von Malzmehl selbst herstellen.

Versuch Nr. 24:
Stellen Sie mit je 1000 g Roggenmehl 6 Brotteige her. Verwenden Sie dazu die Rezepturen aus Versuch Nr. 23. Um aber ein enzymgeschädigtes Mehl zu erhalten, setzen Sie dem Roggenmehl vor der Verarbeitung (auch vor der Verarbeitung zum Sauerteig!) Malzmehl zu.

Einen sichtbaren Einfluß auf die Backfähigkeit des Roggenmehls erhalten Sie bei einer Zugabe von 4 g Malzmehl auf 1000 g Roggenmehl.

Ergebnisse der Versuche:
- Auf der Brotkruste der Brote mit geringen Saueranteilen sind Blasen (Süßblasen) und Farbungleichheiten zu erkennen. Die Krustenfarbe wird dunkler mit steigendem Saueranteil.
- Ohne Sauerteig ist die Brotkrume nicht gefestigt. Sie ist klitschig. Mit steigendem Saueranteil wird die Krume stabiler und elastischer.
- Gute Ergebnisse werden bei diesem enzymgeschädigten Mehl mit etwa 40 % Saueranteil erzielt.

✲ *Merken Sie sich:*
Für Roggenbrot wird bei normalbackendem Roggenmehl ein Anteil von 30 bis 40 % des Roggenmehls versäuert. Bei enzymgeschädigtem Roggenmehl muß ein Anteil von 40 % bis 45 % versäuert werden, um ein gutes Ergebnis zu erhalten!

Abb. Nr. 272
Roggenbrote mit Saueranteilen von 0–50 %. Im Schnittbild ist die Porung erkennbar. Die unelastische Krumenbeschaffenheit bei den Broten mit 0 %, 10 % und 20 % Saueranteil ist auf dem Bild nicht darstellbar. Bei Übersäuerung mit 50 % Saueranteil werden die rundgezogene Form und die unruhige Porung deutlich.

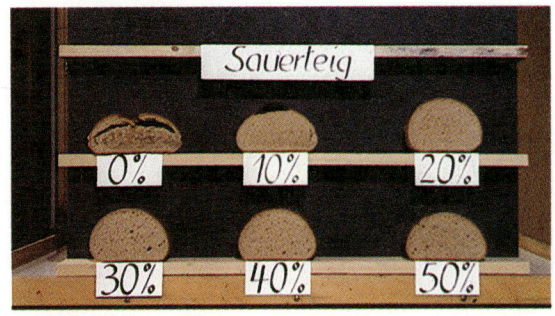

Abb. Nr. 273
Roggenbrote mit enzymgeschädigtem Mehl und Saueranteilen von 0 % bis 50 %. Deutlich sind die Krumenfehler bei 0 % und 10 % Saueranteil zu erkennen.

Abb. Nr. 274
Vergleich der Krumenelastizität bei Broten aus enzymgeschädigtem Mehl und 20 % bzw. 40 % Saueranteil. Deutlich ist bei dem Brot mit 20 % Saueranteil durch den Daumeneindruck die unelastische Krume erkennbar. Das Brot mit 40 % Saueranteil zeigt keinen Daumeneindruck; es hat die gewünschte Krumenelastizität.

Zum Nachdenken: *Im Kapitel „Backmittel für Weißgebäcke" haben Sie Backmalz als Weizenbackmittel kennengelernt.*
Die Wirkung des enzymhaltigen Backmalzes ist bei der Weißgebäckherstellung erwünscht.
Vergleichen Sie diese Nutzung mit der Wirkung der stärkeabbauenden Enzyme beim Roggenmehl!

Abb. Nr. 275   Stärkekleister vor dem Abkühlen

Abb. Nr. 276
Sturzversuch mit den ausgekühlten Stärkekleistern des Versuchs 25

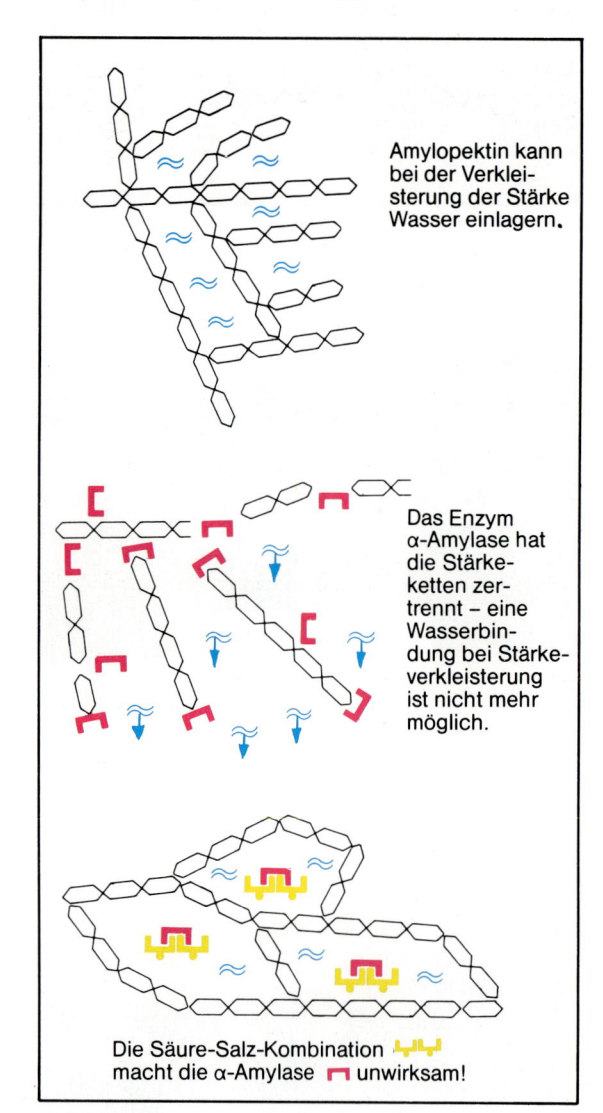

Amylopektin kann bei der Verkleisterung der Stärke Wasser einlagern.

Das Enzym α-Amylase hat die Stärkeketten zertrennt – eine Wasserbindung bei Stärkeverkleisterung ist nicht mehr möglich.

Die Säure-Salz-Kombination macht die α-Amylase unwirksam!

Abb. Nr. 277

Wirkung von Säure und Salz

Bei den Versuchen Nr. 23 und 24 haben wir die Wirkung unterschiedlicher Saueranteile bei Roggenbroten beurteilt. In dieser Betrachtung darf aber der Salzanteil des Teiges nicht vergessen werden. Der Zusatz von 1,8 % Salz (18 g auf 1000 g Mehl) entspricht der normalen Dosierung.

Der Zusammenhang zwischen Teigsäuerung und Salzwirkung wird bei dem folgenden Versuch deutlich:

Versuch Nr. 25:

Kochen Sie aus 1 Liter Wasser und 100 g Weizenstärke einen Kleister. Verteilen Sie den Kleister auf 4 Bechergläser. Verarbeiten Sie die Proben wie folgt:

Nr. 1	Nr. 2	Nr. 3	Nr. 4
ohne Zusatz	+1 g Malzmehl	+1 g Malzmehl +3 g Säure	+1 g Malzmehl +3 g Säure +3 g Salz

Stürzen Sie die Kleister, wenn diese gut durchgekühlt sind.

Beobachtungen:

– Der unbehandelte Stärkekleister wird sturzfähig fest.
– Der Stärkekleister mit Malzmehlzusatz wird verflüssigt.
– Der Stärkekleister mit Malzmehlzusatz und Säurezusatz wird breiig fest.
– Der Stärkekleister mit Malzmehlzusatz sowie Säure- und Salzzusatz wird sturzfähig fest.

Erkenntnisse:

– Malzmehl enthält stärkeabbauende Enzyme (Amylasen). Die Amylasen bauen die Stärke in lösliche Zucker ab. Darum kann das Wasser nicht mehr gebunden werden!
– Eine Kombination von Säure und Salz hemmt die Amylasentätigkeit. Die Amylasen können die Stärke nicht mehr abbauen. Das Wasser kann von der Stärke gebunden werden!

Übertragung auf das Roggenmehl:

Enzymreiches (auswuchsgeschädigtes) Roggenmehl enthält viel Amylasen. Diese schwächen die Backfähigkeit durch Stärkeabbau. Die Wasserbindefähigkeit beim Backen ist darum eingeschränkt. Um die Wasserbindefähigkeit der Roggenstärke beim Backen zu erhalten, wird der Roggenteig gesäuert. Der Salzzusatz wirkt auch enzymhemmend. Die Kombination von Säure und Salz stabilisiert am besten die Backfähigkeit.

Versuch Nr. 26:

Stellen Sie 2 Brotteige aus je 1000 g Roggenmehl her. Setzen Sie dem Roggenmehl jeweils 4 g Malzmehl zu.

Rezeptur:

A	B
1000 g R'mehl	1000 g R'mehl
+650 g Wasser	+650 g Wasser
+ 10 g Hefe	+ 10 g Hefe
	+ 18 g Salz
	+ 12,5 g Milchsäure

Backen Sie die Brote nach den Bedingungen des Hefebackversuchs ab. Unterbrechen Sie jedoch den Backvorgang nach 10 Minuten und schneiden Sie die Brote durch (vgl. Abb. Nr. 278).

Beobachtung:
– Das Brot ohne Säure- und Salzzusatz hat keine zusammenhängende Krume gebildet.
– Das Brot mit Säure- und Salzzusatz hat bereits eine Krume gebildet.

Erkenntnis:
Roggenmehl benötigt zur Stabilisierung seiner Backfähigkeit einen Zusatz von Säure und Salz.

Zusätzliche Informationen

Für die Festigkeit des Krumengefüges von roggenhaltigen Broten ist vor allem die Stärke verantwortlich. Ihr Zustand im Zusammenhang mit den im Roggenmehl wirkenden Enzymen wird als diastatischer Zustand des Roggens bezeichnet. Im Vergleich zu Weizen wirken sich auf die stärkeärmeren und enzymreichen Roggenkörner bereits die Erntebedingungen ungünstig aus. Besonders rasch gereiftes Korn erleidet bei feuchtem Ernteklima eine Mürbung der Zelluloseschalen durch cytolytische Enzyme und gleichzeitige Wirkung von Mikroorganismen und deren Enzymen. Vor allem durch Zellulasen, Proteasen und ähnliche Enzyme wird die Eiweiß- und Schleimstoffeinbettung der relativ großen Roggenstärkekörner aufgelöst, so daß die stärkeabbauenden Enzyme (5 versch. α-Amylasen) nun die Stärkekörner angreifen und bis zu löslichen Zuckern abbauen können. Die Enzymaktivität des Roggens bleibt bis zur Teigführung erhalten und wirksam. Da die Verkleisterung der Roggenstärke beim Backen mit dem Temperaturoptimum der Enzyme zusammenfällt (etwa 53–73 °C) und der Roggenteig durch den hohen Schleimstoffgehalt (daraus resultierender hoher TA) mehr Wasser enthält, kommt es darauf an, durch wasseranziehende Wirkung und pH-Wert-Senkung (unter pH-Wert 4,5 bis 5,5 = Optimum der Amylase) des Säure-Salz-Zusatzes die Proteine der Enzyme auszufällen und damit eine gute Wasserbindung in der Krume zu erhalten.

Abb. Nr. 278 Brote aus Auswuchsmehl ohne Säuerung (links) und mit Milchsäure (rechts) nach 10 Minuten Backzeit

Wichtiges über die Backfähigkeit von Roggenmehl in Kurzform

- *Roggenmehl hat eine bessere Wasseraufnahmefähigkeit als vergleichbares Weizenmehl. Darum erzielt man bei Roggenteigen höhere Teigausbeuten.*
- *Roggenmehl kann beim Backen das Teigwasser nicht so binden, daß eine elastische Krume entsteht.*
- *Stärkeabbauende Enzyme (Amylasen) beeinträchtigen die Wasserbindefähigkeit des Roggenmehls. Sie bauen die Stärke in lösliche Zucker ab.*
- *Durch Säure- und Salzzusatz zum Roggenteig werden die stärkeabbauenden Enzyme gehemmt.*
- *Roggenmehl muß zur Stabilisierung seiner Backfähigkeit gesäuert werden.*

Säuerung roggenhaltiger Teige

Damit Roggenmehl in seiner Backfähigkeit stabilisiert wird, müssen roggenhaltige Teige bei ihrer Bereitung gesäuert werden.

Das kann auf verschiedene Weise erfolgen:
- indem ein gärender Sauerteig geführt wird;
- indem teigsäuernde Backmittel zum Brotteig verarbeitet werden;
- indem ein Sauerteiganteil und teigsäuernde Backmittel kombiniert verarbeitet werden.

Welche Methode der Teigsäuerung wenden Sie in Ihrem Betrieb an?

Die Gärführung über einen Sauerteig ist sicher die älteste Methode zur Säuerung von Brotteigen. Diese Methode ist deswegen aber nicht überholt. Im Gegenteil: Die Sauerteigführungen sind immer weiterentwickelt worden. Es gibt heute viele moderne Führungsmethoden. Diese machen es dem Bäcker möglich, sicher und arbeitssparend einen Sauerteig für seine Brotherstellung zu nutzen. Sie können im folgenden die wichtigsten Führungsarten kennenlernen.

Karl meint: *„Ich bin nicht dafür zu haben, einen Sauerteig zu führen! Mit teigsäuernden Backmitteln ist der Brotteig sicherer und bequemer herzustellen. Warum soll ich mir die viele Arbeit mit einer Gärführung für einen Sauerteig machen?"*

Vergleichen Sie die verschiedenen Methoden für die Säuerung roggenhaltiger Teige.
Wie beurteilen Sie die Aussage von Karl?

Abb. Nr. 279
Ägypterin formt Brot (ca. 2000 Jahre vor Chr.)

Ziele der Sauerteigführungen

Durch die Gärungsprodukte des Sauerteigs erzielt der Bäcker verschiedene günstige Wirkungen für seinen Brotteig:
- sie stabilisieren die Roggenbackfähigkeit;
- sie geben dem Brot einen aromatischen Geschmack;
- sie lockern die Brotkrume;
- sie machen die Brotkrume schnittfest und elastisch;
- sie verbessern die Frischhaltung und Haltbarkeit des Brotes.

✷ *Merken Sie sich:*
Ziele der Sauerteigführungen = Verbesserung von

| Roggenbackfähigkeit | + | Brotgeschmack | + | Lockerung |

Im allgemeinen werden keine Weizenmehle versäuert. Man versteht daher unter einem Sauerteig einen in Gärung befindlichen Teig aus Roggenmehl oder Roggenschrot und Wasser.

Zusätzliche Informationen
Sauerteig hat eine lange Tradition
Der Sauerteig ist schon aus vorchristlicher Zeit bekannt. Bei den Ägyptern spielte das Brot in ihrem Leben eine große Rolle. Wir wissen, daß sie viele verschiedene Brotsorten kannten.

Wahrscheinlich durch einen Zufall haben auch die Ägypter den gärenden Sauerteig gefunden. Ein übriggebliebener Teig war in der Wärme in Gärung geraten. So fanden sie den Anstellsauer für eine Sauerteigführung.

In biblischen Texten, die über die 430jährige Gefangenschaft des jüdischen Volkes in Ägypten berichten, erfahren wir etwas über den Sauerteig. Moses hat seinem jüdischen Volk demnach verboten, zur Zeit des Osterlamms gesäuertes Brot zu essen. Es heißt dort: „Sieben Tage sollt ihr ungesäuertes Brot essen, nämlich am ersten sollt ihr den Sauerteig aus eueren Häusern tun."

Kleinlebewesen des Sauerteigs

Die Gärung des Sauerteigs kommt durch Kleinlebewesen des Mehles und der Luft zustande. Aufgabe des Bäckers ist es, bei der Sauerteigführung günstige Lebensbedingungen für die erwünschten Kleinlebewesen des Sauerteigs zu schaffen.

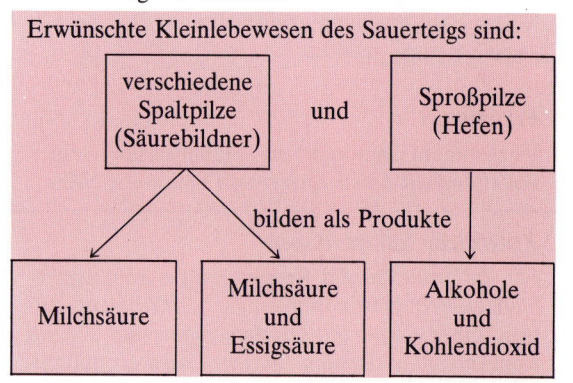

Erwünschte Kleinlebewesen des Sauerteigs sind:

verschiedene Spaltpilze (Säurebildner) und Sproßpilze (Hefen)

bilden als Produkte

Milchsäure | Milchsäure und Essigsäure | Alkohole und Kohlendioxid

Im Sauerteig nicht erwünscht sind: Kleinlebewesen, die Fremdgärungen bewirken und unangenehme Geschmacks- und Geruchsstoffe entwickeln (z. B. Buttersäurebakterien). Solche Kleinlebewesen geraten durch das Mehl und über die Luft natürlich in den Sauerteig. Fördert der Bäcker aber die erwünschten Kleinlebewesen genügend, so unterdrücken diese die unerwünschten Gärungserreger.

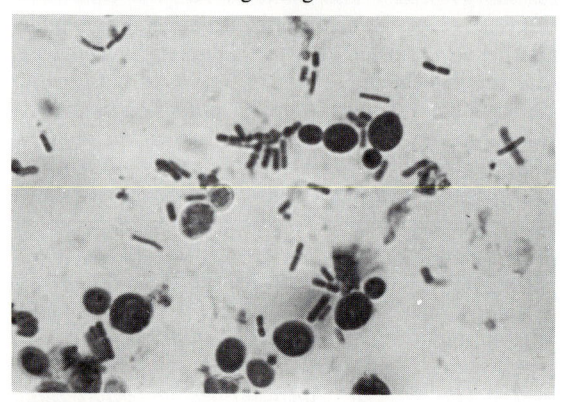

Abb. Nr. 280
Mikroaufnahme eines Sauerteigs (1200fache Vergrößerung). Deutlich sind neben den Sproßverbänden der Sauerteighefen die stäbchenförmigen Säurebildner zu erkennen

Die Gärungsprodukte der Säurebildner sind Gift für die unerwünschten Kleinlebewesen. Aber auch die Tätigkeit der erwünschten Kleinlebewesen wird durch ihre eigenen Gärungsprodukte eingeschränkt. Man sagt deshalb, daß der Sauerteig sich selbst konserviert.

Die Kleinlebewesen des Sauerteigs vergären Mehlsubstanz und bilden daraus die erwünschten Produkte. Der Bäcker versorgt die Kleinlebewesen bei der Sauerteigführung mit Nahrung und Feuchtigkeit. Durch die Führungsbedingungen kann er aber auch die Produktion der einzelnen Gärungserzeugnisse lenken.

→ Milchsäure wird vor allem bei weicher Führung und Temperaturen von 35–40 °C gebildet.
→ Essigsäure wird vor allem bei fester Führung und Temperaturen um 20 °C gebildet.
→ Die Sauerteighefen werden durch weiche, sauerstoffreiche Führung und Temperaturen von 24–26 °C in ihrer Vermehrung gefördert.

Führungsbedingungen

An den unterschiedlichen Ansprüchen der Kleinlebewesen wird deutlich, daß diese im Sauerteig nicht zugleich in idealer Weise gefördert werden können.

Der Bäcker berücksichtigt die verschiedenen Lebensbedingungen der Sauerteig-Kleinlebewesen. Bei mehrstufigen Sauerteigführungen wird in den einzelnen Stufen jeweils ein besonderer Zweck erfüllt (z. B. Förderung der Milchsäurebildung).

Bestimmte Sauerteigführungen sind allein auf besondere Lebensbedingungen einzelner Kleinlebewesen abgestellt.

Beispiel: Milchsäurebildung

Eine einstufige Sauerteigführung, der **Berliner Kurzsauer,** dient vor allem der Milchsäurebildung. Er erfüllt deshalb in besonderer Weise die Bedingungen der Milchsäureproduktion = weiche Führung mit TA 190, warm mit Sauerteigtemperatur von 35 °C.

Beispiel: Hefevermehrung

In zwei bis fünf Gärungsstufen wird bei dem **Schlag- oder Schaumsauer** die Hefevermehrung gefördert. Die Stufen werden mit Teigausbeuten von etwa 250 geführt, die Sauerteigtemperatur beträgt etwa 26 °C, die Stufen werden luftig geschlagen.

Der Bäcker hat es also in der Hand, durch die Führungsbedingungen auch die Gärungsprodukte zu bestimmen. Damit kann er auch die Qualität seines Brotes über den Sauerteig steuern.

Für die Geschmacksausprägung im Brot ist vor allem die Säuremenge und deren Aufteilung auf Milch- und Essigsäure wichtig. Günstig ist ein Anteil von 75–80 % Milchsäure und 25–20 % Essigsäure (Säuren des Sauerteigs zusammen = 100 %). Man mißt die Säuremenge im Säuregrad, indem man die erforderliche Menge Natronlauge zur Neutralisierung der Sauerteigsäuren ermittelt. Der Säuregrad sagt aber nichts über die Art und Stärke der Säuren aus!

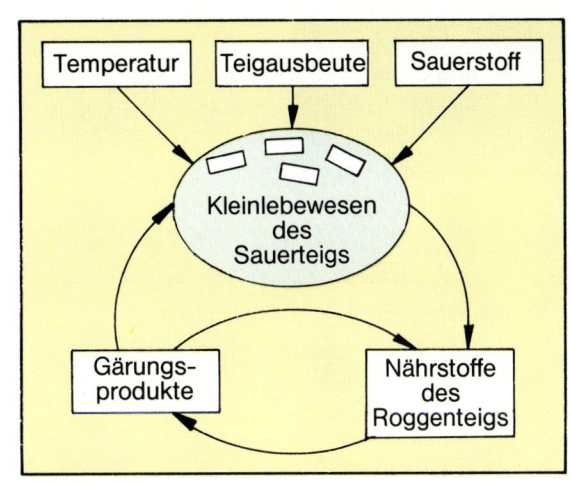

Abb. Nr. 281
Wechselwirkung der Führungsbedingungen des Sauerteigs

Zusätzliche Informationen

In langjährigen Forschungen hat man in Sauerteigen über 100 Kleinlebewesenarten nachgewiesen. Von denen sind 8 Gruppen von Säurebildnern der Art Lactobacillus sehr wesentlich.

Ausschließlich Milchsäure bildet: Lactobacillus platarum (homofermentativ).

Neben Milchsäure bilden auch andere Säuren:

Lactobacillus fermenti,
Lactobacillus brevis (heterofermentativ).

Worterklärung:

homo = aus dem Griechischen, bedeutet ,,gleich'' = gleichstoffig;

hetero = aus dem Griechischen, bedeutet ,,anders'' = ungleichartig.

Bedingungen für die Säurebildner		
	homofermentative Säurebildner	heterofermentative Säurebildner
weiche Teigführung	+	–
feste Teigführung	–	+
Sauertemperatur über 30 °C	+	–
Sauertemperatur unter 30 °C	–	+
Lange Abstehzeiten	+	–
Anwesenheit von Hefen und CO_2	+	

\+ = fördert die Lebenstätigkeit
– = fördert wenig oder gar nicht die Lebenstätigkeit

Tabelle Nr. 31
Abhängigkeit der Säurebildner im Sauerteig von den Führungsbedingungen

Hinweis: *Die Säuregradbestimmung und ihre Durchführung sind im Kapitel „Brotbeurteilung" beschrieben!*

❋ **Merkhilfe**

Essigsäurebildung = feste, kühle Führung
Milchsäurebildung = weiche, warme Führung
Erwünschtes Verhältnis
von Milchsäure zu Essigsäure =
75–80 % Milchsäure
25–20 % Essigsäure
Säuregrad mißt die Menge der Säuren im Sauerteig,
pH-Wert mißt die Stärke der Säuren im Sauerteig.

Thomas stellt fest: *„Für einen gesunden Sauerteig benötige ich auch ein richtiges Anstellgut. Ein Stück Brotteig ist völlig ungeeignet! Am besten ist es, vom reifen Sauerteig ein Stück abzunehmen. Was aber macht man am besten, wenn das Anstellgut über mehrere Tage aufbewahrt werden muß? Oder was macht man, wenn der Sauerteig ungesund ist?"*

Wie stellen Sie in Ihrem Betrieb sicher, daß Sie immer ein gesundes Anstellgut haben?
Informieren Sie sich bei Ihren Fachkollegen über die Lösungen in deren Betrieben!

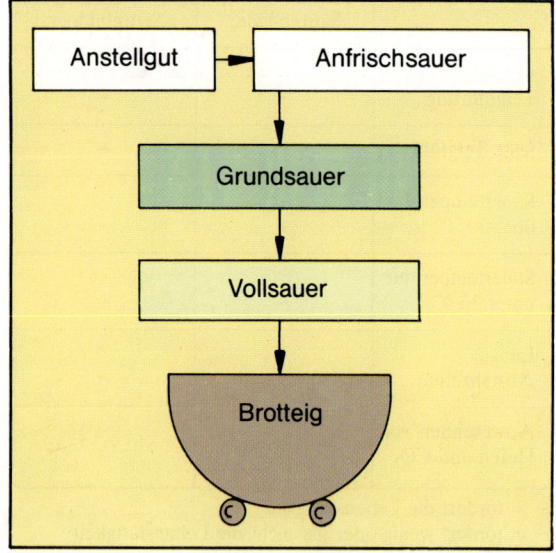

Abb. Nr. 282
Schema der indirekten Brotteigführung mit einem Dreistufensauer

---

Die backtechnische Wirkung der Säuren wird vor allem durch deren Stärke bestimmt. Man mißt die Säurestärke durch den pH-Wert (Wasserstoff-Ionen-Konzentration). Auf der Skala der pH-Werte von 0 bis 14 erreicht ein reifer Sauerteig etwa den pH-Bereich 4,2 bis 3,4.

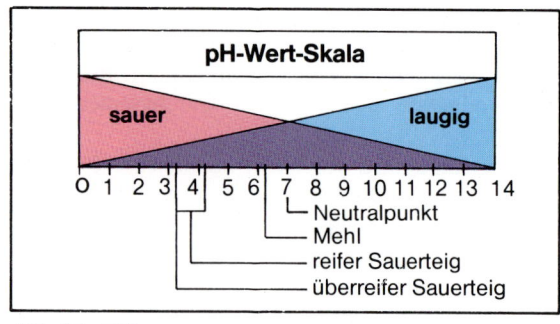

Abb. Nr. 283
Die Stärke der Säuren im Sauerteig wird mit dem pH-Wert gemessen

Anstellgut, Starterkultur

Die Kleinlebewesen werden für eine Sauerteigführung durch ein Anstellgut = Starterkultur eingebracht.

Dafür gibt es folgende Möglichkeiten:

→ spontane Gärung = ein Roggenmehlteig wird über mehrere Stufen angefrischt, bis er gärig sauer ist;
→ Abnahme vom reifen Vollsauer der letzten Stufe;
→ Reinzuchtsauer = gezielte Starterkulturen für verschiedene Sauerteigführungen werden käuflich erworben.

Die spontane Gärung ist für die Sauerteigentdeckung in früherer Zeit verantwortlich, ist aber für die Anzucht eines erwünschten Kleinlebewesenstamms nicht empfehlenswert!

In der Regel wird man Anstellgut vom reifen Vollsauer abnehmen und von Zeit zu Zeit durch Reinzuchtsauer erneuern.

Die Aufbewahrung von Starterkulturen über mehrere Tage geschieht am besten bei kühlen Temperaturen (+9 °C) unter Schutz vor Austrocknung.

Durch Sauerteigführungen sollen ausgehend von der Starterkultur in einer oder mehreren Sauerteigstufen die gewünschten Gärungsprodukte gebildet werden.

Der reife Sauerteig wird sodann als ausschließliches Säuerungsmittel zur Brotteigbereitung verarbeitet.

Diese Art der Brotteigherstellung nennt man die indirekte Führung (Vorteigführung).

Dreistufenführung

Durch stufenweise Führung werden einerseits die unterschiedlichen Lebensbedingungen der Sauerteig-Kleinlebewesen gefördert, andererseits wird die Sauerteigreifung auf die betrieblichen Erfordernisse (z. B. Zeitpunkt der Brotteigbereitung) abgestimmt.

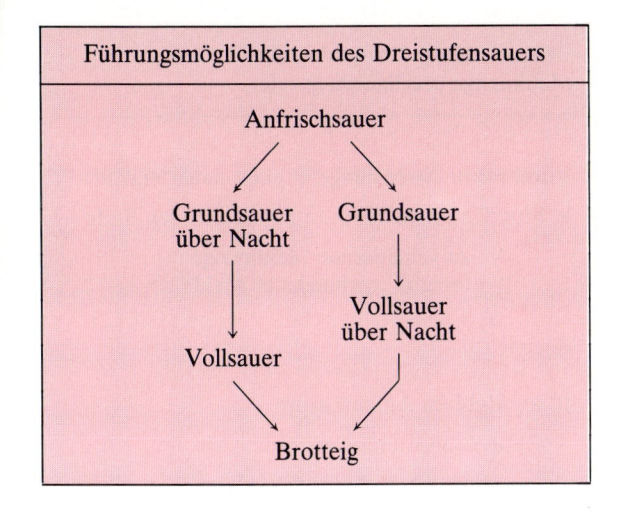

Führungsmöglichkeiten des Dreistufensauers

Anfrischsauer
↙ ↘
Grundsauer über Nacht   Grundsauer
↓   ↓
Vollsauer   Vollsauer über Nacht
↘   ↙
Brotteig

Ziele der Sauerteigstufen

Bei der **Dreistufenführung** ergeben sich z. B. folgende Bedingungen:

Stufe	Ziel	Führung
Anfrischsauer	– Hefevermehrung – Entwicklung der Milchsäurebildner	– weich (TA 200) – Teigtemperatur 26–28 °C – Belüftung – Abstehzeit 2 bis 4 Std.
Grundsauer	– Säurebildung	– mittelfest (TA 170) – Teigtemperatur 24–26 °C – Abstehzeit 5 bis 8 Std.
Vollsauer	– Entwicklung aller Kleinlebewesen (Reifestufe)	– weich (TA 200) – Teigtemperatur 28–30 °C – Belüftung – Abstehzeit 2 bis 3 Std.

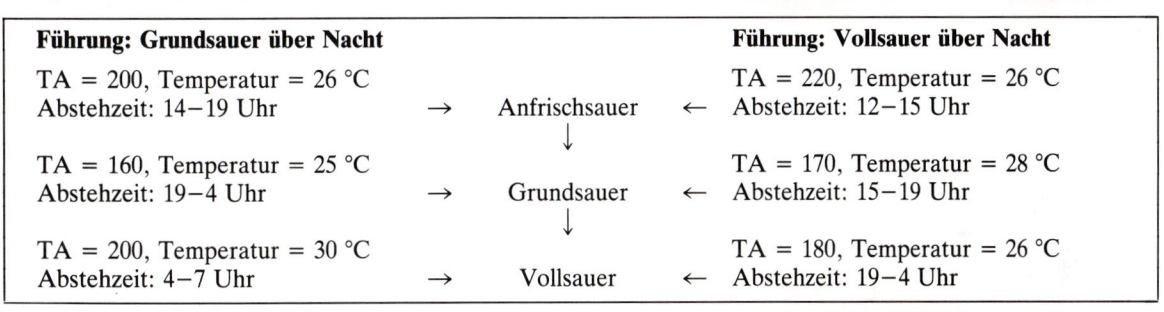

Grundsauer oder Vollsauer über Nacht

Muß aus betrieblichen Gründen morgens zum Arbeitsbeginn reifer Sauerteig der Dreistufenführung zur Verfügung stehen, so wird mit langer Vollsauer-Reifezeit (Vollsauer über Nacht) gearbeitet.

Ansonsten wird morgens bei Arbeitsbeginn der Vollsauer bereitet (Grundsauer über Nacht). Die Führungsbedingungen sind bei beiden Arten wie folgt anzupassen (Beispielwerte):

Führung: Grundsauer über Nacht

TA = 200, Temperatur = 26 °C
Abstehzeit: 14–19 Uhr → Anfrischsauer

TA = 160, Temperatur = 25 °C
Abstehzeit: 19–4 Uhr → Grundsauer

TA = 200, Temperatur = 30 °C
Abstehzeit: 4–7 Uhr → Vollsauer

Führung: Vollsauer über Nacht

TA = 220, Temperatur = 26 °C
Abstehzeit: 12–15 Uhr ← Anfrischsauer

TA = 170, Temperatur = 28 °C
Abstehzeit: 15–19 Uhr ← Grundsauer

TA = 180, Temperatur = 26 °C
Abstehzeit: 19–4 Uhr ← Vollsauer

Müssen aus betrieblichen Gründen (z. B. für mehrere nacheinander folgende Brotteige) reife Vollsauer zu verschiedenen Terminen im Tagesverlauf zur Verfügung stehen, so gibt es dazu folgende Lösungsmöglichkeiten:

a) ein reifer Vollsauer wird aufgeteilt zu verschiedenen Brotteigen
   Vorteil: Arbeitsersparnis
   Nachteil: Vollsauer-Restmengen können überreif werden (abfressen), Folge: Brotfehler

b) der reife Vollsauer wird zu einem Teil erneut aufgefrischt und mit etwa dreistündiger Reifezeit verarbeitet
   Vorteil: mehrere reife Vollsauer zur Verfügung
   Nachteil: höherer Arbeitsaufwand; Gefahr der zu geringen Säuerung der letzten Vollsauer, Folge: Brotfehler

c) der Grundsauer wird auf mehrere Vollsauer aufgeteilt, die durch Anpassung der Führungsbedingungen zu unterschiedlichen Zeiten reif werden
   Vorteil: mehrere reife Vollsauer zur Verarbeitung
   Nachteil: höherer Arbeitsaufwand

Abgewandeltes Schema für die Grundsaueraufteilung

Anstellgut
↓
Anfrischsauer
↓
Grundsauer
↓   ↓   ↓
Vollsauer Nr. 1 Vollsauer Nr. 2 Vollsauer Nr. 3

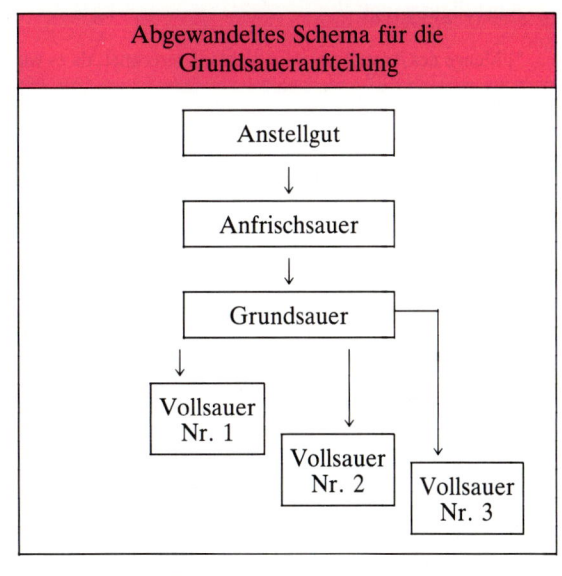

Abb. Nr. 284

Ermittlung der Mehl- und Wassermengen für die Stufen

Bei der Abwandlung von Führungsbedingungen sind nicht nur Teigausbeute, Temperatur und Abstehzeit zu berücksichtigen.

Die Reifezeit einer Sauerteigstufe wird nämlich entscheidend von der Mehlmenge der Sauerteigstufe bestimmt!

Bei der Dreistufenführung kann man die zu versäuernden Mehlmengen je Sauerteigstufe nach der **Arkady-Vervielfältigungsregel** ermitteln.

Danach berechnet sich die zu versäuernde Mehlmenge einer Stufe, indem man die Mehlmenge der vorhergehenden Stufe mit der Stunden-Abstehzeit der zu bereitenden Stufe malnimmt (abzüglich bereits versäuerte Mehlmenge).

Mit der Arkady-Vervielfältigungsregel ist demnach (ausgehend von der Gesamtmehlmenge für einen Teig) in einer Rückrechnung die jeweilige Mehlmenge für eine Sauerteigstufe zu ermitteln.

Beispiel für die Ermittlung der Mehlmenge pro Sauerteigstufe

Vorhandene Mehlmenge in einer Sauerteigstufe
× Stunden Abstehzeit der zu bereitenden Stufe

= zu versäuernde Mehlmenge
(abzügl. vorhandener Mehlmenge)

Beispiel:

10 kg Mehl im Anfrischsauer
× 4 Stunden Grundsauer-Abstehzeit

= 40 kg Mehl für Grundsauer
−10 kg Mehl (im Anfrischsauer)
30 kg Mehl zu versäuern

Beispiel für Roggenbrot aus 100 kg Mehl

Saueranteil = zu versäuernde Mehlmenge = 33 kg

↓

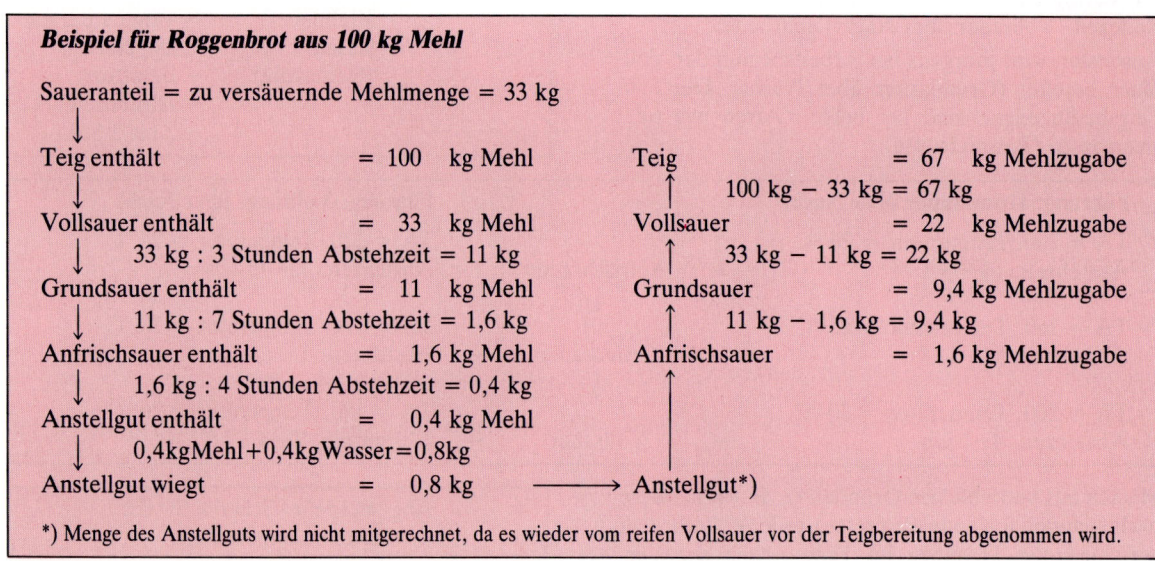

Teig enthält	= 100 kg Mehl	Teig = 67 kg Mehlzugabe
		100 kg − 33 kg = 67 kg
Vollsauer enthält	= 33 kg Mehl	Vollsauer = 22 kg Mehlzugabe
33 kg : 3 Stunden Abstehzeit = 11 kg		33 kg − 11 kg = 22 kg
Grundsauer enthält	= 11 kg Mehl	Grundsauer = 9,4 kg Mehlzugabe
11 kg : 7 Stunden Abstehzeit = 1,6 kg		11 kg − 1,6 kg = 9,4 kg
Anfrischsauer enthält	= 1,6 kg Mehl	Anfrischsauer = 1,6 kg Mehlzugabe
1,6 kg : 4 Stunden Abstehzeit = 0,4 kg		
Anstellgut enthält	= 0,4 kg Mehl	
0,4 kg Mehl + 0,4 kg Wasser = 0,8 kg		
Anstellgut wiegt	= 0,8 kg	⟶ Anstellgut*)

*) Menge des Anstellguts wird nicht mitgerechnet, da es wieder vom reifen Vollsauer vor der Teigbereitung abgenommen wird.

Tabelle Nr. 32

---

① Unreife Sauerteigstufe mit schwacher Auflockerung

② Reife Sauerteigstufe mit großem Volumen, guter Auflockerung, glänzender, aufgerissener Oberfläche, sauer-aromatischem Geruch, bindiger Teigbeschaffenheit

③ Überreife Sauerteigstufe mit eingefallener, angetrockneter Oberfläche, stechend saurem Geruch, leicht schmieriger Teigbeschaffenheit

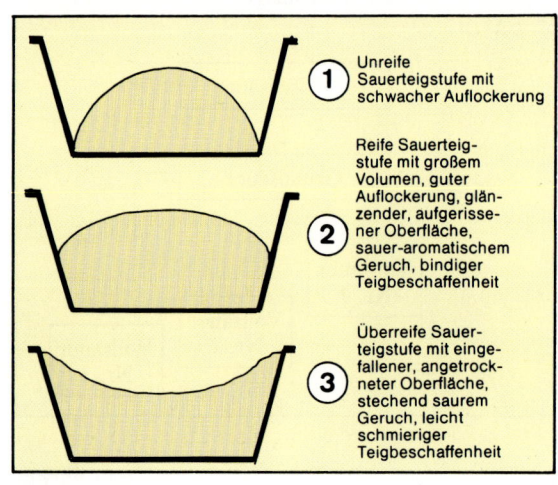

Abb. Nr. 285

Die ermittelten Mehlmengen pro Sauerteigstufe können wir zu einem Schema erweitern, das alle Führungsbedingungen darstellt:

– Mehlmenge pro Stufe
– Wassermenge pro Stufe } = Teigausbeute
– Sauerteigtemperatur
– Abstehzeit.

Diese Führungsbedingungen des Sauers muß der Bäcker so kombinieren, daß die Sauerteigstufen reif werden können. Woran erkennt man nun, ob eine Stufe der Dreistufenführung reif ist?

Der Bäcker erkennt einen reifen Dreistufensauer an folgenden Merkmalen:

– das Volumen ist erheblich vergrößert (Hinweis auf gute Hefevermehrung),
– die Oberfläche ist leicht gewölbt,

- das Abdeckmehl ist inselartig auf der feucht-glänzenden Sauerteigoberfläche verteilt,
- der Geruch ist sauer-aromatisch beim Aufreißen der Oberfläche,
- die Teigbeschaffenheit ist bindig bei guter Auflockerung.

> Hinweis: *Folgen von überreifen und zu jungen Sauerteigen sind im Kapitel „Brotfehler" dargestellt.*

Steuerung der Sauerteigreife

Wie kann die Reifung des Sauerteigs beschleunigt oder verzögert werden?

Der Bäcker hat hierzu im wesentlichen drei Steuerungsmöglichkeiten:
- den Vermehrungsfaktor,
- die Teigtemperatur,
- die Teigausbeute.

Der **Vermehrungsfaktor** ist das Maß für die Vergrößerung der Mehlmenge von Stufe zu Stufe.

Beispiel:

Im Anfrischsauer wird 1 kg Mehl versäuert,
im Grundsauer werden 10 kg Mehl versäuert.

Das bedeutet einen 10fachen Vermehrungsfaktor.

Bei einem kleinen Vermehrungsfaktor können die herangezüchteten Kleinlebewesen das neu zugesetzte Mehl schnell durchsäuern. Bei einem großen Vermehrungsfaktor dagegen dauert es länger, bis die Kleinlebewesen das Mehl zu reifem Sauerteig vergoren haben.

Die **Teigausbeute** gibt das Mehl:Wasser-Verhältnis in jeder Stufe an.

Beispiel:

Werden auf 10 kg Roggenmehl 8 Liter Schüttwasser gegeben, so wird diese Sauerteigstufe mit der Teigausbeute 180 geführt.

Bei weicher Führung (hoher Teigausbeute) können die Kleinlebewesen schneller durchsäuern. Bei fester Teigführung (niedriger Teigausbeute) dauert die Durchsäuerung länger. Außerdem hat die Festigkeit des Sauerteigs Einfluß auf die Art der gebildeten Sauerteigsäuren. Während sich bei weicher Führung besonders gut Milchsäure bildet, verläuft bei fester Führung die Säureproduktion stärker zugunsten der Essigsäure.

Die **Sauerteigtemperatur** bestimmt die Arbeitsgeschwindigkeit der Kleinlebewesen.

Beispiel:

Ein Grundsauer wird mit der Teigtemperatur 27 °C geführt; ein Vollsauer erhält dagegen die Teigtemperatur 29 °C.

Im Grundsauer verzögert sich die Säureproduktion durch langsamere Lebensäußerungen der Kleinlebewesen. Im Vollsauer dagegen können die Kleinlebewesen schneller arbeiten.

Außerdem hat die Teigtemperatur Einfluß auf die Art der gebildeten Säuren. Bei warmer Führung wird mehr Milchsäure, bei kühler Führung mehr Essigsäure gebildet. Temperatur und Festigkeit der Sauerteigstufen bestimmen damit auch das Brotaroma!

Einfluß der Führungsbedingungen der Dreistufenführung auf die Reifung	
fördernd	verzögernd
– kleiner Vermehrungsfaktor	– großer Vermehrungsfaktor
– weiche Führung	– feste Führung
– warme Führung	– kühle Führung

Tabelle Nr. 33

> ✱ Merken Sie sich: *Vermehrungsfaktor, Sauerteigtemperatur und Teigausbeute steuern die Reifung des Sauerteigs.*
> *Sie bestimmen aber auch über die Art der gebildeten Säuren das Brotaroma!*

Führungsschema der Dreistufenführung

Aus den in Tabelle Nr. 32 errechneten Mehlmengen können wir nun unter Beachtung aller Führungsbedingungen ein Schema für den Dreistufensauer zusammenstellen (siehe Tabelle Nr. 34).

Wie bei den Mehlmengen pro Stufe wird auch bei den Wassermengen die bei den vorhergehenden Stufen bereits verarbeitete Menge abgezogen.

In unserem Beispiel wird für TA 200 beim Anfrischsauer auf 1,6 kg Mehl auch 1,6 kg Wasser benötigt.

Im Grundsauer soll die Mehlmenge (aus Anfrisch- und Grundsauer!) von insgesamt 11 kg mit TA 170 versäuert sein.

Auf 11 kg Mehl wären nötig	= 7,700 l
abzgl. Schüttwasser des Anfrischsauers	= 1,600 l
= Wassermenge des Grundsauers	= 6,100 l

Im Vollsauer muß die gesamte Mehlmenge des Sauerteigs von 33 kg mit TA 200 verarbeitet sein.

Auf 33 kg Mehl wären nötig	= 33,000 l
abzgl. Schüttwasser des Anfrisch- und Grundsauers	= 7,700 l
= Wassermenge des Vollsauers	= 25,300 l

Mit dem reifen Vollsauer kann der Brotteig (oder mehrere Brotteige) bereitet werden. Für den Ansatz des nächsten Sauerteigs wird zuvor ein Anstellgut abgenommen. Deshalb wird die Anstellgutmenge nicht mitberechnet (Tab. Nr. 34). Für den Brotteig wird das restliche Mehl (in unserem Beispiel = 67 kg) mit dem Sauerteig, Wasser, Salz und eventuell noch Hefe verarbeitet.

Schema für die Führung eines Dreistufensauers für die Verarbeitung von 100 kg Roggenmehl zu Brot – Saueranteil = 33 %

Anstellgut = 0,800 kg (Menge nicht mitberechnen!)

Anfrischsauer
    Roggenmehl = 1,600 kg   TA = 200
  + Wasser   = 1,600 kg   Teigtemperatur = 27 °C
  = Sauerteig   = 3,200 kg   Abstehzeit = 4 Std.

Grundsauer
    Anfrischsauer = 3,200 kg   TA = 170
  + Roggenmehl = 9,400 kg   Teigtemperatur = 26 °C
  + Wasser   = 6,100 kg   Abstehzeit = 7 Std.
  = Sauerteig   = 18,700 kg

Vollsauer
    Grundsauer = 18,700 kg   TA = 200
  + Roggenmehl = 22,000 kg   Teigtemperatur = 29 °C
  + Wasser   = 25,300 kg   Abstehzeit = 3 Std.
  = Sauerteig = 66,000 kg

Tabelle Nr. 34

Vor- und Nachteile der Dreistufenführung

Vorteile:
– gute Aromabildung durch Säuren und Aromastoffe des Sauerteigs
– gute Lockerung durch Sauerteighefen
– gute Steuerungsmöglichkeiten durch kurze Stehzeiten der Sauerteigstufen

Nachteile:
– hoher Arbeitsaufwand
– Gärverluste

Abb. Nr. 286   Gesunder Sauerteig – gesundes Brot

Zusammenfassung der Brotteigbereitung mit der Dreistufenführung		
Arbeitsschritt	**Ziel**	**Begründung**
Saueranteil festlegen	▸ Anteil des Roggenmehls versäuern, der für Elastizität und Geschmack nötig ist	▸ Vermeidung von Brotfehlern der Krume und des Geschmacks
Roggenmehl zu Sauerteig verarbeiten	▸ Backfähigkeit des Roggenmehls verbessern	▸ Schleimstoffe und Eiweiße des Roggenmehls festigen, enzymatischen Abbau der Roggenstärke eindämmen
Sauerteig stufenweise bis zum Brotteig führen	▸ reifer Anfrischsauer, Grundsauer, Vollsauer	▸ Förderung der Kleinlebewesen durch unterschiedliche Teigfestigkeiten, Teigtemperaturen, Abstehzeiten

Abb. Nr. 287

Zweistufenführungen

In den einzelnen Stufen der Dreistufenführung sollen die Kleinlebewesen des Sauerteigs gezielt gefördert werden. Der reife Sauerteig erfüllt dann durch die Gärungsprodukte seiner Kleinlebewesen bei der Brotbereitung folgende Aufgaben:
– Lockerung
– Stabilisierung der Roggenbackfähigkeit
– Geschmack

Wenn man das Brot durch Zusatz von Backhefe zum Brotteig lockert, kann bei der Sauerteigführung die Lockerungsaufgabe vernachlässigt werden. Es entfällt damit die gezielte Hefevermehrung im Sauerteig. Die Stufe des Anfrischsauers kann eingespart werden.

Somit ergeben sich zweistufige Sauerteigführungen mit den Stufen Grundsauer + Vollsauer.

Die zweistufigen Führungen erbringen trotz Vereinfachung in der Führung gute Brotqualitäten mit aromatischem Geschmack.

Vorteile gegenüber der Dreistufenführung:
- *Arbeitsersparnis,*
- *einfache Errechnung der Mehl- und Wassermengen,*
- *lange Abstehtoleranz des Grundsauers (ohne Gefahr des „Abfressens").*

Zweistufenführungen können mit dem Grundsauer über Nacht geführt werden. Es gibt aber auch Vollsauer-über-Nacht-Führungen.

Führungsbedingungen einer Zweistufenführung

Wegen der langen Reifezeiten des Grundsauers kann dieser bereits in der normalen Betriebsarbeitszeit hergestellt werden. Der dafür erforderliche Führungsweg sieht wie folgt aus:

→ *Anstellgut: grundsätzlich 2,5 % der zu versäuernden Mehlmenge*
→ *Grundsauer: Mehlmenge = 16 × Anstellgutmenge, Abstehzeit ist 15 bis 24 Stunden*
→ *Vollsauer: Mehlmenge = 2,5 × Grundsauermehlanteil, Abstehzeit ist 2,5 bis 3,5 Stunden*

Führungsschema einer Zweistufenführung

Für die Verarbeitung von 100 kg Mehl zu Brot (mit 40 % Saueranteil) ergibt sich demnach folgendes Schema:

Zu versäuernde Mehlmenge	=	40,0 kg
davon 2,5 % Anstellgut	=	1,0 kg
(bleibt bei Mengenberechnung unberücksichtigt)		
Grundsauermehlanteil = 1,0 kg × 16	=	16,000 kg
Vollsauermehl = 16 kg × 2,5	=	40,000 kg
abzüglich Grundsauermehlanteil	=	16,000 kg
Vollsauermehlanteil	=	24,000 kg

Das nebenstehende Schema läßt sich auch für Roggenmischbrote 80:20 bzw. 70:30 anwenden.

Der jeweilige Weizenanteil wird bei der Teigbereitung unter Reduzierung des Roggenanteils für den Teig berücksichtigt, z. B. bei Roggenmischbroten 80:20 würden bei der Teigbereitung nur 48 kg Roggenmehl (40 % = 32 kg Roggenmehl wurden versäuert!) und 20 kg Weizenmehl zugesetzt.

Wichtiges über Zweistufenführungen in Kurzform

▶ Verzicht auf Hefevermehrung im Sauerteig
▶ Anfrischsauer entfällt
▶ Hefezusatz zum Brotteig
▶ Säurebildung in nur zwei Stufen
▶ Schwerpunkt im Grundsauer
▶ kühler, fester Grundsauer mit langer Abstehzeit

Hinweise für die Weiterarbeit. *Vergleichen Sie die Führungsbedingungen der Zweistufenführung mit denen der Ihnen schon bekannten dreistufigen Führungen! Durch welche Führungsbedingungen ist es Ihrer Meinung nach möglich, den Grundsauer der Zweistufenführung über 15–24 Std. reifen zu lassen?*

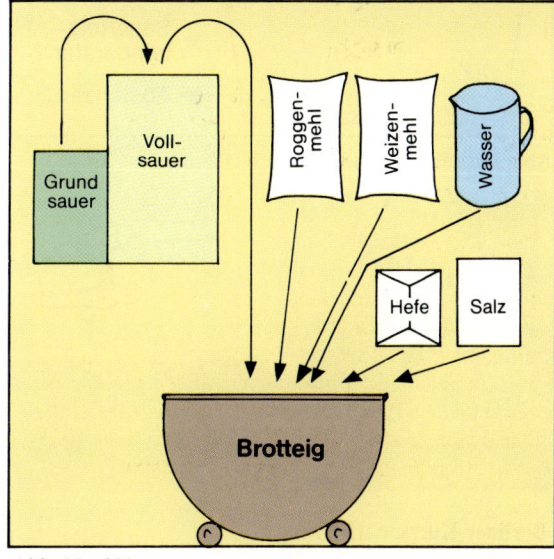

Abb. Nr. 288
Herstellung des Brotteigs mit Sauerteig der Zweistufenführung

Schema für die Verarbeitung von 100 kg Mehl zu Roggenbrot (Zweistufenführung)

Grundsauer (Anstellgutmenge nicht mitberechnen!)
Anstellgut	=	1,000 kg
Roggenmehl	=	16,000 kg
+ Wasser	=	8,000 kg
= Grundsauer	=	24,000 kg

TA = 150
Temperatur = 22–26 °C
Abstehzeit = 15–24 Std.

Vollsauer
Grundsauer	=	24,000 kg
+ Roggenmehl	=	24,000 kg
+ Wasser	=	24,000 kg
= Vollsauer	=	72,000 kg

TA = 180
Temperatur = 28–32 °C
Abstehzeit = 2,5–3,5 Std.

Teig
Vollsauer	=	72,000 kg
+ Mehl	=	60,000 kg
+ Wasser	=	33,000 kg
= Teig	=	165,000 kg

TA = 165
Temperatur = 27 °C

*) Salzgabe = 1,8 kg
Hefegabe = 1,4 kg } zum Teig

Tabelle Nr. 35

Hinweis für die Weiterarbeit
Das Schema in Tabelle 35 gilt für die Verarbeitung von 100 kg Mehl zu Brot.

Versuchen Sie einmal, dieses Schema umzurechnen für die Verarbeitung von 20 kg Gesamtmehl zu Roggenmischbrot mit 80 % Roggen- und 20 % Weizenmehl!

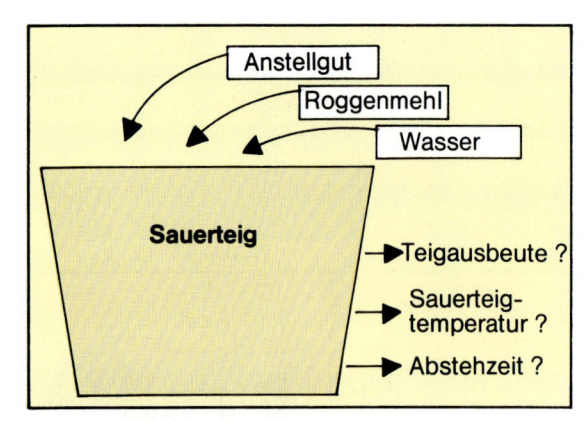

Abb. Nr. 289 Einstufige Sauerteigführungen

Hinweis zur Weiterarbeit: Die Reifung einstufiger Sauerteigführungen wird im wesentlichen durch die Führungsbedingungen gesteuert. Ermitteln Sie diese Führungsbedingungen bei den hier dargestellten Einstufensauerteigen. Stellen Sie sich die ermittelten Werte in einer tabellarischen Übersicht zusammen!

Einstufige Sauerteigführungen

Eine enorme Erleichterung für den Bäcker stellt die Sauerteigreifung in einer einzigen Stufe dar!
Wie ist das möglich?

– Auf Hefevermehrung im Sauerteig wird verzichtet. Die Teiglockerung erfolgt ausschließlich durch Hefezusatz zum Brotteig.
– Die Führungsbedingungen werden so eingestellt, daß die Kleinlebewesen in der Sauerteigstufe gute Lebensbedingungen vorfinden und das erwünschte Verhältnis von Milch- und Essigsäure bilden.
– Durch das Fehlen der Hefe ist ein Vergären des Teiges ausgeschlossen. Demnach kann man die Reife des Sauers auch nicht anhand der Volumenzunahme, sondern nur durch Messen der Säurewerte feststellen.
– Infolge von Selbstkonservierung kann der reife Sauerteig über längere Zeit abstehen ohne abzufressen.

Es gibt verschiedene Einstufenführungen mit ganz unterschiedlichen Führungsbedingungen. Als typische Beispiele sollen im einzelnen dargestellt werden:

– Berliner Kurzsauer,
– Detmolder Einstufensauer,
– Weinheimer Einstufensauer,
– Salzsauer.

Berliner Kurzsauerführung

Die **Berliner Kurzsauerführung** ermöglicht eine Sauerteigreifung in 3 Stunden Abstehzeit durch:

– hohe Anstellgutmenge
 (20 % der zu versäuernden Mehlmenge)
– weiche Führung
 (Teigausbeute 190)
– hohe Sauerteigtemperatur
 (35–36 °C über die gesamte Abstehzeit)

Vorteile:
– *Sicherheit*
– *milder Brotgeschmack*
 (vorwiegend Milchsäurebildung)

Nachteil:
– *Sauerteiglagerung in temperiertem Gefäß erforderlich*

Detmolder Einstufenführung

Die **Detmolder Einstufenführung** ist eine „Langzeitführung" mit Abstehzeiten von 15–20 Stunden, ohne daß der Sauerteig überreif wird. Möglich wird dieses durch

– unterschiedlich hohe Anstellgutmengen (je nach einzuhaltender Sauertemperatur);
– gleichbleibende Teigausbeute von 180 für die Sauerteigstufe;
– einen etwas geringeren Saueranteil.

Saueranteile und Anstellgutmengen für die Detmolder Einstufenführung bei verschiedenen Mehlmischungen sind der Tabelle Nr. 37 zu entnehmen.

Schema für die Verarbeitung von 100 kg Mehl zu Roggenbrot (Berliner Kurzsauer)

1. Sauerteig		
Anstellgut*)	= 8,0 kg	
+ Roggenmehl	= 40,0 kg	TA = 190
+ Wasser	= 36,0 kg	Temperatur = 36 °C
= Kurzsauer	= 76,0 kg	Abstehzeit = 3 Std.
2. Teig		
Kurzsauer	= 76,0 kg	
+ Roggenmehl	= 60,0 kg	TA = 160
+ Wasser	= 24,0 kg	Temperatur = 27 °C
= Teig**)	= 160,0 kg	

*) Anstellgutmenge wird nicht mitgerechnet!
**) Salzzugabe = 1,8 kg } zum Teig
   Hefezugabe = 1,8 kg

Tabelle Nr. 36

Mehl-mischung R : W	Saueranteil		Anstellgutmenge bei Sauertemperatur			
			20–23°C	24–26°C	26–27°C	27–28°C
	kg	%	(20 %)	(10 %)	(5 %)	(2 %)
100:0	35	35	7,0	3,5	1,75	0,70
90:10	35	38,8	7,0	3,5	1,75	0,70
80:20	32	40	6,4	3,2	1,60	0,64
70:30	28	40	5,6	2,8	1,40	0,56
60:40	24	40	4,8	2,4	1,20	0,48
50:50	20	40	4,0	2,0	1,00	0,40
40:60	16	40	3,2	1,6	0,80	0,32
30:70	16	53,3	3,2	1,6	0,80	0,32
20:80	12	60	2,4	1,2	0,60	0,24

Tabelle Nr. 37

Demnach ergibt sich für Roggenmischbrot (70:30) folgendes Führungsschema:

Schema für die Verarbeitung von 100 kg Mehl zu R-M-Brot (70:30) mit Detmolder Einstufenführung bei Sauerteigtemperatur 20–23 °C
1. Sauerteig 　Anstellgut*)　　　= 　5,6 kg + Roggenmehl　　= 28,0 kg 　　TA = 180 + Wasser　　　　 = 22,4 kg 　　Temperatur = 23 °C = Sauerteig　　　 = 50,4 kg 　　Abstehzeit = 15–20 Std.
2. Teig 　Sauerteig　　　 = 50,4 kg + Roggenmehl　　= 42,0 kg 　　TA = 165 + Weizenmehl　　= 30,0 kg 　　Temperatur = 28 °C + Wasser　　　　 = 42,6 kg 　　Abstehzeit = ohne = Teig**)　　　　 = 165,0 kg
*) Anstellgutmenge wird nicht mitgerechnet! **) Salzzugabe = 1,8 kg } zum Teig 　　Hefezugabe = 1,8 kg

Tabelle Nr. 38

Bei der Teigbereitung werden die Restmengen des Roggenmehls, das Weizenmehl und die zu ergänzende Wassermenge für die Teigausbeute 165 berücksichtigt.

Selbstverständlich können die für den Teig angegebenen Mengen auf mehrere Teige (innerhalb der Zeitspanne 15 bis 20 Stunden Abstehzeit) verteilt werden, ohne daß es zu wesentlichen Geschmacksveränderungen beim Brot kommt.

Insgesamt ist es im Hinblick auf die Aromabildung empfehlenswert, mit höheren Sauerteigtemperaturen und kleineren Anstellgutmengen zu arbeiten.

Weinheimer Einstufenführung

Bei der Weinheimer Einstufenführung geht man von höheren Sauerteigtemperaturen aus. Der Sauerteig kann deshalb mit einer kleineren Menge Anstellgut angesetzt werden:

– Anstellgut = grundsätzlich 2 % der zu versäuernden Mehlmenge;
– Sauerteigtemperatur:
　beginnend mit 28 °C, abfallend auf bis 23 °C;
– Abstehzeit = 15 bis 30 Stunden;
– Saueranteile = je nach Mehlmischung, etwa wie bei der Detmolder Einstufenführung.

Vorteile:
– *lange Abstehzeiten des Sauers möglich ohne Gefahr der Übersäuerung!*
– *keine besonderen Sauerteigtemperiergeräte erforderlich!*

Nachteil:
– *Geringe Mengenbeweglichkeit bei kurzfristig entstehendem Bedarf!*

Salz-Sauer-Verfahren

Das patentierte Monheimer Salzsauer-Verfahren ermöglicht in einstufiger Sauerteigführung eine ausgezeichnete backtechnische und geschmackliche Wirkung.

Wie der Name schon sagt, enthält dieser Sauerteig eine Salzzugabe von 2 % der zu versäuernden Mehlmenge. Dadurch erzielt man folgende Wirkungen:

– Sauerteighefen werden gehemmt;
– Säurebildung wird verzögert (damit auch die Reifung!);
– Mehleiweißstoffe werden günstig beeinflußt (gestärkt);
– Braunverfärbung des Sauerteigs wird durch Enzymhemmung vermindert.

Als Folge des Salzzusatzes muß der Sauerteig trotz der langen Abstehzeit von mindestens 22–24 Stunden mit folgenden Bedingungen geführt werden:

– vergleichsweise hohes Anstellgut (30 % der zu versäuernden Mehlmenge);
– Teigausbeute 200;
– hohe Sauerteigtemperatur von 35 °C zu Beginn der Führung, abfallend auf etwa 20 °C.

Das folgende Führungsschema verdeutlicht am Beispiel des Roggenmischbrots (70:30) die übrigen Führungsmerkmale der Salzsauerführung.

Führungsschema für die Verarbeitung von 100 kg Mehl zu Roggenmischbrot (70:30) mit Salzsauerführung
1. Sauerteig 　Anstellgut*)　　= 　9,000 kg*) + Roggenmehl　 = 30,000 kg　 Temperatur 35→20 °C + Wasser　　　 = 30,000 kg　 TA = 200 + Salz　　　　　= 　0,600 kg　 Abstehzeit = 18–24 Std. = Sauerteig　　 = 60,600 kg
2. Teig 　Sauerteig　　 = 60,600 kg + Roggenmehl　 = 40,000 kg　 Temperatur = 27 °C + Weizenmehl　 = 30,000 kg　 TA = 167 + Wasser　　　 = 37,000 kg　 Abstehzeit = 10 Min. = Teig**)　　　 = 167,600 kg
*) Anstellgutmenge wird nicht mitgerechnet! **) Salzzugabe = 1,2 kg } zum Teig 　　Hefezugabe = 1,8 kg

Tabelle Nr. 39

Durch den besonderen Temperaturverlauf während der Führung erzielt man eine Säurebildung wie bei einer Mehrstufenführung. Nach etwa 18–24 Std. tritt eine Selbstkonservierung des Sauers ein. Zu diesem Zeitpunkt muß das Anstellgut für einen neuen Salzsauer abgenommen werden und bis zum Neuansatz im Kühlschrank gelagert werden. Bis zur Verarbeitung kann reifer Salzsauer bei +5 bis +15 °C bis zu 3 Tage stehen. In diesem Falle sollte aber der Sauerzusatz zum Teig um 3 bis 5 % reduziert werden.

Vorteile des Salzsauers:
- einfache Führung, hohe Reifetoleranz!
- gute Aromabildung!
- gute Standfestigkeit der Teige!
- gute Schnittfestigkeit der Brote!

Nachteil des Salzsauers:
- spezielle Sauerlagergefäße erforderlich!

Durch enzymatische Abbauvorgänge werden Sauerteige mit Langzeitführung (z. B. der Salzsauer) während der Abstehzeit fast flüssig. Sie sind dadurch zwar leicht zu portionieren, benötigen aber zur Aufbewahrung spezielle Kunststoffbehälter.

Zur weiteren Vereinfachung bei diesen Führungen gibt es Sauerteigbehälter mit Rühr- und Dosiergeräten.

Wichtiges über einstufige Sauerteigführungen in Kurzform			
Berliner Kurzsauer	▶ Reifezeit 3 Stunden	▶ TA = 190 Sauerteigtemperatur: 35–36 °C	▶ beheizbares Aufbewahrungsgerät erforderlich
Detmolder Einstufensauer	▶ Reifezeit 15–20 Std.	▶ TA = 180 versch. Sauerteigtemperaturen möglich; Anstellgutmenge in Abhängigkeit von der Sauerteigtemperatur	▶ kein besonderes Aufbewahrungsgerät erforderlich
Weinheimer Einstufensauer	▶ Reifezeit 15–30 Std.	▶ TA = 180 Sauerteigtemperatur von 28 °C auf 23 °C fallend; Anstellgut = 2 % der Sauermehlmenge	▶ kein besonderes Aufbewahrungsgerät erforderlich
Salz-Sauer-Verfahren	▶ Reifezeit 22–24 Std.	▶ TA = 200 Salzzusatz: 2 % der Sauermehlmenge; Sauertemperatur von 35 °C auf bis 20 °C fallend; Anstellgut = 30 % der Sauermehlmenge	▶ Aufbewahrungsgerät günstig; zur Kühllagerung des reifen Sauers erforderlich

Teigsäuerungsautomaten

Für mittlere und große Betriebe ist bereits die Sauerteigführung in einem Teigsäuerungsautomaten interessant. Als Beispiel ist auf der folgenden Skizze ein Sauerteigbereiter (A) mit einem für die Lagerung des reifen Sauerteigs gedachten Aufbewahrungsbehälter (B) dargestellt. In diesen Geräten wird ein Salz-Sauer mit Temperatursteuerung herangereift (Teil A) und bis zur Verarbeitung (in Teil B) gekühlt aufbewahrt.

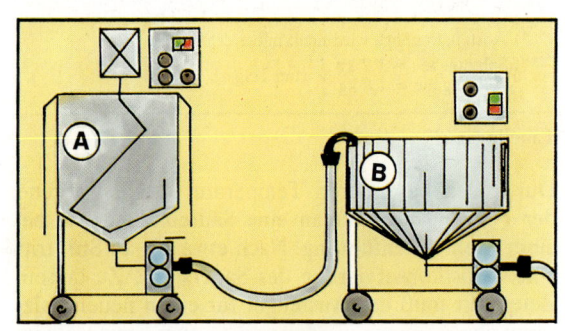

Abb. Nr. 290 Teigsäuerungsautomat
A = Sauerteigbereiter mit automatischer Temperaturregelung und Rührwerk
B = Sauerteiglagergerät (Kühllagerung) für reifen Sauerteig mit automatischer Dosieranlage

Bei einem anderen Verfahren wird aus einer ausgewählten Starterkultur (ohne Hefen) in einem automatischen Sauerteigbereiter durch Eigenerwärmung und anschließender natürlicher Abkühlung ein Sauerteig zum Reifen gebracht, der in der Abstehzeit alle für einen Mehrstufensauer günstigen Temperaturbereiche durchläuft. Dieser Sauer wird durch Selbstkonservierung für mehrere Tage verarbeitungsfähig gehalten.

Eine kontinuierliche und mechanisierte Herstellung von Sauerteigen (mit Hefen) ist in Großbetrieben mit speziellen Gärstufen in einem geschlossenen System möglich. Durch Anpassen von Sauerteigtemperaturen, Teigausbeuten und Gärdauer lassen sich Hefewachstum und Säureproduktion steuern. Der reife Sauer wird aus einem Tank vollmechanisiert für die Teigbereitung abgemessen. Neuer Sauerteig reift zur Nachfüllung des verbrauchten Sauers in den Gärstufen zu gleicher Zeit heran.

Diese Sauerteigführung nennt man deshalb **kontinuierlich** (stetig, andauernd).

Zusätzliche Informationen

Kühllagerung von Sauerteigen

Salzsauer eignet sich zur längeren Bevorratung von reifem Sauerteig. Aber auch andere Sauerteige lassen sich in reifem Zustand durch Kühllagerung vorrätig halten. Die Lagertemperatur sollte aber so niedrig sein, daß weitere Säuerung gehemmt wird. Zufriedenstellende Ergebnisse hat man mit Lagertemperaturen von +5 °C erhalten. Der Sauerteig konnte so über 4 Tage gelagert werden, ohne daß Qualitätsmängel beim Brot aufgetreten sind.

Bedingungen für Sauerteig-Kühlung:
- *Sauerteig etwas fester als üblich führen;*
- *Sauerteig etwa 8 Std. bei 30 bis 32 °C anreifen lassen;*
- *Sauerteiganstellgut öfters erneuern als bei üblicher Führung;*
- *Saueranteil etwas reduzieren;*
- *Schüttflüssigkeit zum Teig wärmer temperieren, um den kühlen Sauerteiganteil auszugleichen.*

Teigsäuernde Backmittel

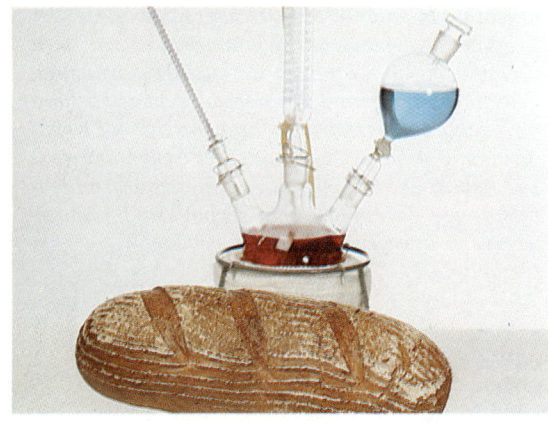

Abb. Nr. 291 Chemie im Brot?

Chemie im Brot? So lauten oft laienhafte Fragen, wenn es um Backmittel geht. Sie müssen diese Fragen richtig beurteilen können:
- Teigsäuernde Backmittel enthalten im Unterschied zum Sauerteig keine wirksamen Sauerteig-Kleinlebewesen.
- Teigsäuernde Backmittel enthalten Zutaten und Zusatzstoffe für den Brotteig in konzentrierter Form.
  Sie enthalten vor allem organische Genußsäuren (z. B. Milchsäure, Weinsäure, Zitronensäure) oder deren Salze.
- Teigsäuernde Backmittel werden in verschiedenen Aufbereitungen angeboten. Es gibt z. B. pulverförmige, gesäuerte Quellmehle, getrocknete Sauerteigextrakte, pastenförmige und flüssige Säurekonzentrate und Sauerteigkonzentrate.

Je nach Zusammensetzung der Produkte ist der Säuregrad der teigsäuernden Backmittel sehr unterschiedlich. Für Weizenmischbrote angebotene Teigsäuerungsmittel haben z. B. Säuregrade ab 70 und pH-Werte um 4,6. Für Roggen- und Roggenmischbrote geeignete Säuerungsmittel haben z. B. Säuregrade um 300–400 und pH-Werte um 3,2. Ein reines Säuresalz hat sogar den Säuregrad 1080 bei einem pH-Wert von 2,7.

Dementsprechend unterschiedlich sind auch die von den Herstellern der Produkte angegebenen Zusatzmengen (zwischen 0,8 und 5 % der Mehlmenge) und die Wirkungen dieser Backmittel.

Grundtypen teigsäuernder Backmittel

1. *Gesäuerte Quellmehle*
2. *Saure Salze*
3. *Getrocknete Sauerteigextrakte*
4. *Sauerkonzentrate*

Direkte Führung

Ohne Bereitung eines Sauerteigs können roggenhaltige Teige ausschließlich mit teigsäuernden Backmitteln gesäuert werden. Diese Art der Brotteigbereitung bezeichnet man als „direkte Führung".

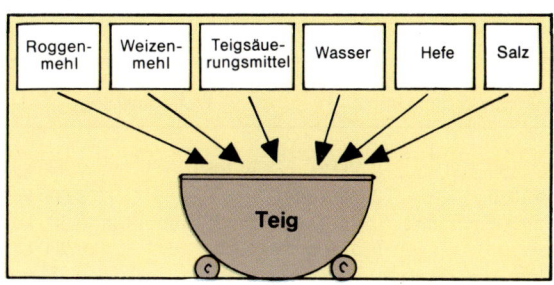

Abb. Nr. 292

Die Verarbeitung teigsäuernder Backmittel soll grundsätzlich nach den Angaben der Hersteller erfolgen. Größere Abweichungen in den Zusatzmengen oder Mischen mit Produkten anderer Hersteller kann zu Qualitätsmängeln beim Brot führen!

Die pulverförmigen Teigsäuerungsmittel werden bei der Teigbereitung trocken mit dem Mehl vermischt. Eine Verarbeitung zusammen mit der Hefe sollte nicht erfolgen.

Zur Verquellung der Teigbestandteile und zur Entwicklung der Säurewirkung ist bei direkt geführten Brotteigen eine Teigruhezeit von 20 bis 50 Minuten erforderlich.

Bei sachgemäßer Verwendung von teigsäuernden Backmitteln ist eine risikofreie Teigsäuerung möglich. Die Brotkrume ist gut elastisch und schnittfest. Außerdem ist durch teigsäuernde Backmittel eine deutliche Erhöhung der Teigausbeute – im Vergleich zur indirekten Führung – festzustellen, vor allem wenn das Teigsäuerungsmittel Quellmehl oder getrocknete Sauerteigbestandteile enthält.

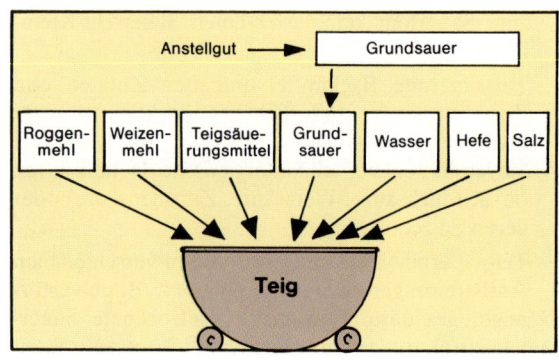

Führungsschema für die Verarbeitung von 100 kg Mehl zu Roggenmischbrot (80:20) in direkter Führung		
Teig Roggenmehl	= 80,000 kg	Teigtemperatur = 27 °C
+ Weizenmehl	= 20,000 kg	
+ Teigsäuerndes Backmittel	= 2,500 kg	TA = 168
+ Hefe	= 1,500 kg	Teigruhe = 50 Minuten
+ Salz	= 2,000 kg	
+ Wasser	= 68,000 kg	
= Teig	= 174,000 kg	

Tabelle Nr. 40

Zum Nachdenken: Ist es eigentlich richtig, die theoretische Teigausbeute im Führungsschema der direkten Führung ohne den Quellmehlanteil des Teigsäuerungsmittels auszuweisen?

Bei Flüssigsauern und Sauerkonzentraten sind Produkte aus vollreifen Sauerteigen enthalten und in Verstärkung zugesetzt. Dadurch ist ein aromatischer, stets gleichbleibender Brotgeschmack und eine verbesserte Haltbarkeit gewährleistet. Diese Konzentrate sind für Roggen- und Weizenmischbrot in gleicher Weise geeignet; die Zusatzmenge wird der zu verarbeitenden Roggenmehlmenge angepaßt.

Verarbeitung von Sauerkonzentrat zu			
Roggenmischbrot		Weizenmischbrot	
R 1150	8,000 kg	W 1050	7,000 kg
W 1050	2,000 kg	R 997	3,000 kg
Sauer-Konzentrat	0,800 kg	Sauer-Konzentrat	0,300 kg
Salz	0,200 kg	Salz	0,200 kg
Hefe	0,150 kg	Hefe	0,275 kg
Wasser	ca. 7,000 kg	Wasser	ca. 6,800 kg
Gesamtteig	ca. 18,150 kg	Gesamtteig	ca. 17,575 kg

Tabelle Nr. 41

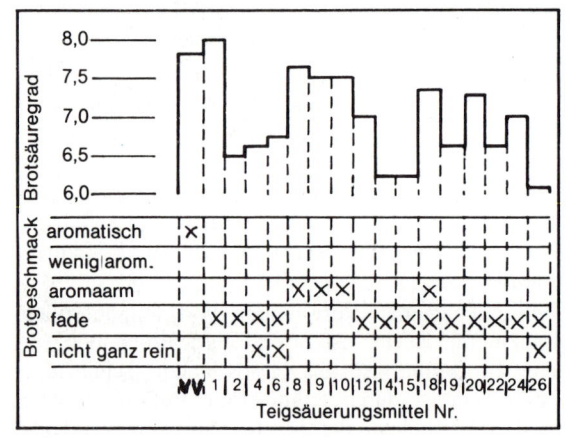

Tabelle Nr. 42

Einfluß von Teigsäuerungsmitteln auf den Brotsäuregrad und Brotgeschmack bei Roggenmischbrot

Die ermittelten Werte stammen aus einer vergleichenden Untersuchung direkter Führungen mit 16 verschiedenen Teigsäuerungsmitteln und einem Brot der indirekten Führung (VV) mit 30 % Saueranteil. Die Versuche wurden an der Bundesforschungsanstalt für Getreideverarbeitung in Detmold durchgeführt.

Wie aus der Tabelle Nr. 42 zu ersehen ist, erbringen die verschiedenen Teigsäuerungsmittel auch sehr unterschiedliche Ergebnisse. Es sind daher für den jeweiligen Brottyp das passende Säuerungsmittel und die günstigste Zusatzmenge auszuwählen. Ohne längere Sauerteigführung ist so in der direkten Führung Roggen-, Roggenmisch- und Weizenmischbrot herzustellen.

Allerdings ist das Brotaroma nicht vergleichbar mit dem eines mit Sauerteig hergestellten Brotes. Auch Frischhaltung und Haltbarkeit sind gegenüber mit Sauerteig hergestellten Broten geringer.

Zusätzliche Informationen

Hinsichtlich der geringeren Haltbarkeit von Broten der direkten Führung ist nicht der Säuregrad entscheidend, sondern die Art der Säuren. Während die wasserfreundlichen Zitronen-, Wein- und Milchsäuren und ihre Salze als Bestandteile der Teigsäuerungsmittel das Schimmelwachstum nicht beeinträchtigen, vermögen die niedrigmolekularen Fettsäuren, Essig- und Propionsäure, in den Schimmelpilzkörper einzudringen und dort durch Eiweißgerinnung die Enzymwirkung des Schimmels auszuschalten. Die leichtflüchtige Essigsäure ist an pulverförmige Backmittel nicht zu binden. Im Sauerteig wird dagegen Essigsäure gebildet ($1/4$–$1/5$ der Gesamtsäure).

Kombinierte Führung

Um die geschmacklichen Vorteile eines Sauerteigs mit der Verarbeitung von teigsäuernden Backmitteln verbinden zu können, empfehlen viele Backmittelhersteller die Führung von einem sogenannten Grundsauer in Kombination mit einem Teigsäuerungsmittel *(kombinierte Führung)*.

Abb. Nr. 293

Führungsschema für die Verarbeitung von 100 kg Mehl zu Roggenmischbrot (80:20) in kombinierter Führung			
1. Sauer			
Anstellgut*)	=	2,000 kg	Temperatur = 25 °C
+ Roggenmehl	=	10,000 kg	TA = 170
+ Wasser	=	7,000 kg	Abstehzeit = 12–18 Std.
= Sauerteig	=	17,000 kg	
2. Teig			
Sauerteig	=	17,000 kg	
+ Roggenmehl	=	70,000 kg	Teigtemperatur
+ Weizenmehl	=	20,000 kg	= 27 °C
+ Teigsäuerungs-Backmittel	=	2,000 kg	TA = 168
+ Hefe	=	1,500 kg	Teigruhe
+ Salz	=	2,000 kg	= 40 Minuten
+ Wasser	=	61,000 kg	
= Teig	=	173,500 kg	
*) Anstellgutmenge wird nicht mitgerechnet!			

Tabelle Nr. 43

Zum Nachdenken: Welche Vorteile messen Sie jeweils der indirekten, direkten und kombinierten Führung zur Brotherstellung zu?

Brotfertigmehle

Für die Roggen- und Mischbrotherstellung sind neben den Teigführungen mit Sauerteig oder Teigsäuerungsmitteln auch Brotfertigmehle üblich. Gemeint sind damit nicht die besonders hergestellten Mehle, wie z. B. Steinmetzmehl oder Schlütermehl.

Wie bei Fertigmehlen für Feine Backwaren sind vielmehr auch die **Brotfertigmehle** backfertige Mischungen aller haltbaren Zutaten für eine bestimmte Brot- oder Kleingebäcksorte. Wasser und Hefe werden bei der Teigbereitung zugesetzt.

Daneben werden auch **Konzentrate** angeboten, die außer Mehl, Wasser und Hefe alle Zutaten für die Gebäcksorte enthalten.

Haben diese Fertigmehle überhaupt eine Berechtigung im Rohstoff-Sortiment des Fachmanns oder sind sie nicht vielmehr für die ,,Hausbäckerei" entwickelt? Diese Frage ist nicht allein aus technologischen Begründungen (z. B. Sicherheit in der Rezepturzusammenstellung) zu beantworten. Hier sind zusätzlich auch wirtschaftliche Gesichtspunkte zu beachten. Der Einsatz von Brotfertigmehlen lohnt sich insbesondere für

– Brot- und Kleingebäcksorten mit nur geringen Herstellungsmengen;
– Spezialbrot- und Spezialkleingebäck mit verschiedenen Rohstoffzugaben;
– Spezialgebäcke mit rechtlich geforderter Mindest- bzw. Höchstmenge von Zutaten (z. B. Diabetikerbrot).

Unter diesen Gesichtspunkten kann es für den Fachmann durchaus sinnvoll sein, Fertigmehle oder Konzentrate zu verwenden.

Will man jedoch die im Fertigmehl oder Konzentrat festgelegte Rezeptur verändern, um eine betriebseigene Qualität zu erreichen, so ist mit dem dafür erforderlichen Arbeitsaufwand wieder die Wirtschaftlichkeit eines Fertigmehleinsatzes aufgehoben. Auch hinsichtlich der technologischen oder lebensmittelrechtlichen Auswirkungen (z. B. bei Spezialbrot-Rezepturen) ist eine solche Änderung nicht problemlos.

Bereitung roggenhaltiger Teige

Abb. Nr. 294   Abb. Nr. 295

Zutaten für Brotteige

Welche Zutaten man für einen Brotteig braucht, ist natürlich abhängig von der herzustellenden Brotsorte. Für Dreikornbrot benötigt der Bäcker z. B. drei verschiedene Getreideprodukte, für Buttermilchbrot benötigt er Buttermilch anstelle von Wasser als Schüttflüssigkeit.

Grundsätzliche Unterschiede in der Teigzusammensetzung ergeben sich aber auch aus der Führungsart. Beispiele dafür sind:

– Bei indirekter Führung mit einem Dreistufensauer kann der Hefezusatz zum Teig sehr verringert werden.
– Bei direkter Führung ist ein teigsäuerndes Backmittel erforderlich.
– Bei kombinierter Führung ist neben einem Sauerteiganteil zusätzlich ein teigsäuerndes Backmittel zu verarbeiten.

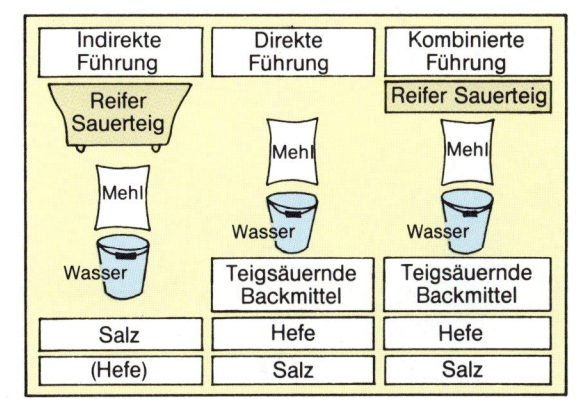

Abb. Nr. 296
Zusammenstellung der Zutaten für Brot in Abhängigkeit von der Teigführung

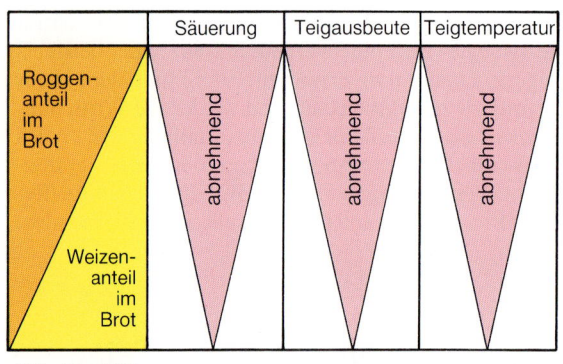

Abb. Nr. 297
Zusammenhänge zwischen Mehlmischung und Führungsbedingungen bei roggenhaltigen Teigen

✱ Merkhilfe	
→ Saueranteil	= versäuertes Roggenmehl (in % vom Roggenmehlanteil des Brotes)
Anwendung	
	— Gesamtmehlmenge = 100 kg
	⇒ davon Roggenmehl = 60 kg
	→ davon versäuert = 24 kg
→ Saueranteil berechnen	= 60 kg Roggenmehl ≙ 100 %
	1 kg Roggenmehl ≙ $\frac{100}{60}$ %
	24 kg Roggenmehl ≙ $\frac{100 \cdot 24}{60}$ = 40 %
→ Saueranteil 40 %	= 24 kg Roggenmehl von 60 kg Roggenmehl abnehmen und versäuern

Abb. 298

Karl meint: „Um einen Brotteig herzustellen, brauche ich kein Rezept. Die Zutaten weiß man doch so. Und die richtigen Mengen hat man im Gefühl. Ich bin doch kein Schreibtisch-Bäcker!"

Welche Vorteile hat aus Ihrer Sicht ein Arbeitsrezept für die Brotteigherstellung?

Die Zugußmenge und die Führungsbedingungen sind abhängig von der Mehlmischung der herzustellenden Brotsorte:

Brote mit höherem Roggenanteil	Brote mit höherem Weizenanteil
– kräftigere Säuerung – größerer Wasseranteil – höhere Teigtemperatur	– geringere Säuerung – geringerer Wasseranteil – niedrigere Teigtemperatur

Weizenmischbrote werden nicht so kräftig gesäuert wie Roggen- oder Roggenmischbrote. Aus geschmacklichen Gründen wird aber bei Weizenmischbroten oft mehr als die Hälfte des Roggenmehls versäuert.

Betrachten wir das an je einem Beispiel für Roggen- bzw. Weizenmischbrot:
– bei RM-Brot mit 70 kg Roggen- und 30 kg Weizenmehlanteil werden versäuert
  28 kg Roggenmehl = 40 % des Roggenmehls;
– bei WM-Brot mit 60 kg Weizen- und 40 kg Roggenmehlanteil werden versäuert
  20 kg Roggenmehl = 50 % des Roggenmehls.

Der versäuerte Anteil des Roggenmehls wird als Saueranteil bezeichnet. In unserem Beispiel ist daher der Saueranteil in % beim Weizenmischbrot höher als beim Roggenmischbrot!

Selbst bei größter Berufserfahrung ist eine gleichbleibende Brotqualität nicht ohne gewissenhafte Rezeptzusammenstellung garantiert.

Auch aus lebensmittelrechtlichen Gründen ist eine genaue Rezeptur unverzichtbar.

Wie kann der Bäcker das machen?

Arbeitsrezept für Brotteige

Bei den einzelnen Säuerungsmethoden haben wir Führungsschemen kennengelernt. Um zu vereinfachen und um besser vergleichen zu können, sind diese Schemen für die Verarbeitung von 100 kg Mehl ausgearbeitet worden. Das ist aber nicht typisch für die betriebliche Praxis. Im Betrieb stellt man die Zutaten für einen Teig in einem Arbeitsrezept dar, das bezogen sein kann

– auf eine bestimmte Gesamtmehlmenge, z. B. für 40 kg Roggen- und 20 kg Weizenmehl;
– auf eine bestimmte Schüttflüssigkeitsmenge, z. B. für 20 Liter Wasser;
– auf eine bestimmte Brotteigmenge, z. B. für 75 Stck. Brote je 1 kg.

Zusammenstellen des Arbeitsrezepts

Alle Zutaten und Führungsbedingungen werden im Arbeitsrezept zusammengefaßt.

Tips zur Führung von Arbeitsrezepten für roggenhaltige Teige:
- *Für jede Brotsorte eine Rezeptkarte anlegen!*
- *Die Zutaten in der Reihenfolge der Verarbeitung aufführen!*
- *Das Rezept mit betriebsüblichen Mengen zusammenstellen (Betriebsrezept)!*
- *Zusätzliche Umrechnungen auf größere Mengen aufnehmen (z. B. 1,5fache Menge)!*
- *Alle Führungs-, Gär- und Backbedingungen aufnehmen!*

Das Arbeitsrezept ist ein wichtiges Hilfsmittel für den Bäcker. Er benutzt es zur Sicherheit bei der Produktion von Backwaren.

Ganz andere Anforderungen werden aber aus lebensmittelrechtlicher Sicht gestellt, wenn die Zutaten für den Verbraucher ausgewiesen werden müssen!

Lebensmittelrechtliche Bestimmungen

Rezeptur für Roggenmischbrot (60:40) in kombinierter Führung aus 10 kg Gesamtmehlmenge
5,200 kg Roggenmehl
+ 4,000 kg Weizenmehl
+ 1,615 kg Salzsauer
+ 0,400 kg Hefe
+ 0,200 kg Backmittel
+ 0,150 kg Salz
=11,565 kg Rezepturbestandteile
+ 6,000 kg Teigschüttwasser
15,300 kg Gebäckgewicht (durch Wiegen ermittelt)
−11,565 kg Rezepturbestandteile
= 3,735 kg Restwasseranteil im fertigen Brot

Tabelle Nr. 44
Rezeptur zur Ermittlung einer Zutatenliste für Brot

Zutatenliste

Wenn Brot in Fertigpackungen verkauft werden soll, so muß auf der Verpackung ein Verzeichnis der Zutaten ausgewiesen werden. Diese Zutatenliste soll den Verbraucher über die Zusammensetzung des Brotes informieren. Es ist aber keine Veröffentlichung der Rezeptur mit Mengenangaben in Gramm! Vielmehr sind alle Zutaten aufzuführen, die bei der Herstellung verwendet werden und die im fertigen Brot verbleiben. Insofern ist die Rezeptur die Grundlage für das Zutatenverzeichnis. Gelangen Stoffe nicht über die Rezeptur (also unbeabsichtigt) in das fertige Brot, so gelten sie nicht als Zutat.

Was hat der Bäcker bei der Erstellung der Zutatenliste zu tun?

Die Zutaten müssen nach ihren Gewichtsanteilen in der Rezeptur geordnet werden. In dieser Reihenfolge (absteigende Reihenfolge) werden sie in der Zutatenliste aufgeführt. Die Rezeptur in Tabelle Nr. 44 gibt ein Beispiel für die gewichtsmäßige Reihung der Zutaten.

Das Teigschüttwasser wird allerdings nicht berücksichtigt. Wasser wird nämlich nur in das Zutatenverzeichnis aufgenommen, wenn sein Anteil am fertigen Gebäck mehr als 5 % beträgt. Darum wird in unserem Beispiel der Wasseranteil im fertigen Brot ermittelt. Man zählt dafür zunächst alle „trockenen" Rezepturbestandteile zusammen. Ihr Gewicht zieht man vom Gebäckgewicht ab und erhält so den Restwasseranteil im Brot (vgl. Tabelle Nr. 44). Mit diesem Gewichtsanteil wird das Wasser in die Zutatenliste eingeordnet.

Beispiel:

Nach den Mengen der Zutaten der Tabelle Nr. 44 ergibt sich folgende Reihenfolge: Roggenmehl, Weizenmehl, Wasser, Sauerteig, Hefe, Backmittel, Salz.

Beispiele für mögliche Zutatenverzeichnisse		
Beispiel 1:	**Beispiel 2:**	**Beispiel 3:**
Roggenmehl	Mehl	Mehl
Weizenmehl	(Roggen,	(Roggen,
Wasser	Weizen)	Weizen)
Sauerteig	Wasser	Wasser
Hefe	Hefe	Sauerteig
Backmittel	Backmittel	mit Backmittel
(Säuerungsmittel)	(Säuerungsmittel)	(Säuerungsmittel)
Salz	Salz	Hefe
		Salz

Tabelle Nr. 45
Zutatenlisten für Roggenmischbrot in kombinierter Führung

✱ Merken Sie sich:
Damit die Zutaten in der Reihenfolge richtig ausgewiesen werden können, sind folgende Grundsätze zu beachten:
- *Rezeptur nach den Zutatenmengen ordnen; Wasser nach dem Restwasseranteil im Gebäck einordnen!*
- *Zutatenliste als Grundlage für die Kennzeichnung beim Verkauf festlegen!*
- *Zutatenmengen bei der Rezeptur und Herstellung nicht verändern, damit die ausgedruckte Zutatenliste gültig bleibt!*

Wie sind die Zutaten auszuweisen? Die Zutaten sind mit ihrer üblichen Verkehrsbezeichnung aufzuführen. Zum Beispiel werden Roggen- und Weizenmehl, Wasser, Hefe und Salz als solche aufgeführt (vgl. Tabelle Nr. 45).

Der Sauerteig besteht aber selbst aus Roggenmehl und Wasser. Er ist aus mehreren Zutaten zusammengesetzt (= zusammengesetzte Zutat). Zusammengesetzte Zutaten für die Brotherstellung sind z. B. auch Backmittel, Fertigmehle, Restbrot und Backkonzentrate. Sie werden allein mit ihrer Verkehrsbezeichnung aufgeführt (z. B. Backmittel), wenn ihr Anteil im fertigen Brot weniger als 25 % beträgt. Ist ihr Anteil am Gebäck jedoch größer als 25 %, so sind neben der Verkehrsbezeichnung auch die einzelnen Bestandteile der zusammengesetzten Zutat aufzuführen.

*Hinweise: Über die Ausweisung der Zusatzstoffe (z. B. von Konservierungsmitteln) erhalten Sie nähere Auskunft im Kapitel ,,Herstellen von Schnittbrot''.
Weitere Beispiele für Zutatenverzeichnisse finden Sie auch in den Kapiteln ,,Qualitätsmerkmale für Toastbrot'' und ,,Diätetische Feinbackwaren''.*

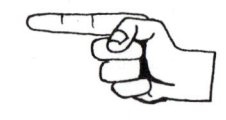

✱ Merkhilfe

Das Verzeichnis der Zutaten muß
- *auf der Fertigpackung für den Verbraucher leicht auffindbar sein;*
- *mit dem Wort ,,Zutaten'' kenntlich gemacht sein;*
- *die Reihenfolge der Zutaten nach ihren Mengenanteilen im Endprodukt ausweisen;*
- *alle Zusatzstoffe nennen, die im fertigen Produkt technologische Wirkung haben.*

*Zum Nachdenken:
Im Abschnitt ,,Die Weizenteigführung'' wird die direkte Führung als heute übliche Führung für die meisten Weißgebäcke herausgestellt.
Vergleichen Sie das mit den Führungen für roggenhaltige Teige!*

Beispiel:

Ein Brot wird mit einem Saueranteil von 40 % bereitet. Dann muß die Kennzeichnung in der Zutatenliste lauten: Sauerteig (Roggenmehl, Wasser).

Man darf aber auch die zusammengesetzten Zutaten mit den übrigen Zutaten aufrechnen. Zum Beispiel können die Roggenmehl- und Wassermengen des Sauerteigs mit den Mengen des Roggenmehls und Wassers im Brotteig zusammengezogen werden. In diesem Fall entfällt das Wort ,,Sauerteig'' in der Zutatenliste (vgl. Beispiel Nr. 2 in Tabelle 45).

Zusammengesetzte Zutaten dürfen auch miteinander vermischt ausgewiesen werden. Bei der kombinierten Führung können z. B. Sauerteig und teigsäuerndes Backmittel so verbunden werden (vgl. Beispiel Nr. 3 in Tabelle 45). Ist aber der Anteil der zusammengesetzten Zutaten höher als 25 % im fertigen Gebäck, so müssen dann alle einzelnen Bestandteile der zusammengesetzten Zutaten zusätzlich ausgewiesen werden.

Wie unsere Beispiele zeigen, ergeben sich trotz gleicher Rezeptur verschiedene Möglichkeiten der Darstellung in der Zutatenliste. Die Entscheidung darüber, was in welcher Form zur Information der Verbraucher in die Zutatenliste soll, liegt in der Verantwortung des Backwarenherstellers!

Vorbereiten der Teigzutaten

Für roggenhaltige Teige werden die Zutaten auch so vorbereitet, wie wir es bei den Weizenteigen kennengelernt haben. Einige Besonderheiten der Brotteige müssen Sie aber kennen!

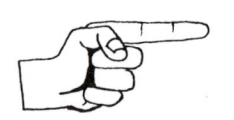

*Hinweis:
Im Kapitel ,,Die Weizenteigführung'' finden Sie ausführliche Darstellungen über die Vorbereitungen zum Teigmachen.*

Bereitstellung von Sauerteig

Für die Verarbeitung zum Brotteig muß der Sauerteig reif sein.

Bei Mehrstufenführungen ist die Reife des Sauers an seiner Aufwölbung, seinem großen Volumen und seiner aufgerissenen, glänzenden Oberfläche zu erkennen.

Bei Sauerteigen, die ausschließlich der Säurebildung dienen sollen, kann die Reife durch Messen des Säuregrads oder des pH-Wertes festgestellt werden.

Der Bäcker kann fehlerhafte Reifung des Sauerteigs bei den Vorbereitungen zum Teigmachen zum Teil ausgleichen:

Fehler	Folgen	Maßnahmen	Begründung
zu junger Sauerteig	– runde Brotform – geringes Volumen – fader Geschmack – unelastische, dichte Krume	– wärmere Teigführung – zusätzliche Hefezugabe – zusätzliche Zugabe von Säuerungsmitteln	– Förderung der Gare – Säure zur Stabilisierung der Krume
zu alter Sauerteig	– zu flache Brotform – Brandblasen – grobe Krume – unregelmäßige Porung – zu saurer Geschmack	– evtl. weitere Auffrischung des Sauers – geringe Zusatzmenge des überreifen Sauers und Ergänzung mit teigsäuernden Backmitteln	– Sauer wieder verjüngen – Einstellen der richtigen Säuerung

Bereitstellung von Mehl

Wie bei Weizenteigen ist auch für roggenhaltige Teige das Mehl gesiebt und gut temperiert zu verarbeiten.

Bei der Mischbrotherstellung ist es wichtig, das richtige Mischungsverhältnis von Roggen und Weizen zusammenzustellen. Der Roggen- bzw. Weizenmehlanteil kann aus verschiedenen Brotmehltypen bestehen.

Beispiele üblicher Mehlmischungen für Brot
R-M-Brot (80:20) = 80 % Type 997 / 20 % Type 1050
R-M-Brot (70:30) = 70 % Type 1150 (997) / 30 % Type 812
W-M-Brot (80:20) = 80 % Type 1050 (812) / 20 % Type 1150 (1370)
W-M-Brot (70:30) = 70 % Type 1050 (812) / 30 % Type 997

Tabelle Nr. 46

Mit der Auswahl der Mischmehl-Typen wird nicht nur die Farbe der Brotkrume bestimmt. Auch das erreichbare Brotvolumen, die Brotform, der Geschmack und die Frischhaltung werden durch die verwendeten Mehltypen beeinflußt. Daher wird häufig das zu mischende Mehl aus verschiedenen Typen genommen, z. B. die 20 % Weizenmehl eines Roggenmischbrots setzen sich aus den Typen 1050 und 550 zusammen.

Auswirkungen des Brotmischmehls auf Teig und Gebäck	
Type 550	Type 1050
– wolligere Teige – größere Gärstabilität bei hohem Weizenanteil – geringere Frischhaltung – hellere Krume	– weichere Teige – geringere Gärstabilität – geringere Volumenzunahme bei hohem Weizenanteil – längere Frischhaltung – gelbliche Krume

Tabelle Nr. 47

Die damit verbundenen Effekte können uns wie folgt klar werden:
– Type 550 = heller, stärkereicher, kleberstark, geringere Wasserbindung im Teig;
– Type 1050 = dunkler, enzymreicher, eiweißreicher, kleberweicher, höhere Wasserbindung im Teig.

Brote mit hohem Roggenanteil haben bei Verwendung von Weizenmehlen der Typen 1050 bzw. 550 kaum unterschiedliche Brotvolumen. Bei Broten mit hohem Weizenmehlanteil ergibt sich durch Verwendung der Type 550 aber eine deutlich bessere Gärstabilität und ein höheres Brotvolumen.

Bei Roggenmehlen und -schroten sind von Jahr zu Jahr, aber auch innerhalb des Jahres, größere Schwankungen in der Backfähigkeit zu erwarten. Die Mühlen bemühen sich, die Mehle durch Mischen auszugleichen. Dennoch verbleiben Schwankungen in der Mehlqualität, die Probleme bei der Brotqualität bewirken.

Der Bäcker kann Maßnahmen bei unterschiedlichen Mehlqualitäten ergreifen:

Mehlqualität	Maßnahmen bei der Verarbeitung
trockenbackendes Mehl, etwas enzymarm! ▶ Folgen: langsame Gare, schwache Bräunung, trockene Brotkrume	– weiche Teige führen, Nachquellung beachten! – enzymhaltige Backmittel zusetzen! – Quellmehl oder Restbrot zusetzen! – dunklere Weizenmehle guter Qualität zusetzen!
feuchtbackendes Mehl, geschwächte Qualität! ▶ Folgen: flotte Gare, starke Bräunung, feuchte Brotkrume	– festere Teige führen! – Saueranteil erhöhen oder Zusatz von Säuerungsmitteln! – kräftig ausbacken!

> **Hinweis:**
> *Formeln zur Berechnung der Zugußtemperatur finden Sie im Kapitel „Die Weizenteigführung".*

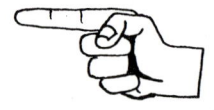

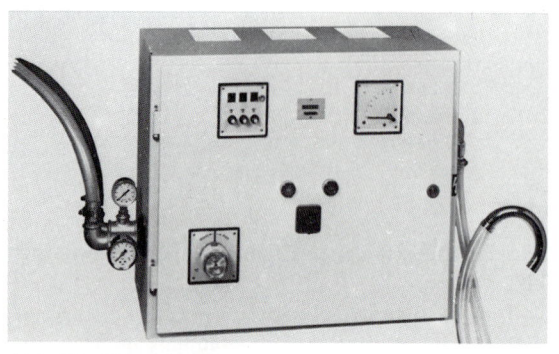

Abb. Nr. 299 Wassermisch- und -dosiergerät

Übliche Teigtemperaturen für Brotteige	
Roggenbrot	→ 28–30 °C
Roggenmischbrot	→ 26–28 °C
Weizenmischbrot	→ 24–26 °C

Tabelle Nr. 48

> **Hinweis:**
> *Die Ermittlung der Teigausbeute können Sie in Kapitel „Die Weizenteigführung" nachlesen!*

Durchschnittliche Teigausbeuten bei verschiedenen Brotsorten	
Roggenschrotbrot	→ 176–190 TA
Roggenbrot	→ 175–178 TA
Roggenmischbrot	→ 172–176 TA
Weizenmischbrot	→ 166–170 TA

Tabelle Nr. 49

Abb. Nr. 300
Ungenügende Lockerung bzw. gute Lockerung als Folge der Teigfestigkeit

Bereitstellung der Zugußflüssigkeit

Mit der Zugußflüssigkeit stellt der Bäcker die Teigfestigkeit und zugleich die Teigtemperatur ein. Praktisch hat sich dafür ein Wassermisch- und -dosiergerät bewährt.

Die erforderliche Zugußtemperatur richtet sich nach
- der gewünschten Teigtemperatur,
- der Mehltemperatur,
- der Sauerteigtemperatur (bei indirekter Teigführung).

Da roggenhaltige Teige nicht so intensiv geknetet werden, erwärmen sie sich bei der Knetung nicht nennenswert. Bei der Bemessung der Zugußtemperatur ist daher keine Teigerwärmung zu berücksichtigen.

Roggenbrotteige sind auch bei höheren Teigtemperaturen nicht empfindlich. Mischbrotteige sind jedoch mit steigendem Weizenanteil temperaturempfindlich. Bei höheren Teigtemperaturen altern sie schneller und erbringen Gebäcke mit trockener Krume und fadem Geschmack.

Teigausbeuten roggenhaltiger Teige

Die richtige Teigfestigkeit erkennt der Bäcker an den Verarbeitungseigenschaften des Teiges und an der Gebäckqualität.

Roggenhaltige Teige sollen so weich wie möglich bereitet werden. Weichere Roggenteige ergeben eine bessere Brotlockerung und einen aromatischeren Geschmack.

Man bestimmt das richtige Mehl:Wasser-Verhältnis mit der Teigausbeute. Durchschnittswerte für Teigausbeuten bei Broten finden Sie in der Tabelle Nr. 49.

Die Teigausbeuten sind von verschiedenen Bedingungen abhängig:

Teigausbeute-erhöhend wirken	*Teigausbeute-vermindernd wirken*
– niedriger Wassergehalt des Mehles	– feuchtbackende Mehle
– dunkle Mehle	– helle Mehle
– warme Teigführung	– kühle Teigführung
– direkte Teigführung	– indirekte Teigführung
– Aufarbeitung „von Hand"	– Aufarbeitung „vollautomatisch"

> **Zum Nachdenken:**
> *Weshalb wird bei der direkten Teigführung (Säuerung mit Backmitteln) eine höhere Teigausbeute erzielt als bei der indirekten Führung (mit Sauerteig)?*

Bereitstellung von Salz, Hefe und Backmitteln

Bei der indirekten Roggenteigführung sind z. T. die Hefemengen zu verringern, weil der Sauerteig zur Lockerung beiträgt. Sollte ein Salzsauer verarbeitet sein, so verringert sich die Salzmenge zum Teig um den Salzanteil des Sauerteigs.

Im übrigen ist bei diesen mengenmäßig geringen Zutaten genauestes Abwiegen erforderlich. Bereits kleine Fehler in der Zugabe können größere Brotfehler zur Folge haben! Bedenken Sie zum Beispiel, was eine zu geringe Salzmenge oder gar fehlendes Salz im Brotteig bewirkt!

Die Verarbeitung von Salz, Hefe und Backmitteln zum Teig kann mit dem Schüttwasser oder im All-in-Verfahren erfolgen.

Kneten roggenhaltiger Teige

Die üblichen Brotteige enthalten nur wenige Zutaten. Sie sind bei der Knetung schnell vermischt. Auch die Verquellung der trockenen Teigbestandteile geht rasch vor sich, weil die Eiweiß- und Schleimstoffe des Roggenmehls wasserfreundlich sind. Roggenteige müssen daher nicht intensiv geknetet werden. Man verwendet für Roggenteige keine Intensivknetmaschinen.

Für die Auswahl von Knetmaschinen für Roggenteige sind deren Fassungsvermögen bzw. deren arbeitserleichternde Einrichtungen wichtig. Ausfahrbare Kessel und Hebevorrichtungen sind für die großen Brotteigchargen zweckmäßig (siehe Abb. Nr. 301).

Abb. Nr. 301
Hubeinrichtung und fahrbarer Kessel bei einer Knetmaschine

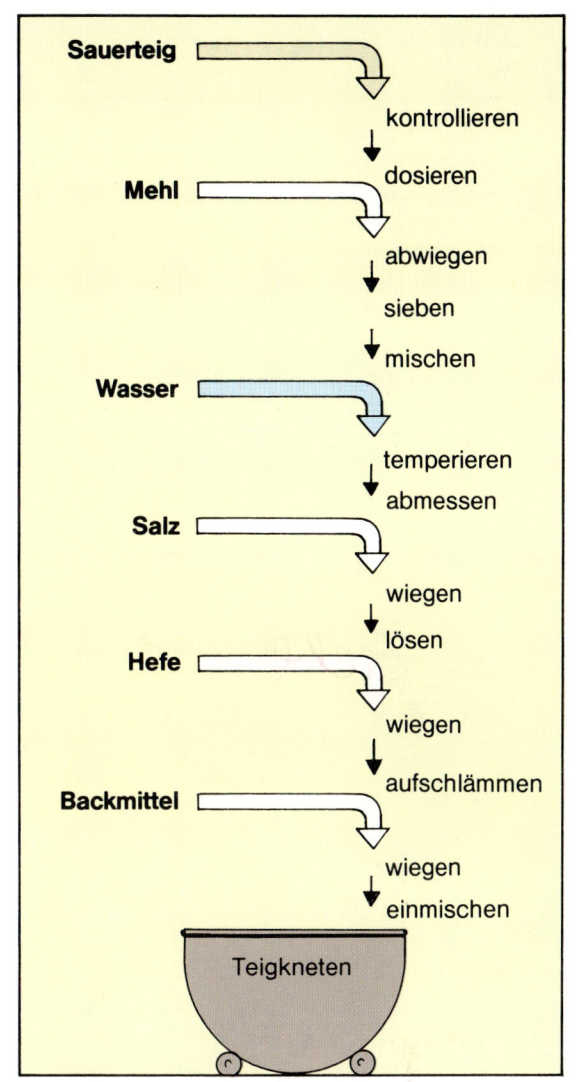

Abb. Nr. 302

Obwohl die Teigbildung bei roggenhaltigen Teigen unproblematisch ist, muß der Teigmacher nach den betrieblichen Erfordernissen eine optimale Knetung des Teiges garantieren. Was dabei zu beachten ist, hat häufig auch Einfluß auf die Knetzeit.

Einflüsse auf die Knetzeit von Brotteigen	
verkürzend	**verlängernd**
– Schnellknetung	– Langsamknetung
– höherer Roggenanteil im Teig	– höherer Weizenanteil im Teig
– weiche Mehle	– griffige Mehle
– helle, kleiearme Mehle	– kleiereiche Mehle, Schrot
– gesiebte Mehle	– ungesiebte Mehle
– höhere Teigtemperatur	– niedrigere Teigtemperatur
– fester Teig	– weicher Teig
– indirekte Führung	– direkte Führung

Das Wichtigste über die Bereitung roggenhaltiger Teige in Kurzform

- *Für die betriebsüblichen Brotteige jeweils ein Arbeitsrezept führen!*
- *Für Brotsorten, die in Fertigpackungen verkauft werden, die Zutatenliste zur Kennzeichnung beim Verkauf anfertigen!*
- *Zutaten für den Brotteig genau abwiegen, temperieren und für die Teigbereitung vorbereiten!*
- *Sauerteig muß zur Verarbeitung reif sein! Bei zu jungem Sauerteig zusätzlich teigsäuernde Backmittel verarbeiten! Bei zu altem Sauerteig die Zusatzmenge reduzieren und die Säuerung durch teigsäuernde Backmittel regulieren!*
- *Roggenhaltige Teige nicht intensiv kneten!*

Zum Nachdenken: *Bei Teigen für Weißgebäcke ist die optimale Teigreife durch gezielte Führung zu sichern. Warum ist das bei Brotteigen nicht so problematisch?*

Bedenken Sie auch, daß Teige für Weizenkleingebäcke nicht nur für eine Ofenbeschickung hergestellt werden!

Aufarbeiten roggenhaltiger Teige

Es ist natürlich ein großer Unterschied, ob ein heller Weizenmischbrotteig oder ein dunkler Roggenteig aufgearbeitet werden muß! Denken Sie nur an die unterschiedlichen Teigeigenschaften! Die Aufarbeitung ist bei beiden schwierig.

- Dunkler Roggenteig ist feucht und kurz.
- Heller Weizenmischbrotteig ist trocken-wollig und elastisch-zäh.

Die Aufarbeitung solcher Teige setzt fachliches Können voraus.

Unabhängig von den besonderen Bedingungen einzelner Brotteige sind bestimmte Arbeitsschritte bei der Aufarbeitung aller Brotteige nötig. Sie werden im folgenden behandelt.

Abb. Nr. 303 Dunkles Roggenbrot in Kastenform

Teigruhe

Indirekt geführte Roggenteige benötigen nach der Teigbereitung keine Teigruhezeit.

Bei direkt geführten Teigen und Mischbroten mit höherem Weizenanteil werden Teigruhezeiten von 20 bis 50 Minuten empfohlen.

Abwiegen

Vor der Formung müssen die Teigstücke so abgewogen werden, daß beim ausgekühlten Gebäck das richtige Gewicht erreicht wird.

Für roggenhaltige Kleingebäcke wird im allgemeinen wie bei Weizenkleingebäcken ein Pressengewicht (Bruch) angewandt.

Für Brotgebäcke wird das Einzelteigstück gewogen oder maschinell abgeteilt.

Abb. Nr. 304 Helles Weizenmischbrot in Laibform

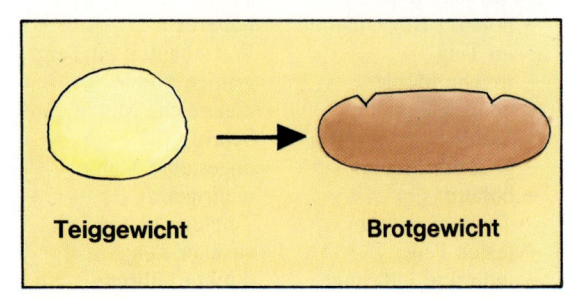

Teiggewicht → **Brotgewicht**

Abb. Nr. 305

❋ *Merken Sie sich:*

Teigeinlage =

Brotgewicht

+ Backverlust

Brote dürfen nur in ganz bestimmten Gewichtseinheiten hergestellt werden, und zwar:
– mit Mindestgewicht von 500 g;
– in Gewichten zwischen 500 und 2000 g, die durch 250 teilbar sind;
– in Gewichten zwischen 2000 und 10 000 g, die durch 500 teilbar sind.

Das Sollgewicht des ausgekühlten Brotes muß bei einer Gewichtskontrolle von 10 Broten im Durchschnitt erreicht werden.

Es kommt also darauf an, die Gewichtsverluste bei der Herstellung so zu erfassen, daß die richtige Teigmenge pro Brot abgewogen werden kann. Diese nennt man **Teigeinlage.**

Sie ist der Grundwert für prozentuale Berechnungen von Brotgewicht und Backverlust.

Beispiel:	
Teigeinlage für ein WM-Brot	= 0,625 kg (100 %)
– Backverlust	= 0,125 kg (20 %)
= Brotgewicht	= 0,500 kg (80 %)

Genaues Abwiegen von Hand und kontrolliertes Einstellen der Teigteilmaschinen sind notwendig, um mit der ermittelten Teigeinlage das Brotgewicht zu erreichen. Achten Sie auch darauf, daß bei Volumenteilung ein angarender Teig wieder durchgeknetet wird; sonst stimmt das eingestellte Gewicht nicht mehr!

Formgebung für Brot

Wie weitgehend die Formung von Brot durch Handarbeit (manuell) oder durch Maschinen (maschinell) erfolgt, ist von der Betriebsgröße und den herzustellenden Brotsorten abhängig.

Während roggenhaltige Kleingebäcke überwiegend wie Weizenkleingebäcke maschinell geformt werden, ist bei der Formung vieler verschiedener Brotsorten der Einsatz einer bestimmten Anlage schwieriger.

Weniger die unterschiedlichen Brotformen, wie Laibe, Kasten- oder Korbform, stehen der maschinellen Arbeit entgegen, als vielmehr die unterschiedlichen Mehlmischungen!

Eine Aufarbeitungsanlage, die gut geeignet ist für Roggenbrot mit Saugteiler, Bänderrund- und Langwirker, ist z. B. nicht gleich gut geeignet für die Formung von Weizenmischbrot.

Die Aufarbeitungsmaschinen können sich nicht dem Teig anpassen. Die Teigführung ist vielmehr der maschinellen Teigformung anzupassen. Förderlich für die maschinelle Aufarbeitung roggenhaltiger Teige sind:
– etwas festere Teigführung;
– grundsätzlich die Teigstücke vor dem Langrollen rundwirken;
– Langwirken mit Schlußbildung bei Roggenanteilen von 70 % und weniger;
– Stückgare gegenüber der manuellen Aufarbeitung um etwa 15 % kürzen.

Rechtliche Bestimmungen

Hinweis: *Die im Kapitel „Gewichtsvorschriften für Weißgebäcke" aufgeführten Bestimmungen gelten auch für roggenhaltige Brote.*

Ein Streitgespräch

Über seine Zwischenprüfung klagt Karl bei seinem Kollegen Thomas: Er berichtet ihm, daß er bei der Prüfung den Brotteig von Hand wirken und langformen mußte. Er habe dem Prüfungsmeister aber gesagt, daß er in seinem Ausbildungsbetrieb an einer modernen Brotaufarbeitungsanlage arbeite. Das Formen von Hand sei nicht mehr zeitgemäß!

Der Prüfungsmeister habe ihn da gefragt, was er denn nach der Gesellenprüfung in einem anderen Betrieb ohne diese Anlage machen wollte – oder wenn die Brotanlage einmal ausfallen würde?!

Karls Chef meinte nach der Prüfung auch, daß ein Betrieb ohne maschinelle Teigaufarbeitung nicht laufe.

Thomas meint jedoch, daß ein Bäcker in seiner Ausbildung das Formen von Hand lernen müßte.

Und was meinen Sie dazu?

Abb. Nr. 306 Maschinen der maschinellen Brotformung

Abb. Nr. 307 und 308
Brotfehler durch fehlerhaftes Wirken: aufgeplatzter Schluß (links) und Wirkblasen in der Krume (rechts)

> **Hinweis:**
> *Die bei den Weizengebäcken dargestellten Bedingungen der Stückgare gelten auch für die Herstellung von Brot. Wiederholen Sie dieses Kapitel, wenn Ihnen die Bedingungen zur Erreichung einer optimalen Gärreife nicht mehr geläufig sind!*

Abb. Nr. 309

Abb. Nr. 310

Abb. Nr. 311

Sowohl bei maschineller Formung als auch bei der Aufarbeitung von Hand ist darauf zu achten, daß beim Wirken nicht zu ,,mehlig" gearbeitet wird. Eingewirktes Mehl kann zu Faltenbildung in der Kruste, zum Aufplatzen des Wirkschlusses und zu Hohlräumen in der Krume führen.

Stückgare für Brot

Die geformten Teigstücke für Brot werden in verschiedenen Backgutträgern auf Stückgare (Endgare) gestellt. Üblich ist:
- Teiglinge auf Gärdielen frei abgesetzt oder in Tücher eingezogen;
- Teiglinge in Körben aus Peddigrohr oder Kunststoff eingelegt;
- Teiglinge in Kästen oder Aufsetzapparaten eingelegt;
- Teiglinge auf Beschickungseinrichtungen (Bänder, Abziehvorrichtung) abgesetzt.

Die Stückgare kann in Schragen in der Backstube, in stationären Gärschränken, fahrbaren Gärwagen oder Durchlaufgärschränken erfolgen. Wichtig ist eine Klimatisierung im Hinblick auf Temperatur und Luftfeuchtigkeit. Höhere Gärraumtemperaturen erfordern geringere relative Luftfeuchte.

Bei geringer Luftbewegung im Gärraum sind die Feuchtewerte um 5–10 % rel. Feuchte zu erhöhen.

Für die Ausbildung eines guten Brotvolumens ist eine längere Stückgare bei hoher Luftfeuchte vorteilhaft. Auch der Ofentrieb und die Glanzbildung der Kruste werden damit verbessert.

❋ Merken Sie sich:	
Beschleunigung der Endgare	Verzögerung der Endgare
– hohe Gärraumtemperatur (30–40 °C) mit nicht zu hoher Luftfeuchte (ca. 60 %)	– niedrige Gärraumtemperatur (20–30 °C) mit nicht zu niedriger Luftfeuchte (ca. 80 %)

Gärsteuerung

Die Gärsteuerung von Großbroten ist wegen der dafür erforderlichen Produktionsgrößen weniger verbreitet als bei Weizenkleingebäcken. Auch ist das Gärunterbrechen im Hinblick auf die größeren Teigstücke nicht praktikabel. Eine Gärverzögerung ist dagegen möglich. Die Bedingungen dafür:
- etwas festere, kühlere Teige,
- geringerer Hefezusatz.

Vorkühlphase, Lagerphase und Gärphase sind in ihrem Zeitumfang und den Temperaturen auf die betrieblichen Gegebenheiten hin abzustimmen.

Gärreife

Die optimale Gärreife der Teiglinge wird unter Beachtung der Brotsorte, der Führung und des Backverfahrens beurteilt. Grobe Formfehler des Brotes entstehen bei zu geringer Gare oder bei Übergare.

Gärtoleranz

Roggenhaltige Teige haben eine geringere Gärtoleranz als Weizenteige. Somit ist auch bei Mischbroten mit steigendem Roggenanteil eine abnehmende Gärtoleranz gegeben. Das heißt: die Zeitspanne, in der das optimale Volumen erreicht werden kann, wird geringer.

Allerdings ist das nicht so ausschlaggebend, weil Roggen- und Roggenmischbrote einen starken Ofentrieb (Volumenzunahme beim Backen) haben. In Abb. Nr. 313 ist erkennbar, daß bei Roggenmischbrot die Spanne der optimalen Gare zwar gering, die Volumenabweichungen insgesamt aber nicht sehr ausgeprägt sind.

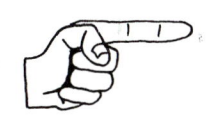

Abb. Nr. 312
Volumen- und Formfehler durch falsche Gärreife
Zu runde Form und kleines Volumen durch Untergare (links) und zu flache Form durch Übergare (rechts)

Hinweis:
Mehr über Gärreife und Gärtoleranz können Sie auf den Seiten 80 und 81 nachlesen.

Wichtiges zur Teigführung roggenhaltiger Teige in Kurzform

▶ *Roggenmahlerzeugnisse müssen zur Verbesserung ihrer Backfähigkeit gesäuert werden.*

▶ *Die Säuerung roggenhaltiger Teige kann durch verschiedene Sauerteigführungen, durch teigsäuernde Backmittel oder durch Kombination von Sauerteig mit Teigsäuerungsmitteln erfolgen.*

▶ *Roggenhaltige Teige haben im Vergleich zu Weizenteigen andere Führungsbedingungen:*
  – sie werden weicher gehalten (höhere Teigausbeute),
  – sie werden wärmer geführt,
  – sie werden nicht so intensiv geknetet.

▶ *Für roggenhaltige Kleingebäcke gibt es keine Gewichtsvorschriften. Brote dürfen nur in bestimmten zulässigen Gewichten hergestellt werden. Um das geforderte Brotgewicht zu erreichen, ist die Teigeinlage unter Berücksichtigung des Backverlustes zu bestimmen.*

▶ *Die Aufarbeitung und die anschließende Stückgare von roggenhaltigen Teigen ist stark abhängig von der Mehlmischung im Teig. Brotteige mit höheren Roggenanteilen können in einem Arbeitsgang geformt werden. Sie benötigen kürzere Stückgarezeiten und haben eine geringere Gärtoleranz.*

Zusätzliche Informationen

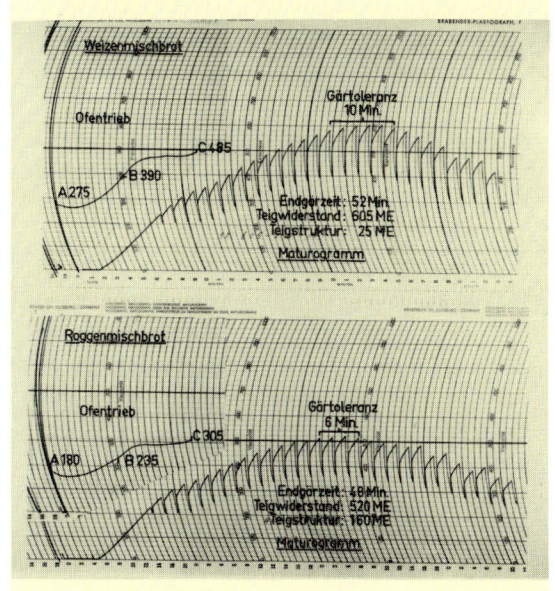

Abb. Nr. 313

Maturogramm von Weizenmischbrot und Roggenmischbrot im Vergleich

Beachten Sie:
– die geringere Gärtoleranz des Roggenmischbrots
– den stabileren Ofentrieb des Roggenmischbrots
– die insgesamt geringen Volumenveränderungen des Roggenmischbrots

Erläutern Sie die Kurven des Maturogramms!

Backöfen

"Der Backofen ist das Herz der Bäckerei" – dieser althergebrachte Satz hat auch noch heute seine Gültigkeit.

Auf dem nebenstehenden Stich über die Arbeit in einer früheren thüringischen Backstube können wir erkennen, wie der Backofen im Mittelpunkt der Bäckerei steht. Man sieht auch, daß Teige zum Backen herangetragen werden und daß andere Teige auf das Backen hin vorbereitet werden. Der Backofen bestimmt damit den Betriebsablauf.

Anforderungen an Backöfen

Der Bäcker fordert ...	Die Backofentechnik bietet an ...
– kurze Aufheizzeiten, Wärmebeweglichkeit	– Backöfen mit leistungsfähigen Beheizungen; Brennkammer außerhalb des Backherdes; Verzicht auf Wärmespeicher
– geringen Platzbedarf bei trotzdem großer Backfläche	– Backöfen mit platzsparender Stahlbauweise; Backherde etagenweise übereinander
– leichte Beschickung	– Backöfen mit verschiedenen halbautomatischen Beschickungshilfen
– arbeitserleichternde Bedienung	– Backöfen mit "menschengerechter" (ergonomischer) Ausstattung an Bedienungselementen, Hitze- und Dampfabzügen
– hohe Unfallsicherheit	– Backöfen mit gesicherten Elektro- und Motorenanlagen
– einfache Wartung	– Backöfen mit langfristigen Wartungszeiträumen; einfache Pflegemöglichkeiten
– geringen Energieverbrauch	– Backöfen mit gut steuerbarer Hitzeerzeugung; Weiterverwendung vorhandener Wärme
– geringe Umweltbelastung	– Backöfen mit Abgaskontrollen; geräuscharme Einrichtungen

Abb. Nr. 314 In einer thüringischen Bäckerei

Das ist auch heute noch so. Allerdings sind die Backöfen moderner, so daß man zum Teil schon von Backmaschinen spricht. Der Bäcker hat diese Modernisierung im Backofenbau durch Anforderungen an die Backöfen mitbestimmt.

> Zum Nachdenken:
> Überlegen Sie, inwieweit der Backofen in Ihrem Ausbildungsbetrieb den Arbeitsrhythmus bestimmt!

Etagenöfen

Die meisten Anforderungen der modernen Bäckerei an einen Backofen vereinigt in sich der Etagenofen. Dieser Backofentyp wurde kurz vor dem 2. Weltkrieg entwickelt und bis heute laufend verbessert.

Er hat folgende Kennzeichen:
- stapelförmige, hochhausähnliche Anordnung von Backherden übereinander;
- keine Wärmespeichermassen, sondern überwiegend leichte Stahlbauweise;
- wenig Verluste durch Wäremabstrahlung infolge guter Isolierung;
- geringe Heizkosten, hoher Ausnutzungsgrad der Energie;
- leichte Beschickung, arbeitserleichternde Einschießapparate, Auszugherde;
- leichte Reinigung und Wartung.

Seine wesentlichen Vorzüge gegenüber anderen Backöfen sind
- Platzersparnis,
- hohe Temperaturbeweglichkeit,
- halbautomatische Beschickung,
- Betriebskostenersparnis.

Im Hinblick auf die Beheizung von Etagenöfen sind zwar auch Elektro- und Dampfbacköfen zu erwähnen. Eindeutig am verbreitetsten sind jedoch Umwälzetagenöfen mit Gas- oder Ölheizung.

Hier sind zwei Heizsysteme zu unterscheiden:
→ Heißluft-Umwälzer ▶ bewegte Backatmosphäre
→ Heizgas-Umwälzer ▶ ruhende Backatmosphäre

Heißluft-Umwälzofen

Beim *Heißluft-Umwälzofen* werden die in der Feuerung entstehenden Heizgase zunächst durch einen Wärmeaustauscher geleitet. Die dort entstehende Heißluft wird dann durch Umwälz-Ventilatoren in die Backherde gespült. Zugleich kann auch Feuchtigkeit (Schwaden/Wrasen) mit in die Backherde geleitet werden.

Wenn auch durch die heißen Herdplatten eine direkte Wärmeleitung auf den Gebäckboden hin erfolgt, so ist doch diese Art des Backens überwiegend durch Wärmeströmung (Konvektion) bedingt. Die innige Berührung von Backgut und heißer Backatmosphäre garantiert bei diesem Ofentyp besonders gleichmäßige Backergebnisse.

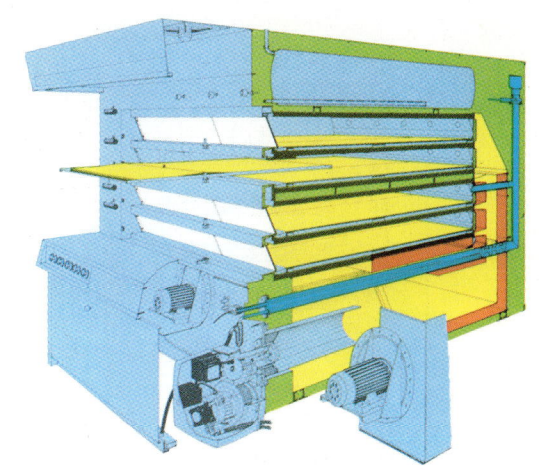

Abb. Nr. 316
Aufbau und Heizgasführung eines modernen Vier-Etagenofens

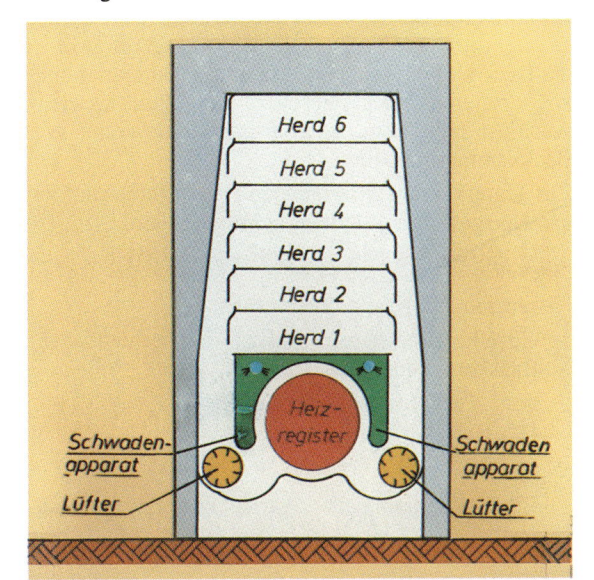

Abb. Nr. 315 Prinzip des Heißluft-Umwälzofens

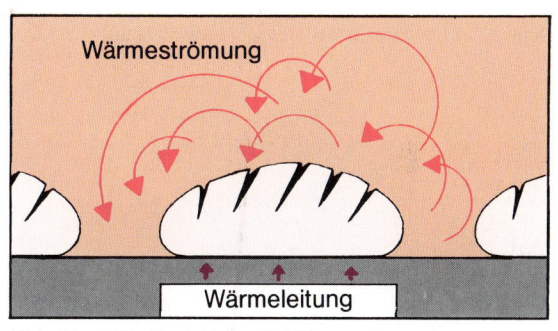

Abb. Nr. 317 Backen durch Wärmeströmung

Wir können uns den Heißluft-Umwälzofen auch als einheitlichen Backraum vorstellen, bei dem ähnlich wie bei einem Küchenherd Zwischenböden eingelegt sind. Backhitze und Schwaden gehen in alle Backherde des Ofens zugleich. Der Ofen ist durch die zentrale Versorgung aller Backherde baulich nicht beliebig groß zu erstellen. In breiteren Backherden – wie sie bei anderen Ofensystemen üblich sind – ist die gleichmäßige Hitzeverteilung nicht mehr gewährleistet.

Vorteile des Heißluft-Umwälzofens:
- sparsamer Brennstoffverbrauch;
- intensive Wärmeströmung um das Backgut (bewegte Backatmosphäre);
- hohe Temperaturbeweglichkeit des gesamten Ofens.

Nachteil des Heißluft-Umwälzofens:
- alle Backherde haben gleiche Backbedingungen (Hitze und Schwaden); daher nur Backprogramme mit insgesamt einheitlichen Anforderungen möglich.

Heizgas-Umwälzofen

Beim *Heizgas-Umwälzofen* werden die in der Feuerung entstehenden Heizgase mit Umwälzventilatoren durch Heizkanäle gespült, die zwischen den Backherden liegen. Jeweils über Boden und Decke der Backherde ergibt sich die Übertragung der Hitze auf das Backgut. Die Herdfläche selbst wirkt wärmeleitend; überwiegend ist jedoch das Prinzip der Wärmestrahlung. Dabei garantieren die großen Flächen der Backraumwände einen intensiven Wärmeaustausch, so daß in der Wärmebilanz die Heißluft-Umwälzer und Heizgas-Umwälzer gleich gut sind.

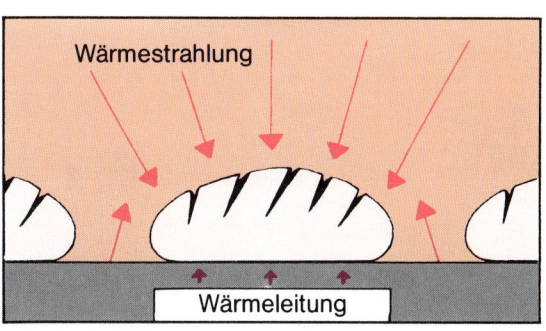

Abb. Nr. 318 Backen durch Wärmestrahlung

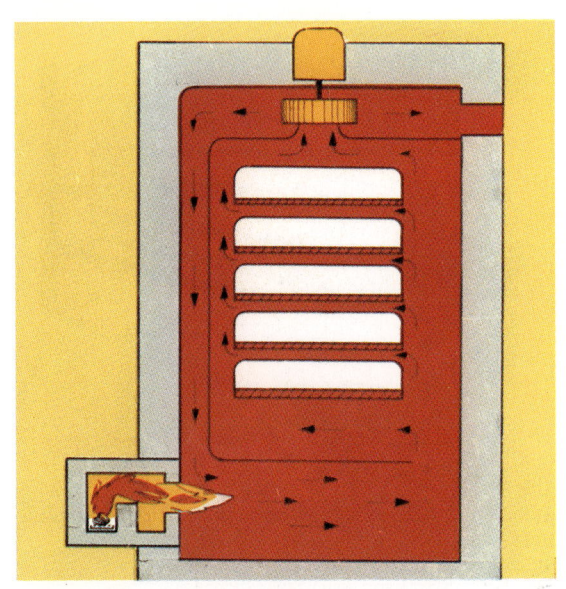

Abb. Nr. 319 Prinzip des Heizgas-Umwälzofens

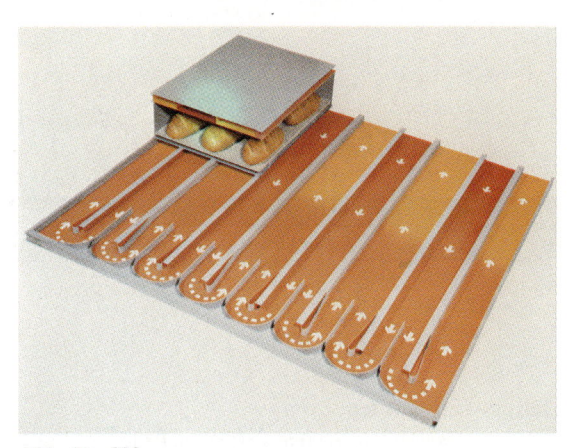

Abb. Nr. 320
Wärmeübertragung durch Heizkanäle
beim Heizgas-Umwälzofen

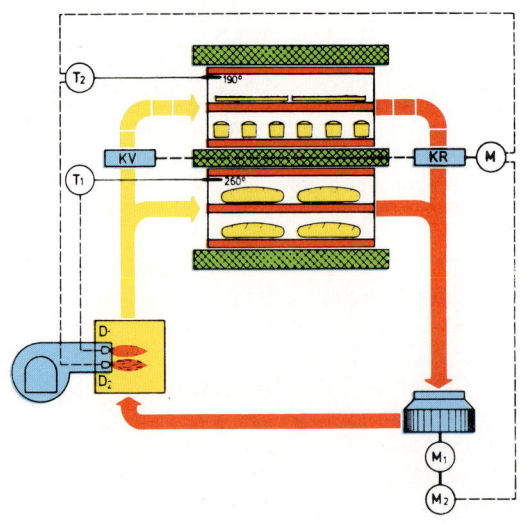

Abb. Nr. 321
Herdgruppenofen mit zwei verschiedenen Temperaturbereichen

Beim Heizgas-Umwälzofen sind aber alle Backherde unabhängig in der Beschwadung und der Regulierung der Backbedingungen (z. B. Öffnen oder Schließen von Zügen).

Hinsichtlich der Backtemperaturen der einzelnen Herde kann bei einigen Ofentypen sogar in zwei verschiedenen Bereichen gearbeitet werden, oder Herdgruppen können abgeschaltet werden. Sicherlich kann durch diese Herdgruppenöfen bei Produktionsschwankungen Energie eingespart werden. Auf der anderen Seite sind die höheren Anschaffungskosten einzukalkulieren. Der Bäcker ist im übrigen mit dem Ofenkauf für lange Zeit auf die Temperatur-Kombination des Ofens festgelegt.

Die Backofenhersteller bieten auch Öfen mit einer Kombination der Heizgas- und Heißluft-Umwälzung an. Bei diesem Heizsystem wird die Heißluft zwar in die Backherde gespült, über Klappen kann aber eine z. T. ruhende Backatmosphäre hergestellt werden. Auch ist bei diesen Öfen Einzelbeschwadung von Backkammern möglich.

Zur Unterscheidung der beiden Heizsysteme sind für das Heizgas-Umwälzsystem herauszustellen:

Vorteile:
– sparsamer Brennstoffverbrauch;
– einzelne Backherde sind mit unterschiedlichen Backbedingungen zu benutzen;
– hohe Temperaturbeweglichkeit;
– Herdgruppenschaltung möglich.

Nachteil:
– Beeinträchtigung der Wärmeübertragung durch Verrußen der Heizkanäle.

Stikkenöfen

Ähnlich wie die Etagenöfen haben auch die Stikkenöfen auf kleiner Grundfläche eine große Backfläche. Der Backraum ist allerdings nicht in Einzelherde unterteilt. Der gesamte Ofen ist schrankartig. Stikkenöfen wurden in den skandinavischen Ländern entwickelt. Daher ist auch der Name (Stikken = fahrbares Gestell) zu erklären. Außerdem weist der Name des Ofens auf wesentliche Merkmale hin.

Meister Kramer ist überzeugt: *„Unser neuer Stikkenofen backt sehr gut! Um ihn voll nutzen zu können, muß man aber einiges in der Backwarenproduktion umstellen!"* Was meint Meister Kramer damit? Beachten Sie den Ablauf der Produktion mit einem Stikkenofen!

Kennzeichen des Stikkenofens

Stikkenöfen haben folgende Besonderheiten:
- fahrbare Stikken (Schragen) nehmen auf Backgutträgern die Teigstücke auf,
- fahrbare Stikken werden beladen in den Gärraum gefahren,
- fahrbare Stikken werden in ebenerdige, schrankförmige Stikkenöfen zum Abbacken der Teigstücke gefahren,
- fahrbare Stikken werden mit den abgebackenen Gebäcken zum Lager oder Verkauf gefahren.

Wir erkennen, daß es sich bei dem Stikkenofen nicht nur um eine neue Beschickungsmethode handelt! Der Ofen bedingt vielmehr einen zum Teil anderen Herstellungsablauf!

Abb. Nr. 323
Ausbacken bei einem Stikkenofen, der mit 12 Backgutträgern für Brot besetzt ist

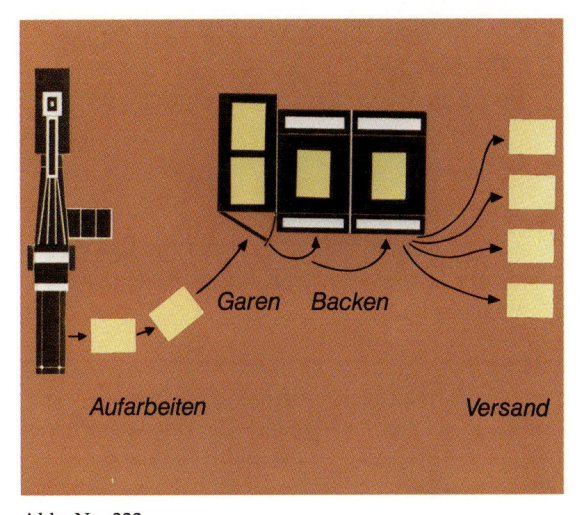

Abb. Nr. 322

Beheizung des Stikkenofens

Ausschlaggebend für die hohe Backleistung der Stikkenöfen ist ein sehr leistungsfähiges Heizsystem. Die Brennkammern liegen bei den verschiedenen Systemen seitwärts, rückwärts oder oberhalb der Backkammer. Das Heizsystem kann mit allen Heizstoffen betrieben werden.

Für die Beheizung der schrankförmigen Backkammer ist überwiegend Wärmeströmung (Konvektion) üblich. Es gibt auch Öfen, bei denen die Stikken während des Backens zur besseren Wärmeströmung um ihre eigene Achse rotieren (Rotoröfen). Bei anderen Öfen wird der gleiche Zweck durch laufende Änderung der Wärmestromrichtung erreicht.

Neben dem schon erwähnten Vorteil der „rollenden Produktion", der für die Bezeichnung des Stikkenofens (auch: Schragen-, Roll-in-Ofen) ausschlaggebend ist, ist die enorme Bodenflächenausnutzung des schrankförmigen Ofens mit seinen Stikken zu erwähnen. Durch die je nach Gebäckart unterschiedlich großen Abstände der Backgutträger im Stikken (z. B. bei Feingebäck etwa 6 cm, bei Brötchen etwa 8 cm und bei Brot etwa 12–17 cm) paßt eine größere oder kleinere Anzahl an Normblechen als Backgutträger in den Ofenschrank. Im günstigsten Fall, also bei Feingebäck, erhält man so eine enorme Backfläche im Verhältnis zur erforderlichen Bodenfläche für den Stikkenofen. Bei etwa 3 m^2 Grundfläche und einem 20-Blech-Stikken lassen sich rund 1000 Brötchen auf einmal backen. Das entspricht einer Backfläche von 12 m^2 in einem herkömmlichen Ofentyp. Bei Doppelstikkenöfen lassen sich z. B. 32 m^2 Backfläche kombinieren. Damit erreicht man eine Backleistung wie bei einem Durchlaufofen mit etwa 53 m^2 Bodenfläche!

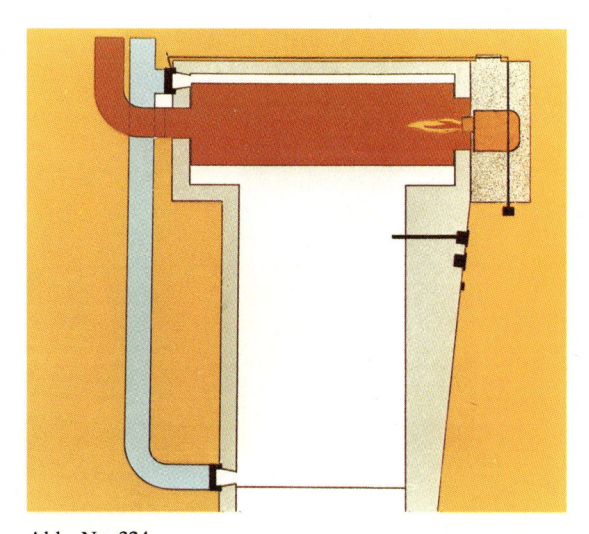

Abb. Nr. 324
Seitenansicht eines Stikkenofens mit obenliegender Brennkammer. Der Ofen ist ein Heißluft-Umwälzer; der Stikken wird während des Backens nicht bewegt.

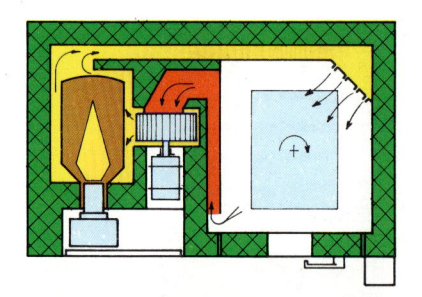

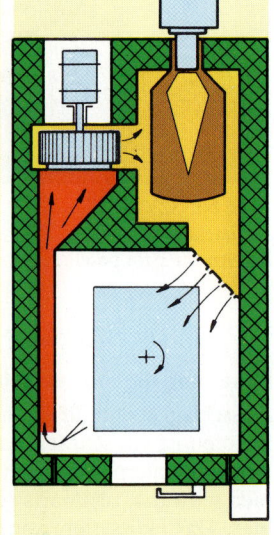

Abb. Nr. 325 a
Stikkenofen mit
a) seitwärts und
b) rückwärts
angeordneter Brennkammer.
Der Stikken wird während
des Backens in Pfeilrichtung
gedreht.

Abb. Nr. 325 b

Backen im Stikkenofen

Zu Beginn des Backvorgangs im Stikkenofen erfolgt die Befeuchtung der Teigstücke bei nur mäßiger Umwälzung oder in ruhender Backatmosphäre.

Da die Backgutträger zu Beginn auch nur die Temperatur der Teigstücke haben, ist im Vergleich zur Wärmeleitung durch die Herdflächen anderer Backöfen bei den Stikkenöfen eine geringere Bodenkrustenausbildung typisch.

Auch die Lochung der Backgutträger ist im Hinblick auf das Festhaften von Restbeständen von Feinen Backwaren nicht unproblematisch. Insgesamt ist aber die erzielbare Backwarenqualität und -menge für Blechware in Verbindung mit den Rationalisierungsvorteilen so entscheidend, daß der Stikkenofen in vielen Bäckereien seinen Einsatz findet.

Vorteile des Stikkenofens:
– hohe Backleistung bei geringem Platzbedarf,
– rollende Produktion,
– gute Anpassung der Ofenkapazität an die betrieblichen Notwendigkeiten,
– gute Energieausnutzung.

Nachteile des Stikkenofens:
– weniger gut ausgeprägte Bodenkruste von Brot,
– im wesentlichen für einheitliche Backprogramme geeignet.

Wird zum Beschicken oder Entleeren des Stikkenofens die Tür geöffnet, so wird die Umwälzung bzw. Rotation ausgeschaltet. Dennoch tritt aber ein wesentlicher Wärmeverlust von ca. 20 bis 30 °C ein. Zur gewünschten, schnellen Wiederaufheizung ist daher das Heizregister sehr hoch ausgelegt. Auch der große Naßdampfbedarf muß möglichst durch einen zusätzlichen, leistungsfähigen Schwadenerzeuger bereitgestellt werden.

Um die Vorteile verschiedener Backofentypen ausnutzen zu können und größere Backofenkapazitäten mit hoher Anpassung an die Betriebssituation zu erhalten, werden in größeren Betrieben die Backöfen zusammengestellt, wie es z. B. in Abb. Nr. 326 zu sehen ist.

Abb. Nr. 326   Kombination von gemauertem Dampfbackofen, Etagen- und Stikkenofen

Großbacköfen

In größeren handwerklichen Bäckereien oder industriellen Backbetrieben werden Brot, Weizenkleingebäcke und bestimmte Feine Backwaren gleicher Sorte in großer Stückzahl hergestellt. Dazu benötigt man größere Backflächen (Backofenkapazität).

Möglichkeiten zur Schaffung größerer Backofenkapazitäten:

- etagenweise Anordnung großer Backflächen (z. B. 5 Herde übereinander mit je 4 m² Backfläche);
- verschiedene Backofentypen zusammenstellen in Anbauweise (wie in Abb. Nr. 326 dargestellt);
- einheitliche Backöfen mit bewegbarer Backfläche.

Bei Öfen mit bewegter Backfläche besteht diese aus Netzband, Steinplattenband oder Scharnierband. Das Backgut kann automatisch zugeführt werden, durchläuft während der Backzeit den Ofen *(Durchlauf- und Tunnelöfen)* und verläßt die Herdsohle ausgebacken. Solche Öfen sind 25 und mehr Meter lang. In den einzelnen Zonen des Ofens sind Feuchtigkeit, Temperatur und Durchlaufgeschwindigkeit je nach Gebäckart und Gebäckgröße zu steuern. Neuentwickelt sind Netzband-Etagenöfen mit bis zu 4 Etagen übereinander. Diese Öfen haben geringeren Platzbedarf.

Bei **Autoöfen** werden schaukelartig aufgehängte Backplatten in einem Umlaufsystem bewegt. Auch hier wird die Backzeit über die Umlaufgeschwindigkeit gesteuert.

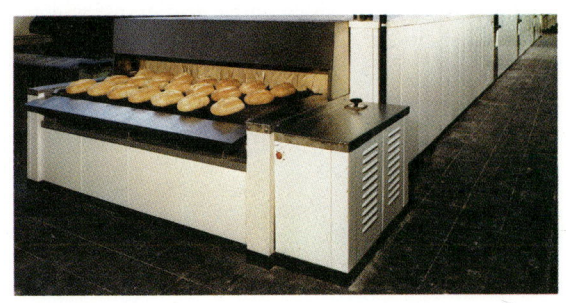

Abb. Nr. 327
Ausbacken von Brot aus einem Netzband-Durchlaufofen. Die Teigzuführung erfolgt auf der nicht sichtbaren Vorderseite des Ofens

Ein Ofen mittlerer Größe ist der **Reversierofen**, bei dem die beweglichen Backgutträger zur Beschickung einfahren und zum Entleeren wieder nach vorn zurückgefahren werden. Es leuchtet ein, daß hier die zuerst eingeschobenen Teigstücke eine längere Backzeit haben. Um bei Gebäcken mit kürzeren Backzeiten dadurch nicht zu große Unterschiede zu erhalten, sind die Zonen des Ofens in der Temperatur unterschiedlich zu regulieren.

Aber auch das Entleeren auf der Rückseite des Ofens ist möglich. Dieser Reversierofen darf dann aber nicht wandständig sein! Er unterscheidet sich von einem Durchlaufofen dadurch, daß sich die Backgutträger während der Backzeit nicht bewegen.

Abb. Nr. 328
Ausbacken von Brötchen an der Frontseite eines Netzband-Reversierofens

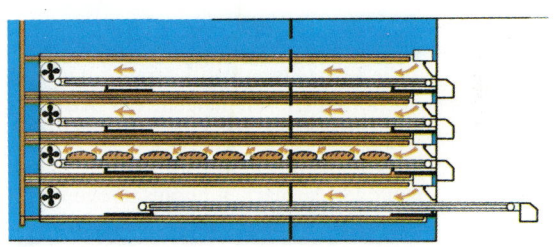

Abb. Nr. 329 Prinzip der Reversierofens

Vorteile von Durchlauf- und Reversieröfen:
- hohe Backleistung,
- kontinuierliches Abbacken im Zusammenhang mit mechanisierter Teigführung.

Nachteile von Durchlauf- und Reversieröfen:
- relativ hoher Platzbedarf (bei Reversieröfen mit mehreren Etagen nur zu Lasten schwerer Bedienung aufgehoben),
- geeignet für einheitliches Produktionsprogramm (z. B. Brötchen oder Großbrot),
- Netzbänder mit schlechter Wärmeleitung.

Wenn in handwerklichen Bäckereien größere Backofenflächen benötigt werden, so stellt man gern verschiedene Backöfen zusammen. Das hat folgende Vorteile:

- zu gleicher Zeit können verschiedenartige Backwaren mit unterschiedlichen Backbedingungen (z. B. für Brot und Feine Backwaren) abgebacken werden;
- die erforderliche aufgeheizte Backfläche läßt sich je nach Betriebsablauf (z. B. bei Saisongeschäft, Wochenend- oder Feiertagsbetrieb) erweitern oder einschränken;
- für bestimmte Backprogramme sind die arbeitstechnisch günstigsten Beschickungen des Ofens einsetzbar (z. B. Nutzung eines Auszieherdes oder eines Aufsetzapparats).

Beschickungssysteme für Backöfen

Während für das Ausbacken der Gebäcke bei Chargenherstellung (einzelne Teige für eine Ofenfüllung) der Schieber (Schießer) noch praktikabel ist, werden zur möglichst rationellen und raschen Beschickung verschiedene Vorrichtungen benutzt.

Abb. Nr. 330
Einschieben von Einzelbroten mit dem Schieber ist zeitaufwendig

Vor allem für die Herstellung von Kastenbroten und angeschobenen Sorten ist seit langem der **Ausziehherd** oder als gesamter Ofen der **Auszugsofen** üblich.

Die heißen Backofenherde können in ganzer Länge zum Beschicken oder Ausbacken herausgezogen werden. Die Gärgutträger werden dabei vorwiegend von Hand entladen. Das bedingt ein flottes Arbeiten vor dem Ofen, zugleich aber auch durch die Verbrennungsgefahr an den heißen Herdflächen ein umsichtiges Verhalten!

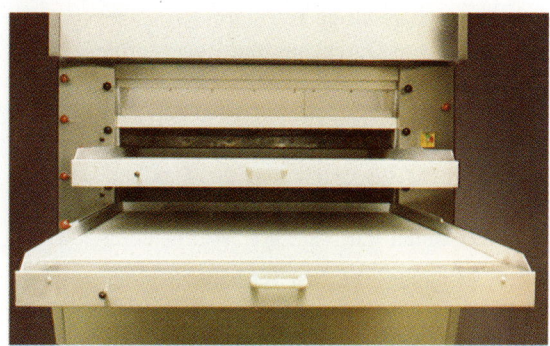

Abb. Nr. 331 Auszugsofen

Aufsetzvorrichtungen

sind als Gärgutträger eingesetzt und ermöglichen eine flotte und rationelle Beschickung eines gesamten Herdes. Um die bei Etagenöfen erforderlichen Hebeleistungen zu verringern, kann mit Hubwagen Erleichterung geschaffen werden. Sie erlauben auch die Ein-Mann-Bedienung.

Baulich lassen sich durch nebeneinander angeordnete Herde (statt 4 oder 5 übereinander) leichtere Arbeitsbedingungen schaffen.

Abb. Nr. 332
Ein-Mann-Beschickung mit Hilfe des Hubwagens

Der Hubwagen mit Aufsetzapparat erbringt neben der schnellen Beschickung des Ofens auch eine Erleichterung bei der körperlichen Hebearbeit.

Ganz konsequent wird eine alte Arbeitsregel auf die Arbeit mit dem Stikken als Beschickungseinrichtung angewandt: „Trage nicht, was du rollen kannst – fasse nicht an, was liegen bleiben kann!"

Wichtig für die Arbeit an Backöfen ist aber auch die Arbeitshöhe der Bedienungselemente. Die Herde selbst sollten so angeordnet sein, daß man sie bei aufrechter Körperhaltung einsehen kann. Schalter, Öffnungsriegel und Armaturen des Ofens sollten mit wenigen Handgriffen erreichbar sein.

Dadurch ist die Ermüdung durch Körperanstrengung bei der Arbeit am Backofen geringer.

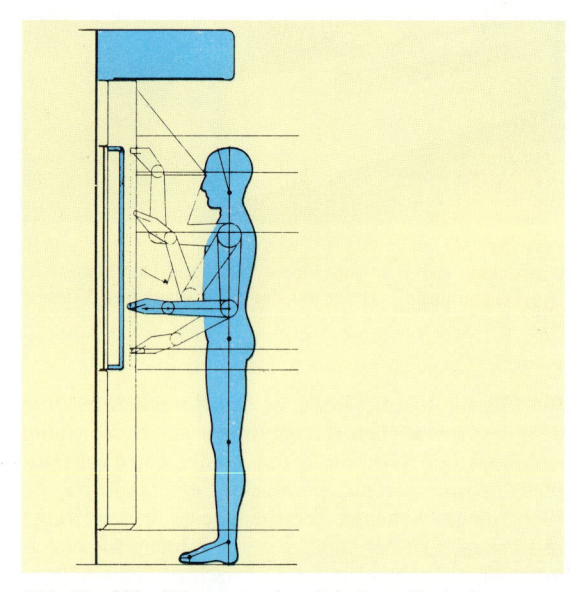

Abb. Nr. 333 Körpergerechte Arbeit am Backofen

> Zum Nachdenken: *Aufsetzapparat, Hubwagen und Stikken des Roll-in-Ofens stellen fortschreitende Stufen der Arbeitserleichterung dar. Worin liegt jeweils der arbeitserleichternde Effekt?*

Heizsysteme bei Backöfen

Bei unseren bisherigen Betrachtungen der Backöfen standen Bauweise und Beschickung des Ofens im Vordergrund. Auf diese Weise lassen sich die vielfältigen Backofentypen auch einteilen (siehe Tabelle Nr. 50).

Die Energiekrisen haben in letzter Zeit die Möglichkeiten der Backofenbeheizung erneut in Bewegung gebracht, so daß es notwendig ist, die unterschiedlichen Energieträger zur Backofenbeheizung näher im Vergleich zu betrachten.

Direkte und indirekte Beheizung

Die Wahl des Brennstoffs für einen Backofen wird in erster Linie unter wirtschaftlichen Gesichtspunkten und unter Beachtung der örtlichen Gegebenheiten entschieden. Dennoch läßt sich auf diesem Gebiet eine gewisse Entwicklung aufzeigen!

Die festen Brennstoffe, wie Holz und Kohle, wurden vorwiegend bis etwa 1950 eingesetzt. Insbesondere für die Beheizung des Brustfeuerungsofens (Altdeutscher Ofen) und des Holzofens sind diese Heizstoffe typisch. Die Brennbahn liegt direkt im Backherd. Die Asche wird jeweils vor dem Backen herausgenommen. Da ein Nachheizen während des Abbackens bei diesen **direkt beheizten Ofentypen** nicht möglich ist, beginnt man mit sehr hohen Anfangstemperaturen. Das hat insbesondere für die Brotkrustenbildung eine günstige Wirkung. Noch heute wird dieser Vorteil bei der Herstellung von ,,Holzofenbrot" und ,,Steinofenbrot" genutzt.

> Hinweis:
> Im Kapitel ,,Spezialbrote" können Sie die Bedingungen für spezielle Backverfahren nachlesen.

Der Wunsch nach mehr Temperaturbeweglichkeit beim Backofen und die Notwendigkeit des Nachheizens während des Backvorgangs führten zur Entwicklung der **indirekt beheizten Backöfen.**

Der erste indirekt beheizte Backofen war der Kanalofen oder Unterzugsofen, bei dem die Heizgase durch gemauerte Kanäle über und unter den Backherden in den Rauchabzug geleitet wurden. Aufgrund der Speicherwirkung der dicken Steinmauern zwischen Herd und Heizkanal sowie der Isolierwirkung von Ruß und Asche war die Wärmeausnutzung dieses Ofens sehr schlecht.

Bei den modernen Heizgas-Umwälzern wird dieses Prinzip des Kanalofens noch heute genutzt.

> Zum Überlegen: *Warum haben die Heizgas-Umwälzer im Vergleich zu den geschichtlichen Kanalöfen eine so viel bessere Wärmebilanz?*

Einteilung der Backöfen		
Bauart	Art der Herdfläche	Beschickung
gemauerte Öfen	feststehende Backfläche	Einschießöfen
Stahlskelettöfen	bewegbare Backfläche (z. B. Reversieröfen)	Auszugsöfen
Stahlbauöfen	bewegliche Backfläche (z. B. Netzband, Autoöfen)	Roll-in-Öfen

Tabelle Nr. 50

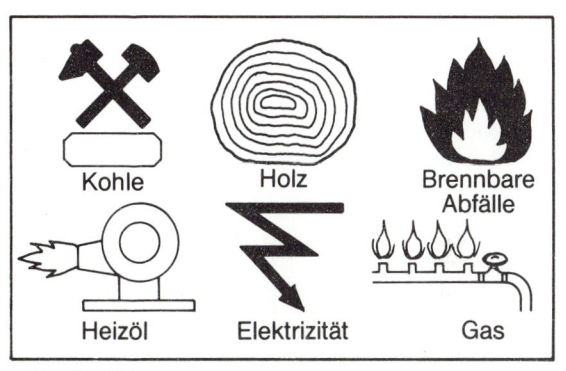

Abb. Nr. 334

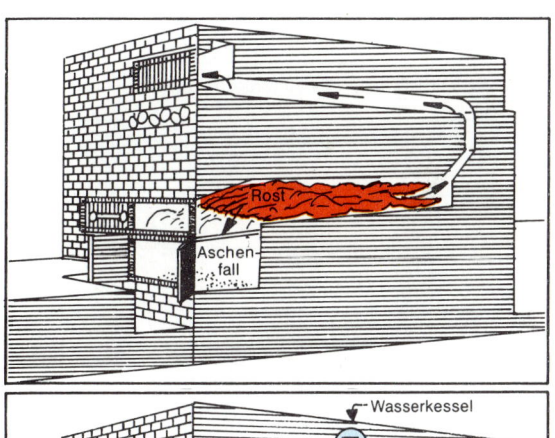

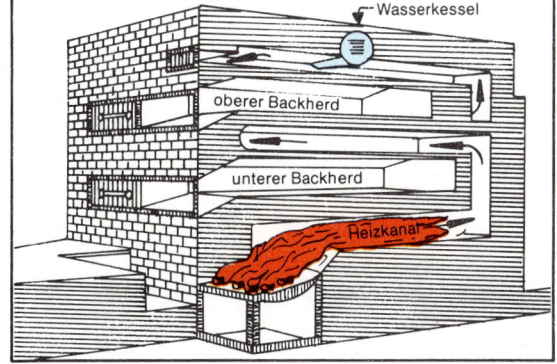

Abb. Nr. 335
Der Altdeutsche Ofen (oben) wird direkt beheizt.
Der Kanalofen (unten) war der erste indirekt beheizte Backofen.

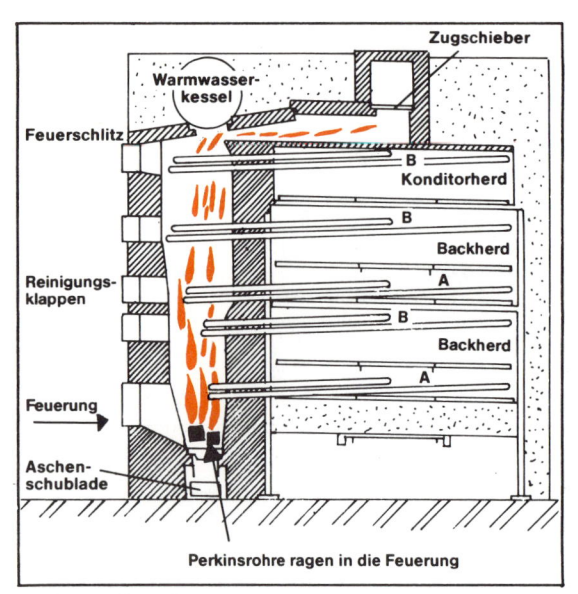

Abb. Nr. 336
Schnitt durch einen Dampfbackofen in Stahlbauweise

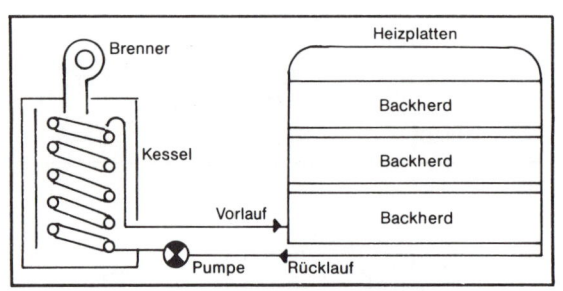

Abb. Nr. 337 Prinzip des Heißöl-Umlaufofens

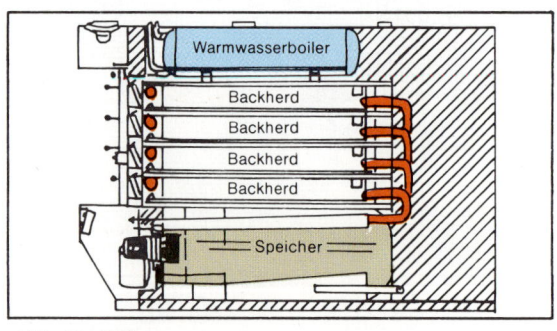

Abb. Nr. 338
Schnitt durch einen Nachtspeicher-Elektrobackofen

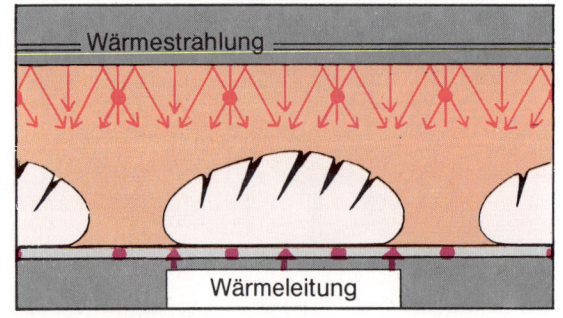

Abb. Nr. 339
Elektroheizung mit Widerstandsheizelementen

Wärmeübertragung beim Dampfbackofen

Die Hitzeübertragung beim **Dampfbackofen** erfolgt durch ein Wärmeträgersystem, den nach ihrem Erfinder benannten „Perkinsrohren". Nahtlos geschweißte Dampfdruckrohre sind zum Teil mit Wasser bzw. einer wäßrigen Lösung gefüllt. Die Rohre sind leicht ansteigend unter der Herdsohle (für die Unterhitze) und in der Decke des Backherds (für die Oberhitze) verteilt angebracht. Die Rohrenden ragen in den Heizschacht des Ofens. Und zwar ragen die oberen Rohrlagen weiter in den Heizschacht als die unteren (vgl. Abb. 336). So erhalten alle Rohrlagen genügend Hitze. Die Beheizung des Dampfbackofens kann mit festen Brennstoffen (Kohle, Holz, Torf), Öl oder Gas erfolgen. Dabei wird die Rohrfüllung erhitzt, steigt in Form von Dampf (Name des Ofens!) unter steigendem Innendruck der Rohre zum Backherd, gibt dort die Hitze ab und fließt wieder zur Heizstelle zurück.

Durch eine Weiterentwicklung dieses Systems ist der Ofen mit Endlosrohren, die geschleift um mehrere Backherde liegen, heute noch in Betrieb.

Wärmeübertragung beim Heißöl-Umlaufofen

Der Ofen ist über ein Wärmeträgersystem beheizt. Wie der Name schon ausdrückt, wird hier erhitztes Thermoöl in einem Umlaufsystem zum Beheizen genutzt. Der Ofen ähnelt im Prinzip der Heizung einer Warmwasserzentralheizung.

Das Öl wird in einem separat aufstellbaren Heizkessel auf ca. 300 °C erhitzt und über ein Rohrsystem um die einzelnen Backherde geleitet. Im Gegensatz zum Dampfbackofen ergibt sich hier kein erhöhter Innendruck bei den Heizrohren. In den Rücklauf des Ofens können Gärraum, Heißwasserbereiter oder Heizkörper für die Raumheizung einbezogen werden.

Wärmeübertragung bei Elektroöfen

Für alle Beheizungsarten ist die Elektrizität geeignet. **Elektroöfen** gibt es daher auch in verschiedenen Ausführungen. Sie sind wegen der problemlosen Aufstellung ohne Rauchabzug bzw. Brennstoffvorrat, der guten Temperatursteuerung, der geräuschfreien und sauberen Arbeit die Idealbacköfen! Bisher stand der hohe Preis für Elektrizität der Verbreitung dieser Backöfen entgegen. Rentabel waren daher zunächst nur Nachtspeicheröfen, die einen Wärmespeicher zu Nachtstrompreisen aufheizen und bei Bedarf die gespeicherte Hitze mit Heißluft-Umwälzheizung in die Backherde spülen.

Diese Form der mittelbaren Wärmeerzeugung mit Elektroenergie hat folgende Nachteile:

– schlechte Wärmebilanz durch Strahlungsverluste;
– geringe Temperaturbeweglichkeit;
– Zusatzheizung für Tages-Mehrbedarf erforderlich.

Infolge der Verteuerung fossiler Energieträger (Öl, Kohle, Gas) ist die direkte Elektroheizung von Backöfen wirtschaftlicher geworden. Die Hitze wird mit Widerstandsheizelementen unmittelbar in den Backherden für Ober- und Unterhitze getrennt erzeugt. Die einzelnen Herde sind unabhängig voneinander steuerbar. Nicht benötigte Herdflächen bleiben unbeheizt. Durch Teilspeicherung, z. B. bei Einlagerung der Heizelemente in Schamotteplatten, wird der Wärmebedarf „weich" geregelt. Backofen, Schwadenerzeuger und Gärraum können dadurch mit einer gewissen Nachdruckwirkung an Wärme ausgestattet werden und sind insgesamt über eine Steuerungsautomatik auf eine notwendige Lastquote (= Anteil des Gesamtanschlußwertes, z. B. von 80 kW werden zur gleichen Zeit nur 45 kW benötigt) regelbar. Das ist kostenmäßig insofern günstig, weil damit evtl. der Strom-Grundpreis reduziert werden kann.

Wartung und Pflege von Backöfen

Wartungsarbeiten und regelmäßige Pflege des Backofens verhindern Betriebsstörungen.

Zur Wartung der **Backofenheizung** gehört vor allem die Entfernung von Ruß und Flugasche. Ablagerungen dieser Verbrennungsrückstände verschlechtern die Wärmeübertragung auf die Backherde.

Bei Öl- und Gasbrennern sind die Zündung, ggfs. Fotozelle, die Luftschlitze und das Lüfterrad regelmäßig zu reinigen. Neben Verrußungen sind vor allem Mehlstaub und wasserdampfbeladene Luft für Verschmutzungen verantwortlich.

Schwadenapparate und Schwadenrohre setzen sich je nach Wasserhärte mit Kalkablagerungen zu. Diese sind von Zeit zu Zeit durch Spülen zu entfernen.

Die elektrischen Anlagen des Ofens sind grundsätzlich durch einen Fachmann zu kontrollieren!

Zusätzliche Informationen

Infrarot- und Hochfrequenz-Backöfen

Eine Besonderheit ist die Wärmeerzeugung mit elektromagnetischen Schwingungen. Infrarot-Wärmestrahlung ermöglicht so z. B. die Krustenbildung und Bräunung. Zum Keksbacken (Flachgebäck) reicht eine Infrarotstrahlung. Eine Krumenbildung ist dabei jedoch nicht möglich.

Wasserhaltige Lebensmittel können durch Hochfrequenz-Schwingungen erhitzt und gegart werden. Wie bei dem allgemeinbekannten Mikrowellenherd werden von einem Sender aus die Schwingungen verteilt. Dabei bleibt der Herd kalt! Nur die Teilchen wasserhaltiger Lebensmittel werden in Bewegung gebracht. Durch die dabei entstehende innere Reibung wird soviel Wärme gebildet, daß ein Garmachen in ganz kurzer Zeit erfolgt. Eine Kruste bildet sich allerdings nicht.

Obwohl sich für die Backwarenherstellung die Kombination von Infrarot- und Hochfrequenzerhitzung anbietet, hat sich dieses in der Praxis nicht durchgesetzt.

Einteilung der Backöfen nach Beheizungsart			
Art	Brennstoff	Wärmeübertragung	Wärmeerzeugung
direkt (Holzofen, Brustfeuerungsofen)	Kohle	Konvektionsheizung	mit einem Heizgerät außerhalb des Backherds (zentral)
	Holz		
	Torf	Strahlungsheizung	
indirekt (Dampfbackofen, Heizgasumwälzer)	Öl	Wärmeleitung	direkt im Backherd (dezentral)
	Gas		
	Strom	Reibungserhitzung	

Tabelle Nr. 51

Wärmeübertragung bei Gasöfen

Gasheizung ist aufgrund der vollständigen Verbrennung von Gas (Stadtgas, Erdgas, Flüssiggas) besonders umweltfreundlich. Gasheizung kann daher als direkte Beheizung (Konvektionsheizer) oder indirekte Beheizung (Strahlungsheizer) eingesetzt werden.

Bei Durchlauföfen und Stikkenöfen ist die Gasheizung verbreitet. Bei anderen Ofentypen sind Wechselbrenner Öl/Gas im Einsatz.

Wichtiges über Backöfen in Kurzform

- *Gemauerte Steinbacköfen und Stahlskelettöfen speichern Wärme und sind wenig temperaturbeweglich. Stahlbauöfen sind temperaturbeweglicher und haben eine geringe Wärmeabstrahlung.*
- *Als Heizstoffe sind Elektrizität, Gas und Heizöl verbreitet. In älteren Backofensystemen wird mit Kohle oder Holz (Torf) geheizt. Elektrizität und Gas sind als abgasfreie Energiesorten besonders umweltfreundlich.*
- *Die Beschickung moderner Backöfen wird durch Aufsetzapparate, Einschießbänder, Auszugsöfen und Stikkenwagen erleichtert.*
- *Man kann die verschiedenen Backöfen einteilen:*
  – nach direkter bzw. indirekter Beheizungsart;
  – nach ihrer Bauweise als gemauerte, Stahlskelett- oder Stahl-Backöfen;
  – nach der verwendeten Brennstoffart;
  – nach dem System der Wärmeübertragung;
  – nach der Beschickungsart.

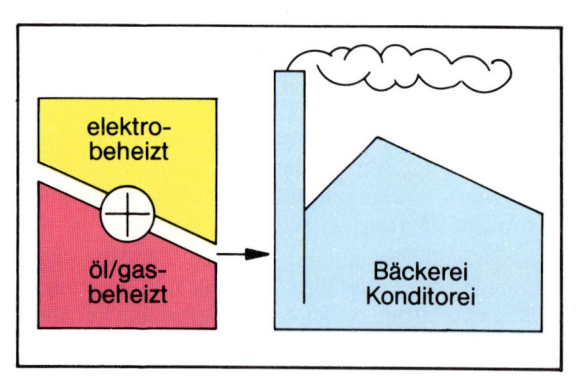

Abb. Nr. 340

Zum Nachdenken: *Inwiefern ist es unter Umweltschutzaspekten vorteilhaft, die notwendige Heizenergie in Großkraftwerken zu gewinnen?*

Zusätzliche Informationen
Abgasmessungen
Bei Backöfen mit fossilen Brennstoffen ist die Abgaskontrolle verpflichtend. Es werden gemessen:
- die Abgastemperatur,
- der Kohlendioxidgehalt (CO_2) im Abgas.

Bestwerte für Abgastemperaturen liegen für Heizgasumwälzer etwa 20 bis 30 °C über der Backherdtemperatur; bei Heißluftumwälzern soll der Wert etwa 60 bis 70 °C über der Backherdtemperatur liegen. Diese Temperaturen können laufend durch ein Thermometer überwacht werden, das man in den Abgassstutzen einbauen läßt. Der CO_2-Gehalt wird vom Brennstoff:Luft-Verhältnis bestimmt, das am Brenner eingestellt wird. Bei gut eingestellten Ölbrennern soll der Wert um 10 % betragen, bei Erdgasbrennern um 8 %.

Ruß in den Rauchgasabzügen verschlechtert den Wärmeübergang in die Backherde. Dadurch muß länger geheizt werden. Es wird mehr Abgas produziert.

Notwendige Kosten (×) für verschiedene Energieversorgungen				
	Netzanschlußkosten	Tanklager oder Lager	Wartung für Kamin/Brenner	Kosten der Vorratshaltung
Holz, Kohle, Heizöl		×	×	×
Stadtgas, Erdgas	×		×	
Flüssiggas		×	×	×
Strom	×			

Tabelle Nr. 52

Umweltschutz und Energieersparnis
Zur Herstellung von Backwaren wird viel Energie verbraucht, z. B. zur Wärmeerzeugung, zum Antrieb von Maschinen, zur Beleuchtung.

Man hat ermittelt, daß für das Verbacken von 1 t Mehl durchschnittlich 1700 kW/h an Energie nötig sind. Auf die Brennstoffe entfallen davon 1500 kW/h (= 88 %). Der Backofen kann daher als größter Energieverbraucher der Bäckerei betrachtet werden.

Wärmegewinnung und Umweltschutz
Bei der Auswahl der Brennstoffart für Backöfen war bisher der Preis allein entscheidend. Durch die Energie- und Umweltdiskussion sind andere wichtige Gesichtspunkte in das Bewußtsein gerückt worden, z. B.:
- die Sicherheit der Bereitstellung,
- die wirtschaftliche Energienutzung,
- die Umweltbelastung bei der Wärmegewinnung.

Wenn ein Bäckerei-Inhaber einen neuen Backofen anschaffen will, wird er sich auf eine Wirtschaftlichkeitsberechnung stützen. In der Tabelle Nr. 52 sind verschiedene Gesichtspunkte der netzabhängigen (Strom, Stadt- und Erdgas) sowie der netzunabhängigen Energieversorgung von Backöfen zusammengefaßt. Sie sind in ihren wirtschaftlichen Auswirkungen abzuwägen. Aber auch die umweltbezogenen Folgen dieser Energie-Alternativen sind zu berücksichtigen.

Bei der Verbrennung von festen Brennstoffen und Öl werden Asche, Ruß und schädliche Verbrennungsrückstände (wie Kohlenmonoxid, Schwefeldioxid) ausgestoßen. Das Schwefeldioxid ist z. B. verantwortlich für Umweltschäden durch „sauren Regen".

Durch regelmäßige Überwachung und Pflege der Brenner und Heizkanäle von Backöfen ist der Schadstoffausstoß zu verringern. Insbesondere die Abgaskontrolle ermöglicht es dem Bäcker, wirtschaftlich und zugleich umweltbewußt zu heizen!

Bei elektrischer Heizung von Backöfen fallen keine Rauchgase ab. Die Wärmeverluste sind auch geringer als bei den anderen Energiesorten. Allerdings ist zu bedenken, daß bei der Stromgewinnung in den Kraftwerken nur etwa ⅓ der eingesetzten Energie in Strom umgewandelt wird!

Wirtschaftliche Energienutzung
Das wird Sie zunächst überraschen: Nur etwa 45 % der vom Backofen verbrauchten Energie erreicht das Backgut! Der Rest geht als Abwärme verloren.

In Abb. Nr. 341 sind die Energiewege zusammengefaßt, die man bei öl- und gasbeheizten Öfen ermittelt hat.

Was kann der Bäcker gegen die hohen Energieverluste unternehmen?

Mit größeren Kosten verbunden sind Neuanschaffungen von Öfen oder von Anlagen zur wirtschaftlichen Energienutzung. Diese Investitionen (langfristige Kapitalanlagen) können aber ganz wesentliche Energieeinsparungen bringen.

Beispiele:
- Ein gemauerter Backofen mit hohen Verbrauchswerten wird gegen einen gut isolierten Etagenofen in Stahlbauweise ausgetauscht.
- Es wird ein Backofen mit abschaltbaren Herdgruppen angeschafft.
- In einen bisher mit Kohle befeuerten Ofen wird eine Gasheizung eingebaut.
- Ein Warmwasserboiler wird in den Rauchabzugskanal eingebaut, um auf diese Weise die Raumheizung oder die Warmwasserversorgung zu betreiben.

Aber auch organisatorische Maßnahmen im täglichen Betriebsablauf können Energie sparen helfen.

Beispiele:
- Vermeiden von längeren ungenutzten Standzeiten des aufgeheizten Backofens;
- Vermeiden von Produktionspausen, in denen der Backofen nicht genutzt wird;
- Vermeiden häufig wechselnder Backtemperaturen mit Abkühl- und Aufheizphasen;
- Vermeiden zu starker Auskühlung des Backofens durch zu lange geöffnete Türen, Züge und Schieber;
- Vermeiden von Schwadenerzeugung, wenn der Schwaden backtechnisch keine Wirkung mehr hat;
- Vermeiden von Wärmeverlusten durch schlecht eingestellte Brenner, Verrußung der Züge.

Beachten Sie die möglichen Energieeinsparungen täglich bei Ihrer Arbeit. Das ist ein Beitrag zum Schutz unserer Umwelt und zum sparsamen Umgang mit der knappen Energie!

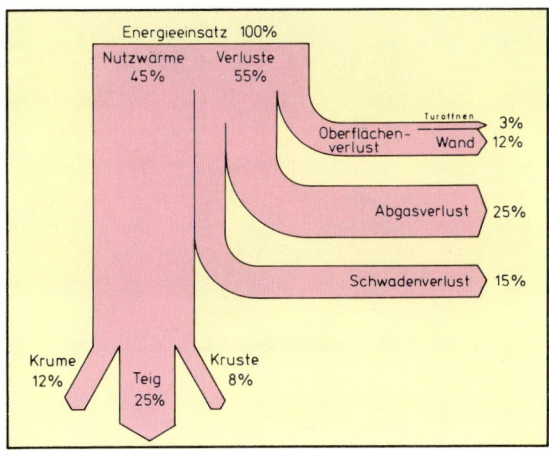

Abb. Nr. 341
Energiebilanz von öl- und gasbeheizten Backöfen

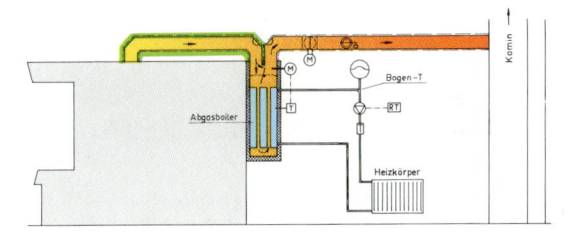

Abb. Nr. 342
Energieersparnis durch Abgasboiler für Raumheizung. Ebenso ist die Warmwasserversorgung durch Abgaserhitzung möglich.

Zum Überlegen: *Welche Maßnahmen der Energieeinsparung sind in Ihrem Betrieb getroffen worden bzw. welche zusätzlichen Maßnahmen wären möglich?*

Der Backvorgang

Wie wichtig der Backvorgang in der Berufsarbeit des Bäckers ist, kann man daran erkennen, daß volkstümlich die gesamte Herstellung von Backwaren als „Backen" bezeichnet wird. Und im übrigen ist ja auch die Berufsbezeichnung „Bäcker" vom Wort Backen abgeleitet.

Durch den Backvorgang wird aus dem rohen, ungenießbaren Teig ein verdauliches, schmackhaftes Gebäck. Darüber hinaus bestimmt der Backvorgang ganz wesentlich die Qualität der Gebäcke. Dem Bäcker kann also beim Backen etwas gut oder auch weniger gut gelingen! Wichtig ist es daher, die einzelnen Vorgänge beim Backen genau zu kennen und zu wissen, wie man diese beeinflussen kann.

Abb. Nr. 343
Brot nach 10 Min. Backzeit mit großem, teigigem Inneren

Abb. Nr. 344
Brot nach 20 Min. Backzeit mit teigigem Inneren

Abb. Nr. 345
Brot nach 30 Min. Backzeit mit geschlossener, aber sehr feuchter Krume

Abb. Nr. 346
Brot nach 40 Min. Backzeit mit noch unelastischer Krume (Daumendruck!)

Abb. Nr. 347
Brot nach 60 Min. Backzeit mit stabiler Krume und kräftiger Kruste

Zur Verdeutlichung der Vorgänge beim Backen ist in den Abb. 343 bis 347 ein Roggenbrot nach 10, 20, 30, 40 und 60 Minuten Backzeit durchgeschnitten dargestellt. Wir erkennen daraus:

- Die Backhitze dringt von außen nach innen in das Teigstück vor.
- Der teigige Kern des Brotes wird nach und nach zu einer festen Brotkrume umgebildet.
- Die Oberfläche des Brotes wird nach und nach zu einer festen, gebräunten Kruste umgebildet.
- Verschiedene Umwandlungsvorgänge laufen je nach erreichter Temperatur gleichzeitig ab. Während noch im Kern eine teigige Beschaffenheit vorliegt, verfestigt sich bereits die Krume am Rand. Und an der Oberfläche bildet sich die Kruste.

Krumenbildung

Welche Vorgänge bewirken die Umwandlung vom Teig zu einer stabilen Brotkrume?

▶ Das Brot kommt mit Garraumtemperatur in den Ofen. Die Temperatur im Kern des Teiglings steigt nur langsam an. Dabei kommt es zunächst im Bereich von 35 bis 45 °C zu einer stürmischen Enzym- und Hefetätigkeit.

▶ Anzahl und Ausbildung der Teigporen sind durch die Formung festgelegt. Beim Backen erfolgt die Ausdehnung der Poren durch Gasausdehnung.

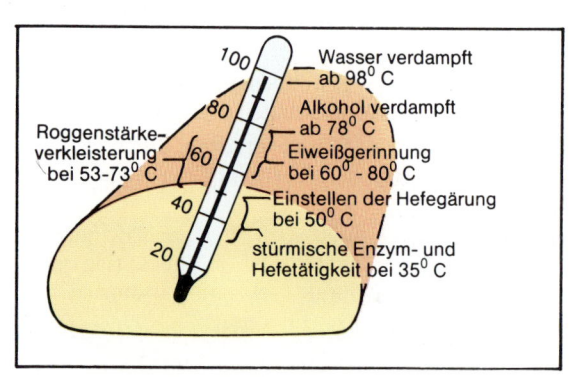

Abb. Nr. 348 Krumenbildung

▶ Durch die Ausdehnung der Teigporen kommt es zu einer Herauswölbung und starken Volumenzunahme des Brotes = Ofentrieb genannt.

▶ Bei 50 °C werden die Hefen bereits gehemmt. Bei 53 bis 60 °C sterben Säurebildner und Hefen ab.

▶ Die Eiweißstoffe gerinnen zwischen 60 und 80 °C. Dabei geben sie das Wasser wieder ab, mit dem sie bei der Teigbildung verquollen sind.

▶ Die Roggenstärke verkleistert zwischen 53 und 73 °C. Dabei lagert sie das Teigwasser und das bei der Eiweißgerinnung freiwerdende Wasser ein. Dieser Vorgang ist verantwortlich für die Bildung einer stabilen Brotkrume. Die Verkleisterungsfähigkeit der Roggenstärke wird durch die Tätigkeit stärkeabbauender Enzyme beeinträchtigt.

▶ Ab 78 °C verdunstet der Gärungsalkohol. Zum Teil verbindet er sich mit den Teigsäuren zu Aromastoffen = Ester.
▶ Durch Wasserverdampfung aus dem Gebäckinneren wird der Wassergehalt der Krume verringert.

Beim Backen von Weizengebäcken bildet sich eine trocken-wollige Krume. Roggengebäcke zeichnen sich eher durch ihre feucht-saftige Krume aus.
Wodurch ist dieser Unterschied begründet?
Bestimmend für die feucht-saftigen Krumeneigenschaften von Roggengebäcken sind:

Bedingungen	Folgen für die Krumeneigenschaften
– Höherer Wasseranteil im Teig	▶ bessere Verquellung; vollständigere Verkleisterung der Stärke
– Höherer Anteil an Schleimstoffen	▶ mehr Wasser für die Verkleisterung; längere Frischhaltung durch feuchte Krume
– Höherer Anteil löslicher Stoffe durch enzymatischen Abbau der Stärke	▶ mehr freies Wasser; bessere Frischhaltung
– Höherer Verkleisterungsgrad der Roggenstärke	▶ höchstmögliche Wasserverquellung der Stärke; keine Stärkereste in körniger Form
– Geringere Wasserverdunstung beim Backen aus dem weniger lockeren Krumengefüge	▶ mehr freies Wasser; verlängerte Frischhaltung

Die Unterschiede zwischen Roggen- und Weizenbrotkrumen können wir besonders gut im Porenbild erkennen. In den Abb. Nr. 349 und 350 sind enorme Vergrößerungen einer Weizen- bzw. Roggenbrotkrume zu sehen.

Beim Weizenbrot erkennen wir:
– gleichmäßige Porung,
– große Auflockerung,
– dünne Porenwände aus Kleberhäuten,
– gleichmäßig in die Kleberstruktur eingebettete, verkleisterte Stärke.

Beim Roggenbrot erkennen wir:
– ungleichmäßige Porung,
– geringere Auflockerung,
– dicke Porenwände aus vielen ungeordneten, verkleisterten Stärkekörnern,
– ungleichmäßig verteilte Klebereiweißhäute im Stärkekleister.

Aufgrund ihrer Krumenbeschaffenheit haben roggenhaltige Brote eine längere Frischhaltung als Weizengebäcke. Mit steigendem Weizenanteil im Teig der Mischbrote verlieren sich diese Krumeneigenschaften und die Merkmale eines Weizenbrots nehmen zu.

Zusätzliche Informationen
Elektronenmikroskop

Das „normale", optische Mikroskop arbeitet mit Vergrößerungslinsen und Licht. Das Licht wird durch die Linsen hindurch vom Untersuchungsgegenstand zurückgeworfen. Dadurch wird der Gegenstand vergrößert sichtbar. Auf diese Weise sind bis zu 2000fache Vergrößerungen möglich.

Untersuchungsobjekte, die kleiner sind als die Lichtwellenlänge, können mit dem optischen Mikroskop nicht erfaßt werden. Hier hilft das Elektronenmikroskop. Es arbeitet mit gebündelten Elektronenstrahlen (Teilchen der Atome). Das Muster, das die Elektronen von dem Untersuchungsgegenstand zeichnen, ist nicht mit dem Auge sichtbar. Es wird auf einem Schirm aufgezeichnet. So sind bis zu 200 000fache Vergrößerungen möglich!

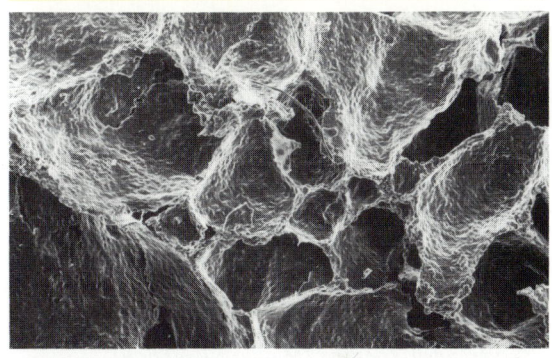

Abb. Nr. 349
Weizenbrotkrume (elektronenmikroskopische Aufnahme)

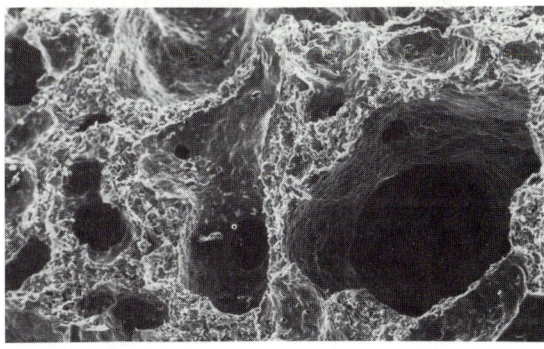

Abb. Nr. 350
Roggenbrotkrume (elektronenmikroskopische Aufnahme)

Zum Nachdenken:
Beim Kremkochen binden 100 g Stärkepuder etwa 1000 g Flüssigkeit. Auch für das Festwerden der Brotkrume ist die Wasserbindung durch Stärke verantwortlich.

Begründen Sie das Festwerden der Brotkrume, indem Sie das Verhältnis von Flüssigkeit zu Stärkegehalt im Brot ermitteln!

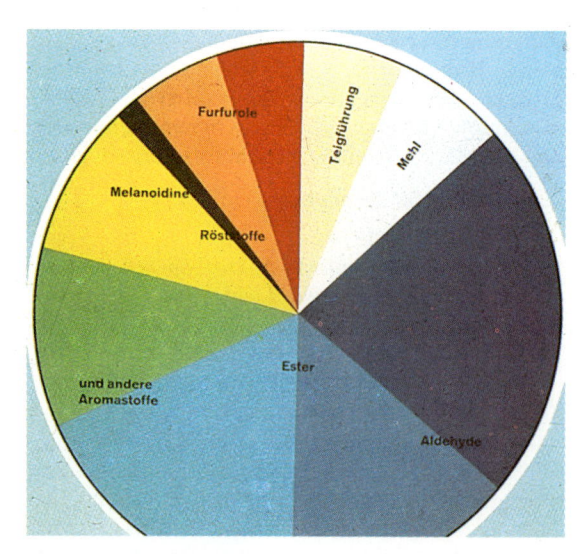

Abb. Nr. 351 Brotaroma

Krustenbildung

In der Oberfläche der Teigstücke verdunstet durch die Einwirkung der Backhitze rasch das Wasser. Es bleibt nur noch ein geringer Restwassergehalt.

Die Siedetemperatur des Wasser von 100 °C ist die höchstmögliche Temperatur, die man beim Garen stark wasserhaltiger Lebensmittel erreichen kann. In den Randbereichen der Brote kann jedoch infolge des geringeren Wassergehalts nun die Temperatur über 100 °C ansteigen. Dadurch kann sich eine feste Kruste bilden.

Durch welche Vorgänge bildet sich die Brotkruste?

▸ Bereits bei Temperaturen unter 100 °C kommt es im Randbereich des Brotes zu Verbindungen zwischen Zuckerstoffen mit Bausteinen der Eiweißstoffe. Diese **Zucker-Eiweiß-Verbindungen** (Melanoidine genannt) bräunen.
Die chemische Verbindung der Zucker- und Eiweißstoffe läuft ohne Enzymwirkung ab. Man nennt diese Bräunung deshalb „nicht-enzymatische Bräunung" oder nach ihrem Entdecker, „Maillard-Reaktion".
Die Melanoidine wirken auch geschmackgebend. Bei ihrer Bildung entstehen viele Nebenprodukte, die das Brotaroma prägen.

Zusätzliche Informationen

Das Brotaroma wird zwar auch von den Zutaten und der Teigführung (z. B. der Säuerung) bestimmt. Ganz wesentlich wird es aber von den Geschmacksstoffen aus dem Backvorgang geprägt.

Unter der Hitzeeinwirkung entstehen Geschmacksstoffe u. a.:
- *durch Röst- und Spaltvorgänge der Nährstoffe;*
- *durch Säure-Alkoholverbindungen (Ester);*
- *durch Nebenprodukte und oxidative Veränderung der alkoholischen Gärung (Furfurole);*
- *durch Umsetzungen von Aminosäuren mit reduzierenden Zuckern (Maillard-Reaktion).*

Durch den höheren Wassergehalt, den höheren Anteil löslicher Substanzen, den höheren Schleimstoffanteil und den Säureanteil der Roggenteige ist die Krusten- und Geschmacksausprägung der Roggenbrote stärker als bei Weizenmehlbroten.

Die verschiedenen Gärungssäuren bilden mit den Alkoholen eine breite Palette von aromagebenden Estern (Ester = Alkohol + Säure). Für die Melanoidin-Bildung sind vor allem Pentosen (Zuckerstoffe der Schleimstoffe) wichtig, aber auch andere lösliche Stärkeabbauprodukte verbinden sich mit Aminosäuren.

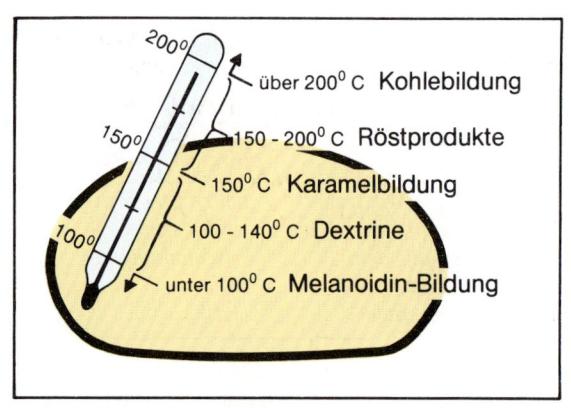

Abb. Nr. 352 Krustenbildung

▸ Bei Temperaturen von 100 bis 115 °C trocknet die verkleisterte Stärke im Krustenbereich aus. Danach kann sie durch Hitze in wasserlösliche **Dextrine** zerspalten werden. Diese Dextrine sind anfangs hellgelb und bräunen mit steigender Hitze.

▸ Zwischen 140 und 150 °C bilden sich in der Kruste aus löslichen Zuckern braune **Karamelzucker.**

▸ Zwischen 150 und 200 °C bilden sich dunklere **Röstprodukte.**
Bei 200 °C beginnt die Bräunung in ein Verbrennen überzugehen. Es bilden sich schwarzbraune, sehr bittere **Kohleprodukte.**
Es ist daher wichtig, den Backvorgang so zu steuern, daß keine Kohleprodukte im Krustenbereich entstehen können.

Die Kruste hat für das Brot folgende Bedeutungen:
- Sie gibt einen stabilen äußeren Halt.
- Sie enthält viele Geschmacksstoffe.
- Sie gibt viele Geschmacksstoffe an das schwammartige Krumengefüge ab.
- Sie verzögert wie eine Isolierschicht den Verlust an Aroma und Feuchtigkeit.
- Sie schützt die wasserhaltigere Krume vor dem Befall mit Kleinlebewesen aus der Luft.

Zusammenfassung der Vorgänge beim Backen	
Vorgänge	*Folgen*
▶ Stärke verkleistert	▶ verdauliches Gebäck
▶ Eiweißstoffe gerinnen	▶ stabiles, festes Gebäck
▶ Teigflüssigkeit verdampft zum Teil	
▶ Hitzeausdehnung	▶ lockeres Gebäck
▶ Kleinlebewesen werden abgetötet	▶ haltbares Gebäck
▶ Enzyme werden inaktiviert	▶ lagerfähiges Gebäck
▶ Ester, Melanoidine, Karamel- und Röststoffe werden gebildet	▶ aromatisches Gebäck

Abb. Nr. 353 Kruste als Schutzschicht des Brotes

Der Backverlauf

Vergleichen Sie die Dauer des Backverlaufs für 100 kg Brötchen (= 2000–2500 Stück) und für 100 kg Brot (= 100 Stück je 1 kg)!

Sicher werden Sie annehmen, daß die Brötchen in einer wesentlich geringeren Zeit gebacken sind. Dies läßt sich aus der kürzeren Backzeit der Brötchen ableiten. So einfach ist das aber nicht.

Für den gesamten Backverlauf müssen wir auch die Bedingungen des Backofens mit einbeziehen!

Der Backverlauf wird bestimmt von:
→ *der Backzeit der jeweiligen Gebäcke*
→ *dem Fassungsvermögen des Backofens*
→ *dem Zeitaufwand für Einschießen und Ausbacken*

Für einen Vergleich ist es aussagekräftiger, die Backleistung in kg Gebäck je m² Backfläche in einer bestimmten Zeit zu ermitteln. Dabei sind das Gebäckgewicht und die Belegungsdichte der Backfläche (vgl. Abb. 354) zu berücksichtigen. Bei unserem Beispiel ist zwar die Backzeit der angeschobenen Brote etwa viermal so lang wie die der Brötchen. Trotzdem ist die Backleistung in kg Gebäck größer, weil mehr kg Brot pro m² Backfläche gebacken werden!

Der Bäcker nimmt die Backleistung je Ofenfüllung (Charge) als Grundlage für die herzustellende Teigmenge. Für die Ablaufplanung berücksichtigt er neben der Herstellungszeit auch die Zeiten für das Einschießen und Ausbacken.

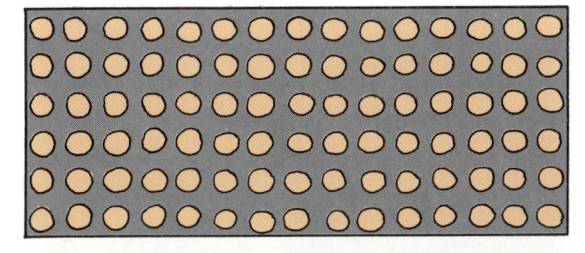

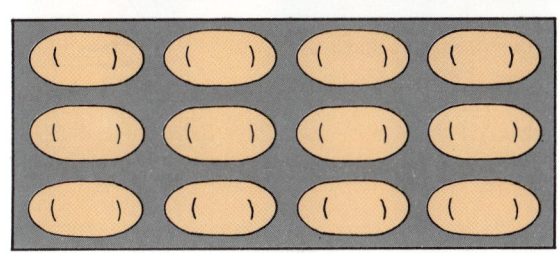

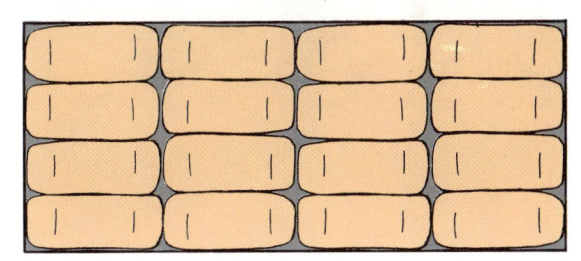

Abb. Nr. 354
Belegung eines Backofens mit Brötchen, mit freigeschobenem und angeschobenem Brot

Backtemperaturen und Backzeiten

Für die Bemessung der richtigen Backzeiten und Backtemperaturen sind zu beachten:
– Gebäckgewicht,
– Gebäckform,
– Teigzusammensetzung,
– Backofensystem,
– Backverfahren.

Zum Nachdenken:
Begründen Sie die höhere Backleistung mit angeschobenem Brot gegenüber freigeschobenem Brot!

Berücksichtigen Sie dabei die Belegungsdichte sowie das Verfahren des Einschießens bzw. Ausbackens!

Backtemperaturen und Backzeiten für verschiedene Brotsorten			
Gewicht	Brotsorte	Temperatur	Backzeit
0,500 kg	R-M-Brot freigeschoben	260–210 °C	35– 40 Min.
0,500 kg	W-M-Brot freigeschoben	240–200 °C	30– 35 Min.
1,500 kg	R-M-Brot freigeschoben	270–220 °C	65– 75 Min.
1,500 kg	R-M-Brot angeschoben	260–220 °C	75–120 Min.
1,000 kg	Roggenbrot freigeschoben	270–220 °C	60– 65 Min.
1,000 kg	Roggenschrotbrot in geschlossenen Kästen	220–160 °C	240–300 Min.

Tabelle Nr. 53

Hinweis: *Ermitteln Sie die für Ihren Betrieb angewandten Backtemperaturen und Backzeiten! Vergleichen Sie die in der Tabelle Nr. 53 genannten Werte mit denen Ihres Betriebes und der Ihrer Kollegen!*

Abb. Nr. 355
Berliner Landbrot ist ein typisches Brot zum Vorbacken

Abb. Nr. 356
Krustenseitenriß bei fehlender Schwadengabe

Aus dieser Aufzählung ist erkennbar, daß es keine allgemeinverbindlichen Werte für Backzeiten und Backtemperaturen geben kann. Die nebenstehende Tabelle Nr. 53 gibt somit nur Richtwerte an.
Bei gleichen Backbedingungen können Unterschiede in der Backzeit z. B. aus den Führungsbedingungen begründet sein.

Einflüsse auf die Backzeit (bei gleicher Temperatur)	
kürzere Backzeit	*längere Backzeit*
– hoher Weizenanteil im Teig	– hoher Roggenanteil im Teig
– helle Mehle	– schrothaltige Teige
– freigeschobene Brote	– angeschobene Brote, Kastenbrote
– stark gelockerte Brote	– wenig gelockerte Brote

Grundsätzlich gilt, daß die meisten Brotsorten mit hoher Anfangstemperatur und dann mit abfallender Hitze gebacken werden.
Größere Abweichungen in den Backtemperaturen gibt es bei speziellen Backverfahren, z. B. beim Backen in der Dampfbackkammer. Größere Abweichungen in der Backzeit ergeben sich z. B. bei der Unterbrech-Backmethode.

Vorbackmethode
Bei dieser besonderen Backmethode werden Brote in den ersten 1 bis 5 Minuten des Backverlaufs mit Temperaturen von 330 bis 430 °C vorgebacken. Das Ausbacken erfolgt bei üblichen Backtemperaturen und Backzeiten. Industrielle Backbetriebe verwenden zum Vorbacken spezielle Vorbacköfen. Der Vorback-Effekt kann aber auch in mehrherdigen Backöfen mit getrennter Temperatursteuerung erreicht werden. Man backt in einem heißeren Herd an und setzt die Brote dann in einen Ausbackherd um.
Bei Temperaturen über 400 °C beim Vorbacken kann die Schwadengabe entfallen. Die Kruste bildet sich dann noch schneller. Es treten aber auch leicht Krustenrisse auf (vgl. Abb. Nr. 356).

Was passiert beim Vorbacken?
▶ Schnelle Krustenbildung!
▶ Starker Ofentrieb und Nachtrieb beim Umsetzen!
Welche Vorteile will man mit dem Vorbacken erreichen?
Roggenbrote und Mischbrote mit hohem Roggenanteil haben ein geringes Gashaltevermögen. Das Volumen bleibt deshalb klein. Durch das Vorbacken erreicht man durch gezielte Maßnahmen ein größeres Volumen und einen typischen Brotcharakter:

Maßnahmen beim Vorbacken	Auswirkungen auf das Brot
weichere Teige mit voller Gärreife	▶ bessere Lockerung
trockene Gare, mehlige Oberfläche	▶ rustikaler Charakter der Brotkruste
hohe Anfangshitze	▶ kein Breitlaufen der Teigstücke, starker Ofentrieb
Unterbrechung zwischen Vor- und Ausbackzeit	▶ Nachtrieb im teigigen Gebäckinneren bewirkt grobe und unregelmäßige Porung (Landbrotcharakter)
lange Ausbackzeit	▶ kräftige Kruste

Backen in der Dampfbackkammer

Schrotbrote und Pumpernickel werden in Sattdampf von ca. 100 °C in geschlossenen, aufeinandergestapelten Kästen in der Dampfbackkammer gebacken. Infolge der geringen Temperatur handelt es sich um einen dem Kochen ähnlichen Garprozeß, der entsprechend lang dauert (bei Pumpernickel = 16 Stunden). Die groben Schrotbestandteile werden in der langen Backzeit mürbend gedämpft und z. T. in bräunende Zuckerstoffe abgebaut. Anstelle der sonst gewohnten Brotkruste haben die in Dampfbackkammern gebackenen Brote nur eine Haut.

Der gesamte Backvorgang wird nach dem Einstapeln der Backkästen durch automatische Dampfzuführung geregelt.

Unterbrech-Backmethode

Bei der Unterbrech-Backmethode wird der Backvorgang bei etwa 75−80 % der normalen Backzeit unterbrochen. Die vorgebackenen Brote können nun bis zu 20 Std. (bei genügend Luftfeuchtigkeit) lagern. Danach erhalten sie kurz vor dem Verkauf die restliche und eine zusätzliche Backzeit. Die Gesamtbackzeit ist somit insgesamt um die zunächst eingekürzte Zeit länger.

Verdeutlichen wir uns das am Beispiel von 1 kg-Roggenmischbroten:

Normalbackzeit →	60 Minuten
Backzeit-Unterbrechung nach → Lagerung bis 20 Std.	48 Minuten
Nachbackzeit von →	12 Minuten +12 Minuten
Gesamtbackzeit von →	72 Minuten

Mit dieser Methode können roggenhaltige Brote jederzeit frisch angeboten werden. Bei nochmaligem Abstreichen der Brote mit Stärkekleister vor dem Nachbacken läßt sich ein „Doppelkrusten-Effekt" erreichen.

Zum Überlegen: *Inwieweit ist das Vorbacken auch in handwerklicher Bäckerei durchführbar? Was steht dem entgegen – was erleichtert seine Durchführung?*

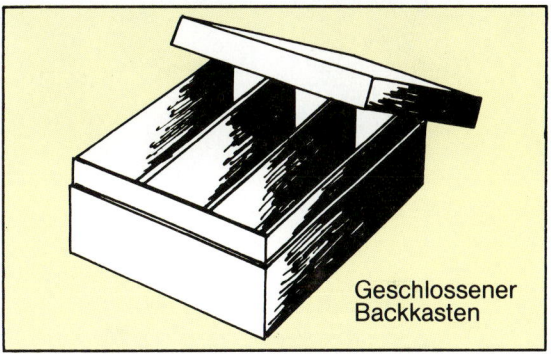

Abb. Nr. 357
Backen in Wülbern-Kästen (geschlossene Backkästen für krustenlose Brote)

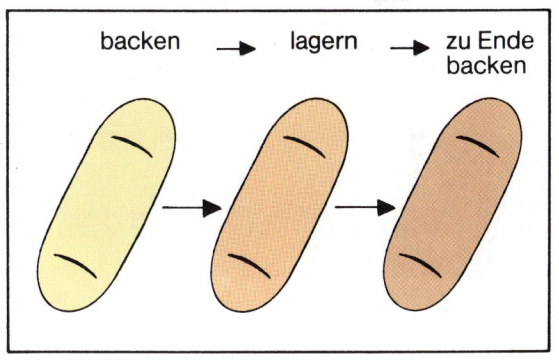

Abb. Nr. 358
Schema der Unterbrech-Backmethode

Vorteile der Unterbrech-Backmethode	*Nachteile der Unterbrech-Backmethode*
− frisches Brotangebot	*− zusätzlicher Gewichtsverlust (durch Lagerung und Nachbacken)*
− Verlagerung der Hauptarbeit auf nicht so arbeitsintensive Zeit	*− erhebliche Verminderung des Brotvolumens*
− stärker ausgebackenes Brot mit besserer Krustenbildung	*− raschere Alterung bei langer Zwischenlagerung*
	− Gefahr der unelastischen Krume bei zu geringer ersten Backzeit

Zum Nachdenken: *Bei der Vorbackmethode wird eine Steigerung der Brotqualität angestrebt. Welchem Zweck dient die Unterbrech-Backmethode? Lohnt sich der Aufwand?*

Abb. Nr. 359   Historische Brotstempel

Abb. Nr. 360   Beschicken eines Auszugsofens

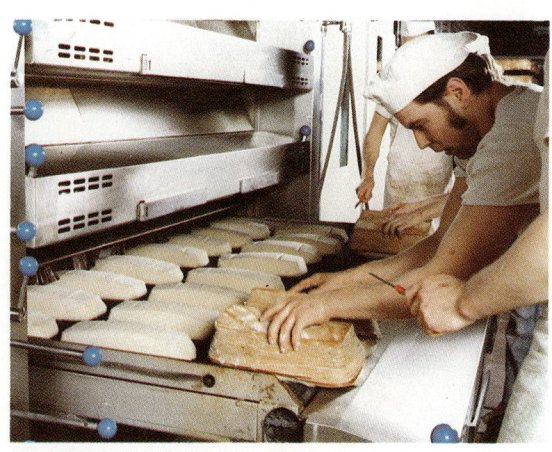

Abb. Nr. 361   Beschicken eines Reversierofens

Hinweis:
Im Kapitel „Backen von Weißgebäcken" sind die Schwadenwirkungen ausführlich behandelt. Wenn Sie nähere Informationen benötigen, können Sie dieses Kapitel wiederholen.

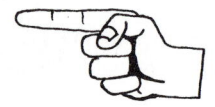

Beschicken

Für die „Ofenarbeit" muß der Bäcker besondere Erfahrungen zur Bestimmung der optimalen Gärreife der Teiglinge im Zusammenhang mit den gegebenen Ofenbedingungen haben. Wie bei Weizengebäcken wird auch beim Brot dieser Zeitpunkt nach Volumen und durch Abtasten der Teiglinge bestimmt.

Die Teigstücke werden – je nach Brottyp – noch unmittelbar vor dem Einschießen abgestrichen, gestippt, geschnitten, gekennzeichnet. Oftmals kann der Bäcker dadurch auch kleine Gärfehler ausgleichen, z. B.

– durch starkes Abstreichen bei Hautbildung während der Stückgare,
– durch kräftiges Einschneiden bei Untergare.

Oberflächengestaltung der Brote, Schnittkennzeichnungen oder Stempelprägungen sind betrieblich, ortsüblich, landschaftlich oder aus dem Brauchtum bestimmt.

Das Beschicken des Ofens selbst muß flott erfolgen. Handarbeit ist daher – und infolge der ausströmenden Backofenhitze – beschwerlich!

Beschickungs-möglichkeiten	Ofentyp
„mit Hand" – durch Schieber	→ Einschießherd
– frei aufgesetzt oder in Kästen	→ Auszugherd
– durch Einfahren des Stikkens	→ Stikkenofen
„teilmechanisiert" – durch Abziehen vom Aufsetzapparat	→ Einschießherd
„vollmechanisiert" – durch Übergabeband	→ Durchlaufofen

Schwadengabe

Der Schwaden (auch Dampf oder Wrasen genannt) sorgt für eine feuchte Backatmosphäre im Backofen.

Während Weizengebäcke über die gesamte Backzeit in feuchter Backhitze verbleiben, muß bei Roggenmisch- und Roggenbroten der Schwaden nach einer gewissen Einwirkungszeit durch Öffnen des Abzugsschiebers abgelassen werden.

Welche Wirkungen hat der Schwaden auf das Backen von Broten?

Schwaden hat folgende Wirkungen:

▶ Verteilung und Leitung der Backhitze
▶ Befeuchten der Gebäckoberfläche und damit verbundene Verzögerung der Krustenfestigung
▶ Lösen und Verteilen von Zuckerstoffen und damit verbundene Glanzbildung und Bräunung

Die Menge des Schwadens und seine Einwirkungszeit auf die Teigstücke sind vor allem abzustimmen
- auf die Brotsorte,
- auf die Ofentemperatur und
- auf den Gärreifezustand der Teigstücke.

Größere Abweichungen in der Schwadeneinwirkung ergeben im Gebäckvolumen kaum Unterschiede. Aber die Gebäckform fällt sehr unterschiedlich aus. Ja, sogar in der Porung wirken sich unterschiedliche Schwadeneinwirkungen aus!

Für die Schwadenmenge vor und nach dem Einschießen (sowie für die Dauer der Einwirkung bis zum Öffnen des Schiebers) lassen sich keine exakten Minutenangaben festlegen. Die Zusammenhänge zwischen Gärreife der Teigstücke, Ofentemperatur und Schwaden verdeutlicht Abb. Nr. 362.

Aber auch bei optimaler Gärreife und richtiger Ofentemperatur muß die angemessene Schwadeneinwirkung erfolgen, weil sonst Brotfehler die Folge sind.

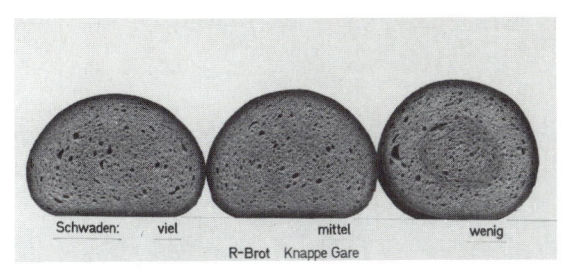

Abb. Nr. 363
Auswirkung verschiedener Schwadeneinwirkungen auf Volumen und Porung von Roggenbroten (mit knapper Gare abgebacken)

Einfluß der Schwadenmenge auf die Brotqualität	
zu wenig	zu viel
– glanzlose Kruste	– stark glänzende Kruste
– geringere Brotkrustenfarbe	– Krustenquerrisse
– Krustenlängsrisse	– zu flacher Brotboden
– gering ausgeprägte Brotwölbung	

Außerdem sollte der Bäcker bedenken, daß die Schwadenerzeugung eine Menge Energie benötigt. Insofern ist ein Zuviel an Schwaden auch kostenmäßig ungünstig!

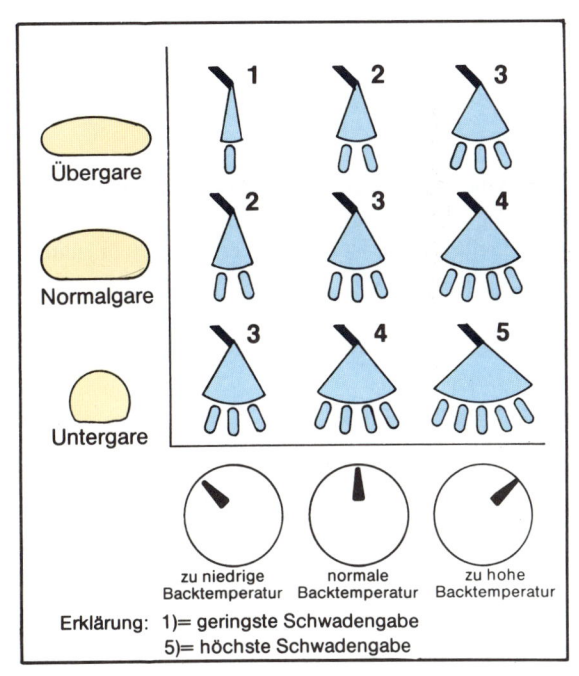

Abb. Nr. 362

✱ *Merken Sie sich:*
▶ *Bei Untergare muß die Schwadengabe groß sein!* ▶ *Dadurch wird die Dehnfähigkeit der Gebäckhaut stärker begünstigt und länger erhalten. Das Rundziehen der Brote wird gemildert. Das Gebäckvolumen kann sich besser ausbilden.*

▶ *Bei Übergare muß die Schwadengabe klein sein!* ▶ *Dadurch setzt die Krustenbildung früher ein. Das Breitfließen der Brote wird gemildert.*

Ofentrieb

Wenn Sie den Backbeginn der Brote durch eine Glastür des Backofens beobachten, so sehen Sie zunächst, wie die Teigstücke während der Schwadeneinwirkung breitlaufen. Nach etwa 2 bis 3 Minuten heben sie sich heraus und nehmen stark an Volumen zu.

Die Volumenzunahme beim Backen und das Herauswölben des Gebäcks nennt man Ofentrieb. Der Ofentrieb ist durch Ausdehnung von Gärgasen und Wasserdampfdruck begründet.

Bei Weizengebäcken erstarrt die Kruste beim Backen sehr schnell. Damit ist auch der Ofentrieb beendet. Bei Roggen- und Roggenmischbroten bleibt die Kruste über die gesamte Backzeit dehnbar. Der Ofentrieb ermöglicht deshalb bis zum Ende der Backzeit eine Volumenzunahme!

Wodurch wird der Ofentrieb roggenhaltiger Brote bestimmt? Die Zahl der Teigporen ist mit der Teigformung festgelegt. Ihre Größe und der mögliche Gasdruck in ihnen wird durch die Stückgare bestimmt.

Beziehungen zwischen Stückgare und Ofentrieb bei Broten		
Stückgare	Porung	Folge für den Ofentrieb
zu kurz	kleine Poren	Rollholzform; starker Ofentrieb im Verhältnis zum Volumen führt zum Rundziehen der Brote und zu Rissen in der Krume
normal	normal große Poren	ausreichender Ofentrieb
zu lang	zu große Poren	Zu flache Form; Poren halten dem Gasdruck nicht stand; Zerreißen der Porenwände führt zu Großporen und Austritt von Gärgasen

Neben der richtigen Stückgare haben **begünstigenden Einfluß auf den Ofentrieb:**
– Teige mit gutem Gasbilde- und Gashaltevermögen;
– gärfördernde Zusätze zum Teig;
– weiche Teigführung;
– höhere Luftfeuchtigkeit bei der Gare;
– höhere Anfangstemperatur beim Backen;
– optimale Schwadenmenge;
– weites Auseinandersetzen der Teigstücke bei Übergare bzw. engeres Zusammensetzen bei Untergare.

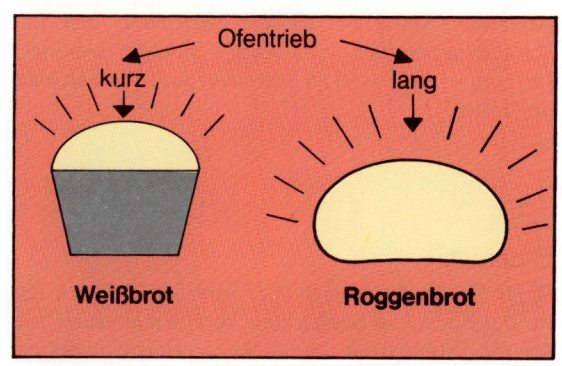

Abb. Nr. 364
Ofentrieb bei Weizen- und Roggengebäcken

Abb. Nr. 365
Brot mit glänzender und gut gefensterter Kruste

Überwachen und Steuern des Backvorgangs

Krumen- und Krustenbildung verlaufen je nach Brottyp, Gebäckgröße und Backverfahren sehr unterschiedlich.

Zunächst einmal regelt der Bäcker den Backvorgang
– durch die Backtemperatur,
– die Backzeit,
– die Schwadenwirkung.

Daneben sind aber viele kleine Kniffe und Steuerungsmaßnahmen möglich, um den gewünschten Brotcharakter zu erreichen. Am Beispiel von hellem Korbbrot im Gegensatz zu rustikalem Brot können wir solche Einwirkungen beim Backen verdeutlichen.

Maßnahmen für rustikales Brot	Maßnahmen für helles Korbbrot
▸ erhöhte Anfangstemperaturen beim Backvorgang	▸ normale, abfallende Backhitze
▸ geringe Schwadenmenge zum Erhalten der mehligen Oberfläche	▸ genügend Schwaden für eine geschlossene Kruste mit gutem Glanz
▸ stärkere Oberhitze für eine kräftige Krustenausbildung	▸ gleichmäßige Ober- und Unterhitze
▸ verlängerte Backzeit für ein gutes Ausbacken	▸ normale Backzeit
▸ im letzten Viertel der Backzeit wieder ansteigende Temperaturen	▸ gutes Abstreichen beim Ausbacken

Aus backtechnischen Gründen (z. B. wegen „kühlerer Backzonen" im Ofen oder zum Nachschieben) ist manchmal ein Umsetzen der Brote erforderlich. Bei Backöfen mit „scharfem" Anbackherd werden die Brote während des Backvorgangs in einen anderen Herd umgesetzt.

Diese Arbeiten müssen vorsichtig durchgeführt werden, weil die noch nicht stabile Krume sonst zur Ring- oder Streifenbildung neigt.

Ausbacken

Wie bestimmen Sie in Ihrem Betrieb den Zeitpunkt des Ausbackens für Brot? Erkundigen Sie sich bei Fachkollegen nach deren Praxis!

Während für Weizenkleingebäcke der Ausbackzeitpunkt vorrangig nach der Krustenfarbe bestimmt wird, gibt es für Brot mehrere Möglichkeiten zur Bestimmung des Ausbackzeitpunkts:
– Bestimmung nach Zeit;
– Bestimmung durch Klopfprobe (durch Abklopfen des Gebäckbodens);
– Bestimmung durch Gewichtsproben;
– Bestimmung nach Krustenfarbe.

Ofenheiße Brote müssen vorsichtig abgesetzt werden und dürfen nicht zu dicht oder gar aufeinander gestapelt gelagert werden.

Brote mit glänzender Oberfläche werden unmittelbar nach dem Ausbacken mit Wasser oder Stärkekleister abgestrichen. Dadurch werden Dextrine und lösliche Zucker in der Kruste ausgelöst und gleichmäßig zur Glanzbildung der Kruste verteilt.

Geschlossene Brotkrusten sind ein Schutz für das feuchtere Brotinnere. Sie schützen gegen Austrocknung, aber auch gegen Befall mit Kleinlebewesen. Da durch das Backen alle Schimmelkeime abgetötet werden, ist das Brot beim Ausbacken aus dem Ofen frei von Schimmelsporen!

Die Brote müssen nun nach dem Backen gut ausdampfen. Die kurzfristige Lagerung bis zum Verkauf soll
– unter hygienisch einwandfreien Bedingungen erfolgen,
– die Frischeeigenschaften des Brotes erhalten. Geeignet sind Raumtemperaturen von 18 bis 20 °C bei einer relativen Luftfeuchte von 70 %.

Backverlust und Brotausbeute

Wiegen Sie mehrere Brote einer Charge (gleiche Ofenfüllung) etwa nach einer Stunde Abkühlzeit und vergleichen Sie
– die Gewichte der Brote untereinander,
– die Gewichte der Brote in Bezug zu ihrer Teigeinlage,
– die Gewichte der Brote mit denen der gleichen Brotsorte vom vorhergehenden Herstellungstag!

Sie werden feststellen, daß beim Backen, Auskühlen und Lagern der Brote ein Gewichtsverlust eingetreten ist.

Abb. Nr. 366 Rustikale Brote

Abb. Nr. 367
Bestimmung des Ausbackzeitpunkts durch die Klopfprobe

Abb. Nr. 368
So soll eine gut ausgebackene Brotkruste aussehen!

Abb. Nr. 369 Brotgewichte überprüfen!

❋ *Den Gewichtsunterschied zwischen Teigeinlage und Gebäckgewicht am Tage der Herstellung nennt man Backverlust.*

Den Backverlust ermittelt man zunächst in Gramm und bezieht ihn dann prozentual auf das Teiggewicht (die Teigeinlage), zum Beispiel:

Teigeinlage ⟶ 1150 g
Brotgewicht ⟶ 1000 g
_____
Backverlust ⟶ 150 g
Ausrechnung: 1150 g entsprechen 100 %
150 g entsprechen ? %

$$\frac{100 \times 150}{1150} = 13 \,\% \text{ (abgerundet)}$$

Die Höhe des Backverlusts wird von vielen Herstellungsbedingungen bestimmt.
Einfluß haben z. B.:
– die Teigfestigkeit,
– die Teigführung,
– der Lockerungsgrad,
– die Gärreife,
– die Backtemperatur und Backzeit,
– die Gebäckgröße,
– die Gebäckform und Gebäcksorte.

Der Backverlust wird daher zur Bestimmung der richtigen Teigeinlage in der Betriebspraxis ermittelt. Die Tabelle Nr. 54 stellt Beispielwerte für Backverluste von Broten dar.
Bezieht man das Brotgewicht auf 100 Gewichtsteile Mehl, so erhält man die Gebäckausbeute (Brotausbeute = BA).

❋ *Gebäckausbeute ist die Menge Gebäck, die aus 100 Teilen Mehl erzielt wird.*

Beispiel:

Es werden 40 kg Mehl zu Brot verarbeitet. Man erhält dabei 60 kg fertiges Brot. Wie hoch ist die Gebäckausbeute?
Ausrechnung: 40 kg Mehl ergeben 60 kg Brot
100 kg Mehl ergeben ? kg Brot

$$\frac{60 \times 100}{40} = 150 \text{ BA}$$

Die Gebäckausbeute ist zur Ermittlung der erforderlichen Mehlmengen von praktischer Bedeutung. Auch ist sie eine Grundlage der Kalkulation.
Wie der Backverlust, unterliegt auch sie verschiedenen Einflüssen, z. B.:
– der Mehlqualität,
– den zugesetzten Backmitteln,
– der Teigfestigkeit,
– der Gärführung,
– dem Backverlust.

Hinweis:
Im Kapitel „Teigaufbereitung für Weizenteige" sind die Einflußgrößen auf den Backverlust ausführlich dargestellt. Wiederholen Sie dieses Kapitel, wenn Ihnen die stichwortartige Information nicht ausreicht!

	Durchschnittliche Backverluste	
Brotform	Brotgewicht	Backverlust
freigeschoben	500 g	16–22 %
freigeschoben	1000 g	9–15 %
freigeschoben	1500 g	8–12 %
freigeschoben	2000 g	7–11 %
angeschoben	1000 g	8–12 %
Kastenbrot	1000 g	8–10 %

Tabelle Nr. 54

❋ *Merkhilfe*

Formel zur Errechnung des Backverlusts in Prozent

$$BV = \frac{(\text{Teigeinlage} - \text{Brotgewicht}) \times 100}{\text{Teigeinlage}}$$

Beispiele für Gebäckausbeuten bei 1-kg-Broten	
Sorte	Brotausbeute
Roggenschrotbrot	⟶ 154–157
Roggenbrot	⟶ 152–155
Roggenmischbrot	⟶ 149–153
Weizenmischbrot	⟶ 144–148

Tabelle Nr. 55

❋ *Merkhilfe*

Formel zur Ermittlung der Gebäckausbeute (Brotausbeute)

$$BA = \frac{\text{Gebäckgewicht} \times 100}{\text{Mehlgewicht}}$$

Wichtiges über den Backverlauf in Kurzform	
▶ Einfluß auf die Backleistung haben:	– Gebäcksorte – Gebäckgewicht – Backzeit – Fassungsvermögen des Backofens – Zeitaufwand für Beschicken und Ausbacken
▶ Einfluß auf die Backtemperatur und Backzeit haben:	– Gebäckgewicht – Gebäckform – Teigzusammensetzung – Backverfahren – Backofensystem
▶ Einfluß auf den Backprozeß haben:	– herzustellender Brottyp – Schwadeneinwirkung – Verlauf des Ofentriebs – Steuerungsmaßnahmen während des Backens – besondere Backmethoden
▶ Einfluß auf den Backverlust und die Gebäckausbeute haben:	– Gebäcksorte – Gebäckgewicht, – Gebäckform – Backtemperatur, Backzeit – Teigführung, Teigfestigkeit – Lockerungsgrad, Gärreife

Backverlust = Gewichtsunterschied zwischen Teigeinlage und Gebäckgewicht;
Gebäckausbeute = Gebäckmenge, die aus 100 Teilen Mehl erzielt wird.

Brotbeurteilung

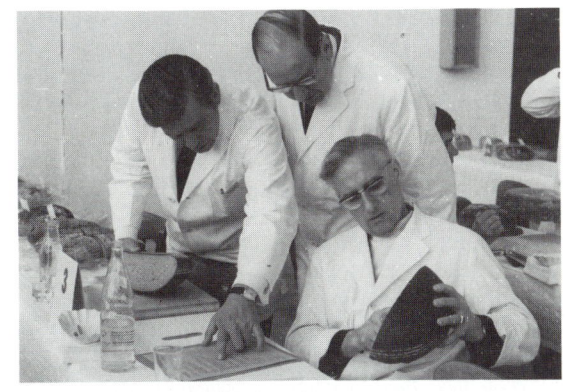

Abb. Nr. 370 Brotprüfer bei der Arbeit

Können Sie die Qualität eines Brotes sicher beurteilen?

Ziel der Brotbeurteilung ist es, die Qualität eines Brotes zu bewerten. Dies geschieht z. B. bei offiziellen Brotprüfungen des Bäckerhandwerks, der Brotindustrie oder der Deutschen Landwirtschaftsgesellschaft (DLG).

Der Bäcker sollte aber auch selbst stets das gebackene Brot auf seine Qualität hin überprüfen.

Worauf achtet man bei der Qualitätsbeurteilung von Brot?

Das DLG-Prüfschema stützt sich auf sechs Prüfmerkmale:

1. Form und Herrichtung des Brotes
2. Kruste, Oberfläche des Brotes
3. Lockerung und Porung der Brotkrume
4. Elastizität der Brotkrume
5. Struktur der Brotkrume
6. Geruch und Geschmack des Brotes

Bewertung nach Prüfmerkmalen

Den Prüfmerkmalen für Brot sind in dem Prüfschema jeweils Mängelbeschreibungen zugefügt. Daneben ist der Punktabzug für den Mangel ausgewiesen.

Beispiel:

Die Kruste am Boden eines Brotes ist verbrannt → es werden nur 4 von den zu erreichenden 5 Punkten beim Prüfmerkmal „Kruste" vergeben.

Beispiel:

Sind sogar zwei Mängel der Kruste feststellbar (zu dünne Kruste, ungleichmäßige Farbe) → so werden nur 3 von den zu erreichenden 5 Punkten vergeben.

Werden zwei oder mehr Mängel bei einem Prüfmerkmal festgestellt, so wird die niedrigste Punktzahl für dieses Merkmal gegeben!

Die für offizielle Brotprüfungen besonders geschulten Prüfer bewerten alle Prüfmerkmale durch Sinnenproben (sensorische Prüfung). Nach den Bewertungen errechnen sie eine Qualitätszahl für das Brot (vgl. Tabelle Nr. 57). Nach dieser Qualitätszahl wird das Brot prämiert.

Gewichtungsfaktoren für die Prüfmerkmale bei Brot		
	Faktor × 5	= Höchstpunkte
1. Form/Herrichtung	= 1 × 5 =	5
2. Kruste/Oberfläche	= 1 × 5 =	5
3. Lockerung/Porung	= 3 × 5 =	15
4. Elastizität	= 3 × 5 =	15
5. Struktur	= 3 × 5 =	15
6. Geruch/Geschmack	= 9 × 5 =	45
	= 20 ⟶	100

Tabelle Nr. 56

Wie Sie schon aus der Einteilung der Prüfmerkmale ersehen können, sind diese für die Qualitätsbeurteilung nicht alle gleichwertig. So wird z. B. der Geschmack des Brotes mit 9 Gewichtungsfaktoren dreimal so hoch bewertet wie das Merkmal „Elastizität der Krume".

Wie wichtig der Brotgeschmack in der Bewertung ist, kann man auch an der zusätzlich geforderten Salz- und Säuregradbestimmung erkennen, wenn bei dem Merkmal Geschmack nur 2 oder 3 Punkte gegeben werden.

Zusätzliche Informationen

Beispiel für die Bewertung eines Brotes

	Bewertung	× Gew.	= Punkte
1. Form/Herrichtung	5	× 1	= 5
2. Kruste/Oberfläche	5	× 1	= 5
3. Lockerung/Porung	4	× 3	= 12
4. Elastizität	5	× 3	= 15
5. Struktur	5	× 3	= 15
6. Geruch/Geschmack	4	× 9	= 36
			88

Gewichtete Bewertung : Faktoren = Qualität
88 : 20 = 4,4

Tabelle Nr. 57

Abb. Nr. 371 Säuregradbestimmung

Säuregrade verschiedener Brotsorten

Brotsorte	Säuregrad
Weizenmischbrot	6– 8
Roggenmischbrot	7– 9
Roggenbrot	8–10
Roggenschrot- und Vollkornbrot	8–14

Tabelle Nr. 58

Säuregradbestimmung und pH-Wert

Der Säuregrad gibt Auskunft darüber, wieviel Säure insgesamt (Säuremenge) im Brot ist. Über die Art der Säuren und ihre geschmackliche Ausprägung (Säurestärke) gibt er dagegen keine Auskunft. Dafür steht der pH-Wert.

Wie wird nun der Säuregrad gemessen? Hier müssen wir für eine exakte Bestimmung die Standardmethode wählen, die in ihrem Untersuchungsaufbau auf Abb. 371 zu erkennen ist: Reibschale, Magnetrührer, pH-Wert-Meßgerät, Bürette für Natronlauge, Meßbecher, Meßzylinder, Stativ.

Durchführung der Säuregradbestimmung

Die Untersuchung wird wie folgt durchgeführt:

1. Aus der Mitte der Brotkrume werden 10 g in der Reibschale mit 5 ml Aceton verrieben.
2. Es werden 95 ml destilliertes Wasser abgemessen und davon zunächst bis 50 ml nach und nach zu der verriebenen Brotmasse gegeben.
3. Diese Aufschlämmung wird nun in das 200-ml-Becherglas gegossen; mit dem restlichen Wasser wird die Reibschale nachgespült und dieses auch in das 200-ml-Glas gegeben.
4. Nun wird die Meßkette des pH-Meßgeräts in die Aufschlämmung getaucht und unter ständigem Rühren nach und nach 0,1 n Natronlauge aus der Bürette zugegeben, bis der pH-Wert 8,5 erreicht ist.
5. Nach 5minütigem Weiterrühren ist der pH-Wert (durch nachgelöste Säure aus den Krumeteilchen) wieder abgefallen. Es wird wieder Natronlauge bis pH-Wert 8,5 zugegeben, bis dieser 1 Minute so bleibt.
6. Die insgesamt verbrauchte Natronlauge entspricht dem Säuregrad des Brotes. Aus der Tabelle Nr. 58 können Sie Normalsäuregrade verschiedener Brotsorten entnehmen.

Die Stärke der Säuren kann ergänzend zu dem Säuregrad durch eine pH-Wertbestimmung ermittelt werden.
Als Normalwerte gelten:

– Weizenmischbrote = 5,6–5,8
– Roggenmischbrote = 4,6–4,8
– Roggenbrote = 4,1–4,3
– Roggenschrot- und Vollkornbrote = 4,1–4,3

Die Messung erfolgt am besten mit einer Meßkette eines Elektro-pH-Meßgeräts, weil die Farbmessung mit Indikatorpapier oder Reagenzien zu ungenau ist.

Zur Geschmacksbeurteilung von Broten können aber Säuregrad und pH-Wert nur hilfsweise (z. B. zur Erklärung von Fehlern) herangezogen werden. Diese Werte können auf keinen Fall die Ausprägung des erwünschten Brotaromas messen. Das ist nur über die geschulte Geschmacksprobung (sensorische Beurteilung) möglich!

Brotfehler

Abb. Nr. 372 Fehlerhaftes Brot – ungenießbares Brot

Brotfehler sind demnach nur im Vergleich mit den Soll-Qualitätsmerkmalen eines Brotes erkennbar. Sie sind also auch von Brotsorte zu Brotsorte unterschiedlich. Gilt z. B. eine mehlige Oberfläche beim Glanzkrustenbrot als Fehler, so ist eine solche mehlige Kruste beim Berliner Landbrot ein typisches Qualitätsmerkmal und kein Fehler!

Auch die Erwartungen, die von den Verbrauchern an „ihr Brot" gestellt werden, haben Einfluß auf die Einstufung als mögliche Brotfehler. So sind z. B. kleine Krustenrisse, Mehlteilchen auf der Brotkruste und ein unruhiges Porenbild als typische Merkmale der rustikalen Brotsorten keine Brotfehler.

Bestimmte Brotfehler sind nur als Schönheitsfehler einzustufen. Andere Brotfehler können dagegen den Genuß- und Verzehrswert des Brotes entscheidend vermindern.

Beispiele für die Auswirkungen von Brotfehlern auf die Bekömmlichkeit von Broten:

- fades Brotaroma ▸ appetithemmend, Widerwillen gegen den Verzehr
- zu saurer Brotgeschmack ▸ Magenunwohlsein, Verdauungsstörungen
- unelastische Brotkrume ▸ verlängerte Verweildauer im Magen, Völlegefühl

Was ist ein Fehler?

Das kann man nur feststellen, wenn man genau weiß, wie es richtig sein sollte. Das ist auch beim Brot so. Jedermann kann sicher erkennen, daß unser Brot in Abb. Nr. 372 fehlerhaft ist. Aber kennen Sie auch Brotfehler, die nicht so klar feststellbar sind? Kennen Sie die Ursachen von Brotfehlern und die Möglichkeiten zu ihrer Vermeidung?

> ✱ *Brotfehler sind*
> *alle Abweichungen von den erwünschten Qualitätsmerkmalen eines Brotes,*
> *wenn diese durch fehlerhafte Zutaten oder Fehler bei der Herstellung und Lagerung des Brotes begründet sind.*

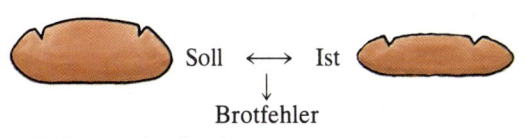

Soll ⟷ Ist
↓
Brotfehler

z. B. begründet durch
- Mängel in der Backfähigkeit des Mehles,
- Fehler bei der Säuerung,
- Fehler in der Rezeptur,
- Fehler bei der Teigbereitung,
- Fehler beim Aufarbeiten und Gären des Teiges,
- Fehler beim Backen,
- Fehler bei der Brotlagerung.

> **Hinweis für die Weiterarbeit**
> *In den Beurteilungsbögen für Brotprüfungen wird den einzelnen Prüfmerkmalen (Abweichungen = Brotfehler) ein bestimmter Punktwert zugeordnet. Stellen Sie fest, welche Merkmale des Brotes mit höherer bzw. niedrigerer Gewichtung bewertet werden! Ziehen Sie daraus Folgerungen für die Brotfehler-Bewertung!*

Brotfehler vermindern die Verzehrsfähigkeit des Brotes

Die Elastizität der Brotkrume ist ein wichtiges Qualitätsmerkmal. Man prüft sie durch Daumeneindruck. Die Krume gilt als unelastisch, wenn der Daumeneindruck in der Krume nicht zurückgeht (vgl. Abb. Nr. 373).

Abb. Nr. 373

Unelastische Krume

Die erreichbare Elastizität der Krume ist von Brotsorte zu Brotsorte sehr unterschiedlich. Vergleichen Sie z. B. ein Weißbrot, ein Roggenbrot und ein Schrotbrot, so können Sie sehr verschiedene Krumenelastizitäten feststellen. Immer ist aber die Struktur der Porenwände in der Brotkrume verantwortlich für die Elastizität. Vor allem bei roggenhaltigen Broten ist die Struktur der Porenwände abhängig von dem Grad der Stärkeverkleisterung. Eine ungenügende Stärkeverkleisterung bedingt eine geringe Stabilität der Porenwände – und damit eine unelastische Krume.

Abb. Nr. 374
Wasserstreifen als Begleitfehler einer unelastischen Brotkrume

Abb. Nr. 376
Trockenkrümeln und zu dünne Kruste

Wasserstreifen (Schlittstreifen)

Der breite Wasserstreifen (kleistrig ungelockerte Krume) am Boden des Brotes tritt mit unelastischer Krume und oft mehr oder weniger starkem Abbacken (Hohlraum) unter der Oberkruste zusammen auf.

Der Schlittstreifen wird zu Beginn des Backvorgangs durch mangelhafte Wasserbindung gebildet. Die Krume ist zugleich geschwächt; Stärkekleister setzt sich ab. Die kleistrige Masse kann die Gärgase nicht festhalten und bleibt ungelockert am Boden des Brotes (Abb. Nr. 374).

Mangelhafte Schnittfähigkeit

Ist ein Brot nach dem Auskühlen nicht schnittfest, so leidet zugleich seine Bestreichbarkeit. Bei feuchter Krume (vgl. Abb. Nr. 375) oder feuchtem Krümeln ist die Wasserbindung in der Krume mangelhaft.

Wie kommt es aber zur feucht-unelastischen Krume? Begründet ist sie immer durch ungenügende Wasserbindung.

Hierfür sind mehrere Ursachen möglich:
– auswuchsgeschädigtes Roggenmehl bzw. hohe Enzymaktivität im Mehl,
– zu geringe Säuerung des Teiges,
– zu hohe Teigausbeute,
– zu geringe Salzmenge bzw. Fehlen des Salzes,
– ungenügendes Ausbacken.

Beim Trockenkrümeln (vgl. Abb. Nr. 376) sind die Porenwände zu dünn und zu spröde, so daß sie beim Schneiden zerbrechen. Bei unserem Beispiel für das Trockenkrümeln wurde der Teig mit hohem Weizenanteil zu fest gehalten, stark gelockert und mit zu niedriger Backtemperatur gebacken.

Brotfehler
vermindern den Genußwert des Brotes
Fehlerhafter Brotgeschmack

Sicherlich kann man sich über Geschmack nicht streiten – auch die Erwartungen an den Brotgeschmack sind je nach Brotsorte bei den Verbrauchern sehr unterschiedlich.

Bei Verbraucherbefragungen werden aber gerade Mängel im Brotgeschmack am häufigsten beklagt. Das geht zum Teil bis zur Ablehnung des Brotes für den Verzehr.

Drei häufige Geschmacksfehler:
– Als Begleitfehler der unelastischen Brotkrume tritt ein kleistriger Brotgeschmack auf. Die Krume ballt sich beim Kauen zusammen. Im Krumenkleister bleiben die Geschmackstoffe eingeschlossen. Deshalb empfindet die Zunge das Brot als fade.
– Zu fader Brotgeschmack bei sonst stabiler Krumenstruktur tritt vor allem bei ungenügender Säuerung und bei nicht genügendem Ausbacken auf. Verstärkt wird dieser Fehler durch das Verarbeiten heller Mehlsorten und geringer Salzmengen zum Teig.
– Zu saurer Brotgeschmack entsteht bei zu hohem Saueranteil bzw. zu hohem Zusatz teigsäuernder Backmittel. Oft ist aber auch ein zu hoher Essigsäureanteil im Sauerteig der Grund. Das passiert bei zu kühler Sauerteigführung, die besonders die Essigsäureproduktion fördert.

Abb. Nr. 375
Starkes Feuchtkrümeln und nicht schnittfeste Krume

Zu kleines Volumen

Ein zu kleines Brotvolumen hat häufig Begleitfehler, die den Genußwert des Brotes schmälern: wenig gelockerte Krume, dichte Porung. Für den Fachmann ist leicht zu erkennen, daß diese Fehler bei ungenügender Auflockerung oder zu festen Teigen entstehen.

Zu helle – zu dunkle Kruste

Diese Fehler entstehen häufig durch fehlerhafte Backtemperaturen. Sie können aber auch auf Fehler im Teig hinweisen.

Zu helle Krustenfarbe tritt auf:
– bei frischem, enzymarmem Mehl,
– bei zu warmer Führung, altem Teig.

Zu dunkle Krustenfarbe tritt auf:
– bei enzymreichem Mehl,
– bei zu kühler, junger Teigführung.

Abb. Nr. 377
Zu helle und zu dünne Kruste sowie zu dunkle Kruste

Krustenrisse

Auf der gesamten Brotoberfläche auftretende Risse deuten auf fehlerhafte Schwadeneinwirkung beim Backen hin. Insbesondere zuviel Schwaden, z. B., wenn der Schwadenabzug nicht geöffnet wird, führt zu quer verlaufenden Rissen mit Glanz (Abb. Nr. 378). Der Krustenseitenriß (Abb. Nr. 379) entsteht durch zu enges Aneinandersetzen freigeschobener Brote. Verstärkt wird der Fehler bei Übergare und zu kaltem Ofen. Ähnliche Risse treten auf, wenn die Teigstücke am Korb oder Einziehtuch hängen geblieben sind.

Abb. Nr. 378   Krustenrisse

Abb. Nr. 379   Krustenseitenriß

Süßblasen

Eine scheckige Kruste mit sogenannten Süßblasen ist oft ein äußeres Zeichen für eine geschwächte Krume. Die Süßblasen kennzeichnen Stellen mit Hohlräumen zwischen Krume und Kruste. Der Fehler ist typisch für Brote mit auswuchsgeschädigtem Mehl.

Abb. Nr. 380   Süßblasen

Krumenrisse

Auf sehr unterschiedliche Weise können Risse in der Krume entstehen:

– Durch zu starkes Anbacken im Unter- und Oberhitzebereich entstehen Risse durch zu starken Gasdruck. Die Poren zerreißen und es bilden sich gezackte Krumenrisse (Abb. Nr. 381).

– Durch zu starkes Ausbacken wird die Krume zu trocken. Die Krume reißt. Dieser Fehler entsteht oft in den Enden sehr bauchig geformter Brote. Die spitzen Endstücke backen zu sehr durch und es entstehen Risse (Abb. Nr. 382).

– Durch Spannungen beim Auskühlen von Broten können Krumenrisse entstehen, wenn die Krume eine schlechte Bindung hat. Das passiert oft bei zu fester Teigführung (Abb. Nr. 383).

Abb. Nr. 381
Waagerechter Krumenriß durch zu starke Unterhitze oder geschwächte Krumenelastizität

Wasserring

Ringförmige Krumenverdichtungen bilden sich

- beim Backen mit zu hohen Anfangstemperaturen, wenn durch den starken Ofentrieb der teigige Kern gegen die schon feste Randpartie drückt;
- beim Auskühlen von stark gelockertem Brot mit unelastischer Krume, wenn die bereits kühlen Außenbereiche auf den noch heißen Kern drücken.

In beiden Fällen entsteht ein Ring mit dichteren Poren. Der Fehler wird eigentlich falsch als „Wasserring" bezeichnet. Der Wassergehalt ist nämlich im Ring und in der übrigen Krume gleich hoch.

Der Fachmann kann die Fehlerursachen leicht unterscheiden.

- Der beim Backen entstehende Wasserring hat im Inneren eine stark aufgelockerte Krume, die sich schlecht bestreichen läßt.
- Der beim Auskühlen entstehende Wasserring hat eine insgesamt unelastische Krume.

Abb. Nr. 382
Krumen-Seitenrisse durch zu starkes Ausbacken

Abb. Nr. 383
Senkrechter Krumenriß durch Spannungen in der Krume beim Auskühlen

Abb. Nr. 384   Wasserring

Hohlräume in der Krume

Auch Hohlräume in der Krume können sehr unterschiedliche Ursachen haben.

- Sie können auftreten als Begleitfehler einer unelastischen Krume mit Süßblasen zwischen Krume und Kruste (Abb. Nr. 385).
- Sie können auftreten bei zu weich und zu warm geführten Teigen mit starker Gärtätigkeit. In diesem Fall treten die Hohlräume an vielen Stellen der Krume zugleich auf (Abb. Nr. 386).
- Sie können auftreten als Folge von Wirkfehlern beim Formen der Teiglinge. In diesem Fall treten die Hohlräume nur an wenigen Stellen der Krume auf. Sie haben eine glatte, glänzende Innenseite (Abb. Nr. 387).
- Sie können auftreten bei zu weichem Teig. In diesem Fall ist die Porung sehr unruhig (Abb. Nr. 388).

Abb. Nr. 385
Hohlräume bei schwacher Krumenbindung

Abb. Nr. 386
Hohlräume durch zu weich und zu warm geführten Teig

Abb. Nr. 387
Hohlräume durch Wirkfehler

Abb. Nr. 388
Hohlräume und unregelmäßige Porung durch zu weichen Teig (rechts); im Vergleich dazu Brot aus zu festem Teig (links)

Wesentliche Brotfehler in einer Übersicht

Fehler	▶ mögliche Ursachen	Fehler	▶ mögliche Ursachen
Fehler in der Brotform		**Fehler in der Brotkrume**	
1. Zu kleines Brotvolumen	▶ – triebschwaches Mehl – ungenügende Lockerung – zu fester Teig – ungenügender Ofentrieb	1. Unelastische, feuchte Krume	▶ – enzymreiches Mehl – zu junge Teigführung – zu weicher Teig – zu geringe Teigsäuerung – zu kurze Backzeit
2. Zu rundes Brot	▶ – zu fester Teig – zu knappe Gare	2. Trockenkrümeln	▶ – zu fester Teig – hoher Weizenanteil – starke Auflockerung – starker Ofentrieb – zu niedrige Anfangsbacktemperatur
3. Zu flaches Brot	▶ – zu weicher Teig – Übergare		
4. Ungleichmäßige Form	▶ – zu weicher Teig – Klebestellen an Formen	3. Wasserring	▶ – Übergare u. zu hohe Anfangsbacktemperatur oder – starke Lockerung, ungenügende Krumenelastizität
Fehler in der Brotkruste			
1. Krustenrisse	▶ – zu wenig bzw. kein Schwaden – zu starke Schwadenwirkung	4. Wasserstreifen	▶ – enzymreiches Mehl – zu geringe Teigsäuerung
2. Krustenseitenrisse	▶ – zu enges Aneinandersetzen – breitgelaufene Teigstücke – zu kalter Ofen – Klebestellen an Formen	5. Dichtporigkeit	▶ – zu fester Teig – zu junge Teigführung – ungenügende Lockerung
3. Aufgeplatzer Wirkschluß	▶ – zu mehliges Wirken – zu fester Teig	6. Großporigkeit	▶ – zu alter Teig – zu weicher Teig – zu starke Lockerung
4. Zu starke Bräunung	▶ – enzymreiches Mehl – feuchter, junger Teig – zu hohe Backtemperatur	7. Ungleichmäßige Porung	▶ – zu warmer Teig – zu weicher Teig – zu alter Teig – zu viel Gare – zu alter Sauerteig
5. Zu schwache Bräunung	▶ – frisches, enzymarmes Mehl – warme, alte Teigführung – zu niedrige Backtemperatur		
6. Süßblasen	▶ – junge Teigführung – zu geringe Teigsäuerung – enzymreiches Mehl	8. Trockenrisse	▶ – zu fester Teig – enzymarmes Mehl
Fehler im Brotgeschmack		9. Hohlräume	▶ – zu viel Ober- oder Unterhitze – Wirkfehler – zu starkes Durchbacken
1. Fader Geschmack	▶ – zu geringe Teigsäuerung – zu wenig Salz – ungenügende Lockerung – ungenügendes Ausbacken		
2. Saurer Geschmack	▶ – zu hohe Teigsäuerung – zu hoher Essigsäure-Anteil		

Vermeiden von Brotfehlern

Selbst für geübte Fachleute ist es schwer, anhand konkreter Brotfehler und ihrer Begleitfehler die Ursachen richtig zu bestimmen und Maßnahmen zur Vermeidung der Brotfehler abzuleiten. Durch die vorigen Beispiele für Brotfehler haben wir die Vielfältigkeit einiger Brotfehlerquellen erkannt. Im folgenden sollen aus bekannten Brotfehler-Ursachen die Maßnahmen zur Vermeidung von Brotfehlern abgeleitet werden.

Fehlerursache	▶ Folge: Brotfehler	▶ Maßnahmen zur Vermeidung der Brotfehler
triebschwaches, stärkereiches Mehl	geringes Brotvolumen, schlechte Lockerung, schwache Bräunung, verkürzte Frischhaltung, Trockenkrümeln	▶ Zusatz enzymatischer Backmittel ▶ weiche Teigführung ▶ längere Teigruhe
auswuchsgeschädigtes Mehl bzw. hohe Enzymaktivität	▶ unelastische Krume, starke Krustenbräunung, Süßblasen, Schlittstreifen	▶ Gut backfähiges Mehl zumischen ▶ Erhöhung des Saueranteils bzw. erhöhter Zusatz teigsäuernder Backmittel ▶ festere Teigführung ▶ mit knapperer Gare backen ▶ gutes Ausbacken
zu junger Sauerteig (ähnlich: Saueranteil zu klein)	▶ runde Brotform, unruhige Porung, feuchte Krume mit Wasserring, fader Geschmack	▶ Zusätzliche teigsäuernde Backmittel und Hefe zum Brotteig, warme Teigführung ▶ Sauerteigführung ändern
zu reifer Sauerteig	▶ breite Form, zähe Kruste, unangenehm saurer Geschmack	▶ Saueranteil verringern und einen Teil des Sauerteigs durch teigsäuernde Backmittel ersetzen ▶ Sauerteig neu anstellen
zu weicher Teig	▶ unregelmäßige Form, ungleichmäßige Porung, Blasenbildung unter der Kruste	▶ mit knapper Gare schieben ▶ lange Dehnbarkeit der Kruste erhalten ▶ gut ausbacken
zu fester Teig	▶ geringes Volumen, dichte Porung, Krumenrisse, Trockenkrümeln	▶ Teigstücke vollgarig schieben
zu kurze Stückgare	▶ kleines Volumen, runde Form mit dichter Krumenporung, Neigung zu Wasserring	▶ stärkere Schwadengabe ▶ besser: Gare verlängern
zu lange Stückgare	▶ unregelmäßige Form, flache Form, große flachliegende Porung, Gefahr der Krustenseitenrisse	▶ heißer Ofen ▶ geringere Schwadeneinwirkung ▶ freigeschobene Brote nicht so dicht setzen
zu niedrige Backofentemperatur	▶ breite Form, helle, harte Kruste, fader Geschmack	▶ Backzeit geringfügig verlängern
zu hohe Backofentemperatur	▶ zu starke Krustenbräunung, Gefahr des Nichtdurchbackens	▶ stärkere Schwadeneinwirkung ▶ Schwadenabzug länger öffnen
zu wenig Schwaden	▶ kleines Volumen, matte Kruste mit Rissen	▶ Schwadeneinwirkung dem Garestand anpassen
zu viel Schwaden	▶ flache Form, Krustenquerrisse mit stark glänzender Kruste	▶ Schwadeneinwirkung dem Garestand anpassen
zu kurze Backzeit	▶ ledrige Kruste, schwache Bräunung, feuchte Krume, fader Geschmack	▶ Backzeit und Backhitze aufeinander abstimmen
zu lange Backzeit	▶ harte, dicke Kruste, evtl. zu starke Krustenbräunung, Krumenrisse	▶ Backzeit und Backhitze aufeinander abstimmen
zu frühes Stapeln der ausgebackenen Brote	▶ Krumenverdichtungen an den Druckstellen, Verformungen, Klebestellen an der Kruste	▶ Brote ausdampfen lassen ▶ Brote nicht stapeln

Altbackenwerden und Brotfrischhaltung

Wenn Sie frisches Brot im Vergleich zu altbackenem Brot probieren, so werden Sie deutliche Unterschiede in den Eigenschaften der Brote feststellen.

Auf dem nebenstehenden Bild erkennen Sie einen allgemein bekannten Unterschied zwischen frischem und altbackenem Brot, nämlich die Beschaffenheit der Krume. Bei der frischen Brotkrume sinkt das 1 kg-Gewicht ein; die Krume ist weich und elastisch. Die altbackene Brotkrume trägt dagegen das Gewicht; sie ist fest und starr.

Ein altbackenes Brot weist aber noch mehr Unterschiede zum frischen Brot auf:

Eigenschaften	
frischer Brote	altbackener Brote
– rösche Kruste	– weiche, ledrige Kruste, festwerdend
– weiche, elastische Krume	– feste, trockene Krume
– frischer, aromatischer Duft	– einseitiger, ausdrucksloser Geruch
– volles Gebäckaroma	– wenig aromatischer Geschmack
– normales Gebäckgewicht	– geringeres Gebäckgewicht

Vorgänge beim Altbackenwerden

Anhand der verschiedenartigen Veränderungen der Brotqualität beim Altern kann man schon erkennen, daß nicht allein ein Wasserverlust für das Altbackenwerden verantwortlich ist. Vielmehr spielen verschiedene biochemische und physikalische Vorgänge eine Rolle. Diese sind bei jeder Art von Gebäckalterung festzustellen. Wir wollen uns die Vorgänge beim Altbackenwerden des Brotes erklären:

→ Sofort nach dem Backen hat die Brotkruste etwa 5 bis 10 % Wassergehalt. Die Krume enthält dagegen 45 bis 50 % Wasser.
Bei der Lagerung des Brotes nähert sich der Wasseranteil von Krume und Kruste an. Die Kruste verliert ihre Rösche. Sie wird zunächst „weicher". Mit zunehmender Lagerdauer wird sie fest und spröde.

→ Die beim Backen verkleisterte Stärke bildet ein weiches, feuchtes und elastisches Krumengefüge. Bei der Gebäcklagerung entquillt die Stärke. Sie gibt das gebundene Wasser wieder ab. Das nunmehr freie Wasser kann aus dem Gebäck verdunsten.

Abb. Nr. 389

Zusätzliche Informationen

Bei Untersuchungen der Brotfrischhaltung wird die Eindrückbarkeit einer genormten Brotkrumenscheibe gemessen. Man benutzt dazu ein Meßgerät = Penetrometer (vgl. Abb. Nr. 390). Frisches Brot hat eine große Eindrückbarkeit = hohe Penetrometer-Einheiten.

Abb. Nr. 390
Brotprüfung mit dem Penetrometer

✱Merkhilfe	
Altbackenwerden von Brot	
▶ Vorgänge	▶ Folgen
▶ Flüssigkeitswanderung von der Krume zur Kruste	▶ Röscheverlust, Weichwerden der Kruste
▶ Entquellen (Retrogradation) der verkleisterten Mehlstärke	▶ Mehlstärke wird körnig und fest
▶ Geruchs- und Geschmacksstoffe verdunsten	▶ Verluste an Geruch und Geschmack
▶ Wasser verdunstet	▶ Gewichtsverlust, Spröde- u. Hartwerden

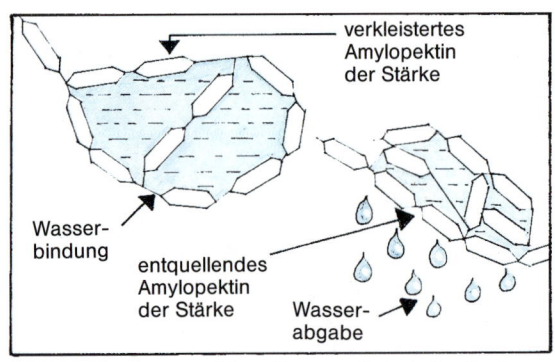

Abb. Nr. 391 Entquellung (Retrogradation) der Stärke

Die **Stärke** selbst verliert dadurch ihre Verkleisterungseigenschaft. Das Amylopektin der Stärke wird durch die Entquellung (Retrogradation genannt) wieder fest und körnig; die Amylose tritt aus dem Stärkegefüge und verliert ihre Wasserlöslichkeit.

→ Die **Geruchs- und Geschmacksstoffe** verdunsten zum Teil. Dadurch wird der abgerundete, aromatische Gebäckgeschmack einseitig und fade.

→ Der **Wasserverlust** durch Verdunstung führt zu Gewichtsverlusten (= Lagerverluste). Aber auch die Geschmacksausprägung des Brotes wird durch den Feuchtigkeitsverlust beeinträchtigt.

Mindesthaltbarkeit

Der Genußwert der verschiedenen Backwaren bleibt unterschiedlich lang erhalten. Das wird sehr deutlich beim Vergleich von Roggenschrotbrot und Weißbrot. Während Roggenschrotbrot lange seine Frischeeigenschaften behält, gehen diese bei Weißbrot schnell verloren. Man kann aber keine allgemein gültige Zeitspanne der Mindesthaltbarkeit für die verschiedenen Gebäcke angeben.

❋ Merken Sie sich: *Die Mindesthaltbarkeit ist die Zeitspanne, in der die Backwaren unter angemessenen Aufbewahrungsbedingungen ihre spezifischen Eigenschaften behalten.*

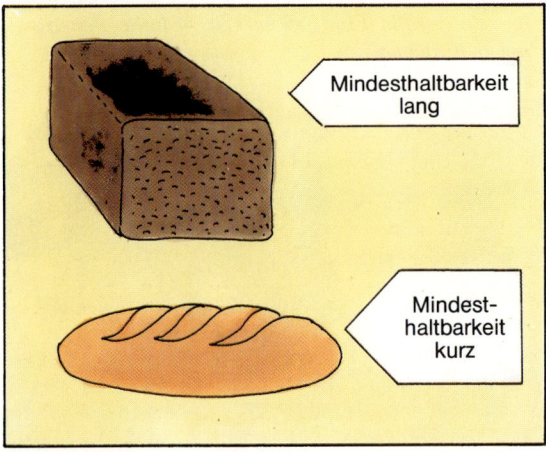

Begriffsbestimmung: Mindesthaltbarkeit

Die Dauer der Mindesthaltbarkeit kann allein vom Hersteller bestimmt werden. Er hat dabei die Gebäckqualität aufgrund der Rezeptur zu berücksichtigen. Nicht zu beachten sind die Lagerbedingungen beim Kunden oder ein etwa erfolgter Anbruch der Verpackung durch den Kunden!

Abb. Nr. 392
Lange Mindesthaltbarkeit bei Roggenschrotbrot und kurze Mindesthaltbarkeit bei Weißbrot

Kennzeichnung der Mindesthaltbarkeit auf Fertigpackungen

Wenn Backwaren in Fertigpackungen angeboten werden sollen, ist das Mindesthaltbarkeitsdatum auf der Packung anzugeben. Auf Brotschläuchen oder Schnittbrotpackungen sind anzugeben:

– Hersteller und Herstellungsort,
– Verkehrsbezeichnung,
– Füllmenge,
– Zutatenliste,
– **Mindesthaltbarkeitsdatum.**

Lebensmittelrechtliche Bestimmungen

Bei der **Bestimmung der Mindesthaltbarkeit** hat man nicht zu beachten, ob das Brot gut oder weniger gut gelungen ist. Sowohl gute als auch weniger gute Brote altern!

Der Frischeverlust des Brotes wird gemessen im Vergleich zu der Anfangsqualität nach dem Backen. Verliert es an Krusten- und Krumenqualität sowie an Geruch und Geschmack, so verliert es damit an Frische. Bewertet man ein Brot nach dem 5-Punkte-Schema, so erfaßt man bei den Prüfmerkmalen auch

Beispiele für die Mindesthaltbarkeit verschiedener Brotsorten	
Brotsorte	Mindesthaltbarkeitsdauer
Weizenbrote	1– 3 Tage
Weizenmischbrote	2– 5 Tage
Roggenmischbrote	5– 7 Tage
Roggenbrote	6–10 Tage
Roggenschrotbrote	8–12 Tage

Tabelle Nr. 59

seinen Frischezustand. Die Mindesthaltbarkeitsdauer kann damit bestimmt werden: bis zu einem Punktverlust von 0,5 gegenüber dem Anfangswert gilt das Brot als frisch.

<mark>Beispiel:</mark> Ein Brot wurde bei der Brotprüfung mit 4,8 Punkten bewertet. Dieses Brot wird nach einer Lagerzeit erneut geprüft und erhält nur noch 4,3 Punkte, weil es nicht mehr die Frischeeigenschaften hat. Nach allgemeiner Auffassung wäre nun das Mindesthaltbarkeitsdatum erreicht.

Die Qualitätsunterschiede durch Frischeverlust zwischen frischem und altbackenem Brot bestimmen also die Mindesthaltbarkeitsdauer. Brot ist demnach auch bei Ablauf der Mindesthaltbarkeitsdauer gesundheitlich vollkommen unbedenklich. Es kann somit nach Ablauf des Mindesthaltbarkeitsdatums verkauft und gegessen werden!

Ist ein Brot innerhalb der Mindesthaltbarkeit z. B. durch Schimmeln verdorben, so ist zu prüfen
– ob die Aufbewahrungsbedingungen richtig waren,
– ob die Verpackung eventuell beschädigt war,
– ob Verschmutzungen oder andere Gründe verantwortlich waren,
– ob eventuell das Mindesthaltbarkeitsdatum künftig geringer ausgewiesen werden muß.

Zusätzliche Informationen

Auf Fertigpackungen von Backwaren ist das Mindesthaltbarkeitsdatum (MHD) anzugeben. Ausnahme: Backwaren, die sich innerhalb von 24 Std. deutlich in ihren Qualitätseigenschaften verändern, z. B. Brötchen.

Die Angabe des MHD soll im gleichen Sichtfeld mit den anderen Kennzeichnungen erfolgen. Es ist auch erlaubt, auf eine andere Kennzeichnungsstelle hinzuweisen, z. B.: ,,siehe Clipverschluß".

Die Angabe erfolgt im allgemeinen so: ,,Mindestens haltbar bis . . ."

Als Zeitangabe genügen Tag und Monat, wenn die MHD weniger als 3 Monate beträgt. Darunter fallen die meisten Brotsorten.

Bei einer MHD von 3 bis 18 Monaten reicht die Angabe von Monat und Jahr (z. B.: ,,Mindestens haltbar bis Ende Sept. 19 . . ."). Das kann z. B. für Knäckebrot in Betracht kommen.

Bei Gebäckkonserven mit mehr als 18 Monaten MHD erfolgt nur die Jahresangabe.

Grundsätzlich hat die Datumsangabe unverschlüsselt zu erfolgen!

Andere Daten (z. B. Herstellungstag, Verpackungstag u. a.) entfallen mit dieser Regelung!

Verzögerung des Altbackenwerdens

Maßnahmen der Brotfrischhaltung kann der Bäcker bereits bei der Teigbereitung ergreifen!

Diese Aussage mag zunächst verblüffen. Sie wird uns aber erklärlich, wenn wir die unterschiedlichen Mindesthaltbarkeitsbereiche der Brotsorten in Tabelle Nr. 59 betrachten.

Maßnahmen bei der Teigführung

Mehlsorten und Mehlmischungen der Brote sind sehr wichtig für die Mindesthaltbarkeit der Brote. Dunklere, schalenreichere Mehle und Schrote verbessern die Verquellungsfähigkeit im Teig. Sie sorgen damit für bessere Stärkeverkleisterung und bewirken längere Frischhaltung.

Zusammenfassung von Bedingungen, die die Brotfrischhaltung	
verkürzen	verlängern
– helles Weizenmehl im Teig	– dunkles Weizenmehl im Teig
– helles Roggenmehl im Teig	– dunkles Roggenmehl im Teig
– Weizenschrot im Teig	– Roggenschrot im Teig
– direkte Führung	– indirekte Führung
– feste Teigführung	– weiche Teigführung
	– Zusatz von Quellmehlen und Restbrot
	– Zusatz von Sauermilchprodukten
	– Zusatz von Fetten und Frischhaltebackmitteln

Tabelle Nr. 60

Daneben kann der Bäcker durch **Zusätze zum Teig und durch Führungsbedingungen** die Stärkeverkleisterung verbessern:
– durch indirekte Führung,
– durch weiche, kühle Teige,
– durch Zusatz von Quellmehl,
– durch Zusatz von Restbrot,
– durch Zusatz von Sauermilchprodukten,
– durch Zusatz von quellstoffhaltigen Backmitteln.

Gut verkleisterte Stärke hält die Brotkrume länger feucht!

Durch Fett und spezielle Frischhaltebackmittel als Teigzutat werden Verbindungen mit der verkleisterten Stärke eingegangen, die später eine Entquellung der Stärke behindern.

Diese Maßnahmen haben vor allem in Jahren mit ,,trockenbackenden Mehlen" große Bedeutung.

Für die Verwendung von Frischhaltemitteln sind unbedingt die vom Hersteller empfohlenen Zusatzmengen einzuhalten. Sie müssen in der Dosierung auch auf die Mehlqualität abgestimmt werden, weil bei Überdosierung eine feuchte, kurz-kauige Krume entsteht.

Rechtliche Bestimmungen

Zusätzliche Informationen

Frischhaltemittel sind von Mitteln zur Verbesserung der Haltbarkeit (Konservierungsstoffe) zu unterscheiden. Frischhaltemittel sollen die Entquellung und Rückkristallisation der verkleisterten Stärke in den Gebäcken verzögern. Konservierungsstoffe sollen die Schimmelbildung verzögern.

Die Frischhaltemittel enthalten folgende wirksamen Bestandteile:

- *Stoffe, die eine erhöhte Wasseraufnahme bei der Teigbereitung bringen (Quellstärken, Guarmehl, Johannisbrotkernmehl);*
- *Stoffe, die den Anteil an löslichen Stoffen im Mehl erhöhen (enzymhaltige Mittel);*
- *Stoffe, die durch Komplexverbindungen mit der Stärke deren Entquellung verzögern (Fettstoffe und Emulgatoren).*

Handelsübliche Frischhaltemittel enthalten meistens 2 oder 3 der obigen Wirkstoffe. Reine Enzympräparate erbringen zwar durch den erhöhten Anteil löslicher Stoffe eine feuchtere Gebäckkrume, zugleich aber auch die Gefahr einer unelastischen Krume bei geschwächten Mehlen.

Die Kombination von Mitteln zur Erhöhung der Wasseraufnahme bei der Teigbereitung durch pflanzliche Verdickungsmittel (Hydrokolloide) und Fettstoffen bzw. Emulgatoren ist günstig. Dabei wird die Verquellung im Teig durch erhöhte Wasseraufnahme (etwa 3 %) verbessert. Dieser erhöhte Wasserzusatz kann beim Backen stabilisiert werden, indem die Emulgatoren Komplexverbindungen mit der Amylose der Stärke eingehen und deren Wasserlöslichkeit erhalten.

Beachten Sie jedoch: Mit Frischhaltemitteln sind die Entquellungsvorgänge der Stärke zu verzögern, nicht aber die Verluste an Geruchs- und Geschmacksstoffen einzudämmen!

Abb. Nr. 393 Verpackungen mit teilgebackenen Gebäcken

Für den **Restbrotzusatz** ist zu beachten, daß nur einwandfreies, im eigenen Betrieb angefallenes Restbrot gleicher Sorte (zerkleinert) bis zu 3 % der Gesamtmehlmenge zugesetzt werden darf.

Bei Schrotbrot und Pumpernickel ist eine Zusatzhöhe bis zu 10 % der Getreidemahlerzeugnisse erlaubt. Restbrot, das Konservierungsstoffe enthält, darf nur zu Brotsorten verwendet werden, die selbst auch konserviert werden dürfen.

Maßnahmen beim Backen von Brot

Auch die Bedingungen auf Gare und beim Backen von Broten haben Einfluß auf die Brotfrischhaltung.

→ Kühl und weich geführte Teige mit geringen Hefemengen ergeben eine feuchtere Brotkrume = bessere Frischhaltung.

→ Die optimale Gärreife ergibt ein lockeres, volumiges Gebäck mit guter Krusten- und Krumenausbildung für verbesserte Frischhaltung.

→ Hohe Anfangstemperaturen und dann abfallende Backhitze sind günstig für gute Krusten- und Krumenausbildung.

→ Die Einhaltung der richtigen Backtemperatur und Backzeit garantiert die optimale Krustenstärke und die erwünschte feucht-elastische Krume. Überschreitungen der Backzeit führen zum Austrocknen des Gebäcks und zur Verdickung der Kruste.

Maßnahmen beim Backen von Brot zur Verzögerung des Altbackenwerdens
1. Gare nicht durch hohe Hefemengen beschleunigen
2. Vorbackmethode bzw. Backen mit hohen Anfangstemperaturen und abfallender Hitze
3. Richtige Backzeit einhalten
4. Evtl. Unterbrech-Backmethode für vorrätig zu haltende Gebäcke

Tabelle Nr. 61

Teilgebackene Backwaren

Während für Großbrote die Unterbrech-Backmethode in Betracht kommt, werden Kleingebäcke, Baguettes, Zopfgebäcke, Böden u. a. auch als teilgebackene Backwaren zum Verkauf angeboten. Diese „brown and serve-Gebäcke" (bräune und serviere) werden mit etwa zwei Drittel der normalen Backzeit vorgebacken. Nach dem Vorbacken und Abkühlen werden sie in wasserdampfdichte oder kohlendioxiddichte Verbundfolien dicht eingesiegelt. Die Haltbarkeit der so behandelten vorgebackenen Gebäcke beträgt

– bei normaler Raumtemperatur in wasserdampfdichten Beuteln
 = 2 bis 3 Tage;
– bei Tiefgefrieren in wasserdampfdichten Beuteln
 = 2 bis 3 Wochen;
– bei Tiefgefrieren in wasserdampfdichten Beuteln mit Kohlendioxid-Schutzgas in der Verpackung
 = 2 bis 3 Monate.

Unterbrech-Backmethode

Beim Backen der Brote kann die Unterbrech-Backmethode auch als Maßnahme zur Frischhaltung betrachtet werden. Die Brote werden hierbei nach etwa vier Fünftel der normalen Backzeit ausgebacken. In diesem Zustand werden sie gelagert. Nach der Lagerung werden sie nochmals mit zwei Fünftel der normalen Backzeit gebacken. Beachten Sie aber: Die Stärkeentquellung hat schon nach der ersten Backzeit begonnen! Nach dem zweiten Backen haben die Brote daher nicht mehr die normale Mindesthaltbarkeitsdauer.

Maßnahmen bei der Lagerung von Brot

Im Bäckerfachgeschäft wird Brot ofenfrisch zum Verkauf angeboten. Zum kurzfristigen Vorrätighalten bis zum Verkauf sind vor allem hygienische Bedingungen zu schaffen. Für das längerfristige Lagern von ganzen Broten oder Schnittbrot sind aber Lagertemperaturen und Luftfeuchtigkeit sehr wichtig.

Die Entquellung der Stärke ist verantwortlich für die Veränderung der Frischeeigenschaften, die man gefühlsmäßig (sensorisch) beim Brot feststellen kann. Verzögert man beim Brot die Stärkeentquellung, so verzögert man damit die Alterungsvorgänge.

> Stärke entquillt nicht bei Temperaturen
> – unter −7 °C (wegen Eiskristallbildung),
> – über +55 °C (im Bereich der Verkleisterungstemperatur).

Daraus ergeben sich zwei Methoden der Brotfrischhaltung:
▶ Brotfrischhaltung durch Tiefgefrieren,
▶ Brotfrischhaltung durch Warmlagerung.

Brotfrischhaltung durch Tiefgefrieren

Es ist technisch unbedingt möglich, Ganzbrot genau wie Kleingebäcke und Feine Backwaren durch Tiefgefrieren vorrätig zu halten.

Voraussetzung ist allerdings ein Hochleistungs-Schockfroster, der rasch die kritische Temperaturzone zwischen +35 °C und −7 °C im Brot überwinden kann. In diesem Temperaturbereich altert Gebäck sehr schnell. Auch würde ein längeres Verbleiben in diesem Temperaturbereich zu einer Trennung von Kruste und Krume führen.

> Voraussetzungen für fehlerfreies Tiefgefrieren von Brot:
> → Ofenheiße Gebäcke mit 70 °C Kerntemperatur einfrieren!
> → Schockfrosten bei stark bewegter Kälte auf −7 °C Kerntemperatur!
> → In ruhender Kälte ohne Luftbewegung bei −15 bis −18 °C bis zu einer Woche lagern!
> → Abtauen oder Nachfüllen von Backwaren während der Lagerung vermeiden!
> → Bei 220 bis 240 °C mit viel Dampf auftauen, Zeit nach Gebäckgewicht!

Hinweis: *Eine genaue Beschreibung der Unterbrech-Backmethode finden Sie im Kapitel „Backverfahren".*

Abb. Nr. 394 Brotlagerung

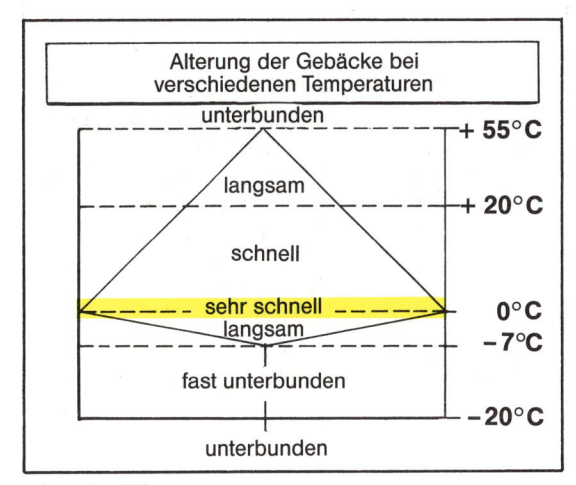

Abb. Nr. 395

Zum Nachdenken: *Warum sollte Brot nicht im Kühlschrank gelagert werden?*

Maßnahmen bei der Lagerung von Brot zur Verzögerung des Altbackenwerdens

1. Hohe Lagertemperatur um 50 °C mit günstiger Luftfeuchtigkeit
2. Tiefgefrieren
3. Verpacken in wasserdampfdichten Materialien

Tabelle Nr. 62

Brotfrischhaltung durch Warmlagerung

Bei einer Luftfeuchtigkeit von etwa 80 % und einer Temperatur von +50 °C kann Brot bis zu zwei Tagen ohne Frischeverluste gelagert werden.

Das ist möglich, weil im Bereich der Stärkeverkleisterungstemperaturen die Entquellung der Stärke aussetzt.

Bei Broten mit höherem Weizenanteil und bei Temperaturen über 50 °C beobachtet man durch die Warmlagerung entstehende Braunverfärbungen in der Krume. Der Grund dafür sind bräunende Eiweiß-Zucker-Verbindungen (Maillard-Reaktion), wie sie uns von der Krumenbräunung bei Pumpernickel her bekannt sind.

Nicht gleichzusetzen mit der Warmlagerung ist folgende Methode: Brote werden nach dem Abkühlen auf etwa 30 °C in wasserdampfdichten, versiegelten Kunststoffbeuteln verpackt. Diese Methode dient dem Weichhalten von Kruste und Krume, verhindert Wasserverdunstung, nicht aber die Entquellung der Stärke.

Eine zweckmäßige Lagerung von Ganzbroten vermeidet alles, was eine vorzeitige Alterung der Brote, ein Erweichen der Kruste, den Befall mit Schimmelsporen, Verschmutzungen und die Aufnahme von Fremdgerüchen zur Folge haben würde.

Aus werblichen Gründen und im Interesse einer fachgerechten Brotlagerung werden auch die in Bäckereien angebotenen Ganzbrote banderoliert oder ganz verpackt. Über die Verpackungsmethoden und Verpackungsmaterialien können Sie im Kapitel „Schnittbroterstellung" Näheres erfahren.

Zusätzliche Informationen

Für die Warmlagerung von Brot gibt es spezielle Aufbewahrungsschränke. Temperatur und Luftfeuchtigkeit werden darin vollautomatisch gesteuert.

Die Warmlagertemperatur und die dazu erforderliche Luftfeuchte bieten noch Lebensbedingungen für den Brotschimmel. Deshalb wird die Luft in den Aufbewahrungsschränken umgewälzt und in einer Flüssigkeit „gewaschen", die Schimmelkeime abtötet. Auch unter diesen Bedingungen ist Brot nur kurzfristig aufzubewahren. Die Kruste wird so weich, daß bei Roggen- und Roggenmischbroten ein kurzes Aufbacken vor dem Verkauf nötig ist. Weizenmischbrote sind am besten nur in Kombination von Unterbrech-Backmethode und Warmlagerung aufzubewahren.

Zusammenfassung:
Wichtiges über das Altbackenwerden und dessen Verzögerung in Kurzform

Brot verliert seinen Frischezustand durch Entquellung der verkleisterten Stärke, Wasserwanderung aus der Krume zur Kruste, Wasserverdunstung, Verlust an Geruchs- und Geschmacksstoffen.

Die Mindesthaltbarkeit ist der Zeitbereich, in dem Gebäcke unter angemessenen Aufbewahrungsbedingungen ihre Frischeeigenschaften behalten. Die Mindesthaltbarkeitsdauer ist auf Fertigpackungen zur Verbraucherinformation kenntlich zu machen.

Die Mindesthaltbarkeitsdauer von Brot kann durch Maßnahmen zur Verzögerung der Stärkeentquellung verlängert werden. Solche Maßnahmen sind bei der Teigführung, beim Backen und bei der Lagerung von Brot zu treffen.

Schimmel als Brotkrankheit

Abb. Nr. 396 Brotschimmel

Die grünen Schimmelfäden von Schimmelkäse sind für den Genießer dieser Käsespezialität ein Zeichen der Käsereife. Der Schimmel hat die erwünschten Geschmacksstoffe gebildet.

Ganz anders ist es mit dem Brotschimmel! Wenn wir auf dem Brot weiße, gelbe, grüne oder blaue Schimmelrasen sehen, gilt das Brot als verdorben!

Für das erwünschte und nicht erwünschte Schimmeln sind mehrzellige, pflanzliche Schimmelpilze verantwortlich. Sie sind zum Teil nahe verwandt und haben dennoch so unterschiedliche Wirkungen.

Schimmelpilze

Der Schimmelrasen auf dem Brot ist eine ganze Kolonie von Schimmelpilzen. Mit bloßem Auge können wir die Einzelpflanze nicht erkennen. Unter dem Mikroskop sind ganz unterschiedliche Formen von Schimmelpilzen erkennbar. Es gibt viele Gattungen und Schimmelarten. In den Abbildungen 397 bis 400 sind die mikroskopischen Bilder der häufigsten Brotschimmel dargestellt:

- Gießkannenschimmel
- Pinselschimmel
- Köpfchenschimmel
- Kreideschimmel.

Deutlich ist der mehrzellige Aufbau der Schimmelpilze zu erkennen. Eine Ausnahme bildet der Kreideschimmel, der biologisch eigentlich zu den Hefen zählt. „Kreideschimmel" wird von vielen verschiedenen einzelligen Hefen auf dem Brot verursacht.

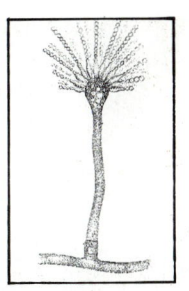

Abb. Nr. 397
Gießkannenschimmel
(Aspergillus glaucus)

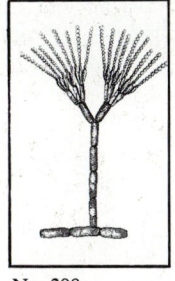

Abb. Nr. 398
Pinselschimmel
(Penicillium glaucum)

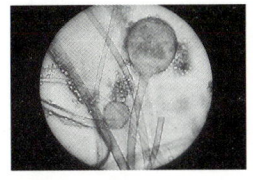

Abb. Nr. 399
Köpfchenschimmel
(Mucor mucedo)

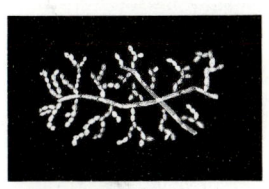

Abb. Nr. 400
Kreideschimmel
(Trichosporon variabile)

Lebensbedingungen der Schimmelpilze

Wir können beobachten, daß nicht jedes Brot verschimmelt. Um die Bedingungen für das Schimmelwachstum zu erkunden, wird folgender Versuch durchgeführt:

Versuch Nr. 27:
Verpacken Sie je zwei Brotscheiben von demselben Brot in 4 Plastikbeuteln. Lagern Sie je eine Packung 5 Tage lang:
A) verschlossen bei Raumtemperatur
B) geöffnet bei Raumtemperatur
C) verschlossen im Kühlschrank
D) verschlossen im Froster.

Beobachtungen:
A) Das Brot ist verschimmelt.
B) Das Brot ist unverschimmelt, aber stark ausgetrocknet.
C) Das Brot ist unverschimmelt, aber leicht angetrocknet.
D) Das Brot ist unverschimmelt und von feuchter Krumenbeschaffenheit.

Erkenntnisse:
- Schimmel benötigt Nahrung zum Leben. Brot ist ein guter Nährboden.
- Schimmel benötigt Feuchtigkeit zum Leben. Trockenes Brot verschimmelt nicht.
- Schimmel benötigt eine bestimmte Temperatur zum Leben. Kühl oder gefroren gelagertes Brot verschimmelt nicht.

Zusätzliche Informationen

Nach dem Auskeimen von Schimmelpilzen auf Brot wachsen die schlauchförmigen Pilzfäden in das Brot hinein. Sie verzweigen sich dort und bilden ein für das bloße Auge unsichtbares Myzel (Pilzgeflecht). In das Pilzgeflecht werden die Nährstoffe aus dem Brot aufgenommen. Sie werden abgebaut für den Zellaufbau der Schimmelpilze; Schadstoffe werden in die Brotkrume abgesondert. An einigen Stellen wachsen aus dem Pilzgeflecht Sporenträger (Sporen = Samenzellen). An der unterschiedlichen Form und den Farben der Sporenträger unterscheiden wir die Schimmelpilze. Die Sporen selbst sind mit bloßem Auge unsichtbar. Sie werden ausgestreut und können bei günstigen Bedingungen zu neuen Schimmelpilzen auskeimen.

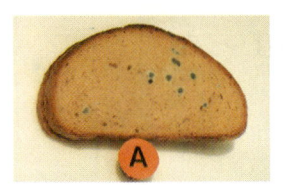

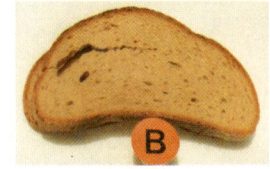

Abb. Nr. 401   Abb. Nr. 402
Bei Raumtemperatur feucht (A) und trocken (B) gelagerte Brotscheiben

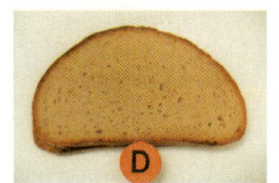

Abb. Nr. 403   Abb. Nr. 404
Im Kühlschrank (C) und im Froster (D) gelagerte Brotscheiben

Abb. Nr. 405
Kreideschimmel wurde mit den Händen auf das Brot übertragen! Schimmelinfektionen durch Sauberkeit verhüten!

Abb. Nr. 406

Meister Kramer bekämpft in seinem Betrieb konsequent den Brotschimmel. Der wirtschaftliche Schaden durch Schimmelverderb lohnt die Sorgfalt. Für Meister Kramer ist Hygiene eine Selbstverständlichkeit. In den Sommermonaten schimmelt Brot sehr leicht. Für diese Zeit empfiehlt Meister Kramer zusätzliche technologische Maßnahmen zur Schimmelbekämpfung.
Welche Maßnahmen zur Schimmelbekämpfung wenden Sie an?

Maßnahmen der Betriebshygiene zur Schimmelbekämpfung

1. *Feucht-warmes Raumklima vermeiden (Vermeidung von Schimmel an Wänden usw.)!*
2. *Verschimmelte Rohstoffe und Gebäcke entfernen und vernichten!*
3. *Holzroste, Lagerregale mit Essigwasser auswaschen!*
4. *Mehlverstaubung einschränken!*
5. *Reste und Abfälle an Maschinen und Geräten entfernen!*
6. *„Schimmelecken" mit 1%iger Formalinlösung auswaschen!*
7. *Evtl. Luftfilter oder Luftbestrahlung in Lagerräumen einsetzen!*
8. *Verpackungsmaterial kühl, trocken und vor Staub geschützt aufbewahren!*
9. *Persönliche Hygiene beachten!*

Sehr wichtig für das Schimmelwachstum auf Brot sind Feuchtigkeit und Wärme. Bei der Feuchtigkeit ist nicht der absolute Wassergehalt entscheidend, sondern das sogenannte freie Wasser. Mit Ausnahme von Knäckebrot haben aber alle Brotsorten so viel freies Wasser, daß sie verschimmeln können.

Die verschiedenen Schimmelpilze wachsen im Temperaturbereich von +4 °C bis +40 °C optimal.

Mit Ausnahme des Kreideschimmels benötigen alle Schimmelpilze Sauerstoff zum Leben.

Beim Frosten werden die Schimmelpilze nicht abgetötet. Nach dem Auftauen der Lebensmittel kann das Leben weitergehen. Nur beim Backen werden Schimmelpilze und Sporen abgetötet.

Einige Schimmelpilze bilden bei der Umsetzung ihrer Nahrung gefährliche Giftstoffe (Mycotoxine). Diese können krebserregende Wirkung (z. B. Aflatoxin, Patulin) oder direkt giftige Wirkung (z. B. Penicillinsäure) haben.

Diese Gifte bleiben im Lebensmittel erhalten. Auch beim Backen werden sie nicht zerstört!

Für den Bäcker ist demnach nicht nur wichtig, daß verschimmelte (verdorbene) und damit gesundheitsschädliche Lebensmittel nicht vorrätig gehalten werden dürfen. Er muß insbesondere auch darauf achten, daß die zur Verarbeitung kommenden Rohstoffe auch schimmelfrei sind!

Schimmelbekämpfung

Maßnahmen der Betriebshygiene

Raumluft, Wände, Fußböden, Rohstoffe, Maschinen, Werkzeuge sowie das Personal sind ständige Übertragungsmöglichkeiten von Schimmelsporen.

Die wichtigsten Maßnahmen der Schimmelbekämpfung liegen daher im Bereich der Betriebshygiene!

In Auskühlräumen und Brotlagern größerer Betriebe werden

– Filter zur Staubabscheidung,
– staubanziehende Raumdecken,
– UV-Raumstrahler
  (keine Bestrahlung von Lebensmitteln!)

eingebaut.

Decken- und Wandanstriche können mit speziellen Schimmelschutzfarben gestrichen werden.

Schadstellen, rauhe Oberflächen und schlecht zugängliche Stellen sind bei der Reinigung besonders zu beachten und ggfs. mit 1%iger Formalinlösung oder Essigwasser naß zu reinigen.

Aber auch die absolute Sauberkeit des Personals und der Berufskleidung ist ein wichtiger Beitrag zur Betriebshygiene!

Technologische Maßnahmen

Bereits bei der Teigbereitung beginnt die Bekämpfung des Brotschimmels!

Versuch Nr. 28:

Stellen Sie 6 Roggenbrote aus je 1000 g Roggenmehl her. Verwenden Sie dabei folgende Saueranteile: 0 %, 10 %, 20 %, 30 %, 40 % und 50 %. Lagern Sie jeweils 2 Scheiben dieser Brote bis zu 10 Tage in Plastikbeuteln bei Raumtemperatur. Beurteilen Sie das Schimmelwachstum!

Beobachtungen:

– Die Brote ohne Sauerteig und mit geringen Saueranteilen verschimmeln zuerst.
– Die Brote mit 40 % und 50 % Saueranteil bleiben etwa 7 Tage schimmelfrei.

Erkenntnisse:

– Schimmelwachstum wird durch Säuerung gehemmt.
– Im Sauerteig werden Säuren gebildet, die zur Schimmelbekämpfung geeignet sind. Es handelt sich vor allem um die Essigsäure.

Abb. Nr. 407
Brote mit Saueranteilen von 40 % und 50 % haben einen Schimmelschutz bis zu 7 Tagen

Wenn für Zwecke der Schnittbrot-Bevorratung ein längerer Schimmelschutz gewünscht ist, so kann man diesen durch Zusatz von Schimmelhemmstoffen zum Teig erreichen.
Für die Verarbeitung von Backmitteln zum Schimmelschutz sind die Angaben der Hersteller genau zu beachten, weil

– eine Kenntlichmachung beim fertigen Gebäck (z. B. „mit Konservierungsstoff Sorbinsäure") erfolgen muß;
– bestimmte Höchstmengen an zugesetzten Konservierungsstoffen je kg fertiges Gebäck nicht überschritten werden dürfen;
– die Verwendung bestimmter Stoffe nur für brennwertverminderte Brote und Schnittbrot zulässig ist;
– evtl. Gärverzögerungen auftreten und die Hefemengen um etwa ¼ der Normalmengen erhöht werden müssen!

Zusätzliche Informationen

Schimmelhemmstoffe
↙ ↘
Konservierungsstoffe   Schimmelbekämpfungsmittel

- *Sorbinsäure und ihre Salze = Sorbiate*
Nur bei Schnittbrot, Diätbrot und brennwertvermindertem Brot zugelassen mit Höchstmenge 2 g/kg fertiges Brot;
Kennzeichnung = „Mit Konservierungsstoff Sorbinsäure"

- *Essigsäure und ihre Salze = Acetate*
Es sind Lebensmittel, daher nicht kennzeichnungspflichtig; keine Mengenbeschränkungen!
- *Essigsäuresalz = Natriumdiacetat ist ein wirksamer Schimmelschutz;*
allerdings werden Gare, Geruch und Geschmack beeinträchtigt!

Hinweis:
Nach dem Verwendungsverbot für Propionsäure sind als chemische Konservierungsstoffe für Schnittbrot, Diätbrot und brennwertvermindertes Brot nur noch Sorbinsäure und ihre Salze erlaubt!

Beachten Sie folgende Hinweise:

▶ Die Konservierungsstoffe und Schimmelbekämpfungsmittel sollen nicht im Schüttwasser aufgelöst werden, weil dadurch die gärhemmende Wirkung verstärkt wird!
▶ Restbrot mit Konservierungsstoffen darf nur zu Brot verarbeitet werden, das selbst auch konserviert werden darf (also z. B. Schnittbrot oder brennwertvermindertes Brot)!

Beim **Backprozeß** können wir weitere Schritte zur Schimmelbekämpfung unternehmen.

– Wichtig ist eine geschlossene, feste Brotkruste, weil die Schimmelsporen hier wegen des geringen Wassergehalts nicht auskeimen können.
– Bei angeschobenen Broten ist zu Ende des Backprozesses ein kurzes Auseinandersetzen der Brote empfehlenswert, um die krustenlosen Seitenflächen anzutrocknen.
– Obwohl ein gut ausgebackenes Brot wünschenswert ist, kann durch Verlängerung der Backzeit (= Senkung des freien Wassers im Gebäck) kein wesentlicher Beitrag zur Schimmelbekämpfung erzielt werden.
Erst ein großer Wasserverlust (z. B. bei Zwieback oder Knäckebrot) ist als Schimmelschutz wirksam.

Bei der *Lagerung und Verpackung* der Gebäcke können wir Schimmel bekämpfen
- durch Kühllagerung = Wärmeentzug; allerdings mit dem Nachteil schneller Brotalterung;
- durch Ausdampfen und nicht so enges Lagern fertiger Brote;
- durch Hitzesterilisation von Schnittbrot;
- durch Lagerung von Schnittbrot in Kohlendioxid-Schutzgas (nicht kennzeichnungspflichtig).

Die Verpackungsmaterialien und Techniken der Verpackung werden in einem besonderen Abschnitt gründlich dargestellt.

Technologische Maßnahmen zur Schimmelbekämpfung

1. *Langzeit-Sauerteigführungen (Essigsäureanteil)*
2. *Zusätze von Schimmelhemmstoffen zum Teig*
3. *Gute Krustenbildung beim Backen*
4. *Schnelles Auskühlen der Brote nach dem Ausbacken*
5. *Kühle Lagerung fertiger Gebäcke*
6. *Hitzesterilisation von Schnittbrotpackungen*
7. *Lagerung von Schnittbrot in Schutzgas*

Herstellen von Schrot-, Vollkorn- und Spezialbroten

Schrot- und Vollkornbrote

Abb. Nr. 408   Schrotbrote in verschiedenen Formen

Schrot- und Vollkornbrote werden traditionell vor allem in den norddeutschen Ländern hergestellt. Die gesundheitsbewußte Auswahl von Brotsorten durch die Verbraucher bringt es mit sich, daß diese Brotsorten überall an Bedeutung gewinnen. Das ist ernährungsphysiologisch zu begrüßen. Durch Backschrot werden nämlich die für eine moderne Ernährung so erwünschten Ballaststoffe (Zellulose, Hemizellulose, Pektin, Lygnin) über Backwaren bereitgestellt.

Schrot- und Vollkornbrotsorten
Äußerlich ist bereits bei Schrot- und Vollkornbroten auffallend:
▶ Sie sind kastenförmig oder angeschoben gebacken, seltener in halbrunder Form.
▶ Sie haben eine schwache Krustenausprägung.
▶ Sie haben eine dunkle Krumenfarbe.

Dadurch unterscheiden sich Schrot- und Vollkornbrote deutlich vom übrigen Brotsortiment. Der Nichtfachmann bezeichnet diese Brote häufig zusammenfassend als ,,Vollkornbrote''. Das ist nicht richtig! Sie müssen zur genauen Unterscheidung die folgende Einteilung beachten!

Vollkornbrote

Sie können aus Roggen- und/oder Weizenvollkornerzeugnissen hergestellt werden. Die Vollkornerzeugnisse müssen außer der holzigen äußeren Schale alle Bestandteile des Kornes enthalten. Sie enthalten also auch den Kornkeimling.
Für Vollkornbrot dürfen nur Vollkornerzeugnisse, Hefe, Salz, Wasser, Milchprodukte und Sauerteig aus Vollkornerzeugnissen verwendet werden.
Anteile anderer Weizen- oder Roggenerzeugnisse und/oder anderer Zugaben bis zu 10 % sind zulässig.

Schrotbrote

Sie können aus Roggen- und/oder Weizenbackschrot hergestellt werden. Anteile anderer Roggen- und/oder Weizenerzeugnisse bis zu 10 % sind zulässig.

Brote mit Schrotanteilen

Brote mit einem Schrotanteil von mehr als 10 % und weniger als 90 % dürfen nicht als ,,Schrotbrot'' bezeichnet werden. Sie erhalten neben der Brotbezeichnung den Zusatz ,,mit Schrotanteil'', z. B. Roggenmischbrot mit Schrotanteil.

Qualitätsmerkmale für Schrotbrote

Die Herstellung eines qualitativ hochwertigen Schrotbrots stellt an das fachliche Können des Bäckers hohe Anforderungen. Der Anteil an Schalenbestandteilen im Vollkorn- oder Backschrot
- beeinträchtigt die Bindigkeit des Teiges,
- bewirkt eine große Wasserbindung bei der Teigbereitung,
- hat wenig ausgeprägtes Eigenaroma,
- ist durch seine Spelzigkeit leicht störend.

Erwartet wird vom Verbraucher ein Schrotbrot
- mit saftiger Krume,
- mit schnittfester Krume,
- mit guter Frischhaltung,
- mit aromatischem Geschmack,
- mit sichtbaren, gut verquollenen Kornteilen.

Abb. Nr. 409
Vollkornpumpernickel (links) und Schrotbrot (rechts)

Auswahl des Backschrots

In einigen Schrotbrotsorten sind grobe Kornteile sichtbar, in anderen dagegen nicht. Wie kommt das?
Für Roggenbackschrot gilt die Typenbezeichnung 1800, für Weizenbackschrot 1700. Der Bäcker muß bei der Auswahl der Schrotsorte nicht nur diese Typenbezeichnungen kennen. Er muß auch den Feinheitsgrad unterscheiden.
Feinheitsgrade sind: sehr grob, grob, mittel und fein.
Daneben werden häufig noch ,,scharf'' oder ,,weich'' als Zusatzinformationen gegeben. Der Bäcker kann damit die Vermahlungsart erkennen. Weiche Schrote werden nämlich durch ein quetschendes Vermahlen erzielt. Scharfe Schrotsorten dagegen werden mehr durch schneidendes Vermahlen gewonnen.
Für die Verarbeitung in der Bäckerei kann bei weichen Schroten mit einer besseren Wasseraufnahme, bei scharfen Schroten mit mehr nachquellenden Eigenschaften gerechnet werden.
Früher wurde häufig gefordert, Schrote noch ,,mühlenwarm'' zu verarbeiten. Dieses gilt wohl uneingeschränkt auch heute noch für Vollkornschrote. Sie enthalten noch den Kornkeimling und sind deshalb besonders fett- und enzymreich. Andere Schrote bleiben aber nach neueren Feststellungen ohne jeden Qualitätsverlust bis zu 4 Wochen verarbeitungsfähig. Voraussetzung dafür ist eine fachgerechte, kühle Lagerung.

Abb. Nr. 410 Brot mit Schrotanteil

Abb. Nr. 411
Backschrot in verschiedenen Feinheitsgraden

Zusätzliche Informationen

Backschrot muß gut mit Wasser verquellen. Ermitteln Sie selbst die Verquellungsbedingungen für Backschrot:
- *Wiegen Sie je 100 g Roggenbackschrot der Feinheitsgrade ,,grob'', ,,mittel'' und ,,fein'' ab.*
- *Geben Sie jede Schrotsorte in ein Becherglas und weichen Sie jede Probe mit 100 g Wasser von 20 °C ein!*
- *Beurteilen Sie die Quellung nach 4 Stunden!*
- *Führen Sie als Vergleichsversuch die gleiche Probe unter Zusatz von kochendem Wasser durch!*
- *Beurteilen Sie die Quellung nach 4 Stunden!*

Verquellung des Backschrots

Wesentlich für eine gute Schrotbrotqualität sind alle Maßnahmen für eine gute Verquellung des Backschrots.
Empfehlenswert ist zunächst einmal eine Mischung von etwa 50 % Grobschrot und 50 % Feinschrot, wobei Grobschrot nicht ohne vorherige Verquellung zum Teig verarbeitet werden sollte.

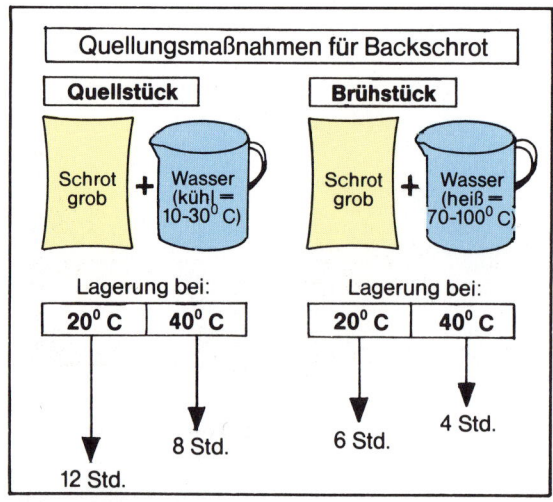

Abb. Nr. 412

Lebensmittelrechtliche Bestimmungen

Hinweis:
Über Konservierungsstoffe, die auch zu Schrotbrot und Schnittbrot verarbeitet werden dürfen, finden Sie weitere Informationen im Kapitel „Schnittbrotherstellung"!

Abb. Nr. 413
Schrotbrotfehler durch schlecht verquollenes Grobschrot

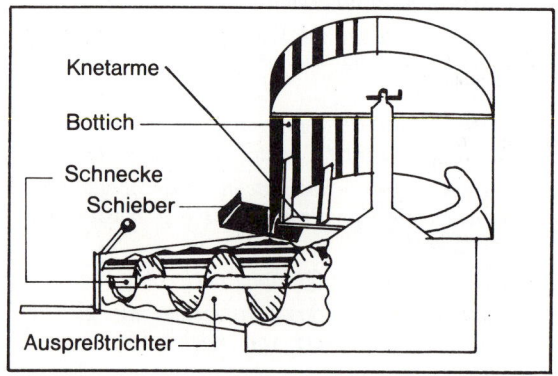

Abb. Nr. 414
Bottichkneter für Schrotteige mit Auspreßvorrichtung

Für den Sauerteig, der in Langzeitführung angesetzt werden sollte, sind 30 bis 40 % der Schrotmenge zu verarbeiten. Da Schrotteige sehr stark „nachsteifen", ist mit TA 200 eine zunächst sehr weiche Teigführung zu wählen.

Ebenso werden Quellstück und Brühstück mit gleichhoher Wasser- und Schrotmenge hergestellt (TA 200). Die Bezeichnung „Quellstück" gibt schon das wesentliche Ziel dieser Maßnahme an, nämlich die optimale Verquellung des Grobschrots. Daneben wird aber auch durch Enzymwirkungen das Backverhalten des Schrotes verändert.

Die Veränderung des Backverhaltens ist aber noch größer bei der Führung mit einem Brühstück. Hier wird Schrot mit 70 bis 100 °C heißem Wasser überbrüht, was ein teilweises Verkleistern der Stärke bewirkt. Durch kühle oder warme Lagerung dieser Vorstufen ist dann eine enzymatische Reifung steuerbar.

Neben der Sauerteigführung und dem Ansatz eines Quell- oder Brühstücks ist der Restbrotzusatz ein wesentliches Mittel zur Qualitätssteigerung bei Schrotbroten. Während grundsätzlich nur 3 % Restbrot (bezogen auf Gesamtmehl) verarbeitet werden dürfen, sind für Schrot- und Vollkornbrote bis zu 10 % der gleichen Brotsorte als Restbrotzusatz erlaubt. Das Restbrot muß im eigenen Betrieb angefallen sein und darf nicht verdorben oder verschmutzt sein. Restbrot mit Konservierungsmitteln darf nur zu Brot verarbeitet werden, das selbst auch Konservierungsmittel enthalten darf.

Die Aufbereitung des Restbrots muß so erfolgen, daß es gut im Teig verteilbar ist; z. B.

– frisch zerkleinert und zu einem Brei mit Wasser eingeweicht,
– als Paniermehl und dann in Zusatzmenge von höchstens 6,5 % auf Gesamtmehl bezogen (entspricht 10 % abzüglich Wasseranteil des feuchten Brotes!)
  a) unter das Schrot gemischt,
  b) mit kaltem Wasser etwa 3 Std. gequollen,
  c) mit heißem Wasser etwa 1 Std. gequollen.

Das Restbrot hat damit eine Wirkung wie der Zusatz von ungesäuertem Quellmehl (vorverkleisterte Stärke).

Quellstück, Brühstück und Restbrotzusatz müssen in ihrer Zusatzhöhe auf die Beschaffenheit des Roggenschrots abgestellt sein:
– für enzymschwache Schrote = Erhöhung des Anteils,
– für enzymreiche Schrote = Verringerung des Anteils.

✱ Merkhilfe

Ziele bei der Schrotbrotherstellung:

– *Gute Schnittfestigkeit der Krume*
– *Vermeidung einer faden, spelzigen Krume*
– *Abgerundeter bis süßlicher Brotgeschmack*
– *Gute Frischhaltung*

Führungsschema für Schrotbrot

Die Tabelle Nr. 63 stellt ein Führungsschema für Roggenschrotbrot dar. Das Schema berücksichtigt alle quellungsfördernden Maßnahmen.

Die Knetung eines Schrotteigs erfolgt zwar nicht mit hoher Knetintensität (wie bei einem Weizenteig). Sie soll dafür aber 20 bis 30 Minuten dauern, um eine intensive Verquellung aller Schrotteilchen zu erreichen. Zum Teil unterbricht man die Knetung auch nach der Hälfte der Knetzeit für etwa 10 Min. und knetet danach die restliche Zeit weiter.

Betriebe mit größerer Schrotbrotproduktion verwenden hierfür einen speziellen Kneter mit Rotierbottich und Auspreßvorrichtung (Abb. Nr. 414).

Formen und Backen von Schrotbrot

Die Strangform des Roggenschrotteigs (maschinell oder von Hand) wird meistens zu Kastenbroten oder angeschobenen Broten weiterverarbeitet. Dadurch erhält man ein krustenarmes Brot, das auch über längere Backzeiten keine große Austrocknung erfährt.

Für 1 kg Schrotbrote in Kastenformen betragen die Backzeiten etwa 80 bis 90 Minuten bei 200 °C Ofentemperatur.

In Dampfbackkammern (bei 100 °C und Druck) werden Backzeiten von 12 bis 24 Stunden angewandt. Lange Backzeiten in Heißdampf ergeben krustenfreie Brote mit saftiger Krume. Infolge der beim Backen gebildeten Stärkeabbauprodukte wird ein süßlicher Geschmack und verlängerte Frischhaltung erreicht.

Kleingebäck mit Schrotanteil

Nicht nur Großbrote und Schnittbrot sind mit Schrot herstellbar. Im Zusammenhang mit der Entwicklung rustikaler Gebäcke sind auch Kleingebäcke aus Roggen- und Weizenschrot üblich geworden.

In der nebenstehenden Tabelle ist als Beispiel dafür die Führung für Weizen-Roggen-Vollkornbrötchen zusammengefaßt mit folgender Aufteilung:

– Weizenvollkornschrot (fein)	= 6,000 kg
– Roggenvollkornschrot (fein)	= 3,500 kg
– Quellmehl (ungesäuert)	= 0,300 kg
– Lezithin-Mischbackmittel	= 0,200 kg
Gesamtmenge	= 10,000 kg

Wegen der feuchten Teigeigenschaften des Vollkornteigs ist der Brötchenteig lediglich mit der theoretischen Teigausbeute 170 geführt.

Die Rezeptur ergibt 10 Pressen (Bruch) je 30 Stück Vollkornbrötchen mit 60 g Teiggewicht. Die Teiglinge werden ohne rundzuwirken auf Bleche gesetzt und mit voller Gare und bei viel Schwaden (Backtemperatur = 260/230 °C) etwa 25 Minuten gebacken.

Diese Brötchen haben nicht so eine rösche Kruste wie helle Weizenbrötchen, sind aber bis zu 24 Stunden in ihrem Genußwert unverändert.

Führungsschema für die Verarbeitung von 100 kg Schrot zu Roggenschrotbrot
Saueranteil = 35 % Detmolder Einstufensauer

Anstellgut = 3,500 kg (Menge wird nicht mitberechnet!)

Sauer:
Roggenschr. (grob)	= 35,000 kg	Temp. = 28 °C
+ Wasser	= 35,000 kg	TA = 200
= Sauerteig	= 70,000 kg	Abstehzeit = 12 Std.

Quellstück:
Roggenschr. (grob)	= 20,000 kg	Temp. = 20 °C
+ Wasser	= 20,000 kg	TA = 200
= Quellstück	= 40,000 kg	Abstehzeit = 12 Std.

Restbrot:
getrockn. Restbrot	= 6,500 kg	70 °C Brühtemperatur,
+ Wasser	= 6,500 kg	Abstehzeit
= Restbrot	= 13,000 kg	= 1 Std.

Teig:
Sauerteig	= 70,000 kg	Teigtemperatur
+ Quellstück	= 40,000 kg	= 28 °C
+ Restbrot	= 13,000 kg	TA = 178
+ Feinschrot	= 38,500 kg	Stehzeit
+ Wasser*)	= 16,500 kg	= 10 Min.
= Teig**)	= 178,000 kg	

*) Teigfestigkeit nach erstem Kneten ggfs. durch weitere Wasserzugabe einstellen!
**) Salz = 1,800 kg, Hefe = 1,000 kg zum Teig

Tabelle Nr. 63

Hinweis:
Im Kapitel „Spezialbrote" finden Sie weitere Beispiele für Kleingebäckspezialitäten!

Führungsschema für die Herstellung von Weizen-Roggen-Vollkornbrötchen

Anstellgut = 0,100 kg (Menge nicht mitberechnen!)

1. Sauer:
Roggenvollkornschrot	= 2,000 kg	Temp. = 27 °C
+ Wasser	= 2,000 kg	TA = 200
= Sauerteig	= 4,000 kg	Stehzeit = 15 Std.

2. Quellstück:
Roggenvollkornschrot	= 1,500 kg	Temp. = 20 °C
+ Weizenvollkornschrot	= 2,000 kg	TA = 200
+ Wasser	= 3,500 kg	Stehzeit = 15 Std.
= Quellstück	= 7,000 kg	

3. Teig:
Sauerteig	= 4,000 kg	
+ Quellstück	= 7,000 kg	
+ Weizenvollkornschrot	= 4,000 kg	Temp. 27 °C
+ Quellmehl	= 0,300 kg	TA = 170
+ Backmittel	= 0,200 kg	Teigtemperatur
+ Hefe	= 0,400 kg	= 29 °C
+ Salz	= 0,200 kg	Abstehzeit = 10 Min.
+ Schmalz	= 0,400 kg	
+ Wasser	= 1,500 kg	
= Teig	= 18,000 kg	

Tabelle Nr. 64

Wichtiges über Vollkorn- und Schrotbrote in Kurzform			
▶ Getreideerzeugnisse	▶ Roggenbackschrot (Type 1800)	▶ Weizenbackschrot (Type 1700)	▶ Vollkornmahlerzeugnisse aus Roggen oder Weizen
▶ Besonderheiten der Teigführung	▶ Verquellung der schalenreichen Getreideerzeugnisse	durch	– Langzeitsauerteigführung – Quellstück oder Brühstück – Restbrotzusatz – Quellungsfördernde Backmittel – Langzeitknetung
▶ Besonderheiten des Backens	▶ Kastenform, angeschobene Form ▶ Geringe oder keine Krustenausbildung	▶ Lange Backzeiten	▶ Spezielle Backverfahren für saftige Krumenbeschaffenheit und säuerlich-süßaromatischen Geschmack
▶ Bezeichnungen	▶ Vollkornbrote – nur Getreidevollkornerzeugnisse mit allen Bestandteilen des Kornes – Zusätze und/oder andere Getreideerzeugnisse bis zu 10 % sind erlaubt	▶ Schrotbrote – mindestens 90 % der Getreideerzeugnisse in Form von Backschrot – andere Roggen- und/oder Weizenerzeugnisse bis zu einem Anteil von 10 % sind zulässig	▶ Brote mit Schrotanteil – mehr als 10 % und weniger als 90 % der Getreideerzeugnisse in Form von Backschrot

Spezialbrote

Brote, die sich von dem üblichen Standard in der Zusammensetzung oder Herstellung unterscheiden, zählen zu den Spezialbroten.

Für Spezialbrote gelten die gleichen lebensmittelrechtlichen Vorschriften wie für die üblichen Brotsorten. Lediglich für diätetische Brote gibt es ergänzende Bestimmungen. Es gibt aber keine gesetzlichen Einteilungs- oder Zuordnungsvorschriften.

Eine Systematik der Spezialbrote hat die Deutsche Landwirtschaftsgesellschaft (DLG) erarbeitet. Nach dieser Einteilung werden im folgenden einige bekannte Spezialbrote vorgestellt.

Abb. Nr. 415   Spezialbrote

Spezialbrote aus besonders bearbeiteten Mahlerzeugnissen

Steinmetzbrot

Es ist ein Vollkornbrot. Das Getreide wird in einem Naßverfahren von der holzigen Schale enthülst. Das volle Korn mit den wertvollen Schalenschichten und dem Keimling wird geschrotet und schonend verbacken. Das Brot wird in Formen gebacken und erhält dadurch eine charakteristische ovale Form.

Abb. Nr. 416   Steinmetzbrot

Schlüterbrot

Es ist ein freigeschobenes Roggenvollkornbrot, dem 15 bis 25 % Schlütermehl zugesetzt werden. Dieses Schlütermehl ist ein mit Wasserdampf und Wärme aufgeschlossenes Mehl aus Schalenteilen und Keimling des Kornes. Bei diesem Verfahren sind Schalenbestandteile zum Teil in lösliche Zucker abgebaut worden. Damit sind sie für die Ernährung ausnutzbar. Das Brot erhält durch diese Zucker auch einen süßlichen Geschmack. Infolge der Karamelisierung der Zucker hat es eine braune Krume.

Spezialbrote, die unter Anwendung besonderer Teigführungen hergestellt werden

Loosbrot

Es ist ein ohne Säuerung hergestelltes Roggenvollkornbrot. Typisch für dieses Brot ist ein langsamer Quellungsvorgang des geschroteten Getreides. Es wird etwa zwei Tage bei niedrigen Temperaturen mit Wasser verquollen. Dadurch erhalten die Brote gute Schnittfestigkeit und hohen Vitalstoffgehalt.

Simonsbrot

Es ist ein Roggenvollkornbrot, das sich durch besondere Bekömmlichkeit und einen besonderen Nährwert auszeichnet. Dieses wird erreicht mit einem intensiven Quellungsprozeß des vorgereinigten Kornes. In den Quellsäulen wird der Kornkeimling aktiviert, ohne daß enzymatische Abbauvorgänge beginnen. In noch feuchtem Zustand wird das gequollene Korn geschrotet und mit Brüh-, Quellstück und Sauerteig verarbeitet. Etwa 12 Stunden dauert der Backprozeß in Dampfbackkammern. Dadurch erhält das Brot einen pumpernickelähnlichen Charakter.

Spezialbrote, die unter Anwendung besonderer Backverfahren hergestellt werden

Holzofenbrot

Es darf nur in direkt beheizten, aus Stein gemauerten Öfen hergestellt werden. Zum Anheizen darf eine Stunde vor Backbeginn und während weiterer Aufheizphasen nur unbehandeltes Holz verwandt werden. Durch die hohe Anfangshitze beim Backen haben diese Brote eine ausgeprägte, kräftige Kruste.

Steinofenbrot

Es muß während der gesamten Backzeit auf Backgutträgern aus Stein, Schamotte oder ähnlichen Materialien mit einer festgelegten Temperaturleitzahl gebacken sein.

Dampfbackkammerbrot

Es ist ein Brot ohne Kruste, das in geschlossenen Kästen bei 100 bis 130 °C in strömendem Heißdampf gebacken wird. Üblich sind vor allem Roggenschrotbrote und Pumpernickel.

Für **Pumpernickel** gilt im übrigen, daß er als Schrot- oder Vollkornbrot hergestellt und mindestens 16 Std. gebacken werden muß. Dabei wird die Stärke des Mehles zum Teil zu löslichen Zuckern abgebaut. Pumpernickel erhält auf diese Weise einen süßlichen Geschmack, seine typische Krumenfeuchtigkeit und Krumenfarbe (Maillard-Reaktion = Zucker-Eiweiß-Verbindungen). Der Zusatz von Süßungs- oder Bräunungsmitteln ist nicht erlaubt.

Nachteilig bei dem langen Backprozeß ist allerdings die starke Zerstörung des Vitamins Thiamin.

Abb. Nr. 417 Pumpernickel

	Fett	Ballaststoffe	Eiweißstoffe	Feuchtigkeit	Kohlenhydrate	kJ in 100 g
Roggenvollkornbrot	1,2	5,7	6,8	40,8	45,5	935
Roggenknäckebrot	1,7	7,9	11,4	5,4	73,6	1554

Tabelle Nr. 65
Vergleich der Nährwerte von Knäckebrot und Roggenvollkornbrot (auf 100 g bezogen)

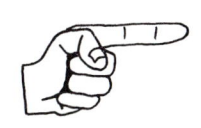

> Hinweis:
> *Vergleichen Sie den Nährwert des Pumpernickels mit dem anderer Schrotbrote anhand der Tabelle 73 im Kapitel „Nährwert des Brotes".*

Gersterbrot (Gerstelbrot)

Es wurde früher in direkt beheizten Öfen während des Aufheizens durch Flämmen der Teigstücke hergestellt. Die dabei gebildete Teighaut soll die Aromastoffe festhalten. Die Teighaut und die Randschicht selbst enthalten durch den Flämmvorgang besondere

Aromastoffe. Heute wird in den norddeutschen Ländern in speziellen Gersterapparaten mit Gasflammen gegerstert.

Die Haut der Teiglinge wird seitwärts aufgeschnitten, damit die Volumenzunahme beim Backen ohne unregelmäßiges Aufreißen erfolgen kann.

Abb. Nr. 418 Gersterbrot

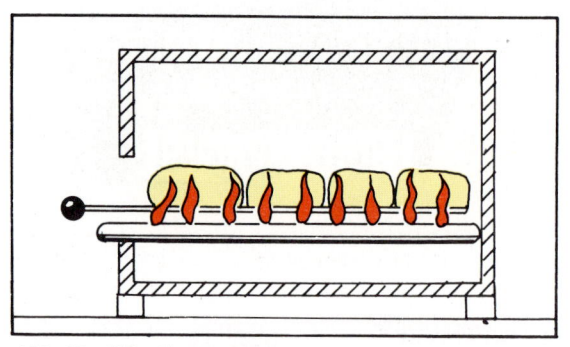

Abb. Nr. 419 Gersterapparat

Knäckebrot (Trockenflachbrot)

Es ist in flachen Tafeln gebackenes Brot, das durch Hefe, Sauerteig, eingeschlagene Luft, aber auch durch chemisch wirkende Lockerungsmittel gelockert wird.

Während alle anderen Brotsorten etwa 30 bis 45 % Feuchtigkeit enthalten, hat Knäckebrot weniger als 10 % Wassergehalt. Dadurch ist seine mürb-splitterige Beschaffenheit und die lange Haltbarkeit begründet.

Der Brennwert (pro 100 g fertiges Brot) ist dementsprechend erhöht, bezogen auf eine Scheibe Knäckebrot jedoch geringer als bei anderen Brotsorten. Da aber der Sättigungswert pro Scheibe (infolge des geringen Wassergehalts) nicht sehr groß ist, sind alle Nährwertvergleiche hier problematisch.

Neuerdings wird häufig ein sogenanntes Knusperbrot angeboten. Dieses darf man nicht mit Knäckebrot gleichsetzen. Es wird nämlich nicht gebacken, sondern so wie Chips gelockert und erhitzt. Näheres über dieses Verfahren können Sie in den zusätzlichen Informationen erfahren.

Zusätzliche Informationen
Extrudierte Erzeugnisse

„Trockenflach-Extrudat", so lautet die richtige Bezeichnung für das sogenannte Knusperbrot. Es ist kein Spezialbrot, weil es die Anforderungen der Brotherstellung nicht erfüllt. Es ist eher den Chips und Knabberartikeln ähnlich. Es wird in einem Extruder hergestellt. Der Extruder ist eine fleischwolfähnliche Maschine. Er vermischt, knetet, preßt und erhitzt die Zutaten in einem Arbeitsgang. Zum Schluß des Extrudierens preßt die Maschine die Masse durch schmale Düsen. Dadurch erstarrt sie in der Vermischung und Auflockerung.

Spezialbrote unter Zugabe von Getreideerzeugnissen, die nicht aus Roggen oder Weizen stammen

Mehrkornbrote

Diese Spezialbrote können mit verschiedenen „Nichtbrotgetreiden" hergestellt werden (z. B. Hafer, Gerste, Reis, Hirse oder Mais). Diese Getreide müssen zu mindestens 5 % zugesetzt sein.

Wird nur eine „Nichtbrotgetreideart" zugesetzt, so müssen mindestens 20 % auf 100 Teile Roggen- oder Weizenerzeugnisse verarbeitet werden, wenn das Brot danach benannt werden soll (z. B. Haferkornbrot).

Bei den Mehrkornbroten muß als Brotgetreide Roggen oder Weizen enthalten sein. Ein Beispiel für Vierkornbrot finden Sie in Tabelle Nr. 66.

Wenn Gerste oder Mais zugesetzt werden, ist das Volumen der Brote geringer als sonst. Die Krume ist dunkler, bei Mais gelb verfärbt.

Führungsschema für die Verarbeitung von 10 kg Getreideerzeugnissen zu Vierkornbrot		
Anstellgut = 0,400 kg (Menge wird nicht mitberechnet!)		
Sauer:		
Roggenmehl	= 2,000 kg	Temp. = 23 °C
+ Wasser	= 1,600 kg	TA = 180
= Sauerteig	= 3,600 kg	Stehzeit = 12 Std.
Quellstück		
Roggenschrot (grob)	= 2,000 kg	Temp. = 20 °C
+ Reismehl	= 1,000 kg	TA = 200
+ Haferflocken	= 0,500 kg	Stehzeit = 12 Std.
+ Wasser	= 3,500 kg	
= Quellstück	= 7,000 kg	
Teig:		
Quellstück	= 7,000 kg	Temp. = 26 °C
+ Sauerteig	= 3,600 kg	TA = 176
+ Roggenmehl (997)	= 2,500 kg	Absteh-
+ Weizenmehl (550)	= 2,000 kg	zeit = 10 Min.
+ Wasser*)	= 2,500 kg	
= Teig	= 17,600 kg	
*) Hefe = 0,4 kg, Salz = 0,2 kg zum Teig		

Tabelle Nr. 66

Abb. Nr. 420   Dreikornbrot

Abb. Nr. 421   Milcheiweißbrot

Spezialbrote unter Verwendung besonderer Zugaben tierischen Ursprungs

Butterbrot

Es muß mindestens 5 kg Butter oder 4,1 kg Butterreinfett auf 100 kg Getreideerzeugnisse enthalten.

Daneben darf es keine anderen Fette enthalten, mit Ausnahme von 0,5 % Mono- und Diglyzeriden im Teig und den üblichen Trennmitteln für Formen.

Milchbrot

Es muß mindestens 50 Liter Vollmilch auf 100 kg Getreideerzeugnisse enthalten.

Andere Zugußflüssigkeiten dürfen zusätzlich nicht verwendet werden. Dagegen können die geforderten Vollmilchanteile durch entsprechend rückverdünnte andere Milchprodukte erfüllt werden. Hier gilt also das für Feine Backwaren bereits dargestellte Prinzip für den Ersatz von Vollmilch entsprechend.

Sauermilchbrot, Buttermilchbrot, Joghurtbrot, Kefirbrot und Molkebrot

Diese Brote müssen jeweils 15 Liter des in der Verkehrsbezeichnung genannten Milcherzeugnisses auf 100 Teile Getreideerzeugnisse enthalten. Die Verarbeitung von Konzentraten der Milcherzeugnisse in der entsprechenden Rückverdünnung ist erlaubt.

Hinweis:
Im Kapitel „Milch und ihre backtechnische Bedeutung" können Sie nähere Informationen über lebensmittelrechtliche Bestimmungen zu „Milchgebäck" nachlesen.

Milcheiweißbrot

Es muß mindestens 2 kg Milcheiweißtrockensubstanz auf 100 kg Getreideerzeugnisse enthalten. Diese Menge wird erreicht beim Zusatz von 6 kg handelsüblichem Magermilchpulver.

Quarkbrot

Es muß mindestens 10 kg Speisequark oder entsprechende Mengen an Trockenquarkerzeugnissen auf 100 kg Getreideerzeugnisse enthalten.

In der folgenden Tabelle Nr. 67 können Sie am Beispiel von Quarkbrötchen die technologischen Bedingungen einer Führung mit 20 % Quarkzusatz erkennen.

Führungsschema für die Verarbeitung von 10 kg Weizenmehl zu Quarkbrötchen	
Weizenmehl (550)	= 10,000 kg
+ Quark	= 2,000 kg
+ Süßmolkepulver	= 0,300 kg
+ Lezithinmischbackmittel	= 0,300 kg
+ Backmargarine	= 0,200 kg
+ Hefe	= 0,500 kg
+ Salz	= 0,200 kg
+ Wasser	= 4,800 kg
= Teig	= 18,300 kg
Teigeinlage je Brötchen = 55 g	
Stückgare = 30 Minuten Brötchenoberfläche kreuzförmig schneiden	
Backtemperatur = 240 °C	
Backzeit = 20 Minuten	

Temp. = 26 °C
Teigruhe = 15 Min.

Tabelle Nr. 67

Spezialbrote unter Verwendung besonderer Zugaben pflanzlichen Ursprungs

Gewürzbrot,

z. B. Kümmel-, Pfeffer- und Paprikabrote

Gefordert ist bei diesen Broten ein so hoher Gewürzzusatz, daß dieser geschmacklich wahrnehmbar ist.

Das wird bei Kümmelbrot mit etwa 8 g Kümmel bzw. 6 g gemahlenem Kümmel pro kg Mehl erreicht.

Leinsamen- und Sesambrot

Die Brote haben durch den Fettgehalt der zugesetzten Ölsamen einen höheren Nährwert. Technologisch ist dieser Fettgehalt jedoch bei der Brotherstellung nicht wirksam. Gefordert ist jeweils ein Zusatz von 8 kg nicht entfetteter Ölsamen auf 100 kg Getreideerzeugnisse. Bei geringerem Zusatz kann die Bezeichnung „Brot mit Leinsamen" oder „Brot mit Sesam" gewählt werden.

Sesam wird zum Teigzusatz vor der Verarbeitung geröstet, für das Aufstreuen jedoch ungeröstet verarbeitet.

Will man den Leinsamengeschmack betonen, so ist es günstig, etwa ¼ des Leinsamens geschrotet zu verarbeiten. Wichtig ist, daß Leinsamen frisch und gut gereinigt ist. Wegen des enormen Quellvermögens der ganzen Leinsamenkörner müssen diese mit etwa der doppelten Gewichtsmenge heißen Wassers (100 °C) überbrüht werden und etwa 4 Std. abstehen.

Abb. Nr. 422 Leinsamenbrot

Abb. Nr. 423 Sesambrot

Weizenkeimbrot

Es enthält mindestens 10 kg Weizenkeime (mit Mindestfettgehalt von 8 %) auf 100 kg Getreideerzeugnisse.

Malzbrot (auch Granaribrot genannt)

Es enthält mindestens 8 kg gemälzten Roggen oder Weizen auf 100 kg Getreideerzeugnisse.

Kleiebrot

Das Brot entspricht den Anforderungen neuerer Ernährungsformen durch den erhöhten Ballaststoffgehalt, der mit dem Mindestzusatz von 10 kg Speisekleie auf 100 kg Getreideerzeugnisse erreicht wird. Obwohl die Kleie noch 15 % Stärke in der Trockensubstanz enthält, ist der Brennwert des Kleiebrotes deutlich gegenüber üblichen Broten vermindert.

Geschmacklich ist allerdings die Kleie in der Krume als spelzig störend zu empfinden. Auch das Volumen der Brote ist verringert.

Zusammensetzung von Speisetreber und Speisekleie		
Substanz (% TS)	Treber	Kleie
Glucosepolymere	4,8	10,0
Protein	10,7	15,7
Fett	7,0	3,6
Asche	4,7	7,4
Ballaststoffe	72,9	47,3
Summe	100,1	84,0

Fettsäurezusammensetzung der Fette von Speisetreber und Speisekleie		
Fettsäure	Anteil an Gesamtfettsäuren (%)	
	Treber	Kleie
Palmitinsäure	20,4	17,5
Stearinsäure	1,1	1,1
Ölsäure	12,4	16,3
Linolsäure	57,7	58,7
Linolensäure	7,1	5,6

Tabelle Nr. 68
Vergleichen Sie den Anteil an Ballaststoffen in Speisetreber und Speisekleie.
Beachten Sie den Anteil ungesättigter Fettsäuren im Fett von Speisetreber und Speisekleie.
Ziehen Sie aus diesen Angaben Schlüsse für den Ernährungswert von Speisetreber und Speisekleie!

Ballaststoffangereichertes Brot enthält zusätzlich Speisekleie. Aber auch der Zusatz von speziell behandeltem Treber (Rückstand bei der Bierherstellung) ist möglich. Der Treberzusatz ist in seiner Bedeutung für die Ernährung günstiger. Auch geschmacklich wirkt er sich nicht so nachteilig wie die spelzige Kleie aus.

Sojabrot

Es muß mindestens 10 kg Sojaerzeugnisse auf 100 kg Getreideerzeugnisse enthalten. Es werden dazu Sojaflocken (= Sojagrits) verarbeitet, die aufgrund ihres Fettgehalts zwischen 20 und 25 % kurze Teigeigenschaften und Volumenverringerungen bewirken. Zur Vermeidung einer feuchten Krume muß selbst bei Verarbeitung von Weizenmehlen der Type 550 ein Teigsäuerungsmittel zugesetzt werden. Im Rezept der Tabelle Nr. 69 für Sojabrötchen ist diese Besonderheit ersichtlich.

Führungsschema zur Verarbeitung von 10 kg Weizenmehl zu Sojabrötchen	
Weizenmehl (T. 550)	= 10,000 kg
+ Sojagrits	= 2,500 kg
+ Teigsäuerungsmittel	= 0,125 kg
+ Mischbackmittel	= 0,300 kg
+ Backmargarine	= 0,250 kg
+ Hefe	= 0,600 kg
+ Salz	= 0,250 kg
+ Wasser	= 8,750 kg
= Teig	= 22,770 kg
Teigeinlage	= 45 g je Brötchen Teiglinge mit Wirkschluß (geölt) nach oben auf Bleche setzen
Stückgare	= 30 Minuten
Backtemperatur	= 240 °C
Backzeit	= 20 Minuten

Temp. = 26 °C
Teigruhe = 10 Min.

Tabelle Nr. 69

Spezialbrote mit verändertem Nährwert

- *eiweißangereichertes Brot*
  mit mindestens 22 % Eiweißgehalt in der Trockensubstanz des Brotes;
- *kohlenhydratvermindertes Brot*
  mit mindestens 30 % weniger Kohlenhydraten als vergleichbares Brot;
- *brennwertvermindertes Brot*
  mit höchstens 840 kJ oder 200 kcal je 100 g Brot.

Diätetische Brote

Diätetische Brote müssen den jeweiligen lebensmittelrechtlichen Bestimmungen entsprechen und als solche unter Angabe ihrer Zusammensetzung kenntlich gemacht werden.

Natriumarmes (kochsalzarmes) Brot

Es darf nur 120 mg Natrium (bzw. 40 mg bei streng natriumarmem Brot) je 100 g Brot enthalten.
Zur Würzung werden Kochsalz-Ersatzstoffe zugegeben, die jedoch nicht die technologische Wirkung des Kochsalzes im Teig ersetzen.

Gliadinfreies Brot (glutenfreies Brot)

Es darf keinen Weizenkleber oder Produkte aus Brotgetreide, Hafer oder Gerste enthalten. Soja-, Ei- oder Milchprodukte sind aber erlaubt.
Es wird bei Zöliakie-Erkrankungen (Unverträglichkeit von Eiweißstoffen) zur Krankenernährung benötigt. Die Bindung im Teig kann damit nicht durch Kleber-Eiweißstoffe hergestellt werden; sie erfolgt vielmehr durch Stärken und Hydrokolloide sowie Johannisbrotkernmehl.

Abb. Nr. 424   Grahambrot

Grahambrot (Weizenschrotbrot)

Es ist nach den Vorschriften des amerikanischen Arztes Dr. Graham ohne Hefe und Salz herzustellen und kann damit als diätetisches Brot eingestuft werden.
Heute wird Grahambrot jedoch aus geschmacklichen Gründen als ungesäuertes, mit Hefe gelockertes Weizenschrotbrot gesalzen hergestellt.

Diabetikerbrot

Es dient der speziellen Ernährung bei Zuckerkrankheit. Das Brot darf höchstens einen Brennwert von 840 Kilojoule bzw. 200 Kilokalorien je 100 g haben. Das Rezept in Tabelle Nr. 70 zeigt, wie durch Zusatz von Schrot, Vitalkleber und Sojagrits der Nährwert des Brotes gedrückt wird. Backschrot und Vitalkleber werden vor der Teigbereitung gequollen.

Für den Bäcker ist es schwierig, zu kontrollieren, ob das fertige Diätbrot auch wirklich die geforderte Zusammensetzung hat. Es ist daher empfehlenswert, erprobte Rezepturen zu übernehmen. Eine Änderung solcher Rezepturen darf nur unter fachlicher Beratung und erneuter Nährwertbestimmung erfolgen!

Beispiel für eine Rezeptur für Diabetikerbrot	
Weizenmehl, Type 812	= 4,000 kg
+ Roggenmehl, Type 997	= 2,000 kg
+ Weizenschrot, Type 1700	= 4,000 kg
+ Vitalkleber	= 4,500 kg
+ Sojagrits	= 3,500 kg
+ Hefe	= 0,800 kg
+ Salz	= 0,400 kg
+ Wasser	= 13,500 kg
= Teig	= 32,700 kg

Tabelle Nr. 70

Spezialbrot mit Vitaminzusatz

Es wird als vitaminisiertes Brot bezeichnet und wird vor allem mit den B-Vitaminen angereichert. Dazu verwendet man spezielle Nährhefen und Keimmehle. Der Backprozeß dieser Brote muß besonders schonend erfolgen, damit der Vitaminzusatz nicht wieder zerstört wird.

Abb. Nr. 425   Glutenfreies Brot

Abb. Nr. 426   Diabetikerbrot

Die Spezialbrote sind Ihnen vorstehend nach den jeweils speziellen Herstellungsbedingungen vorgestellt worden. Alle Spezialbrote sind aber auch nach den verwendeten Getreidemahlprodukten zu klassifizieren. Danach bestimmt sich ihre Verkehrsbezeichnung. Ein Buttermilchbrot mit 70 % Weizen- und 30 % Roggenanteil ist demnach als Weizenmischbrot zu bezeichnen („Buttermilchbrot – Weizenmischbrot –").

Hinweis:

Als „Toastbrot" wird Brot bezeichnet, dessen Scheiben sich besonders eignen, unmittelbar vor dem Verzehr getoastet zu werden. Insofern ist es durchaus möglich, viele der hier genannten Spezialbrote auch als Toastbrote herzustellen (mit entsprechendem Fett- und/oder Zuckerzusatz). Auf eine jeweilige Zuordnung in der folgenden Übersicht wird daher verzichtet.

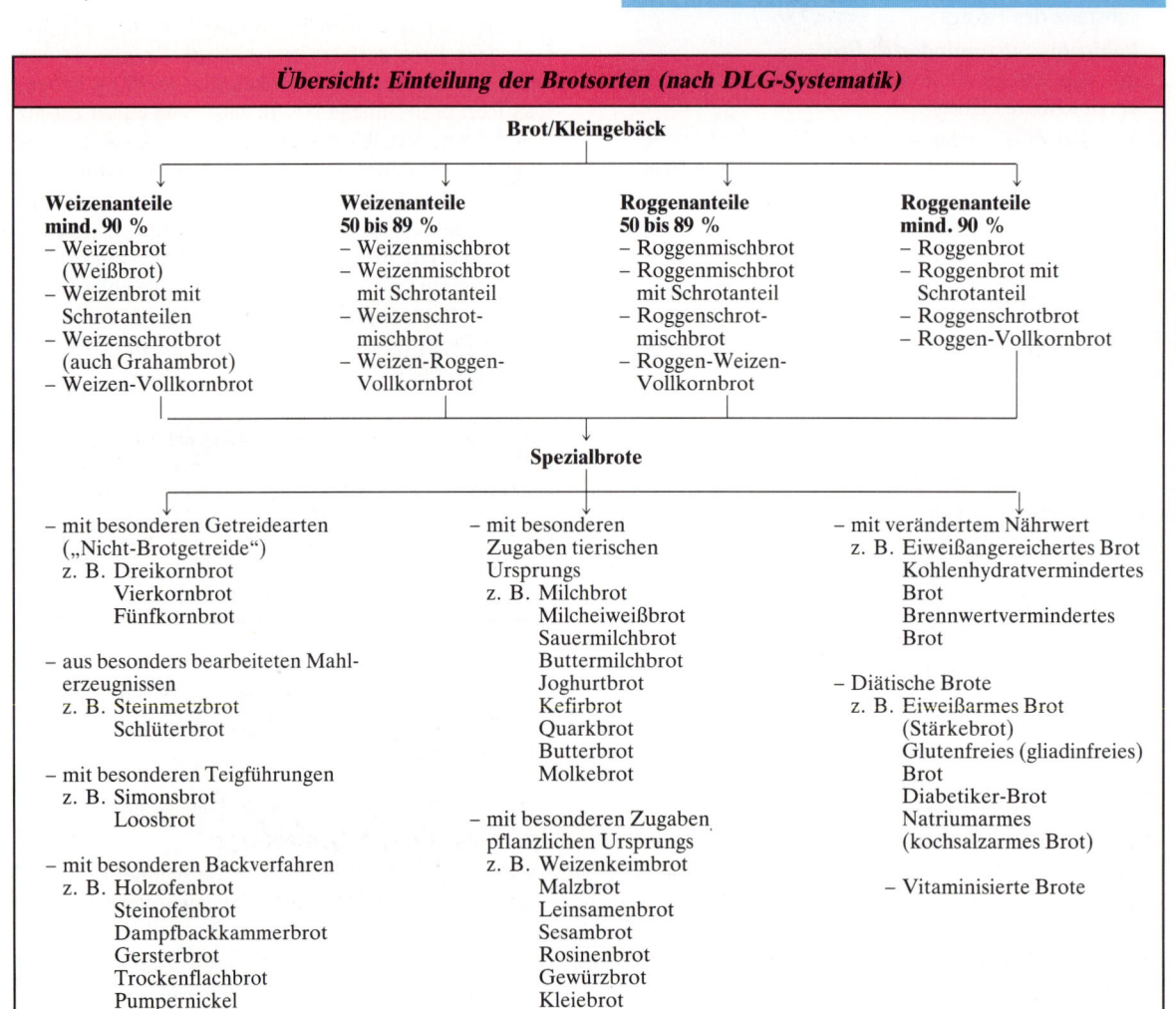

Übersicht: Einteilung der Brotsorten (nach DLG-Systematik)

Brot/Kleingebäck

Weizenanteile mind. 90 %	Weizenanteile 50 bis 89 %	Roggenanteile 50 bis 89 %	Roggenanteile mind. 90 %
– Weizenbrot (Weißbrot) – Weizenbrot mit Schrotanteilen – Weizenschrotbrot (auch Grahambrot) – Weizen-Vollkornbrot	– Weizenmischbrot – Weizenmischbrot mit Schrotanteil – Weizenschrotmischbrot – Weizen-Roggen-Vollkornbrot	– Roggenmischbrot – Roggenmischbrot mit Schrotanteil – Roggenschrotmischbrot – Roggen-Weizen-Vollkornbrot	– Roggenbrot – Roggenbrot mit Schrotanteil – Roggenschrotbrot – Roggen-Vollkornbrot

Spezialbrote

– mit besonderen Getreidearten („Nicht-Brotgetreide")
   z. B. Dreikornbrot
        Vierkornbrot
        Fünfkornbrot

– aus besonders bearbeiteten Mahlerzeugnissen
   z. B. Steinmetzbrot
        Schlüterbrot

– mit besonderen Teigführungen
   z. B. Simonsbrot
        Loosbrot

– mit besonderen Backverfahren
   z. B. Holzofenbrot
        Steinofenbrot
        Dampfbackkammerbrot
        Gersterbrot
        Trockenflachbrot
        Pumpernickel

– mit besonderen Zugaben tierischen Ursprungs
   z. B. Milchbrot
        Milcheiweißbrot
        Sauermilchbrot
        Buttermilchbrot
        Joghurtbrot
        Kefirbrot
        Quarkbrot
        Butterbrot
        Molkebrot

– mit besonderen Zugaben pflanzlichen Ursprungs
   z. B. Weizenkeimbrot
        Malzbrot
        Leinsamenbrot
        Sesambrot
        Rosinenbrot
        Gewürzbrot
        Kleiebrot

– mit verändertem Nährwert
   z. B. Eiweißangereichertes Brot
        Kohlenhydratvermindertes Brot
        Brennwertvermindertes Brot

– Diätische Brote
   z. B. Eiweißarmes Brot (Stärkebrot)
        Glutenfreies (gliadinfreies) Brot
        Diabetiker-Brot
        Natriumarmes (kochsalzarmes Brot)

– Vitaminisierte Brote

Herstellen von Schnittbrot

Zunächst könnte man annehmen, daß die Herstellung von Schnittbrot vorwiegend Angelegenheit des Verkaufspersonals sei und im übrigen keine besonderen Probleme aufgebe! Das ist sicher richtig, wenn es nur darum geht, vom üblichen Brotsortiment des Betriebes für Kleinverbraucher geringe Mengen von Schnittbrot zum alsbaldigen Verkauf herzustellen. Für diesen Zweck sind hinsichtlich Frischhaltung und Haltbarkeit des Brotes, Verpackung und Zutatenkennzeichnung auch keine besonderen Anforderungen zu erfüllen.

Wird zum alsbaldigen Verbrauch im eigenen Betrieb hergestelltes Schnittbrot (ohne Selbstbedienung!) angeboten, sind lediglich auszuzeichnen:
– Füllgewicht der Packung,
– Preis der Packung.

Diese Kennzeichnungen dürfen auch neben der Verpackung angegeben sein, z. B. auf einem Schildchen oder am Regal.

Lebensmittelrechtliche Bestimmungen

Das Herstellen von Schnittbrot in großem Umfang kann für den Bäcker unter verschiedenen Gesichtspunkten interessant sein.

▶ Er kann dadurch neue Kunden gewinnen (Beispiele: Kleinstverbraucher, Verbraucher von Spezialbrotsorten).
▶ Er kann an Großverbraucher oder Wiederverkäufer liefern (Beispiel: Lieferung in ein Einkaufsgebiet, in dem der Bäcker keine Filiale hat).
▶ Er kann Brot auf Vorrat herstellen und für die Bevorratung im Haushalt anbieten (Beispiele: Brot mit langer Mindesthaltbarkeit, besondere Konservierung des Brotes).

Brotsorten für Schnittbrot

Wenn große Mengen an Schnittbrot hergestellt werden, lohnt es sich, dafür eigene Brotsorten herzustellen.

Man wählt Brotsorten aus, die sich besonders gut in geschnittener Form anbieten und vorrätig halten lassen.

Abb. Nr. 427

Führung für Schnittbrotsorten

Sinnvoll sind Maßnahmen zur Verbesserung der Brotfrischhaltung, z. B.
– Erhöhung des Saueranteils,
– Quellmehl-, Restbrot-, Frischhaltemittelzusatz, Quellstück, Brühstück.

Um die Haltbarkeit der Brote zu verlängern, ist ein Zusatz von Schimmelschutzmitteln möglich (Kennzeichnung beachten).

Um die Schnittbrotabfälle zu verringern und gleichmäßigere Scheiben zu erhalten, werden Einzelbrote in großen Gewichtseinheiten hergestellt. Für Großproduzenten von Schnittbrot gibt es eine ,,Strangbrotherstellung''. Die Brote haben eine Länge von bis zu 1,50 m! Notwendig sind dafür besondere Formautomaten, Backformen, Folien und Schneidemaschinen.

Die Verbraucher bevorzugen unbehandelte und natürliche Lebensmittel. Insofern kommt der Hygiene bei der Herstellung und Verpackung von Schnittbrot besondere Bedeutung zu:
– Staubfreies Auskühlen der Brote bis die Krume schnittfest ist und die Kruste nicht mehr splittert!
– Beseitigung von Schnittbrotabfällen im Schneidebereich und Lager!
– Staubfreie und saubere Lagerung von Verpackungsmaterial!
– Reinigung von Schneide-Einrichtungen von der anhaftenden Krumenmasse sofort nach Beendigung des Schneidens!
– Naßreinigung der Lager und Schneidemaschinen mit schimmelhemmenden Zusätzen!

Hinweis:
In den Kapiteln ,,Brotfrischhaltung'' und ,,Schimmel als Brotkrankheit'' können Sie nachlesen, wie die Haltbarkeit des Brotes verlängert werden kann!

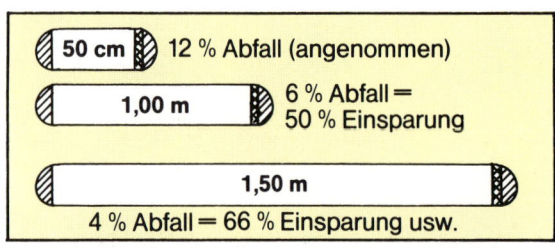

Abb. Nr. 428
Endabfall bei normaler und übergroßer Brotlänge

Abb. Nr. 429 Brotschneidemaschine

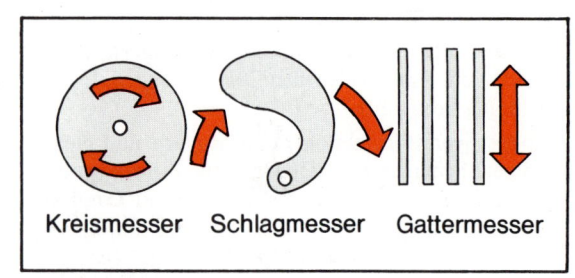

Abb. Nr. 430
Schneidesysteme für Brotschneidemaschinen

Hand durchschnitten

Beim Reinigen einer Brotschneidemaschine hat sich der 18jährige Bäckergeselle Frank Sch. den Handrücken und zwei Finger der linken Hand mit dem Schlagmesser der Maschine durchtrennt.

Zwar konnten durch sofortige Operation in der Unfallklinik die beiden Finger erhalten werden. Nicht gelungen ist dagegen bisher, diese Finger wieder bewegbar zu machen. Frank soll in einer Spezialklinik erneut operiert werden und er hofft, daß er danach seine beiden Finger wieder benutzen kann.

Dem Unfallbericht der Berufsgenossenschaft Nahrungsmittel und Gaststätten ist zu entnehmen, daß Frank das Schutzgitter der Maschine heruntergeklappt hatte, um das Schlagmesser von Krumenresten zu reinigen. Mit dem Stiel eines Handfegers hatte er dann den Kontaktschalter für den Betrieb des Messers betätigt, damit er alle Seiten des Messers gut erreichen kann. Dabei hat das Messer seine linke Hand getroffen.

Auch wenn es nicht um scharfe Messer geht, beachten Sie doch die Unfallverhütungsvorschriften der Berufsgenossenschaft!

Schneidemaschinen

Messersysteme

Bei den **Brotschneidemaschinen** sind verschiedene Messersysteme gebräuchlich:

– Kreismesser, die schnell um ihre eigene Achse rotieren. Sie erlauben ein „schonendes" Anschneiden der Kruste. Das Messer wird durch mitlaufende Messerabstreifer gereinigt.

– Schlagmesser, die wie eine Sichel durch kreisende Schlagbewegung das Brot in Scheiben schneiden. Sie sind vor allem für Brote mit fester Krume und Kruste geeignet.

– Gattermesser, die mit ihrem System von mehreren Schneidmessern ein ganzes Brot zugleich in Scheiben schneiden. Sie sind vor allem für weiche Brote (z. B. Toastbrote) gebräuchlich.

Unfallverhütung

Die Brotschneidemaschine ist eine der gefährlichsten Bäckereimaschinen! Für Maschinen, deren Messer mit einem Elektromotor angetrieben werden, gibt es besondere Schutzeinrichtungen:

▶ Der nicht zum Schneiden benutzte Teil des Messers muß mit einer Umkleidung geschützt sein! Ist dieser Messerschutz abnehmbar, so muß der Antrieb ausgeschaltet bzw. verhindert sein bei ungesicherter Schneide!

▶ An der Abnahmeseite für die Brotschnitten muß ein Messerschutz das Messer lückenlos umschließen!

▶ Der Schlitten zum Zuführen des Brotes muß als Zugreifsicherung ausgeführt sein! Er darf sich nur öffnen lassen, wenn das Messer zugleich zwangsläufig stillgelegt wird!

▶ Die Rückwand der Zuführeinrichtung muß über die gesamte Schneidhöhe einen Fingerschutz haben!

▶ Die Messer dürfen nur dann einschaltbar sein, wenn alle Sicherheitseinrichtungen fest verriegelt sind!

Beachten Sie:

Die Bedienung und Reinigung von Schneidemaschinen darf nur zuverlässigen Personen übertragen werden, die damit vertraut und über 17 Jahre alt sind. Lehrlinge dürfen an diesen Maschinen zur Ausbildung unter Aufsicht beschäftigt werden, wenn sie über 16 Jahre alt sind.

– *Nie in die Nähe sich bewegender Schneidmesser greifen!*
– *Unfallschutzvorrichtungen nicht entfernen!*
– *Beim Reinigen der Maschinen Vorsicht vor den Schneidmessern!*

Verpackung von Schnittbrot

Spezialbetriebe zur Schnittbrotherstellung passen ihre Schneide- und Verpackungssysteme den besonderen Anforderungen der Brotsorten und Verpackungsformen an.

Moderne Verpackungsmaschinen können zusätzlich zum Verpackungsvorgang:

- Luft der Verpackung entziehen (Vakuum); dadurch werden in der Packung befindliche Schimmelsporen am Auskeimen gehindert (Sauerstoffmangel).
- Beutel bzw. Schlauchabschnitte für die Brotpackung mit Schutzgas füllen (CO_2); dadurch werden in der Packung befindliche Schimmelsporen am Auskeimen gehindert (Schutzgas).
- schrumpfende und siegelfähige Verpackungsfolien durch Hitze verschließen; dadurch ist die Packung dicht verschlossen (Schutz vor Verschmutzung).
- den Verpackungsinhalt durch Infrarot-Strahlen sterilisieren; dadurch werden zwischen den Schnittbrotscheiben befindliche Schimmelsporen abgetötet.

Verpackungsmittel

Abgesehen von speziellen Konservierungsformen (z. B. Brot in Dosen) ist für Schnittbrot Papier, Zellglas (wetterfest) und Kunststoff zur Verpackung üblich.

Erwünschte Eigenschaften der Verpackungsmaterialien sind:

- Sie sollen **bedruckbar** sein als Werbeträger und zur Aufnahme der Kennzeichnungen.
- Sie sollen möglichst **wenig wasserdampfdurchlässig** sein. Dadurch wird das Schnittbrot während der Lagerung vor Austrocknung geschützt. Auch der Lagerverlust wird dadurch verkleinert.
- Sie sollen **aromadicht** sein. Damit wird einerseits das Brotaroma erhalten. Zum anderen werden aber auch Fremdgerüche vom Inhalt ferngehalten.
- Sie sollen eine **hohe Reißfestigkeit** haben. Bei Zerstörung der Packung würden Schimmelkeime eindringen.
  Eine Vakuum- oder Schutzgaspackung würde ihre Wirkung verlieren.
- Sie sollen **heißsiegelfähig** sein. Durch Verschweißen wird ein möglichst dichtes Abschließen der Packung garantiert.
- Sie sollen **hitzebeständig** sein. Dadurch kann eine Hitzesterilisierung der Brotpackungen vorgenommen werden.
- Sie sollen **gasundurchlässig** sein. Dadurch kann das Schnittbrot in Kohlendioxid-Schutzgas gelagert werden.
- Sie sollen **kältefest** sein. Dadurch kann das Schnittbrot auch durch Tiefkühlen länger haltbar gemacht werden.

Die betrieblichen Erfordernisse sind mit den jeweiligen Eigenschaften der Packstoffe abzustimmen.

Hier ist eine Beratung durch den Anbieter der Verpackungsmaterialien im Zusammenhang mit den zu verpackenden Gebäcken und den vorhandenen Maschinen unerläßlich.

Beispiele für Eigenschaften verschiedener Verpackungsstoffe							
Material	bedruckbar	reißfest	heißsiegelfähig	hitzebeständig	Dichtigkeit		
					Wasserdampf	Gas	Licht
Zellglas (einfach)	–	(+)	–	(+)	–	–	–
Wachspapier	+	(+)	(+)	–	–	–	+
Polyäthylen	+	+	(+)	(+)	–	–	–
Polypropylen	+	+	+	+	+	+	–
Kunststoffbeschichtete Alufolie	+	+	+	+	+	+	+

+ = Eigenschaft wird erfüllt
(+) = Eigenschaft wird bedingt erfüllt
– = Eigenschaft wird nicht erfüllt
Tabelle Nr. 71

Maßnahmen zur Erhaltung der Verzehrsfähigkeit bei Schnittbrot		
Langzeit-Sauerteigführung	Infrarotstrahlung	Vakuumverpackung
Konservierungsmittel	Hitzesterilisation	Schutzgas

Zusätzliche Informationen

Schnittbrotpäckchen können nach Betriebsschluß im abkühlenden Backofen sterilisiert werden.

Gute Ergebnisse erzielt man

- *bei Backraumtemperaturen von 120 bis 140 °C,*
- *bewegter Backatmosphäre,*
- *Temperaturen von 70 bis 75 °C im Kern des Brotpäckchens für etwa 15 Minuten.*

Zum Nachdenken:
Bewerten Sie die möglichen Maßnahmen zur Schnittbrot-Konservierung
a) unter gesundheitlichen und
b) unter wirtschaftlichen Gesichtspunkten!

Lebensmittelrechtliche Bestimmungen

Zusätzliche Informationen

Werden zusammengesetzte Zutaten in einem Anteil über 25 % des Enderzeugnisses verwandt, so sind die einzelnen Zutaten der zusammengesetzten Zutat zu nennen (Beispiel: Sauerteig = Roggenmehl, Wasser).

Stoffe der Anlagen der Zusatzstoff-Zulassungsordnung sind grundsätzlich als Bestandteile der Rezeptur (auch als Bestandteil der Zutaten) auszuweisen, wenn sie technologisch wirksam sind. Technologisch wirksam sind Stoffe dann, wenn sie wesentlich die Beschaffenheit des Lebensmittels bestimmen (z. B. Geruch, Farbe, Geschmack, Haltbarkeit). Könnte man sich einen Stoff aus dem Lebensmittel wegdenken ohne irgendeine Veränderung des Lebensmittels, so liegt keine technologische Wirkung vor. Interessant ist hierzu folgendes Beispiel:

Bei in Backkästen gebackenen Broten kann ein Anteil des Formtrennmittels am Fertigprodukt haften bleiben. Dieses Trennmittel ist nicht als Zutat anzugeben, weil es keine technologische Wirkung hat.

Dagegen sind Trennemulsionen, die bei der Teigtrennung angeschobener Brote eingesetzt werden, in die Zutatenliste aufzunehmen!

Wird bei der Bezeichnung eines Lebensmittels auf die Menge bestimmter Zutaten besonders hingewiesen (z. B. mit ,,viel" oder ,,besonders wenig"), so muß zusätzlich der %-Satz des Zusatzes angegeben werden, z. B. ,,salzarmes Brot mit höchstens 1,2 % Kochsalz" oder ,,Brot mit mindestens 5 % Leinsamen".

Gewichtsvorschriften

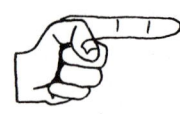

Hinweise:
Über die Zutatenliste erfahren Sie Näheres im Kapitel ,,Arbeitsrezept für Brotteige".
Über die Festlegung des Mindesthaltbarkeitsdatums erfahren Sie Näheres im Kapitel ,,Altbackenwerden und Brotfrischhaltung".

Kennzeichnungen auf Schnittbrotpackungen

Durch die Vorschriften zur Kennzeichnung von Fertigpackungen sind bei der Schnittbrotherstellung besondere Bedingungen zu erfüllen. Es sind demnach in einem Sichtfeld auf der Fertigpackung zu kennzeichnen:

– die Verkehrsbezeichnung,
– Name und Ort des Herstellers,
– Verzeichnis der Zutaten,
– Datum der Mindesthaltbarkeit,
– Gewicht des Packungsinhalts.

Die Endpreisangabe kann auf der Verpackung oder auf einem Schild neben der Packung am Regal erfolgen.

Wie eine mögliche Kennzeichnung bei einem Schwarzbrotpäckchen von 500 g aussieht, das Bäckermeister Semmel an Wiederverkäufer liefert, zeigt Tabelle Nr. 72.

Bäckerei Kurt Semmel 9999 Überall, Tel. 000-55 55	
500 g **Schwarzbrot** – Roggenschrotbrot –	**Zutaten** Sauerteig (Roggenbackschrot, Wasser) Roggenbackschrot Wasser Weizenmehl Hefe Salz
Mindestens haltbar bis . . . (siehe Verschluß)	Konservierungsstoff ,,Sorbinsäure"

Tabelle Nr. 72

Der Konservierungsstoff wird hier in der Zutatenliste aufgeführt und muß damit nicht extra kenntlich gemacht werden durch ,,Mit Konservierungsstoff . . .". Es wäre auch zulässig, anstelle des Namens ,,Sorbinsäure" die Kennzeichnung ,,Konservierungsstoff E 200" auszuweisen.

Als Packungsgröße ist in unserem Beispiel die wohl gebräuchlichste Einheit von 500 g angegeben.

Für Schnittbrot sind aber insgesamt viele Gewichtseinheiten zulässig:

– *unter 100 g ohne feste Bindung an bestimmte Einheiten (sogen. Automatenpackungen),*
– *ansonsten 125 g, 250 g, 500 g, 750 g, 1000 g, 1250 g, 1500 g, 2000 g, 2500 g und 3000 g.*

Bei Gewichtskontrollen darf das mittlere Brotgewicht mehrerer Proben nicht von dem angegebenen Gewicht (Nenngewicht) abweichen.

Beispiel:

Es werden 10 Packungen Schnittbrot zu je 500 g Nenngewicht nachgewogen. Sie müssen zusammen 5000 g wiegen.

Wichtiges über das Herstellen von Schnittbrot in Kurzform

Besonders geeignete Brotsorten
Maßnahmen zur besseren Brotfrischhaltung
Hygienische Produktionsbedingungen
↓
Strangbrot
Ganzbrot
↓
Brotschneidemaschinen
• Schneidesysteme nach Eignung für die Brotsorte
• Unfallsicherheit
↓
Verpackung
• Verschluß und Schutz des Inhalts
• Kennzeichnung und Werbung
↓
Schnittbrot
↓   ↓
zum alsbaldigen Ver-   zum Verkauf in Fertig-
kauf in der Verkaufsstel- packungen im eigenen
le abgepackt und ange- Geschäft, in Selbstbe-
boten   dienung, in Filialen, bei
                         Wiederverkäufern
                                ↓
                         Kennzeichnung:
                         – Verkehrsbezeichnung
                         – Hersteller und
                           Herstelleranschrift
                         – Zutatenverzeichnis
                         – Mindesthaltbarkeits-
                           datum
                         – Gewicht
↓   ↓
Endpreis- und Ge-   Endpreis auf der Pak-
wichtsangabe auf der   kung oder auf einem
Verpackung oder auf   Schild neben der Ware
einem Schild neben der
Ware am Regal
                ↓
        Gewichtseinheiten:
– unter 100 g Packungsinhalt ohne feste Bindung
  an bestimmte Einheiten,
– verbindliche Gewichtsreihe: 125 g, 250 g, 500 g,
  750 g, 1000 g, 1250 g, 1500 g, 2000 g, 2500 g,
  3000 g.

Nährwert von Brot

Abb. Nr. 431

Wer abnehmen will, der muß den Genuß von Feinen Backwaren und Brot einschränken. Diese Ansicht wird noch in vielen sogenannten Diätvorschriften und sonstigen Ratschlägen vertreten!

Das steht im Gegensatz zu modernen ernährungswissenschaftlichen Erkenntnissen und zu den Zielen staatlicher Ernährungsprogramme!

Um sich sachverständig mit diesen Entwicklungen und Diskussionen in der Öffentlichkeit auseinandersetzen zu können, sollten Sie über Zusammensetzung und Nährwert von Brot Bescheid wissen.

Berechnung des Brennwerts von Brot

Wir müssen dafür zunächst einmal klären, was der Brennwert ist und wie man ihn ermittelt.

Vergleichen wir anhand einer Tabelle die Werte für 100 g Schmelzkäse und 100 g Weißbrot, so erhalten wir etwa vergleichbare Größen:

– 1100 Kilojoule für den Käse,
– 1104 Kilojoule für das Brot.

Diese Angaben lassen erkennen, wieviel Energie der Körper bei der Verbrennung (Ausnutzung) von 100 g verzehrsfähigen Lebensmitteln gewinnt.

Heute gibt man den Energiewert in Kilojoule (kJ) an; daneben aber auch noch in Kilokalorien (kcal). Der jeweilige Brennwert wird ermittelt, indem der Gehalt eines Lebensmittels an Fett, Eiweiß und Kohlenhydraten multipliziert wird mit

▸ *38 kJ (9 kcal) für 1 g Fett*
▸ *17 kJ (4 kcal) für 1 g Eiweiß*
▸ *17 kJ (4 kcal) für 1 g Kohlenhydrate*

Erklärung des Brennwerts

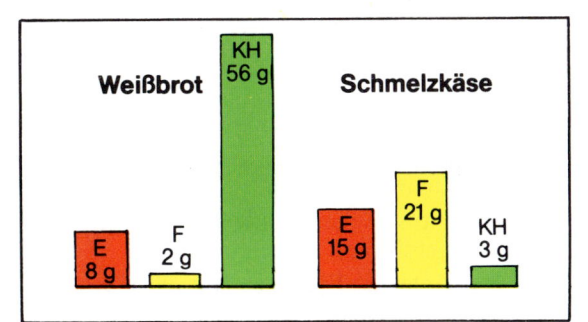

Abb. Nr. 432

Für diese drei energieliefernden Nährstoffe ergibt sich aber bei unseren beiden Beispielen Weißbrot und Schmelzkäse eine recht unterschiedliche Zusammensetzung. Bei etwa gleichen Brennwerten liefert der Käse vor allem Fett und Eiweiß, das Brot dagegen vor allem Kohlenhydrate als Nährstoffe! Insofern ist die Nährwertkennzeichnung nur dann informativ, wenn sie neben dem Brennwert in kJ (zusätzlich auch in kcal) die Nährstoffzusammensetzung ausweist!

Beachten Sie:
Gleicher Brennwert bedeutet nicht gleiche Nährstoffzusammensetzung!

Nährwerte verschiedener Brotsorten

In Tabelle Nr. 73 ist der Nährwert verschiedener Brotsorten zusammengefaßt. Vergleichen wir Weizenschrotbrot und Weißbrot, so stellen wir eine fast gleiche Nährstoff-Zusammensetzung fest, jedoch einen unterschiedlichen Brennwert von 931 bzw. 1104 Kilojoule.

Der Unterschied ist einerseits durch einen etwas geringeren Fettgehalt, im wesentlichen aber durch unterschiedliche Zusammensetzung der Kohlenhydrate bedingt!

	\multicolumn{5}{c}{g pro 100 g Frischsubstanz}	Brennwert	
	Fett	Ballast-stoffe	Eiweiß-stoffe	Feuchtig-keit	Kohlen-hydrate	kJ	kcal
Weizenbrötchen	1,0	1,0	8,0	34,0	56,0	1126	265
Weizen(mehl)brot	1,8	1,0	8,0	37,2	52,0	1104	258
Weizentoastbrot	3,9	1,0	8,5	35,7	49,9	1141	269
Weizenschrotbrot	1,2	5,4	7,2	42,3	43,9	931	219
Weizenmischbrot	1,5	2,0	7,5	40,0	49,0	1018	240
Roggenmischbrot	1,4	3,1	7,0	40,5	49,0	1005	237
Roggenmischbrot mit Schrotanteilen	1,3	3,3	6,9	41,2	47,2	969	228
Roggen(mehl)brot	0,9	3,3	6,8	41,2	47,8	935	220
Roggenschrotbrot	1,2	5,7	6,8	42,8	43,5	935	220
Roggenknäckebrot	1,7	7,9	11,4	5,4	73,6	1554	366

Tabelle Nr. 73
Nährstoff- und Brennwertgehalte verschiedener Brotsorten

Anhand der Nährwerttabelle für verschiedene Brote konnten wir feststellen, daß dunkle Roggenbrote, Schrot- und Vollkornbrote einen wesentlich höheren Anteil an Ballaststoffen haben. Daraus ergeben sich geringere Brennwerte. Allerdings muß hier erwähnt werden, daß der Vitamin-B-Anteil in Vollkornbroten mit höherem Krustenanteil oder langer Backzeit (Pumpernickel) zerstört wird.

Brennwert und Nährwert unterscheiden!

❋ *Merken Sie sich:*
▶ *Gleich hohe Kohlenhydratmengen in Backwaren bedeuten nicht gleichwertige Kohlenhydrate!*
▶ *Ballaststoffe haben sehr günstige Wirkungen für die Ernährung; sie sind in Backwaren zusammen mit Vitaminen und Mineralstoffen enthalten!*

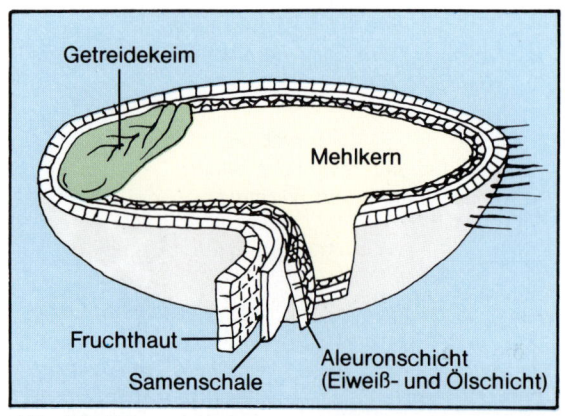

Abb. Nr. 433
Die Schalenbestandteile des Kornes und die Randschichten des Kornes sind reich an Ballaststoffen

Ballaststoffreiche Brote

Schrotbrot enthält neben Stärke und löslichen Zuckerstoffen auch Schalenbestandteile des Kornes. Das sind Zellulose, Hemizellulosen und Lygnin, die man zusammenfassend auch als Ballaststoffe bezeichnet.

Der Ausdruck Ballaststoffe macht die Bedeutung dieser Stoffe für die Ernährung deutlich. Sie sind nicht energiebringend ausnutzbar, haben aber folgende günstige Wirkungen:
- Erhöhung der Kauintensität (Einspeichelung der Nahrung),
- Erhöhung der Verweildauer der Nahrung im Magen (Sättigungswert!),
- dämpfende Wirkung auf überschüssige Magensäure,
- Belebung der Darmtätigkeit,
- Stärkung der Verdauungsorgane,
- Aufsaugen von Giftstoffen im Darmbereich,
- Verkürzung der Passagezeit für die Nahrung.

Verbunden mit einem höheren Ballaststoffanteil in Mehlen ist ein erhöhter Anteil an wertvollen Bestandteilen der Kornrandschichten:
- höherwertiges Getreide-Eiweiß (mit lebenswichtigen Aminosäuren),
- höherer Anteil an Vitaminen (vor allem des Vitamin-B-Komplexes),
- höherer Mineralstoffanteil.

Nährstoffveränderte Brote

Im Vergleich zu den Ernährungsgewohnheiten von vor 50 Jahren kann allgemein festgestellt werden:

- eine Verdreifachung der durchschnittlichen täglichen Fettzufuhr,
- eine Verzehnfachung der durchschnittlichen täglichen Aufnahme süßer Zuckerstoffe,
- eine Vernachlässigung der Ballaststoffe.

Ursache dafür sind die geänderten Eßgewohnheiten. Die Menschen in der Bundesrepublik essen

- mehr als sie überhaupt brauchen,
- zu viel Fett und
- zu viel süße Zuckerstoffe.

Auch der Alkoholgenuß und nährstoffreiche, süße Getränke sind in diese Bilanz einzurechnen!

So kommt es zu vielen ernährungsbedingten Gesundheitsschäden, wie Übergewicht, Herzkrankheiten, Bluthochdruck, Zuckerkrankheit und Verdauungsstörungen.

Nun kann der Bäcker sicher nicht durch Aufklärung über diese Sachverhalte die Ernährungsgewohnheiten verändern.

Das Backwarenangebot mit Vollkorn-, Schrot- und ballaststoffangereicherten Gebäcken oder Backwaren mit veränderten Nährwerten nimmt aber mit der Ausprägung gesundheitsbewußter Ernährung zu und ist ein wichtiger Beitrag in dieser Richtung.

Wird der Gehalt an bestimmten Nährstoffen in einer Backware vermindert oder erhöht, so muß diese Veränderung mit Angabe des Nährstoffs und des durchschnittlichen %-Anteils kenntlich gemacht werden.

Auf einen verminderten Brennwert darf nur hingewiesen werden, wenn

- der Brennwert gegenüber vergleichbaren Lebensmitteln mindestens um 40 % vermindert ist, oder
- je 100 g Brot und Obstkuchen höchstens 840 kJ und je 100 g Feinen Backwaren (außer Obstkuchen) höchstens 1260 kJ Brennwert erreicht werden und
- gleichzeitig die brennwertverminderten Bestandteile und ihre Mengen angegeben werden.

Mit Ausnahme bestimmter diätetischer Erzeugnisse darf bei brennwertverminderten Backwaren nicht mit Hinweisen auf „schlankmachende Eigenschaften" der Backwaren geworben werden!

Im Sinne einer gesundheitsbewußten Ernährung ist es sinnvoll, Angaben über den Nährwert von Broten herauszustellen. Nur so können die wichtigen Eigenschaften von Brot für eine gesunde Ernährung klar werden:

Es ist ein fett- und zuckerarmes, aber ein kohlenhydratreiches und ballaststoffreiches Lebensmittel!

Hinweis:
Näheres über Brote mit verändertem Nährwert und ballaststoffhaltigen Zusätzen finden Sie im Kapitel „Spezialbrote"!

Nährwerttabelle

mittlerer Gehalt in 100 g Lebensmittel	Grundnährstoffe			Energie in kJ
	Fett g	Eiweiß g	Kohlenhydrate g	
Hefegebäck	7,0	5,0	33,0	903
Vollmilchschokolade	30,0	8,0	56,0	2209
Schlagsahne	31,5	2,4	3,4	1298
Butterschmalz	99,5	0,3	–	3767
Haferflocken	7,0	14,0	66,0	1680
Weizenmehl, Type 405	1,0	10,6	74,0	1457
Roggenvollkornbrot	1,2	7,3	46,4	949
Brötchen	1,0	7,0	58,0	1130
Äpfel (roh)	0,6	0,2	13,5	251
Johannisbeeren (roh)	0,2	1,1	9,7	188
Apfelsaft	–	0,1	11,7	197
Erdbeerkonfitüre	–	0,4	65,4	1100
Limonade	–	–	12,0	206
Vanilleeis	16,5	12,5	60,5	1848

Tabelle Nr. 74

Lebensmittelrechtliche Bestimmungen

Spezialbrote mit verändertem Nährwert

1. eiweißangereichertes Brot	→ Mindestanteil 22 % Eiweiß in der Trockenmasse
2. kohlenhydratverminderiertes Brot	→ mindestens 30 % weniger Kohlenhydrate als vergleichbare Brote
3. ballaststoffangereichertes Brot	→ mindestens 10 % Speisekleie zugesetzt (auf Mehl bezogen)

Tabelle Nr. 75

Zum Nachdenken:
Bei einem nährwertveränderten Brot wird ein Kohlenhydratanteil durch Eiweißstoffe ersetzt.

Welchen Einfluß hat das auf den Brennwert des Brotes?

Herstellen von Feinen Backwaren aus Hefeteigen

Einteilung und Zusammensetzung von Hefefeingebäcken

Wenn ein Kunde eine Bäckerei aufsucht, um süße Backwaren zum Kaffee einzukaufen, so fragt er nach Kuchen, nach Torten, nach Krem- oder Sahneteilchen oder einfach nach Gebäck.

Ihm wird nicht einfallen, nach „Feinen Backwaren" zu fragen. Aber genau so lautet die Fachbezeichnung für Kuchen, Torten und Desserts.

„Feine Backwaren" ist der Oberbegriff für alle Backwaren, die nicht Brot und Brötchen (einschließlich aller anderen Kleingebäcke aus ungesüßtem Hefeteig) sind.

> ✱ *Feine Backwaren unterscheiden sich von Brot dadurch, daß ihr Gehalt an zugesetzten Fetten und Zuckerarten insgesamt mindestens 10 Teile auf 90 Teile Getreideerzeugnisse bzw. Stärke beträgt.*

Feine Backwaren enthalten also mindestens 11,1 % Fett und/oder Zucker der Mehlmenge.

Feine Backwaren, einschließlich der Dauerbackwaren, unterteilt man in Gruppen:	
Feine Backwaren aus Teigen	▶ aus Hefefeinteigen ▶ aus Mürbeteigen ▶ aus Blätterteigen ▶ aus Lebkuchenteigen
Feine Backwaren aus Massen	▶ aus Massen mit Aufschlag ▶ aus Massen ohne Aufschlag
Feine Backwaren besonderer Art	▶ z. B. diätetische Feinbackwaren

Feine Backwaren aus Hefeteigen werden allgemein als Hefekuchen oder Hefefeingebäcke bezeichnet.

Alle Hefefeingebäcke sind in der Regel aus den folgenden sechs Zutaten hergestellt:
- Weizenmehl,
- Milch / Wasser,
- Fett,
- Zucker,
- Salz,
- Hefe.

Zusätzlich sind für Hefefeingebäcke noch folgende Zutaten üblich:
- Eier,
- Milcherzeugnisse,
- Trockenfrüchte, Obsterzeugnisse,
- Rohmassen, wie Marzipan, Persipan, Nugat,
- Samenkerne, wie Mandeln und Nüsse,
- Zuckeraustauschstoffe, Süßstoffe,
- Gewürze, Aromen.

Bei Verwendung von Fertigmehlen oder Convenienceprodukten enthält der Teig noch andere Stoffe, z. B. Emulgatoren, Verzuckerungsprodukte der Stärke, Invertzucker.

Wenn Sie irgendwo in Deutschland unterwegs sind, schauen Sie sich die Auslagen der Bäckereien an! Sie werden Hefefeingebäcke entdecken, die Ihnen unbekannt sind, die nur in der betreffenden Region üblich sind. Sie werden aber auch bestimmte Hefefeingebäcke wiederfinden, die überall in Deutschland anzutreffen sind.

Vielleicht stellt auch Ihr Betrieb spezielle Hefegebäcke her, die nur bei Ihnen bzw. nur in wenigen Bäckereien angeboten werden.

In den folgenden Kapiteln werden nur die bekanntesten, für eine Backwarengruppe typischen Hefefeingebäcke und ihre Herstellung beschrieben.

Es ist üblich, Hefefeingebäcke nach ihrer Zusammensetzung in Gruppen einzuteilen. Dabei werden Begriffe wie ,,leichte", ,,mittelschwere" und ,,schwere" Hefefeinteige verwendet.

✱ *Ob ein Hefefeinteig als leicht oder schwer zu bezeichnen ist, richtet sich ausschließlich nach dem Zucker-/Fettanteil im Teig.*

Ein Teig mit geringem Zucker-/Fettanteil gärt ,,leicht" (= schnell) und ergibt großvolumige, ,,leichte" Gebäcke, die ,,leicht" verdaulich sind. Ein Teig mit hohem Zucker-/Fettanteil gärt nur ,,schwer" (= langsam) und ergibt kleinvolumige, ,,schwere" Gebäcke, die ,,schwer" verdaulich sind.

Abb. Nr. 434 Feingebäcke aus leichtem Hefeteig

Abb. Nr. 435 Feingebäcke aus mittelschwerem Hefeteig

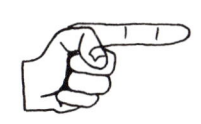

Hinweis: *Über Convenienceprodukte erfahren Sie mehr im Kapitel ,,Convenienceprodukte in Hefefeinteigen"!*

Abb. Nr. 436 Feingebäcke aus schwerem Hefeteig

Abb. Nr. 437 Gekneteter Hefefeinteig

Abb. Nr. 438 Geschlagener Hefefeinteig

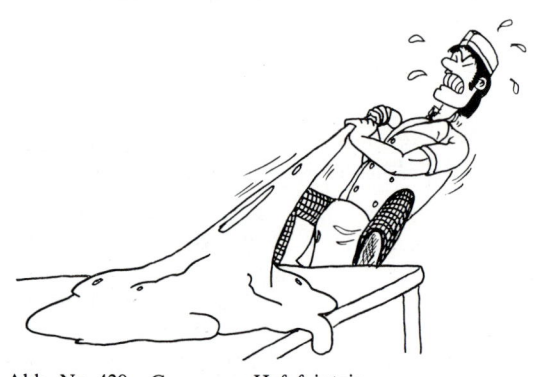

Abb. Nr. 439 Gezogener Hefefeinteig

Abb. Nr. 440 Gerührter Hefefeinteig

Abb. Nr. 441 Siedegebäcke aus Hefefeinteig mit Eianteil

Für bestimmte Hefeingebäcke ist das Herstellungsverfahren so typisch, daß man es als Einteilungsmerkmal verwendet.

Einteilung nach dem Herstellungsverfahren	
Herstellungsverfahren:	Backwaren:
gekneteter Hefefeinteig	▶ für fast alle Hefefeingebäcke
geschlagener Hefefeinteig	▶ für Berliner Pfannkuchen
gezogener Hefefeinteig	▶ für Plunder
gerührter Hefefeinteig	▶ für Guglhupf

Hefefeingebäcke können auch nach typischen Gruppenmerkmalen unterschieden werden.

Gruppenmerkmal:	Backwaren:
Spezielle Zutaten im Teig	▶ Eihaltige Gebäcke ▶ Buttergebäcke ▶ Milchgebäcke ▶ Gebäcke mit Früchten
Füllung, Belag	▶ Mohnkuchen ▶ Marzipangebäcke ▶ Apfelkuchen ▶ Käsekuchen ▶ Zuckerkuchen ▶ Mandelkuchen ▶ Bienenstich ▶ Streuselkuchen
Gebäckform	▶ Zöpfe ▶ Kränze ▶ Brezeln ▶ Taschen ▶ Napfkuchen ▶ Blechkuchen
Gebäckgröße	▶ Großgebäcke ▶ Kleingebäcke
Backverfahren	▶ Ofengebäcke ▶ Siedegebäcke
Lagerfähigkeit	▶ Tagesgebäcke ▶ Wochenendgebäcke ▶ Dauerbackwaren

Richtwerte für den Zucker-/Fettanteil in Hefefeinteigen je 1000 g Mehl			
	Gebäckart	Zuckeranteil	Fettanteil
Leichter Hefefeinteig • ohne Eianteil	Hefekleingebäcke, Grundteig für Plunder	75 bis 150 g	75 bis 150 g
• mit Eianteil	Berliner Pfannkuchen	100 bis 125 g	100 bis 125 g
Mittelschwerer Hefefeinteig	Streusel-, Zucker-, Butterkuchen, Bienenstich, Stuten	150 bis 200 g	150 bis 200 g
Schwerer Hefefeinteig	Stollen	75 bis 150 g	300 bis 500 g

Tabelle Nr. 76

Führung von Hefefeinteigen

Die Herstellung von Hefefeinteigen erfolgt
– in indirekter Führung mit Hefeansatz,
– in direkter Führung mit herkömmlichen Zutaten,
– in direkter Führung mit Fertigmehlen bzw. Convenienceprodukten.

Indirekte Führung mit Hefeansatz

Der Hefeansatz bei der indirekten Führung wird auch häufig „Hefestück" oder „kurzer Vorteig" genannt.

Der Hefeansatz ist üblich bei der Herstellung von schweren Hefeteigen (z. B. für Stollen). Aber auch bei leichteren Teigen, z. B. für Berliner Pfannkuchen (mit herkömmlichen Zutaten) wird häufig ein Hefeansatz bereitet.

> Zum Nachdenken:
> Karl meint: „Die Teigführung mit Hefeansatz ist doch ein alter Zopf und kostet nur Zeit! Ein paar Gramm mehr Hefe bringen den gleichen Erfolg!"
> Stimmt das so?

✳ **Kennzeichen des Hefeansatzes:**

▸ Der Teig wird mit ⅓ bis ⅔ der rezeptmäßigen Mehlmenge und der gesamten Hefe- und Milch- bzw. Wassermenge angesetzt (Abb. Nr. 442). Ein Zusatz bis zu 2 % Zucker (= 20 g pro kg Mehl) ist zuweilen üblich.
▸ Der Teig wird weich und warm (28 bis 30 °C) geführt.
▸ Die Reifezeit beträgt 30 bis 60 Minuten.

✳ *Ziele des Hefeansatzes:*

▸ *Die Hefe soll ihre volle Gärleistung erlangen, bevor in den Teig Zutaten in gärhemmender Konzentration eingebracht werden.*
▸ *Der Vorteig soll stark aufgelockert werden. Beim Bereiten des Hauptteigs werden die Poren des Vorteigs zu unzähligen Feinstporen zusammengedrückt.*
Die Feinstporen garantieren eine Mindestlockerung, auch wenn der Hauptteig nur noch geringfügig aufgeht.

Der Hefeansatz ist reif, wenn er sein Volumen in etwa verdoppelt hat.

Der Hauptteig wird nun nach dem All-in-Verfahren aus dem Hefeansatz und den restlichen Zutaten hergestellt.

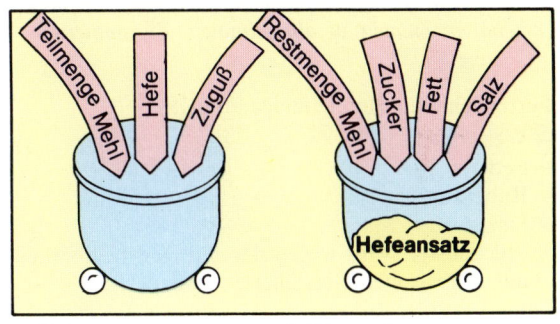

1. Hefeansatz   2. Hauptteig

Abb. Nr. 442   Indirekte Teigführung (mit Hefeansatz)

Direkte Führung mit herkömmlichen Zutaten

Die direkte Führung ist die Führung ohne Vorteig.

Bei der Teigbereitung mit schnell und intensiv arbeitenden Knetmaschinen ist das vorherige Aufschlämmen der Hefe, das Lösen des Zuckers oder das Geschmeidigarbeiten von Fett mit Zucker nicht notwendig.

Alle Zutaten werden in den Knetkessel eingebracht und gleichzeitig verarbeitet (= All-in-Verfahren).

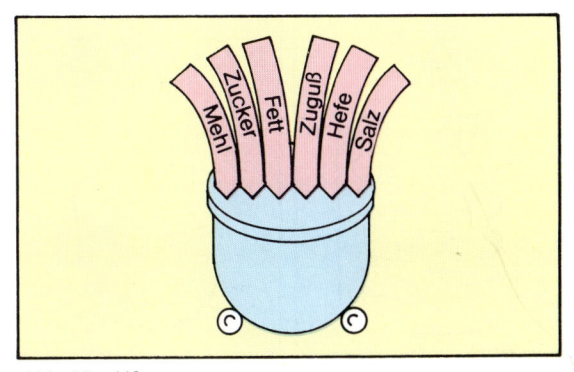

Abb. Nr. 443
Herstellung von Hefefeinteig in direkter Führung (All-in-Verfahren)

Ein Kunde spricht Karl an: „Sie sind doch Bäcker; können Sie mir ein gutes Hefekuchenrezept verraten?" Karl läuft im Gesicht rot an: „Es tut mir leid! Ich kenne kein Hefekuchenrezept. In unserem Betrieb wird der Hefeinteig aus Fertigmehl bereitet!"
Das war eine Blamage!
Ihnen darf es nicht so ergehen wie Karl!

Direkte Führung mit Fertigmehlen oder Convenienceprodukten

Der gelernte Fachmann, der Fertigmehle bzw. Convenienceprodukte verarbeitet, sollte die betreffende Backware auch mit herkömmlichen Zutaten herstellen können. Andernfalls ist er nicht in der Lage, Backwaren aus Fertigmehl und ihre Herstellung vergleichend zu beurteilen.

Was sind Fertigmehle?

✱ *Fertigmehle sind Zutatenmischungen für bestimmte Gebäckgruppen. Sie enthalten alle haltbaren Zutaten in abgestimmter Zusammensetzung.*

Fertigmehle für Hefeinteige enthalten
– Weizenmehl,
– Fett,
– Rübenzucker,
– Salz,
– Milchpulver (wird wegen der geringen Haltbarkeit nur von wenigen Herstellern verwendet!);

außerdem können sie sonst nicht übliche Zutaten enthalten, wie

– Invertzucker, ▶ Invertzucker verbessert die Frischhaltung.

– Emulgatoren ▶ Emulgatoren verbessern die Fettverteilung im Teig, somit die Teigeigenschaften und die Gebäckqualität.

Für die Teigbereitung müssen zugesetzt werden:
– Zugußflüssigkeit,
– Hefe,
– Ei (soweit Ei für die Gebäckart erforderlich ist).

Abb. Nr. 444
Zusammensetzung von Fertigmehl für Hefeinteige

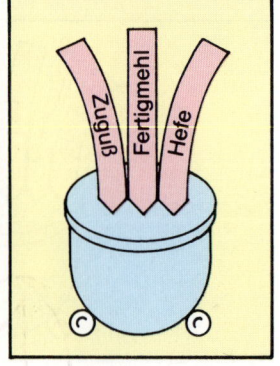

Abb. Nr. 445
Direkte Führung mit Fertigmehl

Und so erfolgt die Herstellung von Hefeinteigen mit Fertigmehl:
→ Fertigmehl abwiegen,
→ Hefe abwiegen,
→ Zugußflüssigkeit temperieren und messen,
→ alle Zutaten ohne weitere Vorbereitung gleichzeitig verarbeiten (Abb. Nr. 445).

Die Verwendung von Fertigmehl für Hefeingebäcke hat Vorteile im Vergleich zur herkömmlichen Bereitung:
▶ *Die Herstellung ist einfacher, zeitsparender und sicherer.*
▶ *Die Gärstabilität und Gärtoleranz sind größer.*
▶ *Die Gebäcke haben ein größeres Volumen und eine zarte, gut aufgelockerte Krume.*
▶ *Die Gebäcke haben bessere Frischhalteeigenschaften.*

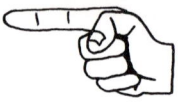

Begriffserklärung

Was sind nun Convenienceprodukte im Vergleich zu Fertigmehlen?

Convenience bedeutet im Englischen = Bequemlichkeit, Angemessenheit.

✱ *Convenienceprodukte sind abgestimmte, vorbehandelte Lebensmittelzubereitungen für die Herstellung von Backwaren, Füllungen und Auflagen.*

Convenienceprodukte sind Zutatenmischungen, die bereits einem Zubereitungsverfahren unterworfen waren, z. B. durch Abrösten, Kochen oder Emulgieren. Deshalb zählen Fertigmehle nicht zu den Convenienceprodukten im engeren Sinne.

Bei der Herstellung von Hefeingebäcken spielen Convenienceprodukte vor allem für Füllungen eine Rolle.

Für die Herstellung von Hefeinteigen sind die Backkrems von Bedeutung.

✱ *Backkrems sind Zubereitungen aus Fett, Emulgatoren, Rübenzucker, auch anderen Zuckerarten und z. T. auch Dickungsmitteln.*

Dickungsmittel sind stark quellfähige Stoffe. Sie erhöhen die Teigausbeute und verbessern die Gebäckfrischhaltung.

Die Verwendung von Backkrems bringt Vorteile:
▶ *Die Teige sind gärstabiler.*
▶ *Das Gebäckvolumen ist größer.*
▶ *Die Krume ist zart und gut aufgelockert.*
▶ *Die Gebäcke halten sich besser frisch.*

Für die Herstellung von Backwaren, deren Zucker-Fett-Verhältnis nicht mit dem des Backkrems übereinstimmt, muß dem Teig zusätzlich zum Backkrem noch Fett (z. B. für Stollen) oder noch Zucker zugesetzt werden.

Zum Nachdenken:
Meister Kramer meint: Die Backwarenherstellung mit Fertigmehlen und Convenienceprodukten ist einfacher, rationeller und sicherer.
Aber:
- *Sie führt aus der Vielfalt zu einer Uniformierung der Backwaren.*
- *Sie führt zu einer allmählichen Absenkung der Backwaren-Qualität.*
- *Sie macht mit der Zeit den ausgebildeten Bäcker überflüssig.*
Was meinen Sie dazu?
Stimmt das so?
Diskutieren Sie das Problem mit Ihren Kollegen!

Verfahrensregeln für die Führung von Hefefeinteigen

Für die Herstellung von Hefefeingebäcken gibt es
- allgemeingültige Regeln, die für alle Gebäckgruppen gelten und
- besondere Regeln, die nur für bestimmte Gebäckgruppen zutreffen.

In diesem Kapitel werden die übergeordneten, allgemeingültigen Herstellungsverfahren für Hefefeingebäcke dargestellt.
Spezielle Führungsverfahren werden im Zusammenhang mit der jeweiligen Feingebäckgruppe in den späteren Kapiteln behandelt.

Allgemeingültige Regeln für die Führung von Hefefeinteigen

Regeln:	Erläuterungen:
– Die Zutaten sind rechtzeitig vor der Verarbeitung bereitzustellen, damit sie sich auf Raumtemperatur erwärmen.	▶ Kalte Zutaten erschweren die Erzielung der gewünschten Teigtemperatur. Gekühlte Fette, insbesondere Butter, sind fest. Sie verteilen sich nur unzureichend bei der Teigbereitung.
– Bei der Verarbeitung sehr fester Fette sollte vor der Teigbereitung das Fett mit dem Zucker geschmeidig gearbeitet werden.	▶ Das Fett läßt sich so besser im Teig verteilen.
– Der Zuckeranteil sollte 40 % der zugesetzten Flüssigkeit nicht übersteigen. Oder: Der Zuckeranteil sollte bei leichtem Hefeinteig 20 % der Mehlmenge, bei fettreichem Hefefeinteig 15 % der Mehlmenge nicht übersteigen.	▶ Die Gärleistung der Hefe wird wesentlich von der Zuckerkonzentration der Teigflüssigkeit bestimmt. Hohe Zuckerkonzentration hemmt die Hefe.
– Die Teigtemperatur sollte 24 bis 30 °C, bei fettreichen Teigen höchstens 26 °C, bei butterreichen Teigen höchstens 24 °C betragen.	▶ Sehr kühl geführte Teige erreichen erst nach mehrstündiger Teigruhe die optimale Teigreife. Sehr warm geführte Teige neigen zum Abtrocknen und Borkigwerden der Teigoberfläche. Sehr warm geführte Teige führen zum Ausschmelzen des Fettes im Teig. Beim Aufarbeiten des Teiges tritt das Fett aus dem Teiggefüge aus. Die Folge ist eine verringerte Gärstabilität. Dadurch bleibt das Gebäckvolumen klein und die Krume bekommt eine grobe Beschaffenheit.
– Der Teig soll intensiv geknetet werden.	▶ Intensiv geknetete Teige reifen schneller. Sie haben außerdem eine größere Gärstabilität. Dadurch erzielt man großvolumige Gebäcke mit einer zarten Krumenbeschaffenheit.
– Hefefeinteige brauchen eine längere Teigruhe als Brötchenteige zur Erlangung der Teigreife.	▶ Je höher der Zuckeranteil ist, desto länger braucht der Teig, um die gewünschte Teigbeschaffenheit und Gärleistung der Hefe für die Teigaufarbeitung zu erlangen. Für eine gute Gebäckauflockerung empfiehlt es sich, die Teigruhe in zwei Phasen zu unterteilen. Der Teig soll zunächst kräftig angaren. Nach dem Zusammenschlagen läßt man den Teig noch einmal aufgehen.
– Nach dem Auswiegen und Vorformen (Rundwirken) der Teigstücke sollte eine Zwischengare eingelegt werden.	▶ Der Teig braucht etwas Zeit, um sich zu entspannen. Ist der Teig etwas angegart, läßt er sich – ohne zu reißen – leichter auf-

- Die Stückgare sollte zwischen 30 und 40 °C in feuchtem Gärraumklima erfolgen. Schwere Hefefeinteige sollten mit etwa ⅓-Gärreife, leichte Hefefeinteige mit etwa ⅔-Gärreife gebacken werden.

arbeiten. Die bei der Zwischengare gebildeten Gärgase ergeben beim Aufarbeiten des Teiges durch das Zusammendrücken und Quetschen der Poren zusätzliche Feinstporen.

▶ Butterreiche Teige und Plunderteige mit hohem Ziehfettanteil sollten nicht Gärraumtemperaturen über 35 °C ausgesetzt werden. Andernfalls schmilzt das Fett aus. Schwere Hefefeinteige haben eine geringe Gärstabilität. Die Kleberbildung und Klebervernetzung ist wenig ausgeprägt. So wird der Teigzusammenhalt bei fettreichen Teigen zum Teil durch das Verkleben der Teigbestandteile mit dem Fett gewährleistet. Beim Ofentrieb schmilzt das Fett. Die Folge ist, daß Teige mit zuviel Gärreife beim Backen flachlaufen oder gar zusammenfallen.

Die Führung von Hefefeinteigen ist ohne ausreichende Kenntnis über die Wirkung der Zutaten nicht möglich.

Die Zutaten beeinflussen
- die Teigfestigkeit,
- die Teigbeschaffenheit,
- die Teigreifung,
- das Gärverhalten,
- die Verarbeitungseigenschaften,
- die Gärstabilität,
- die Gärtoleranz und
- die Gebäckqualität.

Milch und ihre backtechnische Bedeutung

Zum Nachdenken: Karl behauptet: ,,Ob für Hefefeinteige Milch oder Wasser verarbeitet wird, merkt der Verbraucher in keinem Fall!''
Was sagen Sie dazu?

Viele Backwaren, aber auch andere Erzeugnisse der Bäckerei, werden mit Milch oder Milcherzeugnissen hergestellt:
- Milchbrötchen,
- einige Brötchensorten mit Milch und Wasser,
- Toastbrot,
- Hefefeingebäcke,
- leichte Rührkuchen,
- Brandmassen für Spritzkuchen,
- Mohn- und Quarkzubereitungen,
- Stärkekrems,
- Speiseeis und andere Erzeugnisse.

Milch als Backzutat

Für Hefefeingebäcke ist die Verwendung von Milch zwar nicht vorgeschrieben; doch aus Gründen der Qualitätsverbesserung ist die Verarbeitung von Milch in jedem Fall zu empfehlen.

Der Qualitätsunterschied zwischen milch- und wasserhaltigen Feingebäcken ist um so deutlicher, je leichter der Teig ist, aus dem das Gebäck hergestellt wird.

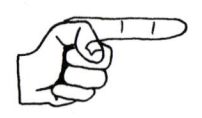

Hinweis für die Weiterarbeit: Stellen Sie fest, für welche Erzeugnisse in Ihrem Betrieb Milch bzw. Milchpulver verwendet wird!

Wirkung von Milch auf die Teigbeschaffenheit

Mit Milch hergestellte Teige sind im Vergleich zu Wasserteigen trockener und wolliger.

Milchhaltige Teige haben einen besseren Stand. Die Teige lassen sich besser verarbeiten. Sie kleben weniger und sind leichter formbar (siehe Abb. Nr. 446).

Die Gärstabilität (= Gashaltevermögen) und die Gärtoleranz (= Unempfindlichkeit gegen Übergare) sind größer.

Die günstige Wirkung von Milch auf die Teigbeschaffenheit wird durch die Verbesserung der Klebereigenschaften verursacht. Das fein verteilte Milchfett macht den Kleber geschmeidig und verlangsamt die Alterungsvorgänge im Teig. Die emulgierende Wirkung der Milch ist durch die besondere Zusammensetzung des Milchfetts (Lezithingehalt) und durch das Milcheiweiß begründet.

Abb. Nr. 446
Weizenhefeteige mit Wasser (links), mit Vollmilch (Mitte) und mit Magermilch (rechts)

Vergleichen Sie den ,,Stand'' der Teige!

Wirkung von Milch auf das Gärverhalten

Milchhaltige Teige garen etwas langsamer als mit Wasser hergestellte Teige. Die schwache Gärhemmung ist für die Praxis jedoch ohne Bedeutung. Die gärhemmende Wirkung der Milch wird häufig dem Milchfett zugeschrieben. Diese Erklärung ist nicht haltbar, da auch bei Verwendung entrahmter Milch in etwa die gleiche Gärverzögerung auftritt (siehe Abb. Nr. 447)

Abb. Nr. 447
Weizenhefeteige nach 40 Minuten Stückgare: mit Wasser (links), mit Vollmilch (Mitte) und mit Magermilch (rechts)

Vergleichen Sie das Volumen der Teige!

✻ *Der Milchzucker ist unvergärbar; er kann also nicht gärfördernd wirken. Er bleibt im Teig und Gebäck voll erhalten.*

Durch die größere Gärstabilität milchhaltiger Teige kann die Stückgare ausgedehnt werden. So erreichen milchhaltige Teige schon während der Stückgare ein größeres Teigvolumen.

Wirkung von Milch auf die Gebäckqualität

Milchhaltige Gebäcke haben ein größeres Volumen (Abb. Nr. 448 und 449).
Die Kruste ist kräftiger gebräunt. Die bessere Bräunung wird durch den Milchzucker bewirkt. Der Milchzucker bildet beim Backen mit bestimmten Aminosäuren bräunende Stoffe: **Melanoidine.**
Die Krume ist wattig-zart und feinporig. Der Genußwert ist deutlich verbessert. Milchhaltige Gebäcke halten sich länger frisch.

Einfluß der Milch auf das Herstellungsverfahren

Mit Milch hergestellte Teige haben eine höhere Teigausbeute. Als Erklärung gilt der geringere Wasseranteil der Milch. Denn Milch besteht zu 12,5 % aus Trockenbestandteilen.
Milchhaltige Teige vertragen eine intensivere Teigknetung. Dadurch wird die Teigreifung begünstigt.
Milchhaltige Teige altern nicht so schnell. So wird über den Milchanteil eine größere Sicherheit bei der Herstellung von Hefeingebäcken erzielt.
Wegen der größeren Gärtoleranz kann die optimale Gärreife geringfügig überschritten werden, ohne daß es zu Gebäckfehlern kommt.

Abb. Nr. 448
Kastenweißbrote mit teilentrahmter Milch (links) und mit Wasser (rechts) hergestellt

Vergleichen Sie das Volumen und die Krustenfarbe der Gebäcke!

Abb. Nr. 449
Kastenweißbrote im Anschnitt mit teilentrahmter Milch (links) und mit Wasser (rechts) hergestellt

Vergleichen Sie die Krumenporung!

Zusammensetzung der Milch

In der Abbildung Nr. 450 sind die Milchbestandteile in Prozent dargestellt. Milch besteht also überwiegend aus Wasser. Dennoch hat sie einen sehr hohen Nährwert. Denn Milch enthält alle wesentlichen Nährstoffe.

→ *Das Milcheiweiß enthält sämtliche essentiellen (= lebenswichtigen) Aminosäuren.*

→ *Das Milchfett ist Energielieferant. Dazu ist es Träger der fettlöslichen Vitamine. Der Anteil essentieller Fettsäuren ist unbedeutend.*

→ *Der Milchzucker ist Energielieferant.*

→ *Die Mineralstoffe bestehen vor allem aus Kalzium, Magnesium und Phosphor.*

→ *Der Vitaminanteil der Milch ist sehr hoch. Milch deckt insbesondere den Bedarf an Vitamin A, B_1 und B_2.*

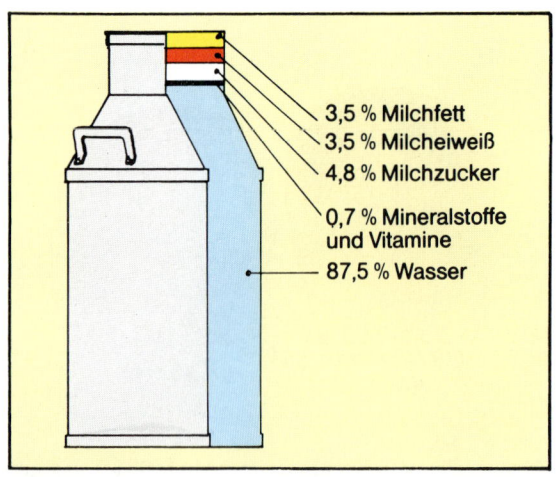

Abb. Nr. 450
Anteile der Milchbestandteile in Prozent

Gewinnung von Konsummilch

Wenn die Rede von Milch ist, dann ist ausschließlich Kuhmilch gemeint. In die Rechtsvorschriften über Milch ist dieser allgemeine Sprachgebrauch übernommen worden.

Ist die Milch anderer Tiere gemeint, muß der Name der betreffenden Tiergattung in die Verkehrsbezeichnung einbezogen werden, z. B. Ziegenmilch.

Milch ist also das Gemelk von Kühen.

Bearbeitung von Konsummilch

Die Rohmilch wird in Milchbearbeitungsbetrieben (= Molkereien) vor Abgabe an die Verbraucher behandelt:

▶ *Beseitigen von Verunreinigungen;*
▶ *Einstellen des Fettgehalts;*
▶ *Wärmebehandlung*
  • *Pasteurisieren,*
  • *Sterilisieren,*
  • *Ultrahocherhitzen;*
▶ *Homogenisieren.*

Mögliche Verunreinigungen der Milch werden in Zentrifugen vorweg abgetrennt.

Der Fettgehalt von Vollmilch muß mindestens 3,5 % betragen. Da die angelieferte Milch im Durchschnitt einen höheren Fettgehalt aufweist, wird der Fettgehalt in Zentrifugen auf den gewünschten Anteil eingestellt.

Wärmebehandlung

Milch wird durch Wärmebehandlung keimarm oder keimfrei gemacht. Die Wärmebehandlung dient also
– der menschlichen Gesunderhaltung,
– der Haltbarkeit der Milch.

Pasteurisierte Milch ist keimarme Milch, die im gekühlten Zustand etwa 2 bis 3 Tage ihre Frischeeigenschaften behält.

Sterilisierte Milch ist keimfreie Dauermilch. Sie hat in der sterilen Verpackung fast unbegrenzte Haltbarkeit. Die Milch wird 20–30 Minuten auf 110–115 °C erhitzt. Nachteilig ist der Kochgeschmack.

Ultrahocherhitzte Milch (= H-Milch) ist eine fast keimfreie Milch. Die Milch wird für 2 Sekunden auf 135 bis 150 °C erhitzt. Auch die H-Milch hat durch die Karamelisierung des Milchzuckers einen leichten Kochgeschmack.

H-Milch ist in der sterilen Verpackung auch ungekühlt mindestens 6 Wochen haltbar. Durch die einfache Vorratshaltung und die Preiswürdigkeit ist H-Milch für Backzwecke bestens geeignet.

Wärmebehandelte Milch wird als Vollmilch, als teilentrahmte Milch und als entrahmte Milch angeboten.

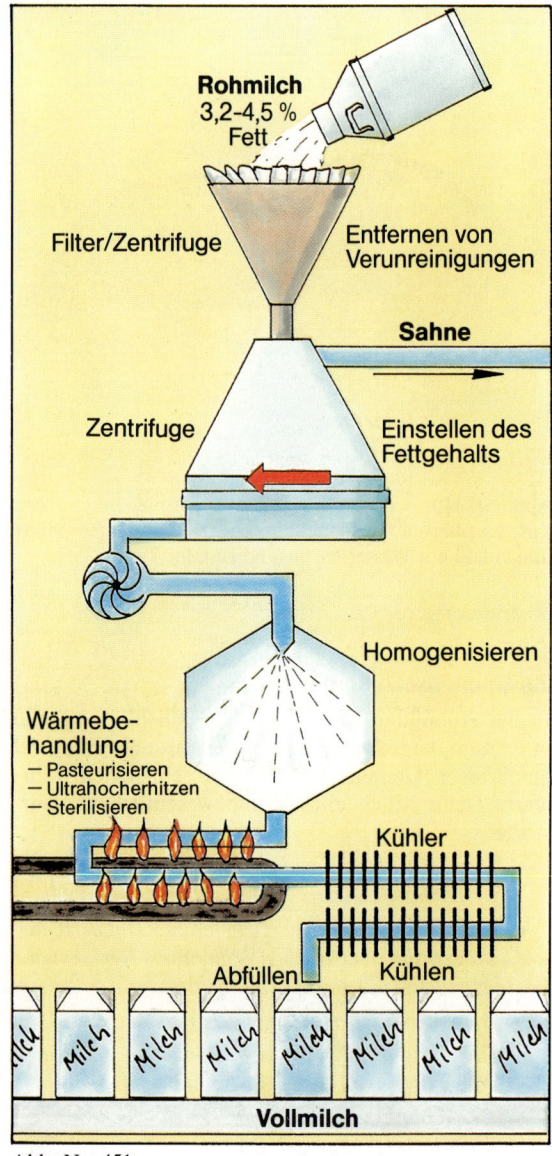

Abb. Nr. 451
Bearbeitung von Rohmilch für die Gewinnung von Vollmilch

Pasteurisierungsverfahren für Konsummilch
• Hocherhitzung = 5 Sekunden auf 85 °C
• Kurzerhitzung = 40 Sekunden auf 71 °C
• Dauererhitzung = 30 Minuten auf 65 °C

Tabelle Nr. 77

Homogenisieren

Das Milchfett ist in der Milch in Form von winzigen Tröpfchen verteilt. Diese Fetttröpfchen werden durch die Netzwirkung der Milcheiweiße in Feinstverteilung gehalten. Dennoch rahmt die Milch schon nach wenigen Stunden auf.

Beim Homogenisieren (= gleichmäßig verteilen) wird die Milch mit hohem Druck durch feine Düsen gepreßt. Dabei werden die Fetttröpfchen zu winzigen Fetteilchen zerlegt. So fein aufgemischt bleibt Fett über viele Tage gleichmäßig in der Milch verteilt. Das Homogenisieren verändert weder die Zusammensetzung noch die Haltbarkeit der Milch.

Milchsorten

Rohmilch ist unbehandelte Kuhmilch. Nur unter besonderen Voraussetzungen ist die unmittelbare Abgabe (Milch-ab-Hof-Abgabe) an die Verbraucher gestattet. Wichtige Voraussetzungen sind: guter Gesundheitszustand der Tiere, hygienische Einrichtungen für die Gewinnung, Aufbewahrung und Abgabe.

Vorzugsmilch ist Rohmilch von besonderer Güte mit natürlichem Fettgehalt von mindestens 3,5 %. Die Milch wird beim Erzeuger abgefüllt und direkt an den Handel abgegeben. Für die Erlaubnis zur Abgabe von Vorzugsmilch gelten sehr strenge Bestimmungen

– zum Gesundheitszustand der Tiere,
– über die Zusammensetzung und Beschaffenheit der Milch,
– zur Hygiene des Stalles,
– zur Hygiene der Einrichtungen für die Aufbewahrung und Abfüllung der Milch.

Vorzugsmilch hat gegenüber der üblichen Vollmilch backtechnisch keine Vorteile.

Vollmilch ist behandelte Rohmilch.
Sie ist
– wärmebehandelt (pasteurisiert oder ultrahocherhitzt oder sterilisiert),
– auf 3,5 % Fettgehalt eingestellt,
– in der Regel homogenisiert.

Teilentrahmte Milch (= fettarme Milch) ist ebenfalls wärmebehandelte Milch. Der Fettgehalt beträgt 1,5 bis 1,8 %. Die Einstellung des Fettgehalts erfolgt durch Entrahmen in Zentrifugen.

Entrahmte Milch (= Magermilch) darf höchstens 0,3 % Milchfett enthalten.
Die Wirkung von Magermilch auf die Teigbeschaffenheit und auf die Gebäckqualität ist nicht so günstig wie die von Vollmilch.

Vollmilch, aber auch Magermilch, wirken in Hefeteigen schwach gärhemmend. Beide Milchsorten verbessern gleich gut die Verarbeitungseigenschaften der Teige. Jedoch die Gärstabilität von Vollmilchteigen ist erheblich größer als die von Teigen mit Magermilch. Das wird deutlich am größeren Gebäckvolumen und an der besseren Krumenbeschaffenheit (Abb. Nr. 453 und 454).

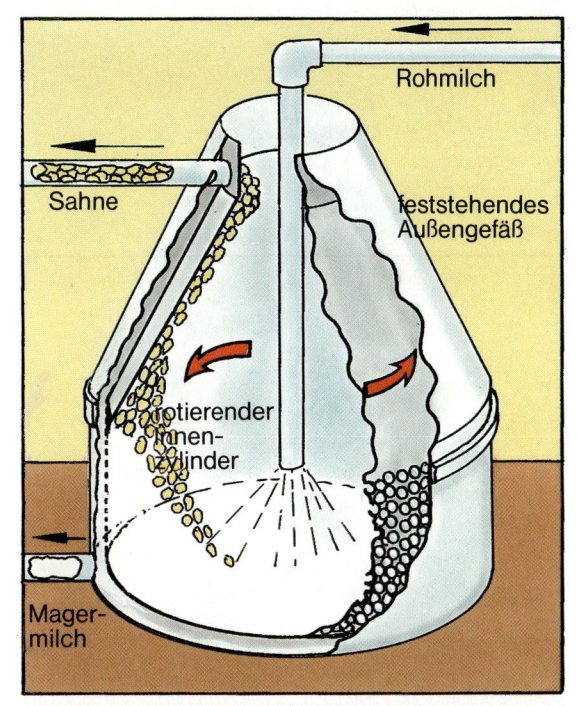

Abb. Nr. 452 Funktionsprinzip einer Zentrifuge

Erläutern Sie, weshalb in einem rotierenden Kegelgefäß der wäßrige Teil der Milch nach unten, der fettige Teil der Milch dagegen nach oben in die Kegelspitze gedrängt wird!

Abb. Nr. 453
Kastengebäck mit Wasser (links), mit Vollmilch (Mitte) und mit Magermilch (rechts) hergestellt

Vergleichen Sie Volumen und Krustenfarbe der Gebäcke!

Abb. Nr. 454
Kastenweißbrote im Anschnitt mit Wasser (links), mit Vollmilch (Mitte) und mit Magermilch (rechts) hergestellt

Vergleichen Sie die Krumenporung!

> **Zum Nachdenken:**
> *Meister Kramer behauptet, daß früher die Milch viel fettreicher war.*
> *Auf der Milch bildete sich schon nach wenigen Stunden ein richtiger Sahnepelz, den man abschöpfen konnte!*
> *Stimmt das so?*

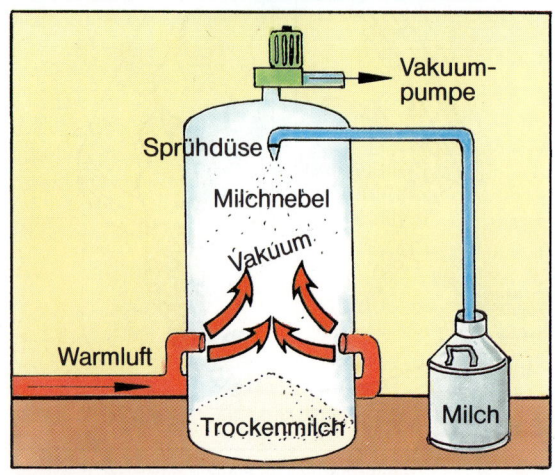

Abb. Nr. 455
Gewinnung von Trockenmilch im Sprühverfahren

Folgende Trockenmilcherzeugnisse stehen dem Bäcker zur Verfügung:

– Sahnepulver mit mindestens 42 % Fettgehalt
– Vollmilchpulver mit mindestens 26 % Fettgehalt
– fettarmes Milchpulver mit mindestens 1,5 und weniger als 26 % Fettgehalt
– Magermilchpulver mit höchstens 1,5 % Fettgehalt
– Buttermilchpulver mit höchstens 15 % Fettgehalt

Tabelle Nr. 78

> **Zum Nachdenken:** *Auf dem Markt wird Kaffeesahne und Kondensmilch mit etwa gleichem Fettgehalt angeboten.*
> *Worin besteht der Unterschied?*

> **Hinweise:** *Mehr über Schlagsahne erfahren Sie im Kapitel „Herstellen von Torten und Desserts". Über Zubereitungen aus Quark wird im Kapitel „Füllungen und Auflagen für Hefefeingebäcke" berichtet.*

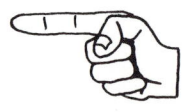

Fettgehalt von Sahne

Mindestfettgehalt für Kaffeesahne	10 %
Mindestfettgehalt für saure Sahne	10 %
Mindestfettgehalt für Sahnejoghurt	10 %
Mindestfettgehalt für Schlagsahne	30 %

Tabelle Nr. 79

Vollmilchgebäcke haben gegenüber Magermilchgebäcken eine bessere Frischhaltung.

Milcherzeugnisse als Backzutat

Von den Milcherzeugnissen sind für die Backwarenherstellung vor allem die Trockenmilch, die Sahne, Sauermilchquark und auch Joghurt von Bedeutung.

Trockenmilch

Viele Bäckereien verarbeiten Trockenmilch anstelle von Konsummilch.

Die Verarbeitung ist sehr einfach. Die Trockenmilch wird im Zugußwasser verteilt oder einfach unter das Mehl gemischt.

> *Vorteile der Verwendung von Trockenmilch:*
> – *Kosteneinsparung und Preisvorteile durch Großeinkauf auf Vorrat,*
> – *einfache Lagerung,*
> – *ständige Verfügbarkeit.*
> *Nachteile gegenüber Konsummilch:*
> – *geringe Einbußen im Genußwert,*
> – *doppeltes Messen, nämlich Zuguß und Milchpulver.*

Backtechnisch hat die Verwendung von Milchpulver kaum Nachteile im Vergleich zu den entsprechenden Milchsorten.

Trockenmilch muß kühl, trocken und vor Fremdgeruch geschützt aufbewahrt werden.

Trockenmilch wird von den meisten Herstellern nach dem Sprühverfahren gewonnen. Die im Sprühturm verstäubte Milch wird durch aufsteigende Warmluft getrocknet (Abb. Nr. 455).

Sahne

Schlagsahne, Kaffeesahne und saure Sahne finden bei der Herstellung von Hefefeingebäcken vielfältige Verwendung:
– als Zutat für die Teigherstellung,
– als Aufstrich von Zucker-, Butter-, Streusel-, Schmandkuchen,
– als Bestandteil von Füllungen und Belägen, z. B. in Pudding- und Quarkzubereitungen.

Sahne erhöht nicht nur den Nährwert, sondern auch den Genußwert von Hefefeingebäcken.

Sahne hat einen wesentlich höheren Milchfettanteil als Milch. In Separatoren (= Zentrifugen) wird der fettreiche Milchanteil von der übrigen Milch (= Magermilch) abgetrennt.

Sauermilchquark

Quark ist der in der Bäckerei meist verarbeitete Käse. Quark findet Verwendung
– als Füllung in Gebäcken,
– als Auflage von Mürbeteigböden und flachen Hefekuchen,

– als Teigzutat von Quarkstollen und -stuten.

Quark wird in der Regel aus Magermilch hergestellt. Die Milch wird durch Zugabe von Milchsäurebakterien und Lab dickgelegt. Die auslaufende Molke wird abgetrennt. Die angegebene Fettstufe wird durch Zugabe von Sahne erzielt.

Vorschriften für Milchgebäcke

Werden Backwaren als Milchgebäcke bezeichnet, dann müssen bestimmte Vorschriften über den Anteil und den Fettgehalt der verarbeiteten Milch eingehalten werden.

✱ Auf 100 kg Getreideerzeugnisse (Mehl, Schrot, Stärke) müssen
– für Brot und Brötchen mindestens 50 Liter Vollmilch,
– für Hefeeingebäcke mindestens 40 Liter Vollmilch und
– für hefefreie Gebäcke mindestens 20 Liter Vollmilch verarbeitet sein.

Anstelle von Vollmilch können entsprechende Mengen
– Vollmilchpulver oder
– Magermilch bzw. Magermilchpulver ergänzt durch die entsprechende Menge Milchfett (Sahne oder Butter) verwendet werden.

Beachten Sie die Tabelle Nr. 81 und die Abb. Nr. 456!

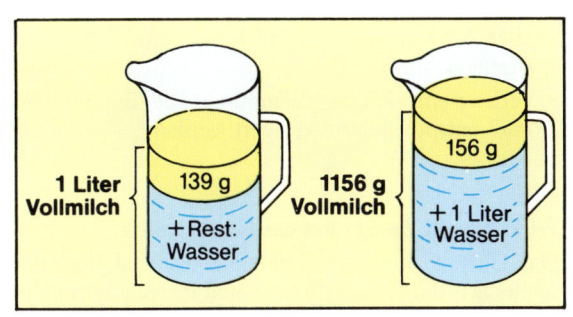

Abb. Nr. 456

Trockenmilchanteil für die Bereitung von Vollmilch

Für 1 Liter Vollmilch = 139 g Vollmilchpulver mit Wasser auf 1 Liter ergänzen.
Für 1156 g Vollmilch = 156 g Vollmilchpulver + 1 Liter Wasser.

Tabelle Nr. 81

Zusätzliche Informationen

Kondensmilch spielt für die Backwarenherstellung aus Kostengründen eine untergeordnete Rolle.

Kondensmilch ist durch Wasserentzug konzentriert und durch Wärmebehandlung keimfrei gemachte Milch.

Kondensmilch enthält alle Milchtrockenstoffe in konzentrierter Form.

Fettgehalt von Kondensmilchsorten

▸ Kondensmilch:
  mindestens ⟶ 7,5 %
▸ Kondensmilch mit hohem Fettgehalt:
  mindestens ⟶ 15,0 %
▸ teilentrahmte Kondensmilch:
  mehr als ⟶ 1,0 %
  weniger als ⟶ 7,5 %
▸ entrahmte Kondensmilch:
  höchstens ⟶ 1,0 %

Tabelle Nr. 80

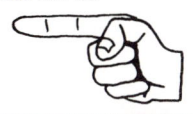

Lebensmittelrechtliche Vorschriften

Das Wichtigste über Milch und ihre backtechnische Bedeutung in Kurzform

✱ *Zusammensetzung von Milch:*
  3,5 % Milchfett
  3,5 % Milcheiweiß
  4,8 % Milchzucker
  0,7 % Mineralstoffe
  87,5 % Wasser

✱ *Milchbearbeitung:*
  ▸ *Einstellen des Fettgehalts*
  ▸ *Wärmebehandlung*
    • *Pasteurisieren*
    • *Ultrahocherhitzen*
    • *Sterilisieren*
  ▸ *Homogenisieren*

✱ *Milchsorten:*
  ▸ *Rohmilch*
  ▸ *Vorzugsmilch*
  ▸ *Vollmilch*
  ▸ *teilentrahmte Milch*
  ▸ *entrahmte Milch*

✱ *Milchgebäcke:*
  ▸ *Sie enthalten auf 100 kg Getreideerzeugnisse:*
    • *50 Liter Vollmilch für Brot und Weißgebäcke*
    • *40 Liter Vollmilch für Hefeeingebäcke*
    • *20 Liter Vollmilch für hefefreie Gebäcke*

✱ *Backtechnische Wirkung:*
  ▸ *Teigeigenschaften*
    • *wollig und trocken*
    • *guter Stand*
    • *gut formbar*
    • *große Gärstabilität und Gärtoleranz*
  ▸ *Gärverlauf:*
    • *geringe Gärhemmung*
    • *verlängerte Stückgare*
  ▸ *Gebäckqualität:*
    • *großes Volumen*
    • *kräftige Krustenbräunung*
    • *wattig-zarte Krume*
    • *feine, dünnwandige Poren*
    • *hoher Genußwert*
    • *längere Frischhaltung*

Zucker und seine backtechnische Bedeutung

Abb. Nr. 457 Zuckersorten

Die Abbildung zeigt Puderraffinade, grobkörnigen und feinkörnigen Raffinadezucker, Hutzucker, Hagelzucker, weißen und braunen Kandiszucker. Versuchen Sie die Zuckersorten herauszufinden!

Der Bäcker braucht für die Backwarenherstellung Zucker
– zum Süßen,
– zum Bräunen der Gebäckkruste,
– zum Verzieren.

Der Bäcker verarbeitet verschiedene Zuckerarten:
→ Raffinade und Weißzucker,
→ feste Produkte aus Kristallzucker, z. B. Puderraffinade, Hagelzucker, Karamelzucker,
→ flüssige Produkte aus Kristallzucker, z. B. Läuterzucker, Kristallinvertzucker, Invertsirup,
→ Glykosesirup aus Stärke,
→ Zuckeraustauschstoffe, wie Sorbit und Xylit für Diabetikerbackwaren.

Der Bäcker verwendet Zucker
– als Zutat für Teige und Massen,
– als Zutat für Süßwaren und Speiseeis,
– als Zutat für Füllungen und Krems,
– als Dekor für Backwaren.

Zum Nachdenken: *Ist es möglich, einen zuckerhaltigen Teig von einem zuckerfreien Weizenteig zu unterscheiden?*
Karl meint: *„Ob Zucker im Teig oder Gebäck enthalten ist, kann man nicht sehen oder fühlen, sondern nur schmecken!"*
Stimmt das so?

Genauere Angaben über die Wirkung von Zucker auf Teig, Gare und Gebäckqualität erfahren Sie am besten in einem Kastenbackversuch mit steigendem Zuckeranteil.

Zucker als Backzutat

Machen Sie einen kleinen Versuch!
Versuch Nr. 29:
Arbeiten Sie in 250 g Brötchenteig 30 g Staubzucker ein (Staubzucker löst sich besser im Teig als Kristallzucker)!
– Vergleichen Sie die Teigfestigkeit und die Verarbeitungseigenschaften mit denen des Brötchenteigs!
– Arbeiten Sie den zuckerhaltigen Teig und ein gleich schweres Stück Brötchenteig für Kastengebäck auf!
Vergleichen Sie das Gärverhalten!
– Backen Sie die beiden Muster!
Vergleichen Sie das Gebäckvolumen, die Krustenbräunung, die Krumenbeschaffenheit und die Auflockerung der Krume!

Wirkung von Zucker auf die Teigbeschaffenheit

Mit steigendem Zuckeranteil
– werden die Teige weicher; der Zugußanteil muß entsprechend verringert werden.
– werden die Teige „kürzer". Sie verlieren an Elastizität. Sie werden dadurch leichter formbar (= plastischer).
– verlangsamt sich die Teigreifung. Die Teigruhezeit muß entsprechend verlängert werden.

Wirkung von Zucker auf das Gärverhalten

Das Gärverhalten von Hefeinteigen wird fast ausschließlich durch den Zuckeranteil im Teig bestimmt (Abb. Nr. 458).

▶ *Teige mit geringem Zuckeranteil gären besser als Teige ohne Zuckerzusatz. Die beste Gärleistung liegt bei 2 % (vom Mehlanteil). Dieser geringe Zuckeranteil reicht zum Süßen der Hefeinteige nicht aus.*

▶ *Teige mit mehr als 10 % Zuckeranteil gären mit steigender Zuckermenge langsamer als zuckerfreie Teige.*

▶ *Teige mit mehr als 20 % Zuckeranteil brauchen eine sehr lange Gärzeit, um eine ausreichende Gebäcklockerung zu erhalten. Wegen der langen Teigreife- und Gärdauer wird für die üblichen Hefeingebäcke auf Zuckerzusätze über 20 % verzichtet.*

▶ *Teige mit mehr als 30 % Zuckeranteil erreichen auch bei extrem langen Gärzeiten nur mangelhafte Lockerung.*

Abb. Nr. 458
Hefeteige mit unterschiedlichem Zuckeranteil bei gleicher Gärdauer

Vergleichen Sie das Teigvolumen!
Begründen Sie die Unterschiede!

Wirkung von Zucker auf die Gebäckqualität

Gebäcke mit Zuckerzusatz haben eine intensiv gebräunte Kruste (Abb. Nr. 459).

Zucker färbt sich bei Temperaturen zwischen 160 °C und 190 °C hell- bis dunkelbraun. Durch die Bildung von Melanoidinen (bräunende Stoffe aus Zucker und Eiweißbestandteilen) setzt die Bräunung schon bei niedrigeren Temperaturen ein.

Gebäcke mit Zuckerzusatz haben unmittelbar nach dem Backen eine sehr rösche Kruste. Allerdings verlieren zuckerhaltige Gebäcke ihre Rösche viel früher als Backwaren ohne Zuckerzusatz.

Gebäcke mit einem Zuckeranteil bis zu 10 % (aber ohne oder mit geringem Fettanteil) haben ein größeres Volumen als zuckerfreie Gebäcke. Das größte Volumen wird bei einem Zuckeranteil von 2–5 % erzielt (Abb. Nr. 459). Solche Gebäcke haben eine gut aufgelockerte Krume. Jedoch wird die Krumenbeschaffenheit einschließlich der Porung durch Zucker nicht verbessert (Abb. Nr. 460).

Gebäcke mit mehr als 12 % Zuckeranteil haben im Vergleich zu zuckerfreien Gebäcken ein geringeres Volumen.

Gebäcke mit sehr hohem Zuckeranteil (über 20 % der Mehlmenge) haben durch die verringerte Gärleistung der Hefe
– ein geringeres Volumen,
– eine mangelhaft gelockerte Krume mit dickwandigen Poren.

Abb. Nr. 459
Kastenhefegebäcke mit unterschiedlichem Zuckeranteil (0 %, 2 %, 5 %, 10 %, 20 % und 30 % Zucker auf die Mehlmenge bezogen)

Vergleichen Sie das Volumen und die Bräunung der Gebäcke!

Der Genußwert von Hefeingebäcken wird durch den Zucker günstig beeinflußt
– durch die Süße,
– durch die bei der Gärung gebildeten aromatischen Stoffe,
– durch die Karamelbildung in der Kruste,
– durch die Bildung von Melanoidinen.

Überhöhter Zuckeranteil mindert den Genußwert, insbesondere durch die mangelhaften Kaueigenschaften der schlecht aufgelockerten Krume.

Abb. Nr. 460
Krumenstruktur von Hefegebäcken ohne Zucker, mit 10 % und mit 20 % Zuckeranteil (bezogen auf die Mehlmenge)

Vergleichen Sie die Krumenporung!

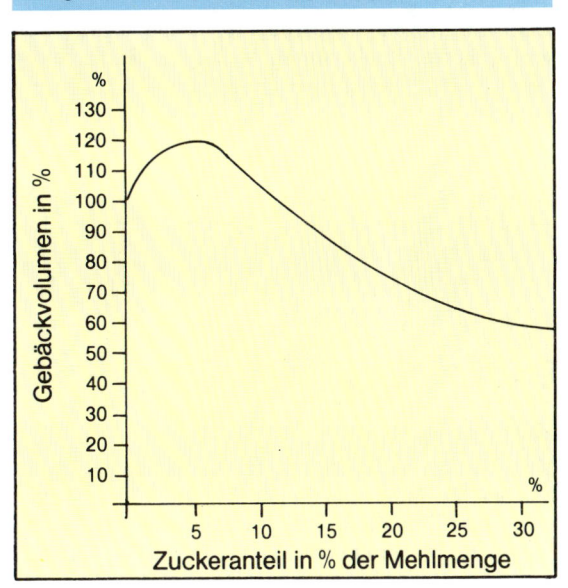

Abb. Nr. 461
Abhängigkeit der Größe des Gebäckvolumens vom Zuckeranteil

Zusätzliche Informationen

Die Kruste der Backwaren erreicht beim Backen eine Temperatur von 190 °C und darüber. Dabei schmilzt der Zucker. Beim Ausbacken wird der Zucker in der Kruste brüchig-fest. Dadurch wird die Rösche der Kruste verstärkt. Allerdings haben Gebäcke mit Zuckerzusatz im Vergleich zu Backwaren ohne Zucker eine etwas schwächer ausgebildete Kruste. Ursache ist die kürzere Backzeit aufgrund der intensiven Krustenbräunung.

Die Rösche zuckerhaltiger Gebäcke geht sehr früh wieder verloren,
- *weil durch die schwache Krustenausbildung die Wasseraufnahme aus der Krume schneller abläuft,*
- *weil der Zucker in der Kruste die Aufnahme von Feuchtigkeit aus der Krume und aus der Luft begünstigt.*

Zuckersorten für den Teig

Kristallzucker

Kauft der Bäcker Zucker ein, so erhält er Raffinade oder Weißzucker.

Diese beiden weißen Zuckersorten machen den Hauptanteil aller Zuckerarten in der Bäckerei aus.

Raffinade unterscheidet sich von Weißzucker durch ihren höheren Reinheitsgrad, der jedoch für die Teig- und Massenherstellung ohne Bedeutung ist.

Raffinade und Weißzucker werden in unterschiedlicher Körnung angeboten: grob, mittel, fein, sehr fein und puderförmig (= Staubzucker). Für die Herstellung von Teigen eignen sich fein gekörnte Zuckersorten, weil sie sich besser im Teig lösen.

Zum Einstreuen aufgearbeiteter Teige eignen sich grob gekörnte Zuckersorten, weil diese nicht so empfindlich auf Dampfeinwirkung beim Backen reagieren.

Hinweise: *Spezielle Zuckersorten werden im Kapitel "Lebkuchengebäcke" beschrieben! Zuckeraustauschstoffe werden im Zusammenhang mit Diät-Backwaren dargestellt!*

Flüssigzucker

Der Einsatz von Flüssigzucker in Bäckereien nimmt in den letzten Jahren an Bedeutung zu. Flüssigzucker eignet sich insbesondere für die mit Prozeßrechnern gesteuerte Materialbereitstellung. Er läßt sich einfach abfüllen und dosieren. Außerdem hat Flüssigzucker für Hefefeinteige auch technologisch Vorteile. Gelöster Zucker verteilt sich nämlich besser und schneller im Teig als kristalliner Zucker und begünstigt so die Teigbeschaffenheit.

Flüssigzucker wird in Tankwagen angeliefert. Für mittelgroße und kleinere Betriebe liefert die Zuckerindustrie den Flüssigzucker in Austauschtanks oder Einweggebinden an.

Von den angebotenen Flüssigzuckerarten ist für die handwerkliche Bäckerei nur die Flüssigraffinade von Bedeutung.

Bei Verwendung von Flüssigraffinade zu Hefefeinteigen ist der Wasseranteil des Flüssigzuckers bei der Bemessung der Schüttflüssigkeit zu berücksichtigen.

Flüssigraffinade (aus eigener Produktion = Läuterzucker) wird schon immer zum Süßen von Sahne, Tränken von Böden, Verdünnen von Zuckerglasuren und Herstellen von Speiseeis verwendet.

Zucker für Dekorzwecke

Man kann beobachten, daß insbesondere Kinder mit Vorliebe zu solchen Hefegebäcken greifen, die deutlich mit Zucker – z. B. Hagelzucker – eingestreut sind.

Aber auch der erwachsene Verbraucher läßt sich beim Kauf wesentlich durch das Aussehen der Backware beeinflussen.

Deshalb spielen Zuckerarten für Dekorzwecke eine besondere Rolle.

Die Zuckerarten für den Dekor beurteilt man
- nach dem Verwendungszweck,
- nach ihren Verarbeitungseigenschaften,
- nach der Haltbarkeit der Dekor-Eigenschaften auf den Backwaren.

Hagelzucker wird aus dem Bruch gepreßter Zuckerplatten gewonnen.

So besteht ein Hagelzuckerkorn aus vielen kleinen, aneinanderhaftenden Zuckerkristallen. Im Gegensatz zu gleich großen Kandisstücken zerfällt der Hagelzucker beim Zerbeißen mürbbrechend.

Hagelzucker wird in der Regel vor dem Backen auf die aufgearbeiteten Teigstücke gestreut. So behandelte Gebäcke dürfen nicht mit zuviel Dampf gebacken werden.

Abb. Nr. 462   Hefefeingebäcke mit Hagelzucker

Zum Nachdenken:
Karl behauptet: "Hagelzucker sind große Zuckerkristalle!" Stimmt diese Behauptung?

Puderzucker ist fein gemahlener Raffinadezucker. Er findet Verwendung
- zum Pudern von Backwaren,
- für Zuckerglasuren,
- als Zutat für Mürbeteig.

Puderraffinade zieht sehr schnell die Luftfeuchtigkeit an und neigt so zur Klumpenbildung. Puderzucker muß deshalb trocken und luftabgeschlossen aufbewahrt werden.

Dekorpuder ist aus Puderzucker (auch aus Traubenzucker) bereitet. Dekorpuder enthält zusätzlich pflanzliche Produkte, die die Benetzbarkeit (= das „Naßwerden") des Zuckers herabsetzen. So ist Dekorpuder zum Pudern von Backwaren besser geeignet als Puderraffinade, insbesondere
- für Backwaren mit feuchten Oberflächen (z. B. Obstkuchen),
- für Backwaren, die über längere Zeit zum Verkauf bereitgehalten werden (z. B. Stollen).

Beachten Sie die Abb. Nr. 463!

Abb. Nr. 463
Plunderstückchen mit Puderraffinade (links) und Dekorpuder (rechts) nach 6 Stunden Lagerung bei hoher Luftfeuchtigkeit

Fondant ist eine gekochte Zuckerglasur aus Raffinade, Stärkesirup und Wasser.

Beim Kochen löst sich der Kristallzucker und ein Teil des Wassers verdampft. Der Kochprozeß wird abgebrochen, wenn der Wassergehalt noch etwa 10 % beträgt. Das ist der Fall, wenn die Kochtemperatur auf 116 °C angestiegen ist.

Durch intensives Kühlen und Rühren in der Tabliermaschine entstehen mikroskopisch kleine Zuckerkristalle, die den eingedickten, farblosen Sirup in eine weiße, pastöse Masse verwandeln.

Der Stärkesirup (= Glykosesirup oder Kapillärsirup) verzögert das Auskristallisieren des Fondants.

Fondant ist durch seinen zarten Schmelz, seine Unempfindlichkeit gegen Feuchtigkeit und seine lange Glanzerhaltung für Hefefeingebäcke, aber auch für andere Feine Backwaren, die geeignetste Zuckerglasur.

Zusätzliche Informationen

Fondant, aber auch andere Erzeugnisse aus gekochtem Zucker, kann der Bäcker selbst herstellen.

5 kg Zucker werden in 2 Liter Wasser bei langsamer Erwärmung gelöst. Die Lösung wird abgeschäumt (= Entfernen von Schaum) bis sie klar ist. Auskristallisierender Zucker am Kesselrand wird mit einem Pinsel und etwas Wasser in die Lösung eingewaschen. Durch Verdampfen von Wasser steigt die Zuckerkonzentration der Lösung. Mit zunehmender Konzentration steigt gleichzeitig der Siedepunkt der Lösung. Der Kochprozeß wird abgebrochen, wenn die gewünschte Zuckerkonzentration erreicht ist. Die Kochstufen lassen sich auf verschiedene Arten bestimmen:

- *durch Messen der Dichte mit einer Spindel. Die Bestimmung erfolgt über die Eintauchtiefe. Spindeln zur Bestimmung der Zuckerkonzentration werden auch „Zuckerwaage" genannt. Die Spindeln sind in der Regel nach Baumé-Graden eingeteilt.*
- *durch Messen mit dem Zuckerthermometer = Bestimmung der Lösungstemperatur. Einige Betriebe verwenden immer noch Zuckerthermometer mit der Gradeinteilung nach Reaumur.*
- *durch Handproben = Bestimmung der Zuckerbeschaffenheit.*

Produkte aus gekochtem Zucker in der Bäckerei			
Produkt	Kochtemperatur	Dichte	Probe
Läuterzucker	105 °C	32° Bé	schwacher Faden
Fondant	116 °C	43° Bé	starker Flug
Karamelzucker	ca. 142 bis 150 °C	– – –	starker Ballen
Couleur = gebräunter Zucker	über 150 °C	– – –	Braunfärbung

Tabelle Nr. 82

Hinweis: *Über Zuckerglasuren und ihre Eignung erfahren Sie mehr im Kapitel „Herstellung von Hefekleingebäcken"!*

Gewinnung von Rübenzucker

Zucker findet sich in fast allen Pflanzen und Früchten. Seine wirtschaftliche Gewinnung lohnt sich nur bei Zuckerrohr und Zuckerrüben, deren Zuckergehalt durch Züchtungen besonders hoch ist.

Während die Gewinnung fester Zuckerkristalle aus Zuckerrohr schon um 600 n. Chr. in Indien betrieben wurde, lagen die Anfänge der Zuckergewinnung aus der Zuckerrübe erst im 18. Jahrhundert.

Rohr- und Rübenzucker sind chemisch gleiche Stoffe. Der Zuckergehalt heutiger Rübensorten für die Zuckergewinnung liegt bei 16 %.

Der Ablauf der Zuckergewinnung

- Die Rüben werden geschnitzelt; die Schnitzel werden in heißem Wasser ausgelaugt.
- Der Rohsaft wird mit Kalkmilch und Kohlensäure gereinigt.
- Der Dünnsaft wird in Verdampfern eingedickt.
- Der Dicksaft wird in Vakuumkochern bis zur Kristallbildung eingedickt.

- Das abgetrennte trübgraue, zuckerhaltige Wasser ist der **Rohsaft.**
- Die abgefilterte, hellgelbe Zuckerlösung ist der **Dünnsaft.**
- Das eingedickte, gefilterte Produkt ist der **Dicksaft.**
- Der zuckerkristallhaltige Dicksaft ist der Zuckersirup oder die **Füllmasse.**

- In Zentrifugen wird der Flüssigsirup von den Zuckerkristallen abgeschleudert. Der Restsirup wird nochmals bis zur Kristallbildung eingedickt und wieder abgeschleudert.
- Der Rohzucker wird in Zentrifugen durch Wasserdampf und Abbrausen mit Wasser von anhaftenden Sirupresten befreit.

- Die gelblich braunen Kristalle sind der **Rohzucker.** Der zuletzt anfallende Sirup ist die **Melasse.** Sie wird als zuckerhaltige Hefenahrung an Hefefabriken abgegeben.
- Der so gereinigte Kristallzucker ist der **Weißzucker** (EG-Qualität II). Der reinste Zucker ist die **Raffinade** (EG-Qualität I). Sie wird über ein Lösungsverfahren gereinigt.

Hinweis: *Auf der S. 217 ist die Gewinnung von Rübenzucker in der Abb. Nr. 464 schematisch dargestellt.*

Das Wichtigste über Zucker in Kurzform

1. Zucker als Zutat zu Hefeeinteigen:

– Zugabemengen zum Teig	▸ 75–200 g je kg Weizenmehl
– Wirkung auf die Teigbeschaffenheit	▸ Abnahme der Elastizität; Zunahme der Plastizität
– Wirkung auf das Gärverhalten	▸ Gärförderung durch geringen Zuckerzusatz; Gärhemmung durch hohen Zuckerzusatz
– Wirkung auf die Gebäckqualität	▸ Verbesserung der Krustenbräunung; großes Volumen bei geringem Zuckerzusatz; geringeres Volumen bei hohem Zuckerzusatz; kaum Verbesserung der Frischhaltung

2. Zuckerarten und ihre backtechnische Eignung

Zuckerarten	Produktbeschreibung	Eignung
– Raffinade	▸ reinster Kristallzucker	▸ Zutat für Teige und Massen; Streuzucker; zum Zuckerkochen
– Weißzucker	▸ weißer Kristallzucker	▸ Zutat für Teige und Massen
– Hagelzucker	▸ hagelkorngroße, aneinanderhaftende Raffinadekristalle	▸ Streuzucker
– Puderraffinade	▸ fein gemahlene Raffinade	▸ für Puderzwecke; für Glasuren
– Dekorpuder	▸ Puderraffinade mit wasserabweisenden Zusätzen	▸ für Puderzwecke
– Glasurpuder	▸ Puderraffinade mit Stabilisatoren	▸ für Glasuren
– Fondant	▸ mit Stärkesirup gekochte Raffinade	▸ für Glasuren
– Flüssigraffinade/Läuterzucker	▸ konzentrierte Raffinadelösung	▸ zum Tränken von Böden; zum Süßen von Sahne; zum Verdünnen von Glasuren; auch als Teigzutat

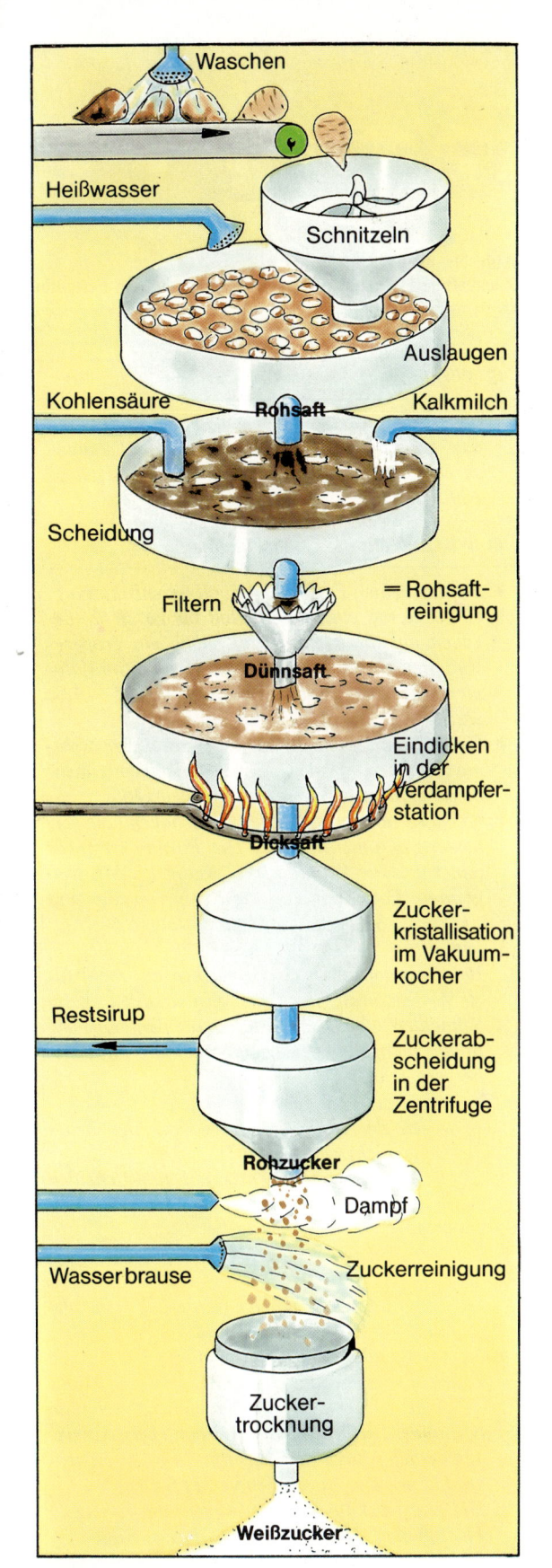

Abb. Nr. 464
Schematische Darstellung der Rübenzuckergewinnung

Fette und ihre backtechnische Bedeutung

Zum Nachdenken:
*Wesentliches Merkmal Feiner Backwaren ist ihr süßer Geschmack.
Ist die Zugabe von Speisefett für die Herstellung Feiner Backwaren überhaupt erforderlich?
Was sagen Sie dazu?*

Alle Feinen Backwaren aus Hefeteig enthalten als Zutat Speisefett. Neben Zucker ist Fett wertbestimmender Bestandteil von Hefefeingebäcken.

Backwaren erhalten durch Fett
- *einen höheren Genußwert*
  - *durch den fettypischen Geschmack,*
  - *durch die fettypische Krumenstruktur,*
- *eine längere Frischhaltung,*
- *einen höheren Nährwert.*

Die Fettverwendung erfolgt in verschiedener Weise:
→ als Teigzutat
→ als Ziehfett (z. B. für Plunder)
→ als Einstreichfett (z. B. für Stollen)
→ als Bestandteil von Füllungen (z. B. in Krems)
→ als Auflage (z. B. als Butterflöckchen oder in Streuseln)
→ als Siedefett (z. B. zum Backen von Berliner Pfannkuchen)

Welche Fette werden in der Bäckerei verwendet? Vereinfacht kann man behaupten:

Bäckereifette sind Margarinen, Butter und Siedefett.

Andere Fette spielen als alleiniges Bäckereifett eine untergeordnete Rolle.

Als Bestandteil der Margarinen und der Siedefette sind vor allem folgende Fette von Bedeutung:
- Pflanzliche Fette: Kokosfett, Palmkernfett, Erdnußöl, Palmöl, Sojaöl, Maiskeimöl, Sonnenblumenöl.
- Tierische Fette: Schmalz, Talg, Fisch- und Walöl (Walöl verliert zunehmend an Bedeutung).

Hinweis: *Über Siedefette und ihre Eignung wird grundlegend im Kapitel „Berliner Pfannkuchen" berichtet!*

Wirkung von Fett auf Teig, Gare und Gebäck

Karl behauptet: *„Fett hemmt die Gärtätigkeit der Hefe!
Das ist doch klar, denn Fett verschließt die Poren der Hefezellhaut!"*

217

Versuch Nr. 30:

Untersuchen Sie, wieweit Fett bei inniger Vermengung mit Hefe das Gärverhalten des Teiges beeinflußt!

Bereiten Sie drei gleich feste Teige aus je 250 g Weizenmehl, Type 550, 15 g Hefe und 4 g Salz.

Teig A mit 150 g Wasser ohne Fettzusatz;

Teig B mit 130 g Wasser und 50 g Backmargarine (= 20 % vom Mehlanteil).
Geben Sie die geschmeidige Backmargarine erst bei Einsetzen der Teigbildung zum Teig!

Teig C mit 130 g Wasser und 50 g Backmargarine. Vor der Teigbereitung kneten Sie die Margarine mit der Hefe innig durch!

Beobachtung:

Alle drei Teige zeigen das gleiche Gärverhalten. Die fetthaltigen Teige gären genausogut wie der fettfreie Teig. Das Verkneten der Hefe mit dem Fett bei Teig 3 bleibt ohne Wirkung.

Erkenntnis:

Fett wirkt in zuckerfreien Teigen nicht gärhemmend.

Die Behauptung Karls, daß Fett die Poren der Hefezellhaut verschließe, konnte nicht bewiesen werden.

Beim Vergleich von Hefefeinteigen mit Weißgebäckteigen und deren Produkten gibt es deutliche Unterschiede in der Teigbeschaffenheit, im Gärverhalten und in der Gebäckqualität. Da Hefefeinteige neben Fett grundsätzlich auch Zucker als Zutat enthalten, ist nicht ohne weiteres feststellbar, ob Zucker oder Fett die Unterschiede verursacht.

Um die backtechnische Wirkung von Fett darzustellen, werden im folgenden die Bedingungen zuckerfreier Hefeteige zugrunde gelegt.

Wirkungen von Fett

✱ **Wirkung auf die Teigeigenschaften:**

▸ **Mit steigendem Fettanteil** wird der Teig weicher. Um die erwünschte Teigfestigkeit zu erzielen, muß bei Verwendung von Backmargarine der Anteil der Schüttflüssigkeit um 40 % der zugesetzten Fettmenge verringert werden.

▸ **Normale Fettzugaben** (bis zu 20 % der Mehlmenge) machen den Teig plastischer und dehnbarer. Die Gärstabilität ist etwas größer, am deutlichsten bei geringen Fettzugaben bis zu 10 %. Die günstige Wirkung geringer Fettzusätze auf die Teigeigenschaften ist mit der Verbesserung der Dehneigenschaften des Klebers zu erklären.

▸ **Höhere Fettzugaben (über 20 %)** machen den Teig „kurz". Er reißt leicht beim Dehnen.

Abb. Nr. 465
Zuckerfreie Hefeteige mit unterschiedlich hohem Fettanteil

Vergleichen Sie die Teigvolumen!

✱ **Wirkung auf das Gärverhalten:**

▸ Fett hat in zuckerfreien Teigen keinen Einfluß auf das Gärverhalten. Teige mit 50 % Fettanteil gären genauso gut wie Teige ohne Fett (siehe Abb. Nr. 465).

✱ **Wirkung auf die Gebäckqualität:**

▸ Fett hat keinen Einfluß auf die Krustenbräunung.

▸ Gebäcke mit einem **Fettanteil bis zu 20 %** (bezogen auf die Mehlmenge) haben ein größeres Volumen als fettfreie Gebäcke. Das größte Volumen wird bei einem Fettanteil von 5–10 % erzielt.

▸ Gebäcke **mit mehr als 30 % Fettanteil** der Mehlmenge haben mit steigendem Fettanteil ein zunehmend geringeres Volumen (Abb. Nr. 466).

▸ Gebäcke **mit geringem Fettanteil** haben eine verbesserte Krumenstruktur. Die Porung ist etwas feiner und die Krume wirkt „wattiger". **Mit steigendem Fettanteil** wird die Krume mürber und „kürzer". Sie verliert ihre feine, wattige Beschaffenheit.
Bei gut gelockerten Großgebäcken mit mehr als 20 % Fettzusatz neigt die Krume dazu, beim Schneiden von der Kruste abzureißen. Ursache ist die mangelhafte Kleberverquellung und Kleberverknetzung
– wegen des geringen Zugußanteils,
– wegen der isolierenden Wirkung des Fettes (siehe auch Abb. Nr. 467).

▸ Gebäcke **mit hohem Fettanteil** unterscheiden sich deutlich im Genußwert von fettfreien Gebäcken:
– Der Geschmack und der Geruch sind fetttypisch.
– Die Kaueigenschaften werden durch die mürb-kurze Krume bestimmt.

▸ **Mit steigendem Fettanteil** verlängert sich die Dauer der Gebäckfrischhaltung. Ursache ist das Fett, das weitgehend die Krumeneigenschaften bestimmt. Die Krume bleibt weich. Das Altbackenwerden durch Stärkeentquellung (= Retrogradation) wird durch Fett verzögert.
Die Austrocknung spielt wegen des geringen Flüssigkeitsanteils eine untergeordnete Rolle.
So zählen viele Gebäcksorten mit hohem Fettanteil zu den Dauerbackwaren.

Zum Nachdenken: *Zuckerfreie Teige mit mehr als 30 % Fettanteil erreichen in der gleichen Stückgarezeit ein ebenso großes Volumen wie fettarme Teige. Jedoch das Gebäckvolumen fettreicher Gebäcke ist kleiner als das fettarmer Gebäcke. Also wird die Gärstabilität erst während des Ofentriebs entscheidend geschwächt.*

Wie kommt das? Denken Sie an die Kleberausbildung in flüssigkeitsarmen Teigen und an die Fetteigenschaften beim Erwärmen!

Fettanteil in Hefefeinteigen und in den daraus hergestellten Backwaren		
	Fettanteil im Teig in % der Mehlmenge	Fettanteil im Gebäck in % der Gebäckmenge
Berliner Pfannkuchen	10–15	16–22 einschließlich Siedefett
Christstollen mit Früchten	40–50	20–25 einschließlich Einstreichfett
deutscher Plunder	10–15	25–30 einschließlich Ziehfett
dänischer Plunder	10–15	45–55 einschließlich Ziehfett

Tabelle Nr. 83

Zum Nachdenken:
Ein leichter Hefefeinteig enthält je kg Mehl 100 g Zucker und 100 g Fett. So ein Teig gärt recht gut!

Ein schwerer Hefeteig (z. B. für Stollen) enthält je kg Mehl auch nur 100 g Zucker, aber etwa 400 g Fett. Der Teig gärt sehr schwer.

Die Antwort scheint einfach: Fett hemmt die Hefetätigkeit. Aber stimmt das?

Überlegen Sie: Leichte Hefefeinteige enthalten auf 1 kg Mehl etwa 0,5 Liter Zuguß, schwere Hefefeinteige nur etwa 0,3 Liter Zuguß. Die Lebenstätigkeit der Hefe wird vorrangig durch die Zuckerkonzentration der Teigflüssigkeit bestimmt. Die Zuckerkonzentration steigt im Teig mit sinkendem Zugußanteil.

Abb. Nr. 466
Zuckerfreie Gebäcke mit unterschiedlich hohem Fettanteil

Vergleichen Sie die Gebäckvolumen und die Krustenfarbe!

Abb. Nr. 467
Zuckerfreie Gebäcke im Anschnitt mit unterschiedlich hohem Fettanteil

Vergleichen Sie die Krumenstruktur!

Margarine und ihre Eignung als Backzutat

Abb. Nr. 468
Die Fettzusammensetzung bestimmt vorrangig die Konsistenz der Margarine

Dem Bäcker stehen von der Zusammensetzung her unterschiedliche Fette zur Verfügung:
– reine Fette (wie Kokosfett, Erdnußfett, Olivenöl, Schmalz, Butterreinfett u. a.). Sie bestehen etwa zu 100 % aus reinen Fettstoffen.
– Fettemulsionen (wie Butter und Margarine). Sie bestehen nur zu 82 bzw. 80 % aus Fettstoffen; der Rest sind Wasser und andere Stoffe.

Für Hefekuchenteige sind Fettemulsionen – also Butter und Margarine – geeigneter als reine Fette.

Vorteile von Fettemulsionen als Backzutat:
– *Sie sind plastischer!*
  Dadurch erzielt man besser die gewünschte Teigbeschaffenheit, wie Teigstabilität, Verarbeitungseigenschaften und Gärstabilität.

- *Sie begünstigen den Wasserhaushalt! Denn das im Fett emulgierte Wasser hat kaum Einfluß auf die Teigfestigkeit. Dadurch erhält der Teig neben der Zugußflüssigkeit noch zusätzlich Wasser.*
- *Sie lassen sich besser im Teig verteilen! Dadurch wird die Teigbeschaffenheit und somit das Gebäckvolumen und die Krumenstruktur begünstigt.*

Auch für die Herstellung von Krems, Massen und gezogenen Teigen eignen sich in der Regel Margarinen besser als reine Fette. Die Beschaffenheit der Margarinen wird nämlich vom Hersteller gezielt auf den jeweiligen Verwendungszweck eingestellt.

Die Margarinehersteller bieten dem Bäcker, entsprechend dem jeweiligen Verwendungszweck, Spezialmargarinen an:
- Backmargarine,
- Ziehmargarine,
- Kremmargarine.

Für Hefefeinteige sollte als Teigzutat nur speziell geeignete Margarine verwendet werden: die Backmargarine.

Die Backmargarine ist ganz auf die Konsistenz des Teiges und auf die einzuhaltende Teig- und Gärtemperatur abgestimmt.

Spezielle Anforderungen an die Backmargarine:	
→ *Der obere Schmelzbereich muß über der Gärtemperatur liegen.*	▶ *Dadurch bleibt das Fett auch während des Gärvorgangs plastisch und beeinträchtigt nicht die Gärstabilität.*
→ *Der obere Schmelzbereich soll unter unserer Mundtemperatur liegen.*	▶ *Dadurch kann das Fett beim Verzehr im Mund schmelzen. So bleibt der Genußwert erhalten.*
→ *Sie soll in der Konsistenz geschmeidig, aber nicht weich oder schmierig sein.*	▶ *Dadurch lassen sich auch Hefeteige mit hohem Fettanteil herstellen. Die Teige haben dann immer noch eine ausreichende Beschaffenheit. Sie binden noch soviel Zugußflüssigkeit, daß die Hefetätigkeit garantiert ist.*
→ *Sie soll selbst bei kühler Lagerung ihre geschmeidig-stabile Konsistenz behalten.*	▶ *Dadurch ist es nicht notwendig, die Backmargarine schon Stunden vor ihrer Verarbeitung bereitzustellen.*

Backmargarine eignet sich gleichermaßen gut für die Herstellung von Mürbeteig und Streusel. Im Gegensatz zu den Krem- und Haushaltsmargarinen ist aufgrund der speziellen Fettzusammensetzung die Gefahr des Seifigwerdens von lagerndem Mürbeteig bei Verwendung von Backmargarine sehr gering.

*Hinweise: Ziehmargarine und ihre Verarbeitung wird grundlegend in den Kapiteln „Herstellung von Plunder" und „Herstellung von Blätterteig" behandelt.
Über Kremmargarine wird im Kapitel „Kremtorten und Kremdesserts" berichtet.*

Gewinnung von Margarine

Margarine ist eine streichbare **Wasser-in-Öl-Emulsion.**

Der Fettanteil muß mindestens 80 % betragen.

Die für die Margarineherstellung zur Verfügung stehenden Öle und Fette stammen zu 90 % aus pflanzlichen Rohstoffen. Es sind vor allem Sojaöl, Sonnenblumenöl, Erdnußöl, Baumwollsaatöl, Palmöl/Palmkernfett (aus der gleichen Frucht) und Kokosfett.

Als tierische Fette finden in geringer Menge Schmalz, Talg, Fisch- und Walöl Verwendung. Die Pflanzenöle werden durch Auspressen und Extraktion (= Herauslösen mit einem Fett-Lösungsmittel) gewonnen. Durch Raffination werden Fremdstoffe beseitigt und die Haltbarkeit der Öle verbessert.

Für die Margarineherstellung werden mehr feste Fette (= bei Raumtemperatur feste Fettstoffe) als Öle (= bei Raumtemperatur flüssige Fettstoffe) benötigt.

Das Angebot an festen Fettstoffen ist jedoch auf dem Weltmarkt geringer als das an Ölen. Die Öle werden bei der Margarineherstellung durch spezielle Verfahren in feste Fette umgewandelt. Den Vorgang nennt man Fetthärtung. Meistens wird die Fetthärtung durch Anlagerung von Wasserstoff an ungesättigte Fettsäuren angewandt (vgl. Abb. Nr. 469).

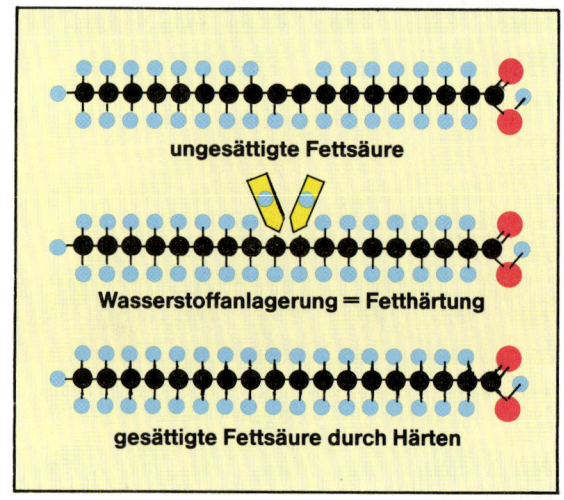

Abb. Nr. 469 Prinzip der Fetthärtung

So kann der Margarinehersteller durch Mischen von naturfesten Fetten, gehärteten Fetten und Ölen mit unterschiedlichem Schmelzbereich ein Speisefett „nach Maß" produzieren.

Neben den verschiedenen Ölen und Fetten enthält die Margarine folgende Zutaten:
- *Wasser oder Magermilch,*
- *Vitamine (A und D),*
- *Karotin (= Provitamin A) als Farbstoff,*
- *Kochsalz,*
- *Lezithin als Emulgator.*

Herstellungsablauf für Margarine
- ▶ *Mischen der Fettphase: Öle, Fette, fettlösliche Vitamine, Karotin und Lezithin werden unter leichter Erwärmung gemischt.*
- ▶ *Mischen der wäßrigen Phase: Salz und andere nicht fettlösliche Zutaten werden in Wasser/Magermilch gelöst.*
- ▶ *Emulgieren: Die Fettphase und die wäßrige Phase werden im sogenannten Schnellkühler zunächst durch Rühren emulgiert.*
- ▶ *Kühlen und Kneten: Während des Emulgiervorgangs wird die Emulsion gleichzeitig gekühlt. Die an den Wandungen des Schnellkühlers erstarrte Emulsion wird ständig abgeschabt und geknetet. Die fertige Margarine wird aus dem Schnellkühler ausgestoßen (siehe Abb. Nr. 473).*

Abb. Nr. 470
Sojasaatöl ist Bestandteil vieler Margarinen

Abb. Nr. 471
Längsschnitt durch den Blütenstand einer Sonnenblume
Sonnenblumenöl ist Bestandteil vieler Margarinen

Abb. Nr. 472
Baumwolle mit Baumwollsamen
Baumwollsaatöl ist Bestandteil vieler Margarinen

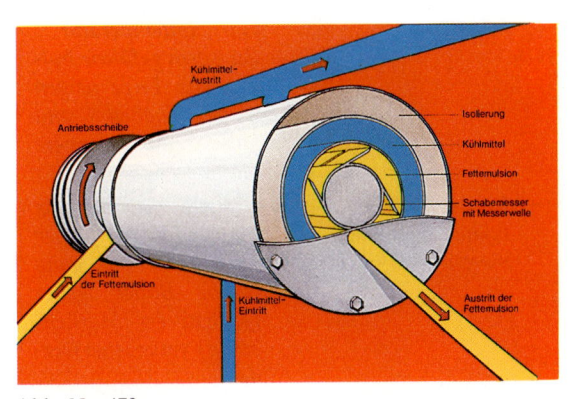

Abb. Nr. 473
Margarineherstellung: Emulgieren, Kühlen und Kneten im Schnellkühler

Margarine behält bei kühler Lagerung unter 16 °C bis zu 10 Wochen ihre volle Qualität.

Butter und ihre Eignung als Teigzutat
Butter als Teigzutat

Butter ist als Teigzutat ebenso gut geeignet wie Backmargarine, soweit es sich um Teige mit geringem bzw. mit normal hohem Fettanteil handelt. Bei der Herstellung von schweren Hefefeinteigen mit hohem Fettanteil verarbeitet sich Butter wegen ihres niedrigeren Schmelzbereichs etwas schwieriger als Backmargarine.

Karl meint: „Die Verwendung von Butter als Teigzutat ist viel zu teuer. Der Kunde schmeckt doch nicht heraus, ob ein Gebäck mit Butter oder mit Margarine hergestellt ist!"

Was sagen Sie dazu? Bedenken Sie, daß das Fett in der Kruste beim Backen etwa 180 °C heiß wird. Bringt die Erhitzung von Butter im Vergleich zu Margarine Geschmacksunterschiede?

Regeln für die Verarbeitung von Butter in Hefefeinteigen:

→ *Butter ist bei Kühlschranktemperatur hart.*	• *Deshalb muß Butter vor ihrer Verarbeitung auf Raumtemperatur eingestellt werden.*
→ *Butter hat bei Hefeteigtemperatur eine weichere Konsistenz als Backmargarine.*	• *Deshalb muß für Hefefeinteige mit hohem Butteranteil die Zugußmenge etwas reduziert werden.*
→ *Butter hat einen niedrigeren oberen Schmelzbereich als Backmargarine (Butter schmilzt früher).*	• *Deshalb müssen Hefefeinteige mit hohem Butteranteil etwas kühler geführt werden. Das gleiche gilt für die Gärraumtemperatur. Zu warm geführte butterreiche Teige neigen zum „Fließen" und haben eine geringere Gärtoleranz.*
→ *Butter verdirbt schneller als Backmargarine.*	• *Deshalb sollte für Backwaren mit langer Lagerdauer nur ganz frische Butter bester Qualität (= Markenbutter) verarbeitet werden.*

Bei der Verwendung von Butterreinfett (= Butterschmalz) ist beim Abwiegen des Backfetts der höhere Fettanteil im Butterreinfett zu berücksichtigen.
Beachten Sie die Umrechnungsformel in Tabelle Nr. 84!

Vorschriften für Buttergebäcke

Wird in die Bezeichnung oder Aufmachung einer Backware der Begriff „Butter" aufgenommen, z. B. „Butterstollen", so sind bestimmte rechtliche Vorschriften zu beachten.

Vorschriften	Erläuterungen
▶ *Der zugesetzte Fettanteil muß ausschließlich Butter sein.*	▶ *Das gilt für den Teig, für den Belag (z. B. Streusel), für die Füllung, für das verwendete Siedefett und für das Fett zum Einstreichen. Das für Backbleche und Formen verwendete Trennfett muß nicht Butter sein.*
▶ *Die Backwaren müssen eine Mindestmenge Butter enthalten.*	▶ *Folgende Mindestmengen je 100 kg Getreidemahlerzeugnis bzw. Stärke sind zu verwenden:* – *Buttergebäcke im allgemeinen: 10,0 kg Butter* **oder** *8,2 kg Butterreinfett* – *Streuselkuchen, Butterkuchen: 30 kg Butter* **oder** *32,8 kg Butterreinfett* – *Butterstollen: 40,0 kg Butter* **oder** *32,8 kg Butterreinfett* – *Butter-Plundergebäck: 30,0 kg Butter* **oder** *24,6 kg Butterreinfett zum Tourieren*

Lebensmittelrechtliche Bestimmungen

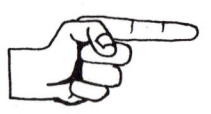

Umrechnungsformel für Butterreinfett
1 kg Butter enthält = 0,820 kg Butterreinfett. Butterreinfettmenge = Buttermenge × 0,82

Tabelle Nr. 84

Zusammensetzung von Butter

82,0 % Fett (Mindestgehalt)
16,0 % Wasser (Höchstgehalt)
0,6 % Milchzucker
0,7 % Milcheiweiß
0,1 % Mineralstoffe
     Vitamine: A, D, E, K
     und Provitamin A = Karotin

Tabelle Nr. 85

Hefefeingebäcke und andere Feine Backwaren, deren Güte besonders hervorgehoben wird („extra fein"), müssen als Fettanteil Butter enthalten, auch wenn in der Verkehrsbezeichnung „Butter" nicht genannt ist.

Ist Butter nur in einem Teil der Backware enthalten (z. B. nur im Streusel eines Streuselkuchens), so darf in der Verkehrsbezeichnung nur dieser Teil als mit Butter hergestellt ausgewiesen werden: „Mit Butterstreusel".

Für **Plunder- und Blätterteiggebäck besonderer Qualität** bietet der Handel als Ziehfett ein fraktioniertes Butterfett an. Fraktioniertem Butterfett ist ein Teil der niedrig schmelzenden Öle entzogen. Dadurch eignet sich dieses Butterfett auch bei Temperaturen bis zu 23 °C gut zum Tourieren.

Aber aufgepaßt: Gebäcke mit fraktioniertem Butterfett dürfen nicht als „Buttergebäck" bezeichnet werden.

Zum Nachdenken: Müssen Buttergebäcke in jedem Fall in der Verkehrsbezeichnung oder durch einen deutlichen Hinweis kenntlich gemacht werden?

Abb. Nr. 474   Butterkuchen
Die Butterlöcher im Kuchen haben im Gegensatz zu Margarine-Auflagen eine braun-gescheckte Randzone durch den Milchzucker

Gewinnung von Butter

Butter ist eine **Wasser-in-Milchfett-Emulsion.** Sie enthält neben dem Milchfett noch andere Bestandteile, vor allem Wasser, Milchzucker und Milcheiweiß.

Butter kann aus gesäuertem und aus ungesäuertem Rahm hergestellt werden.

Karl soll Schlagsahne aufschlagen.
Karl hat es eilig: Er schlägt die Sahne mit der Anschlagmaschine im Schnellgang auf. Als er den „Stand" der Sahne überprüfen will, findet er zu seiner Überraschung im Kessel eine wässerig-milchige Flüssigkeit vor, in der Fettkügelchen schwimmen.
Karl hat soeben Butter hergestellt!

Ablauf der Buttergewinnung

- *In Zentrifugen wird Rahm von der Milch getrennt.*
- *Dabei fallen Butterrahm und Magermilch an.*
- *Im Butterfertiger wird die Sahne geschlagen.*
- *Dadurch ballt sich das Milchfett zu Butterkörnchen zusammen und trennt sich von der Restmilch (= Buttermilch).*
- *Die Buttermilch wird abgetrennt. Die Butterkörnchen werden knetend gewaschen.*
- *Dabei werden anhaftende Milchreste entfernt. Dadurch werden die Haltbarkeit und die Plastizität der Butter erhöht.*
- *Die Butter wird ausgeformt und verpackt.*

Butter als Handelsware

Butter kann nach ihrer Güte in drei Handelsklassen eingestuft werden (ab 1. 1. 1989 nicht mehr zwingend vorgeschrieben). Für die Gütebeurteilung werden folgende Merkmale herangezogen: Geruch, Geschmack, Aussehen, Gefüge, Konsistenz.

1. Qualität: **Markenbutter** = ohne Mängel
2. Qualität: **Molkereibutter** = geringe Mängel in einem oder mehreren Gütemerkmalen
3. Qualität: **Kochbutter** = größere Mängel in einem oder mehreren Gütemerkmalen

Für Backwaren, die in der Regel vor dem Verzehr längere Zeit lagern, sollte grundsätzlich nur Markenbutter verarbeitet werden. Die geringere Qualität von Molkerei- und Kochbutter ist häufig durch lange Lagerdauer vor dem Ausformen bedingt. Deshalb verdirbt sie schnell und verringert so die Güte der Backwaren.

Landbutter = Sie ist in einem landwirtschaftlichen Betrieb aus der eigenen Milchproduktion hergestellt.

Süßrahmbutter = Sie ist aus ungesäuertem oder wenig gesäuertem Rahm hergestellt.

Sauerrahmbutter = Sie ist aus gesäuertem Rahm, auch unter Zusatz von Milchsäurebakterienkulturen hergestellt. Sie schmeckt kräftiger. In Deutschland wird vorwiegend Sauerrahmbutter hergestellt.

Butterreinfett = Die Gewinnung erfolgt durch Einschmelzen der Butter und anschließender Abtrennung des Wassers sowie der übrigen Nicht-Fettstoffe. Der Fettgehalt beträgt 99,5 %.

▶ Vorteile gegenüber Butter:
Butterreinfett ist haltbarer. Es ist bedingt als Siedefett (für Buttergebäcke) einsetzbar.

▶ Nachteile gegenüber Butter:
Butterreinfett hat nicht mehr das volle Aroma der Butter.
Butterreinfett wird häufig aus eingelagerter Butter mit nur noch geringer Güte hergestellt. Dieses Butterreinfett verdirbt in der Backware schneller als Markenbutter. Deshalb: Vorsicht bei der Verarbeitung von Butterreinfett (aus Lagerbeständen) für Backwaren, die der Verbraucher als lange lagerfähig einschätzt (z. B. Stollen)!

Verderb von Fetten

Wenn wasserarme Lebensmittel verderben, so sind es vorrangig die Fette, die zum Verderb führen. Das gilt für Dauerbackwaren, ebenso für Mehl, für Milchpulver, für Schokolade.

Alle Fette verderben mit der Zeit. Verdorbene Fette schmecken ranzig, parfümranzig, seifig, tranig, firnig.

Verursacher des Fettverderbs sind

- Gewebsenzyme aus den Herkunftsstoffen der Fette;
- Enzyme der Mikroorganismen, vor allem der Schimmelpilze;
- Luftsauerstoff.

Arten des Fettverderbs	
– Enzyme spalten aus dem Fettmolekül Fettsäuren ab.	▶ Je nach Art der abgespaltenen Fettsäuren schmeckt das Fett ranzig bis seifig.
– Enzyme spalten die Fettsäurekette auf.	▶ Dabei entstehen parfümranzige Produkte (Methylketone).
– Sauerstoff lagert sich an ungesättigten Fettsäuren an.	▶ Dabei bilden sich geruch- und geschmacklose, aber auch ranzig bis firnig schmeckende Produkte. Einige Oxidationsprodukte sind harzartig. Sie sind zum Teil gesundheitsschädlich.

Vereinfacht kann man über die Lagerfähigkeit von Fetten folgende Regeln aufstellen:	
◆ Wasserfreie Fette sind haltbarer als Fettemulsionen.	▶ Beispiel: Butterreinfett ist haltbarer als Butter.
◆ Raffinierte (im Heißverfahren gereinigte) Fette sind haltbarer als nicht raffinierte Fette.	▶ Beispiel: Margarine ist haltbarer als Butter.
◆ Fette mit überwiegend gesättigten Fettsäuren sind haltbarer als Fette mit hohem Anteil ungesättigter oder mehrfach ungesättigter Fettsäuren.	▶ Beispiel: Gehärtetes Erdnußfett ist haltbarer als Erdnußöl.

Der Fettverderb wird beschleunigt durch
– **Wärme,**
– **Feuchtigkeit,**
– **Metallspuren,**
– **Licht.**

Für die Lagerung von Fetten gilt:	
◆ Fette kühl lagern!	▶ Butter unter + 12 °C, Margarine unter + 16 °C lagern – im Lagerraum, – im Kühlschrank, – im Froster!
◆ Fette trocken lagern!	
◆ Fette luftgeschützt lagern!	▶ In luftundurchlässiger Verpackung belassen!
◆ Fette lichtgeschützt lagern!	▶ In lichtundurchlässiger Verpackung belassen; Lagerräume abdunkeln!
◆ Fette vor Fremdgeruch schützen!	▶ Nicht zusammen mit geruchabgebenden Stoffen lagern!

Grundsätzlich gelten die gleichen Lagerbedingungen auch für fetthaltige Backwaren. Jedoch sind die Lagerbedingungen auch auf den Erhalt gebäcktypischer Gütemerkmale abzustimmen, z. B. Erhalt der Krumenfeuchtigkeit.

Das Wichtigste über Fette und ihre backtechnische Bedeutung in Kurzform
✲ Wirkung von Fetten als Teigzutat:
▶ Geringe bis normal hohe Fettzugaben verbessern die Teigausbeute, das Gebäckvolumen, die Krumenbeschaffenheit, die Gebäckfrischhaltung.
▶ Hohe Fettzugaben beeinträchtigen die Teigeigenschaften, verringern das Gebäckvolumen und mindern die Krumenbeschaffenheit.
▶ Fett in zuckerfreien Teigen hat keinen Einfluß auf die Gärtätigkeit der Hefe und auf die Gebäckbräunung.
▶ Fettzugaben machen den Teig weich. Durch Verringerung der Zugußflüssigkeit wird die Zuckerkonzentration in Feinteigen erhöht. Das führt zur Gärhemmung.
✲ Margarine ist eine Emulsion aus meist pflanzlichen Fetten.
▶ Margarine enthält mindestens 80 % Fett.
▶ Spezialmargarinen sind auf den Verwendungszweck abgestimmte Margarinesorten: • Backmargarine als Teigzutat • Ziehmargarine zum Tourieren von Plunder- und Blätterteig • Kremmargarine für Krems und Massen.
✲ Butter ist eine aus Milch gewonnene Emulsion.
▶ Butter enthält mindestens 82 % Fett.
▶ Buttergebäcke enthalten als Fettzugabe ausschließlich Butter in vorgeschriebener Mindestmenge.

Eier und ihre backtechnische Bedeutung

Abb. Nr. 475

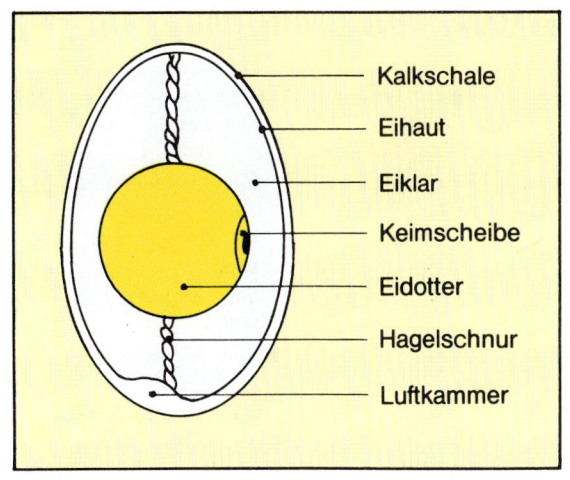

Abb. Nr. 476 Aufbau des Eies

Keine andere Backzutat hat so vielseitige Wirkungen wie Eier:
- Sie sind Zutat für Back- und Süßwaren, für Krems und Speiseeis.
- Sie verbessern die Beschaffenheit von Teigen, Massen, Backwaren, Krems und Speiseeis.
- Sie verbessern den Genußwert.
- Sie lockern und emulgieren. Sie machen spritzfähig und geschmeidig. Sie binden Wasser und verfestigen. Sie geben Farbe und bräunen.

Zusammensetzung und Eigenschaften von Eiern

Die besondere Eignung von Eiern als Backzutat läßt sich zum Teil aus der Zusammensetzung des Eies ableiten.

Das Hühnerei ist kein einheitlicher Stoff. Die Abbildung Nr. 476 zeigt vereinfacht den Aufbau des Eies.

Der Eiinhalt besteht

– zu 36 % aus dem Eidotter und
– zu 64 % aus dem Eiklar.

Das Eidotter unterscheidet sich in der Zusammensetzung wesentlich vom Eiklar (Tabelle Nr. 86).

Eidotter hat einen
– höheren Fettanteil, ist
– lezithinhaltig und hat einen
– höheren Eiweißanteil. Der Wasseranteil ist entsprechend niedriger.

Diese Unterschiede in der Zusammensetzung sind der Grund für die unterschiedliche backtechnische Wirkung von Eidotter und Eiklar.

Eigenschaften von Eidotter

Die besonderen Eigenschaften von Eidotter führen zu einer vielfältigen Verwendung in der Bäckerei.

Im Gegensatz zu Eiklar ist Eidotter nicht aufschlagbar. Es läßt sich aber schaumig rühren und trotz seines hohen Fettgehalts mit Wasser oder Milch verrühren (z. B. für Eistreiche).

| Zusammensetzung von Eiern ||||
Bestandteile	Vollei	Eidotter	Eiklar
Eiweiß	13,0 %	16,0 %	11,5 %
Fett	11,5 %	32,0 %	Spuren
Kohlenhydrate	0,5 %	0,5 %	0,5 %
Wasser	74,0 %	50,0 %	87,5 %
Mineralstoffe	1,0 %	1,5 %	0,5 %
Vitamine	A, B_1, B_2	A, B_1, B_2	B_2

Tabelle Nr. 86

Eigenschaften von Eidotter:	Verwendung von Eidotter:
– Eidotter wirkt emulgierend und erhöht so die Stabilität von Fett-Wasser-Gemischen.	▶ Für voluminöse Hefegebäcke, z. B. für Berliner Pfannkuchen, für geschmeidige, plastische Mürbeteige, für homogene, voluminöse Massen und Krems, für zartschmelzendes Speiseeis
– Eidotter ist quellfähig und macht Massen bindig.	▶ Für Massen mit Speisestärke (als Ersatz für den Mehlkleber)
– Eidotter bindet beim Erhitzen Wasser.	▶ Für Brandmassen zur Krumenbildung
– Eidotter bräunt bei starker Erhitzung.	▶ Für alle Backwaren mit einer kräftig gebräunten Kruste
– Eidotter ist Träger von Geschmacksstoffen.	▶ Für alle Backwaren, Krems und Speiseeis
– Eidotter färbt durch seinen Karotingehalt.	▶ Für eine gelbe Gebäckkrume

Eigenschaften von Eiklar

Eiklar hat aufgrund seiner Zusammensetzung andere Eigenschaften und somit auch andere backtechnische Wirkungen als Eidotter.

Eigenschaften von Eiklar:	Verwendung von Eiklar:
– Eiklar ist aufschlagbar.	▸ Für Schaummassen und Baiser, für die Lockerung von Biskuit, Käsekuchen oder leichtem Vanillekrem
– Eiklar macht Massen bindig.	▸ Für Makronen- und Hippenmassen, für Eiweißspritzglasur
– Eiklar schließt beim Gerinnen Wasser ein.	▸ Für Makronenmassen

Für Teige wird Eiklar immer nur in Verbindung mit Eidotter verarbeitet. Eiklar allein macht die Gebäckkrume strohig-trocken und begünstigt die Gebäckalterung.

> Hinweis: Über die Aufschlagfähigkeit von Eiklar finden Sie im Kapitel „Gebäcke aus Baiser- und Schaummassen" grundlegende Darstellungen!

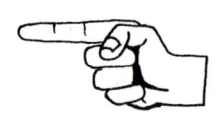

Abb. Nr. 477
Stuten im Anschnitt aus leichtem Hefefeinteig ohne Eianteil (links) und mit 200 g Eiklar je kg Mehl (rechts)

> Beurteilen Sie die Volumen und die Krumenporung!

> Achtung! Die Verarbeitung von Enteneiern ist in gewerblichen Betrieben verboten! Enteneier können mit Salmonellen (= Erreger von Typhus und Paratyphus) infiziert sein!

Eier als Backzutat

> Meister Kramer:
> „Hefefeingebäcke mit Eianteil sehen besser aus, sind zarter in der Krumenporung, schmecken besser und halten sich länger frisch!"

Meister Kramer verwendet Vollei für alle Hefefeingebäcke. Sind Eier für Hefefeingebäcke eine zwingend notwendige Teigzutat?

Für bestimmte Hefefeingebäcke ist Ei als Teigzutat notwendig, um die charakteristische Gebäckbeschaffenheit zu erzielen.

Für andere Hefefeingebäcke ist Ei als Teigzutat technologisch nicht notwendig. Jedoch führt Eizusatz im allgemeinen zu einer verbesserten Gebäckqualität.

Zu den eihaltigen Hefefeingebäcken zählen:

– Berliner Pfannkuchen,
– Brioche (ein französisches, zuckerarmes Frühstücksgebäck mit hohem Butter- und Eianteil),
– Gerührter Hefekuchen (Guglhupf),
– Savarin (kleiner Hefekranz mit Zucker-Rum-Lösung getränkt, glasiert und mit Früchten und Sahne hergerichtet),
– Croissant,
– schwerer Plunder.

> Wirkung von Vollei bei der Herstellung von Hefefeingebäck:
>
> ▸ Eizusatz verbessert die Teigentwicklung. Schon während des Knetvorgangs ist der Teig soweit ausgebildet, daß er eingeknetete Luft feinporig in das Teiggefüge aufnehmen kann.
>
> ▸ Eizusatz verbessert die Teigbeschaffenheit. Der Teig hat bessere Dehneigenschaften und ist plastischer. Er hat eine hohe Teigreifetoleranz. Er altert nicht so schnell und verträgt so eine lange Teigruhe. Der Teig hat bessere Verarbeitungseigenschaften.
>
> ▸ Eizusatz erhöht die Gärstabilität und Gärtoleranz. Auch ältere, mehrfach zusammengeschlagene Teige behalten sehr lange ihre Gärstabilität. Die Formlinge vertragen mehr Gare als Teiglinge ohne Eianteil.
>
> ▸ Eizusatz vergrößert das Gebäckvolumen.
>
> ▸ Eizusatz verbessert die Krumenstruktur. Die Krume ist feinporig, mit zarten Porenwandungen aufgelockert und trotzdem sehr saftig.
>
> ▸ Eizusatz verbessert die Krustenbräunung.
>
> ▸ Eizusatz verbessert die Gebäckfrischhaltung.

Die günstige Wirkung von Vollei bei der Herstellung von Hefeeingebäck ist vorrangig dem Eidotter, zum geringeren Teil dem Eiklar zuzuschreiben.

Eidotter wirkt durch seinen hohen Anteil an Lezithin, aber auch durch die Zusammensetzung seiner Eiweißstoffe, emulgierend. So verbessert Eidotter insbesondere die Dehneigenschaften und die Plastizität des Klebers. Zusätzlich verbessern die Eiweißstoffe des Eiklars die Wasserbindung im Teig und erhöhen das Gashaltevermögen.

Das besondere Bräunungsvermögen des Eidotters erklärt sich aus dessen Zusammensetzung. Bei Erwärmung begünstigt Eidotter die Bildung von Melanoidinen (bräunende Stoffe aus Aminosäure und Zucker).

Die Verbesserung der Gebäckfrischhaltung wird durch den Fettanteil des Eidotters erzielt. Neben der Erhöhung des Fettgehalts im Gebäck wirken die Fettstoffe sich verzögernd auf die Stärkeentquellung aus und begünstigen so die Gebäckfrischhaltung.

Abb. Nr. 479
Stuten aus leichtem Hefeeinteig ohne Eianteil (links) und mit 200 g Vollei je kg Mehl (rechts)

Beurteilen Sie die Volumen und die Krustenbräunung!

Abb. Nr. 478   Brioches

Abb. Nr. 480
Stuten im Anschnitt aus leichtem Hefeeinteig ohne Eianteil (links) und mit 200 g Vollei je kg Mehl (rechts)

Beurteilen Sie die Krumenbeschaffenheit!

Anforderungen an die Qualität von Eiern

Eier müssen frisch sein!

Woran erkennt der Bäcker nun, ob Eier frisch sind?

Frischebeurteilung von Eiern			
Prüfmethode	frische Eier	alte Eier	verdorbene Eier
Beurteilung der Kalkschale	schwach glänzend	glanzlos, stumpf	glanzlos, grau oder fleckig verfärbt
Durchleuchtungsprobe	kleine Luftkammer, lichtdurchlässig, Dotter nur schattenhaft sichtbar	mittelgroße Luftkammer, lichtdurchlässig wie Frischeier	große Luftkammer, Trübungen im Eiklar, Verfärbungen im Eidotter, Dotter „klebt" an der Eiwand
Schüttelprobe: Ei in Ohrnähe schütteln	kein Schwappen	schwaches Schwappen	wäßriges Schwappen
Fließprobe: Ei auf eine Platte aufgießen	Dotter ist hoch gewölbt; Eiklar umgibt das Dotter in einem dickflüssigen Innenring und einem dünnflüssigen Außenring	Dotter und der innere Eiklarring sind deutlich abgeflacht	Dotter ist flach verlaufen und verfärbt; Eiklar ist trüb, auch ausgeflockt und wäßrig verlaufen
Geruchsprobe	frischer Geruch	Altgeruch	übelriechend

Abb. Nr. 481 Fließprobe: frisches Ei

Abb. Nr. 482 Fließprobe: altes Ei

Alte Eier verlieren an technologischer Eignung.
- Sie verlieren an Emulgierkraft,
- sie verlieren an Quellvermögen,
- sie verlieren an Aufschlagfähigkeit.

Außerdem verringert sich die geschmacksverbessernde Wirkung.

Nur frische Eier lassen sich ohne Mängel in Eidotter und Eiklar trennen.

Thomas ist ratlos: Die Berliner, die er eben backt, geben einen abartig, üblen Geruch ab. Die verarbeiteten Eier zeigten keine Mängel. Meister Kramer kennt den Geruch!
,,Thomas! Du hast ein Heuei verarbeitet!" 
Thomas ist verdutzt: ,,Was ist denn das?"

Auch frische Eier können durch bestimmte Erkrankungen des Huhns bereits im Eierstock durch Infektion verdorben sein. Solche Eier unterscheiden sich nicht ohne weiteres von gesunden Frischeiern. Nur der schwache, etwas abartige Geruch verrät dem Fachmann das **,,Heuei".** Erst beim Backen wird der Geruch ekelerregend.

Im Fachhandel werden die Eier nach Güteklassen und Gewichtsklassen gehandelt. Die Güteklasse wird vornehmlich durch die Frische des Eies bestimmt.

Klasse A: Frischeier, unbehandelt, ungekühlt, ohne Mängel

Klasse B: Ältere Eier und/oder Eier mit schmutziger Schale und/oder Kühlhauseier und/oder haltbar gemachte Eier

Klasse C: Knickeier und/oder aussortierte Eier mit großer Luftkammer (= alte Eier). Eier der Klasse C dürfen nur an industrielle Aufbereitungsstellen für die Herstellung von Eiprodukten abgegeben werden.

Kennzeichnung von Eiern

Eier der Güteklasse A können gekennzeichnet werden.

② = Klasse A, 70–65 g schwer

Eier der Güteklasse B und C müssen gekennzeichnet werden.

B 3 (Kreis) = Klasse B, ungekühlt, nicht haltbar gemacht, 65–60 g schwer

B 4 (Dreieck) = Klasse B, Kühlhausei, 60–55 g schwer

B 5 (Raute) = Klasse B, haltbar gemacht, 55–50 g schwer

C = Klasse C

Tabelle Nr. 87

Gewichtsklassen für Eier

Klasse 1:	70 g und darüber
Klasse 2:	70 g–65 g
Klasse 3:	65 g–60 g
Klasse 4:	60 g–55 g
Klasse 5:	55 g–50 g
Klasse 6:	50 g–45 g
Klasse 7:	unter 45 g

Tabelle Nr. 88

Lagerung von Eiern

Eier altern beim Lagern!

Durch enzymatischen Abbau der Eistoffe verflüssigt sich das Eiklar. Durch die Abbauprodukte bekommen die Eier den Altgeschmack. Während der Lagerung schrumpft der Eiinhalt durch Wasserverdunstung (Luftkammer wird größer).

Bei Raumtemperatur behalten Eier für 2 Wochen, im Kühlschrank für 3–4 Wochen ihre wesentlichen Frischeeigenschaften.

Eier nehmen schnell Fremdgeruch an. Sie dürfen deshalb nicht zusammen mit stark riechenden Lebensmitteln aufbewahrt werden.

Die Einlagerung von Eiern über einen längeren Zeitraum erfolgt in Kühlhäusern bei etwa ±0 °C und bei gleichzeitiger Begasung mit Kohlendioxid. Die Eier müssen als ,,haltbar gemacht" gekennzeichnet werden.

Eiprodukte

Heute stehen dem Bäcker das ganze Jahr über Frischeier zur Verfügung.

Eiprodukte wie Gefrier- oder Trockenei sind jedoch kostengünstiger und ohne Probleme vorrätig zu halten.

Gefrierei

Gefrierei wird als
- tiefgefrorenes Vollei,
- tiefgefrorenes Eigelb und
- tiefgefrorenes Eiklar angeboten.

Die Lagerung erfolgt in der Tiefkühlung unter −10 °C.

Für die Verwendung sind folgende Regeln zu beachten:
- Bei Raumtemperatur auftauen! Nicht erhitzen!
- Aufgetautes Ei vor Entnahme gut durchrühren!
- Bei geringen Entnahmen den Restinhalt in übliche Verbrauchsmengen portionieren und dann wieder gefrieren! So vermeiden Sie ein wiederholtes Auftauen des ganzen Kanisterinhalts. Die Gefahr des Auskeimens von Krankheits- und Fäulniserregern bleibt so gering.

Mengenumrechnung für Gefrierei
1 Vollei ⟶ = 50 g Gefriervollei
1 Eigelb ⟶ = 17 g Gefriereigelb
1 Eiklar ⟶ = 32 g Gefriereiklar

Tabelle Nr. 89

Trockenei

Trockenei wird als
- getrocknetes Vollei,
- getrocknetes Eigelb und
- getrocknetes Eiklar in Pulverform – Eiklar auch kristallisiert – angeboten.

Wegen des Fettgehalts ist Vollei- und Eigelbpulver nur begrenzt haltbar.

Eipulver wird mit der entsprechenden Menge Wasser (Tabelle Nr. 90) verrührt und ist nach kurzer Quellzeit gebrauchsfertig. Kristalleiklar muß mehrere Stunden vor Verwendung mit Wasser angesetzt werden. Eiklar aus Eipulver läßt sich hervorragend aufschlagen.

Mengenumrechnung für Trockenei
1 Liter Vollei = 275 g Volleipulver + 725 g Wasser
1 Liter Eigelb = 525 g Eigelbpulver + 475 g Wasser
1 Liter Eiklar = 150 g Eiklarpulver + 850 g Wasser

Tabelle Nr. 90

Achtung! *Für die Verarbeitung von Trockeneiklar die Herstellerangaben beachten!*
Das Wasser-Trockeneiklar-Verhältnis muß nicht unbedingt der Zusammensetzung von Frischeiklar entsprechen!

Backtechnische Eignung von Eiern			
Eigenschaften	Eidotter	Eiklar	Vollei
aufschlagbar	−	+	(+)
macht Glasuren spritzfähig	−	+	−
wirkt emulgierend	+	(+)	+
macht Massen bindig	+	+	+
verbessert die Gärstabilität	+	(+)	+
wirkt bräunend	+	−	+
vergrößert das Gebäckvolumen	+	+	+
macht die Krume feinporig	+	−	+
verbessert die Frischhaltung der Gebäcke	+	−	+

+ = Eigenschaft wird erfüllt
(+) = Eigenschaft wird bedingt erfüllt
− = Eigenschaft wird nicht erfüllt

Tabelle Nr. 91

Das Wichtigste über Eier als Backzutat in Kurzform

▸ *Eier verbessern*
  - die Beschaffenheit von Teigen, Massen, Krems und Speiseeis;
  - die Gärstabilität von Hefeteigen;
  - die Qualität von Backwaren.

▸ *Eidotter*
  - wirkt emulgierend;
  - verbessert die Bindigkeit von Teigen, Massen, Krems und Speiseeis;
  - schließt beim Gerinnen Wasser ein;
  - bräunt die Gebäckkruste;
  - verbessert den Genußwert von Backwaren, Krems und Speiseeis;
  - färbt gelb.

▸ *Eiklar*
  - ist aufschlagbar;
  - macht Massen bindig;
  - schließt beim Gerinnen Wasser ein;
  - macht Glasuren spritzfähig.

▸ *Eiprodukte sind*
  - Gefrierei und
  - Trockenei.

▸ *Eihaltige Backwaren sind*
  - Berliner Pfannkuchen,
  - gerührter Hefekuchen,
  - Brioches,
  - Savarins,
  - Croissants,
  - schwerer Plunder.

Füllungen und Auflagen für Hefefeingebäcke

Abb. Nr. 483

Für den Kunden spielt die Füllung bzw. die Auflage von Hefefeingebäcken eine entscheidende Rolle. Er fragt nach Apfeltaschen, nach Mohnschnecken, nach bestimmten Obstauflagen, nach Pudding-, Marzipan- oder Konfitürefüllungen. Die Form der Gebäcke ist für den Kunden im allgemeinen von untergeordneter Bedeutung.

So ist der Bäcker aufgefordert, besondere Sorgfalt im Sortiment hinsichtlich der Auswahl und Zubereitung von Füllungen und Auflagen walten zu lassen.

Folgende Füllungen sind für Hefefeingebäcke üblich:
- *Füllungen aus Obst und Obsterzeugnissen;*
- *Füllungen aus stärkehaltigen Zubereitungen (Stärkepuddings);*
- *Füllungen aus Quarkzubereitungen;*
- *Füllungen aus Rohmassen;*
- *Füllungen aus Mohnzubereitungen.*

Füllungen und Auflagen aus Frischobst

Obwohl der Bäcker das ganze Jahr über Hefefeingebäcke mit fruchtigen Füllungen und Auflagen aus Obstdauerwaren anbietet, sind Backwaren mit Frischobst beim Verbraucher besonders beliebt.

Keine Obstdauerware kann das Aroma von Frischobst erreichen.

Einteilung von Obst	
Steinobst	▸ Kirschen, Pfirsiche, Aprikosen, Zwetschen u. a.
Kernobst	▸ Äpfel, Birnen u. a.
Beeren	▸ Erdbeeren, Johannisbeeren, Stachelbeeren, Himbeeren, Brombeeren, Blaubeeren, Weinbeeren u. a.
Südfrüchte	▸ Apfelsinen, Zitronen, Ananas, Bananen u. a.
Trockenobst	▸ Dörrobst, Rosinen u. a.
Schalenobst	▸ Mandeln, Walnüsse, Haselnüsse, Erdnüsse u. a.

Tabelle Nr. 92

Als Frischobst für Hefefeingebäcke kommen vorrangig Äpfel, Zwetschen (Zwetschgen) und Sauerkirschen in Frage.

Um das Auslaufen von Fruchtsaft zu verhindern, werden Früchte mit hohem Wassergehalt, z. B. Sauerkirschen, vor der Verarbeitung gedünstet und mit Stärke oder einem anderen Dickungsmittel gebunden.

Anderes Frischobst (wie Erdbeeren, Himbeeren oder Weinbeeren) wird für Hefefeingebäck kaum verarbeitet. Diese Früchte haben ihren besonderen Genußwert, wenn sie ungebacken auf Torten oder Desserts angeboten werden.

Füllungen und Auflagen aus Obsterzeugnissen
Marmeladen

Marmeladen und Konfitüren sind streichfähige Zubereitungen aus Früchten und Zucker. Die feste Beschaffenheit wird durch das gelierende Pektin der Früchte oder durch zugesetztes Pektin erreicht.

Nach der Konfitürenverordnung ist die Verkehrsbezeichnung „Marmelade" für Zubereitungen aus heimischen Früchten nicht erlaubt. Die Bezeichnung „Marmelade" gilt nur für Zubereitungen aus Zitrusfrüchten, z. B. für Orangen- oder Mandarinenmarmelade.

Abb. Nr. 484 Füllungen und Auflagen aus Frischobst

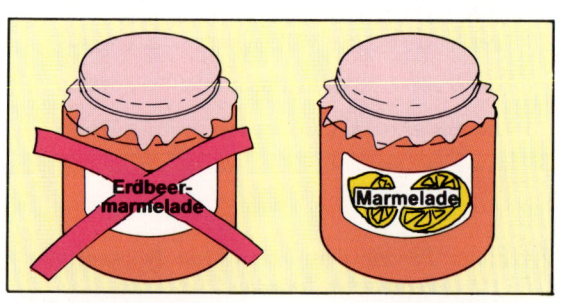

Abb. Nr. 485
Für Zubereitungen aus heimischen Früchten nicht erlaubt!

Nur für Zubereitungen aus Zitrusfrüchten erlaubt!

Konfitüren

Konfitüren sind alle streichfähigen Zubereitungen aus Zucker und Früchten (mit einigen Ausnahmen, wie Zitrusfrüchte, Äpfel, Birnen), gleichgültig, ob sie stückig oder breiig sind, ob sie aus einer Fruchtart oder aus mehreren Fruchtarten hergestellt sind. Die Bezeichnungen „Konfitüre einfach" und „Konfitüre extra" weisen auf einen niedrigeren bzw. höheren Fruchtgehalt hin.

Marmeladen und Konfitüren werden für die Verarbeitung als Füllung glatt gearbeitet.

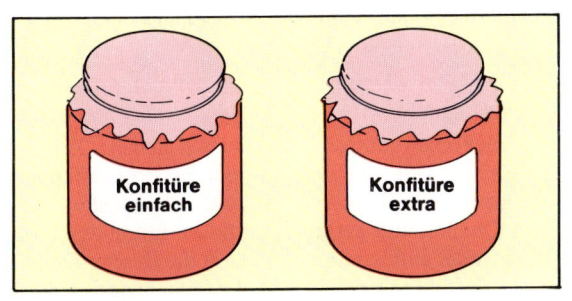

Abb. Nr. 486
- aus einer oder mehreren Fruchtarten
- stückig oder passiert
einfach = niedriger Fruchtanteil
extra = hoher Fruchtanteil

Gelees

Gelees sind streichfähige Zubereitungen aus Zucker und dem Saft einer oder mehrerer Fruchtarten. „Gelee einfach" hat einen niedrigen, „Gelee extra" hat einen hohen Fruchtsaftgehalt.

Gelees sind nicht backfest. Beim Backen fließen sie leicht aus den Backwaren aus. Sie werden deshalb vornehmlich zum Füllen gebackener Erzeugnisse verwendet, z. B. für zusammengesetztes Teegebäck.

Gelees aus Äpfeln oder Birnen werden unter der Verkehrsbezeichnung „Apfelkraut" oder „Birnenkraut" gehandelt.

Abb. Nr. 487
einfach = niedriger Fruchtanteil
extra = hoher Fruchtanteil

Pflaumen-/Zwetschenmus

Die Festigkeit von Zwetschenmus wird vorrangig durch Verdampfen von Wasser aus dem Zwetschenbrei, kaum durch gelierende Stoffe, bewirkt. Der Fruchtanteil ist entsprechend höher als bei Konfitüren.

Pflaumen-/Zwetschenmus eignet sich insbesondere zum Füllen von Berliner Pfannkuchen.

Fruchtpülpe, Fruchtmark

Fruchtpülpe und Fruchtmark sind zerkleinerte Früchte (nicht eßbare Teile sind vorher entfernt). Pülpe ist stückig, Fruchtmark ist fein passiert. Pülpe und Fruchtmark enthalten keinen Zucker oder andere Zutaten.

In der Bäckerei findet vornehmlich die Pülpe oder das Fruchtmark von Äpfeln Verwendung, z. B. zum Füllen von Apfeltaschen oder als Auflage von gedecktem Apfelkuchen.

Abb. Nr. 488   ohne Zucker
stückig   passiert

Füllungen und Auflagen aus Obstdauerwaren

Der Bäcker versucht das ganze Jahr über – auch außerhalb der Obstsaison – leckere Obstgebäcke anzubieten. Zwar wird auch im Winter Freilandobst aus Überseeländern und Treibhausobst aus südeuropäischen Ländern auf unserem Markt angeboten; jedoch ist dieses Obst

- sehr teuer und
- häufig arm an Aroma.

Heute stehen dem Bäcker Obstdauerwaren in hervorragender Qualität und Vielfalt zur Verfügung:

- Dunstobst,
- Gefrierobst und
- Trockenobst.

Dunstobst

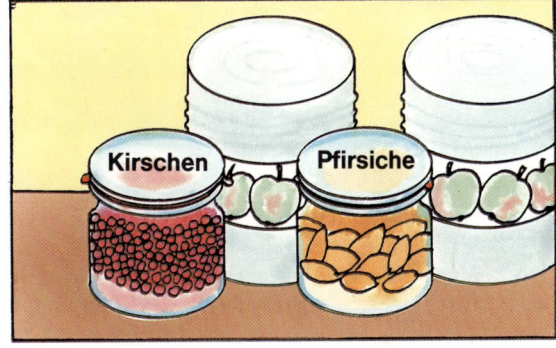

Abb. Nr. 489   Dunstobst

Dunstobst ist sterilisiertes Obst in Dosen oder Gläsern. Es sind ganze oder geteilte Früchte in einer wäßrigen Zuckerlösung. Als Auflage oder Füllung für Hefefeingebäcke ist folgendes Dunstobst von Bedeutung:
- Äpfel in Scheiben oder geviertelt,
- Sauerkirschen,
- Stachel-, Johannis-, Preiselbeeren,
- geteilte Aprikosen,
- Mandarinen in Scheiben,
- Ananas in Stücken oder Ringen.

Abb. Nr. 490   Kopenhagener Früchtetaschen mit Dunstobst

Gefrierobst

Für Hefefeingebäck sind als Gefrierobst Äpfel, Zwetschen, auch Johannisbeeren und Stachelbeeren üblich.

Der Gefriervorgang führt bei vielen Obstarten zu Qualitätsverlusten. Äpfel verlieren deutlich an Aroma. Außerdem wässern sie stark beim Auftauen. Sie müssen deshalb mit Saftbinder (= Dickungs-, Geliermittel) verarbeitet werden.

Abb. Nr. 491   Gefrorene Johannisbeeren

Trockenobst

Trockenobst ist am leichtesten vorrätig zu halten, jederzeit verfügbar und preisgünstig. Dafür muß der Bäcker in Kauf nehmen, daß die Früchte weniger aromatisch sind als Frischobst.

Als Trockenobst unterscheidet man
- Dörrobst, wie Äpfel, Zwetschen und Aprikosen. Diesen Früchten wird vor ihrer Verarbeitung das durch Trocknen entzogene Wasser wieder zugeführt.
- Trockenfrüchte, wie Rosinen, Feigen und Datteln.

Trockenäpfel

Kein anderes Dörrobst hat für die Backwarenherstellung eine so große Bedeutung wie Trockenäpfel.

Trockenäpfel werden aus spätreifen und großfruchtigen Sorten mit kleinem Kerngehäuse und säuerlichem Geschmack gewonnen.

Trockenäpfel werden in Stücken, zerkleinert oder in ringförmigen Scheiben (= Ringäpfel) angeboten.

Vor Gebrauch müssen Trockenäpfel längere Zeit im Wasser quellen, um ihre zäh-lederne Beschaffenheit wieder aufzugeben (Abb. Nr. 492). Andünsten nach dem Quellen und geringes Andicken mit einem Dickungs- oder Bindemittel verbessert die Beschaffenheit der Äpfelzubereitung. Der Fachhandel bietet stückige Trockenäpfel mit einem pulverförmigen Dickungsmittel vermischt an. Während des Quellens bindet das Dickungsmittel ohne Erhitzen das überschüssige Wasser.

Abb. Nr. 492
Trockenäpfel müssen vor der Verwendung quellen

Abb. Nr. 493
Feine Backwaren aus Hefeteig mit Trockenäpfeln hergestellt

Aus Trockenäpfeln lassen sich Füllungen bzw. Auflagen für Hefekleingebäcke, für Plundergebäcke und für Apfelkuchen aller Art herstellen (Abb. Nr. 493).

Rosinen

Die Rosinen nehmen in der Bäckerei einen besonderen Rang ein. Sie sind Bestandteil vieler Füllungen und Auflagen
- in Hefeingebäcken (z. B. Hefekleingebäck, Plunder, Stollen, Obstkuchen),
- in Feinen Backwaren aus Massen (z. B. Königskuchen, Englischer Kuchen),
- in Blätterteiggebäcken.

✱ *Rosinen sind sehr zuckerreiche, aromatische, getrocknete Weinbeeren.*

Die Trocknung erfolgt überwiegend am Weinstock.

Nicht alle Rosinen sind für die Backwarenherstellung geeignet. Der Bäcker stellt an Rosinen folgende Anforderungen:
– Sie müssen frei von Erdrückständen und anderen Verschmutzungen sein.
– Sie müssen frei von zerquetschten, klebrigen Beeren und Beeren mit Stielen sein.
– Sie müssen kernlos sein.
– Sie müssen fest und trocken sein.
– Sie müssen haltbar sein.
– Sie müssen süß und aromatisch sein.

Sultaninen sind die bevorzugte Rosinensorte für Backwaren. Sie sind grundsätzlich kernlos, sehr süß und aromatisch. Ihre Farbe ist je nach Sorte und Herkunftsland purpurbräunlich (aus Kalifornien), bernsteinfarbig bis wachshell.

Größte Sultaninenproduzenten sind Kalifornien, Australien, aber auch der Iran, die Türkei und Griechenland.

Korinthen sind kleine, schwarze, fein säuerlich-aromatisch schmeckende, getrocknete Weinbeeren. Hauptanbaugebiet ist Griechenland (Korinth = Stadt in Griechenland). Der Verbrauch von Korinthen für Backwaren ist rückläufig.

Tips für die Verarbeitung von Sultaninen:
→ *Sultaninen verlesen!*
→ *Sultaninen kalt waschen und sofort gründlich abtropfen lassen!*
→ *Sultaninen für „trockene" Kuchen über Nacht in etwas Rum quellen lassen!*
→ *Sultaninen für fließend weiche Massen (z. B. Sandmassen) vorher mit Mehl einstäuben! So verhindern Sie, daß die Früchte absinken!*

Zusätzliche Informationen

Die Kenntlichmachung geschwefelter Rosinen oder geschwefelter Trockenäpfel am fertigen Erzeugnis kann entfallen, sofern der Gesamtgehalt an Schwefeldioxid in 1 kg Backware 50 Milligramm nicht übersteigt.

Das trifft grundsätzlich für alle Gebäcke zu, deren Rosinenanteil 50 g je kg Backware nicht übersteigt.

Achtung! *Die Verwendung geschwefelter Rosinen muß am fertigen Erzeugnis kenntlich gemacht werden!*

Schalenobst

Abb. Nr. 494 Haselnuß

Schalenobst, das klingt wie ungeschältes Obst. Mit Schalenobst sind die Mandeln, die Nüsse (z. B. Hasel- und Walnüsse, Erdnüsse, Paranüsse, Kaschu-Nüsse) und Pistazien gemeint.

Als Zutat für Backwaren sind die Mandeln, die Hasel- und die Walnüsse von Bedeutung.

Die grünen drei- und vierkantigen Pistazienkerne werden lediglich als Dekor und als Geschmacksträger für Torten, Desserts und Speiseeis verwendet.

Mandeln

Mandeln sind Bestandteil vieler Feiner Backwaren:
- als Teigzutat für Stollen, Heferührkuchen und Mürbeteiggebäcke;
- als Zutat für Rührkuchen;
- als Bestandteil von Füllungen;
- als Bestandteil von Backwaren aus abgerösteten Massen (Bienenstich, Florentiner u. a.);
- als Hauptrohstoff für Marzipan und Makronen;
- als Dekor für Lebkuchen, Torten und Pralinen.

Mandelfrüchte sehen den Pfirsichen ähnlich. Ihr Fruchtfleisch ist ungenießbar. Die Mandel ist der in der Fruchtschale eingeschlossene Samenkern.

Bittere Mandeln unterscheiden sich von süßen Mandeln
- durch ihre kleinere Größe,
- durch ihren aromatisch-bitteren Geruch,
- durch ihren intensiv bitteren Geschmack,
- durch ihren hohen Gehalt an Amygdalin.

Handelsformen für Mandeln
– Ganze Mandeln mit Samenhaut
– Blanchierte Mandeln, gehäutet
• ganz,
• gehackt,
• geraspelt,
• gehobelt,
• gestiftet

Tabelle Nr. 93

Achtung! *Bittere Mandeln so aufbewahren, daß sie für Kinder unerreichbar sind!*
Der Genuß von nur 5–6 bitteren Mandeln kann bei Kleinkindern zum Tode führen!

Tips für die Praxis:

- *Schälen von Mandeln mit Samenhaut:*
  - *Mandeln überbrühen!*
  - *10 Minuten quellen lassen!*
  - *Mandelhaut abdrücken!*
- *Verarbeitung gehackter Mandeln (Fertigware):*
  - *Gehackte Mandeln mit etwas Wasser überbrühen! So vermeiden Sie, daß der Gebäckkrume durch die Mandeln Feuchtigkeit entzogen wird. Die Mandeln sind "saftiger".*

Achtung!
Die Eigenherstellung von Orangeat aus Apfelsinenschalen ist bedenklich! Fast alle Apfelsinen sind oberflächenbehandelt, häufig mit Konservierungsstoffen! 
Nur unbehandelte Zitronen oder Apfelsinen sollten zur Selbstherstellung zerkleinerter Schalen verwendet werden

Abb. Nr. 495   Mit Vanillekrem gefüllte Plunderbrezeln

Hinweis: Über die Herstellung von leichtem Vanillekrem erfahren Sie mehr im Kapitel "Kremtorten und Kremdesserts"!

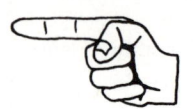

Nach dem Genuß bitterer Mandeln bildet sich im Körper aus dem Amygdalin giftige Blausäure.

Bittere Mandeln sind die wilde Stammform der süßen Mandel.

Hauptanbaugebiete sind die Mittelmeerländer und Kalifornien.

Kandierte Früchte

Kandierte Früchte sind verzuckerte Früchte. Für die Backwarenherstellung werden vor allem

▶ Zitronat (= Sukkade),

▶ Orangeat und

▶ Belegfrüchte (z. B. Belegkirschen) verwendet.

Zitronat, Orangeat

Zitronat wird aus den großen, dickschaligen Zedratzitronen hergestellt.

Die blanchierten (= gedämpften) Fruchtschalen werden stufenweise in Zuckerlösungen steigender Konzentration kandiert.

Zitronat wird in Form halber Schalen oder gewürfelt angeboten. Die kandierten Schalen haben eine schwach grünliche Farbe und sind hornartig durchscheinend.

Orangeat wird aus den Schalenhälften der Bitterorangen (Pomeranzen) in gleicher Weise wie Zitronat hergestellt.

Farbe und Geschmack sind orangenartig.

Füllungen und Auflagen aus Vanillekrem

Jeden Tag wird in der Bäckerei Vanillekrem verarbeitet:

– zum Füllen von Hefefeingebäck, Plunder und Bienenstich;

– als Grundkrem für deutschen Fettkrem.

Der Bäcker hat die Wahl, den Krem

– in einem Kochprozeß mit Krem-(Pudding-)pulver oder

– auf kaltem Wege mit Kaltkrempulver

herzustellen.

Produkt:	Zusammensetzung:
– Krempulver (Puddingpulver)	▶ rohe Reis-, Weizen- oder Maisstärke; Farbstoff; geschmackgebende Stoffe
– Kaltkrempulver (Puddingkrempulver)	▶ verkleisterte, getrocknete Stärke; pflanzliche Dickungs- und Geliermittel; Farbstoff; geschmackgebende Stoffe

Können Sie einen gekochten Vanillekrem herstellen? Hier erhalten Sie eine Anleitung für die Herstellung eines gekochten Krems!

Anleitung (für Krem mit Vanille-Geschmack):

- *Verwenden Sie das Rezept aus Tabelle 94!*
- *Etwas Milch abnehmen; Krempulver und Vollei in der Milch glattrühren!*
- *Übrige Milch mit dem Zucker zum Kochen bringen!*
- *Angerührtes Krempulver unter ständigem Rühren in die kochende Milch eingießen!*
- *Wenn der Krem bindig ist, noch drei Minuten unter Rühren kochen lassen!*

Gekochter Vanillekrem zum Füllen läßt sich am besten in noch etwas warmem Zustand, kurz vor dem Absteifen, verarbeiten.

Zum Füllen von Bienenstich wird unter den noch heißen Krem Eischnee untergezogen.

Füllungen und Auflagen aus Quarkzubereitungen

Übliche Zutaten für Quarkfüllungen und -auflagen sind Quark, Zucker, Eier, Salz, Sahne/Milch und Gewürze.

Bei Käsekuchen muß die Quarkmasse schnittfest werden. Die Schnittfestigkeit wird durch Zugabe von Stärke oder anderen Bindemitteln erzielt. Die Lockerung erfolgt durch Eischnee.

Von Quarkfüllungen erwartet der Verbraucher eine saftige, kremige Beschaffenheit. Deshalb sollte der Bäcker hier auf die Zugabe von Bindemitteln verzichten.

Füllungen aus Rohmassen

Ausgangsprodukte sind Marzipan-, Persipan- und Nußrohmassen.

Marzipanfüllungen

Marzipanrohmasse wird mit Milch oder Eigelb und Zucker streichfähig gearbeitet.

Für **fruchtige Marzipanfüllungen** wird die Rohmasse mit Konfitüre glattgearbeitet.

Marzipanfüllmassen lassen sich mit Kuchenbrösel strecken.

Franchipan ist eine Füllmasse aus Marzipanrohmasse, Butter und Eigelb.

Persipanfüllungen

Persipanfüllmassen werden wie Marzipanfüllmassen zubereitet.

Die Verwendung von Persipan ist beim Verkauf der Backwaren kenntlich zu machen.

Grundrezept für Krem mit Vanille-Geschmack
1000 g Milch
200 g Zucker
90 g Krempulver
0–200 g Vollei

Tabelle Nr. 94

Achtung! *Krempulver für Vanillekrem enthält als Geschmacksstoff Vanillin. Die Verwendung von Vanillin braucht beim Verkauf unverpackter Backwaren nicht kenntlich gemacht zu werden. Andererseits darf die Füllung nicht als Vanillekrem bezeichnet werden.*
Bei der Kennzeichnung auf Fertigpackungen muß Vanillin in der Zutatenliste angegeben werden!

Abb. Nr. 496
Füllungen und Auflagen aus Quarkzubereitungen

Abb. Nr. 497 Plundergebäck mit einer Nußmasse gefüllt

Abb. Nr. 498

Zusätzliche Informationen

Mindestmengen der wertbestimmenden Zutaten in Füllungen	
Bezeichnung	Mindestanteil
Quarkfüllung	→ 20 % Quark
Mohnfüllung	→ 20 % Mohn
Nuß-/Mandelfüllung	→ 20 % Nuß/Mandeln
Marzipanfüllung	
– ungebacken	→ 100 % Marzipan
– gebacken	→ 20 % Marzipanrohmasse
Obstfüllung	→ 30 % Frischobst oder Obsterzeugnisse
Konfitürenfüllung	→ 100 % Konfitüre

Tabelle Nr. 95

Zum Nachdenken:
Bäckermeister Kramer bietet ,,Feines Hefegebäck mit Marzipan gefüllt'' an. Die Füllmasse ist aus folgenden Zutaten hergestellt:

1,0 kg Zucker
1,0 kg Aprikosenkonfitüre
1,0 kg Kuchenbrösel
0,5 Liter Milch
1,5 kg Marzipanrohmasse

Ist für diese Zusammensetzung die Verkehrsbezeichnung ,,Feines Hefegebäck mit Marzipan gefüllt'' erlaubt?

Für die Bewertung beachten Sie,
– daß namengebende Zutaten wertbestimmend in einer Mindestmenge im Erzeugnis enthalten sein müssen,
– daß die Hervorhebung hochwertiger Zutaten die Verwendung von gleichartigen, geringwertigeren Zutaten (wie Persipan) ausschließt,
– daß Erzeugnisse mit Gütebezeichnungen wie ,,fein'' in ihrer Qualität sich angemessen von gleichen Produkten mit üblicher Qualität unterscheiden müssen.

Füllungen und Auflagen aus Mohnzubereitungen

Gemahlener Mohn wird mit kochender Milch überbrüht und mit Zucker gesüßt.

Zur Erzielung einer besseren Bindung wird gekochter Vanille- oder Grießpudding unter die Mohnmasse gezogen.

Zur Verbesserung der Mohnmasse sind üblich: Sultaninen, Zitronat, Orangeat, gehackte Mandeln, Marzipanrohmasse, Rum und Gewürze.

Füllungen und Auflagen aus Convenienceprodukten

Die Herstellung insbesondere von Apfel-, Quark- und Mohnzubereitungen ist sehr zeitaufwendig.

Der Fachhandel bietet fertige Füllmassen an. Diese kann der Bäcker individuell abschmecken, aber auch durch Zugabe weiterer Zutaten verbessern oder verlängern.

Rechtliche Vorschriften für Füllungen und Auflagen

Grundsätzlich besteht keine Pflicht, die Füllung von Gebäcken besonders zu benennen. Allerdings muß die Bezeichnung des Gebäcks der allgemeinen Verkehrsauffassung entsprechen und das Gebäck hinreichend beschreiben.

Beispiel 1:
Mohnstuten wird unverpackt angeboten.
Die Kennzeichnung kann entfallen.

Beispiel 2:
Mohnstuten wird in der Verkaufsstelle vorverpackt und dort angeboten.
Die Kennzeichnung kann entfallen.

Beispiel 3:
Mohnstuten wird vorverpackt in Selbstbedienung oder andernorts verpackt in Bedienung angeboten.

Der Mohnstuten gilt als Fertigpackung; die Backware ist zu kennzeichnen. Die Verkehrsbezeichnung müßte lauten: ,,Mohnstuten'' oder ,,Stuten mit Mohnfüllung''.

Beträgt der Mohnanteil in der Füllung weniger als 20 %, lautet die Verkehrsbezeichnung einfach: ,,Gefüllter Stuten'' oder ,,Stuten mit Füllung unter Verwendung von Mohn''.

Achtung!
Für alle drei Beispiele gilt:

Enthält die Füllung Zusatzstoffe (wie Farbstoffe, Konservierungsstoffe), geschwefelte Früchte oder nachgemachte Lebensmittel (wie Persipan) so ist die Verwendung am fertigen Erzeugnis kenntlich zu machen.

Bei Fertigpackungen genügt die Aufführung in der vorgeschriebenen Zutatenliste.

Übersicht über Füllungen und Auflagen für Hefefeingebäcke

■ Füllungen und Auflagen aus Obst:
  ▸ Frischobst
  ▸ Obsterzeugnisse
    – Marmeladen,
    – Konfitüren,
    – Gelees,
    – Mus,
    – Fruchtpülpe, Fruchtmark
  ▸ Obstdauerwaren
    – Dunstobst,
    – Gefrierobst,
    – Trockenobst
  ▸ Schalenobst
  ▸ Kandierte Früchte
■ Füllungen und Auflagen aus Vanillekrem
■ Füllungen und Auflagen aus Quarkzubereitungen
■ Füllungen und Auflagen aus Mohnzubereitungen
■ Füllungen und Auflagen aus Rohmassen
■ Füllungen und Auflagen aus Convenienceprodukten

Gebäcke aus leichtem Hefefeinteig

Abb. Nr. 499 Kleingebäck aus leichtem Hefefeinteig

Aus leichtem Hefefeinteig werden hergestellt:
▸ Hefekleingebäcke (wie Schnecken, Taschen, Kuchenbrötchen, Hörnchen, kleine Flechtgebäcke)
▸ leichte Stuten und Zopfgebäcke
▸ Einback und Zwieback
▸ Plunder (der Grundteig ist leichter Hefefeinteig)

Der Verbraucher hat bestimmte Erwartungen hinsichtlich der Qualität leichter Hefefeingebäcke:

– Sie müssen frisch sein.
– Sie müssen duftend-aromatisch sein.
– Sie müssen eine gut aufgelockerte, feinporigwattige Krume haben.
– Sie müssen leicht bekömmlich sein.

Schon am Tag nach ihrer Herstellung haben leichte Hefefeingebäcke einen verminderten Genußwert:
– Die Kruste ist glanzarm und schrumpelig.
– Die Krume ist etwas fest und trocken.
– Das Gebäck ist wenig aromatisch.
– Das Gebäck schmeckt altbacken.

Die geringe Frischhaltung ist durch den niedrigen Fett-/Zuckeranteil im Teig begründet.

Herstellen von Hefekleingebäcken
Aufarbeiten, Gärverlauf und Backen

Hefekleingebäcke werden ungefüllt, gefüllt oder mit einer Auflage hergestellt.

Abb. Nr. 500
Gedrückte Mohnschnecken zählen zu den ältesten Formen gefüllter Hefekleingebäcke

Abb. Nr. 501
Automatische Aufarbeitung von Hefefeinteig für gefülltes Kleingebäck

Grundrezept für leichten Hefefeinteig
1000 g Weizenmehl, Type 550
500 g Milch
100 g Zucker
100 g Backmargarine
60 g Hefe
12 g Salz
Aroma

Tabelle Nr. 96

Aus 1 kg Hefefeinteig werden üblicherweise 20 bis 30 Hefekleingebäcke hergestellt. Die Herstellung ungefüllter Hefekleingebäcke soll am Beispiel ungefüllter Frühstückshörnchen aus leichtem Hefefeinteig dargestellt werden.

Abb. Nr. 502

"Backtrennpapier ist durch eine besondere Beschichtung wasserabweisend und verhindert so das Festbacken der Teiglinge. Backtrennpapier hält die Bleche sauber und verhindert das Festhaften von Verkohlungsresten auf der Gebäckunterseite!"

Abb. Nr. 503

Abb. Nr. 504

Karl meint: "Wenn jeder Mitarbeiter im Betrieb bei jedem Arbeitsauftrag zunächst den Arbeitsplatz unter den Gesichtspunkten Hygiene, Sicherheit und sachgerechter Arbeitsablauf herrichten würde, ginge der Betrieb pleite!"
Was meinen Sie dazu? Diskutieren Sie das Problem!

Vorbereitende Arbeiten für die Hörnchenaufarbeitung	
Arbeitsschritte:	Erläuterung:
– Bereiten Sie die Backbleche vor!	▶ Sorgen Sie für saubere Backbleche! Fetten Sie die Backbleche ein bzw. legen Sie die Backbleche mit Trennpapier aus! Das Fett auf den Backblechen verhindert das Festbacken der Teiglinge.
– Sorgen Sie für Sauberkeit am Arbeitsplatz!	▶ Beseitigen Sie Mehlstaub- und Teigreste! Benutzen Sie nur einwandfrei saubere Geräte! Reinigen Sie Ihre Hände!
– Sorgen Sie für Sicherheit am Arbeitsplatz!	▶ Stellen Sie keine Behälter oder Geräte im Fußbodenbereich ab! Beachten Sie die Sicherheitsbestimmungen beim Arbeiten mit der Teigteil-/Wirkmaschine und der Hörnchenwickelmaschine!
– Sorgen Sie für einen reibungslosen Arbeitsablauf!	▶ Richten Sie Ihren Arbeitsplatz so her, – daß die Anzahl und Länge der Arbeitswege so klein wie möglich ist, – daß Ihre Muskelarbeit so niedrig wie möglich gehalten wird, – daß Werkzeuge und Geräte griffbereit in der Reihenfolge des Arbeitsablaufs bereitgestellt sind!
– Bereiten Sie die Abstreichflüssigkeit für die geformten Teiglinge vor!	▶ Übliche Flüssigkeiten zum Abstreichen sind Milch, glattgerührtes Vollei bzw. Eidotter.

Abb. Nr. 505 Handwerkliche Hörnchenaufarbeitung

Arbeitsablauf für die Hörnchenherstellung	
Arbeitsschritte:	Erläuterung:
– Abwiegen und Rundwirken der Pressen	▶ Das Rundwirken führt zu einer feineren, gleichmäßigeren Krumenporung und ist Voraussetzung für gleiche Teilchengröße beim Teilen mit der Teigteilmaschine.
– Einlegen einer Zwischengare	▶ Die rundgestoßenen Teigpressen müssen sich entspannen. Sofortiges Weiteraufarbeiten würde zum Aufreißen der Teigoberfläche führen.
– Pressen, Teilen und Rundwirken mit der Teigteil- und Wirkmaschine	
– Einlegen einer kurzen Zwischengare	▶ Die Rundlinge müssen sich entspannen.
– Ausrollen und Wickeln der Rundlinge	▶ Das Ausrollen und Wickeln mit der Hörnchenwickelmaschine erfolgt in zwei unmittelbar aufeinanderfolgenden Arbeitsschritten. Beim Aufarbeiten von Hand wird das Wickeln erleichtert, wenn die ausgewalzten Teiglinge einen Moment ruhen können.
– Formen und Auflegen der Teigwickel auf Backbleche	▶ Die Teigwickel werden hufeisenförmig auf die Backbleche aufgelegt. Dabei ist die Backblechfläche voll auszunutzen. Trotzdem muß der Abstand zwischen den Teiglingen so groß sein, daß ein Aneinanderbacken vermieden wird. Beim Auflegen ist darauf zu achten, daß die Verjüngung der letzten Wicklung auf dem Hörnchen von außen nach innen verläuft (vgl. Abb. Nr. 507).
– Garen der Formlinge	▶ Die Stückgare erfolgt im Gärraum bei etwa 35–40 °C und entsprechender Luftfeuchte. Ist die Luftfeuchtigkeit zu niedrig, wird die Teighaut trocken und borkig. Die Folge ist eine rauhe, glanzlose Gebäckkruste. Bei zu trockenem Gärraumklima müssen die Teiglinge nach dem Aufarbeiten mit Flüssigkeit abgestrichen werden.
– Backen der Formlinge	▶ Hörnchen werden mit ⅔-Gare geschoben. Bei voller Gare würden die Konturen der Wicklungen verlaufen. Das Backen erfolgt bei „flotter Hitze" (220–240 °C). Bei zu niedriger Backtemperatur werden die Hörnchen zu hart in der Kruste und zu trocken in der Krume. Mit Ei abgestrichene Hörnchen werden ohne Schwaden gebacken, damit die Eistreiche nicht abläuft.
– Herrichten nach dem Backen	▶ Die ofenheißen Hörnchen werden mit etwas Wasser oder einem dünnflüssigen Stärkekleister abgestrichen. Sie erhalten dadurch zusätzlichen Glanz. Das gilt nicht für Hörnchen, die vorher mit Ei abgestrichen wurden.

Zum Nachdenken: *Weshalb führt das Abstreichen ofenheißer Backware mit Wasser zu einer besseren Glanzbildung?*
Nähere Informationen erhalten Sie im Lernbereich „Brotherstellung" im Kapitel „Der Backverlauf".

Abb. Nr. 506 Maschinelle Hörnchenaufarbeitung

Abb. Nr. 507
Formen der Teigwickel: richtig (links), falsch (rechts)

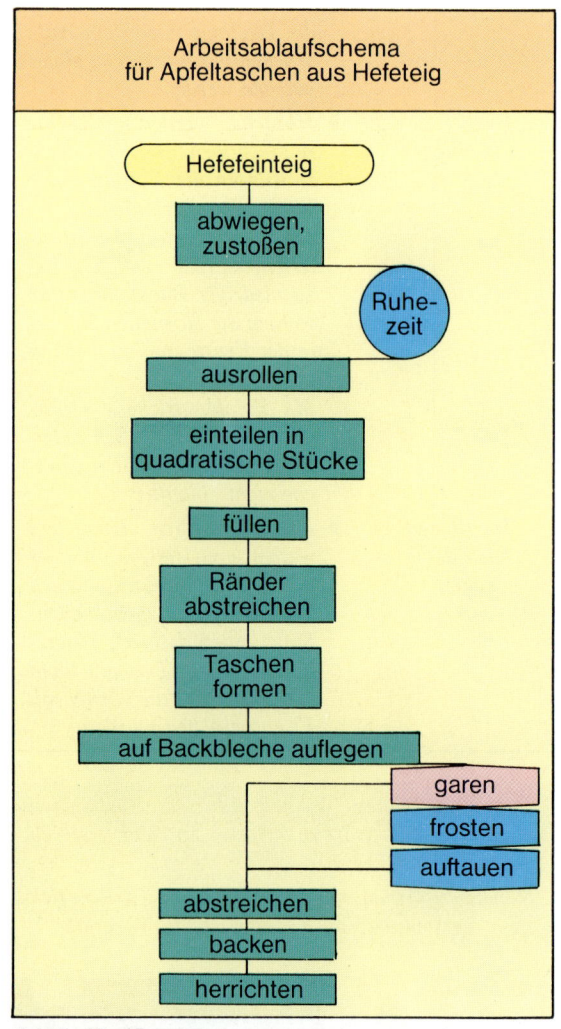

Arbeitsablaufschema für Apfeltaschen aus Hefeteig

Hefefeinteig → abwiegen, zustoßen → Ruhezeit → ausrollen → einteilen in quadratische Stücke → füllen → Ränder abstreichen → Taschen formen → auf Backbleche auflegen → garen / frosten → auftauen → abstreichen → backen → herrichten

Tabelle Nr. 97

Karl meint: „Aprikotieren ist doch viel zu teuer und zeitraubend! Der Kunde kann den Unterschied überhaupt nicht feststellen!" Was sagen Sie dazu?

Abb. Nr. 508
Glasierte Gebäcke mit Aprikotur (links) und ohne Aprikotur (rechts) nach 6 Stunden Lagerung

Beurteilen Sie die Glasur der Gebäcke!

Herrichten
Aprikotieren

Alle Hefegebäcke, die mit einer Zuckerglasur überzogen werden sollen, müssen vor dem Glasieren aprikotiert werden.

✻ *Aprikotieren = Bestreichen von Backwaren mit heißer Aprikosenkonfitüre*

Ziele des Aprikotierens:

→ Aprikotieren verzögert das „Absterben" der Zuckerglasur.
  ▸ Die auf der Gebäckkruste gelierte Aprikosenkonfitüre verhindert das schnelle Aufsaugen der Glasurfeuchtigkeit durch die Kruste.
  ▸ Trocknet die Glasur aus, so bilden sich große Zuckerkristalle. Dadurch verliert die Glasur an Glanz; sie „stirbt ab".

→ Aprikotieren verhindert das Absplittern der Zuckerglasur.
  ▸ Glasuren werden beim Austrocknen rissig und splittern dann leicht von der Kruste ab. Bei aprikotierten Gebäcken geht die Glasur mit der Aprikotur eine innige Bindung ein.

→ Aprikotieren verbessert die Gebäckfrischhaltung.
  ▸ Aprikotierte Gebäcke trocknen nicht so schnell aus.

→ Aprikotieren erhöht den Genußwert der Backwaren.
  ▸ Der Genußwert wird
    • durch den Geschmack der Konfitüre und
    • durch das verbesserte Aussehen der Glasur erhöht.

Und so stellt man eine Aprikotur her:
– Aprikosenkonfitüre passieren.
– Aprikosenkonfitüre kochen, bis sie fein-flüssig ist.
– Aprikosenkonfitüre erreicht bei 105 °C die günstigste Beschaffenheit.

Und so wird aprikotiert:
– Nur kochfeste Pinsel verwenden!
– Die ofenheißen Gebäcke mit heißer Aprikosenkonfitüre einstreichen!

Glasieren

Zuckerglasuren für Hefeeingebäcke bestehen überwiegend aus Zucker mit einem geringen Wasseranteil.

Der Bäcker stellt an Zuckerglasur für Hefeingebäcke folgende Anforderungen:

- *Sie muß zart schmelzend sein.*
- *Sie muß gute Deckkraft haben.*
- *Sie darf nicht so schnell „absterben" (= auskristallisieren).*
- *Sie darf nicht so empfindlich gegen Feuchtigkeit sein.*

Die Zuckerindustrie bietet dem Bäcker folgende Zuckerarten für Glasuren an:
- Puderraffinade,
- Glasurpuder,
- Fondant.

Puderraffinade wird mit Wasser im Verhältnis 5:1 angerührt. Das bedeutet: auf 1 kg Puderraffinade = 0,2 Liter Wasser.

Glasur aus Puderraffinade ist sehr empfindlich gegen Feuchtigkeit. Die feinen Zuckerkristalle lösen sich schnell. Dadurch verliert die Glasur an Deckkraft. Ebenso empfindlich reagiert Puderzuckerglasur auf zu trockene Lagerung der Backwaren.

Das Austrocknen der Glasur führt zur Bildung großer Zuckerkristalle (Abb. Nr. 510). Die Glasur „stirbt ab". Wasserglasur aus Puderraffinade eignet sich daher nur für Gebäcke, die am Herstellungstage verzehrt werden.

Glasurpuder ist ein Gemisch aus Puderraffinade und Glasurstabilisatoren pflanzlicher Herkunft. Die Stabilisatoren verzögern das Auskristallisieren des gelösten Zuckers. Glasurpuder läßt sich gut lagern. Er neigt nicht so schnell zum Klumpigwerden wie Puderraffinade.

Fondant ist bei kühler Lagerung sehr fest. Vor der Entnahme aus dem Gebinde sollte Fondant über längere Zeit bei Zimmertemperatur bereitgehalten werden.

Für seine Verarbeitung wird 1 kg Fondant mit 50 ml Wasser auf höchstens 40 °C erwärmt. Wird der Fondant höher erwärmt, lösen sich die winzigen Zuckerkristalle und bilden beim Auskühlen große, durchscheinende Zuckerkristalle. Die Glasur wird durchscheinend trüb.

Zusätzliche Informationen

Für die Glasurherstellung nutzt man die Wasserlöslichkeit des Zuckers. Durch Übersättigung der Lösung verbleibt ein Teil des Zuckers in ungelöster Kristallform. Je kleiner die ungelösten Kristalle sind und je feiner diese in der Lösung verteilt bleiben, desto zarter fällt der Schmelz der Glasur aus.

Je gröber die Kristallbildung ist, desto stumpfer und unansehnlicher wird das Aussehen der Glasur.

Abb. Nr. 509 Glasierte Berliner Pfannkuchen

Beachten Sie den zarten Schmelz und seidigen Glanz!

Hinweis: Die Gewinnung von Puderraffinade und Fondant ist im Kapitel „Zucker für Dekorzwecke" beschrieben.

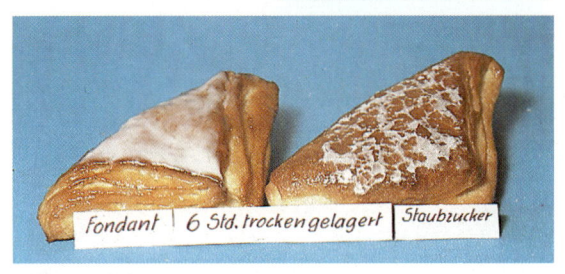

Abb. Nr. 510
Plunder mit Fondant (links) und mit Staubzuckerglasur (rechts) nach 6 Stunden trockener Lagerung

Beschreiben Sie die Glasurbilder!

Abb. Nr. 511
Plunder mit Fondant (links) und Staubzuckerglasur (rechts) nach 6 Stunden luftfeuchter Lagerung

Beschreiben Sie die Glasurbilder!

Karl meint: „Mit Fondant habe ich immer Ärger!
Brauche man ihn, ist er zu fest!
Wärme ich den Fondant, wird er glasig!"
Was macht Karl falsch?

Eignung von Fondant und Staubzuckerglasur für Hefefeingebäcke im Vergleich		
	Fondant	Staubzuckerglasur
Herstellung der Glasur:	Die Herstellung ist sehr aufwendig. Fondant wird deshalb fertig gekauft.	Einfache Herstellung: Staubzucker wird mit Wasser angerührt.
Verarbeitung der Glasur:	Fondant muß vorsichtig, unter Zusatz von etwas Wasser, erwärmt werden. Fondant wird auf noch leicht warme Gebäcke aufgetragen. Er trocknet aber auch auf ausgekühlten Gebäcken. Auf heißen Gebäcken wird die Glasur glasig!	Staubzuckerglasur trocknet nur auf warmen Gebäcken ausreichend ab. Auf heißen Gebäcken wird die Glasur glasig!
Haltbarkeit der Glasur:	Fondant ist nicht so empfindlich gegen Luft- und Gebäckfeuchtigkeit, z. B. durchnässende Füllungen. Fondant „stirbt nicht so schnell ab". Die Glasur behält über mehrere Tage ihren Glanz.	Staubzuckerglasur schmilzt bei hoher Luftfeuchtigkeit oder auf gedeckten Obstkuchen sehr schnell (Abb. Nr. 511). Sie „stirbt auch sehr schnell ab" (Abb. Nr. 510).

Herstellen von Plundergebäck

Abb. Nr. 512 Kaffeegebäck aus Plunder

Qualität und Zusammensetzung

Vergleichen Sie ein Plundergebäckteilchen mit einem einfachen Kleingebäck aus Hefefeinteig!

> **Beobachtungen:**
> – Die Kruste des Plundergebäcks ist schuppenartig übereinander angeordnet.
> – Die Kruste des Plundergebäcks hat eine bessere Rösche.
> – Die Krume des Plundergebäcks zeigt deutliche Schichtungen.
> – Plundergebäck hält sich länger frisch.

Ursache für diese Qualitätsmerkmale ist das in den Teig schichtweise eingezogene Ziehfett.

> ✽ *Plunder ist ein fettreiches Feingebäck aus gezogenem Hefeteig.*

Verlangt der Kunde Plundergebäck, so erhält er Kaffeegebäck, nämlich Plunder aus gesüßtem Hefefeinteig: Kränze, Striezel, Zöpfe und eine Vielfalt von Kleingebäcken.

Diese Gebäcke haben süße Füllungen oder Auflagen.

In den letzten Jahren hat in den Bäckereien ein neues Backwarensortiment Einzug gefunden: Plunder-Spezialitäten aus zuckerarmem Hefeteig. Von Bedeutung sind Croissants, gefüllt und ungefüllt, dänische Brötchen, Plunder-Snacks mit Käse, Schinken, Hackfleisch- und Pizzenzubereitungen.

Der Ziehfettanteil richtet sich nach der gewünschten „Schwere" des Plunders (siehe Tabelle Nr. 98).

Vorgeschrieben sind als Ziehfettanteil auf 100 Teile Mehl mindestens 30 Teile Butter oder Margarine.

> ✽ *In 1000 g leichten Hefefeinteig sind demnach einzuziehen mindestens*
> *140 g Butterreinfett oder 170 g Butter oder 170 g Ziehmargarine.*

Deutscher Plunder enthält einen niedrigen Ziehfettanteil. Er ist deshalb unter den Plundersorten der bekömmlichste. Aber täuschen Sie sich nicht! Deutscher Plunder ist im Fettgehalt vergleichbar mit dem eines Christstollens!

Dänischer Plunder hat einen hohen Ziehfettanteil.

Kopenhagener Plunder ist dänischer Plunder mit besonders hohem Ziehfettanteil.

Butter-Plunder muß als Fettanteil (sowohl im Teig als auch zum Einziehen) ausschließlich Butter enthalten.

Ziehfettanteil im Plunder je 1000 g Hefeteig	
Deutscher Plunder	→ 170– 300 g
Dänischer Plunder	→ 400– 600 g
Kopenhagener Plunder	→ 700–1000 g

Tabelle Nr. 98

Herstellungsverfahren
Hefegrundteig

Plunder wird aus Hefeteig (= Grundteig) und Ziehfett hergestellt.

Die Zusammensetzung des Hefeteigs richtet sich nach der herzustellenden Plundersorte:

→ für Kaffeegebäck	▶ leichter Hefefeinteig
→ für Croissants	▶ zuckerarmer Hefefeinteig
→ für dänische Brötchen	▶ einfacher Hefeteig (= Brötchenteig)

Der Hefegrundteig für Kaffeegebäck muß leicht sein:
– Zu hoher Fettanteil im Teig vermindert die isolierende Wirkung des Ziehfetts.
– Zu hoher Zuckeranteil im Teig setzt die Elastizität des Teiges herab.

Durch Eizugabe wird die Teigbeschaffenheit für das Tourieren verbessert.

✱ *Achtung! Für Plunder mit hohem Ziehfettanteil muß der Grundteig kühl geführt werden.*

Wegen der hohen Anzahl von Fettschichten muß der Hefeteig besonders gute Zieheigenschaften haben. Kühle, schwach gegarte Teige haben bessere Tourier-Eigenschaften.

Grundrezept für Hefefeinteig zur Plunderherstellung
1000 g Weizenmehl, Type 550 (auch Type 405)
100 g Backmargarine
100 g Zucker
450 g Milch
50 g Ei (= 1 Stück)
60 g Hefe
12 g Salz
Aroma

Tabelle Nr. 99

Teigtemperatur und Teigruhezeit für den Hefegrundteig in Abhängigkeit vom Ziehfettanteil (für 1000 g Teig)		
Ziehfett	Teigtemp.	Teigruhe
170–300 g	26–28 °C	30 Min. bei warmer Raumtemperatur
400–600 g	22–24 °C	30–60 Min. bei kühler Raumtemperatur
700–1000 g	20–22 °C	60 Min. im Kühlraum

Tabelle Nr. 100

Abb. Nr. 513
Die Kaiserkragen bzw. Hahnenkämme zeigen die für Plunder typisch geschichtete Gebäckstruktur

Ziehfett

Der Bäcker stellt an das Fett zum Einziehen in den Teig (= Ziehfett) besondere Anforderungen:

– *Ziehfett muß geschmeidig und dehnbar sein, damit es beim Tourieren (= Einziehen) nicht bricht.*
– *Ziehfett muß in seiner Festigkeit und Formbarkeit den Teigeigenschaften entsprechen. Zu weiches Ziehfett wird beim Tourieren aus dem Teig ausgequetscht. Zu festes Fett verteilt sich beim Tourieren nicht gleichmäßig genug und drückt sich durch die Teigschichten.*
– *Ziehfett muß bei niedriger wie bei hoher Backstubentemperatur in der Festigkeit etwa gleich bleiben.*
– *Ziehfett muß bei Mundtemperatur (37 °C) geschmolzen sein. Fette mit höherem Schmelzbereich verleihen dem Gebäck einen talgigen Geschmack.*

Die Margarinehersteller bieten spezielle Ziehmargarinen an, die diese Forderungen weitgehend erfüllen. Die gewünschten Eigenschaften werden über die Auswahl der Fettrohstoffe, das Herstellungsverfahren und den hohen Fettanteil (85–90 %) erreicht. Der Anteil der bei Raumtemperatur noch nicht geschmolzenen Fette liegt bei Ziehmargarine höher als bei anderen Spezialmargarinen.

Butter ist als Ziehfett nicht so gut zu verarbeiten wie Ziehmargarine. Wollen Sie Butter-Plundergebäcke herstellen, so erhalten Sie eine gute Qualität bei Beachtung folgender Grundsätze:
– Die Butter darf nicht wärmer als 18 °C sein.
– Die Butter muß mit etwas Mehl zäh-plastisch gearbeitet werden.
– Der Hefegrundteig muß vor dem Tourieren und vor dem Aufarbeiten sehr kühl aufbewahrt werden.
– Der Teig muß im kühlen Raum touriert werden.

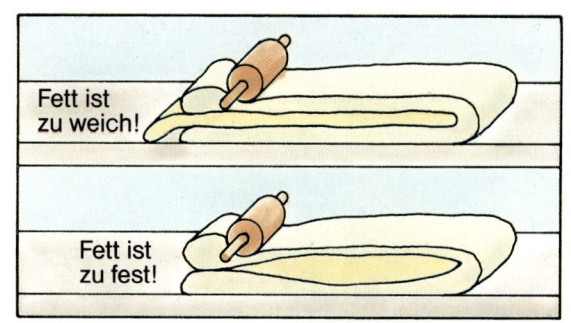

Abb. Nr. 514

Abb. Nr. 515
Tourieren mit der Ausrollmaschine: Einschlagen der Ziehmargarine

Abb. Nr. 516
Tourieren mit der Ausrollmaschine: Legen einer einfachen Tour

Karl meint: *„Wer nicht genug Arbeit hat, der macht Plundergebäck! Wozu das umständliche Einziehen von Fett in den Teig? Verarbeitet man die entsprechend hohe Fettmenge sofort im Teig, erzielt man eine bessere Fettverteilung und spart außerdem Zeit!"*

Beurteilen Sie diese Meinung!

Tourieren

Die Anzahl der Fettschichten im Plunderteig richtet sich nach der „Schwere" des Plunders (Tabelle Nr. 101).

Achtung! Je höher der Ziehfettanteil ist, desto mehr Schichten muß der Plunder haben!
▶ *Zu dicke Fettschichten schmelzen beim Backen aus den Teigschichten aus.*
▶ *Zu dünne Fettschichten reißen beim Tourieren. Dadurch verkleben die Teigschichten miteinander und verhindern so die Schichtbildung der Krume.*

Arbeitsablauf für das Tourieren von Deutschem Plunder

– Ziehfett mit Mehl kurz durchkneten	▶ Das Ziehfett wird so den Teigeigenschaften besser angepaßt. Es bricht nicht so schnell beim Tourieren.
– Ziehfett zu einer quadratischen Platte formen	
– Hefeteig rechteckig ausrollen	▶ Der Teig wird doppelt so lang wie das Ziehfett ausgerollt. Der Teig wird nach dem Überklappen an den Rändern festgedrückt, um das Ausquetschen des Fettes beim Tourieren zu verhindern.
– Die Ziehfettplatte in den Teig einschlagen	
– Dem Teig die erste einfache Tour geben	▶ Den Teig fingerdick zu einem Rechteck ausrollen. Mehlreste vom Teig fegen. Den Teig zu einer dreifachen Lage übereinanderschlagen.
– Dem Teig die zweite einfache Tour geben	▶ Durchführung erfolgt wie bei der ersten Tour.
– Teig etwas entspannen lassen; dann aufarbeiten	▶ Soll der Plunderteig noch längere Zeit ruhen, muß er sehr kühl aufbewahrt werden.

Anzahl der Touren für Plunder in Abhängigkeit des Ziehfettanteils

Ziehfett je 1000 g Teig	Touren	Fettschichten
200 g	2 einfache	= 9 Schichten
300 g	1 einfache 1 doppelte	= 12 Schichten
500 g	3 einfache	= 27 Schichten
700 g	2 einfache 1 doppelte	= 36 Schichten
900 g	3 einfache 1 doppelte	= 108 Schichten

Tabelle Nr. 101

Hinweis: *Tips für die Ziehfettverarbeitung und zusätzliche Informationen über Ziehmargarinen erfahren Sie im Kapitel „Blätterteiggebäcke"!*

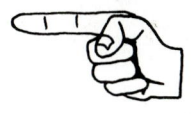

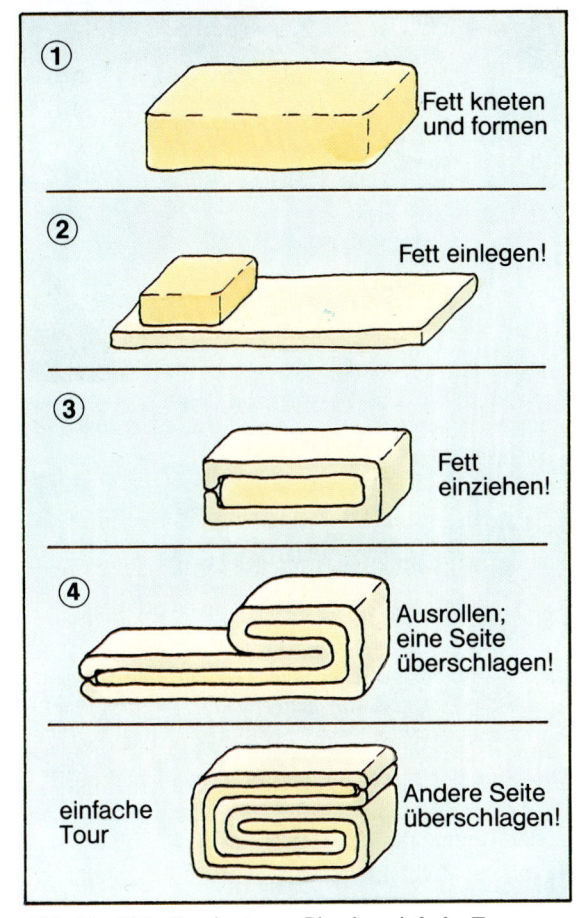

Abb. Nr. 517 Tourieren von Plunder: einfache Tour

Hinweis: *Im Kapitel „Blätterteig" wird das Tourieren – auch mit doppelter Tour – ausführlich beschrieben!*

Das Aufarbeiten, Backen und Herrichten von Plunder erfolgt in gleicher Weise wie bei Hefekleingebäcken.

Davon abweichend ist bei Plunder darauf zu achten,

– daß die Gärraumtemperatur nicht über 35 °C liegt. Bei höheren Temperaturen schmilzt das Ziehfett aus.

– daß die optimale Stückgare für leichten Plunder bei ¾-Gare, die für Kopenhagener Plunder bei ⅓-Gare erreicht ist.

Die Backtemperatur beträgt 210–240 °C. Je schwerer der Plunder ist und je schwerer seine Füllung ist, desto niedriger muß die Backtemperatur sein.

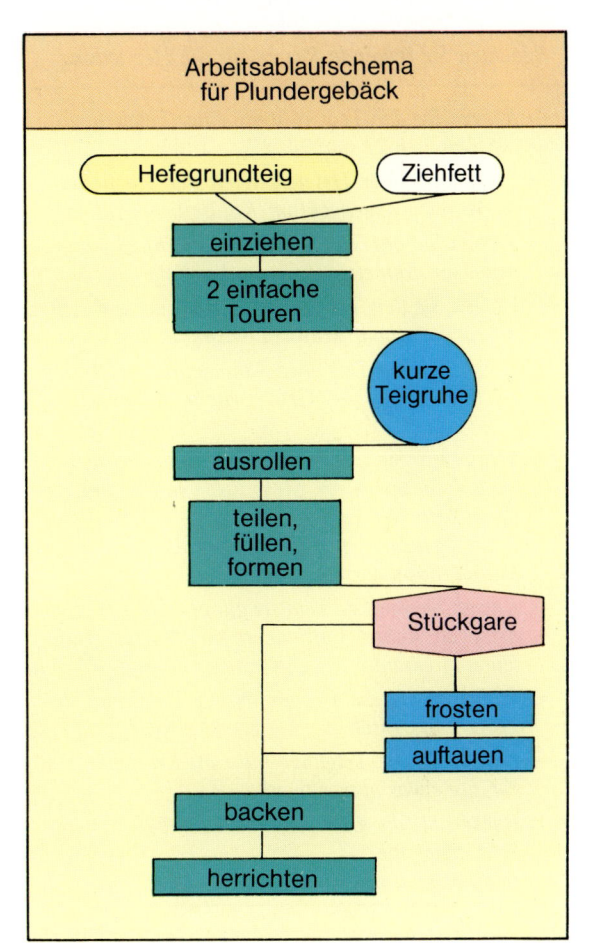

Tabelle Nr. 102

Croissants

Abb. Nr. 518 Croissant

Sie erhalten den Arbeitsauftrag, Croissants herzustellen.

Die Tabelle Nr. 103 nennt ein Grundrezept für zuckerarmen Hefeteig. Er ist speziell für Croissants ohne Füllung oder für pikante Fleisch-, Käse- oder Gemüsefüllungen geeignet.

Beachten Sie folgende Regeln für die Herstellung:

→ *Führen Sie den Teig kühl mit einer Teigtemperatur zwischen 22 und 24 °C!*
→ *Lassen Sie den Hefeteig nach der Herstellung 30 Minuten abgedeckt im Kühlschrank ruhen!*
→ *Ziehen Sie das Ziehfett mit einer einfachen und mit einer doppelten Tour in den Teig ein!*
→ *Lassen Sie den Teig zwischen Touren und Aufarbeiten ein paar Minuten entspannen!*
→ *Rollen Sie den Teig etwa 3 mm stark aus! Teilen Sie ihn in Dreiecke: Grundseite = 10 cm, Höhe = 20 cm!*
→ *Schneiden Sie die Dreiecke in der Mitte der Grundseite etwas ein. Sie erzielen so eine bessere Form beim Wickeln.*
   Im Gegensatz zu Hefeteighörnchen werden Plunderhörnchen locker aufgewickelt!
→ *Lassen Sie die Croissantsteiglinge bei 35 °C und nicht zu hoher Luftfeuchte (65 % rel. Luftfeuchte) garen!*
→ *Streichen Sie die Croissants bei Erreichen der ⅔-Gare mit Ei ab!*
→ *Lassen Sie die Teiglinge bis zum Erreichen der ¾-Gare etwas abtrocknen!*
→ *Backen Sie die Croissants bei 210–220 °C ohne Schwadengabe!*
   Die Backzeit beträgt 15–17 Minuten.

Grundrezept für zuckerarmen Hefefeinteig, z. B. für Croissants

1000 g	Weizenmehl, Type 550
100 g	Backmargarine
25 g	Zucker
450 g	Milch
100 g	Ei (= 2 Stück)
60 g	Hefe
15 g	Salz
= 1750 g	Hefegrundteig
+ 450 g	Ziehmargarine
= 2200 g	Croissantteig

Tabelle Nr. 103

Meister Kramer und Karl debattieren über das Zustandekommen der geschichteten Lockerung bei Plunder.
Karl meint: „Ist doch klar! Fett lockert den Plunder!"
Meister Kramer sagt:
„Das Fett lockert nicht! Es verhindert aber das Austreten von Wasserdampf aus dem Teig!"
Wer hat recht? Karl oder Meister Kramer oder keiner von beiden?

Abb. Nr. 519
Aufarbeiten von Croissants auf einer Ausrollmaschine mit Schneideanlage

Lockerung

Plunder wird auf zwei Arten gelockert:

▶ *Der Teig wird durch die Gärgase der Hefe gelockert (= biologische Lockerung).*
▶ *Die Räume zwischen den Teigschichten werden durch Wasserdampf aufgelockert (= physikalische Lockerung).*

Die Güte der geschichteten Lockerung hängt ab
– von der Zusammensetzung, der Beschaffenheit und der Temperatur des Hefegrundteigs,
– von der Ziehfettqualität,
– vom Ziehfettanteil im Verhältnis zur Anzahl der Schichten,
– von der Gleichmäßigkeit und Unversehrtheit der Schichten.

Sie haben es also in der Hand, durch sorgfältige Arbeit einen gut gelockerten Plunder zu erzielen.

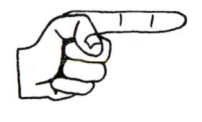

Hinweis: *Die Lockerung von gezogenen Teigen ist ausführlich im Kapitel „Blätterteiggebäcke" beschrieben!*

Gebäckfehler

Um Backware fachgerecht beurteilen zu können, muß man neben den allgemeingültigen Qualitätsmerkmalen auch die spezifischen Qualitätsmerkmale einer Backwarengruppe kennen!

Für deutsche, süße Plundergebäcke sind folgende Qualitätsmerkmale wertbestimmend:

- Die einzelnen Krumenschichten müssen feinporig aufgelockert sein.
- Die Krumenschichtungen müssen ausgeprägt sein, dürfen sich aber nicht voneinander lösen.
- Die Kruste muß schuppenartig übereinander angeordnet sein. Sie darf sich beim Glasieren nicht ablösen.
- Die Kruste muß gut gebräunt, glatt und seidenmatt glänzend sein.

Im folgenden sind die häufigsten Gebäckfehler von deutschem Plunder, ihre Ursachen und ihre Vermeidung dargestellt.

Abb. Nr. 520
Plunder mit Untergare und mit Übergare gebacken

Gebäckfehler	*Ursachen*	*Vermeidung*
– Gebäcke sind flach und schwer. Beim Backen ist Fett ausgelaufen.	▶ Stückgare erfolgte bei zu hoher Gärraumtemperatur. Oder: ▶ Der Teig wurde zu wenig getourt; dadurch waren die Fettschichten zu dick.	▶ Gärraumtemperatur unter 35 °C halten! ▶ Tourenzahl dem Fettanteil anpassen!
– Kruste löst sich beim Herrichten vom Gebäck.	▶ Der Teig hat zu wenig Schichten; die Fettschichten sind zu dick.	▶ Tourenzahl erhöhen!
– Gebäcke zeigen keine bzw. nur andeutungsweise Schichten.	▶ Ziehfettanteil ist zu niedrig. bzw. Tourenzahl war zu hoch. Oder: ▶ Teig ist nicht fachgerecht getourt worden – zu dünn ausgezogen, – ungleichmäßig ausgezogen, – beim Ausziehen gerissen, – zu warm getourt.	▶ Tourenzahl dem Fettanteil anpassen! ▶ Größere Sorgfalt beim Tourieren anwenden!
– Gebäcke sind flach und schwer trotz ausgeprägter Schichtungen.	▶ Hefegrundteig ist zu schwer. Oder: ▶ Hefegrundteig ist zu jung verarbeitet worden.	▶ Fett- und Zuckeranteil des Teiges überprüfen! ▶ Teigruhe einhalten!
– Kruste ist porös und ungleichmäßig gebräunt.	▶ Stückgare erfolgte bei zu hoher Luftfeuchtigkeit. Oder: ▶ Das Backen erfolgte bei starker Schwadengabe.	▶ Feuchte Teigstücke vor dem Schieben etwas abtrocknen lassen! ▶ Auf Schwadengabe verzichten!
– Kruste ist grau und borkig.	▶ Teiglinge sind während der Stückgare abgetrocknet.	▶ Teiglinge nach dem Aufarbeiten und vor dem Backen abstreichen. Auf ausreichende Luftfeuchte während der Stückgare achten!
– Gebäcke sind gedrungen. Formungen haben sich zurückentwickelt, z. B. Taschen sind aufgeklappt.	▶ Teiglinge sind mit Untergare gebacken worden.	▶ Teiglinge mit ¾-Gare backen!
– Gebäcke sind flach und haben eine verlaufene Form.	▶ Teiglinge hatten beim Backen zuviel Gare.	▶ Optimale Gärreife abpassen!

Herstellen von Zwieback

Haben Sie schon einmal einen frischgerösteten Butterzwieback probiert?

Entdecken Sie Zwieback als ofenfrisches Kaffeegebäck!

> **Meister Kramer meint:**
> *„Zwiebackherstellung lohnt sich nicht für den handwerklichen Betrieb!"*
> Stimmt das grundsätzlich?

Meister Kramer sollte dieses leichte, röstfrisch duftende und so bekömmliche Gebäck seinen Kunden anbieten! Im allgemeinen wird Zwieback als Bestandteil der Schonkost für Säuglinge, Kleinkinder, Kranke, Genesende und ältere Menschen angeboten. Gründe dafür sind

- seine Bekömmlichkeit,
- seine einfache Vorratshaltung über viele Monate,
- seine tischfertige Zubereitung und
- die problemlose Bereitung zu Zwiebackbrei.

✻ **Zwieback ist eine rösche Dauerbackware aus leichtem Hefefeinteig.**

Zunächst wird aus dem Teig

- Einback durch herkömmliches Backen, dann
- Zwieback (zwie = zwei) durch Rösten von in Scheiben geteiltem Einback hergestellt.

Beim Röst- und Trockenprozeß wird der Wassergehalt im Zwieback auf unter 10 % gesenkt. Dadurch bleibt Zwieback bis zu einem Jahr genießbar.

Die Herstellung für den Frisch-Verzehr stellt kein Problem dar.

Soll jedoch Zwieback seine Qualitätseigenschaften über Monate erhalten, braucht der Bäcker spezielle Erfahrungen hinsichtlich der Zutatenauswahl, des Herstellungsverfahrens und der Verpackung.

Aus den Qualitätsanforderungen für Zwieback lassen sich die Besonderheiten in der Zutatenauswahl, in der Herstellung und der Lagerung ableiten.

Qualitätsanforderungen:	*Maßnahmen:*
– Einback muß gute Rösteigenschaften haben. Der Zwieback muß „kurz" brechen und beim Verzehr mürb zerfallen. Wesentliche Voraussetzung dafür ist eine feinporige Krumenbeschaffenheit.	▸ Eine feine Krumenporung wird erzielt: – durch einen Hefeansatz, – durch Zusatz von Eidotter, – durch Zusatz von Lezithin oder Emulgatoren, – durch intensive Teigknetung, – durch ausreichende Teigruhe und kräftige Teigbearbeitung beim Aufarbeiten, – durch knappe Gare beim Einschieben. Die Mürbung wird durch Natronzusatz verbessert. Zugabe von Sirup und Malzextrakt verbessert die Bräunung beim Rösten.
– Die Zwiebackscheibe soll beim Rösten ihre Form behalten. Taillenbildung ist unerwünscht.	▸ Die Taillenbildung beim Röstvorgang erfolgt durch das Zusammenziehen der trocknenden Krume. Die Taillenbildung wird eingeschränkt – durch eine feine Krumenbeschaffenheit, – durch besondere Methoden der Teigaufarbeitung, – durch schwache Krustenausbildung beim Backen des Einbacks.
– Zwieback soll seine Rösche über Monate erhalten.	▸ Der in Scheiben geschnittene Einback wird bei etwa 220 °C auf beiden Seiten goldbraun geröstet. Der Zwieback muß dann in einer Trockenkammer oder im Ofen (unter 160 °C) getrocknet werden. Bei der Lagerung wird der Wassergehalt durch wasserdampfdichte Verpackung unter 10 % gehalten.
– Zwieback darf auch nach mehreren Monaten Lagerung nicht ranzig schmecken.	▸ Die Gefahr des Ranzigwerdens von Zwieback wird herabgesetzt – durch Verwendung einer speziellen Backmargarine bzw. eines Pflanzenfetts mit überwiegend gesättigten Fettsäuren, – durch Zusatz von Ascorbinsäure, – durch luftdichte Verpackung.

Leichter Hefefeinteig für Haushaltszwieback
1000 g Weizenmehl, Type 550 bzw. 405
100 g Zucker
60 g Fett
50 g Vollei (= 1 Stück)
450 g Milch
60 g Hefe
15 g Salz
20–30 g Backmittel (mit Lezithin oder Emulgator)

Tabelle Nr. 104

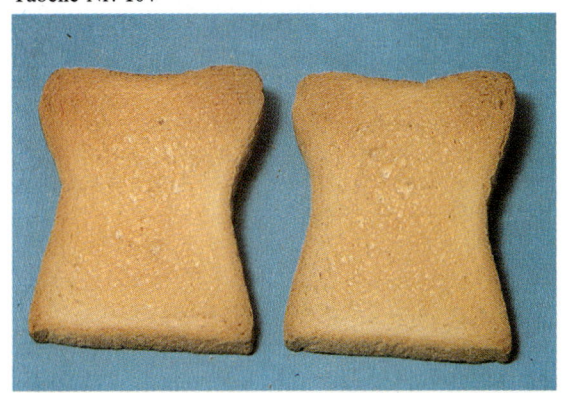

Abb. Nr. 521 Zwieback mit Taillenbildung

Kennen Sie die Ursache der Taillenbildung?

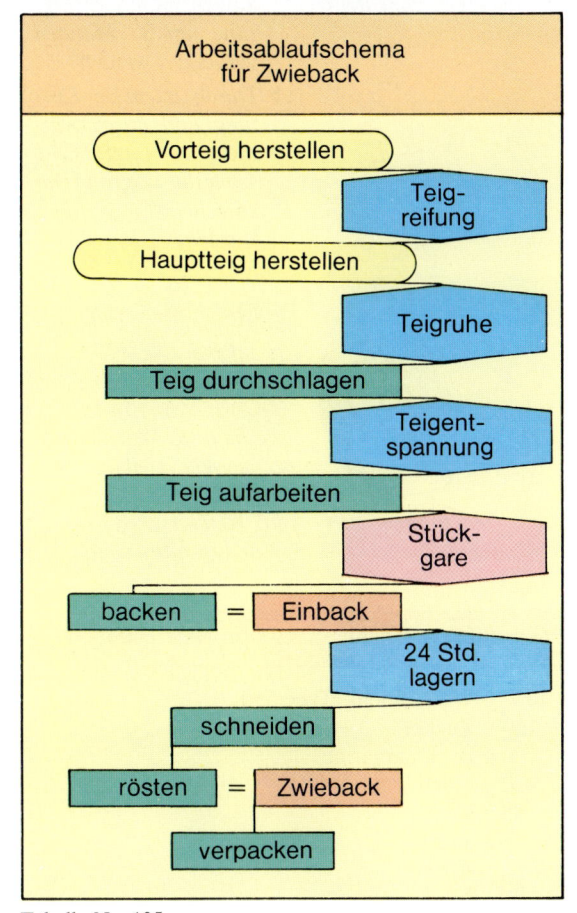

Arbeitsablaufschema für Zwieback

- Vorteig herstellen
  - Teigreifung
- Hauptteig herstellen
  - Teigruhe
- Teig durchschlagen
  - Teigentspannung
- Teig aufarbeiten
  - Stückgare
- backen = Einback
  - 24 Std. lagern
- schneiden
- rösten = Zwieback
- verpacken

Tabelle Nr. 105

Zwiebackqualitäten und -sorten

– Haushalts-, Kinderzwieback	▶ Er enthält etwa 6 % Fett und 10 % Zucker (auf Mehl bezogen).
– Französischer Zwieback	▶ Er ist fett- und zuckerarm. Er enthält meist Wasser als Teigflüssigkeit.
– Nährzwieback	▶ Er enthält mind. 10 % Butter, mind. 10 % Vollei, bzw. 3 % Eidotter (auf Mehl bezogen). Die Teigflüssigkeit muß Vollmilch sein bzw. Vollmilch entsprechen. Durch den Butter- und Vollmilchanteil ist Nährzwieback weniger lagerfähig als üblicher Zwieback.
– Butterzwieback	▶ Er muß mindestens 10 % Butter (auf Mehl bezogen) enthalten.
– Eierzwieback	▶ Er muß mindestens 4 Volleier bzw. 4 Eidotter auf 1000 g Mehl enthalten.
– Zwieback mit Aufstrich bzw. Überzug (wie Makronen-, Kokosmakronenmasse, Zucker-, Schokoladenglasur)	▶ Durch den Fettanteil in der Mandelmasse, den Kokosraspeln und der Schokolade ist die Lagerdauer auf 6–9 Monate beschränkt.

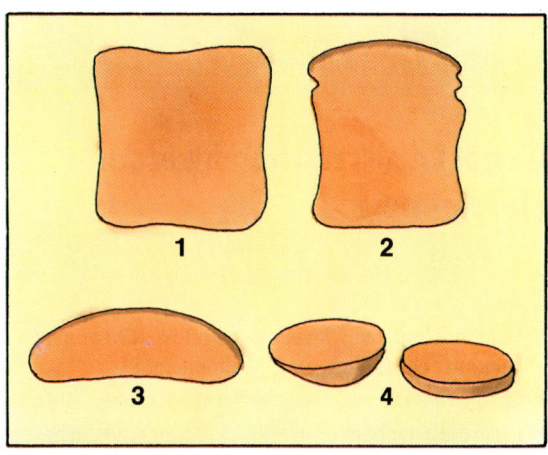

Abb. Nr. 522
Zwiebackscheiben in verschiedenen Formen:
1. im geschlossenen Kasten gebacken
2. im offenen Kasten gebacken
3. als Länge frei auf dem Blech gebacken
4. als Rundzwieback (kleine oval geformte Rundlinge) gebacken

Das Wichtigste über Feine Backwaren aus leichtem Hefefeinteig in Kurzform

- *Gebäcke aus leichtem Hefefeinteig:*
  - *Kleingebäcke*
  - *Plunder (Grundteig aus leichtem Hefefeinteig)*
  - *Einback, Zwieback*

- *Zucker- und Fettanteil in leichtem Hefefeinteig:*
  - *etwa 10 % Zucker und*
  - *etwa 10 % Fett (bezogen auf die Mehlmenge)*

- *Haltbarkeit von Gebäcken aus leichtem Hefefeinteig:*
  - *Kleingebäcke etwa 1 Tag*
  - *Plunder etwa 1–2 Tage*
  - *Zwieback bis zu 1 Jahr*

- *Herrichten von Hefekleingebäck:*
  - *Aprikotieren*
  - *Glasieren mit Zuckerglasur aus Fondant oder Staubzucker oder Glasurpuder*

- *Plunderqualitäten und Tourieren:*
  - *Deutscher Plunder = 200 g Ziehfett je 1000 g Teig: 2 einfache Touren*
  - *Dänischer Plunder = 500 g Ziehfett je 1000 g Teig: 3 einfache Touren*
  - *Kopenhagener Plunder = 800 g Ziehfett je 1000 g Teig: 3 einfache und 1 doppelte Tour*

- *Lockerung von Plunder: durch Wasserdampf und durch Gärgase der Hefe*

- *Qualitätsanforderungen an Zwieback:*
  - *feine Rösche*
  - *„kurzer" Bruch*
  - *mürbe Krume*
  - *gute Bekömmlichkeit*
  - *lange Lagerfähigkeit*

Gebäcke aus mittelschwerem Hefefeinteig

Zu den Feinen Backwaren aus mittelschwerem Hefefeinteig zählen:

- Blechkuchen, wie Streusel-, Butter-, Obstkuchen, Bienenstich, Quark- und Mohnkuchen
- Großgebäcke, wie Flechtgebäcke, Kränze, Stuten
- Figürliche Gebäcke, wie Weckmänner, Osterhasen

Gebäcke aus mittelschwerem Hefefeinteig unterscheiden sich von denen aus leichtem Hefefeinteig

– in der Zusammensetzung	▶ *Der Fett-, häufig auch der Zuckeranteil, ist höher.*
– in der Beschaffenheit	▶ *Die Gebäcke sind kleiner im Volumen. Die Krume ist etwas gröber. Die Poren sind dickwandiger.*
– in der Frischhaltung	▶ *Die Krume behält 2–3 Tage ihre Frischeeigenschaften.*

Hefefeingebäcke, die ihre Qualität über mehrere Tage behalten sollen, sind aus mittelschwerem Teig herzustellen. Das gilt für alle Großgebäcke, für Wochenend- und für Feiertagsgebäcke.

Das Herstellungsverfahren für Backwaren aus mittelschwerem Hefefeinteig ist vergleichbar mit dem für leichte Hefefeingebäcke. Folgende Abweichungen im Verfahren sind zu beachten:

– Der Teig bindet weniger Flüssigkeit.	▶ *Der Zugußanteil muß reduziert werden.*
	▶ *Bei Zugabe von Ei muß die entsprechende Milchmenge abgezogen werden.*
– Der Teig braucht längere Zeit zum Reifen.	▶ *Bei kühl geführten Teigen sollte die Teigruhe um 30 Minuten verlängert werden.*
	▶ *Durch intensive Knetung und durch wärmere Teigführung kann die Teigruhe entsprechend verkürzt werden.*

Karl meint: „Wir machen für alle Hefefeingebäcke einen einzigen Teig. Ich sehe nicht ein, weshalb für Wochenendstuten ein anderer Teig bereitet werden soll als für Hefekleingebäck." Was sagen Sie dazu?

Grundrezept für mittelschweren Hefefeinteig
1000 g Weizenmehl, Type 550
150 g Zucker
200 g Backmargarine
450 g Milch
80 g Hefe
12 g Salz
Aroma

Tabelle Nr. 106

Herstellen von Hefekuchen auf Blechen

Abb. Nr. 523

Die abgewogenen Teigstücke werden zugestoßen und rechteckig geformt.

Das Teiggewicht beträgt für Kuchen ohne Teigdecke
- für die Blechgröße 40 x 60 cm = etwa 1,2 kg Teig,
- für die Blechgröße 60 x 60 cm = etwa 1,8 kg Teig,
- für die Blechgröße 80 x 60 cm = etwa 2,4 kg Teig.

Nach einer kurzen Zwischengare wird der Teig gleichmäßig stark ausgerollt und auf die gefetteten bzw. mit Backtrennpapier versehenen Bleche aufgelegt.

Das Ausrollen erfolgt mit dem Rollholz oder der Ausrollmaschine.

Ausrollen mit der Ausrollmaschine

Auch kleine handwerkliche Betriebe sind im allgemeinen mit einer Ausrollmaschine ausgestattet. Ausrollmaschinen sind vielseitig einsetzbar. Durch Zusatzeinrichtungen können sie z. B. auch als Einschlagroller für Brötchen, als Einteiler für Hefekleingebäck oder als Hörnchenwickler genutzt werden.

Das Arbeiten an der Ausrollmaschine muß
- unfallsicher und
- hygienisch möglich sein.

Arbeitssicherheit

Sie arbeiten unfallsicher, wenn Sie die Maschine umsichtig unter Beachtung der Unfallverhütungsvorschriften bedienen!

Die Gefahrenstellen bei Teigausrollmaschinen sind
- *die Walzeneinzugsstellen,*
- *die Auflaufstelle des Transportbandes auf die Umlenkrolle,*
- *mögliche Schneidvorrichtungen.*

Die Walzeneinzugsstellen sind durch Schutzgitter mit Seitenblenden abgesichert. Bewegliche Schutzgitter betätigen beim Anheben einen Schalter, der die Maschine ausschaltet oder zum Gegenlauf bringt.

Reinigung

Benutzen Sie die Maschine nur in hygienisch einwandfreiem Zustand!

Die Maschine muß nach jeder Benutzung, spätestens aber am Ende des Arbeitstags, gereinigt werden!

Standardmaße für Backbleche (nach DIN = Deutsche Industrienorm)
380 x 580 mm
580 x 580 mm
780 x 580 mm
980 x 580 mm

Tabelle Nr. 107

Als Anregung: Stellen Sie fest, welche Maße die Backbleche Ihres Betriebes haben!

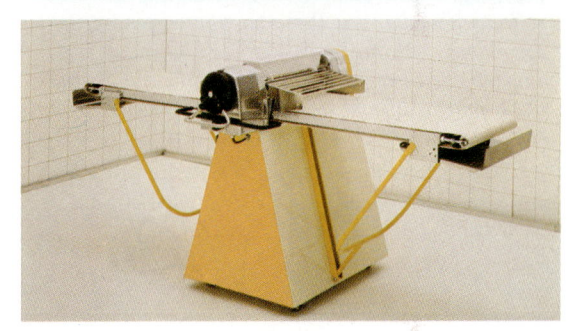

Abb. Nr. 524 Ausrollmaschine

Karl ist schlau! Er sagt: „Wenn der Teig vor dem Walzenpaar staut, stört das Schutzgitter. Ich kenne einen technischen Kniff, wie man das Gitter anheben kann, ohne die Maschine auszuschalten!"

Ist Karl wirklich so schlau?

Abb. Nr. 525

→ Der Staubapparat wird geleert und gereinigt.
→ Der Walzenabstreifer wird ausgebaut und mit lauwarmem Wasser gereinigt.
→ Die Transportbänder werden trocken abgebürstet.
Filzbänder dürfen nie naß gereinigt werden!
→ Metall- und Kunststoffteile werden nach der Wischmethode gereinigt.
→ Für Pflegearbeiten, wie Ölwechsel und Abschmieren, ist der Pflegeplan des Herstellerwerks zu beachten.

Abb. Nr. 526 Ausrollen mit der Maschine

Achtung! *Die Bedienung und Reinigung der Ausrollmaschine darf nur Personen übertragen werden, die damit vertraut und über 17 Jahre alt sind. Jugendliche über 16 Jahre dürfen nur zur Ausbildung unter Aufsicht an der Ausrollmaschine tätig sein!*

Lebensmittelrechtliche Bestimmungen

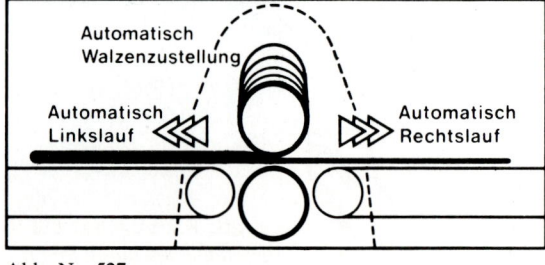

Abb. Nr. 527
Schematische Darstellung der Funktion einer Ausrollmaschine mit automatischer Walzenzustellung

Abb. Nr. 528 Streuselkuchen

Funktion

Das Ausrollen erfolgt stufenweise. Die jeweils gewünschte Teigstärke ist vor jedem Ausrollvorgang einzustellen. Bei Vollautomaten ist lediglich die gewünschte Endstärke einzustellen.

Und so arbeitet die Ausrollmaschine:

– Das Transportband führt den Teig zwischen das Walzenpaar. Hier wird der Teig in der vorgewählten Stärke flachgewalzt.
– Das Transportband auf der anderen Seite des Walzenpaars nimmt den Teig auf. Um das Auffalten des ausgewalzten Teiges auf dem Transportband zu verhindern, wird über ein Synchrongetriebe das jeweils aufnehmende Band doppelt so schnell wie das abgebende Band geführt.
– Das Teigstück wird nun um 90° gedreht und in der Gegenrichtung durch das Walzenpaar geführt.
– Die gewünschte Teigstärke wird nach 3–4 Durchläufen erreicht.

Streuselkuchen

Der auf dem Backblech ausgelegte Teig wird nach einer Zwischengare mit Milch eingestrichen. Die feuchte Teigoberfläche verbessert die Streuselhaftung. Der Streuselanteil beträgt für die Blechgröße 40 × 60 cm etwa 1000 g.

Der Kuchen wird mit ⅔-Gare bei 210–220 °C etwa 18–20 Minuten gebacken.

Für Butterstreuselkuchen müssen Teig und Streusel als Fettanteil ausschließlich Butter enthalten. Der Butteranteil muß mindestens 30 % der verwendeten Mehlmenge betragen. Butterstreusel und schwerer Streusel (650 g Margarine und 650 g Zucker je kg Mehl) müssen kühl hergestellt werden. Andernfalls wird der Streusel mürbeteigartig.

Typische Gebäckfehler bei Streuselkuchen	
Fehler:	*Ursache:*
– Streusel krümelt beim Schneiden und Verzehr.	▶ Teigoberfläche war beim Einstreuen zu trocken.
	▶ Der Streusel ist zu fein.
	▶ Der Mehlanteil im Streusel ist zu hoch.
– Streusel ist beim Backen verlaufen.	▶ Der Fettanteil im Streusel ist zu hoch.
– Streusel ist brüchig-hart.	▶ Der Zuckeranteil im Streusel ist zu hoch.
– Der Kuchen bildet beim Backen Blasen.	▶ Der Teig ist zu jung oder zu weich geführt. Verstärkend wirkt eine zu hohe Anfangsbacktemperatur.

Grundrezept für leichten Streusel
1000 g Weizenmehl, Type 550
500 g Backmargarine
500 g Zucker
5 g Salz
Aroma

Tabelle Nr. 108

Bienenstichkuchen

Bienenstichkuchen ist ein flacher Hefekuchen, gebacken mit aufgestrichener Bienenstichmasse. Die Masse wird aus Zucker, Honig, Fett, Sahne und Mandeln oder anderen Ölsamen bereitet (Tabelle Nr. 109). Bienenstichkuchen wird in der Regel mit leichtem Vanillekrem gefüllt.

Die Bienenstichmasse wird auf den ausgewalzten Hefeteig aufgetragen. Die Masse muß noch warm sein:

- Erkaltete Masse ist fest und reißt die Teigoberfläche beim Einstreichen auf.
- Heiße Masse „verbrennt" die Hefe in der Teigoberfläche.

Die Zulieferindustrie bietet dem Bäcker Bienenstichgrundmasse als Convenienceprodukt an:

- Die Grundmasse wird fertig zubereitet angeboten. Sie wird für die Verarbeitung erwärmt und mit gehobelten bzw. gehackten Mandeln (oder anderen Ölsamen) vermischt.
- Die Grundmasse wird in Pulverform angeboten. Für die Verarbeitung werden erst die Mandeln auf den Teig aufgestreut, dann das Fertigprodukt. Beim Backen schmilzt die pulverförmige Grundmasse.

Bienenstichmassen aus Convenienceprodukten sind ohne Nachteile einfach zu verarbeiten.

Für Bienenstichkuchen müssen auf 1 kg Teig mindestens 200 g Bienenstichmasse verarbeitet werden. Der Anteil an Ölsamen muß in der Masse mindestens 30 % betragen. Die Verwendung von Nüssen und anderen Ölsamen ist erlaubt. Für Mandelbienenstich müssen ausschließlich Mandeln als Ölsamen verwendet werden.

Abb. Nr. 530 Bienenstichkuchen

Grundrezept für Bienenstichmasse
200 g Zucker
100 g Bienenhonig
200 g Fett
100 g Sahne
300 g Mandeln oder andere Ölsamen

Tabelle Nr. 109

Hinweis: Über die Herstellung der Grundmasse für Bienenstich erfahren Sie Näheres im Kapitel „Gebäcke aus Röstmassen".

Lebensmittelrechtliche Bestimmungen

Butterkuchen, Zuckerkuchen

Butterkuchen ist ein Hefekuchen, der im Teig und in der Auflage als Fettanteil nur Butter enthält. Im allgemeinen ist er auch mit zerkleinerten Mandeln eingestreut.

Abb. Nr. 531 Zuckerkuchen

Der auf dem Blech ausgelegte Teig wird bei halber Gare mit Butterflöckchen belegt und dann mit Raffinadezucker eingestreut. Die erst beim Backen sich bildenden Butterlöcher sind um so tiefer, je mehr Gare der Teig beim Auflegen der Butter hatte.

Abb. Nr. 529 Käsekuchen

Zur Geschmacksverbesserung, aber auch für die bessere Zuckerhaftung, kann der Teig vor dem Auflegen der Butter mit (saurer) Sahne eingestrichen werden.

Nach dem Belegen sollte die Gärraumtemperatur und -feuchtigkeit niedrig gehalten werden, um das vorzeitige Schmelzen der Butterflöckchen und das Lösen des Streuzuckers zu vermeiden.

Der Gesamtbutteranteil von Butterkuchen muß mindestens 30 % der Mehlmenge betragen. Bei Verwendung von Margarine wird der Kuchen als „Zuckerkuchen" bezeichnet.

Obstkuchen

Abb. Nr. 532   Obstkuchen

Obstkuchen auf Backblechen werden in offener Auflage, gedeckt und gefüllt hergestellt. Für Hefekuchen sind vor allem Äpfel, Zwetschen, Sauerkirschen, Aprikosen, Stachelbeeren, Heidelbeeren, aber auch die Blattstiele von Rhabarber, üblich.

Äpfel sind die für Hefekuchen meist verarbeiteten Früchte. Sie stehen dem Bäcker in vielfältiger Form zur Verfügung.

Angebotsform für Äpfel:	Verarbeitungshinweise:
– Frischäpfel	▶ Schälen, Gehäuse entfernen, vierteln, würfeln oder in Scheiben schneiden und roh oder angedünstet verarbeiten.
– Dunstäpfel	▶ Abtropfen oder mit Dickungsmittel binden.
– Apfelmark/ Apfelpülpe	▶ Nur Zucker zugeben. Dünnflüssige Pülpe binden.
– Gefrieräpfel	▶ Auftauen, Zucker zugeben. Wäßrige Produkte mit Dickungsmittel binden.
– Trockenäpfel	▶ In Wasser quellen lassen. Convenienceprodukte enthalten bereits den Zuckeranteil und kaltquellende Dickungsmittel.

Achtung! Rohe, geschälte Äpfel bräunen beim Abstehen! Deshalb sofort verarbeiten oder andünsten!

Als Abdeckung für Obstkuchen sind üblich:
– Gitter oder Decken aus Hefe-, Blätter-, Mürbeteig oder Teigmischungen;
– Streusel;
– stärkehaltige Krems;
– Schaummassen für säuerlich herbe Obstauflagen;
– Vollei-Zucker-Massen.

Ei- und Schaummassen werden erst nach ⅔-Backzeit auf das Obst aufgetragen.

Die Backzeit für Obstkuchen beträgt je nach Obstart und Obstmenge 25–45 Minuten bei einer Backtemperatur zwischen 200 und 210 °C.

Zum Nachdenken: Wie kommt es eigentlich, daß rohe, geschälte Äpfel bräunen?

Abb. Nr. 533   Zubereitung aus Trockenäpfeln

Abb. Nr. 534
Streusel und Teiggitter als Abdeckung für Obstkuchen

Herstellen von Flechtgebäcken

Flechtgebäcke gehören heute zum Angebot einer jeden Bäckerei. Flechten ist eine handwerkliche Kunst, die Spaß macht.

Für dauerhafte Schaustücke oder Schmuckflechten verwendet man zucker- und fettfreien Weizen- oder Roggenteig ohne Trieb.

Für kleine Flechten als Tagesgebäck wird leichter Hefefeinteig oder auch einfacher Brötchenteig verarbeitet.

Für die üblichen Großflechten verwendet man mittelschweren Hefefeinteig. Der Teig unterscheidet sich vom Kuchenteig für Blechkuchen:

– Er wird fester geführt.
– Er wird mit Eianteil hergestellt – je kg Mehl etwa 2 Eier.

> Und so wird der Teig aufgearbeitet:
> → *Die abgewogenen Teigstücke erst rundstoßen, dann etwas langformen!*
> → *Nach kurzer Entspannungspause die Teigstränge mit beiden Händen von innen nach außen lang rollen!*
> → *Locker flechten!*
> → *Zum Stauben helles Roggenmehl verwenden!*
> → *Zöpfe vor der Stückgare und nach ½-Gare mit Eistreiche einstreichen! Eistreiche nicht in die Berührungsstellen der Flechtstränge einfließen lassen! Vor dem Backen die Eistreiche etwas antrocknen lassen!*
> → *Mit knapper Gare ohne Dampf bei fallender Temperatur von 200 auf 180 °C backen!*

Karl sagt: „Flechtgebäcke? Für solche Spielereien haben wir gar keine Zeit! Ein Gebäck als Stuten aufgearbeitet schmeckt genau so gut wie geflochten!"
Nehmen Sie zu dieser Aussage Stellung!

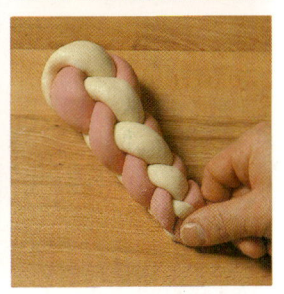

Abb. Nr. 539 bis Abb. Nr. 542
Flechttechnik für die Herstellung von Zweistrangzöpfen

Abb. Nr. 543 und Abb. Nr. 544
Flechttechnik für die Herstellung von Dreistrangzöpfen

Abb. Nr. 535 bis Abb. Nr. 538
Flechttechnik für die Herstellung von Einstrangzöpfen

Abb. Nr. 545
Flechtgebäcke aus Zwei- und Dreistrangzöpfen

Abb. Nr. 546 bis Abb. Nr. 550
Flechttechnik für die Herstellung von Vierstrangzöpfen

Abb. Nr. 555 bis Abb. Nr. 559
Flechttechnik für die Herstellung von Sechsstrangzöpfen

Abb. Nr. 551 bis Abb. Nr. 554
Flechttechnik für die Herstellung von Fünfstrangzöpfen

Wichtiges über Feingebäcke aus mittelschwerem Hefeteig in Kurzform

▶ Gebäcke:
  – Blechkuchen, wie Streusel-, Butter-, Obstkuchen, Bienenstich
  – Großgebäcke, wie Zöpfe, Kränze, Stuten
▶ Zusammensetzung:
  15–20 % Zucker und
  15–20 % Fett vom Mehlanteil
▶ Teigmenge für Blechkuchen:
  Blechgröße 40 x 60 etwa 1,2 kg,
  Blechgröße 60 x 60 etwa 1,8 kg,
  Blechgröße 80 x 60 etwa 2,4 kg.
▶ Rechtliche Bestimmungen:
  Butterkuchen und Butterstreuselkuchen müssen mindestens 300 g Butter je kg Mehl enthalten.
  Für Mandelbienenstich dürfen nur Mandeln als Ölsamen verarbeitet werden.

Siedegebäcke aus Hefefeinteig

Abb. Nr. 560 Siedegebäcke

Siedegebäck (= Fettgebäck) hat eine lange Tradition. Nach einem uralten bäuerlichen Brauch wurde nämlich vor Beginn der Fastenzeit noch einmal ein großes Festessen bereitet, dessen Krönung und Abschluß gebackene Krapfen waren.

Noch heute gehören Berliner Pfannkuchen (= Krapfen oder Kräppel) zum Karneval. Berliner Pfannkuchen sind ebenso das typische Silvestergebäck.

War in früheren Jahren das Backen von Siedegebäck an bestimmte Tage im Jahr gebunden, sind heute Siedegebäcke das ganze Jahr über im Sortiment der Bäckerei zu finden. Allerdings haben sich die Verbraucherwünsche entscheidend geändert: Das mit Schweineschmalz vollgesogene Gebäck ist nicht mehr gefragt.

Durch Anwendung gezielter Maßnahmen bei der Herstellung und durch Verwendung geeigneter pflanzlicher Siedefette kann der Bäcker heute dem Kunden fast „fettarme" Siedegebäcke anbieten.

* *Siedegebäcke sind in Siedefett gebackene Backwaren.*

Das heiße Siedefett überträgt die Hitze direkt auf das Backgut. Dadurch haben Siedegebäcke eine extrem kurze Backzeit. Siedegebäcke werden aus recht unterschiedlichen Teigen und Massen hergestellt.

▸ Siedegebäcke aus Hefefeinteig:
  – Berliner Pfannkuchen (= Krapfen, Ballen oder Kräppel),
  – Apfelballen,
  – Kameruner; sie werden aus einer Mischung von Hefefeinteig und Mürbeteig hergestellt.
▸ Siedegebäck aus Brandmasse:
  – Spritzkuchen
▸ Siedegebäck aus Mürbeteig:
  – Mutzenmandeln

Die Qualität von Siedegebäcken ist abhängig
– von der Teig-(Massen-)zusammensetzung,
– von der Teigführung,
– vom Backverfahren und
– von der Qualität des Siedefetts.

Abb. Nr. 561 Kameruner

Herstellen von Berliner Pfannkuchen

Beachten Sie einmal die Feingebäckauslagen von Bäckerei-Fachgeschäften, aber auch von anderen Anbietern! Beurteilen Sie die Qualität der ausgelegten Berliner Pfannkuchen. Sie werden erhebliche Qualitätsunterschiede feststellen.

Die Herstellung von Berliner Pfannkuchen verlangt ein hohes Maß an fachlichem Können. Wer Berliner herstellen will, muß zunächst die wertbestimmenden Qualitätsmerkmale dieses Gebäcks kennen.

Neben den allgemeingültigen Anforderungen an Feine Backwaren gelten für Berliner Pfannkuchen spezifische Qualitätsmerkmale:

▸ *Das Gebäck soll voluminös sein. Äußeres Zeichen ist die breite, ungebräunte Randzone (Kragen).*
▸ *Das Gebäck soll „fettarm" sein. Es darf beim Backen nur wenig Fett aufsaugen.*
▸ *Die Kruste soll gleichmäßig gebräunt sein.*
▸ *Das Gebäck soll über mehrere Stunden seine Form behalten, ohne zu schrumpfen.*
▸ *Die Krume soll feinporig aufgelockert sein. Sie muß kurz im Biß und saftig sein.*

Grundrezept für Berliner Pfannkuchen
1000 g Weizenmehl, Type 550
100 g Backmargarine
100 g Zucker
150 g Vollei (= 3 Stück)
35 g Eidotter (= 2 Stück)
430 g Milch
100 g Hefe
12 g Salz
Aroma

Tabelle Nr. 110

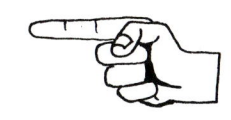

Hinweis: Über Spritzkuchen erfahren Sie mehr im Kapitel „Gebäcke aus Brandmasse".

Zusammensetzung und Führung des Teiges

Berliner Pfannkuchen werden aus (geschlagenem) leichtem Hefeinteig mit Eianteil hergestellt. Die Herstellung ist im wesentlichen auf drei Qualitätsanforderungen auszurichten:

- auf die Erzielung eines großen Volumens der geformten Teiglinge,
- auf ein geringes Fettsaugen der Teiglinge beim Backen und
- auf die Erzielung einer zarten, aber saftigen Gebäckkrume.

Um voluminöse Gebäcke mit breiter, heller Randzone zu erzielen, muß der Teig besonders gärstabil sein.

Die Gärstabilität wird erhöht

- durch die Führung eines Vorteigs,
- durch Zugabe von Vollei und Eidotter zum Teig,
- durch geringen Fett- und Zuckeranteil im Teig,
- durch weiche Teigführung,
- durch intensive Teigknetung („Schlagen" des Teiges),
- durch mehrmaliges Angaren und Zusammenschlagen des Teiges.

Der Fettverbrauch beim Backen wird vorrangig durch den Fettanteil im Teig und durch die Höhe des Eianteils beeinflußt.

✻ *Je geringer der Fettanteil im Teig ist, desto niedriger ist der Siedefettverbrauch beim Backen.*

Um aber die gewünschte Zartheit und Frischhaltung der Gebäcke zu gewährleisten, ist ein Mindestfettanteil im Teig erforderlich. Eine Fettmenge von 100 g je kg Mehl erfüllt diese Forderung (vgl. Grundrezept in Tabelle Nr. 110).

✻ *Mit steigendem Eianteil im Teig reduziert sich der Fettverbrauch beim Backen.*

Der geringste Siedefettverbrauch wird bei einer Volleizugabe von 250 g (= 5 Eier) je kg Mehl erzielt (Tabelle Nr. 113).

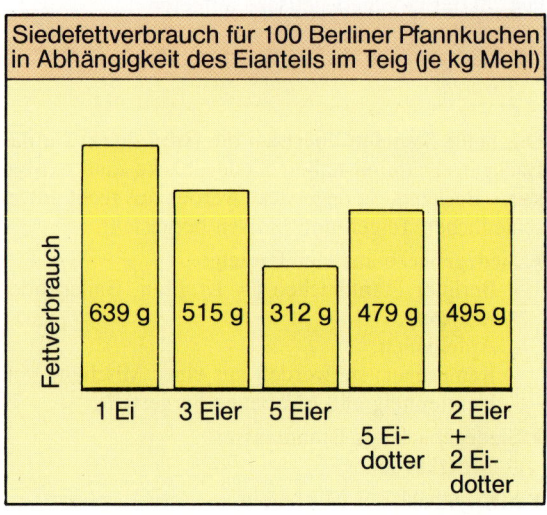

Für eine ausreichend saftige Krume ist ein Eianteil von 150 g (= 3 Eier) erforderlich. Die beste Gebäckqualität wird mit 150 g Vollei (= 3 Eier) und 35 g Eidotter (= 2 Eidotter) erreicht.

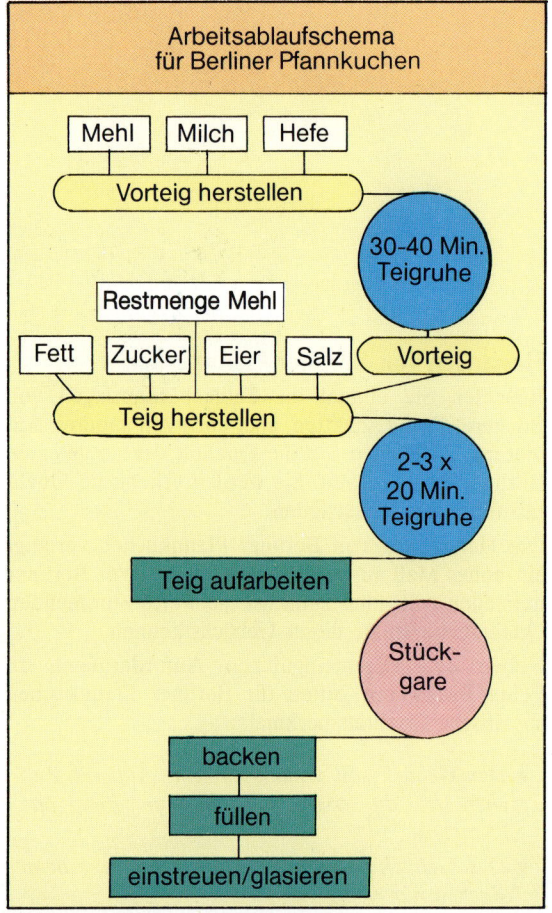

Arbeitsablaufschema für Berliner Pfannkuchen

Mehl, Milch, Hefe → Vorteig herstellen → 30–40 Min. Teigruhe → Vorteig

Restmenge Mehl, Fett, Zucker, Eier, Salz, Vorteig → Teig herstellen → 2–3 x 20 Min. Teigruhe → Teig aufarbeiten → Stückgare → backen → füllen → einstreuen/glasieren

Tabelle Nr. 111

Zum Nachdenken: Weshalb wird der Teig für Berliner Pfannkuchen „geschlagener Teig" genannt?

Siedefettverbrauch für 100 Berliner Pfannkuchen in Abhängigkeit des Fettanteils im Teig

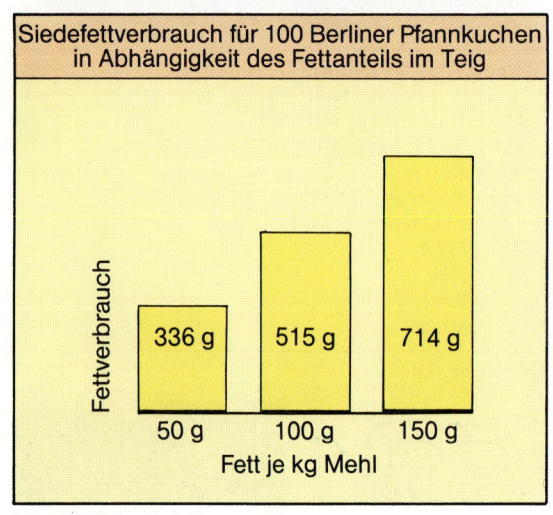

Fett je kg Mehl	Fettverbrauch
50 g	336 g
100 g	515 g
150 g	714 g

Tabelle Nr. 112

Siedefettverbrauch für 100 Berliner Pfannkuchen in Abhängigkeit des Eianteils im Teig (je kg Mehl)

	Fettverbrauch
1 Ei	639 g
3 Eier	515 g
5 Eier	312 g
5 Eidotter	479 g
2 Eier + 2 Eidotter	495 g

Tabelle Nr. 113

Wegen der zeitaufwendigen Teigführung wird die herkömmliche Herstellung von Berliner Pfannkuchen zunehmend durch die Verwendung von Backkrems oder Fertigmehlen verdrängt.

✽ *Backkrems sind Mischungen aus Fettemulsion mit aktiven Emulgatoren und Zuckerarten.*

Für die Teigherstellung aus Backkrems müssen – außer Fett und Zucker – alle anderen Zutaten wie üblich zugegeben werden.

✽ *Fertigmehle für Berliner Pfannkuchen sind abgestimmte Mischungen aus Weizenmehl, Zuckerarten, Fett, Emulgatoren und Salz.*

Für die Teigbereitung müssen Wasser, Hefe und Eier zugegeben werden.

Die Verwendung von Backkrems und Fertigmehlen haben folgende Vorteile:
– Schnellere Teigentwicklung und Teigreifung,
– höhere Gärstabilität und Gärtoleranz.

So kann der Vorteig entfallen, die Teigruhe kann verkürzt werden, die Teiglinge können mit fast voller Gare gebacken werden.

Backen von Berliner Pfannkuchen

Für das Aussehen der Berliner Pfannkuchen, aber auch für den Siedefettverbrauch, spielt der Reifegrad der Teiglinge eine wesentliche Rolle.

✽ *Mit steigender Stückreife vermindert sich der Siedefettverbrauch (Tabelle Nr. 114).*

Allerdings sollten Sie bedenken, daß überreife Teiglinge nach dem Backen sehr schnell ihre Form verlieren. Sie schrumpfen und bilden in der hellen Randzone eine „Bauchfalte".

Die Backtemperatur sollte 170–180 °C betragen. Niedrigere, aber auch höhere Backtemperaturen führen zu erhöhtem Siedefettverbrauch (Tabelle Nr. 115).

Zu hohe Backtemperatur verursacht außerdem
– ein geringeres Gebäckvolumen (durch die schnelle Krustenbildung),
– eine zu dunkle Kruste, die nach dem Backen schnell weich wird,
– einen unelastischen Krumenkern und
– einen schnelleren Verderb des Siedefetts.

Abb. Nr. 562
Berliner Pfannkuchen mit 1 Eidotter (links) und mit 5 Eidottern (rechts) je kg Mehl

Abb. Nr. 563

Karl meint: *„Ist doch egal, wie die Berliner Pfannkuchen aussehen! Die Hauptsache ist doch, sie schmecken!"*
Was sagen Sie dazu?

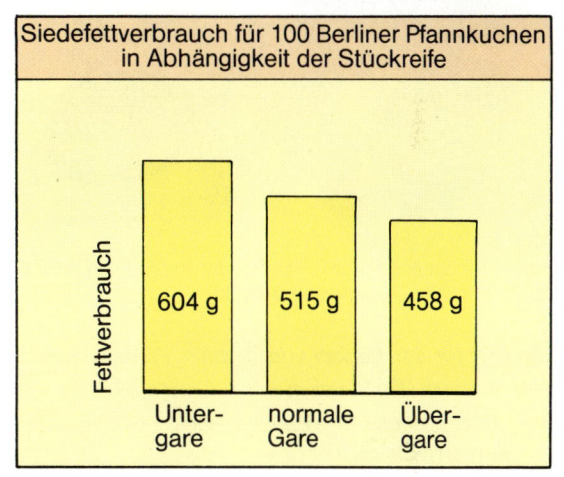

Siedefettverbrauch für 100 Berliner Pfannkuchen in Abhängigkeit der Stückreife

Untergare	normale Gare	Übergare
604 g	515 g	458 g

Tabelle Nr. 114

Siedefettverbrauch für 100 Berliner Pfannkuchen in Abhängigkeit der Backtemperatur

140° C	180° C	210° C
755 g	515 g	561 g

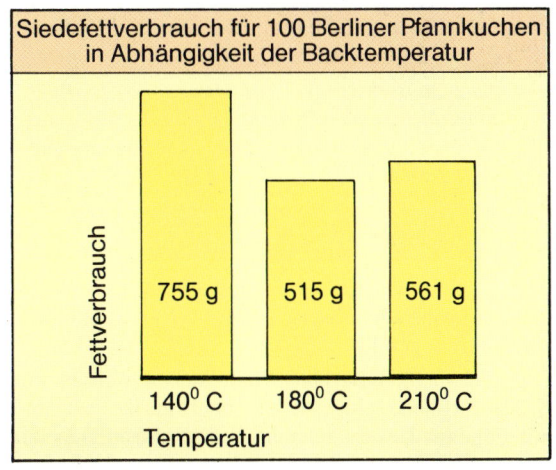

Tabelle Nr. 115

Zum Nachdenken: *Siedegebäcke werden in heißem Fett gebacken.*
Warum funktioniert das nicht in heißem Wasser?

Abb. Nr. 564
Berliner Pfannkuchen mit normaler Stückgare (links) und mit Übergare (rechts) gebacken

Abb. Nr. 565
Berliner Pfannkuchen bei 180 °C (links) und bei 210 °C (rechts) Siedefett-Temperatur gebacken

Regeln für das Backen von Berliner Pfannkuchen:
→ *Berliner Pfannkuchen mit ¾-Gare backen!*
→ *Teiglinge mit dem Schluß nach oben in das Siedefett einlegen!*
→ *Fettpfanne in der ersten Backphase mit einem Deckel verschließen!*
→ *Nach etwa 3 Minuten Backzeit die Berliner Pfannkuchen wenden!*
→ *Nach ausreichender Bräunung die Berliner Pfannkuchen mehrfach im Fettbad wenden oder für kurze Zeit untertauchen (zur Verfestigung der hellen Randzone)!*
→ *Berliner Pfannkuchen nach dem Backen ein paar Minuten abtropfen lassen!*

Berliner Pfannkuchen werden mit stückenfreier Konfitüre, Marmelade, Zwetschenmus oder mit leichtem Vanillekrem gefüllt.

Die noch heißen Berliner Pfannkuchen werden mit Kristallraffinade eingezuckert oder aprikotiert und mit Fondant glasiert oder nach dem Auskühlen mit Staubzucker eingepudert.

Zum Nachdenken: Warum sollen Berliner Pfannkuchen mit dem Schluß nach oben in das Fett gelegt werden, und weshalb soll die Fettpfanne in der Anfangsbackphase abgedeckt werden?

Gebäckfehler

Karl backt Berliner Pfannkuchen. Meister Kramer ist mit der Gebäckqualität nicht zufrieden. Die Berliner Pfannkuchen haben eine nur schmale Randzone, sie sind klein und sie schrumpfen schon kurze Zeit nach dem Backen.

Diese Gebäckfehler können sehr unterschiedliche Ursachen haben:
– Der Fettanteil im Teig ist zu hoch, oder
– der Eianteil im Teig ist zu niedrig, oder
– der Teig ist nicht intensiv genug geknetet worden, oder
– der Teig ist zu jung verarbeitet worden, oder
– die Teiglinge sind mit Untergare gebacken worden.

Meister Kramer wird am nächsten Tag die Herstellung der Berliner Pfannkuchen sehr sorgfältig beobachten, um die Ursache für den Gebäckfehler herauszufinden.

Häufig treten auch folgende Gebäckfehler auf:
– *Faltenbildung im „Kragen"* ▶ *Übergare*
– *Borkige Gebäckkruste* ▶ *zu trockene Stückgare*
– *Bläschenbildung auf der Gebäckkruste* ▶ *zu feuchte Stückgare*
– *Starkes Fettsaugen* ▶ *zu hoher Fettanteil im Teig*
  ▶ *oder zu niedriger Eianteil*
  ▶ *oder Untergare*
  ▶ *oder zu niedrige Backtemperatur*

Zum Nachdenken: *Karl backt Berliner Pfannkuchen. Das Siedefett im Backgerät wird knapp; er muß frisches Fett nachfüllen. Karl hat keine Lust, wegen einer Stange Siedefett das Lager aufzusuchen.*

Und schon weiß er Rat!

In der Backstube liegt ja noch eine Stange Backmargarine! Karl: „Ob Erdnußfett oder Backmargarine, den Unterschied merkt keiner!"

Karl ist der erste, der den Unterschied merkt.
Was passiert?

Fette für Siedegebäcke

Häufig wird gerade von älteren Verbrauchern die Meinung vertreten, daß die Siedegebäcke früher besser geschmeckt hätten. Sie erinnern sich an die an Festtagen auf dem häuslichen Herd hergestellten Schmalzkrapfen und geraten ins Schwärmen.

Bei den heutigen Ernährungsgewohnheiten ist das Anbieten schmalztriefender Siedegebäcke nicht vertretbar. Solche Gebäcke sind wenig bekömmlich. Außerdem zersetzt sich Schmalz beim Erhitzen besonders schnell und bildet gesundheitsschädliche Stoffe.

Abb. Nr. 566
Fruchtstand der Ölpalme

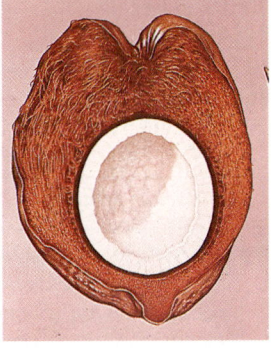

Abb. Nr. 567
Querschnitt einer Kokosnuß mit dem fetthaltigen Fruchtfleisch (= Kopra)

Die ungehärteten Fette auf Palmölbasis sind wegen ihrer Hitzestabilität als Siedefett gut geeignet.

Kokosfett ist als Siedefett ungeeignet,
- *weil es beim Backen schäumt,*
- *weil es beim Erhitzen durch Abspalten von Fettsäuren sehr schnell verdirbt.*

Anforderungen an Siedefett

Die Qualität von Siedegebäcken wird wesentlich durch das verwendete Siedefett mitbestimmt.

Der Bäcker stellt an Siedefett folgende Anforderungen:
▶ *Das Fett muß sich – ohne zu spritzen – schmelzen lassen.*
▶ *Das Fett darf beim Backen nicht schäumen.*
▶ *Das Fett muß im Geruch und Geschmack neutral sein.*
▶ *Das Fett muß bei Mundtemperatur schmelzen, andernfalls schmeckt das Gebäck talgig.*
▶ *Das Fett muß einen hohen Rauchpunkt haben; es darf bei Backtemperatur nicht qualmen.*
▶ *Das Fett muß über lange Zeit hitzestabil sein.*

Abb. Nr. 568   Erdnüsse mit Pflanze

Gehärtetes Erdnußfett ist als Siedefett besonders geeignet, weil es sehr hitzestabil ist.

Als Siedefette sind geeignet:
- *Gehärtetes Erdnußfett und*
- *ungehärtetes Fett auf Palmölbasis.*

Diese Fette haben einen hohen Rauchpunkt, sind besonders hitzestabil, schäumen nicht und sind neutral in Geruch und Geschmack.

Gesundheitsschäden durch verdorbenes Siedefett

Fette verändern sich mit der Zeit in der Zusammensetzung. Bei starker Erhitzung verändern sich Fette sehr schnell. Bereits nach 20–60 Stunden Erhitzung auf normale Backtemperaturen sind Siedefette genußuntauglich.

Abb. Nr. 569
Verharzung verschiedener Fette und Öle nach 24 Stunden Erhitzung auf 180 °C ohne Backgut

Es sind chemische Vorgänge, durch die erhitzte Fette verderben:
- Abspaltung von Fettsäuren aus den Fettmolekülen und
- Anlagerung von Luftsauerstoff an ungesättigte Fettsäuren. Hierbei entstehen zum Teil gesundheitsschädliche Stoffe.

Der Fettverderb läuft um so schneller ab, je höher die Backtemperatur ist.

Wieweit Siedefett durch Hitze zersetzt ist, läßt sich nicht unbedingt an der Fettfarbe oder am Fettgeschmack erkennen.

Warnsignale, die auf verdorbenes Siedefett hinweisen:

- *Starke Rauchbildung bei Backtemperatur des Fettes!*
- *Stechend, brenzliger Fettgeruch!*
- *Kratziger, ranziger Nachgeschmack!*
- *Kleinblasiges, anhaltendes Fettschäumen!*
- *Absetzen dunkler, zäh zusammenhängender Rückstände!*
- *Dunkle Verfärbung des Fettes!*

Bei Verwendung hitzeempfindlicher Fette, z. B. Kokosfett oder Ölen mit hohem Anteil ungesättigter Fettsäuren, ist das Fett schon nach wenigen Stunden Gebrauch lebensmittelrechtlich verdorben (Abb. Nr. 569). Zur recht sicheren Überprüfung über den Stand der Fettveränderung gibt es eine preiswerte Schnellmethode, die jeder Bäcker ohne besondere Vorkenntnisse durchführen kann. Solch ein Prüfset kann man über die Margarinehersteller beziehen.

Schnelltest für Siedefett

- Etwas Siedefett mit der Reagenzlösung vermischen! Das Siedefett verfärbt sich je nach Grad des Verderbs mehr oder weniger dunkel.
- Testprobe mit Farbmustern vergleichen!
- Aussagen über die Verwendungsfähigkeit des Siedefetts ableiten!

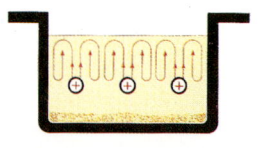

Fettopf mit Bodenheizung
Abb. Nr. 570

Elektrofettbackgerät
Abb. Nr. 571

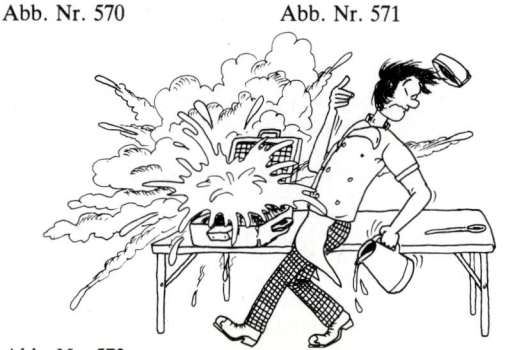

Abb. Nr. 572

Achtung! Verbrennungsgefahr!
Nie Wasser in heißes Fett geben!

Regeln für die Verwendung von Siedefett

→ Verarbeiten Sie nur hitzestabile Siedefette!
→ Schmelzen Sie das Fett vor dem Einfüllen in die leere Pfanne! So vermeiden Sie örtliche Überhitzung des Fettes und schonen das Heizgerät!
→ Vermeiden Sie höhere Backtemperaturen als 180 °C!
→ Unterlassen Sie das Auffüllen von lange erhitztem Fett mit frischem Fett! Das frische Fett verdirbt um so schneller!
→ Überprüfen Sie die Fettqualität spätestens nach 20 Stunden Erhitzungsdauer. Überprüfen Sie schon früher, wenn äußere Zeichen des möglichen Verderbs auftreten!
→ Entfernen Sie bei hoher Fettbeanspruchung täglich den am Boden abgesetzten ,,Schlamm''!
→ Reinigen Sie das Fettgerät gründlich vor Eingabe von Frischfett!

Fettbackgeräte

Die Industrie bietet eine Vielfalt von Fettbackgeräten an. Unabhängig von der Stundenleistung und der Bedienungstechnik gibt es für alle Geräte allgemeingültige technische Anforderungen.

Der Bäcker fordert:	*Die Technik bietet an:*
▶ Fettbackgeräte müssen die gewählte Backtemperatur einhalten. Überhitztes Fett verdirbt schneller; ,,kaltes'' Fett führt zum Fettsaugen der Gebäcke.	▶ Elektrofettbackgeräte sind mit einem Thermostat ausgerüstet. Die Fett-Temperatur wird in der Backzone gemessen.
▶ Die Backgutreste dürfen nicht verbrennen und sollen zu Boden sinken, ohne immer wieder aufgewirbelt zu werden.	▶ Die Heizschlange ist in geringem Abstand über dem Boden angebracht. So entsteht unter der Heizung eine ,,Kalt- und Ruhezone''.
▶ Fettbackgeräte müssen aus Materialien gefertigt sein, die die Fettoxidation nicht noch begünstigen. Vor allem Kupfer und Eisen begünstigen die Fettzersetzung.	▶ Alle Geräteteile von Fettbackgeräten, die mit dem Siedefett in Berührung kommen, sind aus Edelstahl.
▶ Fettbackgeräte müssen sich unfallsicher reinigen und bedienen lassen.	▶ Die Heizschlange läßt sich ausschwenken und feststellen.
	▶ Für den Fettwechsel oder die Entfernung des Bodensatzes läßt sich das Fett über einen Ablaßhahn abfüllen.
	▶ Der Fettablaßhahn ist gegen unbeabsichtigtes Öffnen gesichert.
	▶ Körbe, Hebe- und Wendevorrichtungen sind so konstruiert, daß die Gefahr des Verbrennens durch Geräteteile oder Ausspritzen des Fettes so gering wie möglich ist.
	▶ Im Falle eines Fettbrands ist ein Deckel zum Abdecken der Pfanne Bestandteil des Fettbackgeräts.

Die Fettbackgeräte unterscheiden sich voneinander
- in der Größe der Backpfannen,
- in der Arbeitsweise,
  • Backen in Chargen (= Wanne für Wanne),
  • kontinuierliches Backen (= Durchlaufverfahren),
- in der Beschickung,
  • mit Hebe- und Senkvorrichtung,
  • mit Wendevorrichtung,
- in der Ausführung,
  • als Tischgerät,
  • als Standgerät,
  • mit integriertem (= eingebautem) Gärschrank.

Abb. Nr. 574
Elektrofettbackgerät für kontinuierliches Backen

Das Wichtigste über die Herstellung von Siedegebäcken aus Hefefeinteig in Kurzform

✶ *Siedefette müssen geeignet sein: hitzestabil, hoher Rauchpunkt, geringe Schaumbildung, neutraler Geschmack, Schmelzbereich unter 37 °C*

✶ *Fettbackgeräte müssen geeignet sein: arbeitssicher, elektrische Heizung mit Kalt- und Ruhezone, thermostatische Temperaturregelung, Pfanne und fettberührende Teile aus Edelstahl, Ablaßhahn für Fettwechsel*

✶ *Qualitätsmerkmale für Berliner Pfannkuchen:*
  – Großes Volumen,
  – breiter ,,Kragen",
  – feinporige, zarte, saftige Krume

✶ *Wichtige Hinweise für die Herstellung von Berliner Pfannkuchen:*
  – Niedriger Fett- und Zuckeranteil im Teig,
  – hoher Eianteil im Teig,
  – intensive Teigknetung,
  – ausreichende Teigruhe,
  – Backen bei 170–180 °C

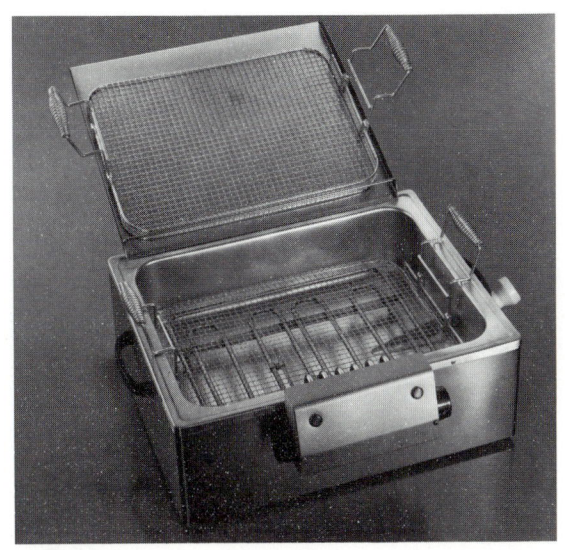

Abb. Nr. 573
Elektrofettbackgerät als Tischgerät

Gebäcke aus schwerem Hefefeinteig

Zu den Feinen Backwaren aus schwerem Hefefeinteig zählen
- die Stollen und
- die Napfkuchen aus gerührtem Hefeteig (Guglhupf).

Während Hefenapfkuchen im Sortiment von Bäckereien eine untergeordnete Rolle spielen, sind Stollen ein immer mehr gefragtes Gebäck.

Früher wurden Stollen nur in den Wochen unmittelbar vor Weihnachten angeboten. Heute hält die Stollensaison die ganze kalte Jahreszeit über an.

Herstellen von Stollen

Karl stellt zum ersten Mal allein Stollen her. Karl hält sich für einen ,,fortschrittlichen" Bäcker. Er glaubt nicht an die überlieferten Herstellungsmethoden. Er hält sie für ,,altmodisch" und überholt.

Trotz ausdrücklicher Anweisung seines Meisters verzichtet er auf einen Hefeansatz. Er verarbeitet alle

Abb. Nr. 575 Christstollen

Zutaten – auch die Früchte – gleichzeitig zum Teig.

Karl beobachtet den knetenden Teig und wird unruhig: Der Stollenteig verfärbt sich graubraun.

Und noch etwas: Trotz ausreichender Teigruhe gärt der Teig kaum.

Karl meint: *Stollenbacken ist doch einfach! Das ist nicht anders als das Backen von Rosinenstuten!
„Hefeansatz" oder „Früchtezugabe" erst nach dem Angaren des Teiges" sind doch überholte Verfahren!
Was meinen Sie dazu?*

Abb. Nr. 576   Gefüllter Stollen

Grundrezept für Christstollen
1000 g Weizenmehl, Type 550
500 g Backmargarine/Butter
125 g Zucker
50 g Marzipanrohmasse
280 g Milch
80 g Hefe
12 g Salz
Aroma
800 g Sultaninen
250 g Zitronat
100 g Orangeat
250 g Mandeln, gehackt
80 g Rum

Tabelle Nr. 116

Abb. Nr. 577   Vorbereiten der Früchte für Stollen

Doch Karl weiß Rat! Der Teig wird im Gärschrank schnell auf eine höhere Temperatur gebracht. Tatsächlich gärt der Teig nun besser.

Beim Aufarbeiten hat Karl Kummer: Der warme Teig glänzt. Fett tritt aus. Der Teig zerfällt wie ein brandiger Mürbeteig.

Entsprechend ist auch die Qualität des fertigen Stollens: Die Krume ist grau verfärbt. Sie ist wenig aufgelockert. Unmittelbar über dem Gebäckboden ist die Krume stark verdichtet (= Speckstreifen).

Beim Kauen ist die Krume fest und ballend. Der Geschmack ist teigig-kratzend.

Am nächsten Tag nimmt sich Meister Kramer viel Zeit für die Stollenherstellung. Er begründet jede Maßnahme.

Herstellungsverfahren

Die Herstellung von Stollen stellt höchste Anforderungen an das fachliche Können des Bäckers. Das Herstellungsverfahren ist nicht ohne weiteres mit dem anderer Hefeeingebäcke vergleichbar.

Ursachen für die Schwierigkeiten bei der Stollenherstellung sind

– der hohe Fettanteil im Teig,
– der hohe Zuckeranteil (über die zuckerreichen Früchte) im Teig und
– der geringe Flüssigkeitsanteil im Teig.

Durch den hohen Fettanteil einerseits und den geringen Wasseranteil andererseits ist das Mehleiweiß nur unzureichend verquollen. Der Teig ist „kurz" und wenig dehnbar. Der Teigzusammenhalt wird teilweise durch das Verkleben von Teigbestandteilen mit dem Teigfett bewirkt. Entsprechend gering ist die Gärstabilität.

Die Zuckerkonzentration in der freien Teigflüssigkeit ist durch den geringen Zugußanteil extrem hoch. Dadurch wird die Hefetätigkeit stark eingeschränkt (Tabelle Nr. 117). So müssen die Bemühungen des Bäckers darauf ausgerichtet sein, durch geeignete Maßnahmen

– die Teigbeschaffenheit und
– die Teigauflockerung zu verbessern.

Neben der Anwendung herkömmlicher Maßnahmen kann durch die Verwendung von Backkrems oder spezieller Backmittel die Teigbeschaffenheit, aber auch die Flüssigkeits-Aufnahme verbessert werden.

Zuckeranteil im Stollenteig im Vergleich zu leichtem Hefeeinteig		
	auf 1000 g Mehl	auf 1000 g Milch
leichter Hefeeinteig: ⟶	100 g	200 g
Stollenteig: ⟶	125 g*)	450 g*)
*) Außerdem wird der Zuckeranteil im Stollenteig durch den Zuckergehalt der Früchte erhöht!		

Tabelle Nr. 117

Tips für die Praxis der Stollenherstellung

Tips:	Begründung:
→ Lassen Sie die Trockenfrüchte ausreichend lange mit dem Rum verquellen!	▶ So erreichen Sie, daß die Früchte im Stollen saftig sind. Sie entziehen dann der Krume keine Feuchtigkeit.
→ Temperieren Sie alle Zutaten, auch die Früchte! Die Teigtemperatur ist auf 25–26 °C, bei Butterstollen auf 24 °C einzustellen!	▶ So erzielen Sie sicherer die gewünschte Teigtemperatur. Zu kühle Teige gären zu langsam. Zu warme Teige führen zum Ausschmelzen des Fettes im Teig.
→ Bereiten Sie einen weichen Hefeansatz! Lassen Sie ihn 30–40 Minuten reifen!	▶ So kann die Hefe vor Zugabe der gärhemmenden Zutaten ihre volle Gärkraft entfalten. So entsteht beim Kneten des Hauptteigs aus den großen Vorteigporen eine bleibende Feinstporung. So bilden sich bereits im Vorteig aromatische Stoffe.
→ Bereiten Sie den Hauptteig zunächst ohne Zugabe der Früchte!	▶ So verhindern Sie das Zerquetschen der Früchte beim Teigkneten. Zerquetschte Früchte verfärben den Teig. Der freiwerdende Zuckeranteil der Früchte würde die Hefetätigkeit beeinträchtigen.
→ Lassen Sie den Hauptteig 30 Minuten ruhen; erst dann arbeiten Sie die Früchte unter!	▶ So lassen sich die Früchte im aufgelockerten Teig leicht verteilen.
→ Verzichten Sie auf eine lange Stückgare!	▶ So verhindern Sie das Breitlaufen der Stollen beim Backen.
→ Backen Sie die Stollen mit abfallender Temperatur von 220/210 auf 190 °C!	▶ So können die Stollen schnell anbacken, ohne breit zu laufen. Sie vermeiden, daß – durch zu hohe Backtemperatur die Stollen dunkel werden, ohne ausreichend durchzubacken; – durch zu niedrige Backtemperatur die Stollen austrocknen und die Krume sich rot verfärbt.

Abb. Nr. 578 Kneten von Stollenteig

Abb. Nr. 579 Formen von Stollen

Abb. Nr. 580 Formgebung durch Stollenhauben

Herrichten

Die Behandlung der Stollen nach dem Backen dient
– der Verbesserung der Lagerfähigkeit,
– der Erhöhung des Genußwerts.

Zunächst müssen die auf der Gebäckoberfläche angekohlten Früchte abgelesen werden (bei Verwendung von Backhauben verbrennen die Früchte nicht).

Die noch warmen Stollen werden mit geschmolzenem Fett eingestrichen oder kurz in ein Fettbad getaucht. Dadurch bildet sich eine fast wasserdampfdichte Versiegelung. Die Fettschicht verhindert das Austrocknen der Stollen.

Sofort nach der Fettbehandlung werden die Stollen mit feinkörnigem Raffinade- oder Kristallzucker eingestreut. Der Zucker verhindert die Schimmelbildung auf der Gebäckoberfläche. Erst nach dem Auskühlen werden die Stollen mit Puderraffinade bzw. Dekorpuder eingestaubt.

Die äußere Fettschicht des Stollens ist besonders empfindlich gegen Verderb. Durch

- Luftsauerstoff,
- Licht und
- Luftfeuchtigkeit wird das Ranzigwerden des Fettes begünstigt.

So muß die Auswahl des Fettes für die äußere Behandlung der Stollen besonders sorgfältig vorgenommen werden.

Am besten haltbar ist gehärtetes Erdnußfett. Backmargarine ist weniger haltbar, aber durchaus noch geeignet.

Am anfälligsten gegen Verderb ist Butter. Da für Butterstollen auch die äußere Fettbehandlung mit Butter vorgenommen werden muß, ist die Auswahl der Buttersorte unter dem Gesichtspunkt der Haltbarkeit vorzunehmen. Wegen der Frischegarantie ist Markenbutter zu empfehlen. Aufzupassen ist bei der Verwendung von Butterreinfett (= Butterschmalz). Das Butterreinfett kann aus überalterten Lagerbeständen hergestellt sein.

Auf Vorrat hergestellte Stollen sind in einem sehr kühlen, abgedunkelten Raum aufzubewahren. Stollen lassen sich auch ohne Qualitätsverlust tiefgekühlt lagern.

Schwere Stollen erreichen ihren vollen Genußwert erst 2 Tage nach ihrer Herstellung. Sie sollten ihre wertbestimmenden Qualitätsmerkmale mindestens 4 Wochen behalten.

Gerührter Napfkuchen (Guglhupf)

Abb. Nr. 581 Guglhupf

Hefenapfkuchen werden aus „gerührtem", schwerem Hefefeinteig hergestellt.

Sie unterscheiden sich von Stollen

- in der Zusammensetzung ▶ durch ihren höheren Milchanteil,
  - ▶ durch ihren höheren Zuckeranteil,
  - ▶ durch ihren hohen Eianteil (30–50 % der Mehlmenge).
- in der Herstellung ▶ durch die Technik der Teigbereitung: Der Teig wird in der Rührmaschine „geschlagen".
  Der Teig hat eine fließendweiche Beschaffenheit.
- in der Form ▶ durch das Backen in altdeutschen Napfkuchenformen.
- im Geschmack ▶ durch den hohen Eianteil.

Der Begriff „gerührter Teig" weist auf das Schaumigrühren der Zutaten vor Zugabe des Hefeansatzes und des Mehles hin. Durch den Einsatz intensiv knetender Maschinen kann auf das Schaumigrühren der Butter mit dem Zucker und den Eiern verzichtet werden.

Mindestanforderungen an die Zusammensetzung von Stollen	
Verkehrsbezeichnung:	Zutatenanteil auf 100 kg Mehl:
leichte Stollen (ungefüllt)	▶ mind. 30,0 kg Butter **oder** 30,8 kg Margarine, mind. 60,0 kg Trockenfrüchte
Stollen (ungefüllt)	▶ mind. 40,0 kg Butter **und/oder** andere Fette mind. 70,0 kg Trockenfrüchte
Stollen nach Dresdner Art	▶ mind. 32,0 kg Reinfett (davon 50 % Butterreinfett) mind. 70,0 kg Trockenfrüchte, mind. 10,0 kg Mandeln, kein Persipan!
Butterstollen	▶ mind. 40,0 kg Butter, kein anderes Fett, mind. 70,0 kg Trockenfrüchte, kein Persipan!
Mandelstollen	▶ mind. 30,0 kg Butter **oder** 30,8 kg Margarine, mind. 20,0 kg Mandeln, kein Persipan!

Tabelle Nr. 118

Qualitätserhaltung von Hefefeingebäcken

Die meisten Feingebäcke aus Hefeteig schmecken frisch am besten.

Leider verlieren Backwaren beim Lagern ihre Frischeeigenschaften:

- Sie trocknen aus.
- Sie verlieren an Aroma.
- Sie verändern den Geschmack und die Beschaffenheit.
- Sie nehmen Luftfeuchtigkeit und Fremdgerüche auf.
- Sie können schimmeln.
- Sie können ranzig werden.

Hinweis: Mehr Informationen über das Altbackenwerden finden Sie im Kapitel „Altbackenwerden und Brotfrischhaltung"!

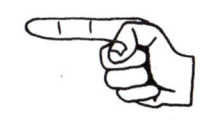

Der Bäcker hat die Möglichkeit, die Frischeeigenschaften über längere Zeit zu erhalten und den Verderb durch Schimmeln oder Ranzigwerden zu verzögern:

▸ über die Zusammensetzung der Backwaren,
▸ über die Teigführung,
▸ durch Kältebehandlung von Teig und Backwaren,
▸ durch spezielle Verpackungsverfahren.

Zusammensetzung und Qualitätserhaltung

Sicher wissen Sie, weshalb sich Stollen länger frisch halten als leichtes Hefefeingebäck. Der Grund ist der höhere Fettanteil im Stollen.

Nun kann man nicht einfach den Fettgehalt aller Feingebäcke heraufsetzen, um die Frischhaltung zu erhöhen. Ein höherer Fettanteil verändert den Charakter der Gebäcke entscheidend.

Durch Zugabe geeigneter Zutaten bzw. Zusatzstoffe läßt sich

- der Wasseranteil im Teig erhöhen,
- das Fett im Teig besser verteilen,
- die Stärkeentquellung verzögern.

Alle drei Maßnahmen verbessern die Gebäckfrischhaltung.

Achtung! Die Verwendung von Propionsäure ist nur für Feine Backwaren mit hohem Feuchtigkeitsanteil erlaubt. Die Verwendung muß beim Verkauf der Backware kenntlich gemacht werden. Bei Fertigpackungen genügt die Angabe im Zutatenverzeichnis!

Durch Zugabe des Konservierungsstoffes „Propionsäure" wird das Schimmeln der Backwaren verzögert.

Der Einsatz lohnt sich nur für vorverpackte Backwaren mit hohem Feuchtigkeitsanteil, z. B. für gefüllten Mohnkuchen.

Thomas meint: „Ich kann zwar den Bäcker verstehen, wenn er Feinen Backwaren für den Wiederverkauf Konservierungsstoffe zusetzt. Ich glaube aber nicht, daß diese Maßnahme im Interesse der Verbraucher notwendig ist!"
Was sagen Sie dazu?

Zutaten bzw. Zusatzstoffe, die die Frischhaltung verbessern

• *Eidotter*	▸ Es wirkt über bestimmte Fettstoffe, vor allem aber über seinen Lezithinanteil, emulgierend.
• *Backkrems*	▸ Sie wirken aufgrund ihrer Fettzusammensetzung und den zusätzlichen Emulgatoranteil.
• *Emulgatoren*	▸ Sie verbessern die Fettverteilung im Teig und verzögern die Retrogradation (= Stärkeentquellung).
• *Dickungsmittel*	▸ Sie binden beim Einteigen viel Flüssigkeit. So bleibt die Krume länger saftig.

Teigführung und Qualitätserhaltung

Hefefeingebäcke gleicher Zusammensetzung können trotz gleicher Lagerbedingungen unterschiedlich lange ihre Frischeeigenschaften behalten.

Ursache sind unterschiedliche Teigführungen.

Folgende Verfahren wirken sich günstig auf die Frischhaltung von Hefefeingebäcken aus:

- Teigführung mit einem Hefeansatz,
- kühle Teigführung,
- intensive Teigknetung,
- ausreichende Teigruhe bis zur optimalen Teigreife,
- Vermeiden von Übergare.

Kältebehandlung und Qualitätserhaltung

Für die Kältebehandlung bei der Herstellung von Hefefeingebäcken gelten die gleichen Grundsätze, die

Sie bereits im Kapitel „Weißgebäcke" kennengelernt haben. In jedem Fall sind aber Hefeinteige durch ihren hohen Gehalt an Zucker und Fett für die Kältebehandlung geeigneter als Teige für Weißgebäcke.

Gärverzögern und Gärunterbrechen
Sie erinnern sich noch?

> – *Gärverzögern ist die Verlangsamung der Stückgare durch Temperatursenkung ohne Gefrieren des Teiges.*
> – *Gärunterbrechen ist der Stillstand aller Reifungsvorgänge durch Gefrieren des Teiges.*

Gärverzögern ist bei Hefeinteigen bis zu 18 Stunden ohne deutliche Qualitätseinbußen möglich.

> ✱ *Für beide Methoden beachten Sie folgende Regeln:*
>
> ▸ *Verzichten Sie auf die Führung eines Vorteigs!*
> ▸ *Verwenden Sie Backkrems oder emulgatorhaltige Backmittel!*
> ▸ *Arbeiten Sie vorher die Teige zu ihrer endgültigen Form auf!*
> ▸ *Sorgen Sie beim Absenken der Temperatur für ausreichende Luftfeuchtigkeit!*
>
> ✱ *Für die Gärverzögerung gilt zusätzlich:*
>
> ▸ *Führen Sie den Teig kühl (22–24 °C)!*
> ▸ *Verkürzen Sie die Teigruhe!*
> ▸ *Lassen Sie die aufgearbeiteten Teiglinge nicht angehen! Senken Sie die Temperatur gleich nach dem Aufarbeiten!*
> ▸ *Die Temperatur des Gärverzögerns liegt – je nach Dauer der Verzögerung – zwischen +8 und –5 °C.*
>
> ✱ *Für die Gärunterbrechung gilt zusätzlich:*
>
> ▸ *Führen Sie den Teig warm (25–27 °C)!*
> ▸ *Lassen Sie den Teig ruhen (etwa 15 Min.)!*
> ▸ *Sorgen Sie unmittelbar nach dem Aufarbeiten für schnelle Temperaturabsenkung auf –18 °C!*
> ▸ *Tauen Sie die Teiglinge zunächst bei Kühlraumtemperatur auf (+4 °C)! Anderenfalls näßt die Teigoberfläche durch die kondensierende Luftfeuchtigkeit.*

Tiefkühlen der Gebäcke
Hefeinfeingebäcke müssen unglasiert gefrostet werden. Zuckerglasuren „sterben ab" beim Frosten. Außerdem lösen sie sich beim Auftauen durch die sich niederschlagende Luftfeuchtigkeit. Beim Auftauen im Ofen schmelzen sie.

Auch Hefefeingebäcke verlieren beim Tiefkühllagern an Qualität.

▸ Sie trocknen mit der Zeit aus.
▸ Sie verlieren an Aroma.
▸ Die Krume zieht sich zusammen und löst sich von der Kruste.
▸ Die Stärke entquillt allmählich.

Leichte Hefefeingebäcke behalten tiefgekühlt ihre Qualität etwa 6 Tage. Schwere Hefefeingebäcke können, je nach Fettgehalt und Wasseranteil, länger gelagert werden.

Für das Tiefkühlen von Hefefeingebäcken gelten die gleichen Verfahrensmethoden wie für Weißgebäcke.

Bestimmte Backwaren sind zum Frosten ungeeignet:
– Backwaren mit wäßrigen Obstauflagen oder wäßrigen Füllungen, z. B. Apfel- oder Vanillekremfüllungen,
– glasierte Backwaren.

Beim Frosten wird der Saft aus den Zellen der Früchte ausgefroren. Die zerstörten Zellen sind beim Auftauen nicht in der Lage, den Saft wieder aufzunehmen. Dabei kommt es zu erheblichen Aromaverlusten.

Bei Stärkekrems wird aus der verkleisterten Stärke das Wasser ausgefroren. Die Krems verlieren an Bindung und schmecken altbacken.

Verpackung und Qualitätserhaltung
Die traditionelle Verpackung hatte in früheren Jahren vorrangig die Aufgabe, die Backwaren
– transportabel zu machen,
– vor Berührung, Staub und Insekten zu schützen,
– attraktiv zu präsentieren.

In den letzten Jahren hat die Verpackung noch zusätzliche Aufgaben übernommen:
▸ Schutz vor Austrocknung bzw. Aufnahme von Luftfeuchtigkeit,
▸ Aromaschutz,
▸ Schutz vor dem Zutritt von Luftsauerstoff,
▸ Schutz vor Keimbefall.

> *Die Schimmelanfälligkeit wird herabgesetzt*
>
> • *durch Sterilisieren* ▸ *Dabei wird die verpackte Backware im Kern auf 70–80 °C erhitzt. Die Schimmelkeime sind abgetötet. Die Verpackung verhindert Neuinfektion.*
>
> • *durch Atmosphärenaustausch* ▸ *Der Packung wird Luft entzogen und Kohlendioxid zugeführt. So fehlt der Sauerstoff für die Schimmelbildung und das Ranzigwerden.*

Feine Backwaren aus besonderen Teigen und aus Massen

Herstellen von Blätterteig-, Mürbeteig- und Lebkuchengebäcken

Blätterteiggebäcke

Die fruchtigen, süßen und herzhaften Blätterteiggebäcke in den Abb. Nr. 582 bis 584 zeigen beispielhaft, wie weitgespannt die Palette der Blätterteiggebäcke ist.

Erzeugnisse aus Blätterteig sind:
- Kaffeegebäcke, wie z. B. Blätterteigstückchen, Apfeltaschen, Schweinsohren
- Würzige Gebäcke und Snacks, wie z. B. Würstchen im Schlafrock, Käseblätterteig
- Halbfertigprodukte, wie z. B. Blätterteigböden, Pasteten, Schillerlocken

Abb. Nr. 582   Blätterteigstückchen

Abb. Nr. 583 Würzige Blätterteig-Snacks

Abb. Nr. 584 Schweinsohren, Fächer und Krawatten

> Hinweis für die Weiterarbeit:
> *Welche Blätterteiggebäcke stellen Sie her?*
> *Fertigen Sie sich eine Übersicht der Blätterteiggebäcke Ihres Betriebes* mit den bei Ihnen üblichen Bezeichnungen an. Ordnen Sie dabei die Gebäcke als Kaffeegebäcke, würzige Blätterteiggebäcke oder Halbfertigprodukte ein.

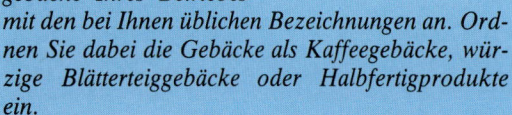

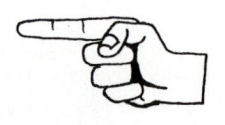

Grundrezept für Blätterteig	
Grundteig	**Ziehfett**
1000 g Weizenmehl	1000 g Ziehfett
600 g Wasser	
20 g Salz	
20 g Zucker	
60 g Fett	
= 1700 g Grundteig	
+ evtl. Zusatz von:	
Ei	
Essig- oder Zitronensäure	
Aromen	
Alkohol	

Tabelle Nr. 119

Wenn auch die Blätterteigprodukte zunächst sehr unterschiedlich erscheinen, so haben sie doch gemeinsame typische Qualitätsmerkmale:
– Sie sind stark gelockert.
– Sie haben eine geschichtete, blätterige Struktur.
– Sie sind gleichmäßig, aber nicht intensiv gebräunt.
– Sie sind im allgemeinen weniger süß als andere Feine Backwaren.

Diese gemeinsamen Eigenschaften der Blätterteiggebäcke sind durch die Zusammensetzung und Herstellung des Blätterteigs bedingt.

Zusammensetzung des Blätterteigs

Blätterteig besteht aus einem Grundteig und aus Ziehfett.

Im Unterschied zum Plunderteig enthält der Grundteig für Blätterteig keine Hefe. Er wird lediglich aus Mehl, Wasser und etwas Salz, Zucker und Fett bereitet. Zur Verbesserung seiner Eigenschaften bzw. des Geschmacks können Ei, Essig, Alkohol und Aromen zugesetzt werden.

Grundteig und Ziehfett werden durch Einschlagen, mehrfaches Ausrollen und Zusammenlegen (Tourieren) zu vielen dünnen Teig-Fett-Schichten verarbeitet. Diese Schichtung ist Voraussetzung für die Lockerung und die besondere Beschaffenheit des Blätterteigs.

Jede einzelne Fett- oder Teigschicht ist dünner als ein Blatt Seidenpapier oder eine Rasierklinge! Dennoch müssen die Schichten beim Ausrollen, Schneiden, Formen und Backen unzerstört bleiben. Teig und Ziehfett müssen daher besonders belastbar sein.

Grundteig

Bindigkeit und Dehnbarkeit sind die erwünschten Eigenschaften des Grundteigs.

Der Bäcker kann diese Eigenschaften erzielen durch
– Auswahl des geeigneten Weizenmehls,
– Einstellen der richtigen Teigfestigkeit,
– intensive Teigknetung und gute Teigentspannung.

Helle Weizenmehle der Typen 550 und 405 sind für den Grundteig geeignet. Sie können ein starkes Klebernetz bilden. Beachten Sie jedoch, daß auch Mehle der Type 405 als spezielle „Kuchenmehle" angeboten werden. Diese Mehle sind für den Blätterteiggrundteig nicht geeignet. Sie sind stärkereicher, enthalten dafür aber weniger und qualitativ geringwertiges Klebereiweiß.

Der Bäcker kann die Klebereigenschaften im Grundteig beeinflussen.

▸ Backmargarine und Eidotter verringern die Zähigkeit und machen den Grundteig dehnbarer.
▸ Essigsäure oder Zitronensäure und Eiklar verbessern die Bindefähigkeit. Der Grundteig wird „wolliger".
▸ Salz hemmt die Quellung des Klebers und macht den Teig zäher.

Im übrigen wird die Verarbeitungsfähigkeit des Grundteigs besser, wenn man folgende Grundsätze beachtet:

→ *Grundteig der Festigkeit des Ziefetts anpassen, damit beim Tourieren keine Risse oder Verklebungen auftreten!*

→ *Grundteig mit kühler Temperatur fertigen, damit das Ziehfett nicht schmierig wird!*

→ *Grundteig intensiv kneten, damit ein glatter und gut verquollener Teig das Tourieren erleichtert!*

→ *Grundteig entspannen lassen, damit beim Tourieren und Aufarbeiten das Zusammenziehen des Teiges vermieden wird!*

→ *Grundteig beim Lagern in ein Tuch einschlagen, damit sich keine borkige Teighaut bildet!*

Ziehfett

Neben dem Weizenmehl ist das Ziehfett mengenmäßig Hauptrohstoff des Blätterteigs. Es bestimmt darum wesentlich die Qualität der Gebäcke. Flüssige oder hart brüchige Fette scheiden als Ziehfette aus, weil sie sich nicht eintourieren lassen.

Um die Eignung verschiedener fester Fette als Ziehfett beurteilen zu können, kann man einen einfachen Versuch machen.

Versuch Nr. 31:

Stellen Sie nach dem Grundrezept in Tabelle 119 einen Grundteig her. Teilen Sie diesen Grundteig in vier gleichgroße Teile. Tourieren Sie jedes Viertel mit 250 g Fett unter gleichen Bedingungen. Wählen Sie zum Tourieren folgende Fette:

A = Kremmargarine, B = Backmargarine, C = Butter, D = Ziehmargarine.

Arbeiten Sie die fertig tourierten Teige zu ungefüllten Stückchen von 10 × 10 cm mit 3 mm Stärke auf. Formen Sie die Stücke zu Dreiecken. Backen Sie diese nach 60 Minuten Ruhezeit auf dem Blech bei 210 °C Ofentemperatur 25 Minuten.

Beurteilen Sie die Tourierungseigenschaften der Fette!

Beurteilen Sie die Qualität der Gebäcke!

Beobachtungen:

– Kremmargarine läßt sich nicht als Ziehfett verarbeiten. Das Tourieren ist fast unmöglich, das fertige Gebäck ist hart sowie unregelmäßig und grob geport.

– Backmargarine und Butter lassen sich bedingt als Ziehfett verwenden. Die fertigen Gebäcke sind befriedigend gelockert. Die Kruste des Butter-Blätterteigs ist stärker gebräunt. Die Verarbeitungseigenschaften von Backmargarine bzw. Butter werden etwas verbessert, wenn sie mit Mehl angewirkt und gekühlt verarbeitet werden.

– Ziehmargarine ist gut als Ziehfett zu verarbeiten. Das Gebäck ist gleichmäßig und gut gelockert.

Hinweis zur Weiterarbeit:
Sie müssen damit rechnen, daß zur Herstellung von Grundteigen teilweise kleberschwache Mehle oder extrem kleberstarke Mehle zur Verfügung stehen. Aus jeder Mehlqualität sollen Sie aber einen für die Blätterteigherstellung optimalen Grundteig bereiten. Wie würden Sie das Grundrezept in Tab. Nr. 119 für ein extrem kleberstarkes bzw. kleberschwaches Mehl verändern?

Abb. Nr. 585
Fehlerhaft tourierter Blätterteig, weil Grundteig und Fett nicht in ihrer Festigkeit aufeinander abgestimmt sind

Hinweis:
Im Zusammenhang mit der Plunderherstellung sind die Anforderungen dargestellt, die der Bäcker an Ziehfette stellt. Sie können sich dort ergänzend informieren!

Zusätzliche Informationen

Wie unterscheiden sich Ziehmargarinen von anderen Margarinesorten?

– *Ziehmargarinen bestehen fast ausschließlich aus pflanzlichen Fetten. Die Pflanzenfette werden zur Mischung so ausgewählt, daß ein langer Schmelzbereich erzielt wird.*
Beispiel:
Kokosfett wird in seinem Schmelzbereich bei Erwärmung um 1 °C sofort flüssig. Es ist daher nicht breitschmelzend.
Gehärtetes Palmöl bleibt bei Erwärmung um 24 °C in seinem Schmelzbereich schmierig-ölig. Es ist daher breitschmelzend und gut als Fettanteil einer Ziehmargarine geeignet.

– *Bei der Margarineherstellung werden die Fettmischungen für Ziehmargarine ähnlich wie Speiseeis während der Kühlung bearbeitet. Dadurch bilden sich viele kleine Fettkristalle. Außerdem ruhen die Ziehmargarinen vor ihrer Formung, um die Kristallbildung zu festigen.*

– *Für Blätterteig-Ziehmargarinen ist der Fettgehalt mit 85 bis 90 % etwas höher als bei anderen Margarinen.*

Lebensmittelrechtliche Bestimmungen

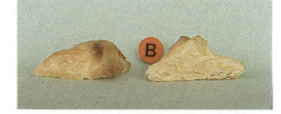

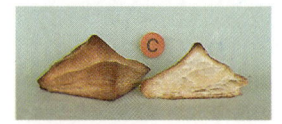

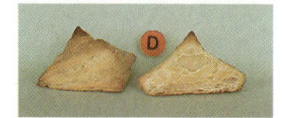

Abb. Nr. 586
Blätterteigstückchen aus Teigen mit verschiedenen Ziehfetten
A = Kremmargarine, B = Backmargarine, C = Butter,
D = Ziehmargarine

Was passiert, wenn man ein ungeeignetes Ziehfett benutzt?

Beim Tourieren mit ungeeigneten Ziehfetten können sich keine Fett-Teig-Schichten bilden. Zu harte Fette durchbrechen den Teig. Zu weiche Fette arbeiten sich schmierig in den Teig ein. In Abbildung Nr. 587 sehen Sie mikroskopische Aufnahmen eines gut geschichteten Blätterteigs und eines schmierig-getourten Blätterteigs.

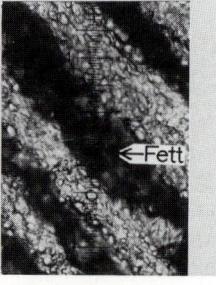

Abb. Nr. 587
Blätterteig (Gefrierschnitt 40 μ, 1:125). Ungeeignetes Ziehfett (links) und geeignetes Ziehfett (rechts) eingetourt

Tips für die Praxis der Ziehfettverarbeitung:
▶ *Ziehfett nach Eignung auswählen! Krem- oder Backmargarine, Siedefette, Schmalz oder Butterreinfett sind wegen ihrer Eigenschaften ungeeignet!*
▶ *Ziehfett niemals schmelzen oder auflösen! Dadurch würde seine Struktur zerstört; es wäre nicht mehr zum Tourieren geeignet!*
▶ *Ziehfett frühzeitig aus der Kühlung nehmen und langsam zum Verarbeiten temperieren!*
▶ *Ziehfett mit einem Teil des Grundteigmehls anwirken! So läßt es sich besser verarbeiten!*

Ziehfettanteil

Beim Grundrezept in Tabelle 119 wird ein Anteil von 1000 g Ziehfett auf 1000 g Mehl angegeben. Das entspricht dem allgemein üblichen Verhältnis 1:1 für Mehl und Ziehfett beim Blätterteig.

Man kann auch mit geringeren Fettanteilen einen Qualitätsblätterteig herstellen.

Der Mindestfettanteil soll nach den Richtlinien für Feine Backwaren 70 % (bezogen auf das Gesamtmehl) betragen.

Soll ein Blätterteiggebäck als „Butterblätterteig" bezeichnet werden, so darf nur Butter als Fettanteil im Blätterteig sein. Der Mindestanteil Butter soll 68,3 % (auf Gesamtmehl bezogen) betragen.

Herstellungsmethoden für Blätterteig

Zur Herstellung von Blätterteig können verschiedene Methoden angewandt werden:

→ **Blätterteig nach deutscher Art**
– es wird ein Grundteig bereitet,
– das Ziehfett wird vorbereitet,
– das Ziehfett wird in den Grundteig eingeschlagen.

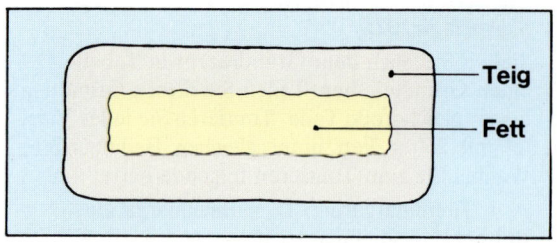

Abb. Nr. 588
Deutscher Blätterteig (Teig außen, Fett innen)

✱ *Deutscher Blätterteig = Grundteig als äußere Oberfläche*

→ **Blätterteig nach französischer Art**
– es wird ein Grundteig bereitet,
– das Ziehfett wird vorbereitet,
– der Grundteig wird in das Ziehfett eingeschlagen.

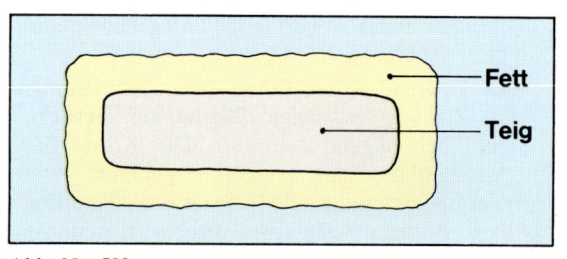

Abb. Nr. 589
Französischer Blätterteig (Fett außen, Teig innen)

✱ *Französischer Blätterteig = Fett als äußere Oberfläche*

Beim französischen Blätterteig wird das Ziehfett mit einer größeren Mehlmenge (bis zu einem Drittel des Grundteigmehls) „trocken" angewirkt. Dadurch läßt es sich besser als äußere Schicht verarbeiten. Der Grundteig muß nicht so zäh-elastisch sein. Kühle Führung und Tourierung sind erforderlich, damit das Fett nicht schmiert.

Als Vorteile dieser Methode gelten:
– Schnelles Tourieren durch Entfallen langer Ruhezeiten!
– Keine Hautbildung auf der Teigoberfläche!
– Zarte Gebäckbeschaffenheit durch die äußere Fettung!

→ *Blätterteig nach holländischer Art*
– Teigzutaten und gekühlte Ziehfettwürfel werden in einem Arbeitsgang zu einem Teig verarbeitet (All-in-Verfahren).

Die Ziehfettwürfel müssen im holländischen Blätterteig möglichst grob erhalten bleiben. Beim Tourieren bilden sich keine geschlossenen Fettschichten.

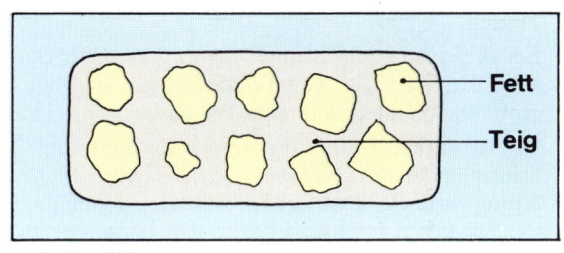

Abb. Nr. 590
Holländischer Blätterteig (Fett stückig im Teig)

✱ *Holländischer Blätterteig = Ziehfettwürfel im Teig*

Die Herstellungsmethode wird auch „Schnellblätterteig" oder „Blitzblätterteig" genannt, weil man den Teig einfacher herstellt und insgesamt weniger tourt. Holländischer Blätterteig ist allerdings nicht so geeignet für Gebäcke, die gleichmäßig hochziehen sollen.

Tourieren des Blätterteigs
Am Beispiel des deutschen Blätterteigs wollen wir die Arbeitstechnik des Tourierens kennenlernen.

1. Arbeitsschritt: Einschlagen des Ziehfetts
Der Teig soll gleichmäßig dick und gut abschließend das Fett umhüllen. Überschüssiges Staubmehl wird von der Teigoberfläche abgefegt.

2. Arbeitsschritt: Tourieren mit einfacher Tour
Mit gleichmäßigem Rollholzdruck bzw. mit allmählicher Verringerung des Walzenabstands der Ausrollmaschine wird der eingeschlagene Teig rechteckig ausgerollt. Der Teig soll etwa fingerstark (nicht dünner!) sein.
Die Teigplatte wird von Staubmehl abgefegt und exakt rechteckig in drei Lagen übereinander gelegt (= einfache Tour).

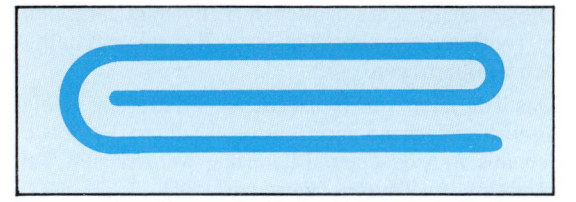

Abb. Nr. 591   Teiglagen der einfachen Tour

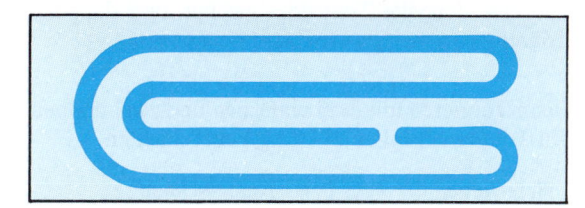

Abb. Nr. 592   Teiglagen der doppelten Tour

3. Arbeitsschritt: Tourieren mit doppelter Tour
Der mit einfacher Tour gezogene Teig wird erneut zu einem fingerstarken Rechteck ausgerollt. Wichtig dabei ist, daß der Teig bei der Folgetour immer in der Querrichtung zur vorhergehenden Tour ausgerollt wird.
Die Teigplatte wird von Staubmehl abgefegt und exakt rechteckig in vier Lagen übereinander gelegt (= doppelte Tour).
Dabei teilt man die Teigfläche so ein, daß in der Mitte ein Teigwulst vermieden wird (siehe Abb. Nr. 592 und 593).
Nun wird der gezogene Teig in ein Tuch eingeschlagen. So erhält der Teig bei Kühlung eine Ruhezeit von mindestens 10 Minuten.

Abb. Nr. 593
So sieht ein gut tourierter Teig mit doppelter Tour aus!

4. Arbeitsschritt: Tourieren mit einfacher Tour
Nach der Ruhezeit (diese kann durchaus bis zum nächsten Arbeitstag andauern) wird der gezogene Teig erneut ausgerollt. Die staubmehlfreie Teigplatte wird, wie beim zweiten Arbeitsschritt beschrieben, in drei Lagen übereinander gelegt (= einfache Tour).

5. Arbeitsschritt: Tourieren mit doppelter Tour
Der Teig wird erneut in Querrichtung zur vorhergehenden Tour ausgerollt. Die Teigplatte wird wie beim dritten Arbeitsschritt in vier Lagen übereinander gelegt (= doppelte Tour).

Der Fachmann bezeichnet diese „Standard-Tourierung" für Blätterteig so: „zwei einfache und zwei doppelte Touren".

Die am Beispiel des deutschen Blätterteigs dargestellte Tourierung ist auf die anderen Herstellungsmethoden zu übertragen.

Das Tourieren von französischem Blätterteig erfolgt ähnlich, jedoch mit geringeren Ruhezeiten. Für Pasteten aus französischem Blätterteig werden zum Teil fünf einfache Touren angewandt.

Bei holländischem Blätterteig genügen zwei einfache und eine doppelte Tour oder gar nur zwei doppelte Touren.

Beim Tourieren mit zwei einfachen und zwei doppelten Touren entstehen 144 Teig-Fett-Schichten.

Berechnung der Fett- bzw. Teigschichten:
1. einfache Tour = 3 Lagen
2. doppelte Tour
   = 3 Lagen × 4 = 12 Lagen
3. einfache Tour
   = 12 Lagen × 3 = 36 Lagen
4. doppelte Tour
   = 36 Lagen × 4 = 144 Lagen
   von Fett bzw. Teig

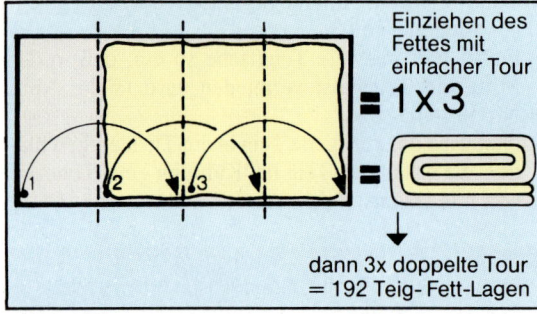

Abb. Nr. 594
Einschlagen des Ziehfetts mit einer einfachen Tour

Eine etwas abgewandelte Tourierung ist in Abb. Nr. 594 dargestellt. Bereits beim Einschlagen des Ziehfetts wird hier eine einfache Tour eingelegt. Teig und Ziehfett sind zu diesem Zweck auszurollen und zur ersten Tour zusammenzulegen. Dann folgen nur noch drei doppelte Touren. Man erhält bei dieser Methode 192 Teig-Fett-Schichten. Gute Ziehfette sind stabil genug für diese feine Schichtung.

Was aber geschieht, wenn man nicht die richtige Anzahl an Touren einhält?

Abb. Nr. 595
Versuchsgebäcke aus Blätterteig mit zu geringer (links), richtiger (Mitte) und zu starker Tourierung (rechts)

Versuch Nr. 32:

Stellen Sie nach dem Grundrezept (siehe Tabelle 119) einen Grundteig her und tourieren Sie ihn nach der Methode für deutschen Blätterteig.

Nach den ersten beiden Touren schneiden Sie ein Drittel des Teiges zum Aufarbeiten ab.

Den Rest tourieren Sie wieder mit je einer einfachen und einer doppelten Tour.

Nehmen Sie nun etwa die Hälfte des Teiges zum Aufarbeiten ab.

Das restliche Teigdrittel erhält je eine weitere einfache und doppelte Tour.

Die drei verschieden häufig getourten Teige arbeiten Sie wie im Versuch 31 auf.

Beurteilen Sie die Qualität der Blätterteiggebäcke!

Beobachtungen:

An den Versuchsgebäcken (Abb. Nr. 595) ist zu erkennen, daß nur mit der optimalen Tourierung ein gutes Blätterteiggebäck zu erzielen ist.

Das waren bei diesem Versuch die Gebäcke aus dem Teig mit zwei einfachen und zwei doppelten Touren.

Bei zu geringer Schichtenbildung wird das Gebäck wild-blätterig. Die Fett-Teig-Schichten sind zu grob. Das Ziehfett läuft zum Teil aus.

Bei zu starker Tourierung werden die Fett-Teig-Schichten zerstört. Es kommt keine richtige Blätterung zustande. Das Gebäck wird kleinvolumig.

❋ *Merkhilfe*

▶ zu geringe Tourierung	▶ wilde Blätterung des Blätterteiggebäcks ▶ Fett läuft aus
▶ optimale Tourierung	▶ gute Lockerung, gute Blätterung der Blätterteiggebäcke
▶ zu starke Tourierung	▶ zu geringe Blätterung, zu kleines Volumen

Abb. Nr. 596
Blätterteigstückchen werden nach dem Backen heiß aprikotiert. Dann wird die Fruchtfüllung aufdressiert und zum Schluß mit Fondant glasiert. So vermeidet man das Verbrennen der Früchte!

Aufarbeiten und Formen des Blätterteigs
Aufarbeiten

Von dem fertig tourierten und entspannten Blätterteig wird mit einem scharfen Messer jeweils ein Teil zum Aufarbeiten abgetrennt.

Für gleichmäßiges Hochziehen der Blätterteigstücke sind folgende Grundregeln zu beachten:

→ Schnittstellen des Teiges nicht zusammendrücken! Auf Erhaltung der Fett-Teig-Schichtung achten!

→ Blätterteig nicht wirken oder strecken!

→ Auf gleichmäßiges Ausrollen achten! Ausrollmaschine stufenweise auf geringere Teigstärke einstellen!

→ Randstreifen des ausgerollten Blätterteigs abschneiden und zu Restblätterteig (z. B. für Böden, Decken, Fächer, Schweinsohren) verarbeiten!

→ Schnitt- und Ausstichkanten von Blätterteigstücken nicht mit Ei abstreichen, weil sie sonst verkleben!

→ Teigstücke für hochziehende Blätterteiggebäcke auf mit Wasser bestrichene Bleche aufsetzen!

Formen

Für Kaffeegebäcke aus Blätterteig werden sehr verschiedene, süße Füllungen aus z. B. Rohmassen, Krems, Obst und Obsterzeugnissen verarbeitet. Daneben gibt es ungesüßte, würzige und salzige Blätterteiggebäcke, wie Würstchen im Schlafrock, Pasteten, Käsebrezeln. Als Halbfertigprodukte werden Böden, Hohlpasteten, Schillerlocken u. a. geformt.

Für Blätterteiggebäcke, die nicht hochziehen sollen, wird Restblätterteig verarbeitet. Er kann sogar kurz zusammengewirkt und nochmals einfach getourt werden.

Für Schweinsohren und Fächer wird der Blätterteig in Zucker anstelle von Staubmehl ausgerollt. Dadurch arbeitet sich der Zucker in die Teigstruktur ein. Nach dem Zusammenlegen werden die Teigstücke quer zur Schichtung geschnitten und auf gefettete Bleche aufgesetzt. Dadurch treibt der Blätterteig in die Breite (Abb. Nr. 599).

Abb. Nr. 597   Aufarbeiten von Blätterteigstückchen

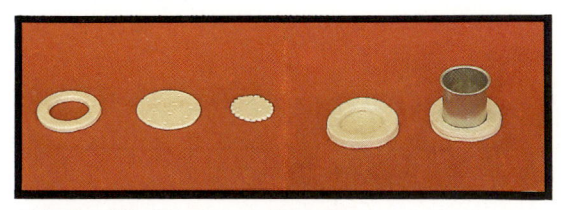

Abb. Nr. 598   Formen von Pasteten

Frosten

Getourter Blätterteig altert nicht so wie ein Hefe- oder Plunderteig. Er ist deshalb auch besonders gut zur Kühl- oder Tiefkühllagerung geeignet.

Der Zeitaufwand für die Herstellung von Blätterteig ist sehr groß. Es ist daher nicht rationell, täglich kleine Teigmengen herzustellen. Betriebstechnisch ist es vorteilhafter, eine größere Menge Blätterteig zu fertigen und ihn als fertig getourten Teig oder in Form aufgearbeiteter Stücke bei −20 °C vorrätig zu halten. Für längerfristige Tiefkühllagerung müssen die Teigstücke vor dem Austrocknen geschützt werden.

Fertig gebackener Blätterteig ist nicht zum Frosten geeignet. Fettreiche Gebäcke splittern beim Tiefkühlen sehr stark. Die ohnehin splitterig-brüchige Struktur der Blätterteiggebäcke würde zerstört.

Abb. Nr. 599   Formen von Schweinsohren, Fächern und Krawatten

Backen und Lockerung des Blätterteigs

Blätterteig wird durch den Backvorgang gelockert und zugleich gegart.

Backtemperaturen und Backzeiten sind abhängig von der Gebäckart, Gebäckgröße und Füllung.

Beispiele: Schweinsohren, Schillerlocken, Böden u.ä. werden bei 210 bis 230 °C gebacken.
Stücke mit Fleisch- oder Obstfüllungen werden bei 190 bis 210 °C gebacken.

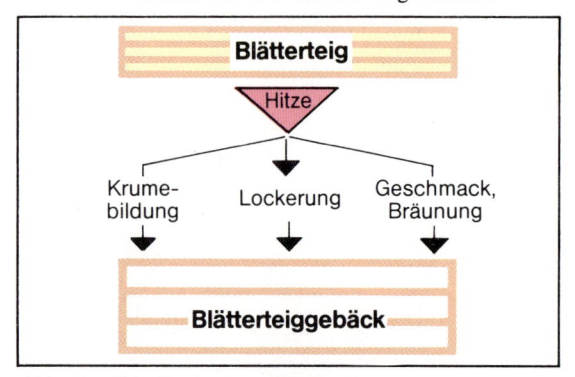

Abb. Nr. 600 Backen von Blätterteig

Wie erfolgt die Lockerung des Blätterteigs beim Backen?

→ Die Fettschichten isolieren auch bei der Verflüssigung des Ziehfetts die Teigschichten voneinander.
→ Bei Temperaturen über 60 °C im Teigstück verkleistert die Stärke. Der Kleber gerinnt zugleich.
→ Bei Temperaturen um 100 °C verdampft das Wasser aus den Teigschichten.
→ Der Wasserdampf übt einen Innendruck aus, der die Teigschichten hebt.
Die sich frisch gebildete Krume verfestigt sich in der Auflockerung und erhält damit ihre typische Struktur.
→ Nach Entweichen des Wasserdampfs kann die Temperatur in den äußeren Schichten des Gebäckstücks über 100 °C steigen. Es bilden sich Röststoffe aus Teig- und Fettbestandteilen. Zugesetzter Zucker karamelisiert.

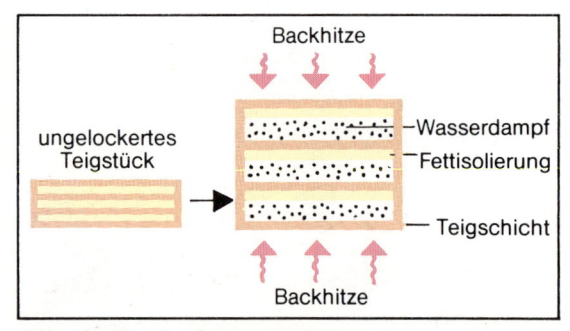

Abb. Nr. 601 Lockerung von Blätterteig

✱ **Merken Sie sich:**
Blätterteig wird durch den Druck von Wasserdampf gelockert = physikalische Lockerung

Qualitätsmerkmale für Blätterteiggebäcke, Blätterteigfehler

Abb. Nr. 602 Würzige Blätterteiggebäcke (Fleischtaschen und Würstchen im Schlafrock)

Blätterteigfehler

Gebäckfehler	mögliche Ursachen
Die Gebäcke „schnurren" (Zusammenziehen beim Backen)	▸ Grundteig zu zäh; ▸ Blätterteig zu jung, zu kurze Abstehzeit; ▸ Teigstücke vor dem Backen nicht genügend abgestanden (auf den Blechen); ▸ Bleche zu stark gefettet
Der Blätterteig backt „wild", Ziehfett tritt aus	▸ zu wenig getourt; ▸ zu dicke Teigschichten, kalter Ofen
Die Krume ist klitschig (Speckstellen im Gebäck)	▸ zu kurze Backzeit (bei zu heißem Ofen); ▸ feuchte, schwere Füllung
Die Gebäcke gehen ungleichmäßig auf	▸ fehlerhaftes Tourieren (fettfreie Stellen im Teig); ▸ Schichten teilweise zerstört; ▸ stumpfe Werkzeuge zum Teilen benutzt; ▸ Schnittstellen mit Ei verklebt
Die Gebäcke sind „grau", stumpf	▸ Staubmehl nicht entfernt; ▸ Hautbildung beim Teig; ▸ zu wenig Zucker im Grundteig

Qualitätsmerkmale

Gut aufgelockert, splitterig-rösch, mit zarter Krume und aromatischem Geschmack – so sollen Gebäcke aus Blätterteig sein! Am besten erfüllen ofenfrische Blätterteigteile diese Anforderungen.

Ja, einige Blätterteiggebäcke (mit Wurst, Käse) sollen sogar ofenwarm verzehrt werden. Andere Gebäcke, die z. B. mit Sahne gefüllt oder mit Kuvertüre überzogen sind, müssen ausgekühlt sein.

Obwohl Blätterteiggebäcke sehr fettreich sind, haben sie keine verlängerte Frischhaltung.

Wie kommt das?

- Die verkleisterte Stärke in den Teigschichten ist nicht in Fett eingelagert. Sie entquillt (retrogradiert) daher schnell. Man erkennt dies an der raschen Verfestigung der Gebäckblätter in der Krume.
- Das Ziehfett ist in den ersten Stunden nach dem Backen noch flüssig. Mit zunehmender Lagerung der Gebäcke wird das Ziehfett wieder kristallförmig. Man erkennt dies an dem fettig-klebrigen Gefühl am Gaumen beim Verzehr altbackener Blätterteiggebäcke.

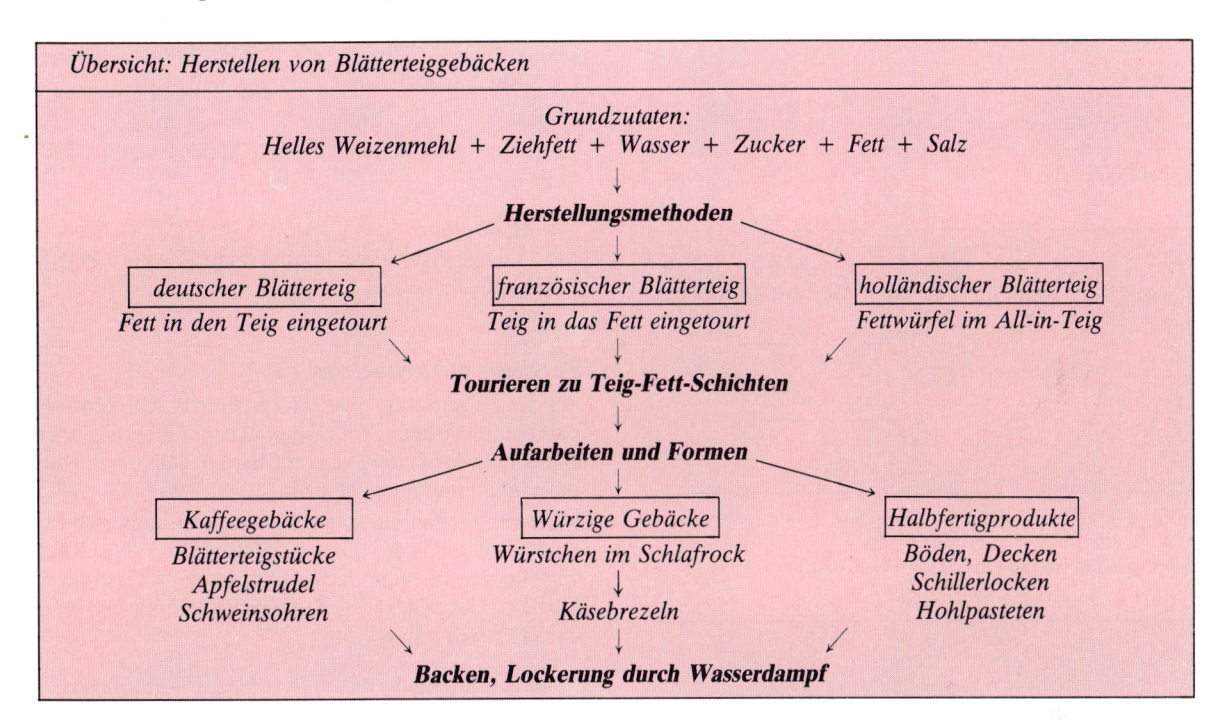

Übersicht: Herstellen von Blätterteiggebäcken

Grundzutaten:
Helles Weizenmehl + Ziehfett + Wasser + Zucker + Fett + Salz
↓
Herstellungsmethoden

deutscher Blätterteig	französischer Blätterteig	holländischer Blätterteig
Fett in den Teig eingetourt	Teig in das Fett eingetourt	Fettwürfel im All-in-Teig

Tourieren zu Teig-Fett-Schichten

Aufarbeiten und Formen

Kaffeegebäcke	Würzige Gebäcke	Halbfertigprodukte
Blätterteigstücke Apfelstrudel Schweinsohren	Würstchen im Schlafrock ↓ Käsebrezeln	Böden, Decken Schillerlocken Hohlpasteten

Backen, Lockerung durch Wasserdampf

Mürbeteiggebäcke

Abb. Nr. 603 Gebäcke aus Mürbeteig

Verwendung von Mürbeteig

In vielen Rezepten für Feine Backwaren, Desserts, Torten und Obstkuchen wird als Grundlage ein Mürbeteig angegeben. Mürbeteig ist neben Hefeteig und Blätterteig eine wichtige Teigart der Feinbäckerei. Ein guter Mürbeteig muß garantieren:

– bei der Verarbeitung	– beim fertigen Gebäck
• gute Teigeigenschaften, auch bei kühler Lagerung über mehrere Tage • gute Ausrollfähigkeit ohne Brechen oder Schnurren • lange Haltbarkeit ohne Seifigwerden	• mürbe Beschaffenheit, z. B. als Böden für Obstkuchen • angenehmen Geschmack, z. B. als Teil von Nußecken • lange Frischhaltung, z. B. als Teil von Dauerbackwaren • Stabilität, z. B. als Unterböden für Torten • geringe Neigung zum Durchnässen, z. B. als Böden für Obsttorten

Grundrezept für schweren, ausrollbaren Mürbeteig
1000 g Weizenmehl (Type 405/550) 650 g Butter/Backmargarine 350 g Zucker + Salz/Aromen

Tabelle Nr. 120

Grundrezept für leichten, ausrollbaren Mürbeteig
1000 g Weizenmehl (Type 405/550) 500 g Backmargarine 500 g Zucker 125 g Milch 15 g Backpulver + Salz/Aromen

Tabelle Nr. 121

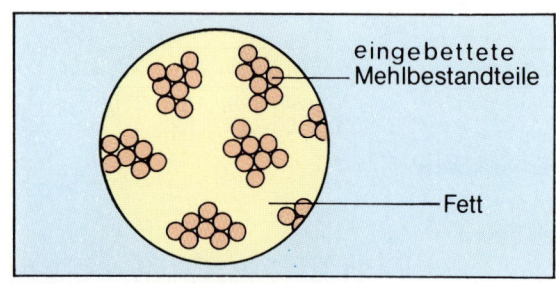

Abb. Nr. 604
Gut verarbeitungsfähiger Mürbeteig
Mehlteilchen sind in eine Fettstruktur eingebettet

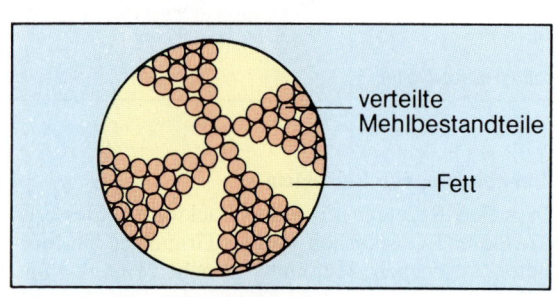

Abb. Nr. 605
Nicht verarbeitungsfähiger, brandiger Mürbeteig
Mehlteilchen haben die Fettbindigkeit durchbrochen. Der Teig bricht = ist brandig

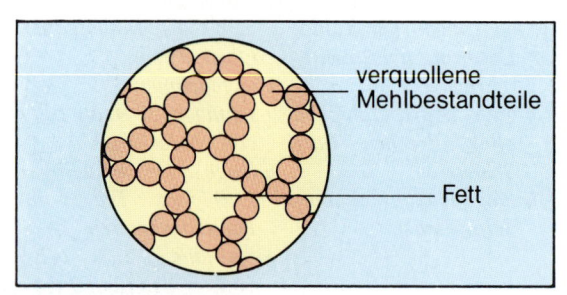

Abb. Nr. 606
Nicht verarbeitungsfähiger, zäher Mürbeteig
Mehlteilchen sind mit Flüssigkeit verquollen. Das Fett ist in eine Teigstruktur eingeschlossen

Verarbeitungseigenschaften des Teiges und Qualität der Mürbeteiggebäcke ergeben sich aus der Zusammensetzung und dem Herstellungsverfahren des Mürbeteigs.

Zusammensetzung des Mürbeteigs

Mürbeteig besteht aus den Grundzutaten Weizenmehl, Fett und Zucker. Zur Verbesserung und Geschmacksgebung können zugesetzt werden: Kochsalz, Aromen, Ei.

Ausrollbare Mürbeteige werden in folgenden Grundrezepten bereitet:

1 Teil Zucker, 2 Teile Fett, 3 Teile Mehl (schwerer 1:2:3-Mürbeteig)

oder

1 Teil Zucker, 1 Teil Fett, 2 Teile Mehl (leichter 1:1:2-Mürbeteig).

> ✱ *Merkhilfe:*
> **Z**u **f**einem **M**ürbeteig nimmt man **Z**ucker, **F**ett, **M**ehl im Verhältnis 1:2:3

Bereitung des Mürbeteigs

An der Teigzusammensetzung ist bereits zu erkennen, daß beim Mürbeteig im Gegensatz zum Hefeteig oder Blätterteig-Grundteig kein elastischer Teig durch Kleberverquellung entstehen soll.

Man wählt daher ein stärkereiches, aber kleberschwaches Mehl der Type 405 bzw. 550 aus. Das Fett soll gut verteilbar sein, ohne daß es ölig aus der Teigstruktur austritt. Der Zucker soll möglichst feinkörnig sein, damit er sich schnell löst.

> *Für die Bereitung und Behandlung des Mürbeteigs gelten folgende Regeln:*
> → *Zutaten kühl verarbeiten; Fett nie auflösen!*
> → *Zucker mit Fett (evtl. mit weiteren Zutaten, wie Salz, Aromen, Ei) nur kurz glattarbeiten!*
> → *Mehl leicht unterarbeiten, nicht stark kneten!*
> → *Mürbeteig kühl lagern!*
> → *Mürbeteig vor der Verarbeitung nicht intensiv durch Kneten bearbeiten!*
> → *Mürbeteig kühl verarbeiten!*

Begründung der besonderen Eigenschaften des Mürbeteigs

Die kurze, speckige Teigbeschaffenheit des Mürbeteigs ist durch den hohen Fett- und Zuckeranteil begründet. Das Fett umhüllt die Klebereiweißstoffe und die Stärkekörnchen des Mehles. So kommt es zwar zu einer Zusammenhaftung (vgl. Abb. Nr. 604), nicht aber zu einer verquollenen Teigstruktur.

Beim Backen kann die Stärke nicht vollständig verkleistern. Sie ist in Fett eingehüllt. Auch steht ihr nicht genügend Teigwasser zum Verkleistern zur Verfügung. Deshalb bildet sich keine zusammenhängende Krumenporung, sondern ein mürbes Gefüge.

Mürbeteigfehler

Wird der Mürbeteig aus zu warmen Zutaten bereitet oder wird er bei der Verarbeitung so warm, daß das Fett schmilzt, so wird der Mürbeteig „brandig" (vgl. Abb. Nr. 605). Brandiger Mürbeteig ist brüchig. Brandiger Mürbeteig läßt sich nicht rollen und formen.

Brandiger Mürbeteig ergibt feste, harte Gebäcke.

Wird ein milchhaltiger Mürbeteig zu intensiv geknetet, so kommt es zu Kleberverquellung. Der Teig wird zäh und „schnurrt". Geschnurrter Mürbeteig läßt sich nicht ausrollen. Er zieht sich wieder zusammen. Geschnurrter Mürbeteig ergibt blasige, helle und zusammengezogene Gebäcke.

Zu grober, nicht gelöster Zucker kann beim fertigen Gebäck ein Breitlaufen oder eine „Stippigkeit" der Oberfläche bewirken.

Bei zu weich gehaltenen Mürbeteigen oder zu starkem „Schaumigarbeiten" von Fett und Zucker verlaufen die Gebäckkonturen.

Backen und Lockerung des Mürbeteigs

Mürbeteige werden bei 180 bis 210 °C ohne Schwaden gebacken. Da es sich häufig um sehr flache Gebäcke handelt, backen sie in kurzer Zeit trocken aus.

Schwere Mürbeteige benötigen keine Lockerungsmittel. Sie sind mürb-brüchig. Bei leichten Mürbeteigen (mit Flüssigkeitszusatz) werden Backpulver oder ABC-Trieb als Lockerungsmittel zugesetzt.

Die Wirkung dieser chemischen Lockerungsmittel betrachten wir im Zusammenhang mit den Lockerungsmitteln für Lebkuchengebäcke.

Gebäcke aus besonderen Mürbeteigen

Durch Zusätze von Gewürzen, Kakao, Nüssen, Mandeln oder durch besondere Arbeitstechniken wird der 1:2:3-Mürbeteig abgewandelt. Die so hergestellten speziellen Mürbeteige werden zu Teegebäcken und Dauergebäcken verwandt.

Beispiele:

— *ausgestochenes Teegebäck*

Ausgerollter, ausgestochener und dekorierter 1:2:3-Mürbeteig wird gebacken. Zum Teil werden Teile nach dem Backen mit Füllungen zusammengesetzt. In Abb. Nr. 607 ist ausgestochener Käsemürbeteig als Beispiel zu sehen.

— *eingelegtes Teegebäck*

Der Mürbeteig enthält Puderzucker anstelle körnigen Zuckers. Ein Teil des Mürbeteigs wird mit Kakaopulver versetzt. Durch Einlegen werden gemusterte Teigstränge geformt. Aus diesen werden etwa 5 mm starke Scheiben geschnitten und gebacken (vgl. Abb. Nr. 608).

Abb. Nr. 607 Ausgestochener Käsemürbeteig

Abb. Nr. 608
Eingelegtes Teegebäck (Schwarz-Weiß-Gebäck)

Abb. Nr. 609 Gespritzter Mürbeteig (Spritzmürbeteig)

Abb. Nr. 610
Mürbeteig ausgestochen Mürbeteig gespritzt Mürbeteig eingelegt

Ordnen Sie die Mürbeteiggebäcke Ihres Betriebes nach den Arbeitstechniken für die Aufarbeitung des Mürbeteigs!

– gespritztes Teegebäck (Spritzmürbeteig)

Ein fettreicher 1:2:2-Mürbeteig wird mit Ei- oder Milchzusatz spritzfähig gemacht. Um eine sandige Gebäckbeschaffenheit zu erzielen, wird ein Teil des Mchles im Teig durch Weizenpuder ersetzt. Die aufdressierten Stückchen werden belegt oder nach dem Backen gefüllt oder überzogen (vgl. Abb. Nr. 609).

Linzer Mürbeteig

Der Linzer Mürbeteig enthält geriebene Nüsse oder Mandeln. Als Grundrezept gilt ein 1:1:1-Mürbeteig. Dabei werden Zucker und Nüsse/Mandeln zu einem Rezepturanteil zusammengemischt.

Typisch ist eine Auflage von herb-säuerlicher Konfitüre unter einem Mürbeteiggitter.

Abb. Nr. 611 Linzer Torten

Mutzenmandeln

Grundlage ist ein 1:2:2-Mürbeteig mit Ei- und Mandelzusatz. Der weiche Teig wird gekühlt, herzförmig ausgestochen und in Siedefett gebacken. Nach dem Backen werden die Mutzen in Zimtzucker gewälzt.

Käsemürbeteig

Der Teig für Käsemürbegebäck enthält keinen Zukker. Er wird mit Zusatz von geriebenem Käse, Eidotter, Milch/Sahne und Salz/Paprika bereitet. Der gut gekühlte Teig wird etwa 4 mm stark ausgerollt. Die daraus ausgestochenen Teigstücke werden mit würzendem Belag (Mohn, Kümmel, Mandeln) abgebacken.

Abb. Nr. 612 Spekulatius

Spekulatius (Gewürz-Formmürbeteig)

Einfacher Gewürzspekulatius wird mit viel Zucker (2 Teile Zucker, 1 Teil Fett, 3 Teile Mehl) hergestellt. Als spezielle Gewürze enthält er Zimt, Nelken, Koriander und Kardamom. Einfacher Spekulatius ist rösch, hart-brüchig, dunkel und stark aromatisch.

Mandelspekulatius wird aus 1:2:3-Mürbeteig mit geriebenen Mandeln im Teig und gehobelten Mandeln als Unterlage hergestellt.

Butterspekulatius darf außer Butter oder Butterreinfett kein anderes Fett enthalten.

Zum Ausformen verwandte man früher ausschließlich Holzmodeln. Heute ist eine rationelle Herstellung mit Teigausformmaschinen möglich.

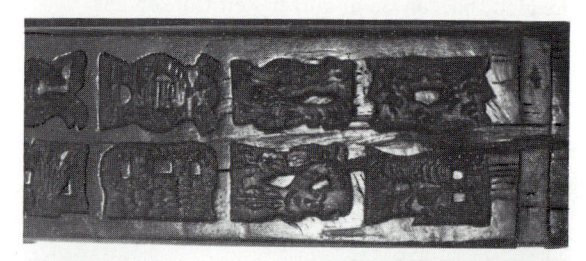

Abb. Nr. 613
Holzmodel im Vergleich zur Ausformwalze einer Maschine

Wichtiges über Mürbeteiggebäcke in Kurzform

Mürbeteiggebäcke

geknetete Mürbeteige		gerührte Mürbeteige	gewürzte Mürbeteige		zutatenreiche Mürbeteige
schwer	leicht	1:2:2-Mürbeteig und Ei-Milchzusatz, sowie Weizenpuder	süß	salzig	fettreiche Teige (1:1:1) geriebene Nüsse, Mandeln
1:2:3-Teig	1:1:2-Teig		Gewürze Zucker	Salz Käse	
Böden Toreletts		Spritzmürbeteig	Spekulatius	Käsemürbeteig	Linzer Mürbeteig Mutzenmandeln

Lebkuchengebäcke

Unter den Weihnachtsgebäcken der Feinbäckerei sind eine Vielzahl von Lebkuchengebäcken. Als typische Merkmale dieser Gebäcke können herausgestellt werden:

– sehr süß,
– geringe Gebäckfeuchtigkeit,
– sehr würzig,
– kurze Krumenbeschaffenheit,
– lange Haltbarkeit.

Diese Merkmale sind vor allem durch den hohen Anteil an Süßungsmitteln in den Lebkuchen bedingt.

Abb. Nr. 614 Weihnachtsgebäcke aus Lebkuchenteig

Zusammensetzung und Herstellen von Braunen Lebkuchen

Lebkuchen, auch Pfefferkuchen genannt, sind Dauerbackwaren. Für die Zusammensetzung der Teige müssen wir die entsprechenden lebensmittelrechtlichen Bestimmungen beachten:

→ Braune Lebkuchen müssen auf 100 Teile Getreidemahlerzeugnisse mindestens 50 Teile Zucker (und/oder Trockenmasse von Honig, Invertzuckercreme, Invertzucker, Zuckersirup, Maltosesirup, Traubenzucker, Fruchtzucker oder Stärkeverzuckerungsprodukte) enthalten.

→ Honigkuchen/Honiglebkuchen müssen bei ihren Süßungsmitteln mindestens die Hälfte in Form von Bienenhonig enthalten.

Lebensmittelrechtliche Bestimmungen

Grundrezept für Honigkuchen

1000 g	Mehl (700 g Type 812 und 300 g Type 997)
800 g	Honig
100 g	Ei
30 g	Lebkuchengewürz (Nelken, Zimt, Macis, Muskat, Piment, Fenchel, Koriander, Anis, Kardamom)
10 g	Natron
10 g	Pottasche

Tabelle Nr. 122

Zusammensetzung von Lebkuchenteigen

Aufgrund des hohen Süßungsmittelanteils und des fast gänzlich fehlenden Wasseranteils kommt es bei Honig- und Lebkuchenteigen nicht zu einer Verquellung der Mehlbestandteile.

Die Zusammenhaftung der Teige ergibt sich aus den viskos-klebrigen Eigenschaften der Süßungsmittel.

Bei der Auswahl der Zutaten kann der Bäcker die Qualität der Leb- oder Honigkuchenteige bestimmen.

Maßnahme	Begründung
→ Weizenmehl der Typen 812 oder 1050 verwenden	▶ kurze Teigbeschaffenheit durch kleberschwache Mehle; höhere Wasserbindung als bei Type 550
→ Roggenmehl der Typen 997 oder 1150 bis zu 1/3 der Gesamtmehlmenge zusetzen	▶ verbesserte Fließeigenschaften des Teiges; Dämpfen der Süße; verbessertes Aroma
→ Sirup oder flüssige Zucker anstelle kristallförmigen Zuckers verarbeiten	▶ bessere Teigbeschaffenheit durch höheren Anteil gelösten Zuckers; bessere Frischhaltung der Gebäcke

Zusätzliche Informationen

Lebkuchen – der Name soll von dem lateinischen Wort ,,libum" stammen, was soviel wie ,,Fladen/Kuchen" bedeutet.

Aus alten Urkunden wissen wir, daß Lebkuchen bereits im Mittelalter in Klöstern und später gewerbsmäßig hergestellt wurden. Die ,,Lebküchner" oder ,,Lebzelter" waren neben den ,,Becken" (Zuckerbäckern) eine eigene Zunft. Im berühmten ,,Nürnberger Lebkuchenkrieg" zwischen Lebküchnern und Zuckerbäckern entschied der bayerische König 1808, beiden Zünften gerecht werdend, daß beide den begehrten Oblatenlebkuchen backen dürften!

Man könnte behaupten, daß das Bäckerhandwerk aus den Lebküchnern hervorgegangen ist. Die Absonderung beider Handwerke ist z. B. aus alten Urkunden von 1645 in Nürnberg ersichtlich. Dort heißt es, daß ,,ein Gesell, der das Bäckerhandwerk gelernt hat, weder gefördert noch demselben Arbeit gegeben werden darf". Um eine Abwanderung der Lebküchner einzudämmen, war weiterhin bestimmt, daß ein Lebküchnermeister erst 3 Jahre nach Entlassung eines Lehrjungen wieder einen neuen annehmen durfte!

Abb. Nr. 615
Lebküchner stellten im Mittelalter Lebkuchen her

Rezeptbeispiele für Lebkuchen
Spitzkuchen
1000 g Mehl (Weizen/Roggen)
800 g Honig (evtl. teilweise Invertsirup)
100 g Zitronat
100 g Orangeat
100 g Nüsse (oder Mandeln, gehackt)
100 g Ei
30 g Lebkuchengewürz
15 g ABC-Trieb
15 g Natron
Nußlebkuchen
1000 g Mehl (700 g Weizen-, 300 g Roggenmehl)
900 g Invertzuckersirup
300 g Orangeat
500 g Haselnüsse (geröstet, gerieben)
50 g Lebkuchengewürz
20 g ABC-Trieb
20 g Natron

Tabelle Nr. 123

Abb. Nr. 616 Gebäcke aus Lebkuchenteig

Bereitung von Lebkuchenteigen

Traditionell werden Lebkuchenteige als **Lagerteige** bereitet. Das heißt: alle Zutaten (mit Ausnahme der Gewürze und Lockerungsmittel) werden zu einem Teig verarbeitet, der dann mehrere Monate lagert. In dieser Zeit bilden sich Geschmacksstoffe aus Gärungsprodukten. Die aus dem Zucker abgespaltenen Säuren ermöglichen die Lockerung der Teige durch Pottasche.

Als **Frischteige** werden Lebkuchenteige mit allen Zutaten bereitet. Aber auch sie müssen 1 bis 3 Tage lagern, um gute Verarbeitungseigenschaften und eine gute Gebäckqualität zu garantieren.

Für die Bereitung und Weiterverarbeitung der Teige sind folgende Grundregeln zu beachten:

→ Süßungsmittel erwärmen, weil sie sich dadurch besser verarbeiten lassen!

→ Honig nicht über 80 °C erwärmen, weil sonst die Geschmacksstoffe des Honigs zerstört würden!

→ Erwärmte Süßungsmittel vor der Zugabe zum Mehl auf 40 °C abkühlen lassen, weil sonst Eiweißstoffe gerinnen und Mehlstärke verkleistert!

→ Grundteig zur Langzeitlagerung zugedeckt in Holzkübel kühl lagern, weil er sonst zu stark austrocknet!

→ Abgelagerten Grundteig vor der Verarbeitung erwärmen, weil er sich sonst nicht bearbeiten läßt!

→ Unterschiedliche Lockerungsmittel getrennt zugeben, weil sie sonst untereinander reagieren könnten!

Abwandlungen von Lebkuchenteigen

Wie in den Rezeptbeispielen der Tabelle 123 ersichtlich, ergeben sich durch verschiedene Zutaten Abwandlungen des Lebkuchens, z. B.:

▶ Braune Lebkuchen (einfach)
  – dürfen als einzige Lebkuchen Fett enthalten;
▶ Honigkuchen
  – müssen mindestens 50 % der Süßungsmittel in Form von Honig enthalten;
▶ Braune Mandellebkuchen,
  Braune Nußlebkuchen
  – bei Bezeichnung mit „feinste" oder „sehr feine" müssen diese Lebkuchen mindestens 20 % zerkleinerte Mandeln und/oder Hasel- oder Walnüsse enthalten.

Aus Lebkuchenteigen werden hergestellt:

– Dominosteine = würfelförmig gefüllte Gebäcke, Schichten aus Honig- oder Lebkuchen mit Fruchtgelee zusammengesetzt, Marzipandecke und Kuvertüreüberzug.

– Pfeffernüsse = eihaltiger Lebkuchenteig, stark gewürzt, rund ausgestochen, nach dem Backen mit gekochter Zuckerglasur überzogen.

– Printen	= Hartprinten mit Zusatz von Kandiszucker im Teig; Weichprinten mit Nuß-, Mandel-, Marzipan- oder Schokoladenzusatz; rechteckige Form, trocken ausgebacken, Kuvertüre- oder Dextrin-Überzug.
– Spitzkuchen	= trapezförmig geschnittene Honigkuchen, mit Kuvertüre überzogen.
– St. Gallener Biberle	= Honigkuchenteilchen, trapezförmig, mit Marzipanfüllung (und Kuvertüreüberzug).
– Baseler Leckerli	= feinster Honigkuchenteig, Zusatz von Zitronat und Orangeat, Mandeln, nach dem Backen mit Fadenzuckerglasur bestrichen, wie Blechkuchen geschnitten.

Backen und Lockerung von Lebkuchenteigen

Vor dem Aufarbeiten der Lebkuchenteige backt man eine kleine Probe ab. Man kann daran die Lockerung der Gebäcke beurteilen. Durch Zusatz von Triebmittel oder Veränderung der Teige kann man größere Fehler vermeiden.

Das Backen erfolgt
– ohne Schwadengabe,
– bei gleichbleibender Hitze (160 bis 180 °C Backtemperatur),
– evtl. mit geöffnetem Zug oder abgedeckter Gebäckoberfläche.

Die Lockerung erfolgt durch Lockerungsgase der chemischen Triebmittel beim Backen.

Oblatenlebkuchen

Abb. Nr. 617   Oblatenlebkuchen

Diese Lebkuchen werden aus makronenmassen-ähnlichen Massen hergestellt. Sie werden vorwiegend auf Oblaten aufgestrichen, weil die Massen sehr weich sind.

Sie stellen Spitzenqualitäten der Dauerbackwaren dar. Die Abb. Nr. 617 zeigt einige Formen und Ausführungen. Als Glasuren erkennen wir auf der Abbildung: Dextringlasur, Fadenzuckerglasur, Kuvertüre. Ein Überzug mit kakaohaltiger Fettglasur ist bei Oblatenlebkuchen nicht gestattet.

Zusätzliche Informationen

Bienenhonig besteht im wesentlichen aus 70 bis 80 % Zucker und 15 bis 25 % Wasser. Von den übrigen Bestandteilen ist für die Backwarenherstellung der hohe Anteil aromatischer Stoffe von Bedeutung. Der Zuckergehalt liegt überwiegend in Form von Invertzucker vor. Invertzucker ist ein Gemisch aus gleichen Teilen Trauben- und Fruchtzucker. Im Honig ist er durch das Enzym Invertase gebildet.

Rüben- und Rohrzucker kann durch Säurezusatz oder Enzymwirkung invertiert werden. Invertzucker ist wegen seines Fruchtzuckeranteils wesentlich süßer als Rübenzucker, kristallisiert aber nicht so leicht aus.

Invertzuckercreme *(früher: Kunsthonig genannt) ist ein Produkt aus invertiertem Rohr- oder Rübenzucker und Stärkeverzuckerungserzeugnissen (bis 38,5 %) und evtl. Honig als Zusatz.*

Flüssig-Invertzucker und Invertzuckersirup enthalten mindestens 50 % Invertzucker in der Trockensubstanz. Ansonsten enthalten sie auch Wasser. Deshalb muß ihre Zusatzmenge auf Trockenzucker in der Menge umgerechnet werden. Beispiel: Sirup mit 20 % Wasseranteil = geforderte Zuckermenge geteilt durch 80×100 = Menge des Sirups, die zu verwenden ist.

Karamelzucker *in verschiedenen Bräunungen werden durch Erhitzen von Rohr- oder Rübenzucker gewonnen. Es gibt sie in Kristallform und in flüssiger Form. Karamelzucker beeinflussen Geschmack und Farbe der Lebkuchengebäcke.*

Basterdzucker *ist ein körniger Backzucker mit 5 % Invertzuckeranteil. Er ist sehr hygroskopisch. Deshalb wird er in Kunststoffbeuteln geliefert. Auf die Krumenstruktur und Frischhaltung wirkt er wegen seines Invertzuckeranteils günstig.*

Stärkesirup *(auch Kapillärsirup oder Glukosesirup genannt) wird durch chemischen oder enzymatischen Abbau verkleisterter Stärke gewonnen. Er enthält 40 % Traubenzucker, 40 % Dextrine und 20 % Wasser. Er hat demnach nur geringe Süßkraft, wirkt sich aber in der Gebäckkrume frischhaltend aus.*

Die wesentlichen Wirkungen der Süßungsmittel in Stichworten zusammengefaßt:

– *Honig hat einen hohen Anteil an natürlichen Invertzuckern und Geschmacksstoffen.*

– *Invertzucker verbessert die Teigeigenschaften der Lebkuchenteige, hat eine hohe Süßkraft durch Fruchtzuckeranteil, kristallisiert nicht so wie der Rohr-Rübenzucker aus, verleiht der Krume saftig-feuchte Beschaffenheit.*

– *Karamelzucker rundet den Geschmack durch Karamelanteile ab, gibt zusätzliche Farbstoffe für den Lebkuchen ab.*

– *Stärkesirup hat vergleichbare Wirkung wie Invertzucker, jedoch geringe Süßkraft.*

In früheren Zeiten wurden diese Lebkuchenmassen in besonderen Motiv-Modeln geformt (vgl. Abb. Nr. 618).

Beispiele:

- Weiße Lebkuchen
    = mit 15 % Vollei oder Eierzeugnissen und nicht mehr als 40 % Getreideerzeugnissen;
- Elisenlebkuchen, Mandellebkuchen
    = nicht weniger als 25 % Mandeln und/oder Hasel- oder Walnußanteil, höchstens 10 % Getreidemahlerzeugnisse oder 7,5 % Stärke in der Masse;
- Nußlebkuchen
    = mindestens 20 % Nußanteil, dabei überwiegt der namengebende Nußanteil.

Abb. Nr. 618   Lebkuchen-Modeln

	Zusammenfassende Übersicht: Lebkuchengebäcke	
	↙ **Braune Lebkuchen** ↘	**Oblatenlebkuchen**
Braune Mandel- oder Nußlebkuchen Honigkuchen	Dominosteine, Printen Pfeffernüsse, St. Gallener Biberle Baseler Leckerli, Liegnitzer Bomben	Elisenlebkuchen Mandel-Makronenlebkuchen Nußlebkuchen Weiße Lebkuchen
↓	↓	↓
Lebkuchenteig ⟶	Lebkuchen mit besonderen Zutaten, Füllungen, Glasuren	Massen mit hohem Anteil Eiklar, Zucker, Ölsamen

Gewürze und Aromen

Geruch und Geschmack der Backwaren werden sehr wesentlich von den verwendeten Zutaten bestimmt. Zutatenarme Gebäcke sind vor allem durch Kochsalz und Zucker gewürzt, aber auch durch die beim Backen entstehenden Aromastoffe. Zutatenreiche Gebäcke erhalten Geruch und Geschmack von der Fülle aromatischer Zutaten. Die in Abb. Nr. 619 zusammengefaßten Zutaten der Oblatenlebkuchen sind dafür ein gutes Beispiel. Die Lebkuchen enthalten aber auch spezielle Würzstoffe, die Gewürze. Wir erkennen auf dem Bild: Zimt, Sternanis, Muskat, Piment und gemahlene Gewürze.

Abb. Nr. 619   Oblatenlebkuchen mit würzenden Zutaten

Gewürze für Feine Backwaren

Gewürze sind naturbelassene Teile von Pflanzen, die im allgemeinen nur getrocknet werden.

Wodurch wirken diese Pflanzenteile würzend?

Gewürze enthalten als geschmackgebende Bestandteile:

- ätherische Öle = leicht flüchtige, fettähnliche Stoffe mit aromatischem Duft und Geschmack;
- Gerbstoffe = kaum flüchtige, wasserlösliche Stoffe mit bitterem und säuerlichem Geschmack;
- Harze = nicht flüchtige, fettlösliche Stoffe mit scharfem Geschmack.

Abb. Nr. 620
Wichtige Gewürze der Feinbäckerei: A = Vanilleschote, B = Nelkenpfeffer, C = Ingwer, D = Anis, E = Kardamom, F = Safran, G = Zimtstange und gemahlener Zimt, H = Sternanis

Aus Überlieferungen und alten Rezepten wissen wir um den Wert, der den Gewürzen früher zugemessen wurde. Gewürze waren kostbar. Ihre Mischungen und Zusatzmengen waren oft ein Geheimnis des Herstellers.

Heute stehen dem Feinbäcker viele Gewürze zur Verfügung.

Wichtige Gewürze der Feinbäckerei		
Wurzelgewürze	→	Ingwer
Rindengewürze	→	Zimt
Blütengewürze	→	Nelken, Safran
Fruchtteilgewürze	→	Vanille, Muskat, Zitronenschale
Samengewürze	→	Anis, Sternanis, Fenchel, Kardamom, Koriander, Kümmel, Mohn, Pfeffer, Piment

Wie verwendet man Gewürze als Zutat für Feine Backwaren?

Gewürze werden gemahlen dem Teig oder der Masse zugesetzt. So geben sie besser ihre Aromastoffe frei und lassen sich feiner verteilen.

Gewürze werden häufig auch als Mischung verarbeitet. So ergänzen sie ihre Geschmackswirkung gegenseitig, z. B. als Mischung für Lebkuchen oder Spekulatius.

Die Aromastoffe der Gewürze verlieren an Wirksamkeit, wenn gemahlene Gewürze lange oder nicht fachgerecht gelagert werden. Die Geruchs- und Geschmacksstoffe verflüchtigen sich leicht. Sie werden auch leicht abgebaut bei Einwirkung von Sauerstoff, Wärme, Feuchtigkeit und Licht.

Beachten Sie daher für die Lagerung von Gewürzen:
- *Aufbewahrung in luftdicht geschlossenen Behältern (Schutz vor Luftsauerstoff)*
- *Aufbewahrung in nicht saugfähigem Material (Schutz vor ranzigwerdenden Gewürzresten)*
- *Aufbewahrung in lichtundurchlässigem Material (Schutz vor Sonnenlicht)*
- *Aufbewahrung in kühlem und trockenem Raum (Schutz vor Wärme und Feuchtigkeit)*

Aromen für Feine Backwaren

Die würzenden Bestandteile der Gewürze sind besser haltbar und auch besser zu dosieren in Form von Aromen.

✸ **Aromen** sind Zubereitungen von Geruchs- und/oder Geschmacksstoffen, die ausschließlich zur Aromatisierung von Lebensmitteln bestimmt sind.

Zusätzliche Informationen

Das älteste überlieferte Lebkuchenrezept stammt aus dem 16. Jahrhundert; es führt folgende Zusammensetzung auf:

1 Pfd. Zucker
½ Seidlein oder ⅛erlein Honig
4 Loth Zimet
1½ Muskattrimpf
2 Loth Ingwer
1 Loth cardamumlein
½ Quentlein Pfeffer
1 Diethäuflein Mehl

Mit den altmodischen Maßen können wir nicht mehr umgehen. Aber erkennen Sie die Gewürzmischung?

So können Sie Gewürzmischungen selbst zusammenstellen:

Gewürzmischung für Lebkuchen
100 g gemahlenen Zimt
50 g gemahlene Nelken
50 g gemahlenen Piment
50 g gemahlenen Kardamom
10 g gemahlenen Anis

Gewürzmischung für Spekulatius
100 g gemahlenen Zimt
20 g gemahlenen Piment
20 g gemahlene Nelken
20 g gemahlenen Kardamom
10 g gemahlene Macisblüte

Zum Nachdenken:
Die Verwendung gebrauchsfertiger Gewürzmischungen des Handels hat Vorteile:
- *Sie garantiert gleichbleibende Geschmackskompositionen,*
- *sie spart Arbeitszeit.*

Aber: Führt diese Praxis schließlich zu einer geschmacklichen Uniformierung der Backwaren? Was sagen Sie dazu?

Tips für die Praxis
▸ *Gewürze sachgerecht lagern, damit die Aromastoffe erhalten bleiben!*
▸ *Dosierung der Gewürze auf die Gebäcksorte abstimmen. Schwere, fettreiche Gebäcke verlieren beim Backen weniger Geruchs- und Geschmacksstoffe als „leichte" Gebäcke!*
▸ *Gewürze stets genau abwiegen! Zu geringe Mengen erbringen nicht das gewünschte Aroma. Überdosierung kann das Gebäck ungenießbar machen!*
▸ *Gewürze nicht in Vor- und Lagerteigen verarbeiten. Sie verlieren sonst zuviel Aroma!*

Die Aromastoff-Zubereitungen werden auch als **Essenzen** (= das Wesentliche, im Konzentrat) oder **Extrakte** (= Auszüge) bezeichnet. Sie enthalten neben dem Aromastoff auch Trägerstoffe, Lösungsmittel und Emulgatoren.

Unterscheidung von Aromen

Was muß der Bäcker beim Einkauf von Aromen beachten?

▸ Neben dem Handelsnamen (oft auch als Fantasiebezeichnung, z. B. ,,Orchidee-Vanille-Essenz'') müssen auf dem Etikett der Aromenverpackung gekennzeichnet sein:
- Verkehrsbezeichnung, z. B. Zitronenessenz,
- Verwendungszweck, z. B. zum Abschmecken von Krems, Sahne usw.,
- Dosierungshinweis, z. B. 3 bis 5 g pro 1000 g Masse.

▸ Neben der Verkehrsbezeichnung muß die Art der enthaltenen Aromastoffe gekennzeichnet sein.

✷ **Natürliche Aromastoffe** sind ausschließlich aus natürlichen Ausgangsstoffen (z. B. durch Auspressen, Auszug, Gärung, Destillation) gewonnen. Sie sind daher zumeist ein Gemisch mehrerer natürlicher Aromate (= aromagebender Inhaltsstoffe).

✷ **Naturidentische Aromastoffe** sind nicht natürlichen Ursprungs. Es sind in reiner Form hergestellte Einzel-Aromate. Sie entsprechen in ihrer Zusammensetzung und Wirkung den natürlichen Aromastoffen.

✷ **Künstliche Aromastoffe** werden chemisch gefertigt. Sie entsprechen in ihrem Geschmack den natürlichen Aromaten, nicht aber in ihrer Zusammensetzung und Wirkung.

Verwendung von Aromen

Was muß der Bäcker bei der Verwendung von Aromen beachten?

Aromen werden nach Anwendungsbereichen unterschieden. Es gibt backfeste und nicht backfeste Aromen. Backfeste Aromen haben einen höheren Anteil schwer-flüchtiger Aromastoffe. Nicht backfeste Aromen (Konditoreiaromen) enthalten oft einen beträchtlichen Anteil leicht flüchtigen Alkohols. Zur Auswahl des richtigen Aromatyps für die jeweilige Verwendung sind die Angaben der Hersteller zu beachten.

Die Aromakomposition muß mit dem Gebäcktyp abgestimmt werden. Für etliche Teige und Massen kann man eine breite Palette von Aromaten einsetzen, z. B. für Hefeteige, Rührkuchen und Stollenteige. Für andere Teige und Massen sind dagegen nur bestimmte Aromatisierungen möglich. Nußkuchen können z. B. mit Vanille- oder Rumaroma, nicht aber mit Zitronenaroma abgeschmeckt werden.

Die Aromen haben ihre optimale Wirkung in einer bestimmten Dosierung. Diese wird von den Herstellern angegeben. Meistens sind 3 bis 5 g Essenz bzw. Aroma je 1000 g Masse üblich. Für pastöse Aromen oder Fruchtkonzentrate (auch Compounds genannt) sind Zugabemengen zwischen 30 und 200 g pro 1000 g Masse möglich.

Die beste Zusatzmenge für die betriebsübliche Rezeptur kann durch Backversuche mit zwei oder drei unterschiedlichen Zugabemengen erprobt werden.

Unter bestimmten Voraussetzungen ist die Verwendung künstlicher bzw. naturidentischer Aromastoffe ausgeschlossen.

Soll ein Gebäck z. B. als ,,Mandelkuchen'' bezeichnet werden, so hat die Mandel-Aromatisierung für dieses Gebäck eine wertbestimmende Bedeutung. Deshalb darf nur natürliches Mandelaroma verwendet werden. Auch bei Kenntlichmachung ist in diesem Fall nicht die Verwendung von naturidentischem Mandelaroma erlaubt!

Bei Verwendung naturidentischer oder künstlicher Aromastoffe darf die Bezeichnung des fertigen Gebäcks nur lauten: ,,Gebäck mit Mandelgeschmack''.

Auf Fertigpackungen ist in der Zutatenliste stets der verwendete Aromastoff auszuweisen. Dabei ist es nicht nötig, die Geschmacksrichtung (z. B. Kirsch . . ., Vanille . . .) anzugeben. Es genügt die Kennzeichnung wie folgt:

– Aromastoff, natürlich
oder

– Aromastoff, naturidentisch
oder

– Aromastoff, künstlich.

Lebensmittelrechtliche Bestimmungen

Wichtiges über die Verwendung von Aromen in Kurzform

▸ *Anwendungszweck der Aromen und Essenzen beachten!*

▸ *Empfohlene Dosierung einhalten! Durch Geschmacksproben die für betriebseigene Rezepturen optimalen Mengen ermitteln!*

▸ *Aromatisierung auf den Gebäcktyp abstimmen!*

▸ *Lebensmittelrechtliche Vorschriften für die Verwendung und Kennzeichnung natürlicher, naturidentischer und künstlicher Aromastoffe beachten!*

Zusätzliche Informationen

Vanilleschoten sind die Früchte einer tropischen Orchidee. Heimatlich kommt die Vanille aus Mittelamerika (Mexiko). Die frisch geernteten Vanilleschoten haben zunächst kein Aroma. Erst durch einen Fermentationsvorgang erhält die Schote ihre Aromastoffe und ihre typische, schwarz-braune Färbung.

Das Vanillearoma enthält ungefähr 150 verschiedene Aromastoffe. Hauptaromastoff ist das Vanillin. Durch Auslaugen mit geeigneten Lösungsmitteln unter Anwendung von Druck und bestimmten Temperaturen gewinnt man das natürliche Vanillearoma aus den Schoten.

Durch genaue Analyse des natürlichen Vanillins ist es möglich geworden, diesen Hauptaromastoff der Vanille-Schote künstlich nachzufertigen. Das gefertigte Vanillin ist ein weißes Pulver. Es hat gleichen Aufbau, gleichen Geschmack und gleiche Wirkung (hinsichtlich der Zusatzmenge) wie das natürliche Vanillin. Dieses Vanillin ist deshalb naturidentisch. Naturidentisches Vanillin ergibt einen reinen Vanillegeschmack. Es darf aber nicht verwendet werden für Vanille-Gebäcke (z. B. Vanille-Kipferln). Die mit Vanillin gewürzten Backwaren müssen zwar nicht gekennzeichnet werden. Soll aber in der Verkehrsbezeichnung der Geschmack des Gebäcks herausgestellt werden, so muß dies bei Verwendung von Vanillin wie folgt geschehen: ,,Gebäck mit Vanille-Geschmack".

Künstlich ist ein Stoff namens Äthylvanillin. Dieser Stoff ist dem Geruch und Geschmack von Vanillin ähnlich; in der Wirkung um ein Vielfaches stärker. In der Zutatenliste einer Fertigpackung wird er aufgeführt als ,,Aromastoff, künstlich".

Chemische Lockerung

Mürbeteige sind fett- und zuckerreich. Beim 1:2:3-Mürbeteig beträgt der Fettanteil etwa 67 %, der Zuckeranteil etwa 33 % der Mehlmenge. Er enthält keinen zugesetzten Wasser- oder Milchanteil. Bei diesen Bedingungen kann die Hefe nicht mehr gären.

Lebkuchenteige sind zuckerreich. Der Anteil an Süßungsmitteln beträgt etwa 50 % der Getreidemahlerzeugnisse. In dieser Zusatzhöhe hat Zucker eine konservierende Wirkung. Hefe kann also nicht zur Lockerung dienen!

Lockerungsmittel, die durch chemische Reaktionen Lockerungsgase freigeben, können diese Teige jedoch lockern.

Pottasche

Die Lebküchner haben bereits vor mehreren hundert Jahren die Pottasche als Lockerungsmittel gekannt. Sie wurde früher durch Auslaugen von Pflanzenasche gewonnen. Daher hat sie ihre Bezeichnung.

Chemisch ist sie das Kalisalz der Kohlensäure (Kaliumcarbonat).

Versuch Nr. 33:

Lösen Sie 5 g Pottasche in 50 g Wasser in einem Becherglas.

a) Beobachten Sie die Lösung auf Veränderungen!
b) Erhitzen Sie nun die Lösung (vorsichtig) und beobachten Sie, ob Veränderungen eintreten!
c) Geben Sie zu der Lösung einige Tropfen Milchsäure. Halten Sie über die aufschäumende Lösung einen brennenden Span. Beobachten Sie!

Beobachtungen:

Pottasche ist wasserlöslich, Pottaschelösung verändert sich bei Erhitzung nicht. Bei Säurezusatz perlt ein Gas auf, das die Flamme erstickt.

✱ **Erkenntnis:**
Pottasche zerfällt unter Säurezusatz und gibt das Lockerungsgas Kohlendioxid frei.

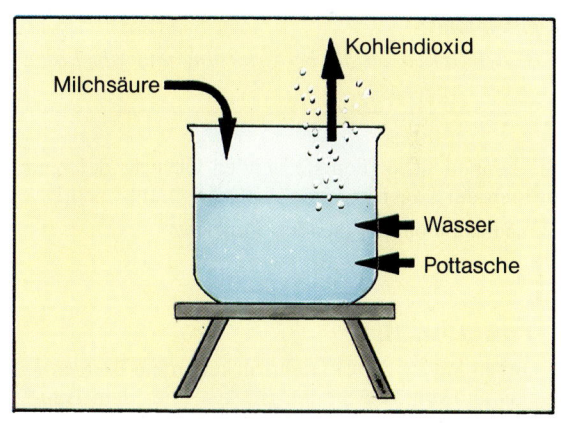

Abb. Nr. 621
Aus Pottasche wird das Lockerungsgas Kohlendioxid durch Säurewirkung freigesetzt

Bei Anwendung von Pottasche im Lagerteig für Lebkuchen wirken die aus dem Honig- oder Zuckerzusatz gebildeten Säuren auf die Pottasche ein und zersetzen sie. Neben dem Kohlendioxid als Lockerungsgas wird Wasser frei und ein Kaliumsalz gebildet. Das Kaliumsalz weicht durch seine laugige Beschaffenheit den Teig und treibt ihn in die Breite.

Zusatzinformation über die chemische Reaktion bei der Lockerung mit Pottasche

Pottasche + Milchsäure
$$K_2CO_3 + 2\,CH_3-\underset{\underset{OH}{|}}{CH}-COOH \longrightarrow$$

$$\longrightarrow 2\,CH_3-\underset{\underset{OH}{|}}{CH}-COOK + H_2O + CO_2\uparrow$$

Kaliumlaktat   + Wasser + Kohlen-
(Salz der Milchsäure)   dioxid

✱ **Merken Sie sich:**
Pottasche lockert den Lebkuchen breittreibend!

Hirschhornsalz

Hirschhornsalz ist ein Gemisch aus drei Ammoniumsalzen. Hauptbestandteil ist das Ammoniumhydrogencarbonat (Salz der Kohlensäure).

In reiner Form wird dieses Salz auch als ABC-Trieb (vom Namen = **A**mmonium-**b**i-**c**arbonat) verwendet.

Die Lockerungswirkung von ABC-Trieb erproben wir mit drei Versuchen:

Versuch Nr. 34:
Lösen Sie 5 g ABC-Trieb in 50 g Wasser in einem Becherglas.
Erhitzen Sie die Lösung nun (vorsichtig) und beobachten Sie!

Beobachtungen:
ABC-Trieb ist wasserlöslich. Bei Erhitzung auf über 60 °C wird Lockerungsgas frei (Abb. Nr. 622).

Erkenntnis:
✱ *ABC-Trieb zerfällt bei Erhitzung und gibt Lockerungsgas frei.*

Sie kennen sicher den stechenden Geruch, der beim Öffnen der Lagerdose von ABC-Trieb entweicht!
Wir machen dazu folgenden Versuch:

Versuch Nr. 35:
Geben Sie 2 g ABC-Trieb trocken in ein Reagenzglas und erhitzen Sie ihn trocken über dem Bunsenbrenner.
Beobachten Sie die Veränderungen beim ABC-Trieb; fächeln Sie sich die entweichenden Dämpfe zu.

Beobachtung:
ABC-Trieb zerfällt vollständig und rückstandslos bei trockener Erhitzung. Es entweichen Kohlendioxid, Wasserdampf und Ammoniakgas (Abb. Nr. 623).

Versuch Nr. 36:
Probieren Sie etwas von dem Wasser aus dem Versuch Nr. 34!

Beobachtung:
Das Wasser hat einen laugigen Geschmack.
Geben Sie etwas Phenolphtalein oder einen Streifen rotes Lackmuspapier in das Wasser aus Versuch Nr. 34!

Beobachtung:
Mit Phenolphtalein tritt Rosafärbung, bei Lackmus Blaufärbung ein.

Erkenntnis:
✱ *Bei Erhitzung von ABC-Trieb in Wasser bildet sich als Rückstand eine Lauge.*

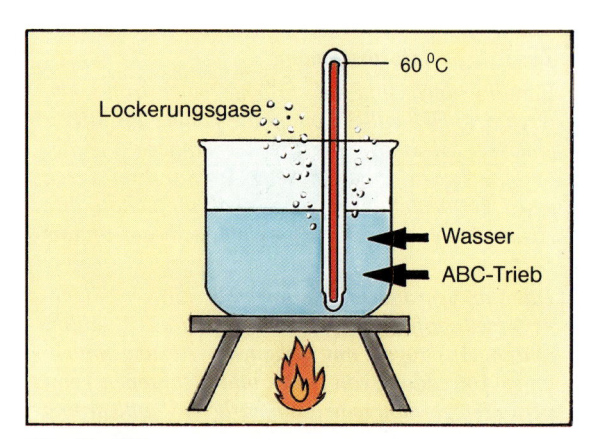

Abb. Nr. 622
Aus in Wasser gelöstem ABC-Trieb wird das Lockerungsgas Kohlendioxid durch Hitze freigesetzt

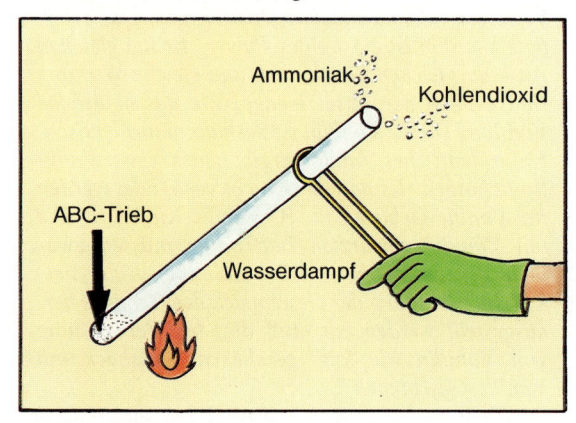

Abb. Nr. 623
Aus trockenem ABC-Trieb wird das Lockerungsgas Kohlendioxid durch Hitze freigesetzt.

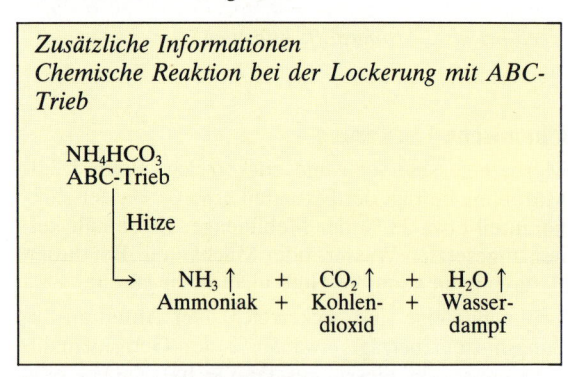

Zusätzliche Informationen
Chemische Reaktion bei der Lockerung mit ABC-Trieb

NH_4HCO_3
ABC-Trieb

↓ Hitze

$NH_3 \uparrow$ + $CO_2 \uparrow$ + $H_2O \uparrow$
Ammoniak + Kohlendioxid + Wasserdampf

Das stechend riechende Ammoniakgas ist sehr wasserfreundlich. Es verbindet sich mit Wasser zu Salmiakgeist. Als Bestandteil von Reinigungsmitteln ist Ihnen Salmiakgeist durch seinen Geruch und durch seine Bleichwirkung bekannt.

Auch in feuchten Gebäckkrumen bildet sich Salmiakgeist, wenn ABC-Trieb nicht vollständig verdampfen kann. Die Krume ist dann grünlich verfärbt und schmeckt laugig.

✱ *Merken Sie sich:*
ABC-Trieb darf nur zur Lockerung von trockenen Flachgebäcken verwendet werden!

Natron
Das Natriumsalz der Kohlensäure wird häufig als Ersatz für Pottasche bei der Herstellung von Lebkuchen eingesetzt.

Versuch Nr. 37:
Lösen Sie 5 g Natron in 50 g Wasser in einem Becherglas.
a) Beobachten Sie die Lösung auf Veränderungen!
b) Erhitzen Sie nun die Lösung und beobachten Sie!
c) Geben Sie (vorsichtig) nach Ende des ersten Aufperlens einige Tropfen Milchsäure zu. Halten Sie über die aufschäumende Lösung einen brennenden Span.

Beobachtungen:
Natron ist wasserlöslich.
Bei Erhitzung perlt ein Gas auf.
Bei Säurezusatz schäumt die Lösung erneut stark auf (Abb. Nr. 624). Das ausströmende Gas erstickt die Flamme.

Erkenntnis:
✻ *Natron zerfällt bei feuchter Erhitzung und gibt Kohlendioxid frei.*
Bei Säurezusatz gibt es zusätzlich Kohlendioxid frei.

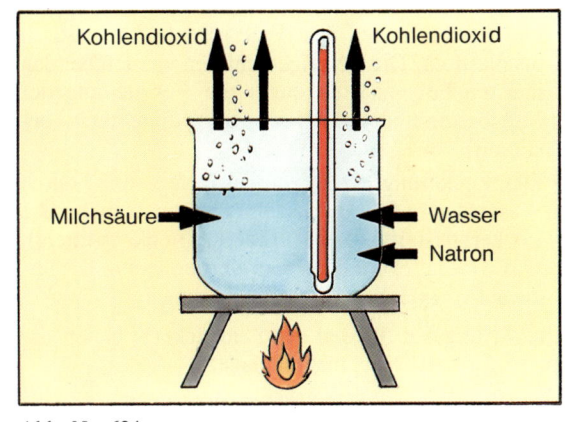

Abb. Nr. 624
Aus Natron wird das Lockerungsgas Kohlendioxid durch Hitze- und Säureeinwirkung freigesetzt

Natron kann zur Lockerung von Lagerteigen für Lebkuchen benutzt werden, weil die im Teig gebildeten Säuren das Natron vollständig zerfallen lassen.

In Frischteigen dagegen wird nur die Hitze wirksam. Deshalb wird nur ein Teil des Kohlendioxids ausgetrieben und es bleibt Soda als Restsalz des Natrons zurück. Soda gibt dem Teig fließende Eigenschaften und einen laugigen Geschmack.

Backpulver
Backpulver enthält Natron als Kohlendioxidträger.
Daneben enthält es Säure oder Säuresalze als Kohlendioxidentwickler.
Als Trennmittel zwischen Natron und Säuresalz enthält es Stärke. Dadurch ist Backpulver lagerfähig.
Beim Zusatz von Backpulver zum Teig soll es unter das zuletzt einzuarbeitende Mehl gesiebt werden. Es wirkt bereits im Teig vor dem Backvorgang (Vortrieb).
Die Hauptmenge Kohlendioxid wird aber erst beim Backen freigesetzt.

✻ *Merken Sie sich:*
Backpulver lockert die Gebäcke durch Kohlendioxid, das durch Hitze- und Säureeinwirkung aus dem Natron des Backpulvers freigesetzt wird.

Zusätzliche Informationen
Die Erfindung des Backpulvers wird häufig dem deutschen Chemiker Justus von Liebig (1803–1873) zugeschrieben. Das ist zum Teil berechtigt. Justus von Liebig hat nämlich während seiner Lehrtätigkeit an der Universität Gießen viele Arbeiten und Vorträge zur Brotbereitung verfaßt. Sein Bemühen galt vor allem der Sicherung einer vollwertigen Ernährung. Weil das Brot für breite Bevölkerungskreise das Hauptnahrungsmittel war, wollte Liebig vor allem den Nährwert der fein ermahlenen Mehle durch Nährsalze ergänzen. Zu diesem Zweck stellte er in einem Aufsatz ein Backpulver vor, das Professor Horsford aus Cambridge in Nordamerika entwickelt hat. Dieses Backpulver bestand aus einem Säure- und einem Alkalipulver. Aus diesen Pulvern wollte Liebig die erwünschte Nährsalzergänzung des Mehles gewinnen. Zugleich hielt er das Backpulver für ein gutes Lockerungsmittel für Brot.
Zur Brotbereitung hat sich das Backpulver allerdings nicht durchgesetzt, weil das mit Backpulver gelockerte Brot fad und strohig schmeckt. Verändert und weiterentwickelt ist aber das Backpulver heute ein unentbehrliches Lockerungsmittel der Feinbäckerei.

Zusätzliche Informationen
Backpulver darf verschiedene Kohlendioxidentwickler enthalten, z. B. Weinstein, Zitronensäure, Salze der Wein- und Zitronensäure, Salze der Phosphorsäure. Ein Salz der Phosphorsäure, Natriumpyrophosphat, wird am häufigsten verwandt. Am Beispiel dieses Säuresalzes verdeutlichen wir die chemische Reaktion mit Natron:

$2\ Na\ HCO_3\ +\ Na_2H_2P_2O_7\ \xrightarrow{Hitze}\ Na_4P_2O_7\ +\ 2\ H_2O\ +\ 2\ CO_2\uparrow$
Natron + Natriumpyrophosphat → Natriumphosphat + Wasser + Kohlendioxid

Herstellen von Gebäcken aus Massen

„Ich möchte jedesmal dazwischengehen, wenn ich höre, wie eine Kundin das Wort Biskuitteig beim Nachfragen im Laden benutzt – und unsere Verkäuferinnen das nicht verbessern. Es heißt doch Biskuitmasse!" regt sich Peter bei seinem Kollegen Thomas auf.

Thomas meint dagegen: „Das ist aber auch für einen Laien gar nicht so einfach, zu wissen, wann man Teig und wann man Masse sagt. Gibt es denn da überhaupt eine klare Trennung? Und wenn ja, wonach unterscheidet man denn?"

Sie kennen doch die Unterschiede zwischen Teigen und Massen!
Erstellen Sie sich eine Übersicht der Feinbackwaren Ihres Betriebes. Ordnen Sie danach, ob ein Teig oder eine Masse als Grundlage dient.

Abb. Nr. 626   Abb. Nr. 627
Massen sind streichfähig oder fließend

Abb. Nr. 628   Massen sind dressierfähig

Abb. Nr. 625

Unterscheidung von Teigen und Massen

Hefefeinteige, Blätterteige, Mürbeteige und Lebkuchenteige unterscheiden sich stark in ihrer Zusammensetzung, Herstellung, Weiterverarbeitung und Verwendung zu Feinen Backwaren. Man bezeichnet sie aber alle gemeinsam als **Teige!**

Die Feinteige haben gemeinsame Merkmale:
▶ Grundlage der Rezeptur ist Mehl.
▶ Herstellungstechniken/-verfahren sind überwiegend Mischen und Kneten.
▶ Die Beschaffenheit der Teige ist dehnbar elastisch bis plastisch. Die Teigeigenschaften werden bei den meisten Feinteigarten durch die Verquellung der Mehlbestandteile mit der Schüttflüssigkeit bestimmt.
▶ Die Lockerung erfolgt durch Hefegärung, durch Wasserdampf (bei Blätterteig) und durch chemische Lockerungsmittel (bei Mürbe- und Lebkuchenteig). Das Gashaltevermögen des verquollenen Klebereiweißes ermöglicht die Auflockerung der Gebäcke.

Die wichtigsten **Massen** der Feinbäckerei haben dagegen Eier als Rezepturgrundlage.

Die Massen haben gemeinsame Merkmale:
▶ Grundlage der Rezeptur sind in der Regel Eier, daneben hoher Zucker- und Fettanteil. Zur Bindung wird Weizenpuder bzw. werden Mischungen aus Mehl und Weizenpuder verarbeitet.
▶ Herstellungstechniken/-verfahren sind Aufschlagen, Rühren und Rösten.
▶ Die Beschaffenheit der Massen ist überwiegend schaumartig, weich bis fließend.
▶ Die Lockerung erfolgt grundsätzlich durch physikalische und chemische Lockerung.

Der Fachmann teilt die verschiedenen Massen nach ihren Zutatenmengen in leichte bzw. schwere Massen ein. Nach ihren Herstellungsarten unterscheidet er kalte bzw. warme Massen oder gerührte bzw. geschlagene Massen.

Maschinen für die Herstellung von Massen

Für die Brot- und Brötchenherstellung sind auch in handwerklichen Betrieben größere Maschinen und Anlagen üblich. Das Kneten, Formen, Behandeln auf Gare und Einschießen von Brot und Weizenkleingebäck geschieht daher kaum noch in „Handarbeit".

Wie ist das aber bei der Herstellung von Gebäcken aus Massen der Feinbäckerei?

Größere Maschinen und Anlagen sind wegen der Vielfältigkeit der Feinen Backwaren nicht einsetzbar. Außerdem benutzt man ganz andere Werkzeuge, z. B. Schlagbesen, Kessel, Dressierbeutel, Tüllen, Paletten, Schablonen, Formen und Ringe.

Die wichtigste Maschine in diesem Bereich ist ohne Zweifel das Rührsystem. Die Maschine ersetzt lästige, andauernde Muskelarbeit bei der Massenbereitung. Sie erledigt das Mischen, Homogenisieren (gleichmäßige Verteilen) und Auflockern der Zutaten.

Welche Anforderungen stellt der Bäcker an ein Rührsystem für die Massenherstellung? Der Bäcker erwartet

- große Leistungsfähigkeit,
- leichte Bedienung,
- gleichgute Funktion bei großen sowie bei kleinen Mengen,
- Eignung für mehrere Arbeitsvorgänge, z. B. Schlagen, Rühren, Mischen, Kneten,
- Vorrichtung zur Beheizung des Kessels,
- unkomplizierte Wartung,
- Unfallsicherheit.

Welche Rührsysteme gibt es?
Man kann folgende Grundtypen unterscheiden:
▶ Rühr- und Anschlagmaschine
▶ Planetenrührmaschine
▶ kontinuierlich arbeitende Druckschlagmaschine.

Funktion der Rührsysteme

Für die ideale Entwicklung einer Masse sind neben der Zutatenzusammensetzung mehrere Faktoren des Rührsystems entscheidend:

- Einsatz des richtigen Rührsystems,
- Auswahl des richtigen Arbeitswerkzeugs,
- Regulierung der richtigen Bearbeitungsgeschwindigkeit,
- Einhalten der richtigen Bearbeitungszeit.

Druckschlagmaschine

Die kontinuierlich arbeitende Druckschlagmaschine erlaubt die ununterbrochene Massenherstellung. Sie ist für Großbetriebe geeignet. Die Zutaten werden zunächst in einem Vormischer gemischt. Der gemischte Brei wird durch Pumpen über einen Vorratstank in den eigentlichen Mischkopf gefördert. Dabei wird die einzuschlagende Luftmenge dosiert eingeblasen. Der Vorgang des Homogenisierens und Aufschlagens ist intensiver und kürzer als bei den anderen Maschinen.

Abb. Nr. 629
Arbeitsstellung einer Anschlagmaschine

Abb. Nr. 630
Arbeitsstellung einer Planetenrührmaschine

Rühr- und Anschlagmaschine

Die Rühr- und Anschlagmaschine (Abb. Nr. 632) kann mit verschiedenen Kesselgrößen und Arbeitswerkzeugen bestückt werden. Das Werkzeug ist zentrisch (in der Mitte) gelagert. Es kann in zwei Arbeitsfunktionen genutzt werden, nämlich zum Schlagen und Rühren.

Beim Rühren der Masse dreht sich das Arbeitswerkzeug (grober Besen oder Flachrührer) um seine eigene Achse.

Beim Schlagen der Masse dreht sich das Arbeitswerkzeug (feiner Besen) nicht um die eigene Achse. Es wird vielmehr in veränderbarer Weite (Radius) kreisend durch die Masse geschlagen. Durch die damit ausgeübte Schleuderwirkung wird die zu bearbeitende Masse von der Mitte des Kessels zum Rand hin bewegt und bearbeitet.

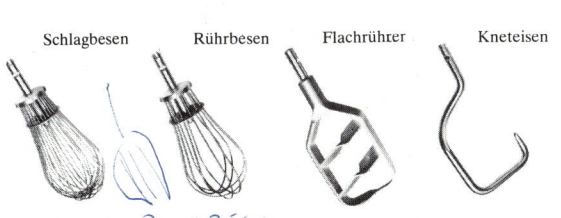

Schlagbesen   Rührbesen   Flachrührer   Kneteisen

Abb. Nr. 631
Arbeitswerkzeuge für Rühr- und Schlagmaschinen

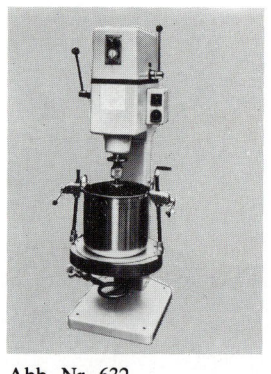

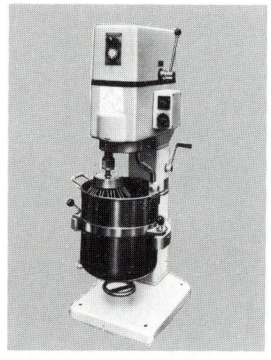

Abb. Nr. 632
Rühr- und Anschlagmaschine (links) und Planetenrührmaschine (rechts)

Planetenrührmaschine

Die Planetenrührmaschine (Abb. 632) ist eine Weiterentwicklung der Anschlagmaschine. Bei der Planetenrührmaschine bewegt sich das Arbeitswerkzeug so wie die Erde um die Sonne planetenartig. Es dreht sich um die eigene Achse und zugleich auch in entgegengesetzter Richtung im Kreis. Dabei rotiert das Werkzeug etwa 2- bis 4mal so schnell wie es im Kreis bewegt wird. Die Masse wird vollständig erfaßt, weil das Arbeitswerkzeug den Kesselinhalt millimetergenau von außen nach innen abnimmt und bearbeitet (siehe Abb. Nr. 633 und das Arbeitsdiagramm in Abb. Nr. 634).

Abb. Nr. 633
Funktion der Planetenrührmaschine

Abb. Nr. 634
Arbeitsdiagramm der Planetenrührmaschine

Arbeitssicherheit, Reinigung und Wartung

Gefahrenstellen bei der Rühr- und Anschlagmaschine und bei Planetenrührern sind:
– Kesselwand mit Rührwerkzeug und
– Antriebsachse.

In die sich drehende Antriebsachse können lose Kleidungsstücke oder Haare gewickelt werden.

→ Tragen Sie einen Haarschutz!
→ Achten Sie auf festanliegende Kleidung!

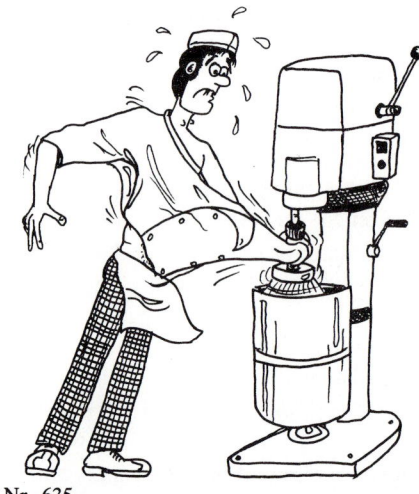

Abb. Nr. 635

Die Finger können zwischen Kesselwand und Rührwerkzeug gequetscht werden.

→ Schalten Sie das Rührwerk aus, wenn Sie die an der Kesselwand anhaftende Masse abschaben wollen!
→ Verwenden Sie nicht zu flache Kessel! Zwischen Kesseloberrand und oberster Berührungsstelle des Arbeitswerkzeugs an der Kesselwandung müssen mindestens 12 cm Abstand verbleiben!
→ Erhalten Sie die Wirkung von Schutzvorrichtungen! Maschinen für Kessel mit mehr als 50 cm Durchmesser müssen mit einem Schutzgitter ausgerüstet sein!

Für die Reinigung der Rührsysteme gelten die gleichen Grundsätze wie für Kneter. Außerdem ist zu beachten, daß für die Aufschlagfähigkeit vieler Massen äußerste Sauberkeit geboten ist. Insbesondere fettige Rückstände sind durch heißes Auswaschen mit Spülmittelzusatz und Nachspülen mit heißem, klarem Wasser zu beseitigen. Vor Gebrauch ist der Kessel nochmals mit klarem, kaltem Wasser auszuspülen.
Die Wartung umfaßt einerseits die Kontrolle der Schmierstellen nach dem Wartungsplan des Herstellers und andererseits die laufende Pflege der Arbeitswerkzeuge. Durch Rühr- und Schlagbewegungen kann Metallabrieb an Kesseln und Werkzeugen entstehen. Metallabrieb und Rost verschmutzen die Massen! Die Rühr- und Schlagbesen werden durch „klapperndes" Schlagen beschädigt. Lose Drähte der Arbeitswerkzeuge müssen ersetzt werden.

Gebäcke aus Baiser- und Schaummassen

Zusammensetzung von Schaummassen

Windmasse oder Spanischer Wind – diese volkstümlichen Bezeichnungen für Baiser oder Meringen deuten auf eine besonders lockere und leichte Beschaffenheit hin.

Das ist auch so. Baiser- oder Schaummassen bestehen nur aus Eiklar und Zucker. Schaummassen werden nach ihrem Zuckeranteil unterschieden:

▶ Leichte Schaummassen enthalten etwa gleich große Zucker- und Eiklaranteile.
▶ Schwere Schaummassen enthalten wesentlich mehr Zucker als Eiklar.

Grundrezepte für Schaummassen	
leicht	**schwer**
1000 g Eiklar	1000 g Eiklar
1000 g Zucker	3000 g Zucker
etwas Salz	etwas Salz
+ Aroma	+ Aroma

Tabelle Nr. 124

Abb. Nr. 636 Gebäcke aus schwerer Schaummasse

Abb. Nr. 637 Leichte Schaummasse auf Obstkuchen

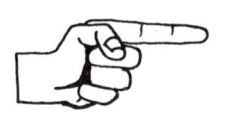

Aufschlagen von Schaummassen

Für ein gutes Aufschlagergebnis von Eiklar und Zucker sind zu beachten:

→ sauberes Trennen von Eidotter und Eiklar; eventuelle „Eidotterfische" aus dem Eiklar entfernen!
→ fettfreie, saubere Kessel und Schlagbesen; heißes Auswaschen mit kaltem Nachspülen!
→ richtige Zuckermenge und richtiger Zeitpunkt des Zuckerzusatzes; eine Prise Salz unterstützt die Stabilisierung des Schaums!

Um die besten Aufschlagbedingungen für Schaummassen zu ermitteln, stellen wir folgende Versuche an:

Hinweis:
Im Kapitel „Eier und ihre backtechnische Wirkung" finden Sie grundlegende Darstellungen über die Zusammensetzung und Behandlung von Eiern und Eiprodukten.

Versuch Nr. 38:

Unter gleichen Bedingungen und mit gleicher Aufschlagzeit schlagen wir auf:

Probe 1 = 100 g Eiklar
Probe 2 = 100 g Eiklar + 50 g Zucker
Probe 3 = 100 g Eiklar + 100 g Zucker
Probe 4 = 100 g Eiklar + 150 g Zucker

Wir beurteilen das Volumen und die Beschaffenheit der Eischnee-Ergebnisse!

Beobachtungen:

Probe 1 ergibt ein unstabiles Eischnee-Volumen und eine Masse mit großer Porung. Der Eischnee zerfällt (Abb. 639). Probe 2 ergibt einen stabilen und gut geporten Eischnee. Bei den Proben 3 und 4 wird mit steigender Zuckermenge die Porung des Eischnees feiner. Das Volumen ist aber im Vergleich zur Eiklar-Zuckermenge nicht größer. Die Beschaffenheit ist schmierig.

Abb. Nr. 638
Aufschlagvolumen bei Schaummassen mit verschiedenen Zuckermengen

Abb. Nr. 639
Eischnee ohne Zuckerzusatz (links) zerfällt wieder; schwere Schaummasse (rechts) ist stabil

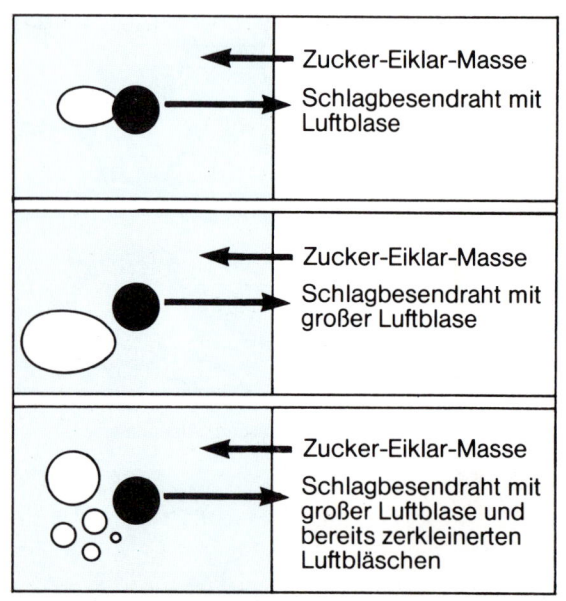

Abb. Nr. 640 Bildung von Luftblasen in Schaummassen

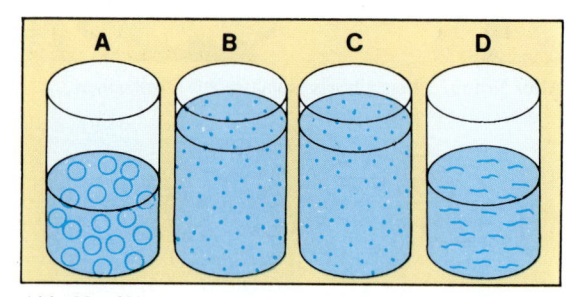

Abb. Nr. 641
Beschaffenheit von Schaummassen bei zeitlich unterschiedlicher Zuckergabe

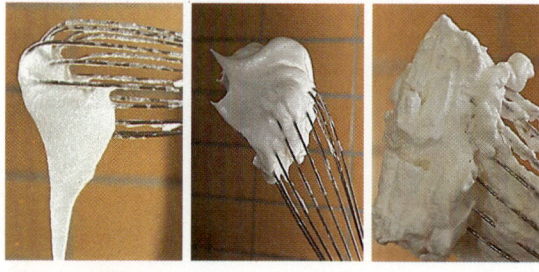

Abb. Nr. 642
Gut aufgeschlagener Eischnee mit stabiler Oberfläche und ausziehenden Spitzen (Mitte)
Zu kurz geschlagener Eischnee mit fließender Beschaffenheit (links)
Zu lang geschlagener Eischnee mit flockiger Beschaffenheit (rechts)

Zum Nachdenken:

Sie haben am Beispiel der Schaummassen eine Art der physikalischen Lockerung durch eingeschlagene Luft kennengelernt.

Die Lockerung beim Blätterteig erfolgt auch auf physikalischem Weg durch Wasserdampf.

Vergleichen Sie die beiden Lockerungsvorgänge. Was haben sie gemeinsam? Was unterscheidet sie?

Begründung:

Wie in Abb. Nr. 640 ausschnittartig dargestellt, wird der Eischnee durch eingeschlagene Luftbläschen gebildet. Jeder Draht des Schneebesens zieht bei seinen Schlagbewegungen Luft ein.

Diese Luft wird von der Zucker-Eiweiß-Masse in Bläschenform eingeschlossen. Bei andauernden Schlagbewegungen werden neue Bläschen gebildet und bereits bestehende werden geteilt. Die Eiweiß-Zucker-Filme um die Luftbläschen werden dabei immer dünner und fester.

Zucker erhöht aufgrund seiner hygroskopischen Eigenschaften die Bindigkeit (Viskosität) der Masse. Geringe Salzmengen lösen die zähen Eiweißstoffe an und ermöglichen damit ein höheres Aufschlagvolumen.

Für das Aufschlagergebnis ist neben der Zuckermenge auch der Zeitpunkt des Zuckerzusatzes wichtig.

Versuch Nr. 39:

Unter gleichen Bedingungen und mit gleicher Aufschlagzeit schlagen wir 100 g Eiklar mit 150 g Zucker auf. Der Zeitpunkt des Zuckerzusatzes wird wie folgt variiert:

Probe A = Aufschlagen ohne Zucker, gesamten Zuckerzusatz zum Ende des Aufschlagens;

Probe B = Aufschlagen mit 50 g Zucker, 100 g Zucker zum Schluß einarbeiten;

Probe C = Aufschlagen mit 50 g Zucker, je 50 g Zucker nach ½ und ¾ der Aufschlagzeit zugeben;

Probe D = Aufschlagen mit der gesamten Zuckermenge über die gesamte Aufschlagzeit.

Beobachtungen:

Der Eischnee aus Probe A neigt zum Flockigwerden.

Die Proben B und C ergeben einen stabilen, feinporigen und kremigen Eischnee. Bei Probe D verzögert sich der Stand der Masse. Die Aufschlagzeit müßte verlängert werden.

Tips für die Praxis der Schaummassenbereitung

▶ *Nur fettfreie Geräte verwenden! Nur vom Eidotter gut getrenntes Eiklar garantiert gute Aufschlagbarkeit!*

▶ *Ein hoher Zuckerzusatz macht den Eischnee stabil. Geeignet ist körniger Raffinade- oder Kristallzucker.*

▶ *Bei Massen mit hohem Zuckeranteil wird ⅓ der Zuckermenge sofort verarbeitet; der Rest wird zum Ende der Aufschlagzeit zugegeben!*

▶ *Ein Teil der Zuckermenge kann auch zum Schluß als Kochzucker (auf 117 °C gekocht) zugesetzt werden!*

Aufarbeiten und Backen von Schaummassen

Leichte Schaummassen werden aufgestrichen oder aufdressiert, z. B. auf vorgebackenen Obstkuchen. Sie werden bei Backtemperaturen von 220–260 °C gebacken oder abgeflämmt.

Die obere Kruste verfestigt sich durch Eiweißgerinnung. Der Zucker bräunt. Das Innere der Schaummassendecke soll aber feucht bleiben.

Schwere Schaummassen werden mit Stern- oder Lochtülle zu Böden, Schalen oder Spiralen dressiert. Die Erzeugnisse werden bei 100–110 °C mehr getrocknet als gebacken.

Schaummassen sind mit eingeschlagener Luft gelockert. Beim Backen dehnt sich die Luft aus und strafft die Poren. Die Eiweißverfestigung stabilisiert die Masse.

> *Hinweis zur Weiterarbeit*
> *Baiserschalen und Böden aus Baisermassen werden in der Feinbäckerei als Halbfertigprodukte für Torten und Desserts auf Vorrat hergestellt.*
> *Leiten Sie aus der Zusammensetzung der Baiserprodukte Grundsätze für die fachgerechte Lagerung ab!*

Fehler bei Gebäcken aus Schaummassen

Fehler	Ursache
▶ Gebäck ist kleinvolumig	▶ Fett oder Eigelbreste in der Masse
▶ Gebäck ist flach und hat verlaufene Konturen	▶ zu hoher Zuckerzusatz, zu weiche Masse
▶ Gebäck ist gebräunt, innen zäh-klebrig	▶ zu heiß gebacken, nicht getrocknet
▶ Gebäck hat eine rissige Oberfläche	▶ Schwadeneinwirkung

Wegen des hohen Zuckeranteils ziehen Gebäcke aus Schaummassen leicht Wasser an. Sie sollen aber an der Oberfläche und im Innern mürb-trocken bleiben. Schaummasse-Gebäcke müssen daher trocken und warm aufbewahrt werden.

Gebäcke aus Biskuitmassen und Wiener Masse

Abb. Nr. 643 Gebäcke aus Biskuitmassen

Im englischen Sprachgebrauch steht das Wort ,,biscuits" für Zwieback und für Keks aller möglichen Teiggrundlagen. Wenn der Engländer also ,,biscuits" sagt, meint er damit nicht gezielt ein bestimmtes Gebäck. Und er meint auch nicht das gleiche, was wir mit ,,Biskuit" bezeichnen.

Was bezeichnen wir als Biskuitmasse?

▶ Biskuitmassen sind geschlagene Massen.
▶ Biskuitmassen enthalten Vollei, Zucker und Weizenmehl/Weizenpuder.

Zusammensetzung von Biskuitmassen

Die Schaummassen haben wir nach der Höhe des Zuckeranteils als leichte und als schwere Schaummassen unterschieden.

Das ist auch bei Biskuitmassen so. Man unterscheidet nach der Zusammensetzung:

Leichte Biskuitmassen = 1000 g Vollei + 400 g Zucker + 400 g Weizenmehl/Weizenpuder;

Schwere Biskuitmassen = 1000 g Vollei + 1000 g Zucker + 1000 g Weizenmehl/Weizenpuder.

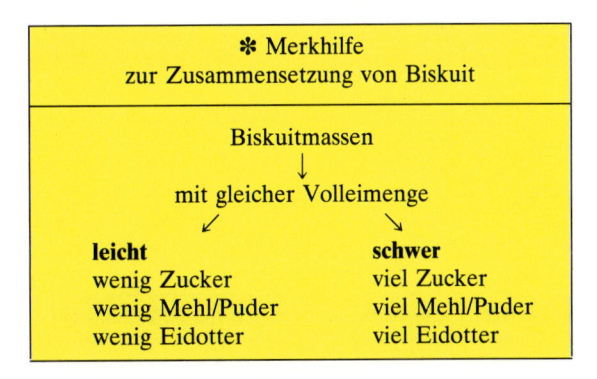

> ✻ Merkhilfe
> zur Zusammensetzung von Biskuit
>
> Biskuitmassen
> ↓
> mit gleicher Volleimenge
> ↙   ↘
> **leicht**   **schwer**
> wenig Zucker   viel Zucker
> wenig Mehl/Puder   viel Mehl/Puder
> wenig Eidotter   viel Eidotter

Eiklar läßt sich sehr gut aufschlagen. Darum ist es möglich, bei Schaummassen ein sehr großes Volumen zu erzielen. Wie ist es aber mit der Aufschlagbarkeit von Vollei bei der Biskuitmasse?

Abb. Nr. 644
Volumen von aufgeschlagenen Eiklar-, Eidotter- und Volleimassen

Grundrezept für mittelschwere Biskuitmasse
1000 g Vollei
500 g Zucker
500 g Weizenmehl/Weizenpuder
Salz + Aroma

Tab. Nr. 125

Abb. Nr. 645 Mohrenkopfblech

Abb. Nr. 646 Mohrenkopfschalen

Rezeptbeispiel für leichte Biskuitmasse	
Mohrenkopfmasse (Othellomasse)	
1600 g Eiklar	400 g Eidotter
400 g Zucker	200 g Wasser
400 g Weizenpuder	400 g Weizenmehl
Prise Salz	

Tabelle Nr. 126

Merkhilfe zum Aufschlagverfahren von Biskuitmassen	
Biskuitmasse	
leicht	**schwer**
kalt aufschlagen	warm/kalt aufschlagen
Zwei-Kessel-Masse	Ein-Kessel-Masse

Versuch Nr. 40:
Wir schlagen jeweils getrennt 5 Min. lang auf:
Probe 1 = 100 g Eiklar   + 60 g Zucker
Probe 2 = 100 g Eidotter   + 60 g Zucker
Probe 3 = 100 g Vollei   + 60 g Zucker
Bei den aufgeschlagenen Massen beurteilen wir Volumen und Beschaffenheit!

Beobachtung: Eiklar ergibt erwartungsgemäß das größte Volumen. Eidotter ist dagegen kaum aufschlagbar. Vollei ist aufschlagbar, hat aber gegenüber dem Eischnee geringeres Volumen und weichere Beschaffenheit.

Begründung: Der hohe Fettgehalt sowie die albuminähnlichen, fettfreundlichen Eiweißstoffe des Eidotters mindern seine Aufschlagbarkeit. Der Eidotteranteil mindert daher auch die Aufschlagbarkeit des Volleies. Es fördert aber die Emulsionsbildung (Fettstoffe des Eidotters + Wasseranteil des Volleies).

Folgerungen für die Praxis:
→ Biskuitmassen schlagen sich besser auf, wenn ein höherer Eiklaranteil verwendet wird. Die Masse ist leichter.
→ Biskuitmassen mit höherem Eidotteranteil sind schwer und schlechter aufschlagbar.
→ Gebäcke aus leichten Biskuitmassen sind von trockener Beschaffenheit. Gebäcke aus schweren Biskuitmassen sind dagegen feucht in der Krume.

Aufschlagen von Biskuitmassen

Leichte und schwere Biskuitmassen unterscheiden sich auch in der Verfahrenstechnik des Aufschlagens.

✻ *Leichte Biskuitmassen werden kalt aufgeschlagen.*
Leichte Biskuitmassen werden im 2-Kessel-Verfahren (Eiklar und Eidotter getrennt) aufgeschlagen.

Mohrenkopfmasse
als Beispiel für eine leichte Biskuitmasse

Eidotter, gesiebtes Weizenmehl, Wasser und Aromen werden so lange in einem Anschlagkessel entzäht, bis die Masse keine Fäden mehr zieht.

Eiklar, Zucker und eine Prise Salz werden in einem zweiten Anschlagkessel aufgeschlagen. Der Eischnee darf auf keinen Fall stark bis flockig aufgeschlagen werden! Zum Ende des Aufschlagens wird das gesiebte Weizenpuder einmeliert.

Nach dem Zusammenarbeiten beider Massenteile wird die Mohrenkopfmasse mit der Lochtülle auf Papier oder Knopfbleche (vgl. Abb. Nr. 645) aufdressiert und ohne abzustehen bei etwa 200 °C und offenem Schwadenschieber gebacken.

Löffelbiskuits und Anisplätzchen

werden auch aus Biskuitmassen hergestellt.

Die Massen enthalten aber mehr Eidotter. Bei schweren Biskuitmassen muß eine Emulsion aus Fett des Eidotters und dem Wasseranteil gebildet werden. Dies geschieht leichter bei Erwärmung der Masse.

> ✱ *Schwere Biskuitmassen werden warm aufgeschlagen.*
> *Schwere Biskuitmassen werden im 1-Kessel-Verfahren (Vollei + Zucker) aufgeschlagen.*

Rezeptbeispiel für schwere Biskuitmasse
Anisplätzchen
1000 g Vollei
1000 g Zucker
1000 g Weizenmehl
40 g Anisöl
10 g Salz

Tabelle Nr. 127

Omelettmasse
als Beispiel für eine schwere Biskuitmasse

Vollei, Zucker, Salz und Aromen werden zusammen in einem Kessel aufgeschlagen. Nach kurzer Anschlagzeit wird die Masse erwärmt. Man schlägt unter Erwärmung so lange, bis die Masse blutwarm ist. Dann wird die Masse kalt zu Ende geschlagen.

> *Warum wird die Volleimasse warm aufgeschlagen?*
> – Der Fettanteil des Eidotters emulgiert sich leichter bei Erwärmen.
> – Der Zuckeranteil löst sich besser bei Erwärmen.
> – Die eingeschlagene Luft dehnt sich bei Erwärmung aus. Beim Abkühlen strafft sich die Porung. Die Masse erhält besseren Stand.

Der Bäcker erkennt, ob die Masse voll aufgeschlagen ist, am Volumen und an dem seidigen Glanz der Oberfläche. Der Stand der Masse soll so gut sein, daß sie beim Eindrücken Widerstand gibt und „knistert". Mehl und Weizenpuder werden zusammen mehrfach gesiebt, damit die Masse luftig und locker bleibt. Dann wird das Gemisch unter die Volleimasse meliert.
Die nun fertige Masse wird flott verarbeitet. Für Rouladen wird sie mit der Palette auf Backpapier aufgestrichen. Für Omeletts wird sie mit der Lochtülle aufdressiert. Das Abbacken erfolgt bei ca. 220 °C Backtemperatur und geschlossenem Schwadenschieber.
Biskuitmassen für Rouladen und Omeletts können durch Kakao- oder Nußzusatz abgewandelt werden. Diese Zusätze werden mit dem Mehl-/Weizenpudergemisch einmeliert.

Zusammensetzung von Wiener Masse

Wiener Masse enthält Vollei, Zucker, Weizenmehl/-puder und zusätzlich Fett. Durch den Fettanteil entsteht ein Gebäck mit saftiger Krume und verlängerter Frischhaltung.

Aus Wiener Masse werden z. B. Böden, Torteletts und Kapseln hergestellt. Auch bei der Wiener Masse kann durch Zusatz von Kakaopulver, Nüssen, Mandeln usw. eine Abwandlung erfolgen. Man erhält so Böden und Kapseln für entsprechende Torten und Desserts.

Grundrezept für Wiener Masse
1000 g Vollei
600 g Zucker
Salz + Aroma
300 g Weizenmehl
300 g Weizenpuder
300 g Butter

Tabelle Nr. 128

Aufschlagen von Wiener Masse

Ein-Kessel-Verfahren

Das Aufschlagen von Wiener Masse erfolgt wie bei der schweren Biskuitmasse unter Erwärmung in einem Kessel. Die Emulsionsbildung muß bei der Wiener Masse besonders stark sein, weil die fertig melierte Masse zusätzliches Fett emulgieren muß.
Dieses Fett wird auf etwa 45 °C erwärmt. Heißes Fett darf nicht einmeliert werden, weil sonst die Eiweißstoffe gerinnen. Auch darf das Fett nicht vor dem Mehl-/Pudergemisch zugegeben werden, weil es sonst absinkt. Wird es zugesetzt, bevor Mehl/Puder gut verarbeitet sind, so bilden sich Fettstreifen oder Mehl-Fett-Klümpchen.

All-in-Verfahren

Durch Verwendung von *Aufschlagmitteln* kann die Emulsion für die Wiener Masse auch ohne warmes Aufschlagen erzielt werden. In einem „All-in-Verfahren" kann aus allen Zutaten und dem Aufschlagmittel zusammen eine Masse bereitet werden. Die Lockerung erfolgt allerdings nicht ausschließlich durch eingeschlagene Luft, sondern auch durch Backpulver.
Ähnlich ist die Herstellung einer Wiener Masse oder Biskuitmasse aus Fertigmehl. Für die Massenbereitung sind dem Fertigmehl noch Eier und Wasser zuzufügen.

Aufarbeiten und Backen

Wiener Masse wird für Kapseln auf Backpapier aufgestrichen oder für Böden in eingezogene Tortenringe gefüllt.
Bei ca. 200 °C Backtemperatur und bei geschlossenem Schwadenschieber wird die Masse gebacken. Der Bäcker prüft durch Fingerdruck, ob die Masse gar ist. Ausgebackene Masse federt leicht zurück, behält keine Eindruckstellen. Nach dem Backen werden Böden sofort auf ebene, leicht gepuderte Unterlagen gestürzt.

Fehler bei Gebäcken aus Biskuitmassen und Wiener Masse

Die wichtigsten Fehler von Gebäcken aus geschlagenen Eiermassen lassen sich am besten bei Tortenböden darstellen.

Abb. Nr. 647
Wellige und zusammengezogene Oberfläche bei Tortenböden

Abb. Nr. 648 Unsauberer Rand bei Torteletts

Abb. Nr. 649 Trockenrisse

Feine Porung	Grobe Porung
• höherer Weizenpuderanteil	• höherer Mehlanteil (anstelle von Weizenpuder)
• geringerer Zuckeranteil	• höherer Zuckeranteil
• Reduzierung der Backpulverzugabe	• Erhöhung der Backpulverzugabe
• höherer Eianteil	• Verkürzung der Aufschlagzeit
• Eiklarzusatz	• höhere Wasserzugabe
• Unter- und Überdosierung von Aufschlagmitteln	• größeres Aufschlagvolumen
• Steifschlagen und Überschlagen der Masse	

Tabelle Nr. 129
Einflüsse auf die Porung von geschlagenen Eiermassen

Abb. Nr. 650 Ringbildung

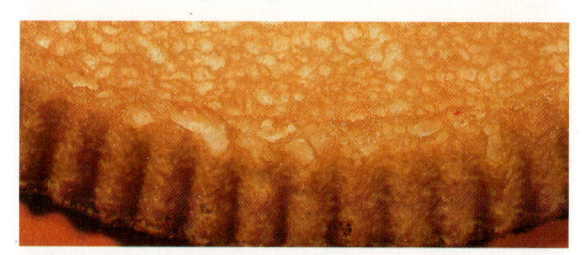

Abb. Nr. 651 Zu grobe Porung

Gebäckfehler	Ursache	Abhilfe
– wellige und zusammengezogene Oberfläche (Abb. Nr. 647)	▸ Masse zu zäh; ▸ Masse zu wenig aufgeschlagen	▸ Mehlanteil zugunsten des Puderanteils reduzieren; ▸ Masse besser aufschlagen
– unsaubere, verlaufene Ränder (Abb. Nr. 648)	▸ Masse zu stark gelockert; ▸ zu viel Trennmittel am Rand	▸ Masse weniger aufschlagen; ggfs. Backpulver reduzieren; ▸ Formen weniger fetten; wasserfreies Trennfett verwenden
– Trockenrisse in der Krume von Tortenböden (Abb. Nr. 649)	▸ Masse zu warm; ▸ Masse zu fest	▸ Massentemp. 24–26 °C einhalten; ▸ Mehl- u. Puderanteil reduzieren
– Ringbildung in der Krume von Tortenböden (Abb. Nr. 650)	▸ Fett nicht emulgiert	▸ Fett erst nach vollständigem Melieren des Mehles zugeben
– zu grobe oder zu dichte Porung	▸ siehe Tabelle Nr. 129	

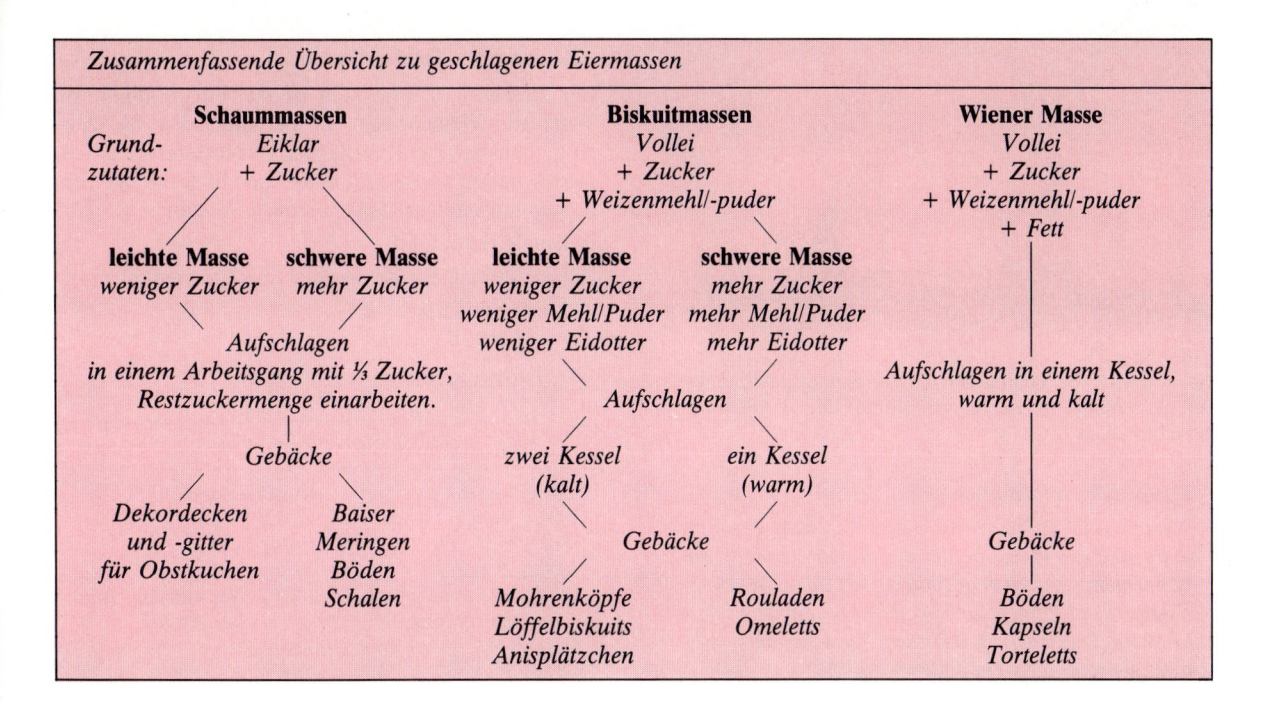

Zusammenfassende Übersicht zu geschlagenen Eiermassen

Schaummassen	Biskuitmassen	Wiener Masse
Grundzutaten: Eiklar + Zucker	Vollei + Zucker + Weizenmehl/-puder	Vollei + Zucker + Weizenmehl/-puder + Fett
leichte Masse weniger Zucker — **schwere Masse** mehr Zucker	**leichte Masse** weniger Zucker, weniger Mehl/Puder, weniger Eidotter — **schwere Masse** mehr Zucker, mehr Mehl/Puder, mehr Eidotter	
Aufschlagen in einem Arbeitsgang mit ⅓ Zucker, Restzuckermenge einarbeiten.	Aufschlagen: zwei Kessel (kalt) / ein Kessel (warm)	Aufschlagen in einem Kessel, warm und kalt
Gebäcke: Dekordecken und -gitter für Obstkuchen / Baiser, Meringen, Böden, Schalen	Gebäcke: Mohrenköpfe, Löffelbiskuits, Anisplätzchen / Rouladen, Omeletts	Gebäcke: Böden, Kapseln, Torteletts

Gebäcke aus Sand- und Rührmassen

Abb. Nr. 652 Rührkuchen

Es gibt Dauerbackwaren, die lange eine feucht-saftige Krume behalten sollen. Zu diesen zählen die Gebäcke aus Sand- und Rührmassen. Verantwortlich für die lange Frischhaltung der Gebäcke aus Sand- und Rührmassen ist vor allem deren hoher Fettanteil. Die Sand- und Rührmassen sind wegen des hohen Fettanteils nicht so aufschlagbar wie Schaum- oder Eiermassen. Man rührt vielmehr die Zutaten schaumig. Deshalb bezeichnet man die Massen zusammenfassend als Rührmassen.

Zusammensetzung von Rührmassen

Nach dem Fettanteil im Vergleich zum Eianteil der Masse kann man leichte und schwere Rühr- bzw. Sandmassen unterscheiden. Leichte Massen können ähnlich wie die Wiener Masse auf warmem Weg aufgeschlagen werden; Fett und Mehl werden meliert. Schwere Rührmassen werden dagegen auf kaltem Weg gerührt.

Schwere Rührmassen enthalten die Grundzutaten im Verhältnis 1:1:1:1. Die gute Emulgierung der Zutaten ist Voraussetzung für das Gebäckvolumen und die erwünschte zart-saftige Gebäckkrume. Volumen und Krumenbeschaffenheit werden aber auch wesentlich durch das Bindevermögen der Getreideprodukte in der Masse bestimmt.

> **Versuch Nr. 41:**
> Unter gleichen Bedingungen rühren wir 3 Massen aus:
>
> a) 150 g Fett, 150 g Zucker, 150 g Vollei, 150 g Weizenmehl
>
> b) 150 g Fett, 150 g Zucker, 150 g Vollei, 75 g Weizenmehl/75 g Weizenpuder
>
> c) 150 g Fett, 150 g Zucker, 150 g Vollei, 150 g Weizenpuder
>
> Die Massen werden in Sandkuchenformen, mit Trennpapier ausgelegt, bei 200 °C Backtemperatur 40 Minuten gebacken.
>
> Wir beurteilen Kruste, Volumen und Krumeneigenschaften der Gebäcke.
>
> **Beobachtungen:**
> Wird ausschließlich Mehl zur Rührmasse zugesetzt, bleibt das Volumen der Gebäcke klein. Die Kruste ist ledrig-fest. Die Krume ist fest und grobporig.
>
> Wird der Rührmasse ausschließlich Weizenpuder zugesetzt, ist das Gebäckvolumen sehr groß. Die Form wird etwas zu flach. Die Kruste ist dünn und neigt zum Blättern. Die Krume ist sehr feinporig und kurz.
>
> Die Mischung von Weizenmehl und Weizenpuder als Bestandteil der Rührmasse erbringt die gewünschten Gebäckeigenschaften.

Abb. Nr. 653
Schnittbilder von Sandkuchen mit Weizenmehlanteil (links), mit Weizenmehl-/-pudergemisch (Mitte) und Weizenpuderanteil (rechts)

Zusätzliche Informationen

Weizenpuder ist reine Weizenstärke. Man gewinnt industriell das Weizenpuder durch Auswaschen von Weizenteig. Als Nebenprodukt fällt dabei Weizeneiweiß (Vital-Gluten für Spezialbrote) an. Die Stärke wird mehrfach gewaschen, geschleudert, getrocknet und nach Qualitäten sortiert.

Weizenpuder bindet in der Massephase lediglich durch Anlagerung Wasser. Beim Backen verkleistert Weizenpuder mit Flüssigkeit. Dadurch wird das Krumengerüst gebildet.

Neben Weizenpuder finden auch modifizierte (veränderte) Stärken Verwendung für Massen. Diese Stärken können beim Backen nicht soviel Feuchtigkeit binden wie das Weizenpuder. Modifizierte Stärken werden daher in geringen Zusatzmengen zur Verbesserung der Frischhaltung von Rührkuchen verarbeitet.

Abb. Nr. 654 Sandkuchen

Abb. Nr. 655
Marmorkuchen (links) und Rodonkuchen (rechts)

Folgerungen für die Praxis:

Bei schweren Rührmassen ist die Verwendung von Mehl und Weizenpuder im Verhältnis von 50 % zu 50 % günstig. Für Rührkuchen mit festeren Krumeneigenschaften verwendet man einen höheren Weizenmehlanteil oder gar ausschließlich Weizenmehl.

Beispiele dafür sind:

– Früchtekuchen (Königskuchen, Zitronenkuchen),
– Marmorkuchen,
– Cakes,
– Amerikaner.

Grundrezepte für Sandmassen	
leichte Masse	**schwere Masse**
1000 g Vollei	1000 g Vollei
600 g Fett	1000 g Fett
1000 g Zucker	1000 g Zucker
1000 g Weizenmehl/-puder	1000 g Weizenmehl/-puder
Salz/Aroma	Salz/Aroma

Tabelle Nr. 130

Herstellung von Gebäcken aus Rührmassen
Sandkuchen

Die Zutaten des Grundrezepts für die schwere Sandmasse werden auf kaltem Weg (altdeutsche Art) gerührt:

→ Fett und Mehl schaumig rühren,
→ Eier und Zucker schaumig rühren,
→ Eiermasse und danach Weizenpuder in die Fett-Mehl-Masse melieren.

Die Sandkuchen werden bei 200 °C Backtemperatur gebacken. Nach kurzer Anbackzeit wird die Oberfläche in Längsrichtung eingeschnitten, um den gewünschten Gebäckaufbruch zu fördern. Bei schwerer Sandmasse nach dem Grundrezept ist kein Backpulverzusatz erforderlich.

Marmorkuchen

Aus leichter Rührmasse werden Marmorkuchen hergestellt. Einem Teil der gerührten Masse wird Kakao zugesetzt. Ein geeignetes Rezept lautet:

1000 g Weizenmehl, 400 g Fett, 400 g Zucker, 200 g Vollei, 600 g Milch, 30 g Backpulver, 50 g Kakao, Aromen.

→ Fett, Zucker, Eier und Gewürze werden schaumig gerührt.
→ Milch und die Hälfte des Mehles werden einmeliert.
→ Das restliche Mehl mit dem eingesiebten Backpulver wird zum Schluß eingearbeitet.
→ Die Hälfte der Masse wird mit Kakao versetzt.

Marmorkuchen werden bei 200 °C Backtemperatur in gefetteten, gemehlten Kastenformen 40 Minuten gebacken.

English Cake (Englische Kuchen)

Cakes-Massen sind besonders zutatenreich. Man rührt daher nur die Zutaten miteinander glatt. Die Krume wird dadurch nicht so stark aufgelockert wie bei leichten Rührkuchen. Die zugesetzten Früchte halten die saftig-feuchte Krume aber länger frisch. Cakes werden häufig in Rahmen bei mäßiger Backhitze von 180 °C gebacken und nach dem Auskühlen in Portionsstücke geschnitten.

Amerikaner

Aus besonders leichter Rührmasse werden Amerikaner hergestellt:

1000 g Weizenmehl, 200 g Fett, 500 g Zucker, 700 g Milch, 70 g Vollei, 20 g ABC-Trieb, Aromen.

→ Fett, Zucker, Vollei und Aromen werden schaumig gerührt.
→ Weizenmehl und Milch werden zusammen eingearbeitet; dabei wird die gewünschte Festigkeit der Masse bestimmt.
→ ABC-Trieb wird mit etwas Mehl versiebt zum Schluß eingearbeitet.

Die Amerikanermasse wird auf gefettete und bemehlte Bleche mit Lochtülle aufdressiert und bei 200 °C Backtemperatur und geöffnetem Schwadenschieber gebacken. Die Gebäcke werden auf der flachen Seite mit Fondant glasiert.

Emulsionsbildung bei Rührmassen

Lockerung und Mürbung von Rührmassen werden nur bei guter Emulgierung aller Zutaten erreicht. Auch die Frischhaltung der Gebäcke ist davon abhängig, daß emulgiertes Fett in die Stärkekörnchen eingeschlossen wird.

Der Bäcker erreicht das
– durch Auswahl geeigneter Fette,
– durch gezielte Herstellungsmethoden.

Verwendung von Aufschlagmitteln

Als geeignete Fette für Rührmassen kommen nur Emulsionsfette in Betracht. Besonders gut lassen sich Kremmargarinen und weiche Backmargarinen verwenden. Diese Fette haben ein hohes Luftaufnahmevermögen beim Aufschlagen. Nicht geeignet sind dagegen Öle und Reinfette, z. B. Butterreinfett.

Ein Zusatz von Emulgatoren verbessert die Masseneigenschaften beim Aufschlagen und die Frischhaltung der Gebäcke. Auch der Herstellungsvorgang ist durch Emulgatoren (Aufschlagmittel) einfacher. Alle Zutaten können nämlich in einem Arbeitsgang gemischt und aufgeschlagen werden.

Verwendung von Fertigmehlen

Auch für Massen, die herkömmlich durch Schlagen und Rühren bereitet werden, gibt es Fertigmischungen und Fertigmehle. Die Zusammensetzungen der

Abb. Nr. 656   Englische Kuchen

Abb. Nr. 657   Amerikaner

Karl meint:
„Den typischen Geschmack von Amerikanern erreicht man nur, wenn man ABC-Trieb zur Lockerung benutzt! Warum nimmt man denn Backpulver zur Lockerung für Amerikaner?"

Beachten Sie die lebensmittelrechtlichen Bestimmungen!

ABC-Trieb darf nur zur Lockerung von Flachgebäcken verwendet werden, aus deren Krume das Ammoniakgas entweichen kann. Wenn durch die Rezeptzusammenstellung der Amerikaner eine trockene, flache Gebäckstruktur erreicht wird, kann ABC-Trieb zur Lockerung verwendet werden. Bei hoher Gebäckform und feuchter Krume wird Backpulver zur Lockerung benutzt.

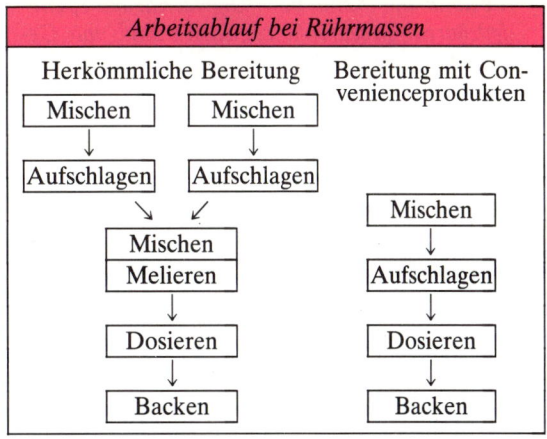

Arbeitsablauf bei Rührmassen

Herkömmliche Bereitung		Bereitung mit Convenienceprodukten
Mischen	Mischen	
↓	↓	
Aufschlagen	Aufschlagen	Mischen
↘	↙	↓
Mischen		Aufschlagen
Melieren		
↓		↓
Dosieren		Dosieren
↓		↓
Backen		Backen

Tabelle Nr. 131

Fehler bei Gebäcken aus Rührmassen

Gebäckfehler	Ursachen
▸ Volumen zu klein	▸ Masse zu fest, ▸ Masse nicht genügend aufgeschlagen, ▸ ggfs. zu wenig Backpulver
▸ Volumen zu groß, Kruste abblätternd	▸ Masse zu weich, ▸ Masse zu stark aufgelockert
▸ Klitschige Krume, eingefallene Gebäckform	▸ zu kurz gebacken, ▸ während des Backens zu früh bewegt
▸ braun-rötliche Krumenverfärbung	▸ zu geringe Backtemperatur
▸ Schornsteinbildung (Abb. Nr. 658)	▸ zu wenig Backpulver, ▸ Masse zu zäh
▸ Früchte auf den Gebäckboden abgesunken	▸ Masse zu weich, ▸ Früchte zu feucht und schwer

Zusätzliche Informationen

▸ *Emulgatoren als Aufschlagmittel setzen die Grenzflächenspannung zwischen Fett- und Wasseranteilen der Masse herab. Dadurch wird eine feinwandige Porenstruktur der Masse erreicht. Das Volumen wird größer.*

▸ *Emulgatoren lagern sich mit ihrem wasserfreundlichen Teil an die Eiweißnetze an, während der fettfreundliche Teil dem Fett anhaftet. So wird das Massengefüge stabil.*

▸ *Emulgatoren mit gradkettigen, gesättigten Fettsäureestern können mit der Amylose der Stärke Einschlußverbindungen bilden. Dadurch wird die Retrogradation verzögert.*

▸ *Als Emulgatoren allgemein zugelassen sind: Lezithin und Mono- bzw. Diglyzeride mit Speisefettsäuren. Beschränkt zugelassen sind: mit Genußsäuren veresterte Mono- und Diglyzeride, Polyglyzerinester von Speisefettsäuren, fettsaure Salze.*

▸ *Aufschlagmittel müssen nach den Angaben des Herstellers verarbeitet werden. Die günstigsten Rohstofftemperaturen, Massenendtemperaturen, Massendichten und Gebäckvolumen müssen durch Backversuche ermittelt werden.*
Für die Erzielung einer guten Gebäckqualität sollten folgende Richtwerte beachtet werden:

- *Massenendtemperatur   =   24– 26 °C*
- *Litergewicht   =   600–900 g*
- *Gebäckvolumen   =   2500 cm³ je 1000 g*

angebotenen Mischungen sind unterschiedlich. Ebenso ist auch ihre Verarbeitung nicht einheitlich.

Allgemein gilt für Fertigmehle zur Bereitung von Rühr- und Schlagmassen:

▸ Sie haben zur Verbesserung ihrer Haltbarkeit einen niedrigen Wassergehalt (unter 10 %).

▸ Sie enthalten die üblichen Rezepturbestandteile der Massen außer
  – Vollei (evtl. Wasser) bei Schlagmassen,
  – Vollei und Fett bei Rührmassen.

▸ Sie vereinfachen den Herstellungsvorgang.

▸ Sie schließen Fehlerquellen der herkömmlichen Massenbereitung aus.

▸ Sie ergeben gleichmäßig gute Qualität der Gebäcke.

Abb. Nr. 658   Schornsteinbildung bei Rührkuchen

Wichtiges über geschlagene und gerührte Massen in Kurzform	
Unterscheidung	
geschlagene Massen ↓	gerührte Massen ↓
durch eingeschlagene/ eingerührte Luft ↓	durch Backpulver ↓
bei Massen mit hohem Eianteil ↓	bei aufgeschlagenen Massen im All-in-Verfahren ↓
bei schweren Rührmassen	bei Rührmassen mit geringem Fettanteil und Mehl als Getreideprodukt
Lockerung	
geschlagene Massen ↙	gerührte Massen ↙
Eier bzw. Eianteile mit Zucker aufgeschlagen	Fett schaumig rühren (mit Eiern und Zucker) (mit Weizenpuder)
Frischhaltung der Gebäcke	
geschlagene Massen ↙	gerührte Massen ↙
kürzer ↓	länger ↓
hoher Eiklaranteil ↓	hoher Eidotteranteil ↓
geringer Fettanteil	hoher Fettanteil

Gebäcke aus Brandmasse

Windbeutel sind wohl das bekannteste Gebäck aus Brandmasse (auch Brühmasse genannt). Der Name „Windbeutel" drückt auch die typischen Eigenschaften der Brandmassengebäcke aus:

– geringes Gewicht,
– großes Volumen,
– starke Auflockerung mit großer Porung.

Obwohl Brandmasse einen hohen Eianteil hat, kann diese Masse nicht wie z. B. die Biskuitmasse durch Aufschlagen gelockert werden.

Brandmasse muß vielmehr so zubereitet werden, daß sie aus dem enorm hohen Flüssigkeitsanteil durch Wasserdampf gelockert werden kann.

Abb. Nr. 659 Windbeutel und Eclairs

Zusammensetzung von Brandmasse

Grundzutaten der Brandmasse sind: Weizenmehl, Milch/Wasser, Fett und Volleier. Auffallend ist der hohe Anteil „flüssiger" Zutaten (Milch/Wasser, Fett, Eier) im Vergleich zum Mehlanteil der Masse.

Als Vergleich: Teige werden mit Teigausbeuten zwischen 150 und 200 verarbeitet. Auf 100 Teile Mehl werden also zwischen 50 und 100 Teile Flüssigkeit verwendet. Bei Brandmasse ist dagegen die Flüssigkeitsmenge viermal so hoch wie die Mehlmenge!

Wie ist das möglich?

Diese hohe Flüssigkeitsbindung ist nur möglich durch den Brühvorgang bei der Massenbereitung.

Grundrezept der Brüh- oder Brandmasse
1000 g Weizenmehl
2000 g Milch/Wasser
500 g Fett
Salz/Aromen
1600 g Vollei

Tabelle Nr. 132

Zum Nachdenken:

Der Mehl- bzw. Stärkeanteil im Verhältnis zur Flüssigkeitsmenge beträgt bei:

– *Blätterteig   = 1000 : 500 (Wasser)*
– *Biskuitmasse = 1000 : 1600 (Vollei)*
– *Brandmasse = 1000 : 4000 (Wasser/Vollei)*

Vergleichen Sie die unterschiedliche Wasserbindefähigkeit und versuchen Sie diese zu begründen! Bedenken Sie dabei auch das jeweilige Lockerungsverfahren!

Herstellung von Brandmasse

Arbeitsablauf bei herkömmlicher Bereitung

Bei der herkömmlichen Bereitung einer Brandmasse stellt der Bäcker aus allen Zutaten selbst die Masse her.

Er erhält nur dann ein hochwertiges, fehlerfreies Produkt, wenn er die Herstellungsvorgänge sehr korrekt ausführt:

Arbeitsablauf	Vorgänge	Begründungen
→ Flüssigkeit, Fett und Salz in einem Kessel zum Kochen bringen	▸ Fett schmilzt ▸ Zutaten vermischen sich	▸ Fett (Erdnußfett/Butter) soll das Anbrennen der Masse verhindern ▸ Fett soll die Masse mürbe halten
→ Gesiebtes Weizenmehl in die kochende Flüssigkeit geben; abrösten, bis sich eine bindige Masse gebildet hat, die sich vom Kesselrand löst	▸ Stärke des Mehles verkleistert ▸ Eiweiß des Mehles gerinnt	▸ Masse soll Bindigkeit erhalten ▸ Masse soll für Eizusatz aufnahmefähig werden ▸ Masse soll entzäht werden
→ Brühmasse auf ca. 40 °C abkühlen lassen	▸ Brühmasse festigt sich	▸ Eiweißstoffe der Eier sollen beim Einarbeiten nicht stocken, gerinnen
→ Eier nach und nach in die Brühmasse einarbeiten, bis die Masse glatt ist und die gewünschte Festigkeit hat	▸ verkleisterte Stärke bindet Eianteil ▸ Lezithin emulgiert Fett und Wasser	▸ Masse soll durch hohen Eianteil bindig und gashaltefähig werden

Arbeitsablauf bei der Brüh- oder Brandmassenbereitung	
Herkömmliche Bereitung = 10 Minuten	Bereitung mit Convenienceprodukten = 3 Minuten
Abwiegen ↓ Abrösten ↓ Abkühlen ↓ Rühren	Abwiegen ↓ Rühren

Tabelle Nr. 133

„Mit den Windbeuteln, Meister, das ist wohl nichts!" geht Thomas auf seinen Meister zu und zeigt ihm die kleinen, kompakten Windbeutel.

„Nun, begeistert bin ich darüber nicht", hält ihm der Meister entgegen, „ich habe Dir doch gleich gesagt, daß die Masse noch zu fest ist!"

„Ja, ich meine – einfacher wäre es doch, wenn wir eine Fertigmasse nehmen würden. In den anderen Betrieben machen sie das alle so", meint Thomas.

„Du weißt, Thomas, daß Du als künftiger Fachmann die Kniffe für das richtige Abrösten und Rühren der Brandmasse lernen sollst! Die Verwendung von Fertigmasse ist zwar bequem. Da sind aber noch andere Gründe abzuwägen . . ."

Was meinen Sie? Was spricht für die herkömmliche Bereitung bzw. für die Bereitung mit Convenienceprodukten?

Abb. Nr. 660
Spritzkuchen werden in Siedefett gebacken

Arbeitsablauf bei Bereitung mit Convenienceprodukten

Bei der Bereitung einer Brandmasse mit einem Fertigprodukt (Convenienceprodukt) hat der Bäcker nach Angaben des Herstellers folgende Arbeitsschritte auszuführen:

→ Abwiegen der gewünschten Menge des Convenienceprodukts,
→ Abmessen der dafür erforderlichen Flüssigkeitsmenge und gegebenenfalls des Eianteils,
→ Mischen und Glattrühren der Masse.

Warum ist Brandmasse in diesem Fall so einfach zu bereiten?

Der Hersteller des Convenienceprodukts hat

- die erforderlichen Zutaten zu einer optimalen Rezeptur zusammengestellt;
- den Abröstvorgang durchgeführt;
- die Masse evtl. mit Eizusatz fertiggerührt;
- die fertige Masse durch Feuchtigkeitsentzug haltbar gemacht.

Der Bäcker füllt mit der Flüssigkeitszugabe die Masse wieder zu ihrer richtigen Festigkeit auf. Er kann die Massenzusammensetzung auch in gewissen Grenzen verändern, z. B. durch zusätzlichen Eianteil anstelle von Wasser oder durch Zusatz von Aromen.

Convenienceprodukte für Brandmassen bieten dem Bäcker Vorteile:

- Arbeitsersparnis,
- einfache Herstellung,
- Ausschließen von Fehlermöglichkeiten.

Aufarbeiten und Backen von Brandmasse

Die fertig gerührte Brandmasse wird für die meisten Gebäcke mit dem Dressierbeutel geformt.

Das Backen von Brandmassegebäcken erfolgt entweder

- im Backofen (mit viel Schwaden)
  oder
- im Siedefett.

Beim Backen erfolgt die Lockerung durch den Wasserdampfdruck aus dem Flüssigkeitsanteil der Masse.

Wie ist das möglich?

→ Die Stärke des Mehles ist bereits durch das Abrösten verkleistert. Sie bildet daher beim Backen kein Krumengerüst!
→ Der Kleber des Mehles ist bereits durch das Abrösten geronnen. Er setzt daher dem Wasserdampf kaum Widerstand entgegen!
→ Die Eiweißstoffe des Eianteils gerinnen beim Backen. Sie bilden das Gebäckgerüst.
→ Die Verfestigung der Masse erfolgt, wenn Temperaturen um 100 °C erreicht werden. Die Krustenbildung muß daher verzögert werden. Dadurch bleibt das Gebäck dehnfähig. Man verzögert die

Krustenbildung durch Backen in viel Dampf im Ofen oder durch Abdecken des Fettbackgeräts zu Beginn des Backens.

Spritzkuchen, Krapfen

→ Masse für Spritzkuchen auf das Absetzblech mit Sterntülle in zwei Ringen übereinander aufdressieren!

→ Masse für Krapfen mit Portionierer in Kugelform in das Fettbad geben!

→ Spritzkuchen bzw. Krapfen bei 180 °C in Siedefett backen!

→ Spritzkuchen nach dem Backen mit Fondant glasieren, Krapfen ganz in Zucker wälzen!

Windbeutel, Eclairs

→ Masse für Windbeutel mit Sterntülle rosettenförmig auf gefettete oder mit Backtrennpapier belegte Bleche dressieren!

→ Windbeutel bei geschlossenem Schwadenschieber in Sattdampf bei 220 °C Backtemperatur backen!

→ Masse für Eclairs etwas fester halten; mit Sterntülle in Streifenform dressieren, backen wie bei Windbeuteln!

Flockenböden für Sahnetorten und Ornamente für Dekorzwecke werden aus sehr weicher Brandmasse hergestellt.

> **Zum Nachdenken:**
> *Windbeutel werden allein durch den Wasserdampfdruck im Gebäck gelockert. Warum würde diese Art der Lockerung beim Weizenkleingebäck nicht funktionieren?*

Fehler bei Gebäcken aus Brandmasse

Fehler bei Brandmassegebäcken entstehen vor allem durch Fehler beim Abrösten, durch fehlerhafte Festigkeit der Masse oder durch falsche Bedingungen beim Backen:

Fehlerursache	*Folge*
▸ zu wenig abgeröstet, Stärke nicht genügend verkleistert	▸ zu kleines Volumen der Gebäcke
▸ Masse zu fest, zu geringer Eizusatz	▸ zu kleines Volumen der Gebäcke
▸ Masse zu weich, zu hoher Eizusatz	▸ Konturen der Gebäcke verlaufen, Form zu breit
▸ zu wenig Dampf beim Backen	▸ kleines Volumen, dicke Kruste, dichte Porung

Gebäcke aus Makronenmassen und Massen mit Ölsamen

Für den Nichtfachmann ist es gar nicht so einfach, Makronen und Gebäcke aus Ölsamen zu erkennen oder gar zu unterscheiden. An den Beispielen der Kokosmakronen und der Mandelhörnchen werden die großen Unterschiede im Aussehen und in der Zusammensetzung solcher Gebäcke deutlich. Dennoch gibt es Gemeinsamkeiten für diese Gebäckgruppe:

▸ Sie enthält zerkleinerte Mandeln oder andere eiweißreiche Ölsamen oder die entsprechende Rohmasse.

▸ Sie enthält Eiklar (z. T. auch Eidotter).

▸ Sie wird ohne Zusatz von Mehl oder Stärke hergestellt (Ausnahme: Kokosmakronen).

▸ Sie wird ohne Zusatz von Lockerungsmitteln hergestellt. Die Auflockerung erfolgt durch Wasserdampf aus dem Eiklar.

Für den Bäcker ergeben sich die größten Unterschiede zwischen Makronen und ihnen ähnlichen Gebäcken anhand ihrer Herstellungsmethoden. Werden für die Herstellung Ölsamen verwendet, dann wird die aus den Zutaten bereitete Masse vor ihrer Weiterverarbeitung abgeröstet. Werden für die Herstellung Rohmassen verwendet, dann kann der Vorgang des Abröstens entfallen.

Abb. Nr. 661 Kokosmakrone im Schnitt

Abb. Nr. 662 Mandelhörnchen

Zusammensetzung und Herstellung von Gebäcken aus abgerösteten Massen mit Ölsamen

Grundzutaten sind
- zerkleinerte Ölsamen,
- Eiklar und
- Zucker.

Als Ölsamen kommen in Frage:
Mandeln, Hasel- oder Walnüsse, Kokosraspeln. Die Verwendung von Erdnußkernen ist nicht erlaubt.

Am Beispiel der Herstellung von Kokosmakronen können wir den Vorgang des Abröstens klären.

→ Alle Zutaten werden in einem Kessel angemischt. Zur besseren Bindigkeit der abgerösteten Masse kann bis zu 3 % der Gesamtmasse an Stärke zugesetzt werden.

→ Die Kokosmakronenmasse wird bis zur Massentemperatur von 70 °C erhitzt. Dadurch entsteht eine Bindigkeit der Eiweiß-Zucker-Grundlage. Man erkennt die gewünschte Bindigkeit am guten Ablösen der Masse vom Kesselrand.

→ Die fertige Masse wird so heiß wie möglich weiterverarbeitet. Sie wird mit Spritzbeutel auf gefettete, gemehlte Bleche oder auf Backpapier oder auf Oblaten aufdressiert. Sie kann aber auch auf vorgebackene Mürbeteigböden aufgestrichen werden.

→ Das Abbacken erfolgt bei 180 °C Backtemperatur und geöffnetem Schwadenschieber.

Rezeptbeispiel für Makronenmasse aus Mandelkernen

1000 g Zucker
600 g zerkleinerte Mandeln
600 g Eiklar

Tabelle Nr. 134

Rezeptbeispiel für Makronenmasse aus Rohmasse

1000 g Marzipanrohmasse
700 g Zucker
200 g Eiklar

Tabelle Nr. 135

Zusammensetzung und Herstellung von Gebäcken aus Marzipan- und Persipanmakronenmasse

Grundzutaten sind
- Marzipanrohmasse bzw. Persipanrohmasse,
- Eiklar und
- Zucker.

Bei Verwendung von Rohmassen ist ein geringerer Zucker- und Eiklarzusatz üblich, weil die Rohmassen bereits einen Zuckeranteil enthalten und weicher sind als die aus Kernen selbst bereiteten Massen (vergleichen Sie die Tabellen Nr. 134 und 135!).

Rohmassen werden bei ihrer Herstellung abgeröstet. So entfällt der Vorgang des Abröstens in der Bäckerei.

→ Die Zutaten für Massen mit Marzipan- oder Persipanrohmasse werden in einem Kessel zusammen glatt gerührt. Die Masse darf nicht schaumig gerührt werden! Auch bei Verwendung von Convenienceprodukten für Makronenmassen wird unter Zusatz von Flüssigkeit oder Eiern die Masse nur glatt gearbeitet.

→ Marzipan- oder Persipanmakronenmassen werden zu den verschiedenen Gebäcken aufdressiert und bei 180 bis 200 °C Ofentemperatur und offenem Schwadenschieber (evtl. auf Unterblech) abgebacken.

Gebäcke aus makronenähnlichen Massen sind: Eigelbmakronen, Hippen, Duchesse.

Beachten Sie die lebensmittelrechtlichen Vorschriften:

Die Verwendung von Persipanrohmasse muß beim Verkauf der Gebäcke kenntlich gemacht werden. Das kann erfolgen:

- *durch die Verkehrsbezeichnung als „Persipanmakronen";*
- *durch ein Hinweisschild „Mit Persipan".*

Zur Unterscheidung von Mandelmakronen dürfen Gebäcke aus Kokosraspeln oder Nüssen nicht als „Makronen" bezeichnet werden. Sie müssen in ihrer Bezeichnung einen Zusatz führen, z. B. „Kokosmakronen", „Haselnußmakronen".

Fehler bei Gebäcken aus Makronenmassen und Massen mit Ölsamen

Fehler	Ursachen bei abgerösteter Masse	Ursachen bei nicht abgerösteter Masse aus Rohmasse
▶ Gebäcke laufen breit	▶ zu viel Eiklar ▶ zu wenig abgeröstet	▶ Masse zu weich ▶ zu viel Zucker zugesetzt
▶ Gebäckoberfläche reißt zu stark	▶ Masse etwas zu weich ▶ Schwadenschieber nicht geöffnet	▶ Masse etwas zu weich ▶ Schwadenschieber nicht geöffnet
▶ Gebäckoberfläche ist „blind"	▶ zu feste Masse ▶ zu stark abgeröstete Masse	▶ zu feste Masse ▶ zu kalter Ofen

Gebäcke aus Röstmassen

Die besonders hochwertigen, flachen Florentiner bestehen nur aus einer gebackenen Röstmasse und einem Schokoladenüberzug. Außerdem stellen wir viele ähnliche Gebäcke auf Mürbeteigböden her, z. B. Nußecken, Mandelschnitten oder Nußknacker. Auch die von den Hefeinteigen her bekannte Bienenstichmasse wird aus einer Röstmasse bereitet.

Zusammensetzung und Herstellung von Röstmassen

Die Grundmasse besteht aus Zucker, Fett und Milch/Sahne. Damit der Zucker im fertigen Gebäck nicht zu hart wird und auskristallisiert, ersetzt man einen Teil des Zuckers durch Honig oder Stärkesirup (vgl. Rezeptbeispiel: Florentiner).

Wie wird die Grundmasse hergestellt?

→ Zucker, andere Süßungsmittel, Fett und Milch/Sahne werden in einem Kessel zusammen aufgekocht.

→ Dabei verdampft ein großer Teil des Wassers. Darum kann die Temperatur 100 °C übersteigen. Der Zucker verändert seine Eigenschaften.

→ Bei 112 °C = „schwacher Flug des Zuckers" ist die erwünschte Zähflüssigkeit der Masse erreicht.

→ In die Grundmasse werden die Kerne und Früchte gegeben. Es wird noch so lange abgeröstet, bis eine gute Bindigkeit erzielt ist.

Abb. Nr. 663
Gebäcke aus Röstmassen: Bienenstich, Nußecken, Florentiner, Nußknacker und Mandelschiffchen

Rezeptbeispiel: Florentiner
1000 g Zuckerprodukte (davon 150 g Honig, 150 g Stärkesirup)
250 g Fett
500 g Milch/Sahne
750 g Mandeln (gehobelt)
350 g Mandeln (gestiftelt)
150 g Orangeat/Belegkirschen

Tabelle Nr. 136

Aufarbeiten, Backen und Herrichten von Gebäcken aus Röstmassen

Florentinermasse wird in Ringen auf gut gefetteten Blechen oder auf Backpapier bei 190 bis 210 °C gebacken.

Nach dem völligen Erkalten der Florentiner wird die glatte Unterseite mit Kuvertüre überzogen und gekämmt.

Die Masse für Nußschnitte, Mandelschnitte oder Nußknacker wird auf Mürbeteigböden aufgestrichen. Backtemperatur und Backzeit sind davon abhängig, ob die Mürbeteigböden roh oder vorgebacken verwendet wurden. Die fertigen Gebäcke werden nach dem Erkalten an den Kanten mit Kuvertüre oder Fettglasur überzogen.

Die Röstmassengebäcke sind nicht gelockert. Erwünscht ist eine brüchige, karamelisierte Beschaffenheit. Die Gebäcke dürfen daher bei ihrer Aufbewahrung nicht feucht werden.

Wichtiges über abgeröstete Massen in Kurzform			
Gebäckart:	Windbeutel ↓	Makrone ↓	Florentiner ↓
Masse:	Brüh- oder Brandmasse ↓	Makronenmasse ↓	Röstmasse ↓
Grundzutaten:	Mehl, Fett, Wasser/Milch, Vollei ↓	Kerne, Zucker, Eiklar ↓	Kerne, Fett, Zucker, Milch/Sahne ↓
Veränderungen beim Abrösten:	Eiweiß des Mehles gerinnt; Stärke des Mehles verkleistert (Temp.: 80–100 °C) ↓	Eiweiß-Zucker-Bindigkeit (Temp.: 70 °C) ↓	Zucker zum „schwachen Flug" gekocht (Temp.: 112 °C) ↓
Lockerung der Gebäcke:	Wasserdampf aus dem hohen Flüssigkeitsanteil (stark gelockert)	Wasserdampf aus dem Eiklar (wenig gelockert)	ungelockert

Diätetische Feinbackwaren

„Zu Diätbackwaren habe ich keine Meinung", sagt Karl, „ich habe so schon genug Arbeit!"

Thomas ist kritisch: „Dürfen wir überhaupt spezielle Backwaren für Kranke herstellen? Wer sagt uns denn, welche Zutaten und wieviel davon erlaubt sind?"

Diät, das ist nicht nur etwas zum Gewichtabnehmen! Vielmehr muß eine große Zahl von Menschen wegen angeborener oder erworbener Krankheiten täglich eine besondere Ernährung in Form einer Diät einhalten.

Zum Beispiel müssen

- Kranke mit Nierenleiden eine natriumarme Kost zu sich nehmen,
- Kranke, die gegen Klebereiweiß überempfindlich sind, Lebensmittel ohne Getreideeiweiß zu sich nehmen,
- Kranke, die an Zuckerkrankheit leiden, eine zuckerarme Kost zu sich nehmen.

Für diese Diätformen sind auch spezielle, diätetische Backwaren erforderlich.

Es gehört auch zum Aufgabenbereich des Bäckers, diätetische Backwaren herzustellen. Auch Sie als Fachmann sollten lernen, solche Gebäcke zu bereiten. Sie erwerben dabei spezielle Fachkenntnisse, lernen sehr genau und rezeptgetreu arbeiten und können sogar gewisse beratende Aufgaben übernehmen.

Die Diät bei Zuckerkrankheit ist wegen der weiten Verbreitung der Krankheit und wegen der Bedeutung der Backwaren in dieser Diät für den Bäcker besonders interessant. Wir wollen daher am Beispiel der Diät für Zuckerkranke wichtige Regeln für die Herstellung und für die Kennzeichnung diätetischer Backwaren kennenlernen.

Diätetische Backwaren für Diabetiker
Krankheitsbild der Zuckerkrankheit

Eine „Wohlstands-Seuche" ist die Zuckerkrankheit (Diabetes mellitus), an der in Deutschland rund 1,5 Mio. Menschen leiden. Die Krankheit kann angeboren sein, wird aber auch durch langjährige Überernährung erworben.

Der Zuckerkranke (Diabetiker) kann den mit der Nahrung aufgenommenen Zucker nicht so regulieren wie ihn der Körper braucht. Darum ist die Leistungsfähigkeit des Körpers eingeschränkt. Das kann einmal wegen zu hoher Zuckermengen im Blut, ein anderes Mal wegen zu geringer Zuckermengen im Blut begründet sein. Der Körper des Kranken wehrt sich gegen zu hohe Zuckermengen im Blut, indem er überschüssigen Zucker veratmet oder über die Nieren mit dem Harn ausscheidet. Daran kann z. B. der Arzt die Zuckerkrankheit feststellen.

Die Zuckerkrankheit ist schleichend und chronisch (lebenslang). Läßt man der Krankheit ihren Lauf, so führt sie zum Tod.

Die Behandlung der Zuckerkranken erfolgt mit Medikamenten. Daneben muß der Kranke eine strenge Diät einhalten.

Diätvorschriften für Diabetiker

Verantwortlich für die Kombination der Behandlung mit Medikamenten und Diät ist der Arzt. Der Zuckerkranke muß aber genaueste Informationen über die Lebensmittel in seiner Ernährung haben, damit er die ärztlichen Anweisungen befolgen kann.

Folgende Grundsätze einer Diabetiker-Diät sollten Sie kennen:

→ Die Gesamtenergie der täglichen Nahrung muß kontrolliert werden, weil Diabetiker ein Übergewicht vermeiden müssen.
→ Der Zuckerstoffanteil der täglichen Nahrung muß begrenzt werden.

Wie beachtet man diese Regeln bei der Backwarenherstellung für Diabetiker?

Zusätzliche Informationen

Bei der Verdauung werden alle für die Energiegewinnung verwertbaren Zuckerstoffe in Einfachzucker abgebaut. Diese Einfachzucker werden in den Blutkreislauf übernommen.

Beim gesunden Menschen wird durch das Bauchspeicheldrüsen-Hormon Insulin der Blutzuckerspiegel reguliert. Zuviel aufgenommener Zucker wird als Glykogen in der Leber gespeichert. Bei Bedarf kann dieses Glykogen wieder in Form von Einfachzucker zu Energiezwecken des Körpers mobilisiert werden.

Beim zuckerkranken Menschen ist die Insulinbildung gestört. Darum kann die Speicherung von Glykogen in der Leber nicht gesteuert werden. Der Zuckerspiegel im Blut ist daher teilweise viel zu hoch. Das hat schädigenden Einfluß auf den Stoffwechsel und viele Funktionen des Körpers.

Wegen fehlender Glykogenbildung kann es aber bei plötzlichem Bedarf an Energie auch zu Unterversorgung mit Zucker kommen. Der Kranke wird bewußtlos (Zuckerkoma).

Diabetiker müssen durch eine Diät ihre Zuckeraufnahme mit der Nahrung regulieren. Daneben wird in schwereren Fällen das Hormon Insulin durch Spritzen zugeführt.

Zusammensetzung und Kennzeichnung von Feinen Backwaren für Diabetiker

Diabetikergebäcke müssen geringe Kohlenhydratmengen enthalten. Sie sollen auch einen geringen Nährwert haben.

Welche Gebäckarten sind demnach besonders für die Herstellung von Diabetikergebäcken geeignet?

Für Diabetikergebäcke in Fertigpackungen sind zum Beispiel besonders geeignet:
- Sandkuchen, Nußkränze, Hefestuten, Eierplätzchen, Mürbegebäck.

Für frische Diabetikergebäcke sind zum Beispiel besonders geeignet:
- Käse-Sahne-Torte, Quarkkuchen, Apfelkuchen, Kirschkuchen, Joghurt-Sahne-Dessert.

Für die Zusammensetzung von Diabetikerbackwaren gelten folgende Grundsätze:
▶ Der Gehalt an Fett und Alkohol darf nicht höher sein als bei vergleichbaren Lebensmitteln herkömmlicher Art.
▶ Ein Zusatz von Traubenzucker, Milch-, Malz-, Rohr- und Rübenzucker, Invertzucker und Glukosesirup ist verboten.
▶ Nur die für diätetische Lebensmittel ausdrücklich zugelassenen Zusatzstoffe dürfen verwendet werden.
Farbstoffe sind zum Beispiel nicht zugelassen.
▶ Für die Süßung der Backwaren ist Fruchtzucker erlaubt, außerdem die Zuckeraustauschstoffe Sorbit, Mannit und Xylit. Als Süßstoffe dürfen Cyclamat und Saccharin zugesetzt werden.
▶ Indirekter Zusatz an belastenden Zuckern (wie durch Rosinen, Trockenfrüchte) sollte soweit wie möglich eingeschränkt werden.

In den Rezeptbeispielen auf dieser Seite können Sie den Zuckeraustausch und die sich ergebenden Rezepturveränderungen erkennen.

Diabetikerbackwaren müssen grundsätzlich in Fertigpackungen angeboten werden. Frischgebäcke für Diabetiker dürfen allerdings unverpackt angeboten werden. Das gleiche gilt für Gebäcke, die an Ort und Stelle (z. B. im Café) verzehrt werden. In jedem Fall muß eine für den Verbraucher gut sichtbare Kennzeichnung der Gebäcke erfolgen. Anzugeben sind:
- besonderer Ernährungszweck;
- Besonderheiten der Zusammensetzung und Herstellung, durch die das Lebensmittel seine diätetischen Eigenschaften erhält;
- Gehalt an verwertbaren Kohlenhydraten, Fetten und Eiweißstoffen pro 100 g des Lebensmittels oder in Prozent;
- Brennwert in Kilojoule (Kilokalorie) bzw. Kj (Kcal) pro 100 g des Lebensmittels.

Ergänzend können die Broteinheiten (BE) je 100 g angegeben werden. Für Diabetikergebäcke in Fertigpackungen werden die Angaben zusammen mit den übrigen Kennzeichnungen ausgewiesen (vgl. Sie Tabelle Nr. 140).

Rezeptbeispiel: Diabetiker-Mürbeteig

1000 g	Sorbit (Zuckeraustauschstoff)
1500 g	Backmargarine
3000 g	Weizenmehl
700 g	Vollei
70 g	Backpulver
	Salz/Aromen

Tabelle Nr. 137

Rezeptbeispiel: Diabetiker-Biskuit

1000 g	Vollei
350 g	Sorbit (Zuckeraustauschstoff)
100 g	Wasser
400 g	Weizenmehl
10 g	Backpulver
	Salz/Aromen

Tabelle Nr. 138

Rezeptbeispiel: Diabetiker-Sandkuchen

1000 g	Sorbit (Zuckeraustauschstoff)
800 g	Backmargarine
1000 g	Vollei
800 g	Weizenpuder
1000 g	Weizenmehl
200 g	Milch
30 g	Backpulver
	Salz/Aromen/Süßstoff

Tabelle Nr. 139

Kennzeichnungsbeispiel: Diabetiker-Sandkuchen

Bäckerei Kurt Krause, Semmelstraße 5, 9999 Überallstadt, Telefon (0 43 21) 56 78

Diabetiker-Sandkuchen
zur besonderen Ernährung bei Diabetes mellitus im Rahmen eines Diätplanes
Inhalt: 250 g
Preis: 5,00 DM
Mindestens haltbar bis: 5. 12.
Zutaten:
Weizenmehl, Ei, Sorbit, Backmargarine, Weizenpuder, Milch, Backpulver, Salz, künstlicher Süßstoff, natürliche Aromastoffe
100 g enthalten:
verwertbare Kohlenhydrate = 36 g
Fett = 21 g
Eiweiß = 6 g
Zuckeraustauschstoff Sorbit = 24 g
Physiologischer Brennwert je 100 g = 1920 Kilojoule (453 Kilokalorien)
Diätetisches Lebensmittel mit Süßstoff Saccharin. Ohne Zucker unter Verwendung von Zuckeraustauschstoff Sorbit hergestellt.

Tabelle Nr. 140

Bei lose angebotenen Diabetikerbackwaren muß die Kennzeichnung auf einem Schild neben der Ware bzw. auf einer Speisekarte erfolgen.

Tips für die Praxis:
- *Rezepte für Diabetikerbackwaren müssen genau eingehalten werden, weil sie sonst nicht mehr den diätetischen Zweck erfüllen. Die Gebäcke würden dem Zuckerkranken schaden!*
- *Rezepte für Diabetikerbackwaren müssen genau beachtet werden, weil schon bei geringem Abweichen von den geforderten Mengen die Kennzeichnung für den Verkauf nicht mehr stimmt!*
- *Rezepte für Diabetikerbackwaren, die bestimmte Backmittel oder Convenienceprodukte vorsehen, dürfen nicht mit ähnlichen Produkten anderer Hersteller bereitet werden, weil diese in der Zusammensetzung unterschiedlich sein können!*
- *Zutaten für Diabetikerbackwaren müssen rezeptgenau abgewogen werden, weil schon kleine Abweichungen von der richtigen Menge zu Schwierigkeiten beim Backen und zu Qualitätsmängeln führen können!*

Zusätzliche Informationen

Anstelle von Trauben-, Milch-, Malz-, Rohr-, Rübenzucker, Invertzucker oder Glukosesirup werden bei Rezepturen für Diabetikerbackwaren Zuckeraustauschstoffe und Süßstoffe verwendet. Geeignet und erlaubt sind:

1. Fruchtzucker (Fruktose):

Es ist ein Einfachzucker, der ohne Insulinwirkung in der Leber als Glykogen gespeichert werden kann. Daher ist er für Diabetiker verträglicher als Traubenzucker oder Doppelzucker. Für den Backwarenhersteller interessiert, daß Fruchtzucker
- *die höchste Süßkraft aller Zuckerarten hat (Süßungsgrad 173 in Bezug zu 100 = Rübenzucker);*
- *von der Hefe vergärbar ist;*
- *die Gebäckkrume rötlich verfärbt;*
- *die Gebäckkruste zu stark bräunt.*

2. Zuckeraustauschstoffe:

a) **Sorbit** *= ein Polyalkohol, der in der Natur in Früchten vorkommt. Der große Bedarf an Sorbit wird jedoch durch technische Hydrierung von Traubenzucker gedeckt.*

Sorbit hat den gleichen Nährwert wie vergleichbare Zuckerstoffe. Er kann im menschlichen Körper über Fruktose abgebaut und ohne Insulinwirkung in der Leber gespeichert werden.

Für den Backwarenhersteller interessiert, daß Sorbit
- *sehr leicht wasserlöslich ist,*
- *nur etwa die Hälfte der Süßkraft von Rübenzucker hat,*
- *nicht von der Hefe vergärbar ist,*
- *beim Backen schlecht bräunt.*

b) **Mannit** *= ein Polyalkohol, der in der Natur im Saft bestimmter Eschen vorkommt. Technisch wird er durch Reduktion von Fruktose hergestellt; dabei fällt auch Sorbit an.*

Mannit hat etwa gleiche Eigenschaften wie Sorbit. Im Unterschied zu Sorbit bräunt er allerdings zusammen mit Eiweißstoffen (Maillard-Reaktion).

c) **Xylit** *= ein Polyalkohol mit nur 5 C-Atomen. Er hat etwa gleiche Eigenschaften wie Sorbit. Sein Süßungsgrad entspricht aber etwa dem des Rübenzuckers.*

Enthält ein diätetisches Lebensmittel mehr als 10 % der Gesamtmenge an Sorbit, Mannit und Xylit, so muß folgender Hinweis erfolgen: ",... kann bei übermäßigem Verzehr abführend wirken."

3. Süßstoffe:

Zugelassen sind für Diabetiker-Lebensmittel: Cyclamat und Saccharin. Sie haben keinen Nährwert. Ihr Süßungsgrad beträgt ein Vielfaches von dem des Rübenzuckers.

Die Verwendung von Süßstoffen muß wie folgt kenntlich gemacht werden: ,,Mit Süßstoff Cyclamat" oder ,,Mit Süßstoff Saccharin" oder ,,Mit Süßstoffmischung von Cyclamat und Saccharin".

Zusammenfassende Übersicht über Bestimmungen für diätetische Lebensmittel

- *Lebensmittel des ,,allgemeinen Verzehrs" dürfen nicht angeboten werden in Verbindung mit der Bezeichnung ,,diätetisch" oder mit Angaben, die den Eindruck einer diätetischen Eignung erwecken könnten.*

- *Diätetische Lebensmittel dürfen nicht in Verbindung mit Aussagen über die Beseitigung, Linderung oder Heilung von Krankheiten angeboten werden. Verboten ist demnach z. B. die Aussage: ,,gegen Bluthochdruck" oder ,,zur Linderung von Diabetes".*

- *Diätetische Lebensmittel müssen in Fertigpackungen angeboten werden, ausgenommen: frische Lebensmittel oder Lebensmittel zum Verzehr an Ort und Stelle.*

- *Diätetische Lebensmittel müssen zusätzlich zu den Kennzeichnungen für Fertigpackungen mit Angaben über die Eignung bzw. den Ernährungszweck, Besonderheiten der Zusammensetzung, den Gehalt an Kohlenhydraten, Fett und Eiweiß sowie den physiologischen Brennwert gekennzeichnet werden.*

- *Diätetische Lebensmittel dürfen nur die Zusatzstoffe enthalten, die dafür ausdrücklich erlaubt sind.*

Herstellen von Torten und Desserts

Kremtorten und Kremdesserts

Rezepte für erlesene Feinbackwaren werden oft wie ein Geheimnis gehütet. Zusammensetzung, Verarbeitung und Aromakomposition von Backwaren-Spezialitäten bleiben so den Außenstehenden wie in einem Buch mit sieben Siegeln verschlossen!

Dennoch können Sie in diesem Feinbäckerei-Sektor wichtige Grundlagen erlernen, z. B.:
- die Auswahl von Zutaten unter Beachtung lebensmittelrechtlicher Bestimmungen;
- die Auswahl von Zutaten unter Beachtung allgemeiner Richtlinien über die Qualität und Zusammensetzung (= Standards) von Torten und Desserts;
- die Grundregeln für die Herstellung von Torten und Desserts unter Beachtung der Eignung von Zutaten und Verfahren;
- die Arbeitsabläufe unter Beachtung von Grundsätzen für eine rationelle Herstellung.

Außerdem können Sie an einigen Beispielen erkennen, wie Erzeugnisse aus Teigen und Massen mit Krems und Füllungen zu fertigen Feingebäcken weiterverarbeitet werden.

Abb. Nr. 664 Eine bunte Platte

Desserts mit leichtem Vanille-Füllkrem
Eclairs

Aus Brandmasse hergestellte Eclair-Körper werden aufgeschnitten, gefüllt und mit Glasur überzogen.

Die Füllung besteht im allgemeinen aus einem leichten Vanillekrem. Wie wird dieser hergestellt?

Grundlage für den leichten Vanillekrem ist ein Stärkekrem aus Milch, Zucker und Weizenstärke (Krempulver). Zur Verfeinerung kann man dem Grundkrem Eidotter zusetzen. Der abgebundene Krem wird mit aufgeschlagenem Eiklar gelockert.

Dabei gibt man etwa ein Drittel des Eischnees in den fast noch kochendheißen Krem. Den Rest arbeitet man zügig ein. Eischnee lockert den Krem auf. Die Eiweißstoffe des Eiklars stocken und binden dabei Wasser.

Ebenso wie für Eclairs kann leichter Vanillekrem auch für andere Feinbackwaren verwendet werden, z. B. für gefüllte Krapfen, Fruchtringe, Mohrenköpfe, Lucca-Augen.

Abb. Nr. 665 Eclairs

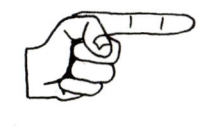

Hinweis:
Über die Herstellung des Vanille-Grundkrems erfahren Sie Näheres im Kapitel „Füllungen und Auflagen für Hefefeingebäcke".

Grundrezept für leichten Vanillekrem
1000 g Milch
200 g Zucker
90 g Krempulver
100 g Eidotter
250 g Eiklar + 150 g Zucker

Tabelle Nr. 141

Leichte Kremschnitten

Aus Blätterteigstreifen, angedickten Früchten und leichtem Füllkrem werden Dessertstreifen hergestellt, die man in Stückchen schneidet. Der leichte Füllkrem wird mit aufgeschlagenem Fett gelockert.

Wie wird dieser Krem hergestellt?
- Fett wird schaumig geschlagen.
- In das aufgeschlagene Fett wird nach und nach kühler Stärkegrundkrem eingerührt.

Abb. Nr. 666
Mohrenköpfe sind mit leichtem Vanillekrem gefüllt

Abb. Nr. 667   Leichte Kremschnitte

Thomas im Fachgespräch mit Meister Kramer:
„Für unseren Füllkrem verarbeiten wir ja gekochten Vanillekrem, Thomas. Du mußt darauf achten, daß der Grundkrem gut auskühlt. Er darf aber nicht zu kalt werden!"
„Ja, Meister, ich weiß Bescheid. Durch zu kalten Grundkrem würde mir der Krem beim Rühren grießig."
„Gut, Thomas, aber weißt Du auch, wie man beim Auskühlen die Hautbildung auf dem Grundkrem verhindert?"
„Nun, ich habe schon beobachtet, daß eine Kremhaut bei längerem Abstehen des Grundkrems entsteht und daß diese Haut beim Kremrühren sehr stört. Man bekommt den Krem nicht glatt!"
„Versuch mal folgendes, Thomas: Schütte wie üblich den Krem zum besseren Auskühlen auf ein Weißblech. Dann streue auf die Oberfläche einfach etwas Zucker. Du wirst erleben, daß die Hautbildung unterbleibt!"

Abb. Nr. 668   bis   Abb. Nr. 671
Fertigung von Baumstämmen und Rouladen

Da der Grundkrem ausgekühlt verarbeitet wird, kann für fetthaltige Krems auch kalt angerührter Grundkrem verwendet werden. Dafür werden Kaltkrempulver nach Angaben des Herstellers mit Wasser angerührt.

Kaltkrempulver enthalten vorverkleisterte Stärke. Die somit „aufgeschlossene" Stärke wurde getrocknet. Sie kann daher in kaltem Zustand wieder Wasser binden.

Füllkrems aus Stärkegrundkrem und aufgeschlagenem Fett werden als „deutscher Krem" bezeichnet. Leichter deutscher Krem wird mit weniger Fett aufgeschlagen, schwerer deutscher Krem enthält mehr Fett.

Als Richtwerte für den Fettzusatz zu deutschem Krem gelten 500–1000 g Fett für den Grundkrem aus 1 Liter Flüssigkeit.

Deutscher Krem kann leicht verderben:
– Bei starker Erwärmung schmilzt das Fett. Der Krem verliert an Volumen. Die Oberfläche wird trocken-bindig.
– Bei längerer warmer Aufbewahrung zersetzen Milchsäurebakterien die Zuckerstoffe der Milch. Der Krem wird sauer.
Die Stärke des Grundkrems kann abgebaut und vergoren werden.

Tips für die Praxis:
▶ *Gebäcke mit deutschem Krem sind luftig-locker, wenn man sie aus frisch bereitetem Krem mit geringem Fettanteil herstellt.*
▶ *Gebäcke mit deutschem Krem müssen leicht gekühlt vorrätig gehalten werden, damit sie sich besser frischhalten.*
▶ *Gebäcke mit deutschem Krem können durch Zusatz chemischer Konservierungsstoffe haltbar gemacht werden. Die Verwendung von Konservierungsstoffen ist kenntlich zu machen, wenn die Gebäcke zum Verkauf bereitgestellt werden.*
▶ *Gebäcke mit deutschem Krem sollten nicht durch Tiefgefrieren vorrätig gehalten werden, weil der enthaltene Stärkekrem nach dem Auftauen Wasser absetzt.*

Kremschnitten und Rouladen

Aus Biskuit- und Wiener Masse werden Kapseln, Böden, Rouladen und Omeletts für vielfältige Desserts mit Kremfüllung hergestellt.

Die Krems werden dabei durch Geschmackzusätze verfeinert, z. B. zu Frucht-, Weinbrand-, Schokoladen-, Nuß-, Nugat-, Mandel- oder Mokkakrems.

Die Verbraucher schätzen lockere, leicht bekömmliche Kremgebäcke mit abgerundeter Aromatisierung und ansprechender Gestaltung.

Wie Sie materialgerecht Rouladen und Baumstämme mit deutschem Krem gestalten können, ist in den Abb. 668 bis Abb. 671 ersichtlich.

Kremtorten

Bei qualitativ hochwertigen Kremtorten darf die Kremfüllung nicht schwer sein oder gar anteilsmäßig im Gebäck überwiegen.

Wie vermeidet der Fachmann das? Es ist ein lockerer Krem mit großem Volumen herzustellen. Dieser Krem hat aufgrund seiner großen Luftaufnahme ein geringes Litergewicht. In Abb. Nr. 672 ist eine gewichtsmäßig gleiche Kremmasse in zu geringer und in optimaler Aufschlagqualität gegenübergestellt. Es leuchtet ein, daß der gut gelockerte Krem trotz geringerer Gewichtsmenge im Gebäck ein ansprechendes Volumen hat. Das Kremgebäck hat dadurch einen geringeren Nähr- und Sättigungswert. Außerdem erhält man durch die Feinstverteilung der Krembestandteile einen zarten Schmelz; die Aromaverteilung ist optimal. Gebäcke mit lockerem Krem haben einen höheren Genußwert und sind bekömmlicher.

Herstellen von Krems

Wie locker ein fetthaltiger Krem werden kann, ist zunächst abhängig von der Auswahl der richtigen Fettsorte.

Welche Fette sind als Kremfette geeignet?

> **Versuch Nr. 42:**
> Wir schlagen unter gleichen Bedingungen, jedoch bei der jeweils günstigsten Verarbeitungstemperatur des Fettes, 250 g der folgenden Fettsorten auf:
> A Speiseöl
> B Backmargarine
> C Butter
> D Kremmargarine
> Wir vergleichen das Aufschlagvolumen!
>
> **Beobachtungen:**
> Speiseöl ist nicht aufschlagbar. Backmargarine läßt sich kaum aufschlagen. Beide Fette sind für Krems ungeeignet.
> Butter ist aufschlagbar. Eine gute Verarbeitungstemperatur für Butter zu Krem liegt bei 18–20 °C.
> Das beste Aufschlagvolumen erhält man bei Kremmargarine.

Stellt man das Aufschlagvolumen im Litergewicht gegenüber, so wird die unterschiedliche Eignung der Fette zur Krembereitung sehr deutlich. Kremmargarine kann z. B. so viel Luft einschließen, daß ein Liter aufgeschlagene Margarine nur 280 g wiegt. Das gleiche Volumen aufgeschlagener Backmargarine wiegt etwa 600 g!

Butter wird vor allem aus geschmacklichen Gründen als Kremfett benutzt. Soll der Krem als „Butterkrem" bezeichnet werden, darf als Fett nur Butter im Krem sein. Um ein größeres Volumen zu erhalten, verarbeitet man neben Butter gern ein anderes gut aufschlagbares Fett. Der Krem darf dann aber nicht mehr als „Butterkrem" bezeichnet werden.

Abb. Nr. 672 Aufschlagmuster von zwei Kremproben
Muster A = zu wenig aufgeschlagen
Muster B = gut aufgelockert

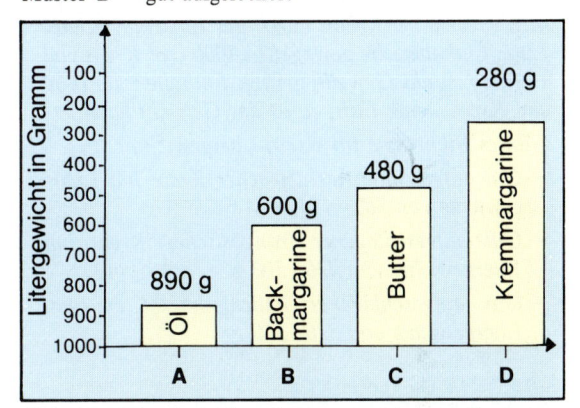

Abb. Nr. 673 Aufschlagvolumen verschiedener Fette

> **Zusätzliche Informationen**
>
> *Für Kremmargarinen werden Fette ausgewählt, die niedrigen Schmelzbereich, hohe Emulgierfähigkeit und gutes Luftaufnahmevermögen haben. Kremmargarinen enthalten außerdem Emulgatoren, z. B. Lezithin.*
>
> *Bei den meisten Spezialfetten für Krems liegen bei Raumtemperatur etwa ⅔ der Fettbestandteile in ihrem Schmelzzustand vor. Das fördert die Aufschlagbarkeit und ist geschmacklich günstig.*
>
> *Neben den Spezialmargarinen für Krems gibt es auch Fertigkrems = Aufschlagkrems.*

> **Karl meint:**
> „Krem ist Krem; da gibt es keine Unterschiede. Und Fehler kann man da gar nicht machen!"
> Karl denkt wohl nur an die technologischen Eigenschaften von Krems! Der Verbraucher beurteilt aber vor allem den Genußwert der Krems. Ein schwerer, fettig schmeckender Krem wird abgelehnt. Das Gebäck wird vom Kunden als „Kalorienbombe" angesehen. Probieren Sie in Ihrem Geschäft eine Kremprobe daraufhin, ob der Krem zartschmelzend ist oder ob ein fettiges Gefühl auf der Zunge bleibt. Überprüfen Sie das Volumen des Krems mit der Litergewichtprobe!

Zusätzliche Informationen

Wie stellt man das Litergewicht fest?
– *Ein 100-cm³-Gefäß wird leer gewogen.*
– *Aufgeschlagener Krem wird in das Gefäß eingefüllt (glatte Oberfläche!).*
– *Das gefüllte Gefäß wird gewogen. Das Leergewicht wird vom ermittelten Gesamtgewicht abgezogen.*
– *Das Krem-Nettogewicht wird mit 10 multipliziert = Litergewicht (1000 cm³).*

Was sagt das Litergewicht aus? Ein großes Volumen entsteht bei Krems durch das Einschlagen von Luft. Enthalten die gewogenen 1000 cm³ Krem viel Luft, so ist das Gewicht gering. Enthalten die 1000 cm³ Krem wenig Luft, so ist das Gewicht hoch.

Gibt es Richtwerte für Krem-Litergewichte?
– *Gut aufgeschlagener deutscher Krem hat Litergewichte von 360–450 g.*
– *Gut aufgeschlagener französischer Krem hat Litergewichte von 420–500 g.*
– *Gut aufgeschlagener italienischer Krem hat Litergewichte von 320–360 g.*

Thomas ist kritisch:
„*Fertigkrems sind problemlos in der Verarbeitung, man spart Arbeit und benötigt weniger Zutaten. Auch kann man sicherlich durch geschickte Aromatisierung eine große Sortenvielfalt aus einem Grundkrem herausholen! Aber führt die Verwendung von gleichen Fertigkremprodukten in allen Bäckereien nicht zu einer Uniformierung . . .?*"
Was meinen Sie dazu?
Was meinen Ihre Fachkollegen?

Abb. Nr. 674 Traubengebäcke mit italienischem Krem

Italienischer Krem ist hochvolumig, hat wenig Eigenaroma und eignet sich gut zur Kombination mit Früchten.

Was ist neben der Auswahl der richtigen Fettsorte wichtig für ein gutes Aufschlagergebnis bei Krems?

Beachten Sie:
– *optimale Verarbeitungstemperaturen, z. B. 21–23 °C für Kremmargarine, 18–20 °C für Butter;*
– *geeignetes Schlagsystem, z. B. feiner Schlagbesen im Planetenrührsystem;*
– *richtige Aufschlaggeschwindigkeit, z. B. 1–2 Minuten anschlagen bei geringer Geschwindigkeit, dann etwa 15 Minuten bei mittlerer Geschwindigkeit schlagen.*

Fertigkrems

Füll- und Garnierkrems können auch mit Convenienceprodukten hergestellt werden. Handelsüblich sind dafür folgende Grundtypen:
– Grundkrems in Pulverform; sie werden mit Wasser angerührt und können mit verschiedenen Zusätzen (Eischnee oder Kremfett oder Schlagsahne oder Quark) und Aromaten weiterverarbeitet werden;
– Fertigkrems auf Fett- und Emulgatorbasis; sie werden mit Wasser oder Eiern aufgeschlagen und können beliebig aromatisiert werden;
– Fertigkrems in Pastenform; sie werden ohne weitere Zusätze aufgeschlagen und können beliebig aromatisiert werden.

Unterscheidung von Krems nach der Zusammensetzung

Nach der Zusammensetzung können wir unterscheiden:
▸ *deutscher Krem*
  = *Vanillegrundkrem + Fett*
▸ *französischer Krem*
  = *Volleimasse + Fett*
▸ *italienischer Krem*
  = *Eiklarschaummasse + Fett*

Für französischen Krem wird aus Vollei und Zucker eine Schaummasse warm und kalt aufgeschlagen, die in die aufgeschlagene Fettmasse gegeben wird. Bei italienischem Krem wird aus Eiklar und Zucker eine Baisermasse bereitet, die in die schaumige Fettmasse gerührt wird.

Französische und italienische Krems säuern nicht. Sie haben aber einen sehr hohen Fettanteil. Ihr Nährwert ist daher auch sehr hoch.

Grundrezepte für Krems		
deutscher	französischer	italienischer
1000 g Fett und Vanillegrundkrem aus: 1000 g Milch 200 g Zucker 90 g Krempulver	1000 g Fett und Volleimasse aus: 400 g Vollei 400 g Zucker Salz/ Aromen	1000 g Fett und Eischneemasse aus: 400 g Eiklar 600 g Zucker Salz/ Aromen

Tabelle Nr. 142

Zusammensetzen von Torten

Kremtorten werden üblicherweise aus Biskuit-, Wiener oder Dobosböden bzw. aus Kapseln zusammengesetzt. Diese Böden können dem Tortengeschmack entsprechende Zusätze enthalten, z. B. in Form von Nußböden, Schokoladenböden.

Für Anschnittorten sind im allgemeinen runde Torten mit Durchmessern von 26 bzw. 28 cm und Einteilungen von 12 bis 18 Stücken üblich. Für Schau- und Dekortorten sind verschiedene Formen üblich, z. B. Herz-, Ring-, Aufsatzform. In der Rundform werden Torten von 30 cm Durchmesser, besonders aber auch Kleintorten von 20 oder 22 cm Durchmesser, hergestellt.

Arbeitsablauf für das Zusammensetzen einer Kremtorte:

→ Boden herrichten, z. B. Papier abziehen, aus dem Ring lösen, mit langem Tortenmesser waagerecht in gleichstarke Teile trennen;
→ Bodenteile mit Füllung und Krem in Tortenform zusammensetzen;
→ Oberfläche und Seiten mit Krem glatt einstreichen;
→ Torte evtl. eindecken oder überziehen, mit Einteiler die Stückteilung kennzeichnen;
→ Garnierung und Dekor aufbringen.

Fehler bei Kremtorten und Kremdesserts

Gebäckfehler können bei Desserts und Torten mit Krem durch Fehler in den Böden, Kapseln und Streifen begründet sein. Sie können dazu Informationen in den betreffenden Sachkapiteln erhalten.

Hier sollen vor allem die Kremfehler dargestellt werden:

Fehler	Ursachen
▶ Krem hat geringes Volumen, ist schwer	▶ Ungeeignetes Kremfett, ▶ Fett zu wenig aufgeschlagen
▶ Krem ist grießig	▶ Grundkrem zu weich, ▶ Fett und/oder Grundkrem zu kalt
▶ Krem ist stückig	▶ Grundkrem zu fest, ▶ Grundkrem hat Haut gebildet
▶ Krem läßt in der Festigkeit nach	▶ Grundkrem nicht genügend abgebunden; ▶ Wasserabstoßen infolge Gefrierens
▶ Krem ist zusammengefallen, schmierig	▶ Fett zu warm verarbeitet; ▶ Krem ist zu warm aufbewahrt, so daß Fett ausgeschmolzen ist

Tips für die Praxis:

▶ *Bei dicken Tortenböden sollte die obere dünne, braune Schicht entfernt werden. Sie trennt sich sonst leicht von der Füllung. Auch farblich stört sie im Anschnittbild.*

▶ *Als unteren Boden sollte man einen dünnen Mürbeteigboden einsetzen. Er verbessert die Stabilität der Torte.*

▶ *Dicke Böden kann man mit Alkohol-Läuterzucker tränken. Das macht die Böden saftig frisch und rundet den Tortengeschmack ab.*

▶ *Senkrechte, ringförmige oder streifenförmige Anordnung von Böden und Füllungen bringt Abwechselung in das Anschnittbild.*

▶ *Ausgestaltung und Dekor der Torte sollen materialgerecht sein, das heißt: sie sollen mit dem Aroma übereinstimmen.*

▶ *Torteneinteiler und Schablonen helfen die Tortenherstellung rationell zu gestalten.*

Arbeitstechniken

Ein abwechslungsreiches Anschnittbild bei Torten erzielt man durch

– Variationen in der Formgebung, z. B. als „Normaltorte", Aufsatztorte oder Kuppeltorte,
– Farbunterschiede bei Böden und Füllungen,
– Einlegetechniken bei Böden und Füllungen, z. B. streifen- oder ringförmiges Einlegen.

Abb. Nr. 675   Abb. Nr. 676

Schichtrouladen werden mit Aprikosenkonfitüre und Marzipanmasse zusammengesetzt und in Streifenform geschnitten. Als Dekormittel kann man damit vielfältige Wirkungen erzielen (vgl. Abb. Nr. 677).

In ähnlicher Weise kann die Schichtung auch durch spiralförmiges Aufrollen gebildet werden.

Abb. Nr. 677

Abb. Nr. 678   Abb. Nr. 679
Tortendekor soll nicht „überladen" sein. Mit Hilfe von Schablonen können sauber und rationell Tortendekors aufgebracht werden.

Torten mit ihren typischen Merkmalen

Abb. Nr. 681
Frankfurter Kranz hat eine typische Form. Er ist eine ringförmige Desserttorte mit heller Kremfüllung und Krokantdekor.

Abb. Nr. 680
Fürst-Pückler-Torte hat eine typische Füllung mit braun-weiß-roter Farbkombination. Die hier abgebildete Kuppelform paßt gut zu dem Tortentyp.

Abb. Nr. 682
Form-, Aufsetz- und Etagentorten haben typische Anordnungen. Sie werden zu besonderen Anlässen (z. B. Muttertag, Hochzeit, Jubiläen) gefertigt.

Wichtiges über Torten und Desserts mit Krem in Kurzform

Füllkrem

Vanillekrems   **Fettkrems**

Vanillekrems	**deutscher Krem**	**französischer Krem**	**italienischer Krem**
– Grundkrem mit verkleisterter Stärke – Leichter Vanillekrem mit Eischnee aufgelockert	Vanillegrundkrem + aufgeschlagenes Fett	Vollei-Zucker-Masse + aufgeschlagenes Fett	Eiklar-Zucker-Masse + aufgeschlagenes Fett

✱ *Kremfette:* Geeignet sind Butter und Spezialmargarinen für Krems.

✱ *Haltbarkeit:* Vanillekrems und deutsche Krems verderben leicht. Sie werden sauer und gärig. Frischhaltung erfolgt durch Kühlen.
 Haltbarmachen mit Konservierungsmitteln ist erlaubt, jedoch kennzeichnungspflichtig.
 Französische und italienische Krems säuern nicht.

✱ *Qualitätsbeurteilung:* Sie erfolgt bei Krems durch Geschmacksprobe und durch Bestimmung des Litergewichts.

✱ *Aromatisierung:* Sie erfolgt bei Krems mit Aromen, Frucht-, Alkohol-, Nuß-, Nugat-, Mandel-, Kakao-, Schokoladen- oder Mokkazusatz.

✱ *Verwendung:* Leichter Vanillekrem eignet sich zum Füllen von Desserts, z. B. Eclairs, Mohrenköpfe, Fruchtschnitten;
 Fettkrem eignet sich zum Füllen und Garnieren von Torten, Rouladen, Desserts.

✱ *Verkehrsbezeichnung:* Die Bezeichnung „Butterkrem" für Fettkrem ist nur erlaubt, wenn der Krem ausschließlich Butter als Fettzugabe enthält.

Torten und Desserts mit Schlagsahnezubereitungen

Schlagsahne

Gut aufgeschlagene, voluminöse und stabile Schlagsahne ist Voraussetzung für qualitativ hochwertige Sahnetorten und Sahnedesserts.

Schlagsahne ist eine Fett-in-Wasser-Emulsion. Ihr Mindestfettgehalt beträgt 30 %. Das emulgierte Fett ist in der Lage, eingeschlagene Luft festzuhalten. Dadurch bildet sich ein Schaum mit einem etwa dreimal so hohen Volumen gegenüber der flüssigen Sahne. Die aufgeschlagene Sahne soll dressierfähig sein und möglichst lange stabil sein, d. h. kein Wasser absetzen.

Wie erreicht man das?

→ Schlagsahne hat ihre besten Aufschlageigenschaften etwa einen Tag nach ihrer Gewinnung. Sie sollte erst nach dieser „Reifung" verarbeitet werden.

→ Schlagsahne soll vor dem Aufschlagen kühl gelagert werden. Beste Aufschlagergebnisse erhält man bei +4 bis +6 °C. Die Aufschlaggeräte sollen auch kühl sein, damit eine günstige Aufschlagtemperatur erhalten bleibt.

→ Schlagsahne kann „von Hand", mit der Anschlagmaschine oder mit dem Sahnebläser aufgeschlagen werden. Durch die Belüftung beim Sahnebläser erhält man das größte Aufschlagvolumen.

→ Schlagsahne wird zum Süßen und zur Verbesserung der Stabilität 60–100 g Zucker pro Liter Sahne zugesetzt. Zur Aromatisierung kann ein Teil des Zuckers durch Vanillezucker ersetzt werden.

→ Schlagsahne muß so lange geschlagen werden, bis sie ihr größtes Volumen erreicht hat. Das ist bei Litergewichten von 300 bis 350 g der Fall.

→ Schlagsahne kann Gelatine oder Sahnestabilisierungsmittel zugesetzt werden, um das „Absetzen" zu vermeiden.

Herstellen von Sahnetorten und Sahnedesserts

Mit Schlagsahne werden viele Desserts gefüllt, z. B. Windbeutel, Schillerlocken, Omeletts, Hippenrollen. Für diesen Zweck wird die Schlagsahne im allgemeinen nicht aromatisiert.

Für Sahnetorten enthält die Schlagsahne zumeist geschmackgebende Zusätze, z. B. Zubereitungen aus Schokolade, Mokka, Nüssen, Nugat und verschiedenen Früchten.

Die Böden für Sahnetorten können aus verschiedenen Massen hergestellt sein. Es gibt zwar keine verbindlichen Vorschriften für die Zusammensetzung und Gestaltung von Sahnetorten. Die in der Tabelle 143 zusammengefaßten Merkmale können aber als allgemein übliche Standards für die drei genannten Torten angesehen werden.

Abb. Nr. 683
Herstellen von Sahnetorten unter Einsatz eines Sahnebläsers

Thomas stellt fest:
„Das Aufschlagen von Schlagsahne ist eine kritische Sache. Manchmal wird bei warmem Wetter die Sahne nicht fest. Manchmal schlägt man aber auch die Sahne zu Butter." Woran liegt das?

Fehler beim Aufschlagen von Sahne

▶ Sahne ist zu warm	▶ Schlagsahne wird nicht fest
▶ Sahne ist zu kurz aufgeschlagen	▶ Schlagsahne setzt Wasser ab; geringes Volumen
▶ Sahne ist zu lange geschlagen	▶ Schlagsahne wird zu Butter

Verderben von Schlagsahne

Schlagsahne verdirbt schnell. Sie säuert leicht. Aufgeschlagene Sahne muß daher unter hygienischen Bedingungen alsbald aufgearbeitet werden. Backwaren mit Schlagsahne müssen kühl aufbewahrt werden. Günstig ist ein Temperaturbereich von 0 bis +3 °C.

In warmen Räumen gelagerte oder nach dem Frosten zu warm aufgetaute Erzeugnisse mit Schlagsahne verlieren an Volumen. Ihre Oberfläche verfärbt sich gelblich unter Hautbildung.

Standards für Sahnetorten
Beispiel: Schwarzwälder Kirschtorte
– Schokoladenbiskuitböden, angedickte Sauerkirschen, Schlagsahne mit Kirschwasser-Aromatisierung, Dekor mit Schokolade
Beispiel: Holländische Kirschtorte
– Blätterteigböden, angedickte Sauerkirschen, Schlagsahne, Fondantglasur als Dekor für den Abdeckboden
Beispiel: Flockensahnetorte
– Böden aus Brandmasse, angedickte Früchte oder Konfitüre, Schlagsahnefüllung

Tabelle Nr. 143

Abb. Nr. 684
Schwarzwälder Kirschtorte (Böden aus Biskuit- oder Wiener Masse)

Abb. Nr. 685
Holländische Kirschtorte (Böden aus Blätterteig)

Abb. Nr. 686 Flockensahnetorte (Böden aus Brandmasse)

Sahnekrems

Was ist ein Sahnekrem?

Die Bezeichnung ,,Sahnekrem" in Verbindung mit dem Torten- oder Dessertnamen ist als Kennzeichnung vorgeschrieben, wenn die Anforderungen einer Sahnetorte oder eines Sahnedesserts nicht erfüllt werden.

✱ *,,Sahnetorten/Sahnedesserts" enthalten Füllungen und geschmackgebende Zusätze mit mindestens 60 % Schlagsahne. Als Fett ist nur das Milchfett der Schlagsahne enthalten (Ausnahme: natürlicher Fettanteil von Zusätzen, wie Nüsse, Schokolade).*

Dies gilt nicht für Käse-, Wein- oder Joghurtsahnefüllungen. Vergleichen Sie hierzu das Rezept in Tabelle 145 auf Seite 319.

✱ *,,Sahnekremtorten/Sahnekremdesserts" enthalten weniger als 60 %, aber mehr als 20 % Schlagsahne in der Füllung.*

Die Unterscheidung von Sahne- und Sahnekremfüllungen erfolgt also nach dem Anteil an Schlagsahne, nicht aber nach dem Gehalt an Gelatine oder Bindemitteln.

Bindemittel für Sahne

Für deutschen Krem haben wir Weizenstärke als Bindemittel kennengelernt. Zur Bindung von Schlagsahne ist Stärke aber nicht geeignet,

– weil Stärkekrem in erkaltetem Zustand zu fest für das Zusammenmischen mit Schlagsahne ist;
– weil Stärkekrem keine zusätzliche Flüssigkeit binden könnte und beim Abstehen Wasser absetzen würde.

Wichtigstes Bindemittel für Schlagsahne ist die Gelatine.

→ Gelatine ist natürliches Kollageneiweiß, das durch Auskochen von Tierhaut und -knochen gewonnen wird.
→ Gelatine wird in Blattform mit einem Gewicht von 1,5 bis 2 g je Blatt oder in Pulverform gehandelt.
→ Gelatine kann an ihrer Oberfläche sehr viel Wasser anlagern.
→ Gelatine bildet bei Erwärmung über 30 °C ein flüssiges Sol, in dem das Wasser nicht durch die Gelatineteilchen fest gebunden ist.
→ Gelatine bildet bei Kühlung ein festes Gel (wie Gelee), in dem das Wasser fest durch die Gelatineteilchen gebunden ist.
→ Gelatine kann durch Erwärmen bzw. Kühlen mehrfach den Gel- bzw. Solzustand einnehmen. Die Gelierung bzw. das Auflösen sind also rückführbar (reversibel).

Tips für die Praxis der Gelatineverarbeitung zu Schlagsahne:

▸ *Etwa 6 Blatt bzw. 10 g gemahlene Gelatine genügen, um 1 Liter Sahne einschließlich flüssiger Geschmacksstoffe schnittfest zu machen.*

▸ *Gelatine zunächst etwa 5 Minuten mit kaltem Wasser quellen lassen. Gelatine kann dabei etwa das Fünffache ihres Eigengewichts an Wasser anlagern.*

▸ *Gelatine wird zum Auflösen erwärmt. Es genügt dazu eine Temperatur von 50–60 °C. Gelatine sollte nicht aufkochen!*

▸ *Gelatine in aufgelöster Form mit den Geschmacksstoffen zu einem Fond verarbeiten. Das erleichtert die gleichmäßige Verteilung.*

▸ *Gelatine nicht zu kalt einarbeiten; es bilden sich sonst Fäden oder Klümpchen von Gelatine in der Schlagsahne.*

▸ *Gelatine nicht zu heiß einarbeiten; es führt zu Volumenverlusten.*

▸ *Zunächst nur einen kleinen Teil der Schlagsahne mit dem gelatinehaltigen Fond zusammenmischen; die Hauptmenge der Schlagsahne nach und nach, aber flott unterziehen.*

Zusätzliche Informationen

Vor der Verarbeitung von Blattgelatine und gemahlener Gelatine muß diese in kaltem Wasser eingeweicht werden. Die geweichte Gelatine wird dann durch Erwärmen aufgelöst. Im aufgelösten Zustand kann die Gelatine beim Erkalten zusammen mit der Flüssigkeit ein festes Gel bilden.

„Kalt lösliche" Gelatine mit gleichen Gelierungseigenschaften kann trotz vieler Versuche bisher nicht hergestellt werden. Durch Sprühkristallisation wird feinstes Gelatine-Puder gewonnen. Dieses Puder ergibt zusammen mit Milchpulver, Puderzucker und quellfähigen Stärken die im Handel angebotenen Kalt-Geliermittel. Sie binden die Flüssigkeit durch einen Quellvorgang. Die damit hergestellten Produkte sind daher eher kremig und weniger geliert.

Die Verarbeitung von Kalt-Geliermitteln erfolgt:

– *zu Schlagsahne: zusammen mit der vom Hersteller angegebenen Zuckermenge trocken in die fast aufgeschlagene Sahne eingestreut.*

– *zu Sahnekrem: zusammen mit der vom Hersteller angegebenen Zuckermenge in kalten Fond einrühren. Dann die aufgeschlagene Sahne unterziehen. Der Fond kann auch auf ca. 40 °C erwärmt und vor Zugabe der Sahne abgekühlt werden. In diesem Fall sollte die Zusatzmenge an Kalt-Geliermittel reduziert werden, weil der Fond sonst den kremig-sahnigen Charakter verliert.*

Herstellen von Zitronensahnetorte

Aus den würzenden Zutaten (ohne Schlagsahne) wird zunächst ein Fond bereitet. Dazu werden Zitronensaft, Weißwein, Eidotter und Zucker bis etwa 85 °C erhitzt („bis zur Rose abgezogen"). In diesen Fond wird die eingeweichte und aufgelöste Gelatine gegeben. Der Fond wird nun kalt gerührt. Dann wird nach und nach die Schlagsahne untergezogen.

Torten und Desserts mit Zitronensahne werden häufig ohne Abdeckung bereitet (vgl. Herstellungsfotos auf dieser Seite).

Mit den Beispielen der Käse- und Zitronensahnetorten haben wir zwei unterschiedliche Methoden der Zubereitung kennengelernt:

– Grundkrem kalt anrühren,
– Abziehen eines Fonds.

Fonds werden vor allem bei der Verarbeitung größerer Mengen flüssiger Zutaten zu Sahnekrem gezogen. Man nutzt beim Abziehen des Fonds auch die bindende und emulgierende Eigenschaft des Eidotters.

Rezeptbeispiel: Zitronensahnetorte
50 g Zitronensaft
75 g Weißwein
50 g Eidotter
150 g Zucker
6 Blatt Gelatine
700 g Schlagsahne (ungesüßt)

Tabelle Nr. 144

Abb. Nr. 687
Arbeitsablauf zur Herstellung von Sahnedesserts

Rezeptbeispiel: Käsesahnetorte
500 g Quark
150 g Zucker
50 g Eidotter
Salz/Zitronenaroma
8 Blatt Gelatine
100 g Wasser
700 g Schlagsahne (ungesüßt)

Tabelle Nr. 145

Abb. Nr. 688 Käsesahnetorte

Als Convenienceprodukte werden fertige Sahnekremfonds in Pulverform angeboten. Sie enthalten auf einer Milchpulvergrundlage die Aromastoffe, Zucker und kaltlösliche (instantisierte) Gelatine.

Der Geschmackfond für Sahnekrem wird aus diesen Produkten unter Zusatz von kaltem Wasser angerührt. Beim Zusammengeben mit der Schlagsahne werden durch das „Kaltverfahren" Volumenverluste vermieden.

Wichtiges über Schlagsahne und Sahnekrems in Kurzform	
▸ Günstigste Aufschlagbedingungen für Schlagsahne	▸ etwa einen Tag nach der Sahnegewinnung
	▸ Aufschlagtemperatur bei +4 bis +6 °C
	▸ Zusatz von 60 bis 100 g Zucker pro Liter Sahne
	▸ Verwendung eines Sahnebläsers zum Aufschlagen
▸ Stabilisierung der aufgeschlagenen Schlagsahne	▸ Zusatz von Gelatine oder Sahnestandmitteln
▸ Frischhaltung der aufgeschlagenen Schlagsahne	▸ Kühlung bei +0 bis +3 °C zur Verzögerung des Säuerns
▸ Vorrätighalten von Sahne- und Sahnekremgebäcken	▸ Frosten bei −20 °C; Lagern unter Schutz vor Fremdgeruch und Austrocknung im gefrorenen Zustand; langsames Auftauen bei angepaßter Luftfeuchtigkeit
▸ Bezeichnung „Sahnekrem"	▸ Zusammensetzung aus Schlagsahne + geschmackgebenden Zutaten; Schlagsahneanteil unter 60 % und über 20 %

Herstellen von Käsesahnetorte

Die Käsesahnemasse wird wie folgt bereitet:
Durchpassierter Quark wird mit Zucker, Eidotter und Aromen glatt gerührt. Die Gelatine wird 5 Minuten in kaltem Wasser eingeweicht und danach in 100 g Wasser auf 60 °C erwärmt. Die so aufgelöste Gelatine wird in den Quarkkrem eingerührt. Dann wird die aufgeschlagene Sahne untergezogen.

Die Torte wird wie folgt bereitet: Ein dünner, gebackener Mürbeteigboden von 26 cm Durchmesser wird mit Konfitüre bestrichen und mit einem dünnen Biskuitboden abgedeckt. Der so vorbereitete Boden wird mit einem hohen Ring eingefaßt. In den Ring wird die vorbereitete Käsesahnemasse eingefüllt. Zur Abdeckung kann man einen zweiten, in 16 Teile geschnittenen Biskuitboden auflegen. Nach gutem Auskühlen kann die Torte mit Staubzucker besiebt und geschnitten werden.

Abb. Nr. 689 Erdbeertörtchen als Saisongebäck

Obsttorten und Obstdesserts

Erdbeertörtchen sind ein beliebtes, frisches Saisongebäck. Aber auch außerhalb der Obstsaison ist der Bäcker jederzeit in der Lage, mit dem breiten Angebot an Obstkonserven abwechslungsreiche Desserts herzustellen.

Der Fachmann achtet darauf, daß er für Obsttorten und Obstdesserts hochwertige Obstkonserven verwendet. Auch Kombinationen von frischem und konserviertem Obst sind beliebt. Die fachmännische Bereitung erkennt man vor allem am Boden und an der Abdeckung der Obsttorten. Worauf kommt es dabei an?

Böden für Obsttorten und Obstdesserts

Torteletts und Obsttortenböden werden vor allem aus Mürbeteig und Wiener Masse hergestellt. Der Bäcker hat bei der Vorbereitung der Böden für Obsttorten zu beachten,
- daß das aufgelegte Obst am Boden haften kann,
- daß der Boden vor dem Durchnässen geschützt wird.

Drei Beispiele sollen die fachgerechte Gestaltung der Böden verdeutlichen:
▸ Mürbeteigböden sind stabiler als Böden aus Biskuit- oder Wiener Masse. Sie nässen auch nicht so leicht durch. Man beschichtet den Boden mit Konfitüre, Vanillekrem oder einer abgeschmeckten Makronenmasse, bevor das Obst aufgelegt wird.
▸ Mürbeteigböden können vor dem Backen mit einer Mischung aus Mürbeteig und Makronenmasse beschichtet werden. Diese Schicht backt zusammen mit dem Mürbeteig saftig-mürb. Vor dem Auflegen der Früchte wird der Boden mit Konfitüre eingestrichen (vgl. Abb. Nr. 691).
▸ Mürbeteigböden können mit einer Biskuitschicht belegt werden. Die Haftung zwischen den Böden bzw. zwischen dem Biskuit und dem Obst kann mit Konfitüre, Vanillekrem oder Makronenmasse hergestellt werden. Der Biskuit kann Obstsaft aufnehmen und erhöht damit die Saftigkeit des Gebäcks (vgl. Abb. Nr. 692).

Fehlerhaft wäre das unmittelbare Beschichten von Böden aus Wiener Masse oder Biskuitmasse mit feuchten Obstbelägen. Schon nach kurzer Zeit ist der Boden so durchfeuchtet, daß die Obsttorte nicht mehr verkaufsfähig ist.

Geleeguß für Obsttorten und Obstdesserts

Üblicherweise werden Obsttorten mit Gelee abgeglänzt. Der Guß soll
- früchtebedeckend,
- klar,
- schnittfest,
- auf der Zunge zart zergehend sein.

Die Verwendung von Farbstoffen zum Geleeguß ist erlaubt. Sie muß bei der Ausstellung der Gebäcke zum Verkauf wie folgt kenntlich gemacht werden:
▸ „Mit Farbstoff" oder
▸ „Geleeguß mit Farbstoff".

Als Bindemittel für Geleeguß sind geeignet:
- Agar-Agar,
- Alginate/Alginsäure,
- Carragen.

Fertigmischungen für Tortenguß enthalten auch Zusätze von Johannisbrotkernmehl oder Guarkernmehl. Die Bereitung des Gelees erfolgt durch Erhitzen der Mischung aus Tortenguß, Wasser und Zucker nach den Angaben des Herstellers. Diese Gelees sind im allgemeinen nach dem Gelieren wieder auflösbar durch erneutes Erwärmen.

Abb. Nr. 690

Karl meint: „Was gibt es da für Probleme? Ich nehme grundsätzlich nur Biskuitböden für Obsttorten! Die sind wenigstens weich genug und splittern nicht so beim Schneiden!"
Beurteilen Sie Karls Auffassung!

Abb. Nr. 691
Mürbeteigboden mit gebackener Beschichtung

Abb. Nr. 692
Mehrschichtiger Aufbau eines Obsttortenbodens im Vergleich zu einem Mürbeteigboden mit Erdbeeren

Hinweis:
Weitere Informationen über die Verwendung von Farbstoffen zu Backwaren erhalten Sie im Kapitel „Überzüge und Dekors"!

Zusätzliche Informationen

Agar-Agar, Alginsäure und deren Salze (Alginate) sowie Carragen sind hochaufgebaute Zuckerstoffe aus Algenarten (niedere Wasserpflanzen). Guarkernmehl und Johannisbrotkernmehl stammen aus Samen tropischer Pflanzen.

Wirksame Bestandteile in diesen Dickungsmitteln sind hochmolekulare Zuckerstoffe gleicher Zusammensetzung (Homoglykane) oder verschiedener Zusammensetzung (Heteroglykane). In ihrem chemischen Aufbau sind die mehr oder weniger langen Ketten zum Teil unverzweigt oder verzweigt.

Pektine stammen aus Zellgerüsten der Pflanzen. Daher gewinnt man sie aus dem Saft vieler (insbesondere unreifer) Früchte. Sie enthalten Galakturonsäure und hochaufgebaute Zucker. In sauren Lösungen mit etwa 50 % Zuckeranteil können Pektine unter Wasserbindung ein Gel bilden.

Etwa 20 Dickungsmittel sind als Zusatzstoffe ohne Kennzeichnung für Lebensmittel zugelassen. Die Höchstmenge pro kg fertigen Lebensmittels ist mit 20 g (für Pektin = 30 g) festgelegt.

Auf kaltem Weg kann Tortenguß aus pektinhaltigem Saft, Zucker und Fruchtsäuren hergestellt werden. Die Gelierung erfolgt durch das Ausfällen von Pektinen (hochaufgebaute Zuckerstoffe in Früchten) durch Säuerung. Die so gewonnenen Gelees können nicht wieder zum erneuten Verarbeiten flüssig gemacht werden.

Obsttorten mit Decken

Gedeckte Obsttorten werden mit Mürbeteig, Blätterteig oder Rührmassen gebacken. Die Früchte werden dabei als Einlage mitgebacken.

Auch auf die Obstschicht aufdressierte Massen (z. B. Schaummasse) dienen als Abdeckung.

Zum Nachdenken: Weshalb sind Zubereitungen mit Gelatine als Tortenguß weniger geeignet?

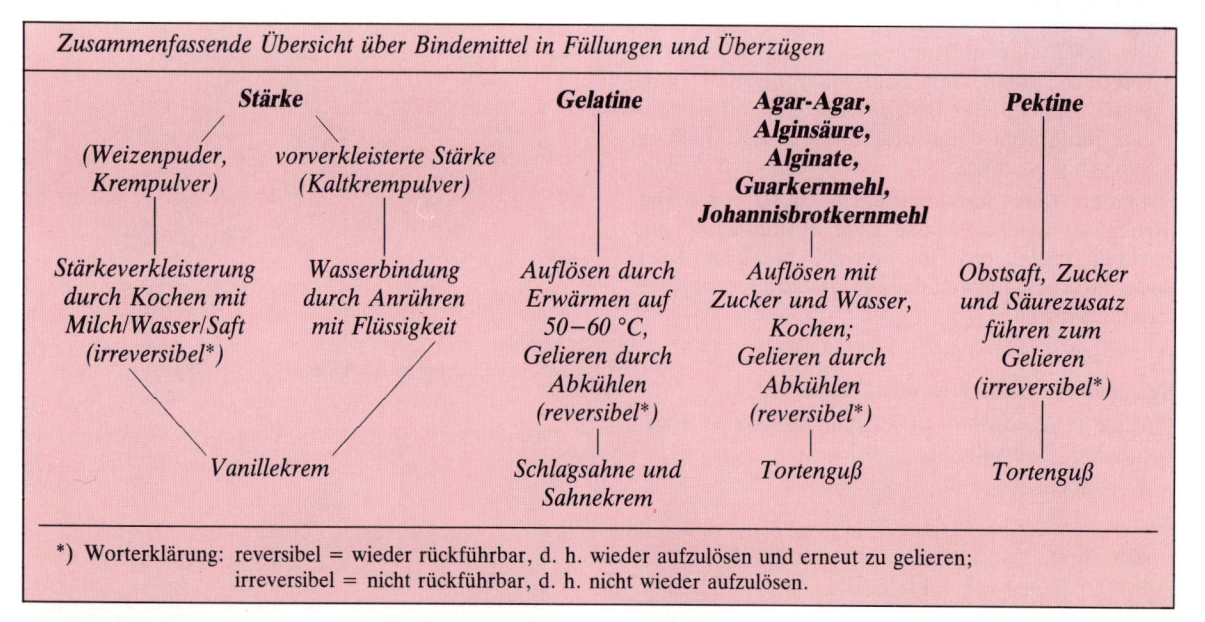

Zusammenfassende Übersicht über Bindemittel in Füllungen und Überzügen

Stärke		Gelatine	Agar-Agar, Alginsäure, Alginate, Guarkernmehl, Johannisbrotkernmehl	Pektine
(Weizenpuder, Krempulver)	vorverkleisterte Stärke (Kaltkrempulver)			
Stärkeverkleisterung durch Kochen mit Milch/Wasser/Saft (irreversibel*)	Wasserbindung durch Anrühren mit Flüssigkeit	Auflösen durch Erwärmen auf 50–60 °C, Gelieren durch Abkühlen (reversibel*)	Auflösen mit Zucker und Wasser, Kochen; Gelieren durch Abkühlen (reversibel*)	Obstsaft, Zucker und Säurezusatz führen zum Gelieren (irreversibel*)
Vanillekrem		Schlagsahne und Sahnekrem	Tortenguß	Tortenguß

*) Worterklärung: reversibel = wieder rückführbar, d. h. wieder aufzulösen und erneut zu gelieren; irreversibel = nicht rückführbar, d. h. nicht wieder aufzulösen.

Makronentorten

Abb. Nr. 693 Makronentorte

Die Herstellung von Makronentorten ist außergewöhnlich: sie werden gebacken, nachdem sie zusammengesetzt und garniert wurden. Und so wird es gemacht:
→ Aufgeschnittene Wiener Böden werden mit Konfitüre bzw. Makronenmasse zusammengesetzt.
→ Die Torte wird mit Makronenmasse eingestrichen und ausgarniert.
→ Der Rand wird evtl. mit gehobelten Mandeln abgesetzt. So wird die Torte bei ca. 200 °C abgeflämmt.
→ Nach dem Backen wird die Makronengarnierung heiß aprikotiert. Das Dekormuster kann mit Konfitüre und Fondant ausgelassen werden.

Die Masse für Makronentorten muß gut dressierfähig sein. Sie sollte aber so fest sein, daß die Konturen beim Backen nicht verlaufen. Im Gegensatz zu anderen Makronengebäcken werden bei Massen für Makronentorten keine zerkleinerten Kerne verwendet. Man stellt die Masse vielmehr aus Rohmassen her.

> **Hinweis:**
> Weitere Informationen zu Makronenmassen können Sie im Kapitel „Gebäcke aus Makronenmassen und Massen mit Ölsamen" erhalten.

Rohmassen und Halbfertigprodukte

Die Masse für Makronentorte wird aus Marzipanrohmasse, Eiklar und Zucker bereitet. Wird Persipanrohmasse verwendet, so muß dies kenntlich gemacht werden. Die Bezeichnung lautet in diesem Fall „Persipanmakronentorte".

Wie unterscheiden sich Marzipan- und Persipanrohmasse?

▸ Marzipanrohmasse wird aus süßen Mandeln und Zucker hergestellt. Auf 100 Teile Mandeln werden 50 Teile Zucker verarbeitet.
Nach dem Brühen der geschälten Mandeln werden sie zerrieben und mit dem Zucker abgeröstet. Die erkaltete Masse muß mindestens 28 % Mandelöl enthalten und darf höchstens 17 % Wasser und 35 % Zucker enthalten.

▸ Persipanrohmasse wird wie Marzipanrohmasse hergestellt. Anstelle von Mandeln werden entbitterte Aprikosen- oder Pfirsichkerne verarbeitet.
Die fertige Persipanrohmasse darf bis zu 20 % Wasser und 35 % Zucker enthalten. Der Persipanrohmasse müssen 0,5 % Stärke zugesetzt werden. Dadurch ist es möglich, sie mit Hilfe der Jodprobe von Marzipanrohmasse zu unterscheiden.

> **✼ Merkhilfe**
>
> Marzipanrohmasse → Mandeln + Zucker
>
> Persipanrohmasse → Aprikosen- bzw. Pfirsichkerne + Zucker → Stärkezusatz

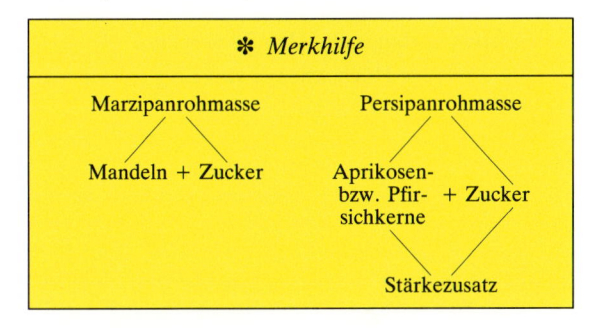

Für die Herstellung von Marzipanabdeckungen oder figürlichem Marzipan wird Marzipanrohmasse mit Puderraffinade angewirkt.

Zum Anwirken darf aber nicht beliebig viel Puderzucker verwendet werden. Die Höchstmengen betragen
- bei Marzipanrohmasse im Verhältnis 1:1, also z. B. auf 1 kg Rohmasse höchstens 1 kg Puderzucker;
- bei Persipanrohmasse im Verhältnis 2:3, also z. B. auf 1 kg Rohmasse höchstens 1,5 kg Puderzucker.

Um die angewirkten Massen geschmeidig zu halten, dürfen Stärkesirup oder Sorbit zugesetzt werden. Die Höchstmengen betragen:
- bei Marzipanrohmasse = 3,5 % Stärkesirup und/oder 5 % Sorbit;
- bei Persipanrohmasse = 5 % Stärkesirup und/oder 5 % Sorbit (jeweils bezogen auf die Gesamtmasse).

> *Beachten Sie die lebensmittelrechtlichen Bestimmungen für die Verarbeitung von Rohmassen!*

Als Füllmassen für Torten und Desserts haben außerdem Bedeutung:
- Nußrohmassen und Halbfertigprodukte aus Schalenfrüchten,
- Nugat und Nugatkrem.

Rohmassen können leicht verderben
- bei zu warmer Lagerung, indem sie ranzig werden durch Fettspaltung,
- bei zu feuchter Lagerung, indem sie schimmeln,
- bei offener, trockener Lagerung, indem sie an der Oberfläche verkrusten,
- bei Vermischung mit Mehl, indem sie gären.

Sie sollten daher auf kühle, lichtgeschützte Lagerung achten.

Besonders empfindlich gegenüber Verderb durch Kleinlebewesen sind angewirkte, verbrauchsfähige Füllmassen. Sie müssen bis zur Verwendung unbedingt kühl gelagert werden. Der Bäcker kann sie aber auch haltbar machen, indem er Konservierungsstoffe zusetzt.

> *Zusätzliche Informationen*
>
> *Für Nußrohmassen gelten die gleichen Qualitätsanforderungen wie für Persipan. Sie dürfen neben dem Nußanteil bis zu 10 % ihrer Gesamtmasse an bitteren Mandeln oder Aprikosenkernen enthalten.*
>
> *Neben den Rohmassen gibt es eine Fülle von Halbfertigprodukten, die schon in streichfähiger Form gehandelt werden. Sie enthalten einen hohen Zucker- und Flüssigkeitsanteil. Das ist im Vergleich zu Rohmassen bei Wirtschaftlichkeitsberechnungen zu berücksichtigen.*
>
> *Nugatmassen werden aus Kernen (Mandel oder Nuß bzw. Mandel-Nuß), Zucker und Kakaoerzeugnissen hergestellt.*
>
> *Nugatmassen dürfen bis zu 50 % Zucker enthalten.*
>
> *Nugatmassen dürfen höchstens 2 % Wasser enthalten.*

Zusätzliche Informationen

Als Konservierungsstoffe für Feine Backwaren und deren Zutaten sind zugelassen:

Kenn-Nr.	Stoff	EWG-Nr.
Nr. 1	**Sorbinsäure**	E 200
	Natriumsorbat	E 201
	Kaliumsorbat	E 202
	Calziumsorbat	E 203
Nr. 2	**Benzoesäure**	E 210
	und deren Salze	
	Natriumbenzoat	E 211
	Kaliumbenzoat	E 212
	Calziumbenzoat	E 213
Nr. 3	**PHB-Ester**	E 214, 215,
	(sechs verschiedene	216, 217,
	para-hydroxy-Benzoe-	218, 219
	säureester)	

▸ Propionsäure und Salze der Propionsäure sind seit dem 1. April 1988 als Konservierungsstoffe verboten. An ihrer Stelle dürfen für die Haltbarmachung von Backwaren im wesentlichen Sorbinsäure und deren Salze verwendet werden.

Beispiele für Anwendungen

▸ Ein Zusatz der Konservierungsstoffe Nr. E 200 bis E 219 ist beispielsweise bis zu 1,5 g pro kg der folgenden Erzeugnisse erlaubt:
- Marzipan, Persipan;
- Makronen-, Nußmakronen-, Makronenersatzmassen;
- Massen mit Zusätzen von Milch, Früchten oder anderen Stoffen für Zucker-, Schokoladen-, Dauerbackwaren und Backwaren anderer Art.

▸ Ein Zusatz der Konservierungsstoffe Nr. E 200 bis E 203 ist beispielsweise bis zu 2 g pro kg der folgenden Erzeugnisse erlaubt:
- Feine Backwaren mit einem Feuchtigkeitsgehalt von mehr als 22 %;
- brennwertverminderte Backwaren;
- Kuchen mit feuchter Auflage oder Füllung.

Die Kennzeichnung erfolgt unter Nennung des Konservierungsstoffes (fettgedruckter Name) oder der speziellen EWG-Nummer.

Trockenfrüchte, kandierte Früchte, Zitronat und Orangeat, zerkleinerte Zitrusschalen für gewerbliche Backzwecke, rohe-geschälte Apfelstücke für gewerbliche Backzwecke, Obstgeliersäfte, Konfitüren, Marmeladen, Gelees, Obstpülpen, Obstmark, bestimmte Zuckerprodukte dürfen u. a. mit Schwefeldioxid oder schwefeldioxid-freigebenden Stoffen behandelt werden.

Sind im fertigen Erzeugnis mehr als 50 Milligramm Schwefeldioxid pro kg/pro Liter enthalten, so ist eine Kenntlichmachung durch die Angabe „geschwefelt" erforderlich.

Konservierungsstoffe

Zucker hat als Zutat zu vielen Feinen Backwaren eine konservierende Wirkung. Auch andere Zutaten können auf natürliche Weise die Wirkung von Kleinlebewesen eindämmen. Dennoch bewertet man diese natürlichen Zutaten nicht als Konservierungsstoffe.

✱ *Konservierungsstoffe im lebensmittelrechtlichen Sinn sind Zusatzstoffe, die durch chemische Wirkung den Verderb durch Kleinlebewesen verhindern.*

Ihre Anwendbarkeit bei Feinen Backwaren ist aber eingeschränkt.

▸ Chemische Konservierungsstoffe dürfen nur für Lebensmittel verwendet werden, die ausdrücklich zur Konservierung mit dem betreffenden Zusatzstoff zugelassen sind.

▸ Chemische Konservierungsstoffe dürfen nur bis zu festgelegten Höchstmengen pro kg fertiges Lebensmittel zugesetzt werden.

▸ Lebensmittel mit einem Gehalt an chemischen Konservierungsstoffen dürfen auch zu solchen Lebensmitteln als Zutat verwendet werden, für die eigentlich der enthaltene Konservierungsstoff nicht verarbeitet werden darf.

▸ Der Gehalt an Konservierungsstoffen muß bei Ausstellung der Lebensmittel zum Verkauf kenntlich gemacht werden. Das geschieht durch die Angabe: „Mit Konservierungsstoff . . ." oder „Konserviert mit . . .". Die Kennzeichnung erfolgt auf einem Schild neben der Ware, auf dem Preisschild oder in der Zutatenliste der Fertigpackung.

Einige Beispiele aus der Feinbäckerei:

▸ Marzipanhaltige Makronenmasse darf mit Konservierungsstoffen haltbar gemacht werden. Ein Bäcker verwendet dafür den u. a. erlaubten Konservierungsstoff Sorbinsäure. Der Bäcker muß
- die zulässige Höchstmenge von 1,5 g pro kg Masse beachten und genau abmessen;
- bei der Ausstellung der Backwaren zum Verkauf die Konservierung kenntlich machen, z. B. „Mit Konservierungsstoff Sorbinsäure". Bei Fertigpackungen muß in die Zutatenliste aufgenommen werden: „Konservierungsstoff Sorbinsäure".
  Es ist auch erlaubt, nur den konservierten Teil des Feingebäcks kenntlich zu machen, z. B. „Makronenmasse mit Konservierungsstoff Sorbinsäure".

▸ Ein Aprikosenkuchen mit Geleeguß soll mit Konservierungsstoff haltbar gemacht werden. Im Geleeguß wird dazu ein Sorbat (Salz der Sorbinsäure) aufgelöst. Die Zusatzmenge beträgt 2 g pro kg fertigem Gelee. Der Bäcker kann in diesem Fall die Konservierung so kenntlich machen: „Geleeguß mit Konservierungsstoff Sorbinsäure".

▶ Zum Auspressen von Zitronensaft für Sahnekrem werden Zitronen verwendet, deren Schale mit Diphenyl konserviert ist. Die Schalen dieser Zitronen dürfen in Form von selbsthergestelltem Zitronenabrieb zur Aromatisierung ohne Kenntlichmachung weiterverwendet werden, obwohl Diphenyl für die Konservierung von Backwaren nicht zugelassen ist.

▶ Unter den Belag für eine Obsttorte wird Aprikosenkonfitüre gestrichen. Die Oberfläche der Konfitüre ist mit Sorbinsäure konserviert.
Der Bäcker kann bei Verwendung dieser Konfitüre für Obsttorten auf die Kennzeichnung verzichten, weil das Konservierungsmittel in der fertigen Obsttorte keine technologische Wirkung mehr hat.

Der Käufer Feiner Backwaren erkennt an der Kenntlichmachung (Deklaration), ob ein Gebäck mit chemischen Konservierungsstoffen behandelt ist. Der Käufer weiß im allgemeinen nichts über die Zulassungsbeschränkungen und Höchstmengenvorschriften für diese Zusatzstoffe. Daher lehnt er gefühlsmäßig die Backwaren mit Gehalt an Konservierungsstoffen ab.

Abb. Nr. 694

Sie sollten bei Ihrer Arbeit bedenken:
→ Anstelle chemisch konservierter Zutaten sollten Sie unbehandelte Zutaten bevorzugen!
→ Unbehandelte Zutaten können Sie durch sachgemäße und kühle Lagerung vor dem Verderb schützen!
→ Durch immer wieder frisch bereitete Backwaren können Sie auf die Wirkung chemischer Konservierungsstoffe verzichten!

Sachertorte

Abb. Nr. 695 Sachertorte

Als Koch beim Fürsten Metternich „erfand" der spätere Besitzer des Hotel Sacher in Wien 1832 ein Rezept für eine feine Torte aus Eidotter, Butter, Zucker, Schokolade und Mehl. Die nach ihm benannte Sachertorte ist heute weltbekannt. Sie zählt zu den Spitzenqualitäten Feiner Backwaren.

Von der Zusammensetzung her werden mindestens 100 Teile Schokolade, 100 Teile Vollei, 100 Teile Butter auf 100 Teile Mehl gefordert. Die Masse kann somit als eine spezielle schwere Sandmasse eingeordnet werden.

Nach dem Backen werden die durchgeschnittenen Sacherböden mit Johannisbeergelee, einem Weingelee oder heißer Aprikotur getränkt. Dann werden sie zusammengesetzt und außen heiß aprikotiert. Als Überzug verwendet man anstelle von Kuvertüre auch gern gekochte Schokoladenglasur.

Farbe, Aussehen, Geschmack und Qualität der Sachertorte werden ganz wesentlich von Kakao- und Schokoladenprodukten geprägt.

Kakaoprodukte sind darüber hinaus in der gesamten Feinbäckerei als aromagebende Zutaten, Überzüge und Dekormittel wichtig. Um diese wertvollen Zutaten richtig verarbeiten zu können, müssen Sie grundsätzliche Informationen über Zusammensetzung, Eignung und technologische Eigenschaften der Kakaoprodukte haben.

Kuvertüre und kakaohaltige Fettglasuren

Karl meint:
„Ich würde nur kakaohaltige Fettglasur als Überzugsmasse nehmen. Sie ist einfacher als die Kuvertüre zu verarbeiten. Und in der Qualität ist sie genauso gut. Die Kunden merken keinen Unterschied!"

Was meinen Sie dazu?

Karl hat Recht, wenn er die einfachere Verarbeitung und die gute Qualität von kakaohaltigen Fettglasuren betont. Aber ansonsten irrt er sich, wenn er zwischen Kuvertüre und kakaohaltigen Fettglasuren keinen Unterschied macht!

Zusätzliche Informationen
Zusammensetzung von Kuvertüre und kakaohaltigen Fettglasuren

Kuvertüre (60:40) setzt sich wie folgt zusammen:
Kakaomasse   = 50 % ⎫ → *Fett = 27 %*
zus. Kakaobutter = 10 % ⎭ → *Fett = 10 %*
Zucker   = 40 %

100 %   37 %

Kakaobutter hält die trockenen Bestandteile der Kuvertüre zusammen zu einer homogenen Masse. Mit ihren Eigenschaften bestimmt die Kakaobutter auch die Beschaffenheit der Kuvertüre.

Kakaobutter
- *besteht zu etwa 60 % aus den festen Fettsäuren Stearin- und Palmitinsäure. Als dritte Fettsäure ist vorwiegend Ölsäure enthalten,*
- *ist bei Raumtemperatur hart,*
- *schmilzt vollständig mit kühlendem Schmelz unterhalb der menschlichen Körpertemperatur,*
- *schmilzt klar in einem engen Temperaturbereich zwischen 29 und 33 °C.*

Die Fette der kakaohaltigen Fettglasuren haben andere Schmelzeigenschaften als die Kakaobutter. Palmöl und gehärtetes Palmöl
- *haben einen geringeren Anteil an festen Fettsäuren als die Kakaobutter,*
- *schmelzen langsamer über einen größeren Temperaturbereich als die Kakaobutter,*
- *haben oberhalb 35 °C noch einen wesentlichen Anteil an festem Fett.*

Wenn man den Anteil fester Fette bei verschiedenen Temperaturen in Prozent darstellt, erhält man typische Schmelzkurven.

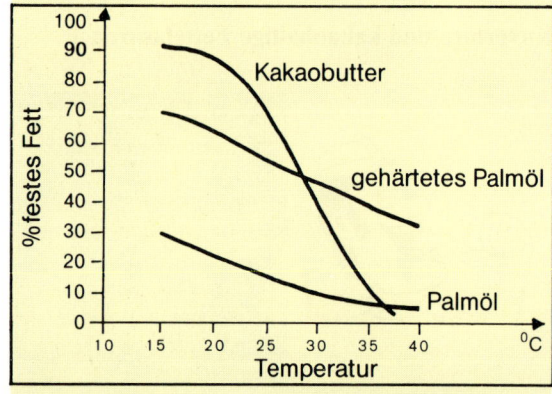

Tabelle Nr. 146
Schmelzkurven von Fetten der Kuvertüre und Fettglasuren

Zum Nachdenken: *Welche Kuvertüresorten sind als ,,bitter" bzw. als ,,süß" einzuordnen?*

Kakaohaltige Fettglasur gilt lebensmittelrechtlich als nachgemachte Schokolade. Nicht verwendet werden darf kakaohaltige Fettglasur
- zu Feinbackwaren besonderer Qualität oder beim Hinweis auf ,,feinste Zutaten", z. B. Sachertorte;
- zum Überziehen oder Herstellen von Süßwaren, z. B. Erzeugnisse mit Marzipan, Mandeln, Schokolade;
- zu Dauerbackwaren von herausgehobener Qualität, z. B. Oblatenlebkuchen.

Im übrigen kann kakaohaltige Fettglasur für Backwaren und Speiseeis verwendet werden, wenn bei der Ausstellung der Erzeugnisse zum Verkauf auf die Verwendung der kakaohaltigen Fettglasur hingewiesen wird. Diese Kennzeichnung erfolgt
- bei lose zum Verkauf angebotenen Gebäcken durch ein Hinweisschild neben dem Gebäck oder auf dem Preisschild mit den Worten ,,Mit Fettglasur";
- bei Lebensmitteln in Fertigpackungen durch das Wort ,,Fettglasur" in der Zutatenliste und den zusätzlichen Hinweis ,,Mit Fettglasur" in Zusammenhang mit der Verkehrsbezeichnung des Gebäcks.

Zusammensetzung

Auf einer Kuvertürepackung finden Sie die Kennzeichnung ,,Kuvertüre 60:40". Was bedeutet das?

Kuvertüre besteht aus Kakaomasse, Kakaobutter und Zucker. Mit der Kennzeichnung 60:40 wird das Mengenverhältnis von Kakaobestandteilen zu Zucker ausgewiesen. In unserem Beispiel besteht die Kuvertüre also aus 60 Teilen Kakaobestandteilen und 40 Teilen Zucker. Handelsüblich sind auch die Kuvertüresorten 70:30 und 50:50.

Durch eine dritte Zahl (z. B. 70:30:38) kann zusätzlich der Kakaobutteranteil ausgewiesen werden.

Als Zutaten können auch Trockenmilch (zu Milchkuvertüre) oder Sahne (zu Sahnekuvertüre) enthalten sein.

Bei kakaohaltigen Fettglasuren finden Sie auf den Verpackungen keine Kennzeichnung der enthaltenen Zutaten. Kakaohaltige Fettglasuren haben eine vergleichbare Grundrezeptur wie die Kuvertüre. Die Kakaobutter wird jedoch vollständig oder zum Teil durch Austauschfette ersetzt.

Die Art der Austauschfette bestimmt die Qualität der Fettglasuren.

▸ Der Kakaobutter nahe verwandte Fettmischungen erbringen in Fettglasuren den Schmelz, den Glanz und die Härte wie bei Kuvertüre. Diese Fettglasuren müssen wie Kuvertüre verarbeitet werden.

▸ Palmkern- und Kokosfette haben vergleichbaren Schmelz und gleiche Härte wie Kakaobutter. Sie ergeben ,,fingerfeste" Überzüge. Sie müssen nicht wie Kuvertüre verarbeitet werden.

▶ Der Kakaobutter wenig verwandte Fette ergeben Überzüge, die gut schneidbar und elastisch sind. Sie sind weich, wenig glänzend. Sie haben einen geringeren Schmelz und eingeschränkten Schokoladengeschmack. Sie sind einfacher als Kuvertüre zu verarbeiten.

Aufbewahrung von Kuvertüre und Fettglasuren

Kuvertüre und kakaohaltige Fettglasuren sind lange lagerfähig, weil sie so gut wie kein Wasser enthalten. Auch haben sie einen hohen Zuckergehalt. Die Verarbeitungseigenschaften können aber durch Licht, Wärme und Feuchtigkeit verringert werden. Außerdem sind sie gegen starke Fremdgerüche empfindlich. Kakaohaltige Produkte sollten Sie daher kühl und lichtgeschützt verpackt aufbewahren.

Verarbeitung von Kuvertüre und kakaohaltigen Fettglasuren

Kakaohaltige Fettglasuren und Kuvertüre müssen vor ihrer Verarbeitung durch Erwärmen flüssig gemacht werden. Die Fließfähigkeit beim Überziehen wird durch den Fettanteil bestimmt. Er liegt in den Überzugsmassen bei ⅓ ihrer Masse.

Durch weiteren Zusatz von Fett beim Auflösen der Überzugsmasse kann der Bäcker die Fließfähigkeit erhöhen.

✻ *Beachten Sie:*
▶ *Zu Kuvertüre darf zum Verdünnen nur Kakaobutter zugesetzt werden!*
▶ *Zu kakaohaltigen Fettglasuren dürfen zum Verdünnen außer Kakaobutter auch andere Fette zugesetzt werden!*
▶ *In Kuvertüre und kakaohaltige Fettglasuren darf kein Wasser gelangen, weil sonst die Überzugsmasse stocken würde!*

Kakaohaltige Fettglasuren werden zum Überziehen auf ca. 40 °C erwärmt.

Kuvertüre dagegen muß in die Nähe ihres Erstarrungspunktes „temperiert" werden.

Wie wird fachgerecht temperiert?
→ Kuvertüre auf ca. 45 °C erwärmen; sie wird flüssig.
→ Kuvertüre durch geraspelte feste Kuvertürestückchen herunterkühlen; sie beginnt zu erstarren.
→ Kuvertüre wieder auf die gewünschte Temperatur erwärmen; sie ist zum Überziehen geeignet.

Man kann zum Temperieren anstelle der geraspelten Kuvertüre auch einen Teil der aufgelösten Kuvertüre auf einer kalten Platte bis zum Festwerden spachteln und dann in die flüssige Kuvertüre geben. Gut geeignet ist auch ein Kuvertüre-Temperiergerät (vgl. Abb. Nr. 696).

Abb. Nr. 696
Ein einfaches Gerät zum Temperieren von Kuvertüre mit elektrischer Heizung und Wasserbad

Warum muß Kuvertüre temperiert werden?
▶ Die Kakaobutter kann in verschiedenen Kristallformen fest werden.
▶ Die Kakaobutter bildet nur in einer bestimmten Kristallform einen festen, nicht streifigen Überzug.
▶ Die Kakaobutter liegt durch das Temperieren zu ¾ in flüssiger und zu ¼ in fester (kristallförmiger) Form vor. Dadurch wird ein Entmischen der Bestandteile verhindert. Außerdem wirken die kristallförmigen Kakaobutteranteile wie ein Muster für das Festwerden der noch flüssigen Bestandteile.

Mit welcher Temperatur die Kuvertüre zu verarbeiten ist, hängt von der Sorte ab. Bittere Kuvertüre erstarrt z. B. bei etwa 31–33 °C. Milchkuvertüre erstarrt schon bei etwa 29–31 °C.

Die richtige Temperatur zum Überziehen ermittelt man an einem Probeüberzug. Auch die besonders empfindliche Kuppe des kleinen Fingers zeigt dem geübten Fachmann die richtige Temperatur zum Überziehen an.

Abb. Nr. 697 bis 699
Arbeitsablauf beim Überziehen, Einteilen und Ausgarnieren einer Torte. Beachten Sie hierzu auch die Tips auf Seite 328!

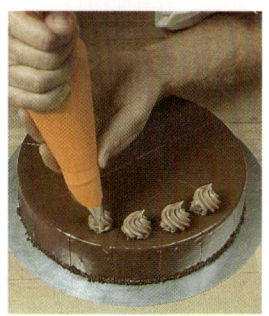

Tips für die Praxis:

▸ *Aufgelöste oder temperierte Überzugsmassen nicht schaumig rühren! Das ergibt sonst Bläschen im Überzug.*

▸ *Durchgekühlte Gebäcke vor dem Überziehen auf Raumtemperatur erwärmen lassen! Sonst erstarrt der Überzug zu schnell und läßt sich nicht glätten.*

▸ *Bei Torten zunächst den Rand reichlich mit Überzugsmasse bedecken, dann zügig mit der Palette glätten! So wird der Rand sauber und vollständig überzogen.*

▸ *Dessertstücke (evtl. mit Hilfe einer Gabel) ,,über Kopf'' bis zum Boden in die Überzugsmasse tauchen! So erhält man glatte Seiten und überschüssige Überzugsmasse kann auf dem Abtropfgitter ablaufen.*

▸ *Einteilungen auf der Oberfläche nach dem Anziehen der Überzugsmasse mit einem erwärmten Messer vornehmen! So vermeidet man das Zerplatzen des Überzugs beim Schneiden.*

Abb. Nr. 700   Kakaofrucht

Schema der Gewinnung von Kakaoerzeugnissen

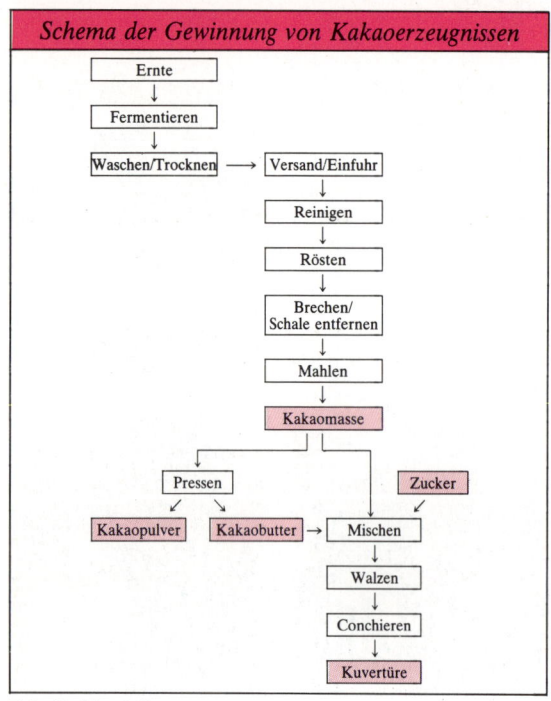

Ernte → Fermentieren → Waschen/Trocknen → Versand/Einfuhr → Reinigen → Rösten → Brechen/Schale entfernen → Mahlen → Kakaomasse → Pressen → Kakaopulver / Kakaobutter → Mischen (+ Zucker) → Walzen → Conchieren → Kuvertüre

Tabelle Nr. 147

Fehler beim Kuvertüre-Überzug

Fehler	Ursache
▸ grau-streifiger Überzug	▸ Entmischen der Kakaobutter infolge zu geringer Temperatur beim Temperieren
▸ glanzloser Überzug	▸ unregelmäßige Fettkristalle durch zu warmes Temperieren
▸ krümeliger Überzug	▸ zu warm temperiert oder Wasser in die Kuvertüre geraten
▸ abplatzender Überzug	▸ zu kalte Teile überzogen

Kakaopulver

Der Bäcker verarbeitet Kakaopulver zu Massen, Füllungen und Glasuren. Er erwartet dafür ein gutes Aroma und gutes Verteilungsvermögen ohne Klumpenbildung.

Kakaopulver wird in zwei Qualitätsstufen angeboten:

▸ Kakaopulver mit mindestens 20 % Kakaobutteranteil,

▸ Kakaopulver mit mindestens 8 % Kakaobutteranteil (fettarm bzw. stark entölt).

Sie erkennen die Qualitätsstufe aus der Kennzeichnung auf der Verpackung. Außerdem sind dort weitere Zutaten kenntlich gemacht, z. B. Zucker (= wird bei Zusätzen über 5 % kennzeichnungspflichtig), Lezithin (= bis zu 1 % erlaubt) und Aromastoffe.

Zusätzliche Informationen

Die Heimat des Kakaobaums ist Mittelamerika. Die früher dort lebenden Volksstämme der Tolteken und Azteken nutzten die Kakaobohnen als Zahlungsmittel. Sie bereiteten aber auch ein bitteres, dunkles Getränk aus der Kakaomasse. Dieses Getränk hieß in der Aztekensprache Xocoatl. Im Laufe der Jahrhunderte wurde aus dieser Bezeichnung der Name ,,Schokolade''.

Zwischen 1515 und 1520 wurde Kakao von den spanischen Eroberern Mittelamerikas an den Königshof in Spanien verbracht. Etwa 200 Jahre handelten allein die Spanier mit Kakao. Er wurde zunächst wegen seiner anregenden Stoffe Koffein und Theobromin als Heilmittel geschätzt. Erst als man ihn mit Zucker vermischt kennenlernte, wurde er überall in Europa als Genußmittel verbreitet. Die Spanier entwickelten auch die Schokolade als festes Tafelerzeugnis. In der Schweiz wurde dann Mitte des 19. Jahrhunderts das Verfahren der Milchschokoladenbereitung und das Conchieren erfunden.

Gewinnung von Kakaoerzeugnissen

Die herb-bittersüßen Kakaoerzeugnisse müssen durch einen langen Veredelungsprozeß gewonnen werden.

Der Kakaobaum wächst in tropischen Ländern. Hauptanbauländer für Kakao sind: Ghana, Brasilien, Elfenbeinküste, Nigeria, Mexiko und Venezuela.

Die Kakaofrüchte wachsen direkt am Stamm und an dicken Ästen. Reifezeit und Ernte dauern über das ganze Jahr an.

Die Kakaofrüchte sind melonenartig. Sie sind etwa 25 cm lang und 10 cm dick. In ihrem Fruchtfleisch sind 25 bis 50 Kakaokerne eingebettet.

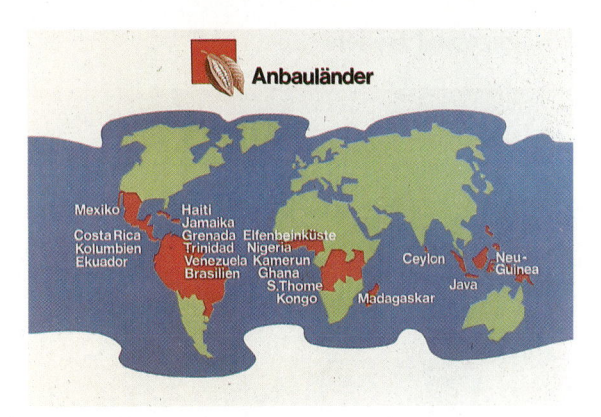

Abb. Nr. 701   Anbauländer für Kakao

Und so erfolgt die Gewinnung von Kakaoerzeugnissen:
- Die Kakaokerne (Kakaobohnen) werden nach der Ernte durch einen Gärungs- und Fermentationsvorgang aus dem Fruchtfleisch gelöst. Sie erhalten dabei ihre braune Farbe und die ersten Ansätze für das Aroma.
- Die Kakaobohnen werden nach dem Fermentieren gewaschen und getrocknet. Durch die Trocknung werden die Bohnen lagerfähig. Zugleich bildet sich das Aroma weiter aus.
- Die Kakaobohnen werden in den Verbraucherländern gereinigt und geröstet. Beim Rösten bei 140–150 °C verstärken sich Farbe und Aroma.
- Die gerösteten Kakaobohnen werden gebrochen und von der holzigen Schale befreit. Der so gewonnene Kakaobruch wird zu Kakaomasse vermahlen.
- Die Kakaomasse enthält 50–54 % Kakaobutter, 20–23 % Eiweißstoffe, 10–12 % organische Säuren, 3,5 % Theobromin und Koffein, 2,5 % Wasser, 1 % Stärke und 1 % Mineralstoffe.
- Die Kakaomasse wird bei Erwärmen auf etwa 50 °C breiförmig. Durch Pressen trennt man Kakaobutter ab. Als „Rest" behält man den Kakaopreßkuchen.
- **Kakaobutter** wird als eigenes Produkt abgepackt (vgl. Abb. 703). Sie wird aber auch zur Kuvertüre- und Schokoladenherstellung weiterverarbeitet.
- **Kakaopulver** wird durch Vermahlen von Preßkuchen gewonnen. Es enthält etwa 10 % Kakaobutter, wenn es stark entfettet ist. Es enthält etwa 20–25 % Kakaobutter, wenn nur wenig Kakaobutter abgepreßt wurde.
- **Kuvertüre** oder Schokolade wird aus Kakaomasse, zusätzlicher Kakaobutter und Zucker, für bestimmte Sorten mit Milch- bzw. Sahnezusatz hergestellt.

Abb. Nr. 702   Fermentierte Kakaobohnen

Abb. Nr. 703   Kakaobutter und Kakaomasse

Die Zutaten werden gemischt, gewalzt und conchiert. Das Conchieren ist ein Rühr- und Reibvorgang in riesigen Maschinen. Durch Reiben, Belüften und Wärmen innerhalb der Conchen werden die Schokoladenteilchen ganz fein und innig vermischt. Die fertige Masse wird geformt, gekühlt und abgepackt.

Abb. Nr. 704   Conchieren der Schokoladenmasse

Überzüge und Dekors

Abb. Nr. 705 Dessertstückchen

Viele Torten und Desserts werden abgedeckt, überzogen oder glasiert und erhalten zusätzlich einen Schmuck (Dekor).
Der Überzug
- gibt dem Gebäck einen Halt,
- rundet den Geschmack des Gebäcks ab,
- schützt das Gebäck vor dem Austrocknen,
- verziert das Gebäck.

Überzüge, Glasuren

Kuvertüre, Fettglasuren, Nußglasuren, Nugatüberzugsmassen, Fondant, Zuckerglasuren sind übliche Überzüge für Torten und Desserts. Nähere Informationen über Zucker für Dekorzwecke erhalten Sie im Kapitel „Zucker für Dekorzwecke".
Besonderheiten:
- Kochschokolade = kakaohaltige Zuckerüberzugsmasse (200 g Puderzucker, 100 g Wasser, 50 g Blockkakao);
- Canache = zartschmelzende Überzugsmasse (250 g Sahne mit 350 g Kuvertüre aufgekocht);
- Spritzschokolade = zur Fadenführung geeignete Glasur (Schokolade unter Erwärmen mit Läuterzucker glatt gerührt);
- Eiweißspritzglasur = zur Fadenführung geeignete Zuckerglasur (1000 g Puderzucker mit 250 g Eiklar glatt gerührt).

Abb. Nr. 706
Fadenführung beim Garnieren mit Spritzschokolade

Dekormaterialien

Nach dem Zusammensetzen werden Torten und Desserts häufig mit Marzipan eingeschlagen oder abgedeckt. Zu diesem Zweck wird Marzipanrohmasse mit Puderzucker im Verhältnis 1:1 angewirkt. Ein Zusatz von Glukosesirup oder Invertin hält den angewirkten Marzipan frisch-feucht. Die Marzipandecke kann überzogen werden, kann aber auch äußere Schicht des Gebäcks bleiben.

Dekorteile

Früchte, Nüsse, Zuckerteile, Spritzornamente und Einstreumaterialien dienen der Verzierung von Torten und Desserts.
Besonderheiten:
- Krokant = trocken geschmolzener, karamelisierter Zucker mit Nüssen oder Mandeln. Nach dem Erkalten wird die Masse zerkleinert.
- Kandierte Früchte = in Zucker eingekochte, eingedickte Früchte oder Fruchtteile.

Verwendung von Farbstoffen

Zur Verzierung und in Abstimmung mit dem Gebäckcharakter können Füllungen und Überzüge von Feinen Backwaren gefärbt werden.

Die dafür verwendbaren Farbstoffe sind Lebensmittel-Zusatzstoffe. Einige Farbstoffe (z. B. Carotin, Zuckerkulör) sind allgemein zugelassen. Im übrigen sind nur ausdrücklich benannte Farbstoffe zum Färben ganz bestimmter Lebensmittel erlaubt!

Gefärbt werden dürfen beispielsweise Krems, Gelees, Puddings, Zuckerüberzüge, kandierte Früchte, Marzipanerzeugnisse, Süßwaren und fetthaltige Füllungen Feiner Backwaren. Dabei dürfen die Farbstoffe nicht in einer Menge zugesetzt werden, die einen Farbton entstehen läßt, der der allgemeinen Verkehrsauffassung widerspricht.

Die Verwendung von Farbstoffen oder der Zusatz gefärbter Zutaten (z. B. gefärbter Früchte) ist beim Verkauf der Gebäcke kenntlich zu machen. Das geschieht durch den Hinweis „Mit Farbstoff". Einschränkend darf auch nur der gefärbte Gebäckteil ausgewiesen werden, z. B. „Glasur mit Farbstoff". Nicht erlaubt ist aber, allgemein abschwächende Formulierungen zu verwenden, z. B. „Mit natürlicher Farbe leicht eingefärbt".

Es ist verboten, durch Farbstoffe den Anschein einer besseren als der tatsächlichen Beschaffenheit zu erwecken, z. B. Rotfärben von Geleeguß auf Törtchen ohne Verwendung entsprechender Früchte. Auch ist es nicht gestattet, durch die Färbung einen natürlichen Ei- oder Kakaoanteil vorzutäuschen!
Teige oder Massen dürfen daher nicht gelb gefärbt werden.

Ebenso dürfen schokolade-, kakao-, karamel- und malzhaltige Massen, Füllungen, Süßwaren und Überzüge grundsätzlich nicht gefärbt werden. Diätetische Backwaren dürfen keine Farbstoffe oder gefärbte Zutaten enthalten.

Lebensmittelrechtliche und gewerberechtliche Vorschriften

Backwaren im Spiegel des Lebensmittelrechts

Wenn man sich im Straßenverkehr bewegt, hat man fast wie selbstverständlich die dafür erlassenen Vorschriften zu beachten. Zum Beispiel muß man in Deutschland die rechte Straßenseite befahren. Die linke Fahrspur zweispuriger Straßen darf man im allgemeinen nur zum Überholen befahren. Man ist verpflichtet, Verkehrszeichen, Ampeln und sonstige Hinweise zu beachten.

Bei der Herstellung und im Umgang mit Lebensmitteln gibt es auch Vorschriften und Gesetze zu beachten. Das ist auch begründet. Die hohe Bedeutung der Lebensmittel für die Leistungsfähigkeit und Gesundheit der Menschen läßt Regelungen in diesem Bereich als selbstverständlich erscheinen. Aber auch der Schutz vor wirtschaftlichen Schäden der Verbraucher macht lebensmittelrechtliche Vorschriften notwendig. Spezielle Vorschriften haben Sie im Zusammenhang mit der Herstellung einzelner Backwaren kennengelernt. Im folgenden sollen Sie über die lebensmittelrechtlichen Vorschriften, die besonders den Bäcker betreffen, eine Gesamtübersicht erhalten.

> **Aus der Fachzeitung**
> *Aufschlußreiches Urteil des Bayerischen Obersten Landesgerichts:*
> *Die Bezeichnung „Bauernbrot nach Holzofenart", die ein Bäckermeister für sein Schwarzbrot gewählt hatte, das in bezug auf Zusammensetzung, Beschaffenheit, Aussehen, Qualität und Geschmack nur einem normalen Brot entspricht, ist zur Irreführung des Verbrauchers geeignet. Das stellte das Bayr. Oberste Landesgericht in einem ausführlich begründeten Urteil fest. Ein „Brot nach Holzofenart" kann es nach diesem Urteil nicht geben. Als „Holzofenbrot" darf ein Brot nur bezeichnet werden, das in aus Stein gemauerten Öfen mit direkter Heizung gebacken wurde. Zum Anheizen ab einer Stunde vor Backbeginn sowie zum weiteren Aufheizen darf nur chemisch unbehandeltes Holz als Heizmaterial verwendet werden.*

Wie kann sich der Bäcker über lebensmittelrechtliche Vorschriften oder über eintretende Veränderungen informieren?

Sie können natürlich alle rechtlichen Grundlagentexte direkt lesen und durcharbeiten. Hinweise auf Fundstellen finden Sie z. B. in der zusammenfassenden Übersicht auf S. 332. Für den nicht Geübten ist es allerdings schwer, aus den rechtlichen Formulierungen Anwendungsgrundsätze für die Praxis abzuleiten. Eine große Hilfe sind zu diesem Zweck die Veröffentlichungen unserer Fachinstitute, der Fachverbände und der Zulieferindustrie. Verfolgen Sie solche Hinweise auch in der Fachpresse. So erfahren Sie am besten, was lebensmittelrechtlich bei der Herstellung und beim Verkauf von Backwaren wichtig ist!

Abb. Nr. 707

Rechtsgrundlagen

Machen wir uns zunächst klar, welcher Art die Vorschriften sind, die der Bäcker kennen muß.

- *Gesetze*
  Es sind vorwiegend Bundesgesetze, die vom Bundestag und Bundesrat verabschiedet werden, z. B. Getreidegesetz, Lebensmittel- und Bedarfsgegenständegesetz (LMBG), Gaststättengesetz.

- *Verordnungen*
  Sie werden als Ausführungsbestimmungen zu Gesetzen von der Bundesregierung oder von Landesregierungen erlassen. Zumeist beziehen sie sich auf einen fachlichen Teilbereich des Lebensmittelrechts, z. B. Aromenverordnung, Butterverordnung, Verordnung über Milcherzeugnisse, Lebensmittelkennzeichnungsverordnung (LMKV), Zusatzstoff-Zulassungsverordnung, Fertigpackungsverordnung.

- *Leitsätze*
  Sie werden nicht vom Gesetzgeber oder der Regierung erlassen. Um bestimmte Qualitätsanforderungen festlegen zu können, gibt der Bund für Lebensmittelrecht und Lebensmittelkunde Mindestanforderungen für Gruppen von Lebensmitteln heraus, z. B. Leitsätze für Dauerbackwaren. Diese Leitsätze gelten als Orientierung bei rechtlichen Auseinandersetzungen.

- *Qualitätskataloge*
  Überhaupt keinen Vorschriften-Charakter haben Qualitätskataloge für die Bewertung von Backwaren. Sie gelten aber für die Verständigung über allgemeine Verbrauchererwartungen, z. B. Prüfbestimmungen der DLG.

- *Urteile*
  Richterliche Urteile über die Anwendung von Gesetzen und Verordnungen in ganz spezifischen Fällen gelten für gleiche Anwendungsfälle als Muster.

Beispiele wichtiger lebensmittelrechtlicher Bestimmungen für die Backwarenherstellung

Bestimmungen	Fundstellen	Beispiele
1. Beschaffenheit von Backwaren	▶ Lebensmittel- und Bedarfsgegenständegesetz	▶ Es ist untersagt, Lebensmittel herzustellen oder in den Verkehr zu bringen, die die menschliche Gesundheit schädigen können.
2. Zusammensetzung von Backwaren	▶ Leitsätze für Dauerbackwaren	▶ Butterzwieback muß mindestens 10 % Butter (auf Mehl bezogen) enthalten.
3. Kennzeichnung der Backwarenzusammensetzung	▶ Lebensmittel-Kennzeichnungsverordnung	▶ Wird in der Verkehrsbezeichnung für ein Gebäck auf einen besonders hohen oder niedrigen Anteil einer Zutat hingewiesen, so ist diese mit ihrer Mindest- oder Höchstmenge in Gewichtshundertteilen anzugeben. Beispiel: „Salzarmes Brot – mit höchstens 1 % Salz"
4. Kennzeichnung der Zutaten	▶ Lebensmittel-Kennzeichnungsverordnung	▶ Bei Backwaren in Fertigpackungen sind die verwendeten Zutaten in absteigender Reihenfolge nach ihrem Gewichtsanteil im fertigen Gebäck in einer Zutatenliste auszuweisen.
5. Kennzeichnung von Zusatzstoffen	▶ Zusatzstoff-Zulassungsverordnung	▶ Zusatzstoffe, die in der Anlage der Verordnung mit ihren Verwendungszwecken und zulässigen Höchstmengen aufgeführt sind, müssen kenntlich gemacht werden. Beispiele: „Glasur mit Farbstoff", „Mit Konservierungsstoff Sorbinsäure"
6. Kennzeichnung des Nährwerts	▶ Diätverordnung	▶ Für diätetische Lebensmittel ist der durchschnittliche Gehalt an verwertbaren Kohlenhydraten, Fetten und Eiweißstoffen in Gramm (bezogen auf 100 g) oder in % anzugeben. Außerdem ist der auf 100 g des Lebensmittels bezogene physiologische Brennwert in Kilojoule (Kilokalorie) anzugeben.
7. Kennzeichnung des Gewichts	▶ Eichgesetz, Fertigpackungsverordnung	▶ Unverpacktes Brot mit einem Nenngewicht über 250 g darf gewerbsmäßig nur angeboten werden, wenn auf ihm das Gewicht leicht lesbar angegeben ist. Für unverpacktes Brot, das zum alsbaldigen Verbrauch angeboten wird, kann das Gewicht durch ein Schild auf oder neben der Ware ausgewiesen werden.
8. Verwendung von Ersatz-Rohmassen	▶ Lebensmittel- und Bedarfsgegenständegesetz	▶ Wird Persipan anstelle von Marzipan, kakaohaltige Fettglasur anstelle von Kuvertüre, zu Backwaren verarbeitet, so ist dieses in der Bezeichnung der Ware und/oder durch entsprechende Deklaration kenntlich zu machen. Beispiele: „Persipanmakronen", „Mit kakaohaltiger Fettglasur"
9. Hervorhebung einer besonderen Qualität	▶ Lebensmittel- und Bedarfsgegenständegesetz, Richtlinien für Feine Backwaren	▶ Die Bezeichnung „Buttergebäck" bzw. „Milchgebäck" darf nur verwendet werden, wenn bestimmte Mindestmengen an Butter bzw. Vollmilch verarbeitet wurden. Außerdem darf neben Butter kein weiteres Fett bzw. neben Vollmilch keine andere Flüssigkeit zugesetzt werden. Beispiel: Milchgebäck aus Hefeteig enthält mindestens 40 Teile Vollmilch auf 100 Teile Mehl.
10. Verwendung von Herkunftsbezeichnungen	▶ Lebensmittel- und Bedarfsgegenständegesetz	▶ Es ist nicht erlaubt, durch irreführende Bezeichnungen den Verbraucher über die Herkunft einer Ware zu täuschen. Beispiel: „Echt Dresdner Stollen" könnte eine Herkunft vortäuschen. Die Bezeichnungen „Dresdner Stollen" oder „Stollen nach Dresdner Art" weisen auf die Qualitätsstufe hin.

Umgang mit Speiseeis

Speiseeis ist nicht nur in der warmen Jahreszeit eine köstliche Erfrischung. Zum Beispiel mit heißen, flambierten Früchten ist Speiseeis auch im Winter ein beliebtes Dessert.

Speiseeis hat nur unter bestimmten Bedingungen seinen vollen Genußwert. Es muß
- bei der Zubereitung richtig gefroren werden,
- bei der Lagerung richtig behandelt werden und
- beim Verbrauch richtig temperiert sein.

Bezeichnung der Speiseeissorten

Speiseeis wird nach der Geschmacksrichtung bezeichnet, z. B. Vanilleeis, Schokoladeneis, Erdbeereis. Es darf aber auch mit Fantasienamen bezeichnet werden, z. B. Cassata, Spumone, Tutti-Frutti. Beides ist aber nur zulässig, wenn es sich um Speiseeis der obersten Güteklassen handelt.

Oberste Güteklassen sind:
- Kremeis, Rahmeis, Fruchteis.

Einfachere Speiseeissorten sind:
- Milchspeiseeis, Eiskrem und Einfacheiskrem.

Speiseeis, das nicht den Güteanforderungen der vorgenannten Sorten entspricht, ist als Kunstspeiseeis zu kennzeichnen. Dieses Eis darf auch künstliche Geschmacks- und Duftstoffe enthalten.

Wenn es sich nicht um Speiseeis der obersten Güteklassen handelt, so muß das in der Bezeichnung deutlich gemacht werden. Das geschieht z. B. so:
- Vanille-Milchspeiseeis,
- Einfacheiskrem mit Erdbeergeschmack,
- Zitronen-Kunstspeiseeis.

> **Zusätzliche Informationen**
> - **Kremeis** = mindestens 270 g Vollei oder 100 g Eidotter auf 1 Liter Milch
> - **Rahmeis** = mindestens 60 % Schlagsahne-Anteil
> - **Fruchteis** = mindestens 20 % frischer Obstfruchtfleisch-Anteil (oder entsprechende Menge an Obstprodukten)
>   Ausnahme: Zitroneneis mit mindestens 10 % Zitronenmark- oder Zitronensaft-Anteil
> - **Milchspeiseeis** = mindestens 70 % Vollmilch-Anteil bzw. entsprechender Anteil an eingedickter Milch oder Trockenvollmilch
> - **Eiskrem** = mindestens 10 % Milchfettanteil, Ausnahme: Fruchteiskrem mit mindestens 8 % Milchfett-Anteil
> - **Einfacheiskrem** = mindestens 3 % Milchfett-Anteil
> - **Kunstspeiseeis** = entspricht nicht den Güteanforderungen der anderen Sorten; darf künstliche Geruchs- und Geschmacksstoffe enthalten

Abb. Nr. 708

Grundlagen der Speiseeisbereitung

Wasser gefriert bei einer Temperatur von 0 °C. Die Gefriertemperatur von Lösungen (z. B. mit Salz oder Zucker) liegt jedoch unter 0 °C. So ist das auch beim Gefrieren von Speiseeis.

Speiseeis enthält an Grundzutaten:
- Flüssigkeit (wie Milch, Sahne, Fruchtsaft),
- Zucker,
- geschmackgebende Zusätze (wie Aromen, Gewürze, Fruchtkonzentrate, Kuvertüre, Nugat, Alkohol),
- Bindemittel (wie Eier oder speziell zugelassene Bindemittel).

Durch den Gehalt an gefrierhemmenden Zutaten erstarrt das Speiseeis erst bei etwa −9 bis −16 °C. Dabei nimmt es an Volumen zu. Man kann das Eis in ruhender Kälte (z. B. in Formen) oder in bewegter Kälte (z. B. im Speiseeisbereiter) gefrieren. Durch das stufenweise Gefrieren und das Mischen im Speiseeisbereiter vergrößert sich das Volumen und der Schmelz wird besser. Der gute Schmelz von Speiseeis wird bestimmt
- vom Fettgehalt (z. B. Milchfett),
- vom kristallisierten Zuckeranteil (Zucker kristallisiert bei niedrigen Temperaturen wieder aus),
- von der Eiskristallgröße (die erwünschte Bildung kleinster Kristalle wird durch Bewegen der Eismasse gefördert),
- von der Schwellung (Bindemittel und Gefriervorgang),
- von der eingeschlossenen Luft (z. B. Softeis).

Speiseeis darf beim Lagern nicht schmelzen, denn geschmolzenes Eis darf aus hygienischen Gründen nicht wieder gefroren werden. Es darf aber auch nicht bei zu tiefen Temperaturen gelagert werden. Sonst gefriert es hart nach. Günstig sind Lagertemperaturen, die um wenige °C über der Gefriertemperatur liegen.

Hygienebestimmungen für den Umgang mit Speiseeis

Zeitungsberichte über Lebensmittelvergiftungen durch Speiseeis sind in der Eissaison leider keine Seltenheit. In der Öffentlichkeit entsteht dadurch der Eindruck, daß in den Nahrungsmittelbetrieben unhygienisch gearbeitet würde und entsprechende Vorschriften nicht beachtet würden.

Warum ist gerade das Speiseeis unter hygienischen Gesichtspunkten so problematisch?
Bedenken Sie:
- Speiseeis enthält besonders leicht verderbliche Zutaten, wie Milch, Eier, gelösten Zucker!
- Speiseeis wird bei seiner Bereitung im allgemeinen nicht erhitzt. Enthaltene Keime werden also nicht abgetötet!
- Speiseeis wird vor allem in der warmen Jahreszeit verzehrt, in der die Lebensbedingungen für Kleinlebewesen günstig sind!
- Speiseeis kann wegen seiner niedrigen Temperaturen Kleinlebewesen in Ruheform enthalten. Beim Verzehr und der damit verbundenen Erwärmung auf Körpertemperatur werden sie wieder wirksam!

Die Überwachung der Hygienebestimmungen bei der Speiseeisbereitung und beim Speiseeisverkauf ist daher besonders streng. Kontrolliert werden die Betriebsräume, die Maschinen und Geräte der Eisherstellung sowie das Speiseeis selbst.

> ✱ *Speiseeis, das über 100 000 Keime oder mehr als 10 Kolibakterien je 1 cm^3 enthält, gilt als gesundheitsgefährdend und darf nicht verkauft werden!*

> ✱ *Merkhilfe*
>
> Einteilung der Speiseeissorten nach der Speiseeisverordnung
>
> - Kremeis
> - Rahmeis
> - Fruchteis
> - Milchspeiseeis
> - Eiskrem
> - Einfacheiskrem
> - Kunstspeiseeis

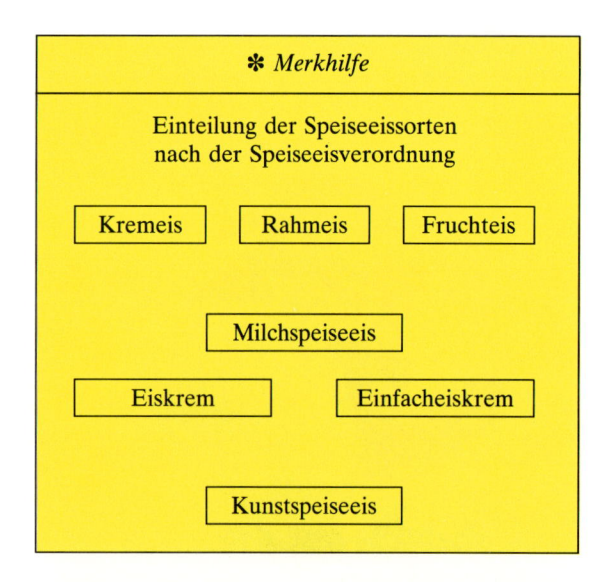

Nach dem Genuß von Softeis ins Krankenhaus

Insgesamt 35 Personen mußten in der Kreisstadt A mit starken Magen- und Darmbeschwerden sowie Kreislaufzusammenbrüchen in das Krankenhaus eingeliefert werden.

Durch Befragen der Patienten stellte sich heraus, daß sie alle Softeis von einem bestimmten Hersteller gegessen hatten.

Der Leiter des Kreisgesundheitsamtes in A teilte dazu ergänzend mit, daß bei einer sofort vorgenommenen Kontrolle des Herstellerbetriebes und der Untersuchung einer Softeisprobe erhöhter Keimgehalt und ein bedenklicher Besatz mit Salmonellen festgestellt wurde.

Wie konnte es dazu kommen?

Beispiele für Hygienevorschriften bei der Herstellung und im Umgang mit Speiseeis

Personen
- Personen, die an ansteckungsfähigen Krankheiten leiden oder bestimmte Krankheitserreger ausscheiden, dürfen kein Speiseeis herstellen oder verkaufen!
- Personen, die Speiseeis herstellen oder verkaufen, müssen sich vor ihrer Beschäftigung einer Untersuchung nach dem Bundesseuchengesetz unterziehen!
- Personen, die Speiseeis herstellen oder verkaufen, müssen auf ihre Körperhygiene achten, z. B.
  - saubere Kleidung,
  - saubere Hände und Fingernägel,
  - Haarschutz!

Zutaten
- Milch und Sahne müssen für die Eisherstellung pasteurisiert oder sterilisiert werden!
- Enteneier dürfen für Speiseeis nicht verwendet werden!
- Hühnereier dürfen für Speiseeis nur in Form von Frisch- oder Kühlhauseiern verwendet werden!
- Eiprodukte wie Gefriereier oder Trockenei dürfen nur verwendet werden, wenn sie aus Frisch- oder Kühlhauseiern hergestellt sind!

Herstellung und Verkauf
- Die Betriebsräume, in denen Speiseeis hergestellt, gelagert oder verkauft wird, müssen in hygienisch einwandfreiem Zustand sein!
- Die Geräte und Maschinen für Speiseeisherstellung müssen besonders sauber sein. Insbesondere Speiseeisreste müssen durch heißes Auswaschen und kaltes Nachspülen beseitigt werden!
- Wischtücher, Portionierer, Spatel usw. müssen in kurzen, regelmäßigen Zeitabständen gewechselt und heiß gereinigt werden!
- Speiseeis nie mit den Händen anfassen!
- Speiseeis, das geschmolzen ist, darf nicht erneut gefroren und weiterverwendet werden!

Herstellen von Snack-Backwaren

Abb. Nr. 709   Snack-Backwaren

Ein berühmter Koch hat behauptet: „Wer ein guter Koch werden will, sollte zuvor Metzger, Bäcker oder Konditor lernen!" Diese Berufsverwandtschaft gilt auch für den Bäcker, der leckeres Backwerk mit Wurst, Fleisch oder anderen pikanten Füllungen kombinieren will.

Würzige Backwaren für besondere Anlässe haben eine lange Tradition. Pasteten oder in Brotteig eingeschlagene Braten sind Beispiele dafür. In den letzten Jahren haben zusätzlich die kleinen Zwischenmahlzeiten (Snack = Imbiß) enorm zugenommen. Zu diesen Mahlzeiten gehören Backwaren mit pikanten Füllungen, Pizzen, Zwiebel- und Speckkuchen. Snack-Backwaren eignen sich für die Mitnahme an den Arbeitsplatz der Käufer, zum Aufwärmen zum Hausverzehr oder zum Sofortverzehr in der Imbißecke des Fachgeschäfts.

Für die Einrichtung einer Imbißabteilung im Bäckerfachgeschäft sind etliche betriebswirtschaftliche Gesichtspunkte zu beachten. Aber auch fachlich muß der Bäcker hohe Qualitätsansprüche erfüllen, wenn er sich mit seinem Snack-Angebot von den Ketten-Imbißstuben abheben will.

Teige für Snack-Backwaren

Snacks können auf sehr verschiedenen Teiggrundlagen bereitet werden. Neben ungesüßten Hefeteigen finden Plunder-, Blätter-, Mürbe- und Spezialteige Anwendung.

Rezeptbeispiel für geriebenen Teig
1000 g   Weizenmehl
400 g   Backmargarine
350 g   Wasser
15 g   Salz
Mehl und Backmargarine glatt arbeiten, dann Wasser und Salz kurz einkneten

Tabelle Nr. 148

Für Flachgebäcke mit Auflage werden vorwiegend Hefeteige, geriebener Teig, Mürbeteig und Pizzateig verarbeitet. Zu Umhüllungen von pikanten Füllungen verwendet man z. B. Plunder-, Croissant- und Blätterteig sowie Weizen- und Mischteige mit Hefelockerung.

Füllungen und Auflagen für Snack-Backwaren

Am einfachsten ist das Belegen von flachen Snackgebäcken mit würzigen Zutaten, z. B. mit Salamischeiben, Schinkenwürfeln, Paprika, Zwiebeln, Schmelzkäse und Gewürzen.

Für Zwiebelkuchen wird die Auflage aus gedünsteten Zwiebeln mit einem Schaum aus Volleiern, Sahne und Mehl bereitet. Zum Einschließen in Teig eignen sich Fleischstücke, Wurstbrät und zubereitete Füllungen. Für diese fleischhaltigen Füllungen muß der Bäcker rechtliche Vorschriften beachten.

Rechtliche Bestimmungen
Verarbeitung von rohem Fleisch

Für die Herstellung von Snacks mit Fleischfüllungen aus rohem Fleisch sind die strengen Bestimmungen der Fleisch- und Hackfleischverordnung zu beachten:

- Hackfleisch und ähnliche Erzeugnisse dürfen nur in speziell dafür geeigneten, abgetrennten Räumen hergestellt werden.
- Hackfleisch und ähnliche Erzeugnisse dürfen nur unter Aufsicht einer im Betrieb hauptberuflich tätigen, sachkundigen Person (z. B. Metzgermeister oder ausdrücklich dazu berechtigten Gesellen) hergestellt werden.
- Hackfleisch und ähnliche Erzeugnisse dürfen vom Metzger bezogen und zu Backwarenauflagen und -füllungen verarbeitet werden. Für den Verkauf verzehrfertiger Speisen in Gaststätten oder ähnlichen Verkaufseinrichtungen dürfen Hackfleischerzeugnisse hergestellt werden, wenn dafür nach Art und Größe geeignete Räume und sachkundige Personen zur Verfügung stehen.
- Hackfleisch und ähnliche Erzeugnisse müssen am Tag ihrer Herstellung verarbeitet werden. Nur Bratwürste und gewürfeltes Fleisch in zubereiteter Form dürfen auch noch am nächsten Tag verwendet werden. Auf keinen Fall dürfen Hackfleisch und ähnliche Erzeugnisse durch den Bäcker selbst eingefroren werden!

Bezeichnung von Snacks mit Fleischfüllungen

Die Bezeichnung der Fleischfüllung bei Snackprodukten muß so gewählt werden, daß der Verbraucher nicht irregeführt wird. So ist die richtige Fleischsorte (wie Rind- oder Schweinefleisch) oder dessen Qualität anzugeben.

Werden Snacks unter ausreichendem Schutz vor nachteiliger Beeinflussung in Selbstbedienung angeboten, so müssen

- die Snacks auf einem Schild neben der Ware gekennzeichnet werden,
- eventuelle Fantasiebezeichnungen (wie Dänische Taschen) mit Angabe der Füllung ergänzt werden.

Hygiene- und Arbeitsschutzbestimmungen

Während der Arbeitszeit erscheint unangemeldet ein technischer Aufsichtsbeamter, um die Bäckerei zu „kontrollieren".

Ist das überhaupt zulässig?
Wer darf kontrollieren?

> **Karl meint:**
> „Betriebskontrollen sind nicht zulässig. Wie es in der Backstube aussieht, gehört zum Betriebsgeheimnis. Da kommt kein Kontrolleur rein!" Ist die Auffassung von Karl richtig?
> *Informieren Sie sich, wer in Ihrem Bereich für Betriebskontrollen zuständig ist!*

Kontrollen in Nahrungsmittelbetrieben führen durch
- die Lebensmittelüberwachung
- das Gewerbeaufsichtsamt
- die Berufsgenossenschaft

Was wird kontrolliert?
- Einhaltung von Vorschriften für die Herstellung und den Verkauf von Lebensmitteln, z. B.
  - Hygiene der Lebensmittel,
  - Hygiene der Räume und Einrichtungen,
  - Hygiene der beschäftigten Personen.
- Einhaltung von Vorschriften über den Verkauf von Lebensmitteln, z. B.
  - Kennzeichnung,
  - Kenntlichmachung,
  - Verbote zum Schutz vor Täuschung,
  - Werbung, Wettbewerbsvorschriften.
- Einhaltung von Vorschriften über den Arbeitsschutz, z. B.
  - Arbeitszeit und besondere Bestimmungen für Jugendliche, Mütter und Frauen,
  - technischer Arbeitsschutz in der Betriebseinrichtung.
- Einhaltung von Vorschriften über Unfallverhütung, z. B.
  - Sicherung von Gefahrenstellen.

Der technische Aufsichtsbeamte überwacht vorrangig die Einhaltung von Vorschriften über Räume, Einrichtungen und für die Beschäftigten. Kontrolliert werden Betriebssicherheit, Arbeitsschutz und Hygiene.

> *Die Betriebsräume einer Bäckerei können unter verschiedenen Gesichtspunkten auf ihre Zweckmäßigkeit hin beurteilt werden. Das kann z. B. erfolgen im Hinblick auf*
> - *einen geordneten, rationellen Betriebsablauf,*
> - *die Abstimmung der Produktionskapazitäten,*
> - *die hygienischen Voraussetzungen,*
> - *die Unfallsicherheit und den Arbeitsschutz der Beschäftigten.*

Betriebseinrichtung

Backwarenhersteller sind in besonderer Weise für die Gesundheit der von ihnen versorgten Kunden verantwortlich. Insofern sind neben den betriebswirtschaftlichen Gesichtspunkten vor allem die Notwendigkeiten einer hygienischen Backwarenherstellung zu beachten. Die Produktionsbedingungen sollen aber auch so beschaffen sein, daß die Gesundheit der Beschäftigten selbst nicht gefährdet ist.

Beispiele

Bestimmung	Begründung
▸ *Arbeitsräume müssen genügend groß, hoch, trocken, leicht zu reinigen, ausreichend belichtet, be- und entlüftbar, in gutem baulichen Zustand, sauber und frei von fremden Gerüchen und Ungeziefer sein.*	▸ *Hygienische Grundvoraussetzung für die Backwarenherstellung, Backwarenlagerung und den Backwarenverkauf* ▸ *Hygienische Arbeitsbedingungen für die Beschäftigten in Bäckereien*
▸ *Aborte und Waschgelegenheiten mit Seife und sauberen Handtüchern oder Trockenvorrichtungen in hygienisch einwandfreiem Zustand müssen leicht erreichbar vorhanden sein. Die Aborte dürfen von den Arbeitsräumen nicht unmittelbar zugänglich sein.*	▸ *Hygiene der Personen und Räume*
▸ *Fußböden müssen fest, leicht zu reinigen, gegen das Eindringen von Feuchtigkeit geschützt und ohne offene Fugen sein. Der Übergang von Fußböden zu den Wänden muß gut zu reinigen sein.*	▸ *Beseitigung von Schmutz, Bekämpfung von Ungeziefer und Kleinlebewesen*
▸ *Die Wände der Arbeitsräume müssen mindestens bis zu einer Höhe von 1,50 m glatt, hell und abwaschbar sein.*	▸ *Schutz vor Verunreinigungen*
▸ *Die Decken müssen mit nicht abblätterndem Anstrich oder gleichwertigem Belag versehen sein.*	▸ *Schimmelbekämpfung*

Aber nicht nur die bauliche Ausstattung und die Einrichtungen müssen der Betriebshygiene dienen. Bei der Backwarenherstellung sind auch Hygiene-Grundsätze zu beachten.

Beispiele

Was ist vorgeschrieben?	Was ist zu tun?
▶ *Gegenstände, die mit Lebensmitteln in Berührung kommen, müssen rost- und korrosionsfrei sein und sich in sauberem und einwandfreiem Zustand befinden.* *Sie müssen frei von vermeidbaren Resten der Reinigungsmittel sein.* *Sie müssen so beschaffen sein, daß sie keine gesundheitsgefährdenden oder ekelerregenden Stoffe oder Bestandteile an die Lebensmittel abgeben.*	▶ *Gebrauchsgegenstände auf Beschädigungen und Korrosion hin überwachen.* ▶ *Gebrauchsgegenstände regelmäßig und gründlich reinigen; erforderlichenfalls desinfizieren. Rückstände von Reinigungs- und Desinfektionslösungen durch mehrmaliges Spülen beseitigen!* ▶ *Produktionsreste entfernen!*

Hygiene des Personals

Die in Bäckereien beschäftigten Personen müssen gesundheitlich tauglich sein. Was heißt das?

▶ Sie dürfen nicht an schweren, seuchenartigen und ansteckenden Krankheiten (z. B. Tuberkulose) leiden.

▶ Sie dürfen nicht an ekelerregenden Krankheiten (z. B. eitrige Hautausschläge) leiden.

▶ Sie dürfen nicht Dauerausscheider bestimmter Krankheitserreger (z. B. Typhus-Erreger) sein.

Deshalb dürfen Personen in Bäckereien (aber auch z. B. in Küchen von Gaststätten) erstmalig nur dann beschäftigt werden, wenn durch ein Zeugnis des Gesundheitsamts nachgewiesen ist, daß die genannten Hinderungsgründe nicht bestehen.

▶ Sie dürfen nicht Tätigkeiten ausüben, durch die Krankheitserreger auf Kunden übertragen werden können (z. B. Annahme von Kleidung zur Reinigung).

Bei der täglichen Arbeit sind hygienische Grundanforderungen zu erfüllen:
– saubere Schutzkleidung (Berufswäsche) tragen,
– haarbedeckende Kopfbedeckung tragen,
– vor Beginn der Arbeit, vor dem Teigmachen und Aufarbeiten die Hände und Arme gründlich mit reinem Wasser und Seife reinigen,
– bei der Arbeit nicht rauchen.

Arbeitsschutz

Für den Schutz von Gesundheit und Arbeitskraft der in Bäckereien beschäftigten Personen gibt es Vorschriften. Sie dienen
– zur Unfallverhütung,
– zum Schutz vor Berufskrankheiten und
– zur Sicherung arbeitshygienischer Grundanforderungen.

> Hinweise:
> *In den Kapiteln „Hygiene, Arbeitssicherheit, Umweltschutz" und „Gefahren bei der Arbeit mit Knetmaschinen" und „Gefahren bei der Arbeit mit Teigaufarbeitungsmaschinen" und „Ausrollen mit der Ausrollmaschine" und „Schneidemaschinen" erhalten Sie grundsätzliche Informationen über Hygiene- und Arbeitsschutzbestimmungen.*

Beispiele

▶ In Arbeitsräumen muß für jeden ständig Beschäftigten (bei nicht sitzender Tätigkeit) ein Mindestluftraum von 15 m^3 vorhanden sein.
Während der Arbeitszeit muß in den Räumen eine gesundheitlich zuträgliche Atemluft und Raumtemperatur vorhanden sein.

▶ Treppen, Stufen und Auftritte müssen mit rutschfestem Belag ausgestattet sein. Stufen dürfen nicht schief, ausgetreten oder beschädigt sein.
Treppen und Verkehrswege dürfen nicht als Abstellplätze, z. B. für Eimer, Kisten und Kartons, benutzt werden.

▶ In den Räumen müssen je nach Größe und Brandgefährlichkeit die erforderlichen Feuerlöscheinrichtungen vorhanden sein. Zum Beispiel müssen zur Bekämpfung von Fettbränden bei Fettbackgeräten ein Deckel, eine Feuerlöschdecke oder eine andere Einrichtung (wie Kohlendioxidlöschanlage) vorhanden sein.

▶ Die Atemluft in Bäckereien ist durch Mehlstaub belastet. Gesundheitliche Folgen von Mehlstaubeinwirkungen können Berufskrankheiten sein, z. B. Bäckerekzem, Zahnkaries und Bäckerasthma.
Zur Verringerung der Mehlstaubkonzentration sind geeignet:
– Staubschutzabdeckungen,
– maschinelles Sieben und Eingeben des Mehles,
– Verringerung des Staubmehls beim Aufarbeiten,
– Mehlstaubabsaugung.

▶ Die Berufsgenossenschaft Nahrungsmittel und Gaststätten hat den gesetzlichen Auftrag, für Unfallverhütung zu sorgen. Sie erläßt Vorschriften zur Unfallverhütung. Ihre technischen Aufsichtsbeamten überwachen bei Betriebsbesichtigungen die Einhaltung dieser Vorschriften. Sie beraten die Versicherten über Unfallgefahren und deren Bekämpfung.

In Betrieben mit mehr als 20 Beschäftigten ist ein Sicherheitsbeauftragter zu bestellen. Er hat den Betriebsinhaber bei der Durchführung des Unfallschutzes zu unterstützen. So hilft auch er, Unfällen und Berufskrankheiten vorzubeugen, indem er an die verantwortlichen Vorgesetzten Hinweise auf Mängel im Unfallschutz gibt und bei seinen Arbeitskollegen auf sichere Arbeitsweise hinwirkt.

▸ Jugendliche müssen vor der Beschäftigung und fortlaufend mindestens halbjährlich über die Unfall- und Gesundheitsgefahren unterrichtet werden.

Arbeitszeit

Unabhängig von der tariflich vereinbarten Tages- bzw. Wochenarbeitszeit gibt es für Bäckereien bestimmte, durch das Bäckereiarbeitszeitgesetz festgelegte, Arbeitszeiten.

Demnach darf in Bäckereien gearbeitet werden

– montags bis freitags in der Zeit von 4 bis 22 Uhr und

– samstags ab 0 Uhr.

Ferner dürfen Bäcker- und Konditorwaren in der Nachtzeit zwischen 22.00 und 5.45 Uhr nicht an Verbraucher oder Verkaufsstellen abgegeben, ausgefahren oder ausgetragen werden. Zusammenfassend bezeichnet man diese Bestimmungen als Nachtback- und Ausfahrverbot.

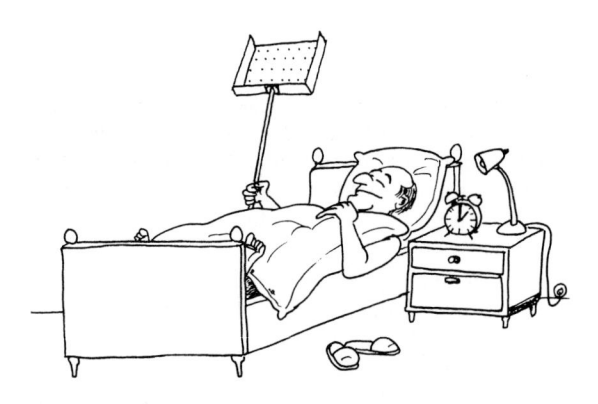

Diese gesetzlichen Bestimmungen sind als sozialer Schutz anzusehen.

– Die Beschäftigten werden vor einer Ausweitung der Nacht- oder Schichtarbeit geschützt.

– Die handwerklichen Kleinbetriebe werden geschützt und müssen nicht aus Wettbewerbsgründen den Arbeitsbeginn vorverlegen.

Rechtliche Bestimmungen für die Bewirtung von Kunden und Gästen

Meister Kramer will einen lang gehegten Wunsch erfüllen und ein Café eröffnen. Alles ist gut vorgeplant. Da kommen plötzlich rechtliche Schwierigkeiten auf ihn zu!

Wer nämlich zubereitete Speisen und Getränke zum Verzehr an Ort und Stelle verabreichen will, betreibt ein Gaststättengewerbe. Für den Betrieb eines Cafés gelten daher die Bestimmungen des Gaststättengesetzes.

Erlaubnis zum Betrieb einer Gaststätte

Wer ein Gaststättengewerbe betreiben will, muß dafür eine Erlaubnis (= Konzession) haben. Dadurch soll eine behördliche Kontrolle der Gaststättenbetreiber möglich werden. Es darf also nicht jedermann eine Gaststätte eröffnen.

Meister Kramer muß schriftlich bei der Stadt- bzw. Kreisverwaltung die Konzession beantragen. Dabei muß er folgendes nachweisen:

– seine persönliche Zuverlässigkeit,

– die Eignung der vorgesehenen Gast-, Neben- und Toilettenräume,

– den Ausschluß von Bedenken der Nachbarn und sonstiger öffentlicher Interessenten,

– seine Unterrichtung über die lebensmittelrechtlichen und gastgewerblichen Bestimmungen.

Den Nachweis über die Kenntnis der lebensmittel- und gastgewerblichen Bestimmungen erfüllen auch Bäcker mit abgeschlossener Berufsausbildung. Der Nachweis wird durch die Ausbildungs- und Prüfungsbestimmungen für Bäcker sichergestellt.

Welche Rechtskenntnisse werden erwartet?

– Kenntnisse des Lebensmittel- und Bedarfsgegenstände-Gesetzes

– Kenntnisse über die Bestimmungen der Lebensmittel-Kennzeichnungs-Verordnung

– Kenntnisse über die Bestimmungen der Zusatzstoff-Zulassungs-Verordnung

– Kenntnisse über die Bestimmungen des Eichgesetzes

– Kenntnisse über Bestimmungen der Diätverordnung

Bestimmungen der vorgenannten Bereiche haben Sie an Beispielen der Backwarenherstellung kennengelernt.

Darüber hinaus müssen Ihnen Bestimmungen im Zusammenhang mit der Bewirtung von Gästen bekannt sein.

Beispiel: Jugendschutzgesetz
- Branntwein und branntweinhaltige Genußmittel dürfen an Kinder und Jugendliche unter 18 Jahren weder abgegeben, noch darf der Genuß gestattet werden.
- Kinder und Jugendliche unter 18 Jahren dürfen öffentlich aufgestellte mechanische Spielautomaten nicht benutzen.
- Kinder und Jugendliche unter 16 Jahren dürfen in der Öffentlichkeit (also auch nicht in Lokalen) nicht rauchen.

Beispiel: Eichgesetz
- Schankgefäße (Gefäße zum Ausschank von Getränken) müssen mit einem waagerechten Füllstrich von mindestens 10 mm Länge, der Volumenangabe und dem Herstellerzeichen versehen sein.
- Zur Vereinheitlichung der Soll-Füllmengen sind für bestimmte Ausschankgefäße Normalgrößen festgelegt, z. B. für Biergläser 0,2 Liter, 0,25 Liter, 0,3 Liter, 0,4 Liter, 0,5 Liter, 1 Liter usw.

Beispiel: Verordnung über Getränkeschankanlagen
- Der Gastwirt ist für die Sauberkeit der Getränkeschankanlage, Kühlung und Spüleinrichtung allein verantwortlich. Das gilt auch, wenn er z. B. ein Spezialunternehmen mit dem Spülen der Leitungen beauftragt hat.

Beispiel: Verträge im Gastgewerbe
- Der Bewirtungsvertrag wird durch Angebot (Speisenkarte) und Annahme (Bestellung durch den Gast) begründet. Dabei steht es dem Gastwirt frei, mit wem der Vertrag abgeschlossen wird. Er hat also z. B. das Recht, betrunkene Gäste nicht zu bedienen. Auf keinen Fall darf aber die Zurückweisung eines Bewirtungsvertrags für den Gast beleidigend erfolgen oder gar auf seine Rasse oder Hautfarbe bezogen sein.

Beispiel: Schadenshaftung des Gastwirts
- Wenn das Bedienungspersonal beim Bedienen Gäste verletzt oder deren Kleidung mit Speisen verschmutzt, ist der Gastwirt dafür haftpflichtig. Das gilt nicht, wenn die Gäste den Schadensfall selbst verschuldet haben.

Anwendung rechtlicher Bestimmungen auf den Betrieb eines Cafés

Die Konzession für den Betrieb eines Cafés erlaubt Meister Kramer
- diese ausdrücklich genannte Betriebsart (nicht aber z. B. den Betrieb eines Speiserestaurants!),
- den Betrieb in den ausdrücklich genannten Räumen (Erweiterungen oder Einschränkungen der Räume sind genehmigungspflichtig!),
- die Art des Getränkeausschanks (z. B. nur alkoholfreie Getränke).

Ein Bäckerei- oder Konditorei-Café bleibt im allgemeinen nicht bis zur polizeilichen Sperrzeit geöffnet. Es muß aber auch nicht zu den üblichen Zeiten nach dem Ladenschlußgesetz geöffnet bzw. geschlossen werden.

Für das Angebot der Speisen und Getränke ist am Eingang zum Café ein Preisverzeichnis auszuhängen. Im Café selbst ist für etwa drei bis vier Tische je eine Speisen- und Getränkekarte auszulegen. Sie muß die Endpreise ausweisen. Für Getränke muß neben dem Preis auch das zugehörige Volumenmaß ersichtlich sein.

Das Kennzeichnen der Speisen und Getränke auf der Karte muß so erfolgen, daß der Gast nicht irregeführt wird. So muß z. B. neben Fantasienamen (Kaffee „Romana spezial") eine Erläuterung der Zubereitung erfolgen.

Auch beim Service selbst darf es nicht zu Irreführungen des Gastes kommen. Es gilt z. B. als „Warenunterschiebung", wenn ein Nicht-Markengetränk in einem Glas mit dem Namenszeichen eines bestimmten Getränks serviert wird.

Praktisch wird in einem Bäckerei- oder Konditorei-Café häufig das Kuchenangebot in einer Laden-Verkaufstheke zur Auswahl für die Gäste ausgestellt. Dabei muß der Café-Verzehrspreis ausgezeichnet werden.

Meister Kramer hat es geschafft!
Er konnte sich den lang gehegten Wunsch erfüllen; er ist Eigentümer eines Cafés!
Und Meister Kramer hat Erfolg. Er beachtet die lebensmittel- und gewerberechtlichen Vorschriften. Er sichert seinen Erfolg aber vor allem durch sein Frischeangebot an Feinen Backwaren und Snack-Backwaren im Café.

Quellen- und Abbildungsnachweis

ABS Anlagen-Bau-Systeme, 6973 Boxberg: 59, 111
Agefko-Kohlensäure, 4000 Düsseldorf: 250, 251
Arbeitsgemeinschaft Deutscher Handelsmühlen, 5300 Bonn: 55
Berufsgenossenschaft Nahrungsmittel u. Gaststätten, 6800 Mannheim: 178
Boehringer, 6507 Ingelheim: 2, 66, 128, 162, 163, 193, 215, 216, 217, 219, 220, 221, 236, 237, 238, 246, 263, 271, 294, 295, 300, 307, 308, 309, 310, 311, 312, 351, 353, 368, 372, 378, 381, 382, 383, 385, 386, 387, 388, 396, 397, 398, 399, 400, 405, 409, 410, 411, 413, 418, 421, 422, 425, 647, 648, 649, 650, 651, Tabelle Nr. 129
Brabender OHG, 4100 Duisburg: 51, 52, 53, 54
Martin Braun, 3000 Hannover: Seite 200, 462, 614, 620, 625, 646, 660, 685, 686, 693, 695, 697, 698, 699, 706
Bundesforschungsanstalt für Getreide- und Kartoffelverarbeitung, 4930 Detmold: 313, 355, 356, 363, Tabelle Nr. 42
Crespel & Deiters, 4530 Ibbenbühren: 609, 652, 689
Franz Daub & Söhne, 2000 Hamburg 54: 148, 327, 328, 329, 337
DEBAG, 8000 München 50: 147, 204, 315, 319, 322, 323, 324, 332
Detia Vorratsschutz, 6947 Laudenbach: 60, 61, 62, 63
Deutsche Landwirtschaftsgesellschaft, 6000 Frankfurt am Main: 370
Dierks & Söhne, 4500 Osnabrück: 126, 130, 133, 134, 135
Döhler, 6100 Darmstadt: 575, 608, 636, 654, 664, 674, 684, 687, 708
Richard Dörr, 2800 Bremen: Werte Abb. 673 und „Litergewicht"
G. L. Eberhardt, 8032 Gräfelfing: 167, 171, 180
Eisvoigt, 3340 Wolfenbüttel: 199, 248
Europäisches Brotmuseum, 3403 Mollenfelde (Sammlung Ireks-Arkady): 314, Ausstellungsstücke: Brotstempel, Abb. 359
Fraunhofer-Institut, Karlsruhe, i. Zs. Landesgewerbeamt Baden-Württemberg, Stuttgart: 341
A. Fritsch, 8711 Markt Einersheim: 501, 506, 526, 527
Herlitzius, 4770 Soest: 428
Hobart, 7600 Offenburg: 633, 634, 683
Fritz Homann, 4503 Dissen: 3, 218, 468, 483, 484, 490, 492, 495, 513, 515, 516, 528, 533, 534, 560, 561, 581, Seite 350, 583, 603, 607, 637, 657, 662, 667, 680, 681, 709
IWEX, 6000 Frankfurt am Main: 242
Ireks-Arkady, 8650 Kulmbach: 164, 165, 166, 258, 259, 260, 261, 262, 264, 265, 268, 395, 420, 427

Gerh. Janssen, 4150 Krefeld: 613
E. Kemper, 4835 Rietberg 2: 138, 177
Koma, 6074 NG Melick (NL): 200
Leutenegger & Frei, 9204 Andwil (CH): 186, 201
Margarine-Institut, 2000 Hamburg: 470, 471, 472, 473, 566, 567, 568
Meistermarken-Backinstitut, 2800 Bremen: 195, 196, 197, 198, 434, 435, 436, 441, 496, 499, 509, 518, 519, 523, 530, 531, 532, 535 bis 559, 563, 570, 571, 577, 578, 579, 580, 582, 584, 596, 597, 599, 611, 612, 616, 643, 655, 656, 661, 665, 668, 669, 670, 671, 675, 676, 677, 678, 679, 682, 691, 692
Kurt Neubauer, 3340 Wolfenbüttel: 573, 696
Dietrich Reimelt, 6974 Rödermark-Urberach: 56, 57, 58, 574
Rico-Rego, 5657 Haan: 631, 632
Schokoladen-Informationszentrum, 5205 St. Augustin: 700, 701, 702, 703, 704
E. Otto Schmidt, 8500 Nürnberg, und Publipress, 8000 München: 615, 617, 618, 619
Seever, 5909 Burbach: 524
Prof. Dr. Seibel, 4930 Detmold: 349, 350
Dr. Spicher, 4930 Detmold: 280
Steinmetz-Patentmüllerei, 2209 Krempe: 416
Stephan & Söhne, 3250 Hameln: 131, 132
Ulmer Spatz, 7910 Neu Ulm: 12, 17, 23, 46, 113, 222, 223, 242, 256, 257, 291, 298, 303, 304, 321, 330, 365, 366, 367, 369, 379, 384, 389, 390, 394, 408, 423, 491, 493, 494, 497, 498, 500, 512, 529, 576, 602, 626, 627, 628, 629, 630, 663, 688
Uniferm Hefe, Werne und Monheim: 82, 90, 91, 92
Vereinigung Getreide-, Markt- u. Ernährungsforschung, 5300 Bonn: 1, 254, 255, 415
Vortella, 4994 Preußisch Oldendorf: 562, 564, 565, 569
Kurt Warnke, 5657 Haan: 429
Michael Wenz, 8725 Arnstein: 317, 318, 326, 331, 334, 338, 339, 340
Fr. Winkler, 7730 VS-Villingen: 148, 172, 173, 174, 183, 184, 194, 203, 206, 208, 299, 301, 306, 316, 320, 325, 333, 342, 360, 361
v. Zeddelmann, Dr. H., 4994 Preußisch Oldendorf: 587, Tabellenwerte 112–115
Zentralverband des Deutschen Bäckerhandwerks, 5300 Bonn: Seite 338

Sachwörterverzeichnis

A
ABC-Trieb 288
Abrösten 303
Abwiegen **68,** 138
Aflatoxine 180
Agar Agar 321
Albumin 13
Aleuronschicht 6
Alginate 321
All-in-Verfahren 54, 203, 297
Alpha-Amylase 20, 31, 116
Altbackenwerden 100, **173,** 267
Amerikaner 301
Amylasen 19, **31, 32,** 113
Amylogramm 113
Amylopektin 116
Analyse, Mehl **24**
Anis 285
Anfrischsauer **121**
Ansatz, Hefe 51, 52
Anschlagmaschine 291
Anstellgut **120**
Äpfel 230, 232, 254
Aprikosen 230, 232
Aprikotieren 240
Arbeitsablauf 103
– Blätterteig 273
– Brandmasse 303
– Brotteig 137
– Croissants 246
– Hörnchen 239
– Plunder 244
Arbeitskleidung 49
Arbeitsrezept
– Brotteig **132**
Arbeitsschutz **336**
Arbeitssicherheit **49, 251,** 262
Arkady-Vervielfältigungs-
 regel 122
Aromabildung 91, 265
Aromastoffe 91
Aromen **284**
Aschengehalt 9
Ascorbinsäure 30, **32**
Ätherische Öle 284
Atmosphärenaustausch 268
Aufarbeitung
– roggenhaltige Teige **138**
– Teig 237, 238
Aufarbeitungsanlage 139
Auflagen **230**
Aufschlagen 293
Aufschlagmittel 301
Aufsetzapparate 86, 148
Auftriebsversuch **41**
Ausbacken 91, **163**
Ausbund 30, 32, 37, 59, **90**
Ausbundfehler 70, **96**
Ausbeute
– Gebäck **164**
– Teig **57**
Auskühlverluste 68
Ausmahlungsgrad 9
Ausrollmaschine **251**
Auswuchsmehl 20, 116
Auszugmehl 9
Automat
– Teigsäuerung **128**
Autoöfen 147

B
Bacillus mesentericus 98
Backausbeute 23
Backbleche 251
Backen **85, 157, 259**
– Hefekleingebäck 239
– Schrotbrot 185
– Weißgebäck **85**
Bäckerasthma 50, 337
Bäckerei
– arbeitszeitgesetz 338
– maschinen **61, 72, 251**
Backeigenschaften 10, 13, 35
Backfähigkeit
– Mehle **5,** 21, **112**
– Verbesserung 29, 32
Backgitter 87
Backhefe **37**
Backkrems **204,** 259, 267
Backmalz **30,** 32
Backmargarine **220**
Backmittel **29**
– Einteilung 30
– Fadenschutz 34
– Inhaltsstoffe 30
– Menge 30
– Schimmelschutz 181
– teigsäuernde 129
– Verarbeitung 34
– Wirkung 30
Backöfen **142**
– Anforderungen 142
– Bauweise 149
– Beschickungssysteme 148
– Dampf- 150
– direkt beheizt 149
– Etagen- 142
– Groß- 147
– Heizsysteme 149
– indirekt beheizt 149
– Stikken 144
– Wärmeübertragung 150
– Wartung 151
Backprozeß 165
Backpulver 289
Backschrot 9, 183
Backtemperatur **88, 157,** 239, 246, 252, **259,** 265
Backtrennpapier 238
Backverlauf 157
Backverlust **68, 163**
Backversuche **23**
Backvorgang 153
Backwaren
– teilgebackene 176
– vorverpackte 94, 105
Backzeit **88, 157**
Baguettes 3, **93**
Baiser 293
Bakterienamylase 31
Ballaststoffe 16, 198
Ballenprobe 21
Baumstamm 312
Baumwollsaatöl 221
Beerenobst 230
Belegungsdichte 88, 157
Benzoesäure 324
Berliner Kurzsauer **126**
Berliner Landbrot 109
Berliner Pfannkuchen **257**
Berufsgenossenschaft 64, 336
Beschicken 85, **87,** 160
Beschickungssysteme **148**
Beta-Amylasen 20, 31
Betriebshygiene 180
Betriebskontrolle 336
Beurteilung, Brot **165**
Bienenstichkuchen **253**
Bindemittel 232, 318
Biologische Lockerung 37
Birnen 230
Biskuitmassen **295**
Blätterteig **269**
– fehler 276
– grundteig 270
– lockerung 276
– methoden 272
Blechkuchen **250**
Brandmasse **303**

Braune Lebkuchen 281
Brennstoffe 149
Brennwert 198
Brot
– Aroma 156
– Ausbeute **163**
– Beurteilung **93, 165**
– fehler **167**
– fertigmehle **131**
– formen 107
– formgebung 139
– frischhaltung 100, **173,** 177
– geschmack 168
– getreide 5
– gewicht 2, **105**
– käfer 28
– krankheiten 99, 100, **178**
– lagerung 177
– sorten **108,** 192
– teig **132**
– volumen 169
– zutaten **131**
Brötchen 23
– fehler **95**
– krume/kruste **90**
– roggenhaltig 92
– schrothaltig 92, 185
– sorten 23
Brühmasse 303
Brühstück 184
Butter **221**
– brot 189
– gebäck **222**
– krems 313
– kuchen 223, 253
– milchbrot 189
– reinfett 222
– sorten 223
– toastbrot 94
– zwieback 249

C
Café-Betrieb **338**
Chemische Lockerung 37, **287**
Christstollen 263
Compounds 286
Convenienceprodukte 204, 236, 253, 304
Croissants **245**
Cystein 30, 32
Cystin 30, 32

D
Dampfback
– kammern 159
– ofen 150
Dauerbackwaren 218, 248
Dauerwaren, Obst **231**
DAWE 32
Dekor 330
Dekorpuder 215
Detmolder Einstufensauer **126**
Dextrine 15, 16
Diabetiker
– brot 191
– gebäck **309**
Diätbrote 191
Diätetische Feinbackwaren **308**
Dickungsmittel 204, 267
DIN-Normen 103
Direkte Brotteigführung **129**
DLG-Schema 165
Dominosteine 282
Dörrobst 232
Dotter 225, 259, 267
Dreikornbrot 188
Druckschlagmaschine 291
Druckteiler **75**
Dunstobst 231
Durchlaufofen 147

E
Eclairs 305
Eichpflicht 69, 106
Ei **225**
– backtechnische Wirkung **225**
– dotter 225, 259, 267
– Gefrier- 229
– gewichtsklassen 228
– handelsklassen 228
– klar 226
– zusammensetzung 225
Einback 248
Einschlagroller **74**
Einstufensauer **126**
Eissorten 333
Eiweiß, Weizen **11**
Elektroöfen **150**
Elisenlebkuchen 284
Emulgatoren 30, **31,** 81, 221, 267
Emulsion 220, 221, 301
Energie
– bilanz 153
– ersparnis **152**
– kosten 103, 152
Englische Kuchen 301
Enteneier 226
Entquellung, Stärke 173
Enzyme
– Roggenmehl 116
– Weizenmehl 19
Erdnußfett 217, 261
Essenzen 286
Essigsäureanteil 120
Etagen-Backöfen **142**
Extensogramm 25
Extrudierte Erzeugnisse 188

F
Fadenschutzmittel 99
Fadenziehen **98**
Fallzahl 24
Farbprüfung, Mehl 22
Farbstoffe **330**
Farinogramm 25
Fehlingsche Lösung 15
Feine Backwaren **200**
– Einteilung 201, 202
– Herstellung **203,** 237, 242, 248, 251, 255
– Rohstoffe **206**
Fertigmassen 301
Fertigmehle **54,** 259
Fertigpackung **94,** 175
Fett
– backgerät **262**
– backtechnische Wirkung **217**
– emulsion 31, 219, 221
– gebäcke **257**
– glasur **325**
– härtung 220
– pflanzlich 217, 219
– säuren 33, 219
– Schmelzbereich 220
– tierisch 217, 219
– verderb **223,** 261
Flechtgebäcke **255**
Flockensahnetorte 318
Flüssiggas
– Tiefkühlung **104**
Flüssigzucker 212, **214**
Folien 195
Fondant **215,** 241
Formalinlösung 180
Formgebung
– Brotteig 139
– Weißgebäckteig **70**
Four-Pieces-Methode 71
Frankfurter Kranz 316
Frischhaltemittel 100, 175

341

Frischhaltung 30, 32, 35, 37, 59, 173, 218, 226, 237, **267**
Frosten 101, 268
Früchte, kandiert 234
Fruchtmark, -pülpe 231
Fruchtzucker 310
Führung
– direkt 50, **129**, 203
– indirekt 50, 203
– kombiniert **130**
Führungsschema
– Berliner Kurzsauer 126
– Detmolder Sauer 126
– direkte Führung 130
– Dreistufenführung 123
– kombinierte Führung 130
– Salzsauer 127
– Sojabrötchen 191
– Schrotbrot 185
– Zweistufenführung 125
Füllkrems 316
Füllmassen 236
Füllungen **230**
Fürst-Pückler-Torte 316

G
Gare
– knappe 80, 260
– Stück- 79, 85, 141, 239, 245, 265
– Über- 80, 260
Gärfehler 80, **95**, 245, 260
Gärführung **50**
Gärgutträger 88
Gärraumklima **81,** 247
Gärreife 79, 85, 141, 239, 245
Gärstabilität 16, 25, 30, 32, 35, 59, **80,** 218, 258, 259
Gärtemperatur 40, 247, 264
Gärtoleranz 16, 25, 30, 32, 35, **80,** 141, 218, 259
Gärunterbrechen **83,** 268
Gärverhalten 207
Gärverlauf 237
Gärversuche **41**
Gärverzögern **83,** 268
Gärung
– alkoholische 40
– spontane 120
Gärungsenzyme 40
Gasbildung **46,** 80
Gashaltevermögen 80
Gasöfen **151**
Gebäck
– ausbeute 164
– Ausbund- 30, 32, 37, 59, **90**
– Blätterteig- 269
– Butter- 222
– Diabetiker- 309
– Hefefein- 200
– Klein- 108, 185, 237
– Mürbeteig- 277
– Plunder- 242
– qualität 59
– volumen 17, 19, 30, 31, 35, 37, 59, 90, 95, 218, 226
– Weizenklein- 2, 3
Gefrierei 229
Gefriergeschwindigkeit 104
Gelatine **319**
Gelee **231**
Geliermittel 321
Genußwert 16, 37, 59
Gersterbrot 187
Getreidekorn **6**
Gewerbeaufsicht 336
Gewichts
– bestimmungen 106
– kennzeichnung **105**
– klassen, Eier 228
– vorschriften **105,** 139, 196
Gewürze **284**

Glasieren **240**
Glasuren
– Eiweiß- 330
– Fett- 327
– Schokoladen- 330
Glasurpuder 241
Gliadin **13**
Gliadinfreies Brot 191
Globuline 13
Glukose 215
Glutenin 13
Glyceride, Mono-, Di- 32
Grahambrot 191
Grieß 9
Griffigkeitsprobe **22**
Großbacköfen **147**
Großgebäcke **3**
Grundrezept
– Baiser 293
– Berliner Pfannkuchen 257
– Biskuit 296
– Blätterteig 270
– Brandmasse 303
– Brötchen 51
– Croissants 246
– Florentiner 307
– geriebener Teig 335
– Hefefeinteig, leicht 237
– Hefefeinteig, mittel 250
– Hefefeinteig, schwer 264
– Krems 314
– Makronen 306
– Mürbeteig 278
– Sandmasse 300
– Stollen 264
– Streusel 253
– Toastbrot 94
– Wiener Masse 297
Grundsauer **121**
Guglhupf 266

H
Hagelzucker 212, **214**
Haselnuß 233
Hefe **37**
– ansatz 203, 258, 265
– backversuch 111
– beurteilung **41,** 43
– Beutel- 46
– Bier- 38
– enzyme 38
– Flüssig- 46
– gärung 16, **40**
– gewinnung **44**
– grundteig **243**
– Instant- **45**
– lagerung **42,** 43
– Lebensbedingungen 38
– menge 51
– Sporenbildung 40
– Sprossung 40
– Starkbetrieb- 44
– stück 203, 258, 265
– Tiefkühlen 44
– Triebkraft 41, 42
– Trocken- **45**
– verdorbene **43**
– vermehrung **40**
– wilde 38
– zellen 38
Hefefeingebäck **200**
– fehler **246, 252, 260**
– Fettanteil **219**
– Herstellung **203,** 237, 242, 248, 251, 255, 257, 263
Hefefeinteig
– Aufarbeitung 238
– eireicher 257, 266
– Fettanteil 219
– gerührter 266
– geschlagener 258
– gezogener 242

– Grundrezepte 237, 246, 250, 257, 264
– leichte 201, **237**
– mittelschwer 201, **250**
– schwer 201, **263**
– Verfahrensregeln 205
– Zuckeranteil 212
Heidebrot 109
Heißluft-Umwälzofen **143**
Heißöl-Umlaufofen **150**
Heizgas-Umwälzofen **143**
Heizöl 151
Heizsysteme, Backöfen **149**
Hemizellulosen 58
Heterofermentativ 119
Heubazillus 98
Heuei 228
Hintermehl 9
Hirschhornsalz 288
H-Milch 208
Hochmüllerei 7
Hohlräume der Krume 170
Holländische Kirschtorte 318
Holzofen 149
Holzofenbrot 187
Homofermentativ 119
Homogenisieren 209
Honig 283
Honigkuchen 281
Hörnchen
– aufarbeiten **238**
– wickelmaschine 239
Hubwagen 148
Hygiene **49,** 251, 334, **336**
Hygroskopie 36

I
Instanthefe 46
Intensivkneter 62
Invertase 283
Invertzucker 212, 283
Jodprobe **14,** 19, 221
Joghurtbrot 189

K
Kaiserbrötchen 2
Kakao **326**
– haltige Fettglasur 327
– erzeugnisse 329
– pulver 328
Kältemaschinen **103**
Kameruner 257
Kammerteiler **75**
Kandiszucker 212
Kapillärsirup 215
Karamelzucker 212
Karotin 221
Käsemassen 235
Käsesahnetorte 319
Kasseler 110
Keimling 6
Kenntlichmachung 99
Kennzeichnung **94,** 309
– Schnittbrot **196**
– Übersicht **332**
Kernobst 7
Kerntemperatur 102
Kippdielen 86
Kipptrögel 87
Kirschen 230, 232
Kleber **11**
– abbau 19
– Auswaschen 11
– bildung 58
– güte 12, 13, 19
– struktur 60
– verbesserung 13
Kleie 19
Kleiebrot 190
Kleingebäck 2
– Hefe- **237**
– mit Schrotanteil 185

– roggenhaltiges **108**
Kleinlebewesen, Sauer 118
Klein-Teigling-Methode 72
Knäckebrot 188
Knetgeschwindigkeit 60
Knetmaschine **61**
– Anforderungen 61
– Einteilung 61
– Pflege, Wartung 64
– Unfallgefahren 64
Kneter, Arten 62, 63
Knetphasen **57**
Knettoleranz 60
Knetvorgang, Roggenteig **137**
Knetwiderstand 25
Knetzeit 61, 62, 137
Knüppel 2
Kochsalz **34**
Kohlenhydrate
– im Weizenmehl **13**
Kokosfett 217, 261
Kolloide 58
Kombinierte Führung **130**
Kompressorkälteerzeuger **104**
Kondensmilch 211
Konditionierung, Korn 8
Konfitüre 231
Konservierungsstoffe 196, **324**
Konzession **338**
Korbbrote 110
Korinthen 233
Krapfen 257
Kremdesserts **311**
Krem 314
Kremmargarine 220, 313
Krempulver 234
Kristallzucker 212, **214**
Krokant 330
Krume **91**
Krumen
– beschaffenheit 16, 37, 165, 213, 218, 226
– bildung 15, **154**
– elastizität 91
– fehler, Brot 169
– schnittfähigkeit 31, 35
Kruste **156**
Krusten
– anteil 69
– beschaffenheit 37
– bildung 156
– farbe 16, 17, 19, 90, 158, 213, 228, 259
– fehler 161, 169
– stärke 90
künstliche Aromastoffe 284
Kümmelbrot 189
Kuvertüre 325

L
Lagerung, Brot 177
Lagerung, Weißgebäck 101
Landbrot 109
Langwirker **75**
Laugengebäck 92
Läuterzucker 212, 215
Lebkuchen **281**
– braune 281
– Oblaten- 283
Leinsamenbrot 190
Lezithin 30, 221
Linzer Mürbeteig 280
Lipasen 19
Litergewicht 314
Lochbleche 87
Lockerung 37, 213, **246,** 250
– arten 19
Loosbrot 187
Luftfeuchtigkeit 81, **82,** 83

M
Magermilch **209**
Maillard-Reaktion 156

Maiskeimöl 217
Makronen **305**
Makronentorten 322
Maltase 19
Maltosezahl 24
Malzextrakt 30
Malzbrot 190
Malzmehl 30
Malzzucker 15, 16, 45, 46
Mandeln **233**
Mannit 310
Margarine **219**
Marmorkuchen 300
Marzipan 235, 306, **323**
Maschinen
– Anschlag- **291**
– Ausroll- 251
– Hörnchenwickel- 239
– Knet- **61**
– Teigaufarbeitungs- **72**
– Wartung, Pflege 64, 77
Massen **290**
– Baiser- 293
– Biskuit- 296
– Brüh- oder Brand- 303
– gerührte 299
– geschlagene 295
– Makronen- 305
– Röst- 307
– Sand- 299
– Schaum- 293
– Wiener- 297
Maturogramm 141
Mehl
– abbau **26**
– anreicherung 26, 32
– Auszug- 9
– Backfähigkeit **5, 111**
– Beurteilung **21, 111**
– enzyme 19
– farbe 22
– fettstoffe 17
– Gewinnung **5**
– käfer 28
– lagerung **26**
– milbe 28
– mineralstoffe **18**
– mischungen, Brot 135
– säuregrad 34
– schädlinge **28**
– sieben 50, 52
– silo **26**
– staubsauganlage 50, 337
– Voll- 9
– typen 9, 19, 110
– Vollkorn- 10
– wassergehalt **17**
– wurm 28
Melanoidine 156, 207, 213, 218, 228
Melasse 45, 216
Mengenkennzeichnung 94, 105
Milch **206**
– bearbeitung **208**
– brot 189
– brötchen 3
– eiweißbrot 189
– entrahmte 209
– erzeugnisse 210
– gebäck **211**
– pasteurisierte 208
– pulver 209
– sorten 209
– sterilisierte 208
– Trocken- 209, 210
– ultrahocherhitzte 208
– zucker 207
Mindesthaltbarkeit 95, **174**
Mineralstoffe 18, 198
Mischbackmittel 34
Mixer 62
Mohnzubereitungen 236

Mohrenkopfmasse 296
Molkebrot 189
Münsterländer Stuten 109
Mürbeteig **277**
– besonderer 279
– Grundrezept 278
– Lockerung 279
Mutzenmandeln 257
Mycotoxine 180

N
Nachmehle 9
Nährstoffe, Brot 198
Nährwert, Brot **197**, 199
Napfkuchen, Hefe **266**
Natriumchlorid 36
Natronlauge 93
Netzbandofen 147
Nüsse 233
Nugat **323**

O
Oblatenlebkuchen **283**
Obst **230**
– erzeugnisse 230
– Gefrier- 232
– kuchen **254**
– torten **320**
Ofen
– Auszugs- 148
– Beschickung 85
– deutscher 149
– direkt beheizt 149
– Durchlauf- 147
– Elektro- 150
– Etagen- **142**
– Großback- **147**
– Holz- 149
– Netzband- 147
– reife 79, 85
– Reversier- 147
– Stikken- **144**
– trieb **161**
– Tunnel- 147
– Umwälz- **143**
– Vollspeicher- 151
Ölbrenner, Wartung 151
Öle, ätherische 284
Omelettmasse 297
Orangeat 234

P
Paderborner Brot 109
Palmöl 217, 261
Pasteurisieren **208**
Pekarprobe 22
Pektine 322
Penetrometer 173
Penicillin 179
Pentosane 15, 16, 113
Perkinsrohre 150
Persipan 235, **306**
Pfeffernüsse 282
pH-Wert 166
Physikalische Lockerung 37, 276, 294, 303
Pilzamylase 31, 32
Piment 285
Pistazien 233
Planetenrührmaschine 292
Plasmolyse 54
Plunder
– gebäck **242**
– Herstellungsarten 242
– Lockerung 246
– Tourieren 244
Polyäthylen 195
Poren
– bildung **46**
– bilder **47**

Porung
– Feinst- 47, 48
– Brotkrume 155
Pottasche 287
Preisangabe 94
Presse, Teig 69
Printen 283
Propionsäure 322
Proteasen 19
Protoplasma 38
Prüfmerkmale, DLG 165
Puderzucker 212, **215**, 241
Pumpernickel 187

Q
Qualitätserhaltung **100, 267**
Qualitätsmerkmale **89,** 183
Quark 210
– brot 189
– zubereitungen 235
Quellmehle, gesäuert 129
Quellreife **66**
Quellstück 184
Quellungsvorgänge
– Weizenteig 58
– zustand 65

R
Raffinade 208, 216
Reinzuchtsauer 120
Restbrotzusatz **176**
Retrogradation 32, 102, **173**, 218
Reversierofen 147
Roggen
– anteil 92
– brote **107**
– brotkrume 155
– mehl 110
– mehltypen 110
– zusammensetzung 112
Roggenmischbrot 107, 132
Roggenschrotbrot **182**
Rohmasse 235, **323**
Rösche 90, 213
Rosenbrötchen 2
Rosinen 233
Rösteigenschaften 93, 248
Röstmassen **307**
Röstprodukte 156
Rouladen 312
Rübenzucker 216
Rücklaufofen 147
Rühr- u. Anschlagmaschine 291
Rührmassen 299
Rundstücke 2
Rundwirken **70, 75**
Rustikales Brot 162

S
Sachertorte 325
Sahne **210**
– desserts 317
– krem 318
– Schlag- 210, 317
Salz **36**
Salz-Hefe-Verfahren **54**
Salzsauer **127**
Sandmasse **299**
Sauer
– Anfrisch- 121
– Anstellgut **120**
– anteil **114,** 132
– Berliner Kurz- 119, **126**
– Grund- 121
– konzentrat 130
– Reinzucht- 120
– Salzsauerführung **124**
Sauermilchquark 210
Sauerrahmbutter 233
Sauerteig
– Backversuch 114
– Detmolder **126**

– dreistufig **120**
– einstufig **126**
– fehler 120
– führungsbedingungen **119**
– kleinlebewesen 118
– reife 123
– silo 128
– Starterkultur **120**
– stufen **121**
– zweistufig **124**
Säuerung **117**
– spontane 120
– Ziele 118
Säuerungsmittel **129**
Saugteiler **75**
Saure Salze 129
Säuregrad
– bestimmung 24, **166**
– Sauerteig 120
– Weizenmehl 24
Schalenobst 230, 233
Schaummassen 293
Schaumsauer 119
Schimmel
– bekämpfung 17, **100, 178,** 268
– hemmstoffe 181
– pilze **179**
Schlagsahne 210, 317
Schlagschieber 87
Schleimstoffe 112
Schlüterbrot 187
Schlußsemmeln 3
Schmalz 217, 219, 257
Schneidemaschinen **194**
Schnellkneter 62
Schnelltest, Siedefett 262
Schnittbrot **193**
Schnittführung, Teiglinge 86
Schockfrosten **101**
Schokolade **327**
Schrippe 2
Schrot 8, 9
– brote **182**
Schwaden 88
– gabe 102, 160
– menge 161
Schwarzbrot 182
Schwarzwälder Kirschtorte 318
Schwarzwälder Landbrot 109
Schwarz-Weiß-Gebäck 280
Sedimentationswert 24
Sesambrot 190
Siedefett 258, **260**
Siedegebäck **257**
Siedesalz 36
Silozellen 27
Snack-Backwaren **335**
Sojabrot 190
Sojaöl 217
Sonnenblumenöl 217
Sorbinsäure 324
Sorbit 310
Spekulatius 280
Speiseeis **333**
Spezialbrote **182**
Spezialmargarinen 220
Spitzkuchen 282
Spontane Säuerung 120
Sporenbildung 40
Spritzgebäck 280
Spritzkuchen 305
Sprühverfahren, Milch 210
Standardmethoden 23, 24
Stärke **13**
– aufgeschlossene 312
– Entquellung 32, 100, 102,**173**
– hydrolyse 31
– sirup 215
– verkleisterung 14, 20, 155
– verzuckerungsprodukte **31**
Stahlskelettöfen 151
Starktriebhefe **44**

Steinmetzbrot 186
Steinobst 230
Steinofenbrot 187
Steinsalz 36
Sterilisieren 268
Sternsemmeln 3
Stikkenofen 144
Stollen **263**
Streusel **252**
Stückgare **79, 140**
Stüpfelautomat **74**
Sturzkästen 76
Südfrüchte 230
Sultaninen 233
Süßblasen 169
Süßstoff 310

T
Talg 217
Teig
– alt 65
– Aufarbeitung **68, 72, 76, 138,** 251
– ausbeute 23, **55, 136**
– ausbildung **58**
– ausrollmaschinen **251**
– bereitung (Brot) **134**
– beschaffenheit 23, 30, 59, 206, 226, 264
– bildung **58**
– eigenschaften 16, 48, 218
– einlage 139
– entspannung 67, 70
– entwicklung 25, 54, **57,** 226
– erwärmung 52
– erweichung 25, 60
– festigkeit 25, **55,** 59, 218
– formung **70,** 139
– führung **48, 203**
– jung 65
– knetmaschinen **61**
– konsistenz 25
– lockerung 16, **46**
– reifetoleranz 59, **65, 67**
– ruhe 65, 66, 138
– säuerungsautomaten **128**
– säuerungsmittel **129**
– teilmaschinen 69, **72, 73**
– temperatur **52,** 54, 265
– überknetung **60**

– verarbeitungs-
  eigenschaften 25, 31, 32, 54, 55, 226
– waage 69
Tiefkühllagern **101,** 268
Toastbrot 1, **71, 93, 94**
Torten 311
Tourieren
– Blätterteig 273
– Plunder 244
Traubenzucker 15, 46
Trennpapier 238
Triebkraft 41, 42
Trocken
– ei 229
– flachbrot 188
– früchte 232
– hefe 45
– krümeln 168
– milch 210
– obst 230, 232
Tunnelofen 147
Twist-Methode 72
Typenzahl **9, 110**

U
Übergabeband 87
Übergare 80
Überschlag 8
Ultrahocherhitzen **208**
Umwälzofen 143
Umweltschutz **49,** 61, **152**
Unelastische Krume 167
Unfallverhütung **49,** 76, 194, 251, 262, 292, **337**
Unterbrech-Backmethode **159,** 177
UV-Strahler 180

V
Vakuole, Hefe 38
Vanille 287
Vanillekrem 234
Vanillin 287
Vergärbarkeit, Zucker 40
Verkehrsbezeichnung 95
Verpackung 195, 268
Verzögerung, Altbacken-
  werden 175
Vitamine
– Getreidekorn 6

– Brot 191
Vollkornmahlerzeugnisse 10, 20
Vollkornbrote **182**
Vollmehle 9
Vollmilch **209**
Vollsauer **121**
Vorbackmethode **158**
Vorbereiten
– Teigzutaten **134**
Vordermehle 9
Vorgebackene Backwaren **176**
Vorteig **51**
Vorzugsmilch 209

W
Walnuß 233
Walzenstühle 8
Warmlagerung, Brot **178**
Wärme
– ausnutzung **153**
– austauscher 143
– leitung 143
– rückgewinnung 103, **153**
– speicherung 149, 150
– strahlung 143
– verlust 153
Warmschlagen 297
Wasser
– brötchen 3
– gehalt, Mehl 24
– ring 170
– temperiergerät 136
– streifen 168
– verquellung 12, 25
Weinhefe 38
Weinheimer Sauerteig **127**
Weißbrot 1, 3, 93
Weiße Lebkuchen 284
Weißgebäcke **1, 89, 95, 100, 105**
Weißzucker 214, 216
Weizen 5
– hefeteige **37**
– korn **6**
– mehl **1, 5, 9, 11**
– mischbrot 107
– sorten 5
– stärke **13**
– teige **48, 68**
– vermahlung **7**
Weizenpuder 300

Wendeschragen 86
Westfälisches Brot 109
Wiener Masse 297
Windbeutel 305
Wirkblasen 170
Würze, Hefe 44

Z
Zeilenbrötchen 3
Zellulose 15, 16, 58
Zentrifuge 209
Ziehfett **243,** 271
Zimt 285
Zitronat 234
Zitronensahnetorte 319
Zucker
– backtechnische Wirkung **212**
– couleur 215
– dekor 214
– Flüssig- **212, 214**
– gewinnung **215**
– glasur 241
– Hagel- **212,** 214
– Invert- **212**
– Karamel- **212,** 215
– kochen **215**
– krankheit **308**
– Kristall- **212, 214**
– kuchen **253**
– Läuter- **212,** 215
– Malz- 30
– Milch- **208**
– Raffinade- **208,** 216
– Raffinadepuder- **212,** 214
– Roh- 216
– Rüben- **215**
– sorten **214**
– Trauben- 15, 16, 31
– Weiß- 214, 216
Zuguß
– flüssigkeit **52, 53, 136**
– menge 52
– temperatur 52, 53
Zusatzstoffe 267
Zutatenliste **133**
Zutaten, Weizenteig **51**
Zweistufenführung **124**
Zwieback **248**
Zwischengare **70**
Zymase 40